JN422875

기후위기, 탄소중립을 대응하는

올바른 건축시공 가이드북

김재문, 삼우씨엠 엮음

02

발간사

안녕하십니까. 삼우씨엠건축사사무소 사장 허 인입니다.
「올바른 건축시공 가이드북」을 발간하게 되어 매우 기쁘게 생각합니다.
1976년 창립 이래 대한민국 건설 문화의 선두주자로 성장해 온 삼우씨엠은 우리의 기업 미션인 'Better solutions to more people'을 실현하고자 본 책자를 발간하였습니다. 반세기 가까이 쌓아온 건설사업관리 노하우를 공유하여 우리의 사회적 책임을 다하고자 합니다.

본 책자는 최근 관련 규정과 건설시장의 변화를 반영하여,
소규모 건축물 시공에 필요한 다양한 공정에 대한 가이드를 제공합니다.
소규모 건축공사의 일반사항, 에너지 효율 최적화 방안, 주요 공정별
상세 지침을 담아 실용적인 참고서로 활용될 수 있도록 했습니다.

또한, 4차 산업혁명 시대의 건설사업 관리에 필요한 전문 기술과 현장관리의 선진화 내용을 포함하고 있어, 고객과 동종업계, 학계의 참고자료로 활용될 뿐만 아니라 현장 시공에도 큰 도움이 될 것으로 기대합니다.

삼우씨엠의 전 임직원은 앞으로도 국내 건설 산업 발전을 위해 끊임없이 노력할 것을 약속드립니다. 이 책자가 발간되기까지 열정과 헌신을 다해 주신 모든 임직원 여러분께 깊은 감사를 드립니다.
「건축물 시공가이드」가 여러분의 업무에 실질적인 도움이 되기를 진심으로 희망합니다. 감사합니다.

2024년 12월
(주)삼우씨엠건축사사무소 사장 **허 인**

대표 저자 서문

건축시공 가이드북은 올바른 시공을 통해 **우리 건축물이 기후위기**Climate Crisis **및 탄소중립**carbon neutrality **시대를 잘 적응**Adaptation**하기 위한 책자**입니다.

조금 거창한 단어(기후위기 및 탄소중립)로 시작하지만, **올바르지 못한 재료, 공법 및 시공 품질로 발생하는 눈에 보이지 않는 하자는** ① **거주자의 건강 및 생명을 위협** 할 수 있으며, ② **공인된 ZEB**Zero Energy Building **또는 GR**Green Remodeling**, 녹색건축 인증 등 친환경 건축물을 일반 건축물 보다 못한 건축물로 구현** 될 수 있습니다.

다양한 하자 및 낮은 시공 품질로 인한 에너지 손실 등의 원인은 다양하겠지만, 설계 및 시공 실무자의 **올바르지 못한 재료 선택, 보관 및 시공 방법(설계 디테일의 이해, 시공 절차 및 방법 등)에 대한 이해나 경험 부족이 큰 원인**이 될 수 있습니다.

따라서 이 건축시공 가이드북은 국내외 다양한 국가 시방서 및 시공가이드북을 기초로, 독자들의 **올바른 시공 방법의 이해도를 높이기 위해 2D, 3D 이미지 기반의 재료 및 시공 방법(순서도)을 제작**해 활용하였습니다. 또한, 자주 발생하는 공종별, 세부 공법 별로 하자 사례를 포함시켰습니다. 특히, **ZEB 1등급 시공사례, 아산시 공공 GR 공사 사례 및 기밀, 열교, 단열, 창호, 방수 등 주요 자재 생산업체의 협조를 받아 올바른 실제 시공 사례를 포함시켜서 기존의 시공 가이드북과 차별화** 하였습니다.

마지막으로 본 가이드북은 건축법 사각지대에 놓여 있는,
소규모 건축물 설계 및 시공 실무자를 위해 작성되었지만,
공종별 시공 가이드북의 세부사항은 규모에 상관없이 활용 가능합니다.

제1권에서는 건축공사 일반사항, 건축물 소비 에너지 최적화를 위한 공통 요소인 패시브 건축자재 및 시공 방법과 패시브, ZEB 인증 사례를 설명하였으며, 건축공사 주요 공종인, 지반공사, 콘크리트 공사, 강구조 공사, 목공사, 조적공사 및 석공사로 구성하였습니다.

제2권에서는 하자(온열환경, 결로, 기밀, 방수 등) 및 에너지 소비에 미치는 영향이 높은 방수, 단열, 미장, 타일 및 테라코타 공사, 수장, 천정, 외벽, 창호 및 유리공사, 지붕공사 및 건축물 유지관리 순으로 구성됩니다.

독자분들은 가이드북을 수험서처럼 활용하기 보다, 설계 및 시공 실무과정에서 해당 공종의 올바른 설계 디테일 이해, 재료 선정, 보관(운반) 및 시공방법(순서 등) 등을 이해 또는 응용해 보는 용도로 활용하기를 권고 드립니다.

2024년 12월
(주)삼우씨엠건축사사무소 **김재문 이사**

책자 작성과정 및 주요 대상 건축물

소규모 건축물은 중대형 건축물과 달리 시공 품질과 안전 관리 측면에서 상대적으로 사각지대에 놓여 있는 경우가 많습니다.

이는 건축물의 구조적 안정성뿐만 아니라 거주자의 안전과 편의성에 부정적인 영향을 미치고 있으며, 특히 신축과 리모델링 시장을 막론하고 부실시공과 하자 분쟁 또한 가속화 하는 실정에 있습니다.

이 책자는 이러한 현실적인 문제를 해결하고자 **국토교통부 R&D 과제인 『소규모 건축물의 소비에너지 최적화 설계·시공 기술』** 연구를 바탕으로 작성되었으며, 연구의 성과물인 72개 공종 중 소규모 건축물의 핵심 공종 38개를 선정하여 18개의 챕터로 구분하여 정리하였습니다.

본 책자에서 정의하는 소규모 건축물이란, 기본적으로 660㎡ 미만의 4층 이하 건물로, 단독주택이나 다가구주택, 다세대주택, 상가주택(근생) 등의 건물 유형을 의미하며, 소규모 건축물에서 발생하고 있는 다양한 문제점과 현상을 담아 내고자 하였습니다.

독자들이 본 책자를 활용하여 소규모 건축물의 설계와 시공 과정에서 흔히 발생할 수 있는 문제를 사전에 인지하고 해결할 수 있도록 돕고, 궁극적으로는 안전하고 품질 높은 건축물을 실현하는 데 기여하고자 합니다.

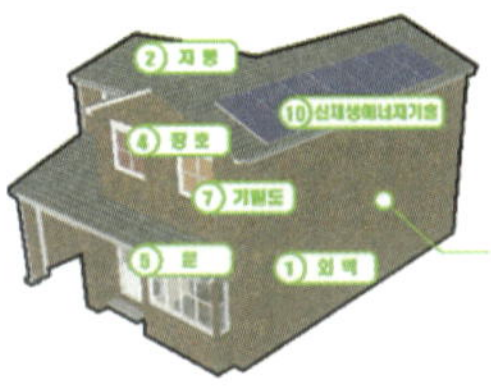

■ 단독주택

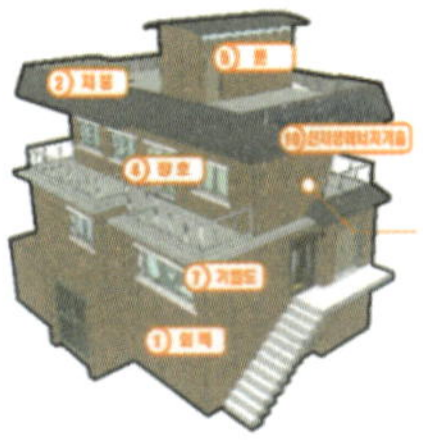

■ 다가구주택

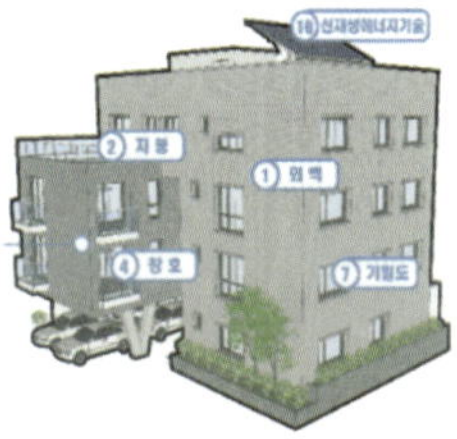

■ 다세대주택

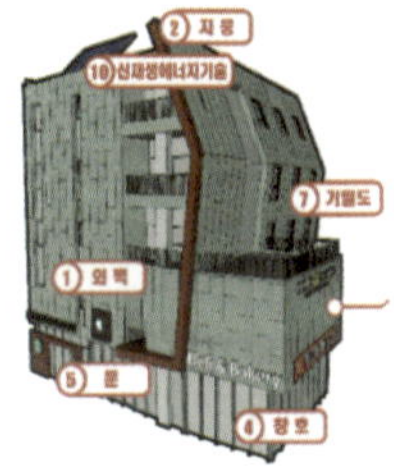

■ 상가주택(근생)

[소규모 건축물 대상 예시]

책자 구성 및 활용 방안

본 책자는 소규모 건축물의 설계와 시공 과정에서 발생할 수 있는 여러 문제를 해결하기 위해 시각화 및 이해 향상, 건축물 품질 향상, 하자 예방, 시공 안전이라는 네 가지 주요 키워드를 중심으로 내용을 구성하였습니다. 이 키워드 각각의 의미와 중요성을 더 자세히 살펴보면 다음과 같습니다.

올바른 건축시공 가이드북

시각화 및 이해 향상
복잡한 기술적 요소를 쉽게 이해할 수 있는 다양한 시각 자료 제공
설계기준 및 부위별 상세도 / 시공기준 및 시공예시도

건축물 에너지 및 품질 향상
간과되기 쉬운 부분에서의 품질 저하 발생
품질관리를 체계적으로 수행하기 위한 구체적인 방법 제공

하자 예방
하자 발생으로 인한 입주자들의 불편과 수리 비용의 증가 방지
소규모 건축물에서 자주 발생하는 다양한 하자들의 예방 방안 제공

시공 안전
체계적이지 않은 소규모 건축물의 안전 관리 실태
시공 현장에서의 안전 강화를 위한 구체적인 지침과 사례 제공

▶ 시각화 및 이해 향상

시공 과정에서 발생할 수 있는 복잡한 기술적 요소를 쉽게 이해할 수 있도록 다양한 시각 자료와 예시를 제공합니다. 이를 통해 건축 관계자는 물론 비전문가들도 건축물의 구조와 시공 절차를 명확히 이해할 수 있으며, 설계 의도와 시공 계획이 잘 전달될 수 있도록 돕습니다.

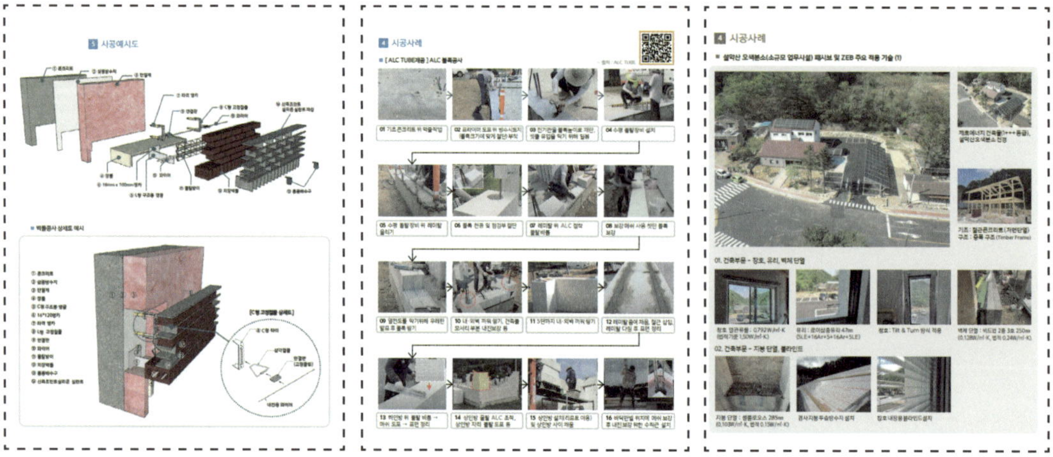

[시각화 및 이해 향상 가이드 예시]

▶ 건축물 에너지 및 품질 향상

건축 자재의 선택, 설계 기준 준수, 시공 기술의 표준화를 강조하며, 건축물의 에너지 성능 향상 및 품질 관리를 체계적으로 수행하기 위한 구체적인 방법을 제시합니다.

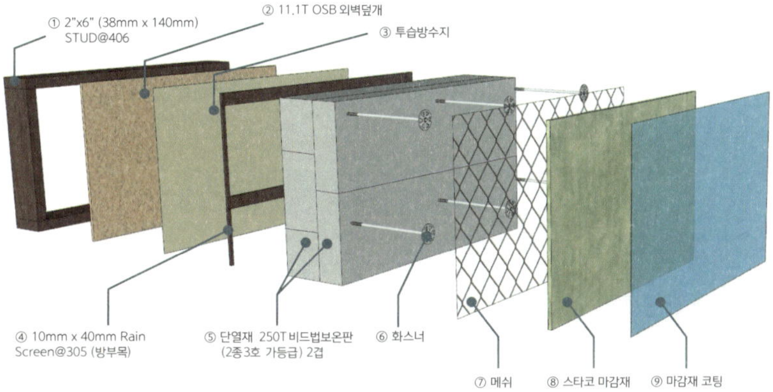

[건축물 에너지 및 품질 향상 가이드 예시]

▶ 하자 예방

건축물 하자는 시공 후 입주자들에게 큰 불편을 초래하며, 수리 비용 증가로 이어질 수 있습니다. 이 책은 하자의 근본 원인을 분석하고 이를 예방하기 위한 구체적인 사례와 대책을 제시합니다.

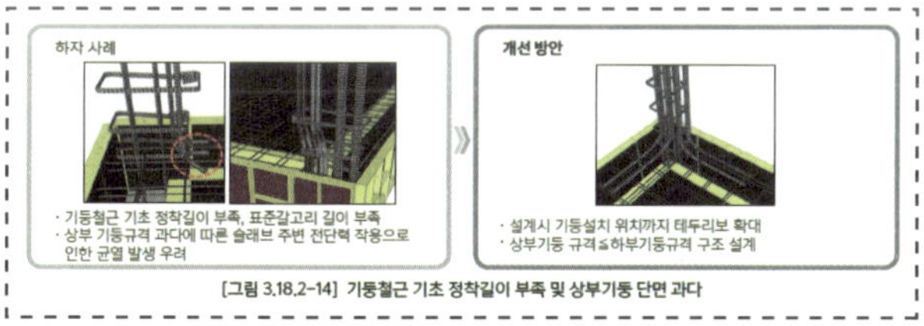

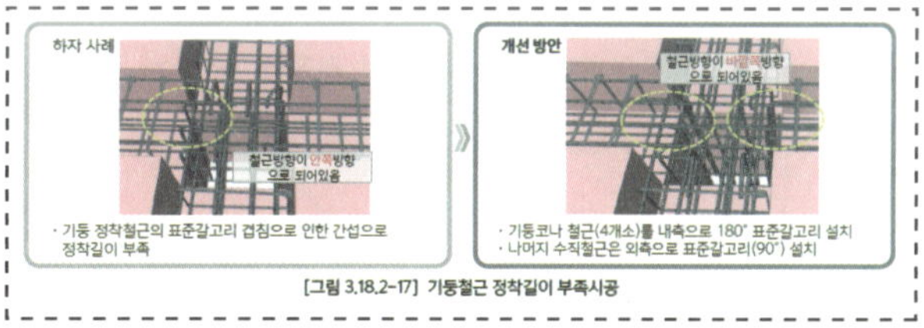

[하자 예방 가이드 예시]

▶ 시공 안전

소규모 건축물은 대형 건축물에 비해 안전 관리가 체계적으로 이루어지지 않는 경우가 많습니다. 이 책은 시공 현장에서의 안전을 강화하기 위한 구체적인 지침과 사례를 제공하며, 작업자와 거주자의 안전을 최우선으로 고려하는 방법을 다룹니다.

[시공 안전 가이드 예시]

본 책자에 수록된 38개 공종은 **『소규모 건축물의 소비에너지 최적화 설계·시공 기술』** 연구의 성과물 72개 공종 중 핵심 공종을 정리하여 작성하였으며, 국내외 표준/전문시방서를 분석하여 연구 개발된 국내 소규모건축물 전문시방서(SBCS) 코드번호 분류체계에 따라 구분하고 있습니다.

SBCS 코드번호의 분류체계에 따른 제 1권과 제 2권 포함된 공종은 아래에서 확인하실 수 있습니다.

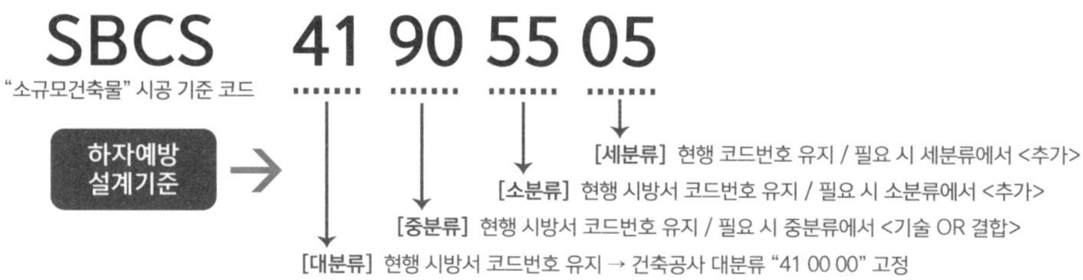

[제1권]

1장. 소규모 건축공사 일반사항
- SBCS 41 90 01 00 소규모 건축공사 총칙
- SBCS 41 90 02 00 소규모 건축공사 일반사항

2장. 소규모 건축물 소비에너지 최적화
- SBCS 41 90 05 05 패시브 건축자재 및 시공
- SBCS 41 90 05 10 패시브 및 제로에너지건축물 인증

3장. 소규모 지반공사
- SBCS 41 90 20 05 토공사
- SBCS 41 90 20 10 직접기초공사

4장. 소규모 콘크리트 공사
- SBCS 41 90 30 05 철근콘크리트 공사

5장. 소규모 강구조 공사
- SBCS 41 90 31 05 경량철골구조 공사

6장. 소규모 목공사
- SBCS 41 90 33 05 수장 목공사
- SBCS 41 90 33 10 경골 목조공사
- SBCS 41 90 33 15 대단면 목조공사

7장. 소규모 조적공사
- SBCS 41 90 34 05 벽돌공사
- SBCS 41 90 34 10 블록공사
- SBCS 41 90 34 15 기타 조적공사

8장. 소규모 석공사
- SBCS 41 90 35 05 석재 바닥깔기
- SBCS 41 90 35 10 습식 석재 벽설치
- SBCS 41 90 35 15 건식 석재 벽설치

■ 시공사례/시공예시도 포함 공종

[제2권]

9장. 소규모 방수공사
- SBCS 41 90 40 05 도막 방수공사
- SBCS 41 90 40 10 복합 방수공사
- SBCS 41 90 40 25 실링공사

10장. 소규모 단열공사
- SBCS 41 90 42 00 소규모 단열 공사
- SBCS 41 90 42 05 외단열 공사

11장. 소규모 미장공사
- SBCS 41 90 46 05 미장공사
- SBCS 41 90 46 10 바닥 미장공사

12장. 소규모 타일 및 테라코타 공사
- SBCS 41 90 48 05 타일공사
- SBCS 41 90 48 10 테라코타 공사

13장. 소규모 수장공사
- SBCS 41 90 47 00 소규모 도장공사
- SBCS 41 90 51 05 석고보드 및 시멘트판
- SBCS 41 90 51 10 바닥공사

14장. 소규모 천장공사
- SBCS 41 90 52 00 소규모 천장공사
- SBCS 41 90 52 05 경량천장설치

15장. 소규모 외벽공사
- SBCS 41 90 54 10 외벽패널 공사

16장. 소규모 창호 및 유리공사
- SBCS 41 90 55 05 창호공사
- SBCS 41 90 55 15 유리공사

17장. 소규모 지붕공사
- SBCS 41 90 56 05 기와공사
- SBCS 41 90 56 10 금속재 지붕공사
- SBCS 41 90 56 15 지붕부속 자재

18장. 소규모 건축물 유지관리
- SBCS 41 90 99 00 소규모 건축물 유지관리

■ 시공사례/시공예시도 포함 공종

책자 구성 및 활용 방안

본 책자는 공종 별 ① 일반사항, ② 자재, ③ 시공 으로 구분되어 내용을 정리하였으며, 공종에 따라 ④ 시공사례, ⑤ 시공예시도 를 포함하고 있습니다.

책자를 효율적으로 활용하기 위하여 다음의 방법에 따라 시공가이드북을 활용하시기를 추천드립니다.

STEP 1

진행하려는 공사명을 목차에서 확인합니다.

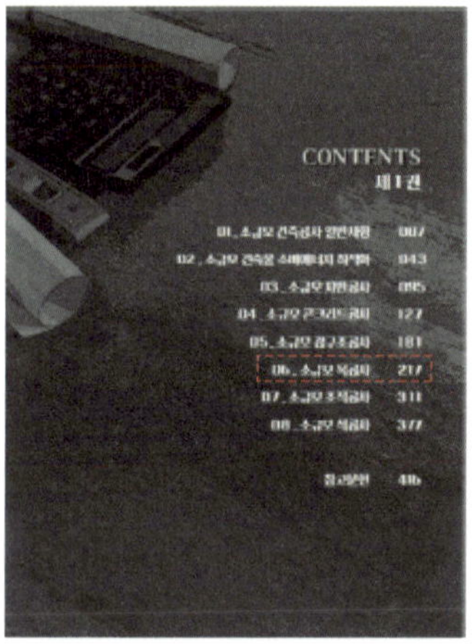

STEP 2

공사 일반사항에서 적용범위나 용어, 최종 제출물들을 간략하게 확인합니다.

1 일반사항

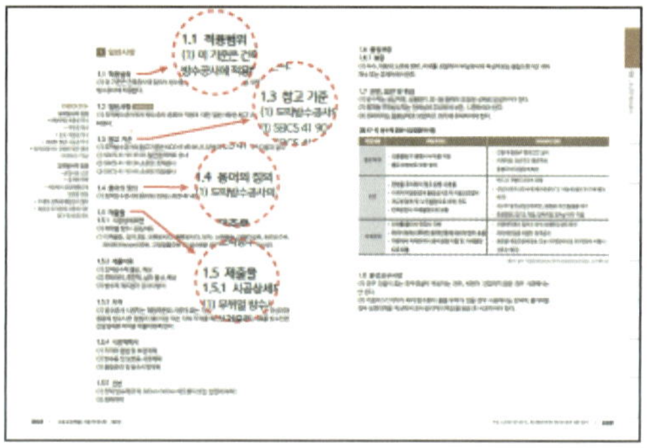

→ 공사 적용범위, 기준, 용어 정의, 필요 서류 등 공사 일반에 대한 내용을 확인 할 수 있습니다.

STEP 3

시공 전에 필요한 자재목록 및 특징을 확인합니다.

2 자재

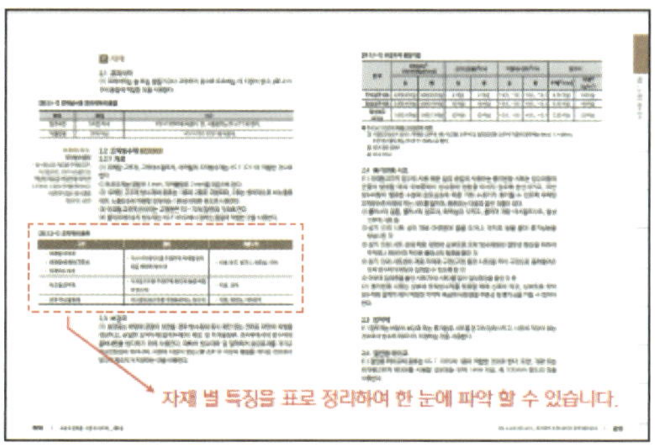

→ 해당 공사에서 필요한 자재 종류 및 선정기준을 확인 할 수 있습니다.

STEP 4

시공 순서와 유의사항을 파악하고, 시공상세도 및 예시도를 통해 전체 공정을 선행학습 합니다.

3 시공

→ 해당 공사의 공법, 시공 순서, 주의사항, 품질관리, 하자사례 등을 확인 할 수 있습니다.

제 1 권 (별책)

01 _ 소규모 건축공사 일반사항

02 _ 소규모 건축물 소비에너지 최적화

03 _ 소규모 지반공사

04 _ 소규모 콘크리트공사

05 _ 소규모 강구조공사

06 _ 소규모 목공사

07 _ 소규모 조적공사

08 _ 소규모 석공사

CONTENTS

제 2 권

제9장. 소규모 방수공사 015
01 _ SBCS 41 90 40 05 도막방수공사 017
02 _ SBCS 41 90 40 10 복합방수공사 033
03 _ SBCS 41 90 40 25 실링공사 045

제10장. 소규모 단열공사 055
01 _ SBCS 41 90 42 00 소규모단열공사 057
02 _ SBCS 41 90 42 05 외단열공사 073

제11장. 소규모 미장공사 089
01 _ SBCS 41 90 46 05 미장공사 091
02 _ SBCS 41 90 46 10 바닥미장공사 117

제12장. 소규모 타일 및 테라코타공사 131
01 _ SBCS 41 90 48 05 타일공사 133
02 _ SBCS 41 90 48 10 테라코타공사 153

제13장. 소규모 수장공사 161
01 _ SBCS 41 90 47 00 소규모 도장공사 163
02 _ SBCS 41 90 51 05 석고보드 및 시멘트판 185
03 _ SBCS 41 90 51 10 바닥공사 199

제14장. 소규모 천장공사 225
01 _ SBCS 41 90 52 00 소규모 천장공사 227
02 _ SBCS 41 90 52 05 경량천장설치 239

제15장. 소규모 외벽공사 251
SBCS 41 90 54 10 외벽패널공사 253

제16장. 소규모 창호 및 유리공사 275
01 _ SBCS 41 90 55 05 창호공사 277
02 _SBCS 41 90 55 15 유리공사 333

제17장. 소규모 지붕공사 347
01 _ SBCS 41 90 56 05 기와공사 349
02 _ SBCS 41 90 56 10 금속재 지붕공사 375
03 _ SBCS 41 90 56 15 지붕부속 자재 397

제18장. 소규모 건축물 유지관리 413
SBCS 41 90 99 소규모 건축물 유지관리 415

참고문헌 437

SAMOOCM
CREATIVE MANAGEMENT

CHAPTER 9

9장

소규모 방수공사

01 _ SBCS 41 90 40 05 도막 방수공사
02 _ SBCS 41 90 40 10 복합 방수공사
03 _ SBCS 41 90 40 25 실링공사

CHAPTER 9

01

SBCS 41 90 40 05

도막 방수공사

1 일반사항

1.1 적용범위

(1) 이 기준은 건축공사에 있어서 방수를 필요로 하는 부위에 도막재를 사용하여 시공하는 방수공사에 적용한다.

CHECK 01 ▶

도막방수의 장점

- 바탕균열 추종성 우수
- 부착성 우수
- 온도 적응성 우수
- 복잡한 형상 시공성 우수
- 밀착공법으로 결함부 발견 용이 (국부보수 가능)

도막방수의 단점

- 균일시공 곤란
- 충격에 약함
- 바탕체의 표면평활도에 영향을 받음
- 주제와 경화제 배합관리 필요
- 휘발성 유기용제 사용에 의한 환기 및 화재 주의

1.2 일반사항 CHECK 01

(1) 도막방수공사에서 방수층의 종류와 적용에 대한 일반사항은 *KCS 41 40 06 (3.1)*에 따른다.

1.3 참고 기준

(1) 도막방수공사의 참고기준은 *KCS 41 40 06 (1.3)*에 따르며, 추가사항은 다음과 같다.
① SBCS 41 90 30 05 철근콘크리트 공사
② SBCS 41 90 34 소규모 조적공사
③ SBCS 41 90 46 소규모 미장공사

1.4 용어의 정의

(1) 도막방수공사의 용어의 정의는 *KCS 41 40 01 (1.4)* 에 따른다.

1.5 제출물

1.5.1 시공상세도면

(1) 부위별 방수시공상세도
① 치켜올림, 감아내림, 오목모서리, 볼록모서리, 단차, 신축줄눈, 이음타설부, 드레인주위, 패러핏(Parapet)주위, 고정철물주위 및 설비배관 관통부주위의 방수시공상세도

1.5.2 제품자료

(1) 도막방수재 물성, 특성
(2) 프라이머, 충진재, 실러 물성, 특성
(3) 방수재 제조업자 공사시방서

1.5.3 자격

(1) 방수공사 시공자는 해당부분의 시공자 또는 기능공의 방수 시공 경력이 3년 이상이며 동종의 방수시공 경험이 3회 이상 되는 자의 자격을 확인할 수 있는 증빙자료를 방수전문 건설업체로 하여금 제출하도록 한다.

1.5.4 시공계획서

(1) 자재의 운반 및 보관계획
(2) 방수층 및 보호층 시공계획
(3) 품질관리 및 담수시험계획

1.5.5 견본

(1) 도막 방수재(규격 300㎜×300㎜ 하드롱지 또는 합판에 부착)
(2) 프라이머

1.6 품질보증

1.6.1 보증

(1) 누수, 재료의 노후와 퇴락, 파괴를 포함하여 부실공사와 부실재료는 품질보증기간 내에 개수 또는 교체하여야 한다.

1.7 운반, 보관 및 취급

(1) 방수재는 생산자명, 상품명이 표시된 원래의 포장된 상태로 반입하여야 한다.

(2) 용제형 도막방수재는 인화성에 주의하여 보관, 시공하여야 한다.

(3) 프라이머는 밀봉상태로 보관하고 화기에 주의하여야 한다.

[표 1.7-1] 방수재 운반시 안전관리사항

작업내용	위험포인트	안전관리대책
통로 확보	· 건물출입구 통행시 낙하물 위험 · 통로 미확보로 인한 협착	· 건물 주출입구 방호선반 설치 · 자재이동 동선구간 통로확보 · 통행로 바닥 평탄화 확인
운반	· 전방을 주시하지 않고 운행 시 충돌 · 지게차 작업반경내 출입금지조치 미흡으로협착 · 개구부 덮개 및 노면불량으로 추락, 전도 · 인력운반시 자세불량으로 요통	· 반드시 전방주시하며 운행 · 전담 지게차 신호수배치(자재운반 및 이동에 필요한 인원 별도 배치) · 개구부 덮개 고정상태확인, 통행로 주변 돌출물 제거 · 중량물은 2인1조 작업, 단독작업 30kg 이하 작업
자재내림	· 자재를 들어서 던짐시 타박 · 리어카 하역시 무리한 충격반동에 의하여 협착·충돌 · 차량에서 자재하역시 준비 운동 미흡 및 자세불량으로 요통	· 차량바닥에서 밀어서 하역자재묶임상태 확인 · 리어카반동을 이용한 하역금지 · 중량물 취급전준비운동 또는 하역장비사용 (하역장비 사용시 신호수 배치)

- 출처: 방수 작업안전(2009, 한국산업안전보건공단, 오지환 외)

1.8 환경요구사항

(1) 강우 강설시 또는 강우강설이 예상되는 경우, 바탕이 건조되지 않은 경우 시공해서는 안 된다.

(2) 기온이 5℃이하가 되어 방수층이 들뜰 우려가 있을 경우 시공해서는 안되며, 불가피할 경우 보호대책을 작성하여 공사관리자의 확인을 받은 후 시공하여야 한다.

2 자재

2.1 프라이머

(1) 프라이머는 솔 또는 뿜칠기구나 고무주걱 등으로 도포하는 데 지장이 없고, *(표 2.1-1)*의 품질에 적합한 것을 사용한다.

[표 2.1-1] 도막방수용 프라이머의 품질

항목	품질	비고
건조시간	5시간 이내	KS M 5000에 따른다. 단, 시험온도는 20±2 ℃로 한다.
가열잔분	20% 이상	KS M ISO 3251 에 따른다.

CHECK 02 ▶
도막방수공법
▪ 방수용으로 제조된 우레탄고무, 아크릴고무, 고무 아스팔트 등 액상형 재료를 바탕면에 여러 번 도포하여 소정의 두께를 확보하고 이음매가 없는 방수층을 형성하는 공법

2.2 도막방수재 CHECK 02

2.2.1 재료

(1) 우레탄 고무계, 고무아스팔트계, 아크릴계 도막방수재는 KS F 3211에 적합한 것으로 한다.

① 도포두께는 평탄부 3 mm, 치켜올림부 2 mm를 표준으로 한다.

(2) 우레탄 고무계 방수재의 종류는 1류와 2류로 구분되며, 2류는 원칙적으로 비노출용이며, 노출방수에 적용할 경우에는 1류의 아래층 용도로 사용한다.

(3) 아크릴 고무계 방수재는 고형분은 70~75%(질량)의 것으로 한다.

(4) 폴리우레아수지 방수재는 KS F 4922에서 정하는 품질에 적합한 것을 사용한다.

[표 2.2-1] 도막재의 종류

구분	정의	적용부위
· 우레탄 고무계 · 우레탄-우레아 고무계 · 우레아수지계	· 이소시아네이트를 주원료에 촉매활성재 등을 배합한 방수재	· 지붕, 복도, 발코니, 화장실, 외벽
· 아크릴고무계	· 아크릴고무를 주원료에 충전재 등을 배합한 방수재	· 지붕 , 외벽
· 고무 아스팔트계	· 아스팔트와고무를 주원료로하는 방수재	· 지붕, 화장실, 지하외벽

2.3 보강포

(1) 보강포는 바탕에 균열이 생겼을 경우 방수층의 동시 파단 또는 크리프 파단의 위험을 경감하고, 균일한 도막두께(설계두께)의 확보 및 치켜올림부, 경사부에서의 방수재의 흘러내림을 방지하기 위해 사용한다. 따라서 방수재와 잘 일체되어 보강효과를 가지고 치수안정성이 뛰어나며, 시공에 지장이 없는 *(표 2.3-1)* 이상의 품질을 가지는 것으로서 방수재 제조자가 지정하는 것을 사용한다.

[표 2.3-1] 보강포의 품질기준

종 류	인장강도[1) [N/mm(kgf/mm)]		신도(신장률)[1)] (%)		가열치수변화[2)] (%)		참고치	
	종	횡	종	횡	종	횡	두께[3)] (mm)	무게[4)] (g/m²)
유리섬유직포	5.8(0.6)이상	5.8(0.6)이상	2 이상	2 이상	+0.1, -0.1	+0.1, -0.1	0.15이상	35 이상
합성섬유직포	3.8(0.4)이상	3.8(0.4)이상	10 이상	10 이상	+0.1, -0.1	+0.1, -0.1	0.15이상	40 이상
합성섬유 부직포	1.0(0.1)이상	1.0(0.1)이상	30 이상	30 이상	+0.1, -0.1	+0.1, -0.1	0.33이상	55 이상

주 1) KS K 0520의 래블스트립법에 의함.
2) 가열조건(KS F 3211) ; 우레탄 고무계 1류, 아크릴 고무계 및 클로로프렌 고무계 적용의 경우에는 80±2 ℃×168hrs, 고무 아스팔트계는 70±2 ℃×168hrs로 한다.
3) KS K ISO 5084
4) KS K 0514

2.4 통기완충 시트

(1) 우레탄고무계 방수재 사용 부분 밀착 공법에 사용하는 통기완충 시트는 방수바탕에 균열이 발생할 때의 국부응력이 방수층에 영향을 미치지 않도록 분산시키고, 또한 방수바탕이 함유한 수분의 온도상승에 따른 기화 수증기가 통기될 수 있도록 우레탄 도막방수층 아래에 설치하는 시트를 말하며, 그 종류는 다음과 같다.

① 플라스틱 필름, 플라스틱 발포체, 화학섬유 부직포, 폴리머 개량 아스팔트시트, 합성 고무계 시트 등
② 상기 ①의 시트 상의 재료 아랫면에 홈을 두거나, 부직포 등을 붙여 통기성능을 향상시킨 것
③ 상기 ①의 시트 상의 재료 윗면에 상부도포 도막 방수재와의 접착성 향상을 위하여 부직포나 프라이머 처리된 플라스틱 필름을 붙인 것
④ 상기 ①의 시트 상의 재료 자체에 구멍(구멍 뚫린 시트)을 두어 구멍으로 흘러들어온 도막 방수재가 바탕과 접착할 수 있도록 한 것
⑤ 하부에 접착층을 붙인 시트(자착 시트)를 깔아 접착공정을 줄인 것, 등

(2) 통기완충 시트는 상부에 도막방수재를 도포할 때 신축이 작고, 상부도포 도막 방수재와 일체가 되어 적정한 기계적 특성과 바탕균열 추종성 및 통기성을 가질 수 있어야 한다.

2.5 접착제

(1) 접착제는 바탕에 보강포 또는 통기완충 시트를 견고히 접착시키고, 시공에 지장이 없는 것으로서 방수재 제조자가 지정하는 것을 사용한다.

2.6 절연용 테이프

(1) 절연용 테이프의 종류는 KS T 1055의 1종에 적합한 것으로 한다. 또한, 가황 또는 비가황고무계 테이프를 사용할 경우에는 두께 1mm 이상, 폭 100mm 정도의 것을 사용한다.

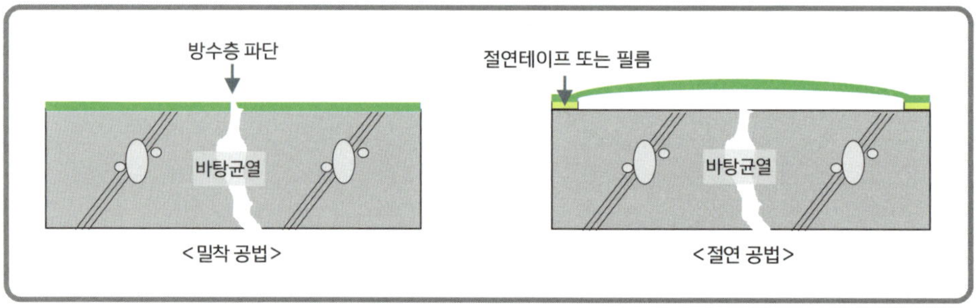

[그림 2.6-1] 절연테이프 또는 필름을 사용한 절연 처리

2.7 마감도료(top coat)

(1) 도막 방수층을 자외선 등으로부터 보호하기 위해 도포하는 마감도료는 솔, 롤러 또는 뿜칠기구로 도포하는 데 지장이 없고, 방수층과 충분히 접착하며, 양호한 내후성을 지니고, 방수층의 품질을 저하시키지 않는 것으로서 방수재 제조자가 지정하는 것을 사용한다.

2.8 우레탄 포장재

(1) 우레탄 포장재는 시공에 지장이 없고, 내구성 및 방수층에 대해 적절한 접착성을 가지며, 방수층의 품질을 저하시키지 않는 것으로서 방수재 제조자가 지정하는 것을 사용한다.

2.9 화장(모양내기)재

(1) 아크릴 고무계 도막방수층(외벽)의 마감층에 사용하는 화장(모양내기)재는 벽면시공에 지장이 없고, 양호한 내후성을 가지며, 방수층의 품질을 저하시키지 않는 것으로 방수재 제조자가 지정한 것을 사용한다.

2.10 보호완충재

(1) 이미 타설된 콘크리트 지하 외벽 바탕에 방수층을 시공하고, 이를 보호할 목적으로 사용되는 보호완충재는 되메우기 시, 토사의 침하 및 쇄석 등에 의한 방수층의 손상 방지에 충분한 저항성을 가지는 것으로 다음과 같은 것이 있으며, 종류나 두께 등은 공사시방에 의한다.

① 시멘트 모르타르
② 발포 폴리에틸렌, 발포 폴리스티렌 등 발포 플라스틱
③ ②의 발포 플라스틱 표면에 합성섬유 부직포 등 보강포를 붙인 것
④ 두터운 합성섬유 직포나 부직포

2.11 탈기장치

(1) 탈기장치는 통기완충 시트에 의하여 바탕으로부터 공급되는 수증기를 원활히 배출하여 방수층의 품질을 저해하지 않는 것으로 방수재 제조자가 지정하는 것을 사용한다.

2.12 기타

(1) 위에 기록된 이외의 재료는 방수재 제조자가 지정하는 것, 또는 공사시방에 의거하여 공사감리자의 확인을 받은 것을 사용한다.

3 시공

3.1 작업을 위한 양생 및 자재 점검

(1) 계량, 혼합 및 비빔장소는 비닐시트, 폴리에틸렌 필름 등과 같은 적당한 재료를 깔아서 주변이 오염되지 않도록 양생한다.
(2) 도포장소 이외에는 오염되지 않도록 비닐시트, 폴리에틸렌 필름, 양생 테이프 등을 사용하여 양생하며, 스프레이 작업에 있어서 방수용액 미스트가 예상치 못한 장소까지 비산할 수 있으므로 특히 주의하여 양생한다.
(3) 시공 전에 현장에 반입된 도막방수재의 고형분이 시험성적서 상의 고형분과 동일한 (품질 기준 범위 내) 제품임을 확인한 후 시공한다.

3.2 방수재의 조합, 비빔 및 점도 조절

3.2.1 우레탄 고무계, 우레탄-우레아 고무계 및 우레아 수지 도막방수재

(1) 2액형 방수재는 주(기)제와 경화제를 방수재 제조자가 지정하는 혼합비율로 계량한다.
(2) 2액형 방수재의 주(기)제와 경화제의 혼합은 전동 혼합기를 사용하며, 전동 혼합기는 모터의 출력이 크고, 회전이 빠르면 기포가 생성되어 핀 홀의 원인이 되므로 회전이 느린 것을 사용한다.
(3) 혼합 후에는 즉시 도포하여야 하나 제품에 따라 가사시간, 경화시간, 덧 도포나 이어 도포하는 시간간격 등이 서로 다를 수 있기 때문에 방수재 제조자의 지정에 따라 시공한다.
(4) 방수재의 점도를 조절할 필요가 있을 경우에는 방수재 제조자의 지정 범위에 따라 희석제 등을 사용할 수 있다. 다만, 희석제의 사용량은 방수재에 대하여 5% 이내로 하되, 과다 사용에 의한 경화 불량 및 경화 후 두께 감소의 문제가 발생하지 않아야 한다.
(5) 치켜올림면 사용 또는 구멍 뚫린 통기완충 시트 접착용 우레탄 방수재의 경우, 방수재 제조자의 지정 범위에 따라 흐름 방지제로서 증점제를 겸용하는 경우도 있다.
(6) 우레탄-우레아고무계나 우레아수지계 도막방수재의 경우, 색상조정을 위해 토너 (안료)를 현장에서 투입할 수 있으며, 이 경우에는 경화제에 투입하고 전동 혼합기로 충분히 혼합한다.
(7) 저온 시공 시, 우레탄-우레아고무계나 우레아수지계 도막 방수재의 온도를 올릴 필요가 있는 경우에는 방수용액을 직접 가열하지 않고 용기 외부를 가열하여 온도를 올린다.

3.2.2 아크릴 고무계 도막 방수재

(1) 아크릴 고무계 방수재는 *(3.2.1)*의 각 항목에 준하여 시공한다.
(2) 방수재의 점도 조절이 필요할 때에 희석제로써 물을 사용할 경우에는 방수재 제조자의 지정 범위에 따르며, 사용량은 방수재에 대하여 5% 이내로 하고, 과다 사용에 의한 경화 불량 및 경화 후 두께 감소의 문제가 발생하지 않아야 한다.
(3) 점도 조절용 물을 첨가한 다음 혼합 방법은 모터의 출력이 크거나 회전이 빠르면 기포가 생성되어 핀 홀의 원인이 되므로 회전이 느린 전동 혼합기를 사용하여 충분히 혼합한다.

3.2.3 고무 아스팔트계 도막 방수재

(1) 응고 도막형 고무아스팔트계 방수재의 고무아스팔트 에멀션과 응고제의 비율은 스프레이 장치의 토출압력과 노즐 팁(분사구멍)의 설정에 따라 달라질 수 있으므로 미리 방수재 제조자가 지정하는 방법에 따라 비율을 정해 둔다. 일반적으로는 중량비로 고무아스팔트 에멀션 10에 대하여 응고제 1~3의 비율로 한다.

(2) 반응 경화형의 고무아스팔트계 방수재는 고무아스팔트 에멀션과 경화제를 방수재 제조자가 지정하는 비율에 따라 계량하고, 모터의 출력이 크고, 회전이 빠르면 기포가 생성되어 핀 홀의 원인이 되므로 회전이 느린 전동 혼합기 등을 사용하여 충분히 혼합한다.

(3) 건조 도막형의 고무아스팔트계 방수재는 1액형의 재료나 모터의 출력이 크고, 회전이 빠르면 기포가 생성되어 핀 홀의 원인이 되므로 회전이 느린 전동 혼합기 등을 사용하여 충분히 혼합하여 균일한 상태로 하여 사용한다.

(4) 반응경화형 또는 건조 도막형의 고무아스팔트계 방수재를 벽면이나 치켜올림면에 사용할 경우, 방수재 제조자가 지정하는 비율에 따라 흘러내림 방지제로서 증점제를 사용할 수 있다.

(5) 방수재의 점도를 조절할 필요가 있을 경우에는 방수재 제조자의 지정 범위에 따라 희석제(용제류 혹은 물) 등을 사용할 수 있다. 다만 희석제의 사용량은 방수재에 대하여 5% 이내로 하되, 과다 사용에 의한 경화불량 및 경화 후 두께감소의 문제가 발생하지 않아야 한다.

3.3 프라이머의 도포

(1) 프라이머는 솔, 롤러, 고무주걱 또는 뿜칠 기구 등을 사용하여 균일하게 도포하여야 하나, 계절 및 종류에 따라 건조 시간이 변할 수 있으므로 방수재 제조자의 지정에 따른 건조 상태를 확인하고, 바탕으로의 흡수가 현저할 경우에는 덧도포 한다. 또한, 용제형의 프라이머를 사용할 경우에는 화기에 주의하고, 특히 실내 작업의 경우, 환기장치를 사용하여 인화나 유기용제 중독을 미연에 예방하여야 한다.

3.4 접합부, 이음타설부 및 조인트부의 처리

(1) PC(프리캐스트 콘크리트)부재와 ALC(경량기포콘크리트)패널의 접합부 및 현장타설 RC(철근콘크리트)바탕의 타설 이음부위는 방수재 제조자가 지정하는 방법에 따라 절연 테이프나 기타 보강재를 사용하여 보강 또는 덧도포하여 둔다. 방법의 예로는 다음과 같은 것이 있다.

① 접합부를 절연용 테이프로 붙이고, 그 위를 두께 2mm 이상, 폭 100mm 이상으로 방수재를 덧도포한다.

② 접합부를 두께 1mm 이상, 폭 100mm 정도의 가황고무 또는 비가황고무 테이프로 붙인다.

③ 접합부를 폭 100mm 이상의 합성섬유 부직포 등 보강포로 덮고, 그 위를 두께 2mm 이상, 폭 100mm 이상으로 방수재를 덧도포한다.

④ 현장타설 RC 바탕의 타설 이음부를 덮을 수 있는 적당한 폭의 절연용 테이프를 붙이고, 절연용 테이프의 양 끝에서 각각 30mm 더한 폭 만큼 두께 2mm 이상의 방수재를 덧도포한다.

3.5 보강포 붙이기

(1) 보강포 붙이기는 치켜올림 부위, 오목모서리, 볼록모서리, 드레인 주변 및 돌출부 주위에서부터 시작한다.

(2) 보강포는 바탕 형상에 맞추어 주름이나 구김살이 생기지 않도록 방수재 또는 접착제로 붙인다.

(3) 보강포의 겹침 폭은 50mm 정도로 한다.

3.6 통기완충 시트 깔기

(1) 통기완충 시트는 방수재 제조자가 지정하는 방법에 따라 주름이나 구김살이 생기지 않고, 바탕형상에 잘 적응하도록 방수재나 접착제로 바탕에 붙이거나, 앵커 등 기계 고정 장치로 바탕에 고정한다. 방법의 예로는 다음과 같은 것이 있다.

① 통기완충 시트를 롤러 등과 같은 공구를 사용하여 들뜸이나 주름, 구김살 등이 생기지 않고, 바탕형상에 잘 적응하도록 접착제, 우레탄 방수재 또는 앵커 등을 사용하여 붙인다.
② 통기완충 시트의 이음매를 맞댄이음으로 하고, 맞댄 부분 위를 50mm 이상 폭의 접착제가 붙은 폴리에스테르 부직포 또는 직포의 테이프로 붙여 연속되게 한다.
③ 구멍 뚫린 통기완충 시트를 약 30mm의 폭으로 겹치고, 붓, 고무주걱 등과 같은 공구를 사용하여 들뜸이나 주름, 구김살 등이 생기지 않고 바탕형상에 잘 적응하도록 점성이 있는 접착제나 우레탄 방수재 등을 사용하여 붙인다.

3.7 방수재의 도포

(1) 방수재는 핀홀이 생기지 않도록 솔, 고무주걱 및 뿜칠기구 등으로 균일하게 치켜올림 부위와 평면부의 순서로 도포한다.
(2) 치켜올림 부위를 도포한 다음, 평면 부위의 순서로 도포한다.
(3) 보강포 위에 도포하는 경우, 침투하지 않은 부분이 생기지 않도록 주의하면서 도포한다.
(4) 방수재의 겹쳐 바르기는 원칙적으로 앞 공정에서의 겹쳐 바르기 위치와 동일한 위치에서 하지 않으며, 도포방향은 앞 공정에서의 도포방향과 직교하여 실시하며, 겹쳐 바르기 또는 이어바르기의 폭은 100mm 내외로 한다.
(5) 겹쳐 바르기 또는 이어 바르기의 시간간격은 방수재 제조자의 지정에 따른다. 또한, 겹쳐 바르기 또는 이어 바르기의 시간간격을 초과한 경우, 프라이머를 도포하고 건조를 기다려 겹쳐 바르기 또는 이어 바르기를 한다.
(6) 방수재 도포 중, 강우나 강설로 인하여 작업이 중단될 경우에는 비닐 시트나 폴리에틸렌 필름 등을 덮어 두는 등의 적절한 양생을 하고, 강우나 강설 후의 시공은 표면을 완전히 건조시킨 다음 이전 도포한 부분과 폭 100mm 내외로 프라이머를 도포하고 건조를 기다려 겹쳐 도포한다.
(7) 우레탄-우레아고무계 또는 우레아수지계 도막방수재를 스프레이 시공할 경우, 최초 분사 도막재는 주제와 경화제의 분사비율이 다를 수 있으므로 버린다.
(8) 우레탄-우레아고무계 또는 우레아수지계 도막방수재를 스프레이 시공할 경우, 분사각도는 항상 바탕면과 수직이 되도록 하고, 바탕면과 300mm 이상 간격을 유지하도록 한다. 또한 소정 두께를 얻기 위해 두 번으로 나누어 겹쳐 도포할 경우, 두 번째의 스프레이 방향은 첫 번째의 도포방향과 직교하여 스프레이 도포한다.
(9) 우레탄-우레아고무계, 또는 우레아수지계 도막방수재를 스프레이 시공할 경우, 동일한 분사압력, 분사온도를 유지할 수 있도록 장치를 관리하여야 한다.
(10) 고무 아스팔트계 도막방수재의 외벽에 대한 스프레이 시공은 아래에서부터 위의 순서로 실시한다.

3.8 방수층의 두께관리

(1) 도막두께는 원칙적으로 사용량을 중심으로 관리한다. 설계도서에 명시된 도막두께(설계두께)를 확보하기 위해서는 방수재 도포 전에 사용량을 정확히 산출하여 해당량을 전부 도포하여야 한다. 현장 시공 과정에서 두께 관리가 필요할 때에는 방수재 도포 직후 습윤막 상태의 도막 두께와 방수재가 경화한 건조막 상태의 도막 두께를 측정하는 방법이 사용된다. 도막방수층의 설계두께는 건조막 두께를 기준으로 관리한다. 건조막 두께는 희석제의 사용량, 바탕 표면의 요철면, 굴곡면, 경사도, 누름보호층의 유 · 무, 도포 당시의 기후 조건 등에 따라 다르게 측정될 수 있다. 이러한 경우에는 공사감리자와 협의하여 품질 성능을 검토한 후 시공 적합성을 판단한다. 필요시 두께 부족 부분은 보완 시공을 하고, 방수 보호층이 있는 경우에는 반드시 두께 부족 부분을 보강 시공한 후 보호층을 시공한다.

3.9 보호 및 마감 CHECK 03

(1) 방수층의 보호 및 마감의 종류는 *KCS 41 40 06*에 따르고, 종류와 적용은 공사시방에 의한다. 또한 보호 및 마감을 시공하기 전에는 반드시 방수층의 건조 상태, 결함(두께 부족, 들뜸, 핀홀, 경화 불량, 찢김 등의 손상) 등을 점검하고, 보수한 후 청소 상태를 확인한다.

◀ CHECK 03
보호 마감
- 현장타설 콘크리트, 시멘트 모르타르, 도장, 자외선 차단재(Top-Coat) 등을 사용
- 보호마감 시공 중 방수층을 다치는 경우가 없도록 주의

3.9.1 지붕의 공법

(1) 평면부의 보호 및 마감

지붕 평탄 부위 방수층의 보호 및 마감은 다음의 방법을 표준으로 하고, 그 종류 및 시공법은 방수재의 제조자가 지정하는 것으로 한다.

① 현장타설 콘크리트

가. 방수층이 완성된 다음, 단열재를 깔고 그 위에 절연용 시트를 깔아 점착테이프 또는 기타 테이프로 고정한다.

나. 그 위에 *SBCS 41 90 30 05*에 따라 콘크리트를 시공하며, 콘크리트에는 균열방지를 위한 와이어 메시를 타설 두께의 중간 위치에 삽입한다.

다. 평면부 콘크리트에는 3m 내외로 신축줄눈을 설치하고, 파라펫 및 펜트하우스 주변 및 치켜올림면으로부터 평면부쪽으로 0.6m 내외의 적당한 위치에도 신축줄눈을 설치한다.

라. 신축줄눈은 폭 20mm 정도, 깊이는 콘크리트의 밑면까지 도달하도록 설치한다.

마. 신축줄눈의 설치방법은 KS F 9004를 참고하고, 콘크리트, 와이어 메시 및 줄눈재의 종류는 공사시방에 의한다.

바. 치켜올림부의 보호 및 마감은 시멘트 모르타르로 기초를 만들어 *SBCS 41 90 34*에 따라 벽돌이나 블록을 방수층으로부터 20mm 이상 간격을 둔 위치에서 쌓아올리고, 각 단별로 방수층과의 사이에 시멘트 모르타르로 공극이 생기지 않도록 충전하여 표면은 *SBCS 41 90 46*에 따라 시멘트 모르타르를 발라서 마감한다.

사. 치켜올림부의 보호 및 마감을 건식공법으로 할 경우에는 공사시방에 따른다.

② 콘크리트 블록 : 방수층이 완성된 다음 방수층이 손상되지 않도록 블록을 깐다. 블록의 종류 및 시공법은 공사시방에 따른다.

③ 마감도료 도장

가. 마감도료를 도포하기 전에 비도장 부분은 마스킹테이프 등으로 양생한다.

나. 마감도료는 뿜칠 건, 솔, 롤러 등을 이용하여 균일하게 얼룩 없이 도포하고, 겹쳐 바르기를 2회 이상으로 한다. 또한 마감도료의 종류 및 겹쳐 바르기 시간간격은 방수재 제조자가 지정하는 것으로 한다.

다. 마감도료의 도포량은 200~400g/m²(골재를 혼입할 경우는 700~2000g/m²) 정도로 한다.

라. 도장완료 후에는 마감도료가 경화할 때까지 적정한 양생을 한다.

④ 우레탄 포장

가. 우레탄 고무계 포장재는 주제와 경화제를 방수재 제조자가 지정하는 비율로 배합하고, 전동비빔기 등으로 충분하게 비빈다. 방수재 위에서 겹쳐 바르기는 이 기준 3.7에서 규정하고 있는 시간간격으로 시공한다. 시공은 쇠흙손, 고무 롤러 및 정량 압송기 등을 사용하여 정성 들여 시공하고, 1회의 도포두께는 방수재 제조자의 지정에 따른다.

나. 표면 마감층은 특수 롤러 또는 뿜칠기구로 한다.

다. 포장 완료 후 포장재가 경화할 때까지 적절하게 양생한다.

(2) 치켜올림 부위의 보호 및 마감

치켜올림 부위의 보호 및 마감의 종류와 시공법은 *(3.9.1, (1), ①, 바)*에 따르고, 방수재 제조자가 지정하는 것으로 한다.

3.9.2 차양, 개방복도, 베란다의 공법

(1) 차양, 개방복도, 베란다 방수층의 보호 및 마감은 다음 사항을 표준으로 하고, 그 종류 및 시공법은 방수재의 제조자가 지정하는 것으로 한다.

① 도장의 시공법은 상기 *(3.9.1, (1), ③)*에 따른다.

② 우레탄 포장의 시공법은 상기 *(3.9.1, (1), ④)*에 따른다.

3.9.3 외벽의 공법

(1) 외벽 방수층의 마감은 화장마감을 표준으로 하고, 그 종류 및 시공법은 방수재 제조자가 지정하는 것으로 한다.

① 외벽 방수재의 마감은 붓, 롤러 및 뿜칠기구 등을 사용하여 모양내기, 톱코트 순으로 도포한다. 또한 도포량은 400~800g/m²를 표준으로 하여 균일하게 도포한다.

② 겹쳐바르기 시간간격은 방수재 제조자가 지정하는 것으로 한다.

③ 마감완료 후에는 마감재가 경화할 때까지 적정한 양생을 한다.

3.9.4 지하외벽의 공법

(1) 지하외벽 방수층의 보호는 보호완충재를 설치한 후, 그 위를 현장타설 콘크리트 또는 콘크리트 블록 등으로 보호하는 것을 표준으로 하지만 되메움의 토사가 방수층에 손상을 입히지 않는 모래와 같은 것이라면 현장타설 콘크리트 또는 콘크리트 블록을 생략할 수 있다.

3.9.5 실내의 공법

실내 방수층의 보호 및 마감은 아래 사항을 표준으로 하지만 그 종류 및 시공법은 방수재 제조자가 지정하는 것으로 한다.

(1) 평면부의 보호 및 마감

① 도장의 시공법은 *(3.9.1, (1), ③)*에 따른다.

② 시멘트 모르타르

가. 시멘트 모르타르 층에는 보강을 위한 메탈라스 및 와이어 메시 등을 삽입하며, 그 종류 및 공법은 공사시방에 의한다.

나. 시멘트 모르타르 바름은 *SBCS 41 90 46*을 따른다.

(2) 치켜올림 부위의 보호 및 마감은 *(3.9.1, (2))*에 따른다.

3.10 현장 품질관리

3.10.1 시험

(1) 옥상방수의 경우 방수보호층 시공전에 방수시공된 부위의 모든 드레인을 막고 맑은 물을 50㎜ 깊이로 채운 후 최소 24시간 동안 관찰하여 누수여부를 확인해야 한다. 만약 누수가 발견되면 물을 배수시키고 건조후 보수하고, 보수가 완료되면 다시 드레인을 막고 위와 같은 순서로 담수시험을 실시한다. 다시 누수부위가 있으면 누수가 발견되지 않을 때까지 위 내용을 반복한다.

(2) 공사관리자가 지시하는 부위의 시료(200㎜×200㎜)를 채취하여 두께를 측정한다. 시료를 채취한 부위는 즉시 보수하여야 한다.

3.10.2 시공상태 확인 CHECK 04

(1) 바탕건조 및 표면상태 검사

(2) 루프드레인, 슬래브, 개구부, 치켜올림부위 검사

(3) 방수층의 손상, 파단, 기포, 두께 검사

(4) 방수층 보호시공 검사

◀ CHECK 04

방수층 시공상태 확인

- 도막두께: 다이얼게이지식 도막두께 측정기 이용
- 박리, 들뜸, 팽창 및 핀홀 유무 확인
- 부착강도 측정 및 담수(누수) 테스트 실시

3.11 검사

(1) 도막방수공사의 단계별 주요 검사항목은 *SBCS 41 90 40 10 (3.4)*에 따른다.

3.12 현장 안전관리

- 출처: NCS(국가직무능력표준)을 적용한 건축시공(2017, 정용식 외)

(1) 시공 현황 파악

① 현장의 입지여건상 방수재료 보관이나 방수시공 시 문제점은 없는지 파악한다.

② 방수공사 시 타공정과의 연계성을 충분히 검토하여 공정이 중단되지 않도록 한다.

③ 지하실 방수와 지붕방수는 현장정리 시점과 방수시공 시점에 차질이 없도록 한다.

(2) 개인 안전보호구 착용

① 밀폐공간 시 방진 마스크 착용

② 지붕, 옥상 방수 시 안전대 착용

③ 위험작업자 특별안전 교육 실시

(3) 안전시설물 설치

① 방수 작업 시 비계 또는 이동식 비계 추락방지 설비 설치

② 벽체 방수작업 시 개구부 추락 방지 설비 설치

③ 시트방수작업 이동통로 안전난간대 설치

3.13 안전시공

[표 3.13-1] 방수공사 면처리작업 안전시공사례

작업순서	위험포인트	안전관리대책
① 면고르기 및 청소	· 바탕면 파취시 타박, 비산 · 핀 제거시 우마 불량시추락 · 핀 제거시 빠루사용 미흡으로 비산 된 핀에 얼굴맞음 · 함마드릴사용 시 습기, 전선불량으로 인한 감전	· 보호구 착용(보안경) · 목재발판 사용금지 및 기성제품사용(철재) 폭 400㎜ · 빠루 사용시 핀이 완전히 삽입된 상태 확인 후 절단 · 공도구 사용전 점검 및 불량한 전선교체, 습기가 많은 곳은 전선 거치대 이용(접지확인)
② 고르기 몰탈	· 장시간 앉아서 일하다 갑자기 일어날 때 현기증으로 쓰러짐, 전도	· 일정한시간 작업 후 휴식을 취하고 쉬는시간을 통해 스트레칭 실시
③ 운반	· 무리한 행동으로 인한 요통 · 리어카 운반시 충돌, 협착	· 자재운반시 무리한 행동 금지 (25kg~30kg 이하 운반 남자기준) -장시간 운반시 2인1조 또는 13kg 이하 운반 실시 -작업시작전 준비운동 실시 · 중량물 운반시 2인1조 작업 및 통로 확보 후 이동

- 출처: 방수 작업안전(2009, 한국산업안전보건공단, 오지환 외)

[표 3.13-2] 방수공사 방수보 호모르타르 안전시공사례

– 출처: 방수 작업안전(2009, 한국산업안전보건공단, 오지환 외)

작업 순서	위험 포인트	안전관리 대책
① 조명기구 설치	· 이동전선에 사용하기 위한 누전차단기 미설치로 감전 · 노후, 손상된 전선을 교체하지 않고 사용시 감전 · 전구 보호망 미설치로(전구파손) 감전, 찔림, 찰과상	· ELB(분전함) 설치 · 노후, 손상된 전선교체 및 사용전 육안점검 실시 · 전구 보호망 설치 및 파손된 전구 교체
② 프라이머 도포	· 불안전한 자세로 허리요통 · 어두운곳에서 작업시 개구부에서 추락 · 프라이머 사용 부주의로 피부, 눈의 오염	· 작업자세는 반듯한 자세로 작업 · 조도확보 및 개구부는 난간, 덮개를 견고히 설치 · 피부가 노출되지 않는 작업복장 착용 및 보호구 착용
③ 쉬트 붙임	· 쉬트 위 물기등에 의한 넘어짐 · 토치사용 미흡으로 인한 화상, 화재 · 위험물관리 불량으로 화재, 폭발 (가스누출)	· 물기가 있는 곳으로 이동금지 및 물기 제거 · 토치 미사용시 가스밸브 잠금 상태 확인 및 토치방향 사람에게 금지(손조심)
④ 보호 몰탈	· 레미콘차량 진출입시 충돌, 협착 · 펌프카 사용시 연약지반으로 전도 · 콘크리트 호퍼사용시 양중 와이어 불량 : 낙하	· 레미콘차량 전담 신호수 배치 · 연약지반은 충분한 다짐을 확인 또는 받침 목 사용상태 확인(철판사용 권장) · 호퍼사용 전 와이어(ø20mm) 및 샤클 (8½)점검: 파손 및 훼손 상태
⑤ 작업종료	· 정리정돈 미흡으로 전도	· 작업 종료 후 작업장 정리정돈 실시

3.14 방수공사 하자 사례 및 개선방안

– 출처: 건축공사 들여다보기(2009, 서울지방국토관리청, 노성열 외), 2022 공동주택 공종별 핸드북(경기도)

하자 사례

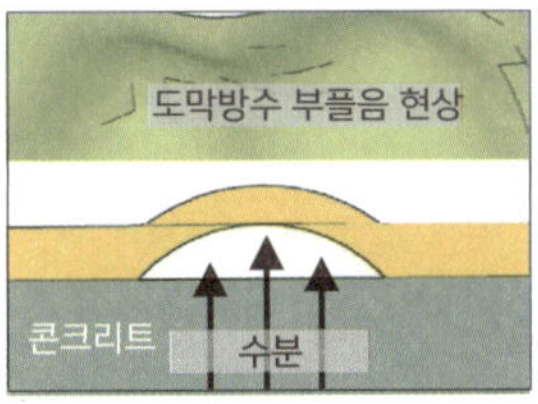

· 바탕콘크리트의 건조가 충분하지 않아 프라이머의 침투 방해로 인한 부분적 열화, 파단발생

개선 방안

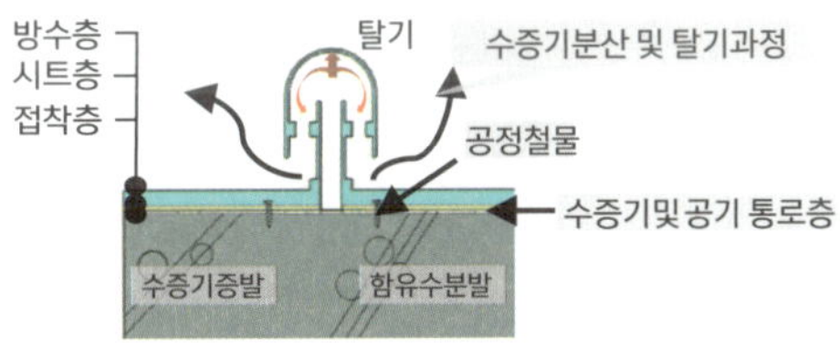

· 벤트(Vent) 탈기시스템을 적용하여 배출토록 시공

[그림 3.14-1] 증기압에 의해 방수층이 볼록해져 파손

하자 사례

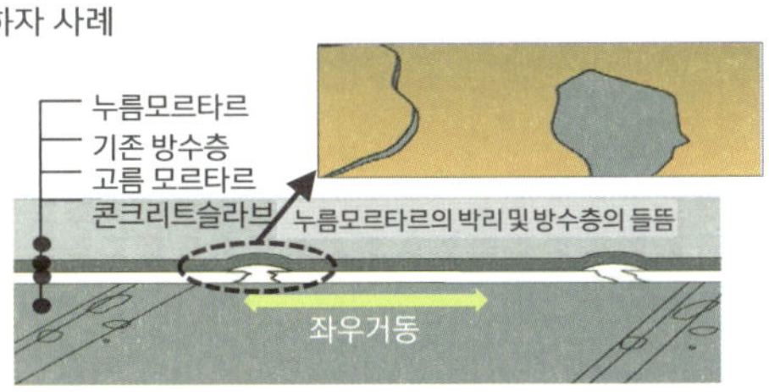

· 고름모르타르 들뜸에 의한 노출우레탄 파손

개선 방안

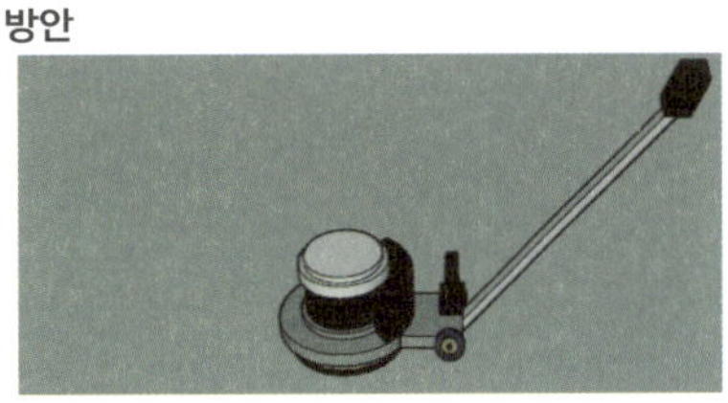

· 본 구조물 슬라브 타설시 물 구배 설정 후 콘크리트 타설하며, 기계 마무리(Finisher) 마감
· 고름 모르타르 불필요

[그림 3.14-2] 노출우레탄 파손: 고름모르타르 들뜸에 의한 파손

하자 사례

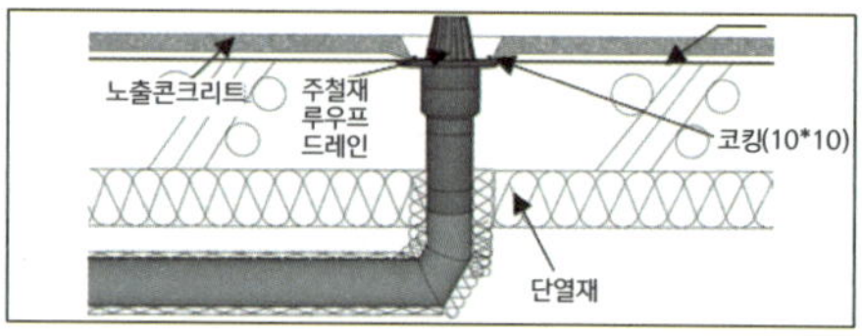

· 트렌치 내 물흘림 경사 불량으로 인한 물고임 등으로 누수 등의 하자 발생 및 트렌치 내 돌출물 설치 시 누수 예상

개선 방안

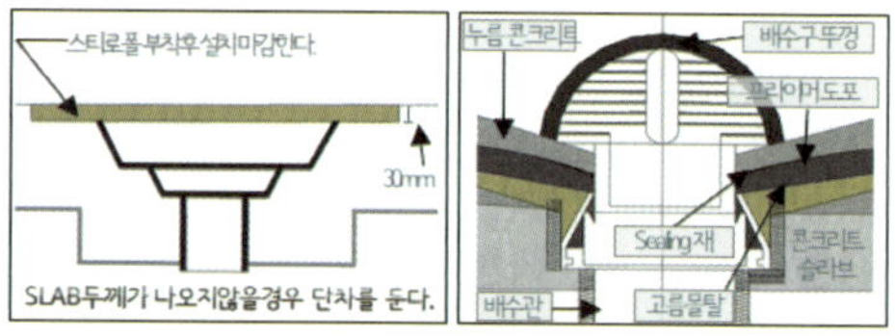

· 트렌치 내 바닥 물흘림 경사 시공
· 트렌치 내 돌출물 설치시 누수에 취약하게 되므로 가능한 트렌치 외부에 설치

[그림 3.14-3] 옥상트렌치 바닥 물흘림 경사 불량

하자 사례

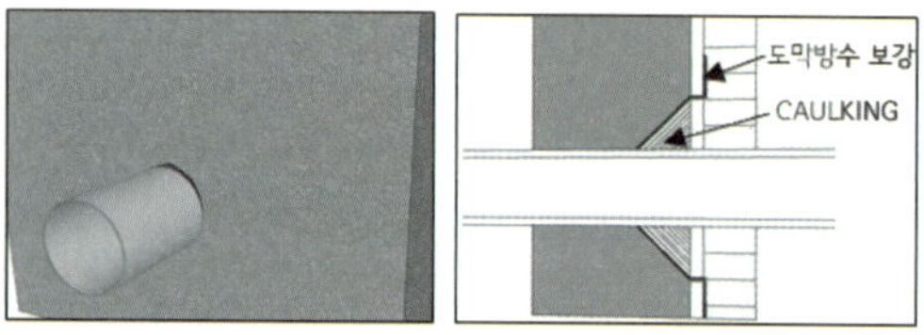

· 콘크리트 타설후 배관 스리브 천공 작업으로 인한 주변 방수 파손 및 보수 미비

개선 방안

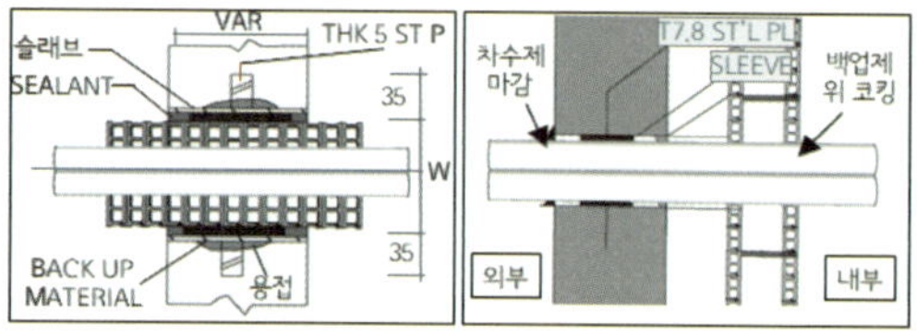

· 파이프(Pipe) 주위 도막방수 보강 및 연관되는 공종 연계 검토
· Caulking으로 충격, 열팽창 흡수

[그림 3.14-4] 배관 스리브 주위 방수 미비

하자 사례

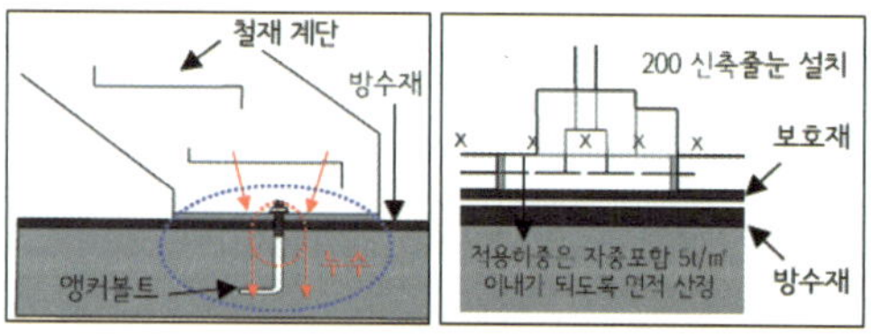

· 지붕층 방수 상부에 철골계단을 설치하여 앵커볼트 등으로 방수층을 파손시켜 누수

개선 방안

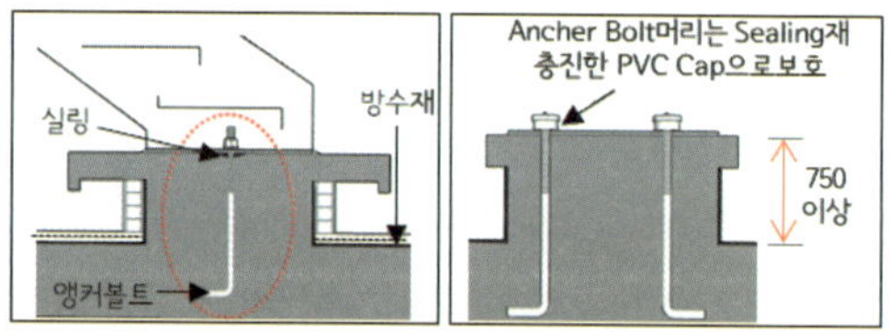

· 방수층 상부에 구조물을 설치할 경우 콘크리트 턱을 만든 후 구조물을 설치

[그림 3.14-5] 방수층 상부의 철골 기초에 의한 방수층 파손

하자 사례

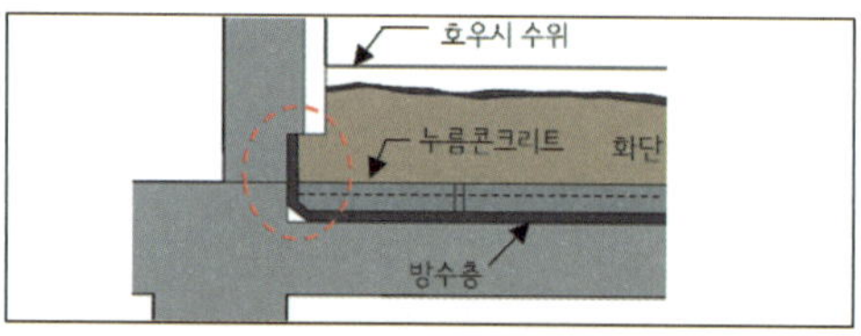

· 화단부위 파라펫 방수 치켜올림 부족으로 호우 시 수위가 높아져 누수

개선 방안

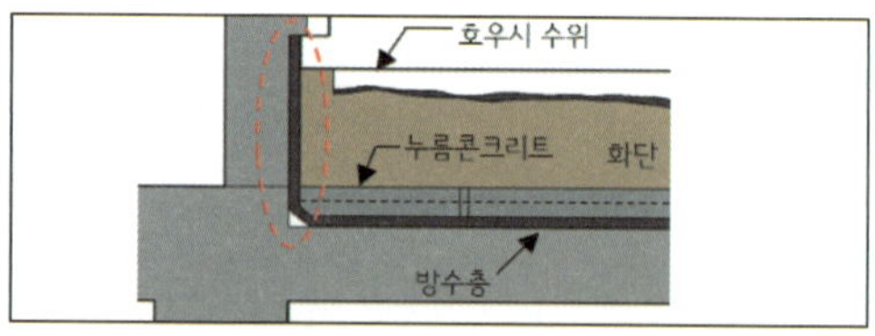

· 방수층의 치켜올림 높이는 화단보다 100㎜ 이상 높임

[그림 3.14-6] 화단부위 누수

하자 사례

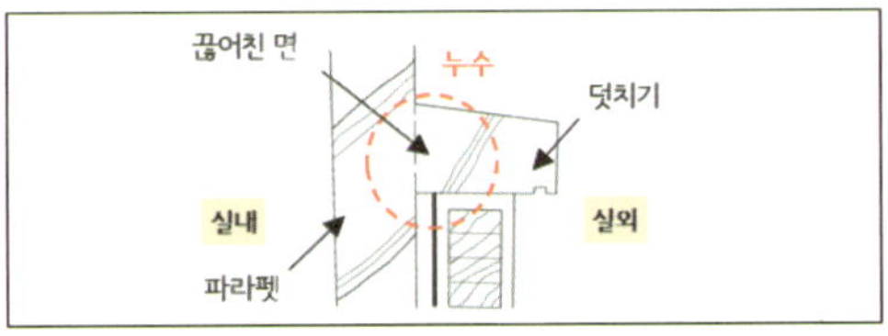

· 파라펫 돌출턱을 나중에 타설하여 이음부 균열로 인한 누수

개선 방안

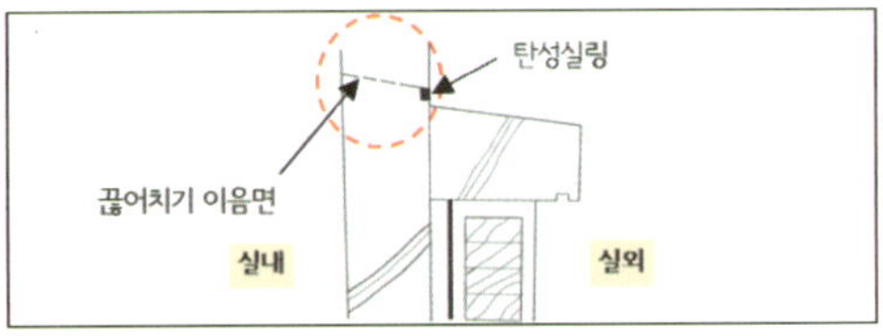

· 파라펫 돌출턱은 파라펫과 동시 타설하고, 수평 끊어치기 이음시 돌출 턱상부에서 100㎜ 정도 띄어서 시공

[그림 3.14-7] 파라펫 돌출 턱 파손에 의한 누수

하자 사례

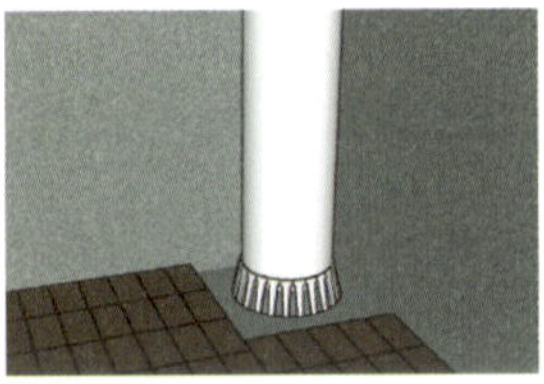

· 발코니 드레인 주변 방수하자로 인한 누수발생

개선 방안

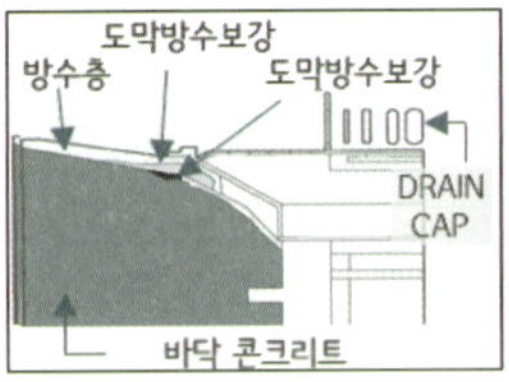

· 상세도와 같이 드레인 주변 파취 후 보강 Sealing
· 보강 Sealing 위 도막방수 보강 후 방수층 형성

[그림 3.14-8] 드레인 주위 누수

하자 사례

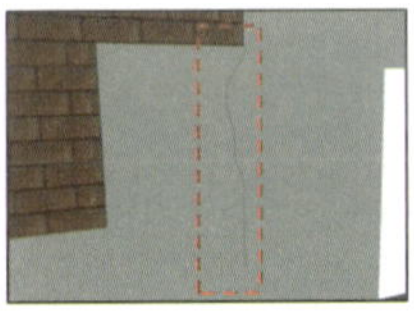

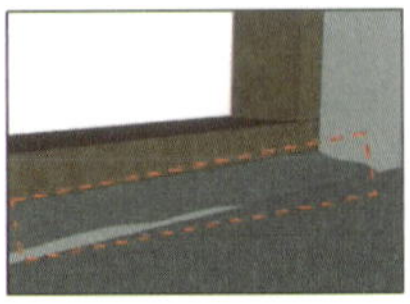

· 욕실벽 콘크리트+조적 접합부 균열 다발 부위에 도막방수 보강 누락
· 욕실 문틀 주위 도막방수 보강 누락으로 문틀 주위 누수 및 문틀 변형

개선 방안

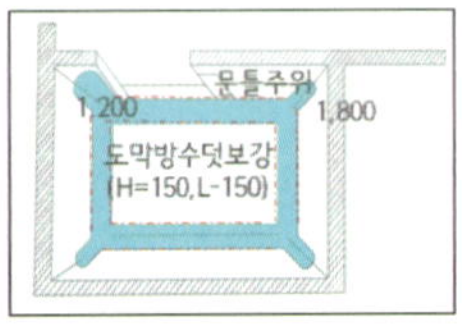

· 욕실: 바닥 4면, 욕조 주위벽, 문틀 주위(폭 300㎜) 보완 시공
· 기타: 콘크리트벽과 조적벽 접합 부위, 변기 슬리브, 욕실에 돌출되는 각종 파이프 주위, 이질재 접합부위, 균열 부위, 드레인 주위 정밀 시공

[그림 3.14-9] 도막방수 보강 누락

하자 사례

· 바탕면 함수율이 높은 상태에서 방수를 시공하여 들뜸 및 기포 발생

개선 방안

· 바탕면 함수율이 8% 이하의 조건에서 방수층 시공

[그림 3.14-10] 우레탄 들뜸 및 기포 발생

CHAPTER 9

02

SBCS 41 90 40 10

복합 방수공사

1 일반사항

CHECK 01 ▶
복합방수 공법의 장점
- 콘크리트 바탕과 방수층과의 절연성 우수
- 부착 성능 우수
- 바탕면 수분 및 균열에 의한 하자 미발생
- Top coat재 시공으로 내후성 및 내구성 향상
- 바탕 거동에 우수한 대응성

1.1 적용범위 CHECK 01

(1) 이 기준은 비노출부위에 시공하는 개량 아스팔트시트와 폴리우레탄 도막재의 복합 방수공법에 대하여 적용한다.
(2) 이 기준은 건축물의 옥상부의 콘크리트 바탕(인공지반) 위에서 이루어지는 식재(조경) 공사에 있어서 실내로의 물의 침입을 방지하기 위한 방수공사에 적용한다. 범위는 옥상에만 국한된 것이 아니라 인공지반조성의 상부 공간 및 실내 등에서 조경용 식재 공사를 대상으로 콘크리트 바탕체 위에 구성하는 방수 및 방근 공사를 대상으로 한다.

1.2 참고 기준

(1) 복합방수의 참고기준은 *KCS 41 40 07 (1.2), LHCS 41 40 07 20 (1.2)*에 따른다.

1.3 용어의 정의

(1) 복합방수의 용어의 정의는 *KCS 41 40 01 (1.4)*에 따른다.

1.4 제출물

1.4.1 시공상세도면

(1) 부위별 방수시공상세도
① 치켜올림, 감아내림, 오목모서리, 볼록모서리, 단차, 신축줄눈, 이음타설부, 드레인주위, 패러핏(Parapet)주위, 고정철물주위 및 설비배관 관통부주위의 방수시공상세도
② 이질 방수재와의 접합 상세도

1.4.2 제품자료

(1) 복합방수재 물성, 특성
(2) 프라이머, 보강포 물성, 특성
(3) 방수재 제조업자 공사시방서

1.4.3 시공계획서

(1) 자재의 운반 및 보관계획
(2) 방수층 및 보호층 시공계획
(3) 품질관리 및 담수시험계획

1.4.4 견본

(1) 복합 방수재(규격 300㎜ × 300㎜ 하드롱지 또는 합판에 부착)
(2) 프라이머

1.5 품질보증

1.5.1 자격

(1) 본 공사규모와 유사한 시공실적과 시공경력이 있는 방수 전문건설업체로 하며, 자격을 확인할 수 있는 증빙 자료를 제출한다.

1.6 운반, 보관 및 취급

(1) 방수재는 완제품으로 현장에 공급되며 운반 및 취급시 포장이 파손되지 않도록 주의한다.

(2) 영상의 기온에서 비나 직사광선이 닿지 않는 건조하고 통풍이 잘되며 습기 및 화기가 없는 장소에 밀폐상태로 보관되어야 한다.

(3) 옥외 야적으로 보관하게 될 경우 품질의 변화가 발생되지 않도록 바닥의 통풍을 고려하여 목재깔판을 사용, 습기가 포장재료에 닿지 않도록 하여 보관한다.

1.7 현장조건

1.7.1 현장 환경요구사항

(1) 방수층 시공 전 24시간동안 주위 기온이 5℃ 이상이어야 한다.

(2) 방수제 제조업자의 제품자료에 의한 양생시간동안 5℃ 이상의 기온이 지속될 것이 예상될 때 시공한다.

1.7.2 기타 유의사항

(1) 강풍 및 고온, 고습의 환경일 때는 시공과 안전에 주의한다.

(2) 방수층 끝 부분이 잠기지 않도록 물을 채우고, 48시간 정도 누수 여부를 확인한다.

2 자재

2.1 복합 방수공법

CHECK 02 ▶
프라이머 사용 시 주의사항
- 매스틱형 아스팔트, 아스팔트 혼입 벤토나이트 등 사용
- 유연성, 접착성, 수밀성, 온도변화 정항성이 큰 재료 사용
- 일반적인 반응경화형 프라이머(에폭시계, 시멘트계) 사용 금지

2.1.1 프라이머 CHECK 02

(1) 프라이머는 솔, 롤러, 뿜칠기구 및 고무주걱 등으로 도포하는데 지장이 없고, 8시간 이내에 건조되는 품질의 것으로 방수재 제조자가 지정하는 것으로 한다.

2.1.2 도막방수재

(1) 도막방수재는 KS F 3211, KS F 4935에 적합한 것으로 한다.

2.1.3 방수시트

(1) 방수시트는 KS F 4917, KS F 4911, KS F 4934에 적합한 것으로 한다.

2.1.4 기타재료

(1) 상기 이외의 방수층 시공을 위해 사용이 필요하다고 판단되는 부자재는 공사감리자의 확인을 받아 사용할 수 있다.

[표 2.1-1] 주요 복합방수 공법의 종류

공법	신기술(특허)	시트 부착 방식	시트 이음 방식	특징
경질금속시트 + 폴리머시멘트계 도막재	제 102 호	밀착공법	겹침이음	-
개량아스팔트시트 + 폴리우레탄도막재	제 154 호	절연공법	맞댄이음	T 형 이음
고무아스팔트도막재 + 아스팔트방수시트	제 204 호	밀착공법	겹침이음	-
개량EVA시트 + 무기질탄성도막재	제 234 호	절연공법	겹침이음	-
통기절연시트 + 폴리우레탄도막재	제 326 호	절연공법	맞댄이음	탈기 시스템
고무아스팔트시트 + 경질금속시트	제 423 호	절연공법	맞댄이음	완전 건식
아스팔트계다층시트 + 고무아스팔트계도막재	제 0879077호	밀착공법	맞댄이음	-

2.2 옥상녹화 방수

2.2.1 방수재료

(1) 도막방수재 및 방수시트 재료는 *(2.1)* 복합방수공법에 따른다.
(2) 방수 방근 복합방수재는 KS F 4938에 따른 시험을 하여 방근성능이 입증된 공법으로 한다.

3 시공

3.1 복합 방수공법

3.1.1 시공조건 확인

(1) 적용부위 및 높이는 설계도면에 의한다.

3.1.2 방수층 시공

3.1.2.1 시공순서

(1) 기본바탕처리
(2) 선정된 방수공법의 방수시공
(3) 보호층 시공
(4) PE 비닐 깔기 및 누름 콘크리트 보호층 등의 시공

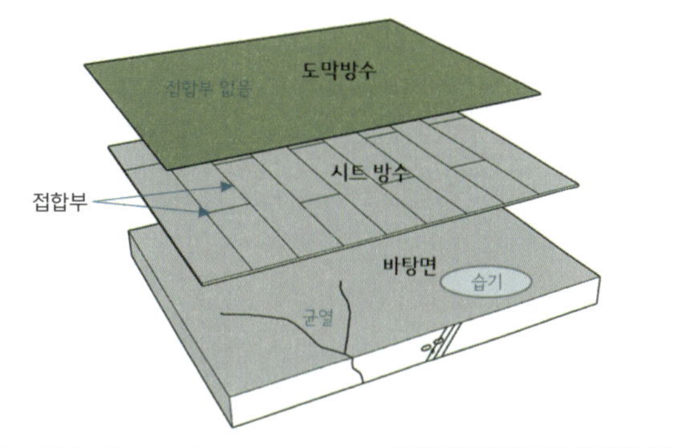

[그림 3.1-1] 시트·도막 복합 방수공법의 개념도 CHECK 03

3.1.2.2 바탕정리

(1) 바탕면의 열화정도, 파손정도, 균열여부정도, 누수, 박리 등의 표면상태 및 루프드레인, 개구부, 슬리브, 치켜 올림부위 등의 파손 여부를 확인하여 보수한다.

▲ CHECK 03
복합 방수공법의 개요
- 복합방수공법은 방수성능 향상을 위하여 2가지 이상의 방수재료를 사용하여 방수층을 형성하는 공법을 의미
- 주로 Sheet 방수와 도막방수의 취약점을 상호 보완하기 위하여 적용

3.1.2.3 방수 시공 CHECK 04

(1) 선정된 방수공법의 제조업자 시방에 따라 방수 시공을 한다.
(2) 방수 시공 시 인접 방수 공법과의 처리 방법에 대해서는 승인된 시공상세도에 따라 시공한다.

▲ CHECK 04
복합 방수 시공 시 주의사항
1) 기상 및 환경
- 기온 5℃ 이하 시공금지
- 강우, 강설, 바탕이 건조 되지 않은 경우 시공금지

2) 프라이머 도포
- 균일하고 빠짐없이 도포
- 프라이머 도포 후 오염되지 않도록 주의

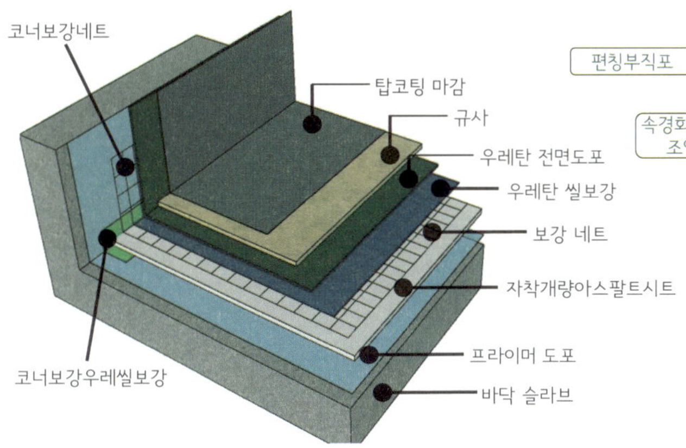

복합방수 조인트 시공 상세

- 복합시트와 복합시트 조인트 부분은 맞대음을 이용하여 이음부분에 보강네트와 우레씰을 상호 결합하여 바탕면에 완전 접착시킴

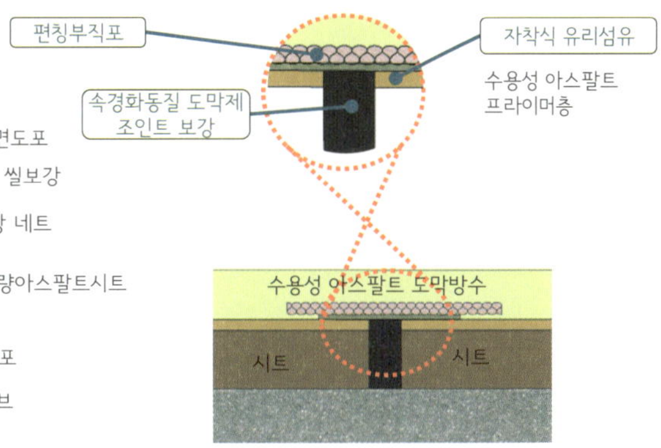

복합방수 단부 시공 상세

- 수용성 아스팔트 도막방수와 시트를 T형 이음구조로 일체화

[그림 3.1-2] 조인트 및 단부 시공방법 예시도

CHECK 05 ▶
1) 옥상녹화의 필요성
- 환경오염 저감
- 단열효과(에너지 절감)
- 우수유출 완화 ▪ 도시생태계 복원
- 도시열섬화 저감 ▪ 소음감소

3.2 옥상녹화 방수 CHECK 05

3.2.1 방수층(방근층)의 보호

(1) 방수층 및 방근층 위에 구성되는 녹화 시스템의 디자인 요소에 따라 다양한 시설물이 설치되고, 토심, 수공간, 이용자 등에 따라 장기 하중 및 순간적 하중(낙하물 충격)이 다르게 영향을 미친다. 이때 방수층 및 방근층은 충분히 보호받을 수 있는 상태이어야 하며, 보호층을 방수층 위에 설치한 후 녹화 시공이 이루어져야 한다.

우레탄방수층관통 | 아스팔트방수층관통 | 합성고분자계시트접합부 관통 | 개량아스팔트시트 접합부 관통

[사진 3.2.1-1] 방근층 미시공 사례

① 바탕정리 | ②고무화아스팔트시트 시공 | ③ 방근시트시공 | ④ 이음부접착 및 실링

⑤구조용테이프(SF T30)시공 | ⑥마감테이프 (SF T50) 시공 | ⑦방근층 시공완료 | ⑧옥상녹화 시공

[사진 3.2.1-2] 옥상녹화 방수 시공 순서

- 출처: ㈜스페이스인코(http://www.spacekorea.co.kr/)

2) 옥상방수 시공계획 점검
- 방수층의 성능 확인
- 방수층의 내근성능 확인
- 배수판, 필터층 성능 확인
- 단열층 구성계획 확인
- 옥상녹화 시공 후 누수를 대비한 보수 계획 수립
- 방수성능이 완전함을 확인 후 식재공사 수행

3.2.2 배수 상태 관리

(1) 배수의 상태는 방수와도 밀접한 관계가 있다. 옥상녹화 시공을 하게 되면 보통은 시각적인 효과(식물)만을 고려하는 반면, 기본적인 설비시스템은 소홀히 하는 경우가 종종 발생한다. 배수계획이 미비하면 배수 시스템의 경로가 불분명하여 누수발생을 초래할 수 있으므로, 적정하게 바닥에 물매를 두어 배수가 원활히 될 수 있도록 관리한다.

3.2.3 배수구의 관경 및 루프 드레인의 설치 상태 및 청소 관리

3.2.3.1 점검구 설치

(1) 배수구와 루프 드레인은 녹화되지 않은 옥상보다 더욱 심화된 형태이어야 하며, 특히 점검구를 두어 항상 유지 및 관리할 수 있도록 설치되어 있어야 한다. 이때 점검구는 토양층에 묻혀서는 안 되며, 적정 직경의 배수구가 최소 옥상층 모서리마다 있어야 한다.

3.2.3.2 청소 관리 CHECK 06

(1) 일반적으로 옥상녹화에서 가장 빈번히 발생되는 문제점이 배수구가 낙엽이나 기타 물질에 막혀 생기는 오버 플로어이다. 옥상은 식물을 담는 화분의 기능을 하는 것이므로 배수의 역할이 가장 중요하며, 방수와 직결되는 문제이므로 주기적으로 청소관리를 하도록 한다.

◀ CHECK 06
옥상녹화 유지관리
- 누수 및 결로방지
- 배수부문의 설치 및 관리를 최상의 조건으로 유지
- 각종 설치물 설치 시 방수층 보호에 유의
- 배수구 위 관경 및 루프 드레인의 설치 상태 관리 및 청소

3.3 현장 품질관리

3.3.1 시험

(1) 옥상방수의 경우 방수보호층 시공전에 방수시공된 부위의 모든 드레인을 막고 맑은 물을 50㎜ 깊이로 채운 후 최소 48시간 동안 관찰하여 누수여부를 확인해야 한다. 만약 누수가 발견되면 물을 배수시키고 건조 후 보수하고, 보수가 완료되면 다시 드레인을 막고 위와 같은 순서로 담수시험을 실시한다. 다시 누수부위가 있으면 누수가 발견되지 않을 때까지 위 내용을 반복한다.

3.3.2 시공상태 확인 CHECK 07

(1) 바탕건조 및 표면상태 검사
(2) 루프드레인, 슬래브, 개구부, 치켜 올림부위 검사
(3) 방수층의 손상, 파단, 기포, 두께 검사
(4) 방수층 보호시공 검사

◀ CHECK 07
시공 후 방수층 검사
- 핀홀 현성, 도막두께 부족할 경우 재도포
- 담수(누수) 테스트 실시

3.4 검사

– 출처: 한국토지주택공사 전문시방서(2020, 한국토지주택공사)

[표 3.4-1] 복합방수 단계별 주요 검사항목 (LHCS 10 10 05 25 건축공사 일반, 부록3)

공정단계별		주요 검사항목
도막방수공사	시공준비완료 후	· 흙, 먼지, 레이턴스 등 불순물 제거 후 청소상태 · 바탕면 고르기 상태 및 바탕면 건조상태
	시공과정	· 시공순서 준수 여부 확인 · 바탕정리 후 프라이머 도포상태 · 프라이머 경화 후 도막방수 도포상태 · 도막방수 건조 전 보강포 붙임 여부 확인
	방수공사 완료 후	· 부위별 누수여부 확인 – 지붕 : 담수시험 및 강우 후 확인 – 복도외벽 : 살수 및 강우 후 확인 – 발코니, 화장실 : 담수시험 확인
시트방수공사	시공준비완료 후	· 흙, 먼지, 레이턴스 등 불순물 제거 후 청소상태 · 바탕면 고르기 및 건조상태
	시공과정	· 시공순서 준수 여부 확인 · 부위별 사용방수제 품질기준의 적정성 여부 확인 · 프라이머 도포 후 시트방수 붙이기 상태 · 특수부위의 마무리 상태 (모서리, 드레인, 파이프 주변)
	방수공사 완료 후	· 누수여부 확인 (담수시험 및 강우확인)
지붕 누름콘트리트타설준비 완료 후		· 콘크리트 타설 준비사항 확인 – 레미콘 납품업체 확인 및 코크리트 펌프기종, 성능 및 배관상태 확인 · 누름 콘크리트 타설높이 및 구배확인 · 신축줄눈 설치간격 및 고정상태 확인 · 단열재 및 와이어매쉬시공상태
지붕 누름콘트리트타설 완료 후		· 바탕면 평활도 및 균열여부 확인 · 바탕면 및 드레인주위 구배처리 여부 · 신축줄눈 설치간격 및 고정상태 확인 · 단열재 및 와이어메쉬시공상태

3.5 방수공사 하자 사례 및 개선방안

하자 사례

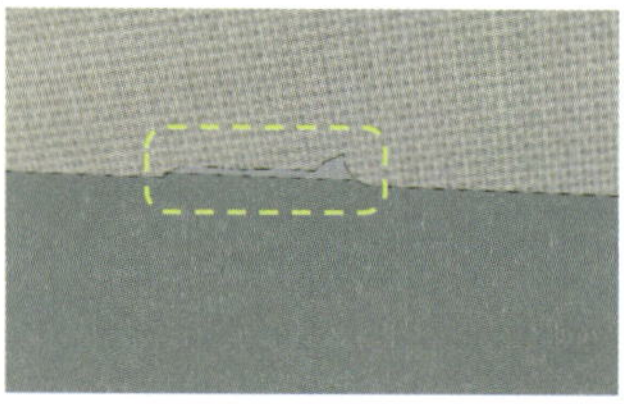

· 코너부 또는 치켜올림부 보양재 손상 및 들뜸 등으로 방수층 파손 및 누수 우려

개선 방안

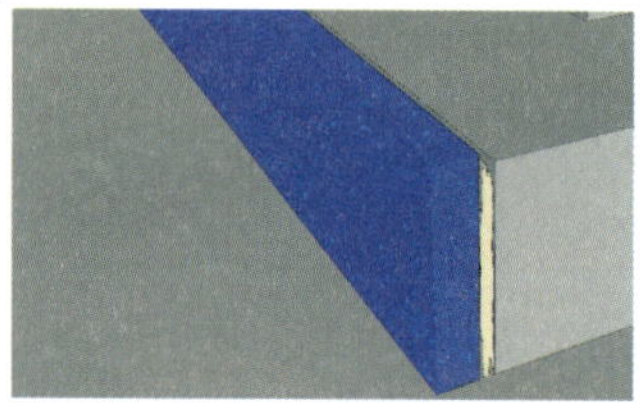

· 코너부 또는 치켜올림부 보양재 접착 및 관리 철저

[그림 3.5-1] 치켜올림부 보양 불량

[표 3.5-1] 방수 종류에 따른 방근 대책 CHECK 08

종류	특징	적용부위
염화비닐시트방수	· 옥상녹화 시, 노출 공법이 일반적이기때문에 시공 중의 손상을 막는 보호 시트를 설치해야함	RC조, 철골조, 목조
아스팔트 시트방수	· 식물 뿌리의 구조체 진입을 막기 위해 적절한 방근시트가 필요함	RC조, 철골조, 목조
FRP도막방수	· 경량화와 내근성을 고려하여 우레탄을 함께 계획하고 방수방근 시트로 2층 방수 이상 권장함	RC조, 철골조, 목조
우레탄 도막방수	· 수요가 많고 일반적인 방수공법이지만 식재 등 전면적인 옥상녹화에는 적합하지 않아 충분한 방수·방근 계획이 필요함	RC조, SRC조 구조 건축물의 옥상

CHECK 08 ▲

FRP 도막방수

▪ 액상의 불포화 폴리에스테르수지에 유리섬유 등의 보강재를 함께 첨가한 방수공법

보급형 옥상녹화

▪ 보급형 옥상녹화(토심 10㎝ 내외)에서는 아스팔트 시트방수나 우레탄 도막방수의 경우 반드시 방근시트를 필요로 하나, 염화비닐계 또는 FRP계 방수의 경우 방근을 제외하는 경우가 많다. 토심의 깊이에 상관없이 식재의 유형과 방수층의 종류에 따른 방근공법이 계획되어져야 한다.

4 시공예시

■ 복합방수 공사 조립분해도

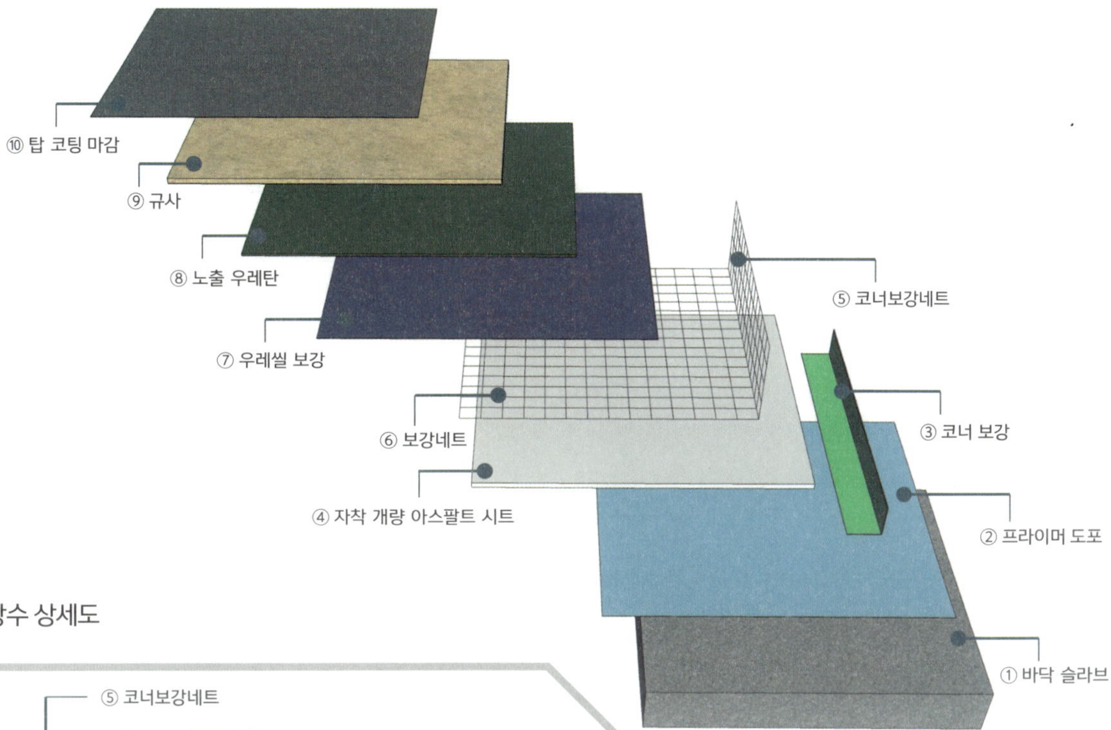

■ 복합방수 상세도

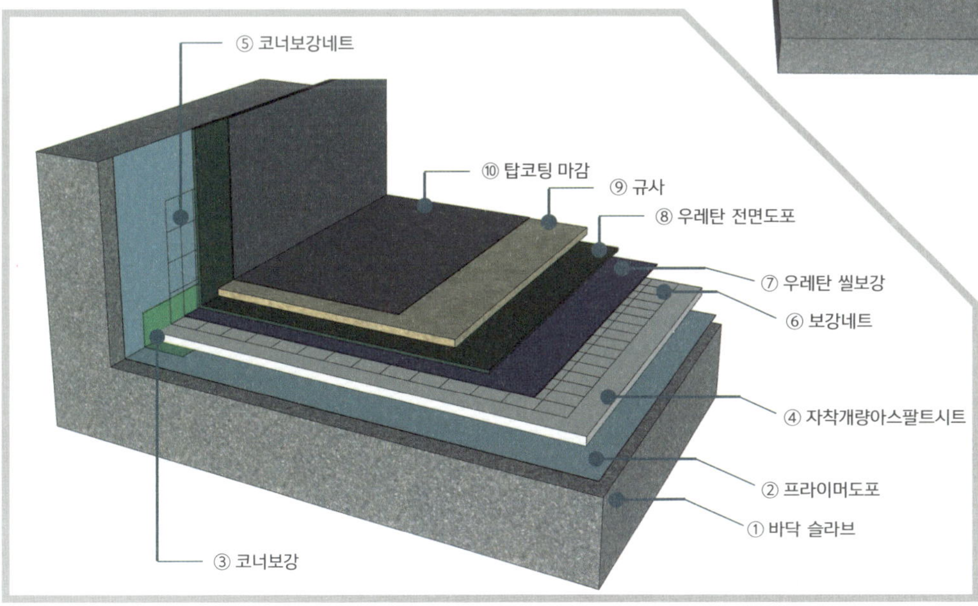

■ [시공 사진] 시공순서도 ① 바닥 슬라브 ~ ⑩ 탑 코팅 마감

01. 바닥 콘크리트 바탕 정리

02. 프라이머 도포

03. 코너 부위 우레탄 보강 작업

04. 자착개량 아스팔트시트깔기 작업

05. 시트깔기공사 완료된 모습

06. 시트 연결 부위 우레씰보강 작업

07. 우레탄 전면도포

08. 규사 살포 작업

09. 규사 살포 완료된 모습

10. 탑코팅마감

CHAPTER 9

03

SBCS 41 90 40 25

실링공사

1 일반사항

1.1 적용범위

(1) 이 기준은 건축물의 부재와 부재와의 접합부분에 설치된 줄눈에 건 등으로 실링재를 충전하는 공사에 적용한다.

1.2 일반사항

1.2.1 충전줄눈의 형상 및 치수

(1) 워킹 조인트

① 줄눈 폭은 실링재가 무브먼트에 대한 추종성을 확보할 수 있는 치수로 하며, 실링재를 충분히 충전할 수 있는 치수이어야 한다.

② 줄눈 깊이는 실링재의 접착성 및 내구성을 충분히 확보할 수 있고, 경화장애를 일으키지 않는 치수로 하며, 실링재를 충분히 충전할 수 있는 치수이어야 한다.

(2) 논워킹 조인트

① 줄눈 폭은 실링재를 충분히 충전할 수 있는 치수이어야 한다.

② 줄눈 깊이는 실링재의 접착성 및 내구성을 충분히 확보할 수 있고, 경화장애를 일으키지 않는 치수로 하며, 실링재를 충분히 충전할 수 있는 치수이어야 한다.

1.2.2 줄눈의 구조

(1) 줄눈깊이가 소정의 치수보다 깊을 경우에는 백업재 등으로 줄눈에 바닥을 만들어 소정의 깊이를 확보하여야 한다.

(2) 줄눈바닥의 상태

① 워킹 조인트의 경우에는 줄눈바닥에 접착시키지 않는 2면 접착의 줄눈구조로 한다.

② 논워킹 조인트의 경우에는 3면접착의 줄눈구조를 표준으로 한다.

1.2.3 줄눈의 구성재 및 피착면

(1) 줄눈의 구성재 및 피착면은 실링재가 충분히 접착할 수 있는 것이어야 한다.

1.2.4 줄눈의 상태

(1) 줄눈에는 엇갈림 및 단차가 없을 것

(2) 줄눈의 피착면은 결손이나 돌기면 없이 평탄하고 취약부가 없을 것

(3) 피착면에는 실링재의 접착성을 저해할 위험이 있는 수분, 유분, 녹 및 먼지 등이 부착되어 있지 않을 것

1.2.5 시공관리

(1) 수급인은 시공계획서에 따라서 방수공사를 시행하고, 시공에 관한 기록을 작성하여 소정의 품질이 확보되고 있다는 것을 항상 확인한다.

1.3 참고 기준

(1) 실링공사의 참고기준은 *KCS 41 40 12 (1.2)*에 따른다.

1.4 용어의 정의

(1) 실링공사의 용어의 정의는 *KCS 41 40 01 (1.4)*에 따른다.

1.5 제출물

1.5.1 제품자료

(1) 실링재 및 코킹재 특성, 물성, 종류 CHECK 01

(2) 조인트 종류별·크기별·용도별 적합한 실링재 및 코킹재 자료

(3) 뒷채움재, 양생테이프, 본드브레이커 물성 및 특성

(4) 실링재 및 코킹재 제조업자 시방서(기온.습도 명기)

(5) 구조용 유리 실링재의 경우 실링구조계산서, 프라이머, 접착력 자료

◀ CHECK 01

실링재와 코킹재의 차이

- 실링재란 건축물의 수축 및 팽창율을 고려하여 설계된 줄눈에 수밀·기밀 상태를 유지하기 위하여 시공하는 재료
- 코킹재란 단순히 틈새를 충전하는 충전재로서의 재료

1.5.2 시공계획서

(1) 실링 및 코킹 세부공정계획서

(2) 시공상태 검측계획서

(3) 품질관리계획서(시공순서 및 방법, 보관 및 보수, 양생기간)

1.5.3 견본

(1) 실링재 및 코킹재 색상차트(크기는 폭10㎜, 길이 500㎜이며, 3종 이상의 색상)

(2) 설계도면에 지정된 규격별, 종류별 코킹 및 실링재

1.6 품질보증

1.6.1 시공전 접착성 및 상응성 시험

(1) 실링재가 피착재와의 접착성 및 적합성에 영향을 미치는지 확인하기 위하여 시험을 한다.

(2) 실링재가 접촉면에 신속하고 최적의 상태로 부착력을 발휘하기 위하여 프라이머나 다른 특별한 접착면 준비 작업을 해야 하는지를 판단하기 위한 제조업체의 표준 시험방법을 사용한다.

(3) 실제 설치 작업환경과 동일한 조건으로 시험한다.

(4) 진행되는 동안 공사의 지연을 방지하기 위하여 충분한 시간계획을 세운다.

(5) 재료와 재료간의 적합성 및 접착성이 떨어지는 부분을 검토하고 실링재 제조업체의 서면으로 추천한 특수 제조 프라이머를 사용을 포함한 조치방법을 제출한다.

(6) 현재 사용하는 실링재 제품이 줄눈 접착면과 적합성 및 접착성이 있다는 사전 시험결과가 있고, 그 자료를 제출하여 공사감리자가 확인한 경우에는 시험을 하지 않아도 된다.

1.7 운반,보관 및 취급

(1) 실링재 및 프라이머는 공장에서 봉인된 상태로 현장에 반입되어야 하며 용기의 표지에 제조업자, 제품명, 롯트번호, 색상, 생산일자, 배합, 유효기간, 실험실 표준조건에서의 경화시간등이 표시되어야 한다. 실링재 및 프라이머는 외부의 불순물이 침입되지 않도록 취급되어야 하며 4℃이상, 30℃이하의 온도에서 직사광선, 비와 이슬을 피하며 연결되지 않도록 보관하며 프라이머 및 용제는 화기에 유의한다.

1.8 환경요구사항

(1) 강우 강설시 또는 강우강설이 예상되는 경우와 강풍 시에 시공을 중지하여야 한다. 실링작업 후에는 실링재 제조업자 제품자료에 따라 기온(주위기온이 4 ℃ 이상, 30 ℃ 이하)과 습도를 유지하여야 한다.

(2) 습도가 너무 높을 경우(85% 이상)에는 시공을 중지한다.

(3) 필요에 따라서 환기, 조명설비를 갖춘다.

2 자재

CHECK 02 ▶

실링재의 사용

- 방수를 목적으로 건축물의 부재와 부재의 접합부에 설치된 줄눈에 충전
- 경화 후 부재에 접착하여 수밀성, 기밀성 확보

2.1 실링재 CHECK 02

(1) 실링재는 KS F 4910의 규격품으로 하고, 종류는 공사시방에 의한다.
(2) 실링재는 실링재 제조자가 지정하는 유효기간이 경과한 것은 사용하지 않는다.
(3) 이종 실링재의 이음은 원칙적으로 피한다. 이음할 경우에는 실링재 제조자의 시험보고서 또는 시험을 실시하여 접착성 및 경화성을 확인한다.
(4) 실링재의 표면을 도료 및 마감도료 등으로 마감할 경우에는 공사시방에 의한다.
(5) 실링재에 내화성능을 요구하는 경우에는 공사시방에 의한다.

가스켓

- 피부착재에 압축상태로 부착
- 주로 네오플랜고무 재질 사용

퍼티

- 탄성복원력이 적거나 거의 없음
- 일정 압력을 받는 접합부의 쿠션 겸 실재로 사용

코킹

- 탄산칼슘등 광물 충진재와 전색제를 혼합하여 사용
- 피부착물의 손상이 없고 점성 유지력이 좋아 균열이 없음

실란트

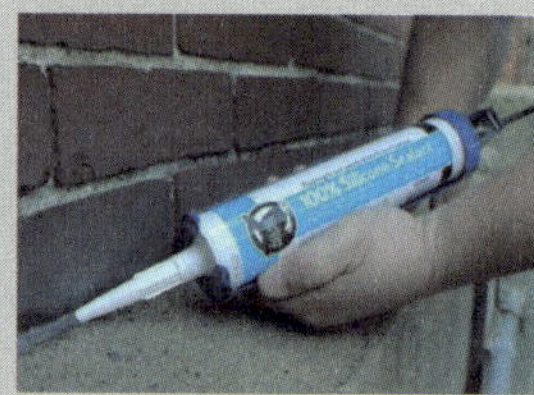

- 시공시에는 페이스트 상태로 유동적이나 공기중에서 고무 상태의 탄성체로 변함
- 접착력과 기밀성이커 커튼월, 프리패브 등 접합부에 사용

[사진 2.1-1] 실링재의 종류와 특성

[표 2.1-1] 바탕소지별 실링재 접착성 판별 기준

- 출처: 건설기술지침 Rev.2(2019, 대한건축학회, 대우건설)

피착재 \ 실링재			실리콘	변성 실리콘	폴리설파이드	폴리우레탄	아크릴	유의사항
금속	표면처리	알루미늄, 주물	O	O	O	△	△	- 결로 - 유분부착 - 보호필름접착제
		스테인리스	O	O	O	△	△	
		동, 황동	※	※	※	※	※	- 부식에 유의
		황산알루마이트	O	O	O	△	△	- 피막의 종류
		전해착색알루마이트	O	O	O	△	△	
		인산처리강	O	O	O	△	△	
유리종류		아연, 크롬도금	※	※	※	※	※	- 내광접착성에 주의 - 보호필름접착제
		유리	O	X	O	X	X	
		법랑	O	O	O	△	△	
석재		화강암	♦	O	O	-	-	- 건조상태
		대리석	♦	O	O	-	-	
시멘트 제품류		콘크리트 모르타르	♦	O	O	O	O	- 다공성이므로 프라이머를 충분히 도포
		ALC패널	♦	O	O	O	O	
		GRC, CFRC, SFRC	♦	O	O	O	O	

[범례] O : 접착 양호, ♦ : 접착은 양호하나 오염 주의, △ : Joint 거동에 취약(접착, 내후성 취약)
※ : 사전 상응성 Test 필요, X : 불가, - : 접착 내구 및 내후성 취약

2.2 프라이머

(1) 프라이머는 실링재 제조자가 지정하는 것을 사용한다.
(2) 프라이머는 프라이머 제조자가 지정하는 유효기간이 경과한 것은 사용하지 않는다.

2.3 백업재 및 본드 브레이커

(1) 백업재 및 본드 브레이커는 실링재와 접착하지 않고 또한 실링재의 성능을 저하시키지 않는 것을 사용한다.
(2) 백업재 및 본드 브레이커는 제조자가 지정하는 적정한 형상 및 치수의 것을 사용한다.

2.4 기타 재료

(1) 마스킹 테이프 및 청소용제는 제조자가 지정하는 적정한 제품을 사용한다.

3 시공

3.1 재료 및 시공기기의 확인

(1) 시공자는 재료의 종류, 제조자, 제조년월일, 유효기간 및 색 등을 확인한다.
(2) 시공자는 시공기기의 종류, 전원, 접지선 및 기기에 이상이 없음을 확인한다.

3.2 피착면의 확인

(1) 피착면의 결손, 오염 및 습윤의 정도를 점검하여 시공에 지장이 없음을 확인한다.

3.3 피착면의 청소

(1) 실링재의 시공에 지장이 없도록 피착면을 청소한다.

3.4 백업재의 충전 또는 본드 브레이커 바름

(1) 백업재는 줄눈깊이가 소정의 깊이가 되도록 충전한다. 또한, 본드 브레이커는 줄눈바닥에 일정하게 붙인다.

3.5 마스킹 테이프 바름

(1) 줄눈 주변의 구성재의 오염을 방지하고 실링재를 선에 맞추어 깨끗하게 시공될 수 있도록 붙인다.

3.6 프라이머 도포

(1) 피착면에 프라이머를 솔 등으로 균일하게 바른다.

3.7 실링재의 조제, 건의 준비

3.7.1 성분형 실링재

(1) 기제 및 경화제의 조합 또는 혼합비는 실링재 제조자의 지정에 따른다.
(2) 비빔은 기계비빔으로 하고, 기포 및 기타의 이물질이 혼입되지 않고 균일하게 되도록 충분히 한다. 비빔기계의 종류는 공사시방에 의한다.
(3) 제조된 실링재는 기포가 혼입되지 않도록 건에 채워 넣는다.

3.8 실링재의 충전

(1) 실링재는 실링재 제조자가 지정하는 프라이머의 건조시간이 경과한 다음에 틈새, 타설 남김, 기포가 생기지 않도록 하여 충전한다.
(2) 이음타설 장소는 줄눈의 교차부, 코너부를 피하고 경사이음으로 한다.

3.9 주걱 마감

(1) 충전된 실링재가 피착면에 잘 접착될 수 있도록 주걱으로 눌러 평활하게 마감한다.

3.10 마스킹 테이프 벗겨 냄

(1) 주걱마감 완료 후, 재빨리 마스킹 테이프를 벗겨낸다.

3.11 청소

(1) 충전 장소 이외에 부착한 실링재 등은 구성재 또는 실링재에 영향을 미치지 않는 방법으로 청소한다.

3.12 양생 및 보양

(1) 실링재 표면의 오염 또는 손상될 위험이 있는 경우 시공자의 지시에 따라 양생 및 보양한다.

3.13 현장 품질관리

3.13.1 시공상태 확인

(1) 시공부위의 청소, 건조상태 검사

(2) 실링재 충진 후 배부름, 누수, 변색, 쪼개짐, 접착상실, 실링, 균열, 오염상태에 대한 육안검사 및 손으로 만져 접착성 및 경화상태 검사

(3) 검사결과 불량부분은 제거하고 수정한다.

[표 3.13.1-1] 실링의 하자 사례 원인 및 대책

파괴형태	응집파괴	접착파괴(박리)	모재의 파괴
원인	· 줄눈에 발생하는 움직임이 큰 경우 · 실링재 허용신축률보다 줄눈에 발생하는 신축률이 큰 경우	· 실링재와 접착면의 성질이 적합하지 않은 경우 · 접착면에 이물질 부착된 경우	· 실링재의 응집력이 모재의 인장강도를 상회한 경우 · 모재의 결함이 있을 경우
대책	· 줄눈에 발생하는 신축률보다 큰 허용신축률의 실링재 적용 · 본드 브레이커 사용	· 적합한 실링재의 선택 · 프라이머 시공철저 · 접착면 청소, 건조상태 확인	· 실링재의 응집력 적은것 선정 · 모재 시공 철저 · 모재 강도 확보
예시도	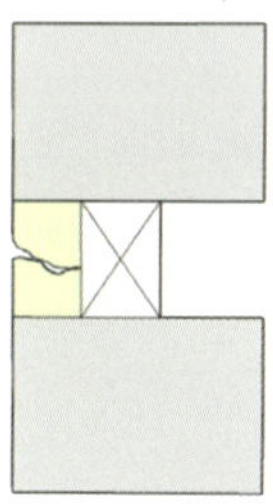	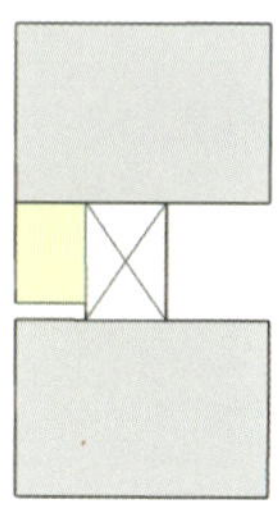	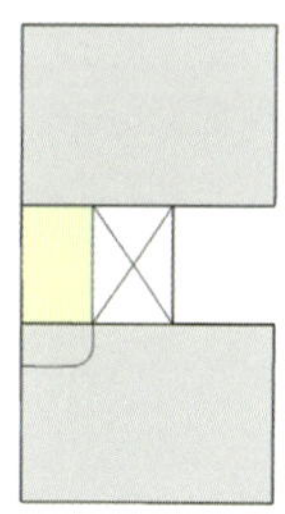

3.14 검사

[표 3.14-1] 실링공사 단계별 주요 검사항목 (LHCS 10 10 05 25 건축공사 일반, 부록 3)

공정단계별		주요 검사항목
실링공사	부재 접합부 줄눈 실링 완료 후	· 부재간 접합부 마감상태 · 백업재 및 단열재 충진여부 · 부위별 실링재 적정 시행여부 확인

- 출처: 한국토지주택공사 전문시방서(2020, 한국토지주택공사)

3.15 실링공사 하자 사례 및 개선방안

하자 사례

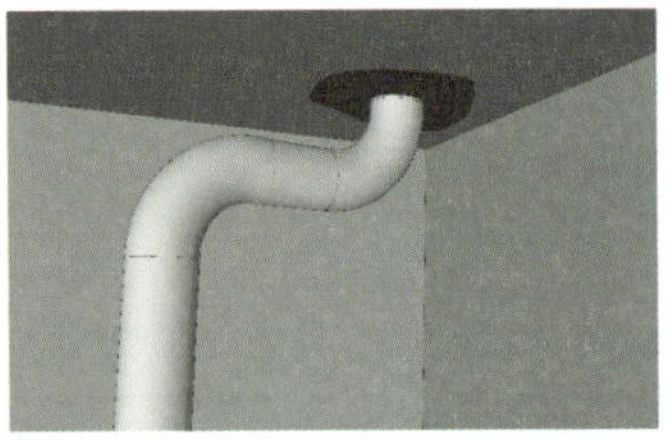

· 욕실, 화장실 등 드레인 주변 방수 불량으로 누수 발생

개선 방안

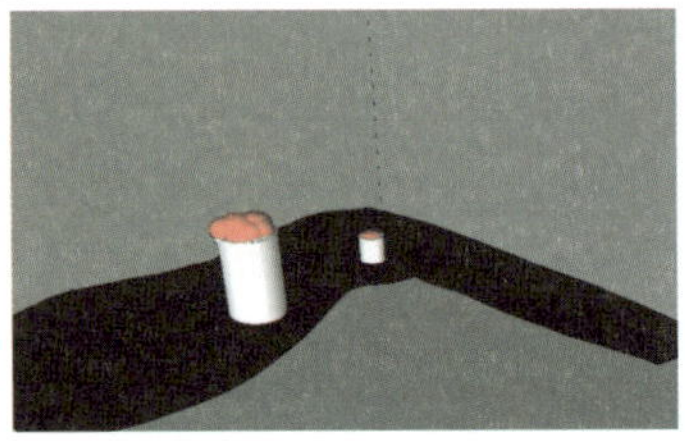

· 바닥 우레탄 도포 전 드레인 주변 실란트 시공

[그림 3.15-1] 드레인 주변 누수

SAMOOCM
CREATIVE MANAGEMENT

CHAPTER 10

10장

소규모 단열공사

01 _ SBCS 41 90 42 00 소규모 단열공사

02 _ SBCS 41 90 42 05 외단열 공사

CHAPTER 10

01

SBCS 41 90 42 00
소규모 단열공사

1 일반사항

1.1 적용범위

(1) 이 기준은 건축물의 바닥, 벽, 천장 및 지붕 등의 열손실 방지를 목적으로 암면, 유리면, 발포 폴리스티렌, 단열 모르타르, 셀룰로오스 폼 단열재 등을 사용하는 일반적인 단열공사 및 방습공사에 적용한다. 다만, 이 장에서 정하는 이외의 재료 및 공법을 이용하는 단열공사에 대해서 공사감리자의 확인을 받아 해당 단열 재료의 제조 및 관련 기준에 따라 시공한다.

(2) 단열공사는 설계도서 및 이 기준에 나타난 다음의 사항에 의해 시공한다.

① 단열재의 종류 및 두께, 사용량

② 단열 부위 및 개소

③ 단열층 및 그 부위의 구성

④ 방습층 및 통기층의 유무와 그 시방 및 구성

⑤ 단열 부위 사이의 접합부 상세

⑥ 단열보강개소 및 그 상세

1.2 참고 기준

1.2.1 관련 법규

(1) 대통령령 제31668호 건축법 시행령

(2) 국토교통부령 제832호 건축물의 피난·방화구조 등에 기준에 관한 규칙

1.2.2 관련 기준

(1) 단열공사의 관련 기준은 *KCS 41 42 00 (1.2)* 에 따르며, 추가사항은 다음과 같다.

① SBCS 41 90 05 05 패시브 건축자재 및 시공

② SBCS 41 90 05 10 패시브 및 제로에너지건축물 인증

③ SBCS 41 90 33 소규모 목공사

④ SBCS 41 90 34 소규모 조적공사

⑤ SBCS 41 90 40 25 실링공사

⑥ 국토교통부고시 제2017-881호 건축물의 에너지절약 설계기준

⑦ 건축법 제 52조(건축물의 마감재료 등)

1.3 용어의 정의

(1) 내단열공법: 콘크리트조와 같이 열용량이 큰 구조체의 실내측에 단열층을 설치하는 공법

(2) 내부결로: 구조체 내부에 수증기의 응축이 생겨 수증기압이 낮아지면 수증기압이 높은 곳에서 부터 수증기가 확산되어 응축이 계속되는 현상

(3) 단열 모르타르 바름: 건축물의 바닥, 벽, 천장 및 지붕 등의 열손실 방지를 목적으로 외벽, 지붕, 지하층 바닥면의 안 또는 밖에 경량 단열골재를 주자재로 하여 만들어 흙손 바름, 뿜칠 등에 의하여 미장하는 공사

(4) 단열보강: 단면의 열관류저항이 국부적으로 작은 부분을 결로방지 등을 목적으로 보강하는 것

(5) 단열재: 자재 자체가 필요한 단열성능을 갖는 자재

(6) 반사형 단열재: 표면 방사율이 0.1 이하로 반사공기층을 통한 복사열 이동을 차단하는 단열재 CHECK 01

(7) 방습재: 자재 자체가 필요한 방습성능을 갖는 자재

CHECK 01 ▶
반사형 단열재
• 복사열을 제어하여 단열 성능을 높인 단열재를 의미하며, 코팅을 한 알루미늄 필름의 낮은 방사율을 이용하여 단열재 내 밀폐된 공기층으로 열을 방출하지 않는 저방사 원리로 복사열의 이동을 차단함

(8) 열교: 건축물 구성 부위 중에서 단열이 연속되지 않은 경우 국부적으로 열관류율이 커져 열의 이동이 심하게 일어나는 부분
(9) 외단열공법: 구조체의 실외측에 단열층을 설치하는 공법
(10) 중단열공법: 구조체 중공층 벽체 내에 단열층을 설치하는 공법
(11) 표면결로: 구조체의 표면온도가 실내공기의 노점온도보다 낮은 경우 그 표면에 발생하는 수증기의 응결현상

1.4 성능 및 설계 기준

(1) 단열재의 사용은 *건축물의 에너지절약 설계기준*의 단열기준에 적합하여야 한다.
(2) 패시브 및 제로에너지건축물 인증 대상 건물은 *SBCS 41 90 05 10* 에 따른 동등 이상의 성능을 갖도록 계획한다.

1.5 제출물

1.5.1 제품자료

(1) 단열재 특징, 물성
(2) 단열재 제조업자 공사시방서

1.5.2 시공계획서

(1) 부공정 계획서
(2) 시공상태 검측계획서
(3) 품질관리 계획서

1.5.3 견본

(1) 단열재 (규격 300㎜×300㎜, 색상이 있을 경우 색상표)

2 자재

2.1 단열자재

CHECK 02 ▼

- 단열재는 적정 품질 기준에 맞는 제품인지 확인검수

CHECK 03 ▼

비드

- 비드법 단열재는 그 밀도에 따라 등급을 구분할 수 있으며, 이 밀도는 어떤 크기로 발포하느냐에 달려있다.

(1) 단열공사에 사용하는 단열자재는 규격품 또는 산업통상자원부 장관의 형식승인을 받아 제조한 것이어야 한다

(2) 지정된 단열자재와 단열성능이 다른 자재를 불가피하게 사용해야 하는 경우에는 공사 감리자의 확인을 받아 지정된 자재의 열전도 저항값에 상응하는 두께 이상의 단열자재를 사용할 수 있다.

(3) 다음의 단열자재에 대해서는 관련 한국산업표준의 규정에의 적합 여부를 확인해야 한다.

① 암면은 KS L 9106 및 KS F 6306의 규정에 따른다.

② 유리면은 KS L 9102의 규정에 따른다.

③ 발포 폴리스티렌, 경질우레탄폼, 페놀폼은 KS M ISO 4898의 규정에 따른다.

④ 단열 모르타르는 KS F 4040에 규정 적합한 것으로 한다. 난연성능은 KS F 2271에 의한 난연자재 이상이어야 한다.

⑤ 셀룰로오스 폼은 KS M 3880의 규정에 따른다.

(4) 건축법 시행령(제61조 2항)에 해당하는 건축물 외벽의 외단열에 사용되는 자재는 건축물의 피난·방화구조 등의 기준에 관한 규칙(제24조)의 규정을 충족하는 자재를 사용하여야 한다.

[표 2.1-1] 단열자재 종류 및 특성-1 (계속) CHECK 02

구분		특성
압출법 단열재	폴리스티렌	· 폴리스티렌은 체적의 98%가 공기이고 수지는 2% 정도로, 플라스틱의 거품 속에 공기를 밀폐시킨 발포체 구조가 완충성, 단열성, 방음성, 자립성 등이 뛰어나다. 폴리스티렌수지에 펜탄(Pantane)이나 부탄과 같은 발포제를 첨가시켜 가열 경화시킴과 동시에 기포를 발생시켜 발포수지로 만든 것으로서 스티렌 모노머(Styrene Monomer)를 중합시켜 제조한다.
	압출법 특성	· 스티롤수지 원료에 난연재, 발포제 등을 가하여 압출기에서 용해 혼합 후 발포시킨 판상단열재. 물리적 성질은 폴리스티렌폼과 유사하나 단열성이 우수하며 어느 정도의 투습 저항을 갖고 있다. · 그러나 압출법단열재 내부에 포함된 발포가스의 시간경과에 따른 확산으로 인해 장기 단열성능이 변화하는 것으로 알려져 있다.
비드법 단열재 CHECK 03	폴리스티렌	· 상동
	비드법 1종	· 비드법 1종은 구슬모양 원료를 미리 가열하여 1차 발포시키고 이것을 적당한 시간 숙성시킨 후 판모양 또는 통모양의 금형에 채우고 다시 가열하여 2차 발포에 의해 융착·성형한 제품이다.
	비드법 2종	· 비드법 2종은 비드법 1종의 제조방법과 유사하나 첨가제(흑연) 등에 의하여 개질된 폴리스티렌 원료를 사용하여 발포·성형한 제품(네오폴, 에너포르 등)이다.
경질폴리 우레탄폼 단열재	재료	· 경질 우레탄폼은 폴리올과 폴리이소시아네이트를 주제로 하여 발포제, 촉매제, 안정제, 난연제 등을 혼합시켜 얻어지는 발포 생성물로서 주로 고성능 단열재로 사용되고 있으며, 특히 보냉용 단열재로 전 산업에 걸쳐 사용되고 있다. 경질우레탄폼은 자체의 단열성, 경량성, 완충성 등의 성질을 활용하여 단독 또는 타 재료와 복합화하여 단열재, 경량구조재, 완충재 등으로서 광범위하게 사용되고 있다. 경질 우레탄폼은 실용적인 단열재 중에서 열전도율이 낮은편으로 단열재로써의 응용이 전체의 많은 비중을 차지한다.
	단열판 1종	· 폴리이소시아네이트, 폴리올 및 발포제를 주제로 하여 발포성형한 면재가 없는 판모양의 단열재이다.
	단열판 2종	· 폴리이소시아네이트, 폴리올 및 발포제를 주제로 하여 면재 사이에서 발포시켜 자기접착에 의해 샌드위치 모양으로 성형한 면재가 부착된 판모양의 단열재, 일반적으로 현장에서 사용하는 크라프트지 면재가 부착된 단열재이다.

- 출처: 건설기술지침 Rev.2(2019, 대한건축학회, 대우건설)

[표 2.1-1] 단열자재 종류 및 특성-2

구분	특성
글라스울(GW)	· 유리원료를 고온에서 용융한 후 고속회전력을 이용하여 섬유화 한 뒤 바인더를 사용하여 일정한 형태로 성형한 무기질의 인조광물섬유 단열재로서 보온보냉 단열성. 음을 흡수하는 미세기공이 소음 및 잡음을 제거해 주는 흡음성의 성질이 있다. · 1급 불연재로 불에 타지 않으며 인체에 해로운 유독가스가 거의 없는 불연성 소재. 유연하고 부드러워, 작업성이 매우 좋으며 칼이나 가위 등으로 쉽게 절단되므로 어떠한 장소나 형태에도 시공이 가능한 시공 용이성이 있다. · 특수 발수처리를 하여 습기에 의한 단열성능의 저하 및 열화현상이 적으며, 내풍화성, 내열도가 뛰어난 Chemical Glass 조성으로 내구성능이 우수하다.
글라스 크로스	· 글라스울에 마감을 위해 천 등의 표면재를 입힌 것으로 경우에 따라 내장재 뿐만 아니라 외장재로 적용되는 경우도 있다. 기타 재료적 성능은 글라스울과 동등하다.
미네랄울(MW)	· 암면이라 불리며 석회질, 규산질을 주성분으로 하는 광물을 용융하여 섬유화한 것이다. 암석을 인공으로 제조한 내열성이 높은 광물섬유로 불연성, 경량성, 단열, 흡음성, 내구성의 특징을 갖춰 건축설비, 플랜트 설비의 단열재 및 방·내화 재료로서 널리 사용되고 있다.

팸스냉동 물류센터 신축공사장 화재

이천 물류센터 화재(1) - 건물 외부

이천 물류센터 화재(2) - 건물 내부

[사진 2.1-1] 단열재 관련 화재피해 사례 CHECK 04

- 출처: [기획] '화재주범' 가연성건축자재 "이제못쓴다"(2022, 미디어펜)

압출법 단열재(수분과 맞닿는 기초, 지붕에 주로사용)

비드법 보온판 2종3호, 가등급 (열전도율 0.033W/m·K)

경질 폴리우레탄폼 단열재(열전도율이 가장 우수함)

글라스울(불연성, 흡음성 등)

[사진 2.1-2] 단열재의 종류 (시공사례)

글라스울

단열 강화 글라스울

외단열용 발수 글라스울

미네랄울

[사진 2.1-3] 무기질의 불연단열재 종류 (제품사례)

◀ CHECK 04

- 건축자재의 화재 성능 기준 강화와 함께 시험, 판정 기준도 강화
- 가연성 외벽 마감재료와 샌드위치패널의 사용이 사실상 불가능. 준불연 이상급 자재만 사용이 가능
- 2021년 12월 23일 화재안전 관련 건축자재 품질관리를 강화하 위해 건축법 개정 이후 유예기간을 거쳐 2023년 시행.
- 무기질 단열재는 불연 단열재로서 화재성능이 우수하며 목구조, 경량스틸구조 등 건식구조에 용이

(5) 단열자재의 선정은 *건축물의 에너지절약 설계기준*의 [별표 1] 지역별 건축물 부위의 열관류율표에 적합하거나, [별표 2] 단열재의 등급 분류 및 [별표 3] 단열재의 두께를 준수하여야 한다. CHECK 05

▲ CHECK 05

- 일반적으로 *건축물의 에너지절약 설계기준* 의 [별표 1]을 주로 채택하며, 고성능 단열재의 적용을 통해 벽체 두께를 최소화 시킬 수 있다.

[표 2.1-2] 연도별 지역별 건축물 부위의 열관류율표 CHECK 06

<table>
<tr><th colspan="2">개정년도</th><th>1979</th><th>1980</th><th>1984</th><th>1987</th><th>1992</th><th>2001</th><th>2008</th><th>2010</th><th>2013</th><th>2018</th></tr>
<tr><th colspan="2">법적기준</th><th colspan="4">건축법 시행규칙</th><th colspan="4">건축물의 설비 기준 등에 관한 규칙</th><th colspan="2">에너지절약 설계기준</th></tr>
<tr><td rowspan="4">2018년 중부1</td><td>외벽</td><td colspan="9" rowspan="4"></td><td>0.17(0.15)</td></tr>
<tr><td>바닥</td><td>0.17(0.15)</td></tr>
<tr><td>지붕</td><td>0.15</td></tr>
<tr><td>층간바닥</td><td>난방:0.81</td></tr>
<tr><td rowspan="5">중부 및
2018년 중부2</td><td>외벽</td><td>2.09(1.05)</td><td>0.58</td><td rowspan="3">0.58</td><td colspan="2" rowspan="2">0.58</td><td colspan="2">0.47</td><td>0.36</td><td>0.27</td><td>0.24(0.17)</td></tr>
<tr><td>바닥</td><td>1.74(1.05)</td><td>1.16</td><td colspan="2">0.41(0.35)</td><td>0.41(0.30)</td><td>0.29(0.23)</td><td>0.20(0.17)</td></tr>
<tr><td>지붕</td><td>1.10(1.05)</td><td>0.58</td><td colspan="2">0.41</td><td colspan="2">0.29</td><td>0.20</td><td>0.18</td><td>0.15</td></tr>
<tr><td>측벽</td><td colspan="2"></td><td colspan="3">(0.47)</td><td colspan="2">(0.35)</td><td>(0.27)</td><td colspan="2"></td></tr>
<tr><td>층간바닥</td><td colspan="2"></td><td colspan="3"></td><td colspan="3">(난방 : 0.81, 그 밖 : 1.16)</td><td colspan="2">난방:0.81</td></tr>
<tr><td rowspan="5">남부</td><td>외벽</td><td>2.09(1.05)</td><td>0.58</td><td rowspan="3">0.58</td><td colspan="2" rowspan="2">0.76</td><td colspan="2">0.58</td><td>0.45</td><td>0.34</td><td>0.32(0.22)</td></tr>
<tr><td>바닥</td><td>1.74(1.05)</td><td>1.16</td><td colspan="2">0.47(0.41)</td><td>0.41(0.35)</td><td>0.33(0.28)</td><td>0.25(0.22)</td></tr>
<tr><td>지붕</td><td>1.10(1.05)</td><td>0.58</td><td colspan="2">0.52</td><td colspan="2">0.35</td><td>0.24</td><td>0.22</td><td>0.18</td></tr>
<tr><td>측벽</td><td colspan="2"></td><td>(0.47)</td><td colspan="2">(0.70)</td><td colspan="2">(0.47)</td><td>(0.36)</td><td colspan="2"></td></tr>
<tr><td>층간바닥</td><td colspan="2"></td><td colspan="3">(1.16)</td><td colspan="3">(난방:0.81, 그 밖:1.16)</td><td colspan="2">난방:0.81</td></tr>
<tr><td rowspan="5">제주</td><td>외벽</td><td>2.09(1.05)</td><td>0.58</td><td rowspan="3">1.16</td><td colspan="2" rowspan="2">1.16</td><td colspan="2">0.76</td><td>0.58</td><td>0.44</td><td>0.41(0.29)</td></tr>
<tr><td>바닥</td><td>1.74(1.05)</td><td>1.16</td><td colspan="2">0.52(0.47)</td><td>0.41(0.35)</td><td>0.39(0.33)</td><td>0.33(0.29)</td></tr>
<tr><td>지붕</td><td>1.10(1.05)</td><td>0.58</td><td colspan="2">0.93</td><td colspan="2">0.41</td><td>0.29</td><td>0.28</td><td>0.25</td></tr>
<tr><td>측벽</td><td colspan="2"></td><td>(0.93)</td><td colspan="2">(0.81)</td><td colspan="2">(0.58)</td><td>0.45</td><td colspan="2"></td></tr>
<tr><td>층간바닥</td><td colspan="2"></td><td colspan="3">(1.16)</td><td colspan="3">(난방:0.81, 그 밖:1.16)</td><td colspan="2">난방:0.81</td></tr>
<tr><td rowspan="4">창호</td><td>2018년 중부1</td><td colspan="9"></td><td>창:1.30(0.90)
문:1.50(0.90)</td></tr>
<tr><td>중부 및
2018년 중부2</td><td rowspan="3">2.56</td><td colspan="2" rowspan="3">3.49</td><td colspan="2">3.37</td><td>3.84</td><td>3.40(3.00)</td><td>2.40(2.10)</td><td>2.10(1.50)</td><td>1.50(1.00)</td></tr>
<tr><td>남부</td><td colspan="2">3.60</td><td>4.19</td><td>3.80(3.30)</td><td>2.70(2.40)</td><td>2.40(1.80)</td><td>1.80(1.20)</td></tr>
<tr><td>제주</td><td colspan="2">5.81</td><td>5.23</td><td>4.40(4.20)</td><td>3.40(3.10)</td><td>3.00(2.60)</td><td>2.20(1.60)</td></tr>
</table>

1. 개정연도별 지역구분 추이: 1979/1980년(지역구분 없음). 1984년(제주도 이외, 제주도), 1987년부터 (중부, 남부, 제주), 2018년부터 (중부1, 중부2, 남부, 제주)
2. 지역 구분(2018년 이후)
- 중부1지역 : 강원도(고성, 속초, 양양, 강릉, 동해, 삼척 제외), 경기도(연천, 포천, 가평, 남양주, 의정부, 양주, 동두천, 파주), 충청북도(제천), 경상북도(봉화, 청송)
- 중부2지역 : 서울특별시, 대전광역시, 세종특별자치시, 인천광역시, 강원도(고성, 속초, 양양, 강릉, 동해, 삼척), 경기도(연천, 포천, 가평, 남양주, 의정부, 양주, 동두천, 파주 제외), 충청북도(제천 제외), 충청남도, 경상북도(봉화, 청송, 울진, 영덕, 포항, 경주, 청도, 경산 제외), 전라북도, 경상남도(거창, 함양)
- 남부지역 : 부산광역시, 대구광역시, 울산광역시, 광주광역시, 전라남도, 경상북도(울진, 영덕, 포항, 경주, 청도, 경산), 경상남도(거창, 함양 제외)
3. 지역 구분(2018년 이전)
- 중부지역 : 서울특별시, 인천광역시, 경기도, 강원도(강릉시, 동해시, 속초시, 삼척시, 고성군, 양양군 제외), 충청북도(영동군 제외), 충청남도(천안시), 경상북도(청송군)
- 남부지역 : 부산광역시, 대구광역시, 광주광역시, 대전광역시, 울산광역시, 강원도(강릉시, 동해시, 속초시, 삼척시, 고성군, 양양군), 충청북도(영동군), 충청남도(천안시 제외), 전라북도, 전라남도, 경상북도(청송군 제외), 경상남도, 세종특별자치시
4. 1979년 이전 건물은 단열 규정이 없었으므로, 민간 건물은 단열재 미설치 건물이 다수(추후 개보수를 통해 단열 보강하였을 것으로 추정)
5. ( )은 주거용에 해당하며, 바닥에서 ( )는 바닥난방 기준

▲ CHECK 06

열관류율표 활용 범위

- 본 열관류율표는 건축물 대장에 표기된 '건축허가' 또는 '준공' 연도를 기점으로 단열 수준을 파악할 수 있으며, 현 건물의 상태를 확인하거나, 리모델링 공사를 통한 개선 수준을 비교 하는데 활용할 수 있다.

리모델링에서 단열부위별 단열재 선정시 고려사항

- 벽체 단열 : 외기에 간접 면하는 벽체라도 열손실이 많으므로 단열성이 우수한 자재를 사용
- 최하층 바닥 단열 ; 온돌 구성층에 배치 • 단열 출입문 설치
- 파이프 덕트 두변 벽체의 단열 : 배기가 외기에 접한 경우, 욕실에 면하는 벽체에 단열처리
- 발코니 및 복도 공간의 단열 : 창유리는 22㎜ 또는 24㎜ 복층창 이상을 사용하며, 열손실이 많거나 창면적이 큰 부위에는 로이유리 혹은 복층유리로 구성된 이중창을 설치

[표 2.1-3] 그라스울과 미네랄울의 성능 비교

구분	그라스울	미네랄울
밀도(kg/m³)	24K, 32K, 40K, 48K, 64K, 80K, 96K	60K, 80K, 100K, 120K, 140K, 180K, 200K
두께(mm)	25 ~ 120	25 ~ 100
열전도율 (W/mK, 20℃)	0.035(24K), 0.033 (48K)	0.035 (60K) / 0.034 (80K)
적용부위	· 주택의 외벽/측벽 보온단열재 · 천장 및 커튼월, 경량 칸막이 심재 등의 보온 단열 흡음재	· 탱크, 보일러 등 열설비 및 단열 콘크리트 바닥의 보온 단열 · ROOF DECK의 보온 단열 · 방음벽 및 방·내화 구조 심재 · 기계실 등의 소음 설비 흡음
특징	· 무기질의 불연재(외벽 단열재 준불연재 이상 적용 필수 – 건축물의 피난 방화구조 등의 기준에 관한 규칙 개정) · 유연한 섬유질로 곡면 시공 및 이음부 밀실 시공 용이 · 70% 이상의 재활용 자재 사용 · 압축 복원력이 우수하여 운반·보관·취급이 편리하며, 절단 가공 용이 · 균일한 굵기의 섬유가 섬세하게 집면되어 있어 단열 효과 및 흡음 효과 우수	· 주원료가 무기질 광석으로 불연 성능이 우수하며 내열 온도가 높음 · 무수한 기공으로 단열 및 흡음 성능 우수 · 가공성 우수하여 다양한 형태의 제품 생산 · 부패 또는 변질되지 않아 반영구적임
	· 폼 알데하이드(HCHO)방출 없음 · 냄새 없음(아민취기 미발생)	· 그라스울 대비 열전도율이 높으며 동등 열적 성능 대비 고가이나, 내열온도가 높아 플랜트 등 산업시설에 주로 사용

2.2 보조 단열재 및 설치자재

(1) 보조 단열재 및 단열재 설치자재 등은 이 공사에 사용하는 단열재에 영향을 주거나 단열재로 부터 영향을 받지 않은 것을 사용하고, 나무벽돌, 연결철물, 방습필름 등은 공사감리자의 확인을 받아 사용 목적에 적합한 형상과 치수로 한다.

2.3 자재의 검사

(1) 현장에 반입하는 자재는 한국산업표준 또는 산업통상자원부 장관의 형식승인 여부 및 자재의 규격, 품질 등이 도면 또는 공사시방과 일치 여부에 대하여 공사감리자의 검사를 받아야 한다.
(2) 공사시방에서 정한 바가 있거나 공사감리자의 지시가 있을 때는 공사착수 전에 단열재의 견본 및 시험 성적표를 공사감리자에게 제출하여야 한다.
(3) 반사형 단열재의 경우, 표면 방사율이 0.1 이하임을 입증하는 시험 성적표를 공사감리자에게 제출하여야 한다.

2.4 자재의 운반, 저장 및 취급

(1) 단열자재의 운반 및 취급시에는 단열자재가 손상되지 않도록 주의해야 한다.
(2) 단열자재는 직사일광이나 비, 바람 등에 직접 노출되지 않으며, 습기가 적고 통기가 잘 되는 곳에 용도, 종류, 특성 및 형상 등에 따라 구분하여 보관한다.
(3) 단열자재 위에 중량물을 올려놓지 않도록 하며, 유리면을 압축 포장한 것은 2개월 이상 방치하지 않도록 한다.
(4) 판형 단열재는 노출면을 공장에서 표기해야 하며, 적재높이는 1.5m 이하로 한다.
(5) 단열 모르타르는 바닥과 벽에서 150mm 이상 이격시켜서 흙 또는 불순물에 오염되지 않도록 저장해야 하며, 특히 수분에 젖지 않도록 한다. 또한 포장은 방습포장으로 하며, 자재의 성능, 용도, 사용방법이 명기되어야 한다.
(6) 두루마리 제품은 항상 지면과 직접 닿지 않도록 세워서 보관한다.

[표 2.4-1] 단열공사 자재의 운반, 저장 및 취급시 안전관리사항

작업 내용	불안전 요인	위험포인트	안전관리대책
자재 반입	시설물	· 재료를 적재한 트럭이 하역 장소로 이동 중 지반 침하로 전도 · 재료의 품질, 규격 등을 재료 더미 위에서 검수하던 중 추락	· 재료를 적재한 트럭이 이동하는 통행로에 대한 지반 보강 실시 · 품질, 규격 등을 검수할 경우 안전한 작업 발판 설치
	행동	· 안전모 등 개인 보호구 미착용하고 작업 중 부딪히거나 낙하 · 자재 반입, 운반 시 무리하게 혼자 운반하다가 요통 발생	· 자재 반입 운반 시 안전모 등 개인 보호구 착용 철저 · 적정 중량을 준수하여 운반하고 길이가 긴 부재 등은 가능한 2인 1조로 운반 실시
운반	시설물	· 재료 등을 카고 크레인으로 들어 옮기던 중 과적으로 붐대가 꺾이면서 낙하 · 건설용 리프트로 재료 운반 작업 중 안전문 미설치로 추락 · 재료 운반 작업 중 바닥 끝부분에 안전 난간 미설치로 추락 · 발코니에서 손수레(리어카)에 자재를 싣고 이동중 주위 개구부 등에 추락	· 카고 크레인으로 양중 작업 시 작업 반경에 따른 정격하중 준수 · 건설용 리프트로 재료 운반 작업시 안전문은 닫혀진 상태 유지 · 재료 운반 작업 시 바닥 끝부분에 견고한 안전 난간 설치 · 손수레(리어카) 등으로 자재 운반시 운반로에 개구부 덮개 등 추락 방지 조치 실시
	행동	· 지게차로 합판 등을 하역하여 후진하던 중 신호수 미배치로 충돌	· 지게차로 합판 등을 하역하여 후진 시 신호수를 배치하여 출입 통제
적재	행동	· 합판, 석고보드 등의 적재 작업 중 너무 높게 적재하여 합판이 전도	· 합판, 석고보드 등의 수장 재료 적재 작업 시 재료가 전도되지 않도록 적정 높이 적재

- 출처: NCS 학습모듈-단열시공 현장안전(2014, 한국직업능력개발원, 이상수 외)

2.5 자재의 가공

(1) 단열자재의 가공은 청소된 평탄한 면 위에서 행하되, 적절한 공구를 사용하여 정확한 치수로 가공하며, 자재의 손상이 없도록 한다.

2.6 패시브 건축자재

(1) 열교차단재, 단열블록, 역전지붕 공사(외단열 지붕공사) 등 패시브 건축자재에 대한 사항은 *SBCS 41 90 05 05*에 따른다.

3 시공

3.1 시공 일반

3.1.1 시공계획

(1) 단열공사 시공에 앞서 단열자재, 시공법, 시공도, 공정계획 등에 대하여 공사감리자의 확인을 받는다.
(2) 단열자재 및 단열공법의 종류에 따른 보조 단열재 및 설치자재, 공구 등을 준비한다.

3.1.2 단열재의 설치

(1) 단열시공 바탕은 단열자재 또는 방습층 설치에 지장이 없도록 못, 철선, 모르타르 등의 돌출물을 제거하여 평탄하게 정리 및 청소한다.
(2) 나누기도에 따라 시공하고, 현장절단 시에는 절단기를 사용하여 정교하게 일직선이 되도록 절단한다.
(3) 전체 두께가 특별히 각 구성요소의 합으로 표시되거나 별도로 요구되지 않은 경우에는 소정의 두께를 지닌 홑겹의 단열재로 설치해야 한다.
(4) 단열재를 겹쳐서 사용하고, 각 단열재를 이을 필요가 있는 경우 그 이음새가 서로 어긋나는 곳에 위치하도록 하여야 한다.
(5) 단열재를 접착제로 바탕에 붙이고자 할 때에는 바탕면을 평탄하게 한 후 밀착하여 시공하되, 초기 박리를 방지하기 위해 완전히 접착될 때까지 압착상태를 유지하도록 하고, 초기 접착 후 30분 이내에 재압착한다.
(6) 단열재의 이음부는 틈새가 생기지 않도록 접착제, 테이프를 사용하거나 공사시방에 따라 접합하며, 부득이 단열재를 설치할 수 없는 부분에는 적절한 단열보강을 한다.
(7) 경질이나 반경질의 단열판으로 처리할 수 없는 틈새 및 구멍에는 단열재를 채워 넣어야 하며, 통산 최대 체적의 40%(기준밀도 40kg/m³) 정도까지 다져야 한다.

▼ CHECK 07

최하층 바닥 단열공사 시 주의사항

- 콘크리트 기초벽 단열은 투습저항이 좋고 견고한 단열재 사용
- 기초벽의 단열은 동결선 아래에서 기초의 상부까지 외부에 단열재를 부착
- 바닥슬래브를 축열체로 이용할 때는 바닥단열을 슬래브 밑에 시공하여 기초 벽의 내부에 연속되게 단열재 시공
- 기초와 슬래브 모서리는 열교현상 때문에 외단열이 바람직함

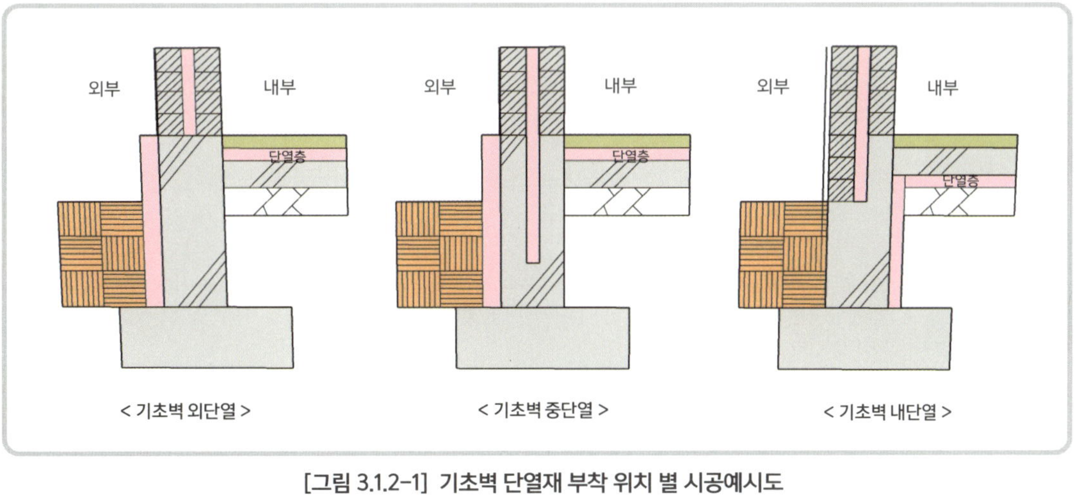

[그림 3.1.2-1] 기초벽 단열재 부착 위치 별 시공예시도

3.2 최하층 바닥의 단열공사 CHECK 07

3.2.1 콘크리트 바닥의 단열공사

(1) 별도의 방습 또는 방수공사를 하지 않은 경우에는 콘크리트 슬래브 바탕면을 깨끗이 청소한 다음 방습필름을 깐다.
(2) 방습층 위에 단열재를 틈새 없이 밀착시켜 설치하고, 접합부는 내습성 테이프 등으로 접착・고정한다.
(3) 그 위에 도면 또는 공사시방에 따라 누름 콘크리트 또는 보호 모르타르를 소정의 두께로 바르고, 마감자재로 마감한다.

CHECK 08 ▼
벽체 단열공사
- 내력벽을 기준으로 단열재의 위치에 따라 내단열, 중단열, 외단열로 구분
- 단열은 불연속 되는 곳이 없도록 밀실하게 시공
- 열교현상과 내부 결로를 방지하기 위해 외단열이 바람직

3.2.2 마룻바닥의 단열시공

(1) 동바리가 있는 마룻바닥에 단열시공을 할 때는 *SBCS 41 90 33*에 따라 동바리와 마루틀을 짜 세우고, 장선 양측 및 중간의 멍에 위에 단열재 받침판을 못박아댄 다음 장선 사이에 단열재를 틈새 없이 설치한다.
(2) 단열재 위에 방습필름을 설치하고 마루판 등을 깔아 마감한다.
(3) 콘크리트 슬래브 위의 마룻바닥에 단열시공을 할 때는 *SBCS 41 90 33*에 따라 설치한 장선 양측에 단열재 받침판을 대고 장선 사이에 단열재를 설치한 다음 그 위에 방습시공을 한다.

3.3 벽체의 단열공사 CHECK 08

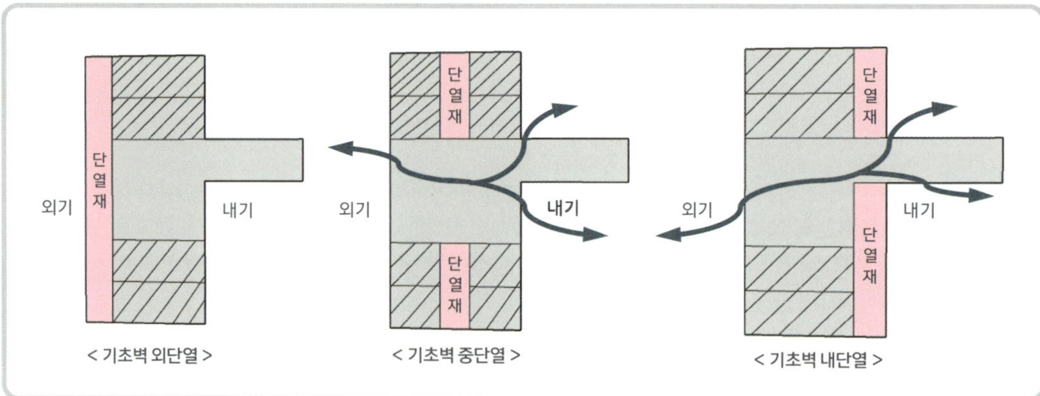

[그림 3.3-1] 벽체 단열재 부착 위치 별 시공예시도

CHECK 09 ▶
리모델링 내단열 공법 사례
- 개선 전

- 개선 후

3.3.1 내단열공법 CHECK 09

(1) 바탕벽에 *SBCS 41 90 33*에 따라 띠장을 소정의 간격으로 설치하되 방습층을 두는 경우는 이를 단열재의 실내측에 설치하는 것을 원칙으로 한다.
(2) 단열재를 띠장 간격에 맞추어 정확히 재단하고, 띠장 사이에 꼭 끼도록 설치하되 띠장의 춤은 수장재를 붙였을 때 단열재가 눌리지 않을 정도가 되도록 한다.
(3) 광석면, 암면, 유리섬유 등 두루마리형의 단열재는 단열재가 눌리지 않도록 나무벽돌을 벽면에서 단열재 두께만큼 돌출되도록 설치하고, 나무벽돌 주위의 단열재를 칼로 재단하여 단열재가 나무벽돌 주위에 꼭 맞도록 한 후 띠장을 설치한다. 그리고 반드시 실내측에 방습층을 설치한다.
(4) 단열 모르타르는 접착력을 증진시키기 위하여 프라이머를 균일하게 바른 후 6~8mm 두께로 초벌 바르기를 하고, 1~2시간 건조 후 정벌 바르기를 하여 기포 및 흙손자국이 나지 않도록 마감손질한다.
(5) 벽과 바닥 접합부에 설치하는 단열재 사이에는 틈새가 생기지 않도록 하여야 한다.
(6) 철근콘크리트조의 내단열 시공시 단열재의 실내측에 설치되는 방습층이 연속되게 함으로써 실내로부터 습기이동을 차단하여 내부결로가 생기지 않도록 한다.

3.3.2 중단열공법

(1) 중공벽에 발포 폴리스티렌 보온판, 광석면 매트 또는 기타 보온판 등 판형 단열재를 설치하기 위해서 공간쌓기를 할 때는 *SBCS 41 90 34* 에 따른다.
(2) 벽체를 쌓을 때는 특히 단열재를 설치하는 면에 모르타르가 흘러내리지 않도록 주의하고, 단열재 설치에 지장이 없도록 흐른 모르타르를 쇠흙손질하여 평탄하게 한다.
(3) 단열재는 내측 벽체에 밀착시켜 설치하되 단열재의 내측면에 도면 또는 공사시방에 따라 방습층을 두고, 단열재와 외측 벽체 사이에 쐐기용 단열재를 600mm 이내의 간격으로 꼭 끼도록 박아 넣어 단열재가 움직이지 않도록 고정시킨다.

(4) 중공벽에 포말형 단열재를 충전할 때는 중공벽을 완전히 쌓되, 도면 또는 공사시방에 따라 방습층을 설치하고, 직경 25mm~30mm의 단열재 주입구를 줄눈 부위에 수평 · 수직 각각 1~1.5m 간격으로 설치한다.
(5) 포말형 단열재 주입시 틈새로 누출되지 않도록 벽의 외측면을 마감하거나 줄눈에 틈이 없도록 하고 줄눈 모르타르가 양생된 후, 아래에서부터 주입구를 통해 압축기를 사용하여 포말형 단열재를 주입한다.
(6) 중공부에 단열재가 공극 없이 충전되었는지의 검사는 상부의 다른 주입구에서 충전단열재의 유출 등으로 확인하며, 유출된 단열재는 하루 정도 경과한 다음 제거하고, 주입구를 막아 마감한다.
(7) 현장에서 분사 시공하는 포말형 단열재는 공사감리자가 필요하다고 인정하여 지시할 경우 필요한 시료를 채취하고 소정의 시험을 실시하여 열전도율, 밀도 및 물리적 성질 등의 품질을 확인 받아야 한다.
(8) 충전된 단열재의 건조가 완료될 때까지 3~4일간 충분히 환기시킨다.

3.4 천장의 단열공사

(1) 달대가 있는 반자틀에 판형 단열재를 설치할 때는 천장마감재를 설치하면서 단열시공을 하되, 단열재는 반자틀에 꼭 끼도록 정확히 재단하여 설치한다.
(2) 두루마리형 단열재를 설치할 때는 천장바탕 또는 천장마감재를 설치한 다음 단열재를 그 위에 틈새 없이 펴서 깐다. 이때 벽과 접하는 부분은 특히 틈새가 생기지 않도록 주의한다.
(3) 포말형 단열재를 분사하여 시공할 때는 반자틀에 천장바탕 또는 천장마감재를 설치한 다음 방습필름을 그 위에 설치하고, 분사기로 구석진 곳과 벽면과의 접합부 및 모서리 부분을 먼저 분사하고 먼 위치에서부터 점차 가까운 곳으로 이동 · 분사한다. 이때 단열재의 품질확인은 3.3.2에 따른다.
(4) 암면뿜칠 단열재는 암면과 시멘트 슬러리(접착제 포함)를 바탕면에 동시에 분사하여 접착시키며, 시공 전에 인서트 및 목심 등의 위치를 표시하여 후속공정 진행시 단열재의 훼손을 최소화한다.
특히, 다음과 같은 경우 메탈라스 또는 와이어 메시로 보강한다.
① 전체 중량으로 인한 탈락이 예상되는 경우 ② 심한 진동이 있는 경우

3.5 지붕의 단열공사

3.5.1 지붕 윗면의 단열시공

(1) 철근콘크리트 지붕 슬래브 위에 설치하는 단열층은 방수층 위에 단열재를 틈새 없이 깔고, 이음새는 내습성 테이프 등으로 붙인 다음 단열재 윗면에 방습시공을 한다. 다만, 단열재 누름 콘크리트 또는 보호 모르타르의 자중 및 기타 하중에 의하여 누름 콘크리트 또는 보호 모르타르에 균열이 발생하거나 손상되지 않을 정도의 강도를 가지는 것을 사용해야 한다.
(2) 방습층 위에 누름 콘크리트를 소정의 두께로 타설하되, 누름 콘크리트 속에 철망을 깐다.
(3) 목조지붕 위에 설치하는 단열층은 지붕널 위에 방습층을 펴서 깐 다음 단열재를 틈새 없이 깔아 못으로 고정시키고 그 위에 기와, 골슬레이트 등을 잇는다. 이때, 단열재는 지붕 마감재 및 기타 하중에 견딜 수 있도록 해야 한다.

3.5.2 지붕 밑면의 단열시공

(1) 지붕 슬래브 밑면을 고르고 불순물을 제거한 다음 *(3.3.1)*에 따라 시공한다.
(2) 철골조 또는 목조 지붕에는 중도리에 단열재를 받칠 수 있도록 받침판을 소정의 간격으로 설치하여 단열재를 끼워 넣거나 지붕 바탕 밑면에 접착제로 붙인다.
(3) 주택의 최상층 슬래브 하부에 발포 폴리스티렌 보온재를 설치하는 경우에는 보온재를 거푸집에 부착하여 콘크리트 타설시 일체 시공되도록 하며, 단열재 설치 전 마감재 부착을 위한 인서트, 앵커 플레이트, 목심 등을 정확히 설치하고 단열재 훼손이 최소화되도록 시공한다.
(4) 거푸집을 해체할 때에는 단열재가 손상되지 않도록 주의하여야 한다.
(5) 거푸집을 제거한 후 단열재의 이음부, 틈, 못자국, 훼손부위 등은 보수용 자재는 분말상태로 보수가 용이하고 단열재의 열전도율 성능 이상을 가진 자재로서 현장에서 물과 혼합하여 시공하되, 물배합량은 보수용 자재의 2.2~2.3배(중량비)로 한다.

3.6 방습재의 설치

(1) 단열공사에 따른 방습시공이 요구되는 개소는 도면 또는 공사시방에 정하되, 방습시공을 할 때는 단열재의 실내측에 방습필름을 대고, 접착부는 150mm 이하에서 50mm 이상 겹쳐 접착제 또는 내습성 테이프를 붙인다. 또한 방습시공시 방습필름에 찢김, 구멍 등의 하자가 생겼을 경우에는 하자 부위가 묻히기 전에 보수하고, 공사감리자의 확인을 받은 후 다음 공정을 진행해야 한다.

3.7 양생

(1) 공사가 완료된 단열층 및 방습층은 병행하는 공사와 기후 등에 손상되지 않도록 하고, 부득이한 경우에는 노출부분을 보호막으로 덮어 보양한다. 또한 화기나 화학물질에 의해 손상되지 않도록 한다.

3.8 검사

[표 3.8-1] 단열공사 단계별 주요 검사항목 (LHCS 10 10 05 25 건축공사 일반, 부록3)

공정단계별		주요 검사항목
단열공사	벽틀 및 보온재 설치 후	· 설치간격 및 고정상태 · 보온재 이음 및 충전상태 · 전기 박스 주위 보강여부
단열모르타르	단열 모르타르 바름 완료 후	· 단열 모르타르 바름두께 확인 · 바탕면 평활도 및 균열, 들뜸, 처짐 확인

- 출처: 한국토지주택공사 전문시방서(2020, 한국토지주택공사)

3.9 패시브 건축자재 시공

(1) 열교차단재, 단열블록, 역전지붕 공사(외단열 지붕공사) 등 패시브 건축자재 시공에 대한 사항은 *SBCS 41 90 05 05*에 따른다.

3.10 안전시공

[표 3.10-1] 단열공사 안전시공사례

작업 내용	불안전 요인	위험포인트	안전관리대책
안전 시설물 설치	시설물	· 각재 등으로 작업발판 사용 중 부러지면서 추락 · 작업 발판이 변형되어 작업 중 고정부가 탈락 · 작업 발판의 폭이 부족하여 작업중 발판 상에서 추락 · 비계 기둥	· 각재 등 자재를 작업 발판으로 사용 금지하며 작업 발판이 변형된것 사용 금지 · 작업 발판은 파손되지 않도록 견고한 것 사용 · 작업 발판은 폭이 400㎜ 이상 되도록 설치하고 2개소 이상에 견고하게 지지 · 비계 기둥 밑부분에는 침하 방지 조치 실시 · 비계 상에는 벽 이음 전용 철물을 사용하여 5m 이내마다 수직 수평으로 벽체와 긴결 · 비계 결속부 벽 이음 등은 전용 철물을 사용하여 체결 · 이동식 비계의 높이는 밑면 최소 폭의 4배 이하로 조립, 전도 방지 조치 실시 · 이동식 비계는 아웃트리거 등 전도 방지조치 실시
	행동	· 근로자가 안전 작업 수칙을 미숙지하고 무리하게 작업 중 발판 상에서 추락 · 비계 상에 근로자가 안전대를 미착용하고 임의로 올라서서 작업 중 추락 · 비계 상에 자재를 과적재하여 비계가 하중을 견디지 못하고 붕괴 · 근로자가 탄 채로 이동 중 이동식 비계 전도 · 재료 공구를 작업 발판 상에 올리 던 중 낙하 · 이동식 비계에 승강 설비 미설치로 비계 가새를 밟고 승강 중 추락	· 근로자가 안전 작업 수칙을 숙지하고 안전하게 작업하도록 교육 실시 · 비계 띠장 등에 안전 조치 없이 근로자가 임의로 올라가지 못하도록 지휘 감독 · 비계 상에는 최대 적재 하중 표지 설치, 과적재하지 않도록 조치 · 근로자가 탑승한 상태로 이동식 비계 이동 금지 · 재료 공구 등을 올리거나 내릴 때 의 달포대 등 사용 · 이동식 비계에 사다리 등 승강설비 설치
가공	시설물	· 절단기로 재료를 절단하던 중 누전으로 감전 · 소형 절단기, 전기톱 등의 안전 장치가 파손되어 신체 접촉, 끼임(협착)	· 절단기 등 전기기계 기구 사용 시 누전 여부를 수시로 점검 · 절단기, 전기톱 등에 톱날 접촉 방지용 덮개 설치
	행동	· 재료 절단 작업 중 파편에 의한 안구 손상	· 재료 절단 작업 시 보안경, 방진 마스크 등의 개인 보호구 착용
붙임	시설물	· 작업 중 현장에서 목재로 제작한 말비계(우마), 사다리 파손으로 추락 · 재료 붙임용 접착제 등 화학 약품에 대한 물질 안전 보건 자료를 누락으로 위험에 노출	· 작업 시 이동식 틀비계, 말비계(우마)는 일정한 안전시험에 합격한 제품 사용 · 재료 붙임용 접착제 등 화학 약품에 대한 물질안전 보건 자료를 비치하고 안전교육 실시
	행동	· 보안경 등 개인 보호구를 미착용하고 천장재 붙일 때 이물질이 눈에 들어가 안구 손상	· 분진 및 파편에 의한 안구손상 방지를 위하여 작업 시 보안경 착용

- 출처: NCS 학습모듈-단열시공 현장안전(2014, 한국직업능력개발원, 이상수 외)

3.11 단열공사 하자 사례 및 개선방안

하자 사례

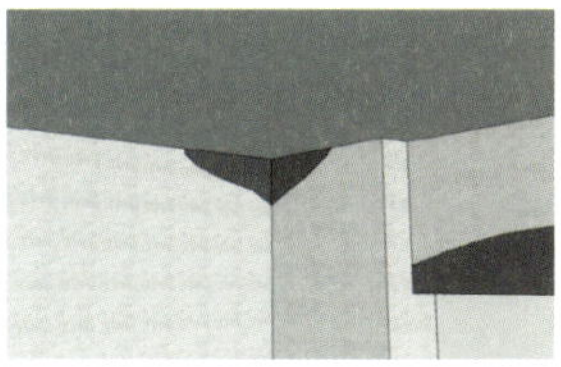

· 문틀 단열재 부족 시공 및 코킹 홈 누락 시공
· 현관문 결로 발생

개선 방안

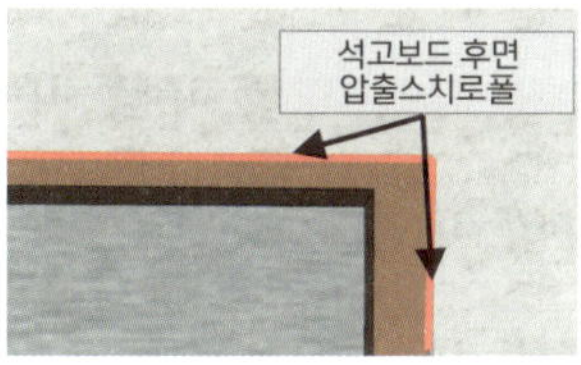

· 현관문틀 주위 전면 밀착 가능한 방법 우선 검토
· 전면밀착 어려울 경우
  - 콘크리트면과 단열재가 밀착되도록 미장 보완
  - 콘크리트 벽체와 합지판에 공간이 발생된 경우 합지판을 천공후 발포 우레탄폼으로 보완
· 세대 현관문 문틀 내부 단열재 밀실 충진
· 석고보드 접합면 실링 밀실 시공

[그림 3.11-1] 세대 현관주위 결로 발생

- 출처: 건축공사 들여다보기(2009, 서울지방국토관리청, 노성열 외)

하자 사례

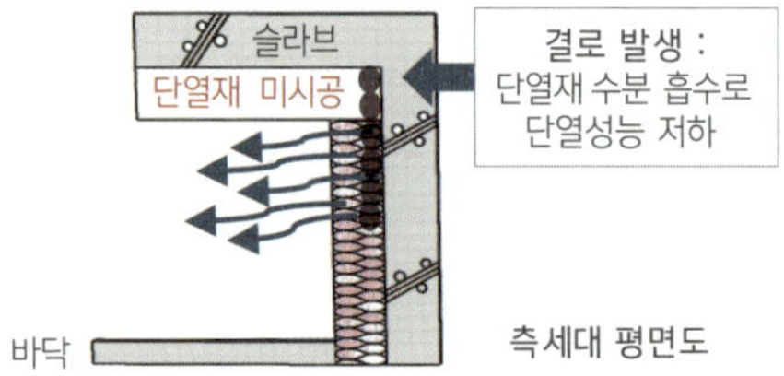

- 1차 반자 상부 외벽부위(비노출면)에 단열재 누락 시공
- 외벽과 교차되는 벽체 중 열교현상이 발생되는 면 방습층 누락 시공
- 육안으로 노출되지 않는 면에 대한 품질관리 미흡
- 천정 상부에서 결로가 발생하여 벽지 등에 곰팡이 발생

개선 방안

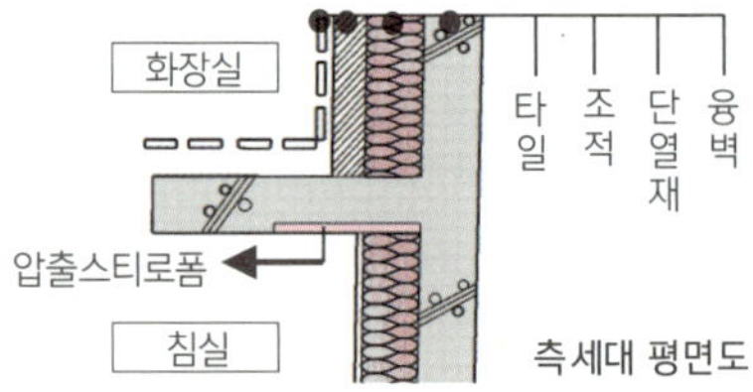

- 결로 발생 위치에 대한 방습층 설치 설계반영 여부 확인
- 외기에 면한 벽체 전체면에 단열재 정밀 압착시공
  (내부 공기 유입 방지)

[그림 3.11-2] 반자 상부 외부 벽체면 단열재 누락 시공 등

하자 사례

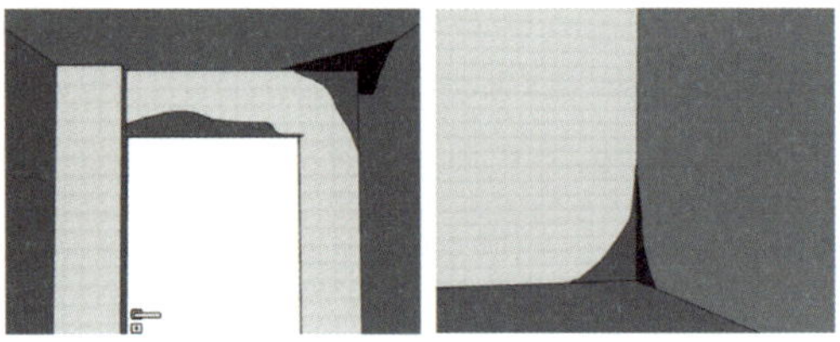

- 외기에 면하는 벽체에 설치된 단열재 손상 등으로 내부공기 유입
- 외기에 면하는 벽체와 교차되는 벽체 내측면에 방습층 미설치
- 방습층 미설치로 결로에 의한 곰팡이 발생

개선 방안

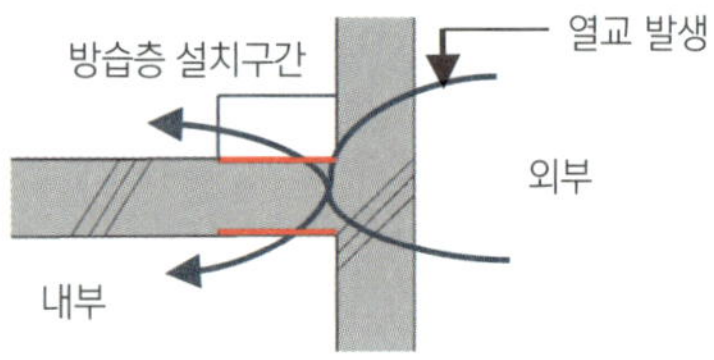

- 설치된 단열재 손상부위 보완 및 단열재 이음부위 Taping 처리
- 외기에 면하는 벽체와 교차되는 벽체 내 측면에 방습층 설치
  ※방습층: 투습도가 24시간당 30g/m²이하 또는
  투습계수 0.28g/m²·h·mmhg 이하

[그림 3.11-3] 벽체 방습층 미설치

하자 사례

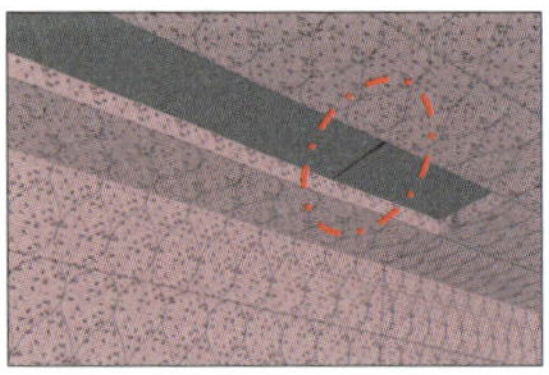

- 최상층 천정 단열재 설치시 이음부 Taping 미실시에 따라
  시멘트 페이스트가 유입되어 틈새부위 결로로 인한 곰팡이 발생

개선 방안

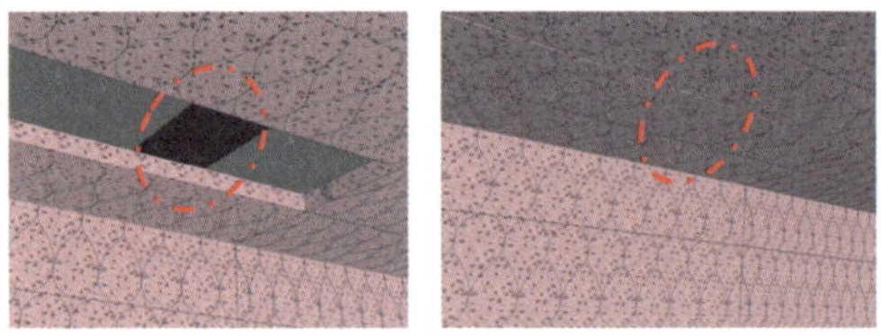

- 단열재를 깔고 Con'c 타설시 단열재 이음매 부위 테이핑 처리
- 단열재 이음매 부위로 Con'c 유입시 이음매 부위에
  판상 단열재 등으로 결로방지용 단열재 보강

[그림 3.11-4] 최상층 천장 단열재 이음부 Taping 미실시

하자 사례

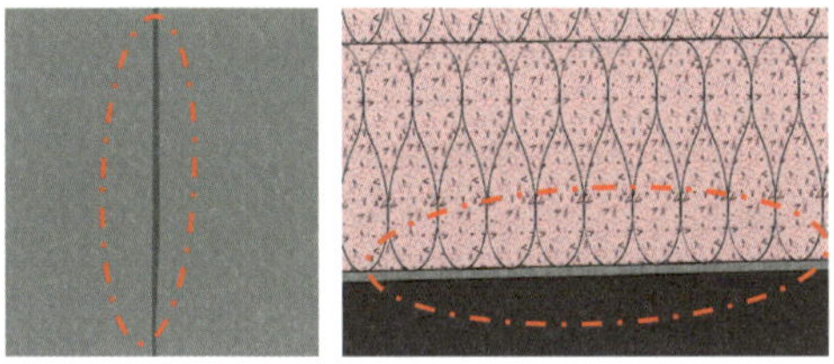

· 측벽 설치시 이음부 Taping 미실시
· 단열재 손상(각재 사용 고정)으로 단열재 내부에 공간이 발생하여 결로 및 곰팡이 발생

개선 방안

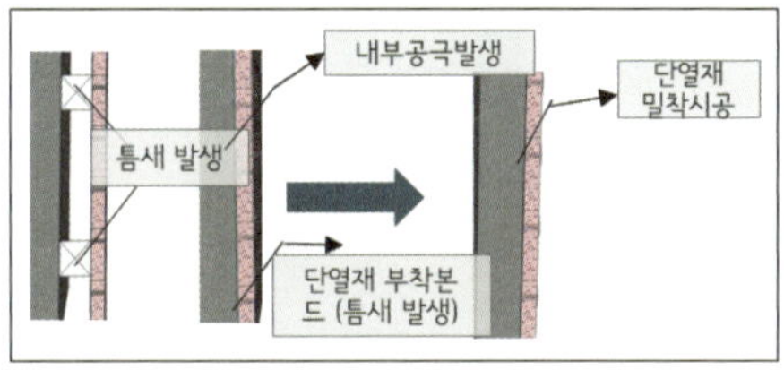

· 단열재를 손상시키는 공법 사용 지양
· 벽체 단열재 설치 시 콘크리트 벽체와 단열재 사이가 이격되지 않도록 단열재 밀착 시공
· 내부 습기가 측벽으로 전달되지 않도록 제습지 설치

[그림 3.11-5] 측벽 단열재 설치 불량

하자 사례

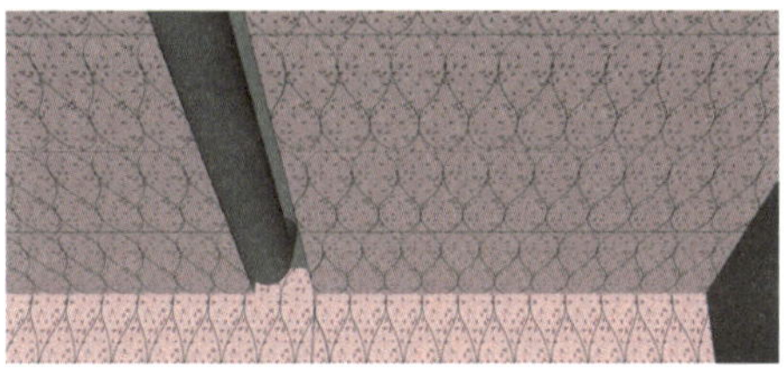

· 배관 주위 단열재 충진 누락
· 세대 소음 및 악취 유입

개선 방안

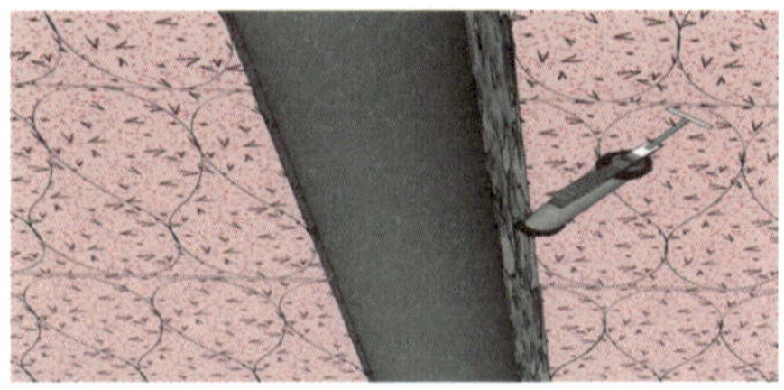

· 배관 주위 및 스티로폴 누락 부위에 발포 우레탄폼 충진
· 타일 시공전 틈새 충진 확인

[그림 3.11-6] 욕실벽 단열재 틈새 처리 미흡

하자 사례

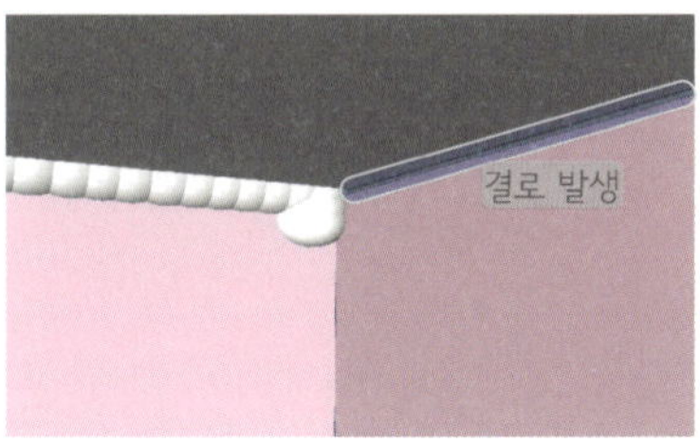

· 배관 주위 단열재 충진 누락
· 세대 소음 및 악취 유입

개선 방안

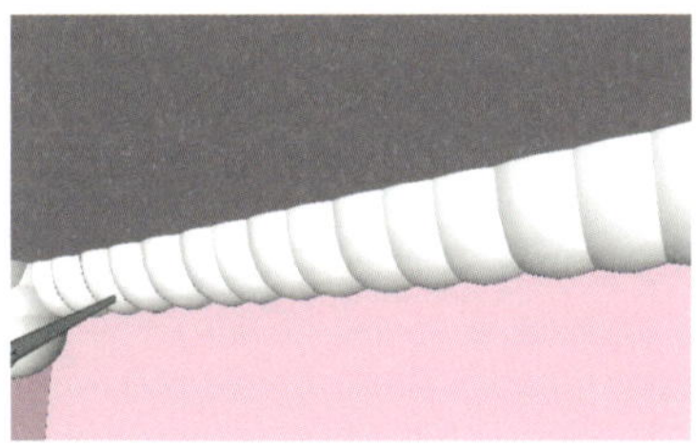

· 배관 주위 및 스티로폴 누락 부위에 발포 우레탄폼 충진
· 타일 시공전 틈새 충진 확인

[그림 3.11-7] 우레탄폼 미충진으로 인한 결로 발생

CHAPTER 10

02

SBCS 41 90 42 05
외단열 공사

1 일반사항

1.1 일반사항

(1) *SBCS 41 90 42 (1. 일반사항)*에 따른다.

2 자재

2.1 자재 일반

(1) *SBCS 41 90 42 (2.1)*에 따르며, 아래의 항목을 추가하여 적용한다.
(2) 건축법 시행령(제61조 2항)에 해당하는 건축물 외벽의 외단열에 사용되는 자재는 건축물의 피난·방화구조 등의 기준에 관한 규칙(제24조)의 규정을 충족하는 자재를 사용하여야 한다.

2.2 접착 모르타르

(1) KS F 4716에 적합한 제품으로 제품 표준의 성능기준 이외에 아래와 같은 부착성능을 갖는 제품을 사용한다.

[표 2.2-1] 접착제 부착강도 성능 기준

구 분	품 질 기 준
바탕 구조체와 접착제의 부착 강도	· 기건조건 : 0.25 N/mm² 이상 · 습윤조건 : 물에서 꺼낸 뒤 2시간 후 0.08 N/mm² 이상, 물에서 꺼낸 뒤 7일 후 0.25 N/mm² 이상
접착제와 단열재의 부착 강도 (파단유형 : 접착제 파괴 또는 접착제면 분리)	· 기건조건 : 0.08 N/mm² 이상 · 습윤조건 : 물에서 꺼낸 뒤 2시간 후 0.03 N/mm² 이상, 물에서 꺼낸 뒤 7일 후 0.08 N/mm² 이상
단열재와 베이스코트(마감재)의 부착 강도	· 단열재 접착면에서 분리시 0.08 N/mm² 이상 · 0.08 N/mm² 미만일 경우 단열재 파괴에 의한 값

(2) 배합
① 접착재료는 제조업자가 제출한 시방서, 제품용기에 표기된 사용법 등을 참고하여 현장에서 균일하게 배합하여 사용한다.
② 혼합된 접착재료는 1시간 이내에 사용하여야 하며, 시간이 경과된 재료는 사용하지 않는다.

2.3 단열재 패스너 CHECK 01

(1) 단열재 고정용 패스너는 점형 열교가 없는 제품으로서 당해 외벽단열마감시스템 전문제조업자가 지정하는 것을 사용하되, 길이는 최소 단열재 두께 +40mm 이상인 것을 사용한다.

◀ CHECK 01
단열재 패스너 예시 사진

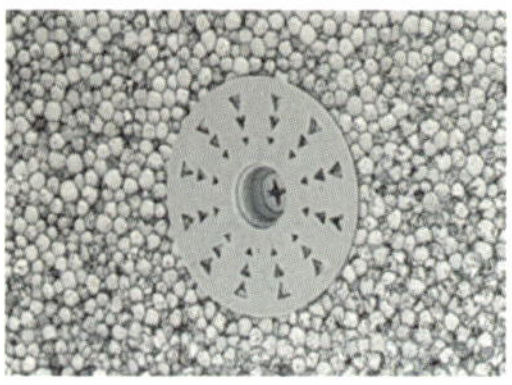

2.4 보강메쉬 CHECK 02

(1) 일반(표준) 메쉬
① 중량 : 152g/m² 이상 (NET #180 기준)
② 코팅처리 : 아크릴 바인다 코팅
(2) 충격보강용 메쉬
① 중량 : 374g/m² 이상 (NET #190 기준)
② 코팅처리 : 아크릴 바인다 코팅
(3) 품질기준
① 메쉬의 인장강도는 노화조건 시의 성능에 의하며 아래의 성능기준에 적합하여야 한다.

◀ CHECK 02
보강메쉬 예시 사진

[표 2.4-1] 성능기준

구 분	품 질 기 준
일반(표준) 메쉬	· 노화 조건 시험 결과 값이 기본 조건 시 값의 50% 이상이고 20N/㎜ 이상일 것
충격보강용 메쉬	· 노화 조건 시험 결과 값이 기본 조건 시 값의 40% 이상이고 20N/㎜ 이상일 것

2.5 마감재

(1) KS F 4715에 적합한 제품으로서 공장에서 혼합된 아크릴 합성수지 및 실리콘수지 제품을 말하며 제품 표준의 성능기준 이외에 아래와 같은 내충격 성능을 갖는 제품을 사용한다.

[표 2.5-1] 성능기준

성능항목	성 능		
내충격성	구 분	Ⅱ. 외부 충격의 우려가 없는 부위	Ⅰ. 직접적인 충격이 닿지 않지만 외부 충격 우려가 있는 저층부위
	10J 가격	-	· 미장층을 관통하는 손상이 없을 것
	3J 가격	· 미장층을 관통하는 손상이 없을 것[1]	· 표면에 균열 발생이 없을 것[1]

주: 1) 시험횟수 5회 중 3회 이상 표면에 크랙이 발생치 않을 것
2) 시험횟수 5회 중 3회 이상 원형크랙이 발생치 않을 것

2.6 시멘트

(1) KS L 5201 1종 보통 포틀랜드 시멘트에 적합한 제품으로 한다.

2.7 부속재

(1) 외벽단열 마감공법에 사용되는 부속재(코너비드, 플래싱 등)는 들뜸, 탈락, 변색 등 품질에 이상이 없는 제품으로 전문제조업자의 지정에 따른다.

2.8 실링재

(1) 실링재는 KS F 4910 규정에 적합한 제품으로 부속서2의 표1의 SR, 표2의 1, 표3의 9030인 실리콘계(SR-1-9030)를 사용한다.

3 시공

3.1 시공 일반

(1) *SBCS 41 90 42 (3.1)*에 따른다.

3.2 외단열공법

3.2.1 바탕준비

(1) 시공 바탕면은 충분히 건조시키고, 최종 표면마감상태가 소요 품질기준 내에 들도록 바탕면을 평활하게 한다.

(2) 바탕면은 단열재 시공에 지장이 없도록 오물, 먼지 등을 깨끗이 청소한다.

(3) 단열재와 벽체의 부착성능 향상을 위하여 프라이머를 반드시 시공하여야 하며 프라이머는 제조업자 사양에 따른다.

▼ CHECK 03

외단열용 미네랄울

- 습식/건식으로 사용 가능한 미네랄울 불연 단열재로 내수성능이 우수하고 화재 안전성이 매우 뛰어나 외부 단열재 및 화재 확산 방지재료로 적합

3.2.2 시공

(1) 시공순서

[표 3.2.2-1] 시공순서

구 분	시 공 순 서
지면에서 높이 1.8m 이하 부위	① 프라이머 → ② 접착모르타르 → ③ 단열재 → ④ 단열재 패스너 → ⑤ 접착모르타르 → ⑥ 충격보강용메쉬 → ⑦ 접착모르타르 함침→ ⑧ 일반(표준) 메쉬 → ⑨ 접착모르타르 함침 → ⑩ 마감재
지면에서 높이 1.8m 초과 부위	① 프라이머 → ② 접착모르타르→ ③ 단열재 → ④ 단열재 패스너 → ⑤ 접착모르타르 → ⑥ 일반(표준)메쉬 → ⑦ 접착모르타르 함침 → ⑧ 마감재

순서	구분	사양
①	접착제	분말형
②	단열재	미네랄울(외단열용)
③	Base coat	일액형
④	보강메쉬	유리섬유메쉬
⑤	Base coat	일액형
⑥	마감재	일액형

- 적용 부위
  - 외벽 단열재(외부 미장마감 - 드라이비트 공법) 및 지붕판넬 단열 심재
  - 커튼월 스팬드럴 부위 단열재, 필로티 천장 부위 단열재

[사진 3.2.2-1] 외단열 미네랄울(습식) 시공순서 CHECK 03

10장 _ 소규모 단열공사

(2) 단열재 시공

① 단열재는 규격이 600×1200mm 이하인 것을 사용한다.

② 단열재 붙이기는 시공벽면의 하부에서 상부로 붙여 나가되, 수직 방향의 이음은 통줄눈이 생기지 않도록 하고, 각 이음부위는 서로 밀착되게 정밀 시공하여야 한다.

③ 단열재는 접착 모르타르 바름과 단열재 패스너 공법을 병행하여 *그림 3.2.2-1*을 참고하여 부착한다.

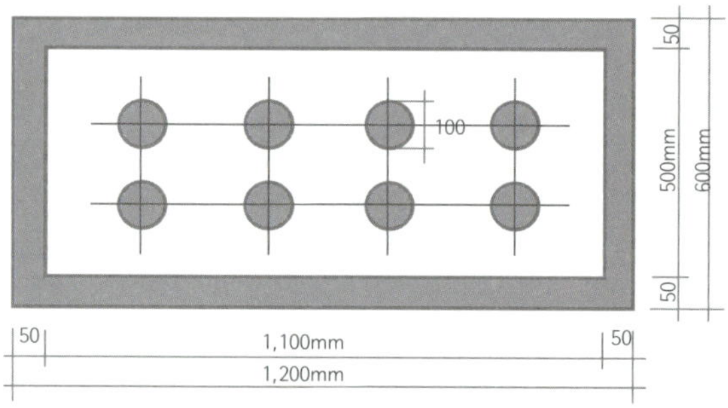

[그림 3.2.2-1] 단열재 부착방법 CHECK 04

CHECK 04 ▶
외단열 접착 바름 사례

<출처> 한국패시브건축협회
(https://www.phiko.kr)

④ 접착모르타르를 단열재에 도포할 때에는 전면도포방식을 취하거나 점·테두리 접착방식으로 도포하며, 이때 접착면적의 최소 40% 이상이 부착되도록 하고, 테두리 면은 50㎜ 이상, 두께는 최소 10㎜의 띠 형태로 빠짐없이 도포하여야 한다.

⑤ 부착된 단열재의 표면은 틈새가 없어야 하고, 수직, 수평을 측정하여 평활하게 시공한다.

⑥ 단열재를 부착한 후 최소 24시간 동안 경화시켜야 하며, 이때 단열재가 움직이지 않도록 한다. 만일 단열재가 손상된 경우에는 접착재료로 채워서는 안되며, 단열재로 보강하여야 한다.

⑦ 외단열시스템의 모든 종결부분은 메쉬를 단열재 뒤에서부터 최소 200㎜ 이상 감아 올려 감싸도록 한다.

⑧ 창문 등 모든 개구부 부위 모서리에는 L-형 단열재를 사용하여야 하며, 200×300㎜의 보강메쉬를 시공하여야 한다. 또한 개구부 주위는 실란트 시공을 할 수 있도록 단열재를 10~13㎜ 이격시켜 설치한다.

⑨ 시공 벽면의 모서리부분은 단열재가 서로 엇갈리도록 수직으로 교차하여 붙이며 유리섬유메쉬는 좌, 우면 양측의 메쉬가 약 200㎜ 정도 각각 겹쳐질 수 있도록 한다.

⑩ 접착제는 표면건조로 인한 부착력 감소 방지를 위하여 단열재에 도포하는 즉시 바탕면에 부착하여야 한다.

(3) 단열재패스너 시공

단열재 패스너는 드릴로 구조체 바탕면을 천공후 매입하는 방식을 사용하며, 단열재 하부 바탕벽면에 도달할 때까지 눌러서 바탕면에 타정하며, 타정 개소는 구조계산에 의하되 *그림 3.2.2-2*를 참조하여 m^2당 5개 이상을 시공한다. 또한 단열재가 끝나는 코너 부위 및 개구부 주위 등에는 중앙부에 추가 시공을 한다.

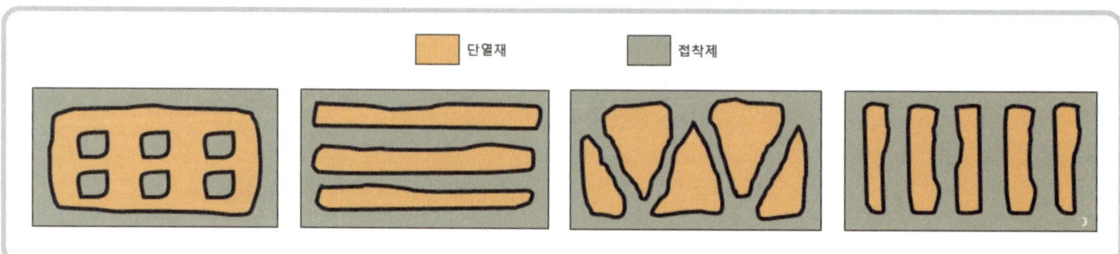

[그림 3.2.2-2] 외단열 미장마감 시스템에서 단열재의 접착 방법

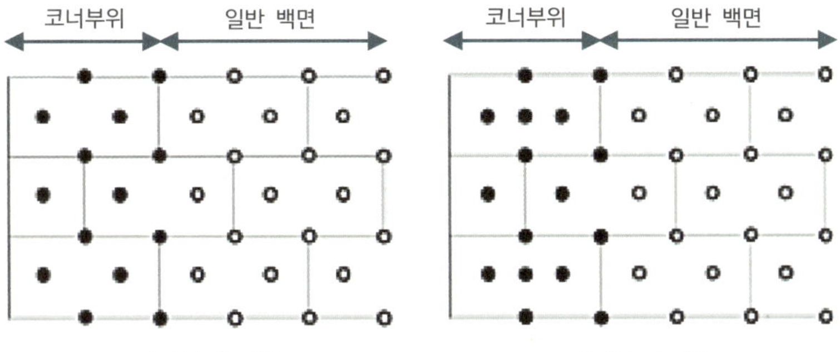

[그림 3.2.2-3] 단열재 패스너 시공방법(예시)

(4) 보강메쉬 및 접착모르타르 바름

① 단열재 부착 후 최소 24시간 이상 경화시켜 완전 부착후 메쉬 및 접착모르타르 시공을 한다. 시공할 부분의 단열재의 바탕면은 평활하게 처리하고, 오물이나 먼지 등은 제거하여야 한다. 단열재가 손상된 부위는 접착 모르타르로 채워서는 안되며, 단열재로 보강하여야 한다.

② 메쉬를 시공할 때는 쇠흙손을 사용하며, 1.6㎜ 의 두께로 접착 모르타르(분말형 접착제는 4.0㎜ 이상)를 바른 후 접착 모르타르가 젖은 상태에서 메쉬가 모르타르에 함침 될 때까지 흙손으로 표면을 평평하게 고른다. 이때 접착모르타르 표면에 메쉬가 드러나지 않도록 시공하여야 하며, 24시간(4.0㎜는 48시간) 이상 경화시켜야 한다.

③ 일반메쉬의 이음은 최소 100㎜ 이상 겹침이음으로 하고, 충격보강용 메쉬는 겹치지 않고 맞댄이음으로 한다.

④ 창호 등 개구부의 코너 주위는 200×300㎜ 이상 폭의 일반메쉬를 대각선 방향으로 덧붙여 보강한다.

⑤ 지면에서 상부로 1.8m 높이까지의 벽면은 충격보강용 메쉬를 시공한 후 일반 메쉬를 추가 시공한다.

⑥ 창호 상부 등에는 수분침투 방지를 위해 물끊기 코너비드 등을 설치하여야 한다.

⑦ 접착 모르타르 및 단열재 시공시 시공 바탕면을 별도의 가열 및 보온조치를 하지 않는 경우는 주위온도가 5℃ 이상인 경우에 한하여 시공한다.

(5) 마감재 시공 CHECK 05

① 보강메쉬 및 접착 모르타르 시공 후 24시간 이상 경화시킨 다음에 시공한다.

② 마감재의 시공은 균일한 시공도를 유지하기 위하여 연속작업이 되도록 한다.

③ 마감재는 사용 전에 재료가 분리되지 않도록 잘 섞어 주어야 하며, 표면의 질감은 기 제출 승인된 견본과 일치하도록 한다.

④ 조인트 실란트가 시공되는 부위는 접착 모르타르와 이질재 사이의 폭이 13㎜ 이상 되도록 시공한다.

(6) 실링재 시공

이질 부재와의 접합부는 *SBCS 41 90 40 25*에 따라 실링재로 충전하되 시간경과와 이질재에 따른 탈락이 발생되지 않도록 시공하여야 하며, 시공부위의 조인트 양측은 테이프로 처리를 하여 오염되지 않도록 한다.

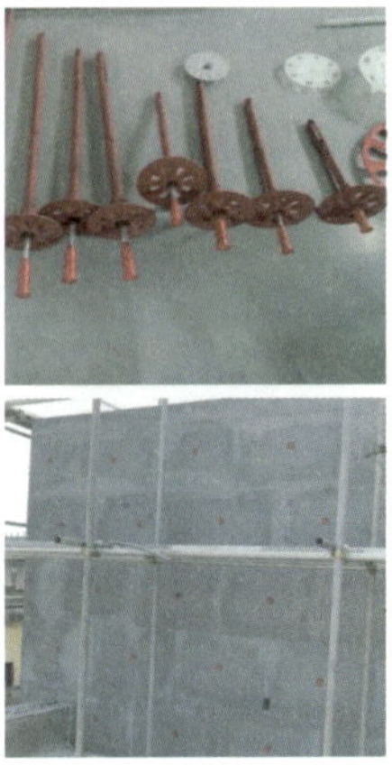

◀ CHECK 05

외단열 열교방지

- 외장재를 고정하기 위한 하지철물로 인한 열손실(열교) 문제 발생
- 단열재 및 마감재 (외장재)를 고정하기 위한 플라스틱 화스너 또는 스테인레스 철물 사용

3.2.3 시공허용오차

(1) 마감재 시공 후 표면 평활도의 허용오차는 3m당 6㎜ 이내로 한다.

[부록 1]

■ 단열공법 개요

- 건축물의 단열은 구조체를 기준으로 외단열, 중단열, 내단열 공법으로 분류함
- 구조체 내부에 있는 내단열은 공간이 많이 나누어진 경우 결로에 취약함
- 중단열은 건식벽체에 주로 쓰이며, 외단열은 결로에 효과적이나 환기가 필요함

■ 내단열과 외단열의 비교 CHECK 06

구분	내단열	외단열
열교 시뮬레이션	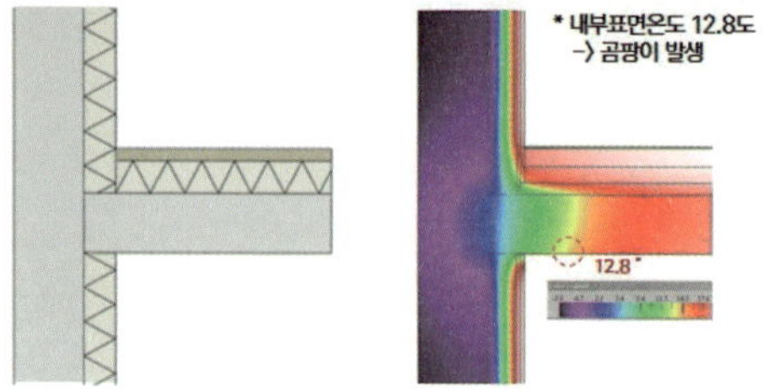	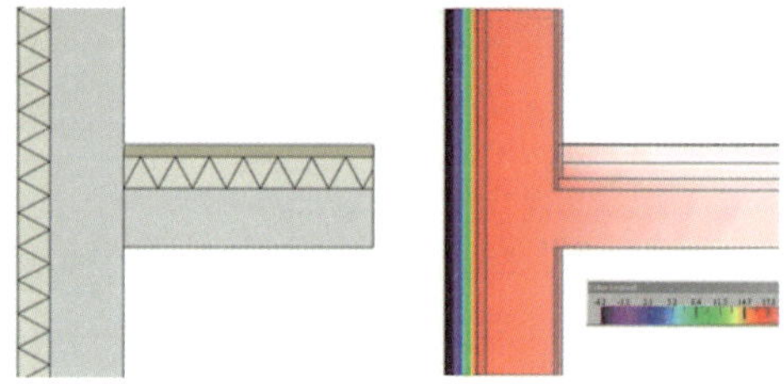
특징	특정 부분에서 열교가 불가피하게 발생 / 구조체를 축열체로 사용이 어려움	내부의 열을 상대적으로 오래 보존하나 습도나 열대야에 취약 / 실내측 방습층이 없어도 결로 발생이 없음
실내온도	외단열 보다 실온 변동폭이 큼	실온변동 적음
표면결로	난방 정지시 벽체 표면온도가 낮아 결로가 발생하며 환기필요	난방 정지시 벽체 표면온도가 높아 결로 발생 어려움
내부결로	단열재의 실내측에 방습층을 설치하여 결로를 예방 필요	외장재 종류에 따라 단열재와 외장재 사이에 결로발생가능 방습층을 설치하거나 환기를 통해 결로방지 필요
냉방부하	야간에 외기를 도입하지 않는 건물에서 유리	야간에 외기도입을 통해 축열시 유리
난방부하	사용시간이 짧은 건물 유리	간헐적인 난방이나 사람이 상주하는 건물에 적합
열교현상	냉열교 상태이므로 국부 결로 발생 / 열교의 단열처리가 시공 및 미관상 어려움	열교부분의 단열처리가 쉬움 / 온열교 상태이므로 피해가 적음
구체보호	태양일사에 의한 직접 열취득이 구체의 열화를 촉진함	외부단열로 태양열 직접 취득이 적어 구체에 영향이 적음

▲ CHECK 06

열교 시뮬레이션

- 실내온도 25℃, 습도 50% 시, 벽체표면 온도가 12.8℃ 에서 곰팡이 발생

열교 현상

- 설계나 시공상의 문제로 건물의 특정 지점에서 단열성능이 갑자기 떨어질 때, 열적 취약 부위를 통해 열기가 빠르게 빠져나가는 현상

[부록 2]

■ 외단열 관련 방화 기준 CHECK 07

- 건축물 피난, 방화구조 등의 기준에 관한 규칙, 제24조(건축물의 마감재료 등)
- 건축법, 제52조(건축물의 마감재료 등)
- 건축법 시행령, 제61조(건축물의 마감재료 등)
- 건축물 마감재료 난연성능 및 화재확산 방지 구조 기준, 제7조(화재 확산 방지구조)

◀ CHECK 07
법제처 홈페이지 접속
- www.moleg.go.kr

■ 적용대상 (건축법 시행령)

시행령 제61조 제1항	1. 단독주택 중 다중주택 · 다가구주택,공동주택, 제1종 근린생활시설 중 의원, 치과의원, 한의원, 조산원 2. 제2종 근린생활시설 중 공연장 · 종교집회장 · 인터넷컴퓨터게임시설제공업소 · 학원 · 독서실 · 당구장 · 다중생활시설의 용도로 쓰는 건축물 3. 발전시설, 방송통신시설(방송국 · 촬영소의 용도로 쓰는 건축물로 한정한다) 4. 공장, 창고시설, 위험물 저장 및 처리 시설(자가난방과 자가발전 등의 용도로 쓰는 시설을 포함한다), 자동차 관련 시설의 용도로 쓰는 건축물 5. 5층 이상인 층 거실의 바닥면적의 합계가 500제곱미터 이상인 건축물 6. 문화 및 집회시설, 종교시설, 판매시설, 운수시설, 의료시설, 교육연구시설 중 학교 · 학원, 노유자시설, 수련시설, 업무시설 중 오피스텔, 숙박시설, 위락시설, 장례시설 7. 「다중이용업소의 안전관리에 관한 특별법 시행령」 제2조에 따른 다중이용업의 용도로 쓰는 건축물
시행령 제61조 제2항	1. 상업지역(근린상업지역은 제외한다)의 건축물로서, 제1종 근린생활시설, 제2종 근린생활시설, 문화 및 집회시설, 종교시설, 판매시설,운동시설 및 위락시설의 용도로 쓰는건축물로서 그 용도로쓰는 바닥면적의 합계가 2천제곱미터 이상인 건축물 / 공장(국토교통부령으로 정하는 화재 위험이 적은 공장은 제외한다)의 용도로 쓰는 건축물로부터 6미터 이내에 위치한 건축물 2. 의료시설, 교육연구시설, 노유자시설 및 수련시설의 용도로 쓰는 건축물 3. 3층 이상 또는 높이 9미터 이상인 건축물 4. 1층의 전부 또는 일부를 필로티 구조로 설치하여 주차장으로 쓰는 건축물 5. 제1항 제4호에 해당하는 건축물

■ 적용기준 (건축물의 피난, 방화 구조 등의 기준에 관한 규칙)

시행규칙 제24조 제1, 2항	① 영 제61조 제1항 각 호의 건축물에 대하여는 그 거실의 벽 및 반자의 실내에 접하는 부분(반자돌림대 · 창대 기타 이와 유사한 것을 제외한다. 이하 이 조에서 같다)의 마감재료(영 제61조 제1항 제4호에 해당하는 건축물의 경우에는 단열재를 포함한다)는 불연재료 · 준불연재료 또는 난연재료를 사용해야 한다. 다만, 다음 각 호에 해당하는 부분의 마감재료는 불연재료 또는 준불연재료를 사용해야 한다. 1. 거실에서 지상으로 통하는 주된 복도 · 계단 , 그 밖의 벽 및 반자의 실내에 접하는 부분 2. 강판과 심재(心材)로 이루어진 복합자재를 마감재료로 사용하는 부분 ② 영 제61조 제1항 각 호의 건축물 중 다음 각 호의 어느 하나에 해당하는 거실의 벽 및 반자의 실내에 접하는 부분의 마감은 제1항에도 불구하고 불연재료 또는 준불연재료로 하여야 한다. 1. 영 제61조 제1항 각 호에 따른 용도에 쓰이는 거실 등을 지하층 또는 지하의 공작물에 설치한 경우의 그 거실(출입문 및 문틀을 포함한다) 2. 영 제61조 제1항 제6호에 따른 용도에 쓰이는 건축물의 거실

CHECK 08 ▶
성능기준 관계법규
- 건축자재등 품질인정 및 관리기준, 제23조 불연재료의 성능기준
- 건축자재등 품질인정 및 관리기준, 제24조 준불연재료의 성능기준
- 건축자재등 품질인정 및 관리기준, 제25조 난연재료의 성능기준

화재성능에 따른 단열재 종류
- 불연재료 : 그라스울, 미네랄울 등
- 준불연재료 : 준불연 EPS(비드법 보온판), 준불연 열반사단열재, 준불연 경질우레탄보드, 페놀폼 등
- 난연재료 : 난연3급 판넬, 비드법보온판 2종, 우레탄보드, 압출법 보온판 등

1. 불연재료의 성능기준 CHECK 08

1) 한국산업표준 KS F ISO 1182(건축 재료의 불연성 시험 방법)에 따른 시험 결과, 제28조 제1항 제1호에 따른 모든 시험에 있어 다음 각 목을 모두 만족하여야 한다.

① 가열시험 개시 후 20분간 가열로 내의 최고온도가 최종평형온도를 20K 초과 상승하지 않을 것(단, 20분 동안 평형에 도달하지 않으면 최종 1분간 평균온도를 최종평형온도로 한다)

② 가열종료 후 시험체의 질량 감소율이 30% 이하일 것

2) 한국산업표준 KS F 2271(건축물의 내장 재료 및 구조의 난연성 시험방법) 중 가스유해성 시험 결과, 제28조 제3항 제2호에 따른 모든 시험에 있어 실험용 쥐의 평균행동정지 시간이 9분 이상이어야 한다.

3) 강판과 심재로 이루어진 복합자재의 경우, 강판과 강판을 제거한 심재는 규칙 제24조 제11항 제2호 및 제3호에 따른 기준에 적합하여야 하며, 규칙 제24조 제11항 제1호에 따른 실물모형시험을 실시한 결과 제26조에서 정하는 기준에 적합하여야 한다.

4) 규칙 제24조 제6항 및 제7항에 따른 외벽 마감재료 또는 단열재가 둘 이상의 재료로 제작된 경우, 규칙 제24조 제8항 제2호에 따라 각각의 재료는 제1호 및 제2호에 따른 시험 결과를 만족하여야 하며, 규칙 제24조 제8항 제1호에 따른 실물모형시험을 실시한 결과 제27조에서 정하는 기준에 적합하여야 한다.

2. 준불연재료의 성능기준 CHECK 08

1) 한국산업표준 KS F ISO 5660-1[연소성능시험-열 방출, 연기 발생, 질량 감소율-제1부 : 열방출률(콘칼로리미터법)]에 따른 가열시험 결과, 제28조 제2항 제1호에 따른 모든 시험에 있어 다음 각 목을 모두 만족하여야 한다.

① 가열 개시 후 10분간 총방출열량이 8MJ/㎡ 이하일 것

② 10분간 최대 열방출률이 10초 이상 연속으로 200kW/㎡ 를 초과하지 않을 것

③ 10분간 가열 후 시험체를 관통하는 방화상 유해한 균열(시험체가 갈라져 바닥면이 보이는 변형을 말한다), 구멍(시험체 표면으로부터 바닥면이 보이는 변형을 말한다) 및 용융(시험체가 녹아서 바닥면이 보이는 경우를 말한다) 등이 없어야 하며, 시험체 두께의 20%를 초과하는 일부 용융 및 수축이 없어야 한다.

2) 한국산업표준 KS F 2271(건축물의 내장 재료 및 구조의 난연성 시험방법) 중 가스유해성 시험 결과, 제28조 제3항 제2호에 따른 모든 시험에 있어 실험용 쥐의 평균행동정지 시간이 9분 이상이어야 한다.

3) 강판과 심재로 이루어진 복합자재의 경우, 강판과 강판을 제거한 심재는 규칙 제24조제11항제2호 및 제3호에 따른 기준에 적합하여야 하며, 규칙 제24조 제11항 제1호에 따른 실물모형시험을 실시한 결과 제26조에서 정하는 기준에 적합하여야 한다. 다만, 한국산업표준 KS L 9102(인조광물섬유 단열재)에서 정하는 바에 따른 그라스울 보온판, 미네랄울 보온판으로서 제2호에 따른 시험 결과를 만족하는 경우 제1호에 따른 시험을 실시하지 아니할 수 있다.

4) 규칙 제24조 제6항 및 제7항에 따른 외벽 마감재료 또는 단열재가 둘 이상의 재료로 제작된 경우, 규칙 제24조 제8항 제2호에 따라 각각의 재료는 제1호 및 제2호에 따른 시험 결과를 만족하여야 하며, 규칙 제24조 제8항 제1호에 따른 실물모형시험을 실시한 결과 제27조에서 정하는 기준에 적합하여야 한다.

3. 난연재료의 성능기준 CHECK 08

1) 한국산업표준 KS F ISO 5660-1[연소성능시험-열 방출, 연기 발생, 질량 감소율-제1부 : 열방출률(콘칼로리미터법)]에 따른 가열시험 결과, 제28조 제2항 제1호에 따른 모든 시험에 있어 다음 각 목을 모두 만족하여야 한다.

① 가열 개시 후 5분간 총방출열량이 8MJ/㎡ 이하일 것

② 5분간 최대 열방출률이 10초 이상 연속으로 200kW/㎡ 를 초과하지 않을 것

③ 5분간 가열 후 시험체를 관통하는 방화상 유해한 균열(시험체가 갈라져 바닥면이 보이는 변형을 말한다), 구멍(시험체 표면으로부터 바닥면이 보이는 변형을 말한다) 및 용융(시험체가 녹아서 바닥면이 보이는 경우를 말한다) 등이 없어야 하며, 시험체 두께의 20%를 초과하는 일부 용융 및 수축이 없어야 한다.

2) 한국산업표준 KS F 2271(건축물의 내장 재료 및 구조의 난연성 시험방법) 중 가스유해성 시험 결과, 제28조 제3항 제2호에 따른 모든 시험에 있어 실험용 쥐의 평균행동정지 시간이 9분 이상이어야 한다.

3) 규칙 제24조 제6항 및 제7항에 따른 외벽 마감재료 또는 단열재가 둘 이상의 재료로 제작된 경우, 규칙 제24조 제8항 제2호에 따라 각각의 재료는 제1호 및 제2호에 따른 시험 결과를 만족하여야 하며, 규칙 제24조 제8항 제1호에 따른 실물모형시험을 실시한 결과 제27조에서 정하는 기준에 적합하여야 한다.

4 시공사례

■ 설악산 국립공원 오색분소 신축공사 현장 – 외단열 미장공사

01 목구조 공사 완료

02 외벽용 스터드 시공

03 스터드 위 ZIP system+전용 기밀테이프시공 1

04 준불연 EPS단열재 시공(1겹) 2

05 준불연 EPS단열재 시공(2겹) → 단열재 위 화스너 고정 3

06 단열재 사이 패널용 폼 접착제 도포

07 메쉬 시공 후 그 위로 모르타르 초벌 바르기

08 전체 면을 고르게 모르타르 덧 바르기

09 모르타르 바르기 후 바탕면 시공 완료

10 바탕면 위 스타코 마감재 바름

1 스터드 및 OSB 위 투습방수지(Tyvek)를 시공하거나 스터드 위 OSB와 투습방수지 일체형(ZIP system – 포름알데히드 방산량 E0등급의 에너지효율과 기밀성을 높일 수 있는 제품)을 시공할 수 있다.

2 외벽의 외단열에 사용되는 자재는 준불연 이상 성능을 충족하는 제품을 사용하여야 한다.

3 단열재 위 화스너는 열교차단 제품을 사용한다.

■ [㈜스타빌 엔지니어링 제공] CON'C + 열교차단재 외단열 시공 순서도

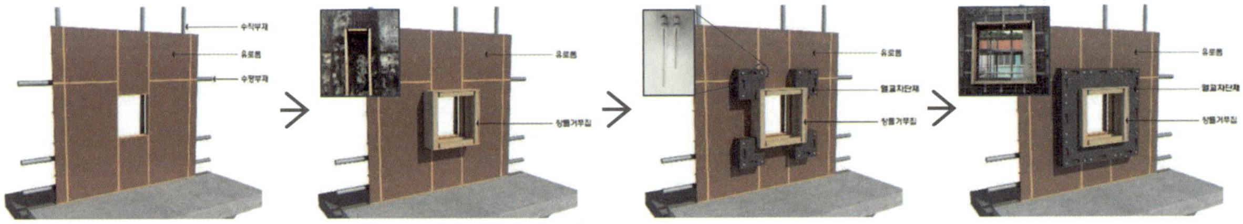

01 (내부) 외벽 거푸집 설치

02 (내부) 창틀 거푸집 설치

03 (내부) ㄱ자 열교차단재 설치, 스테인리스 못으로 고정

04 (내부) —자 열교차단재 설치, 스테인리스 못으로 고정

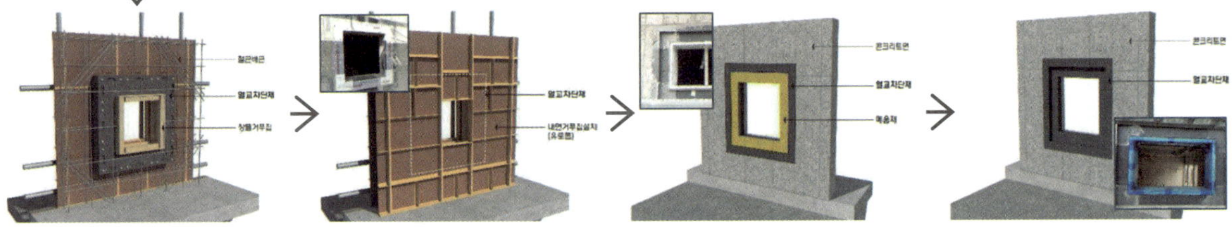

05 (내부) 철근 배근

06 (내부) 내면 거푸집 설치

07 콘크리트 타설 및 거푸집 해체

08 열교차단재 메움재 제거

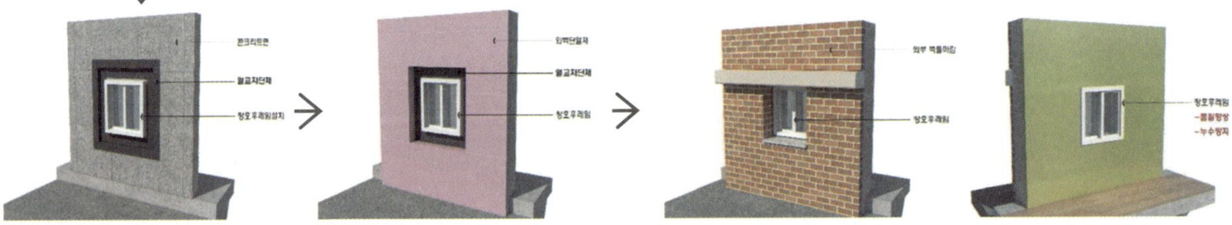

09 창호후레임 설치

10 외벽 단열재 설치

10 내·외부 마감 시공 → 외장재 마감은 석재, 금속, 벽돌 등 / 내장재 마감은 미장, 타일 등 용도 및 재료에 맞춰 시공

- 출처: (주)스타빌엔지니어링(http://starvilleng.co.kr)

5 시공예시도

■ 외단열 미장공사 조립분해도

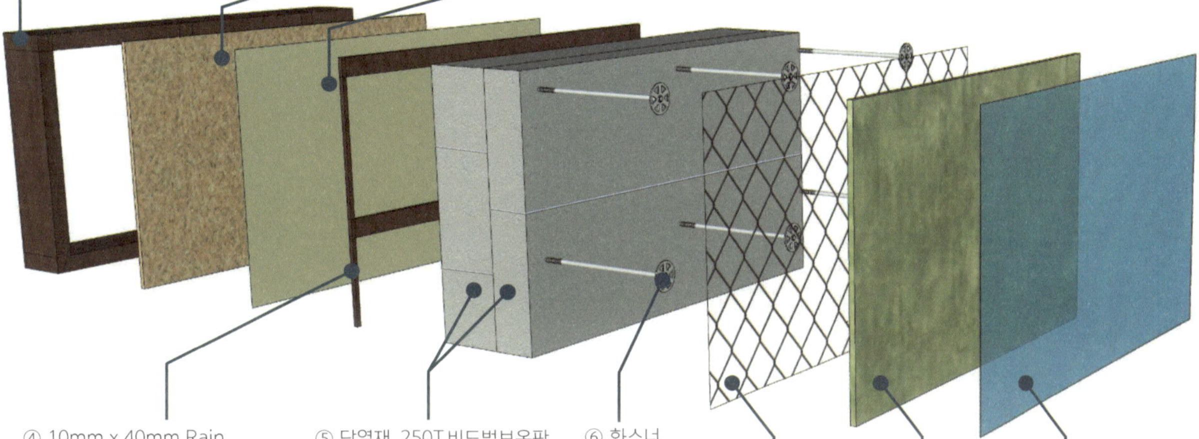

■ 외단열 미장공사 상세도

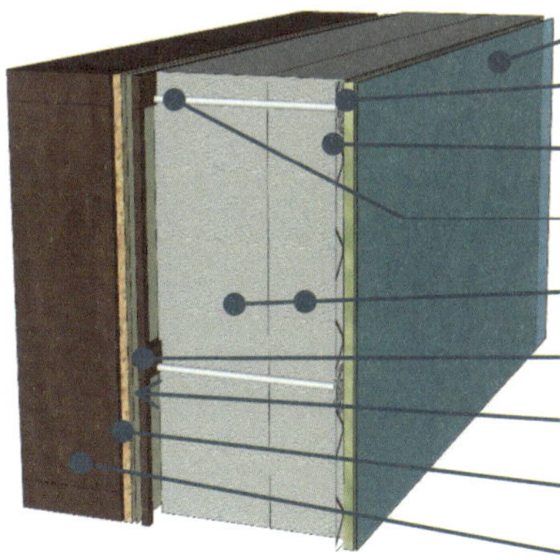

▪ ZIP system 일체형 시공

② OSB 외벽덮개 + ③ 투습방수지

■ [시공 사진] 조립분해도 ① 2"x6"(38mm x 140mm) STUD@406 ~ ⑥ 화스너

01. 외벽용 스터드 시공

02. 스터드 위 Zip system 시공

03. 준불연 EPS 단열재 시공

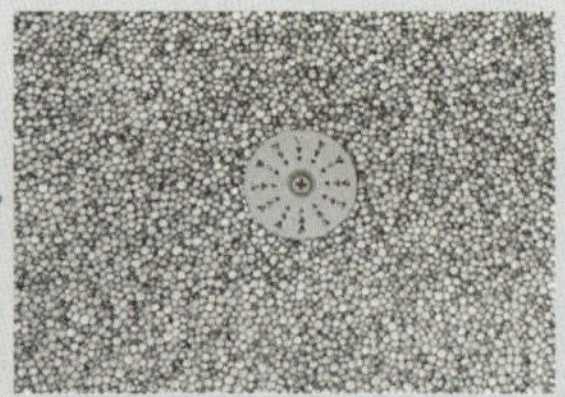
04. 단열재 위 화스너 고정●

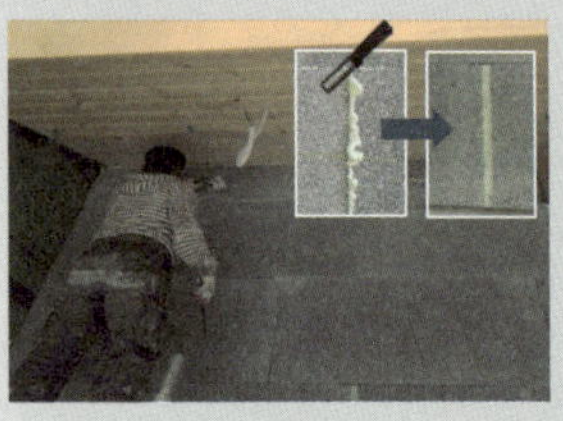
05. 단열재 바탕면 정리

06. 준불연 EPS단열재 시공(두겹)

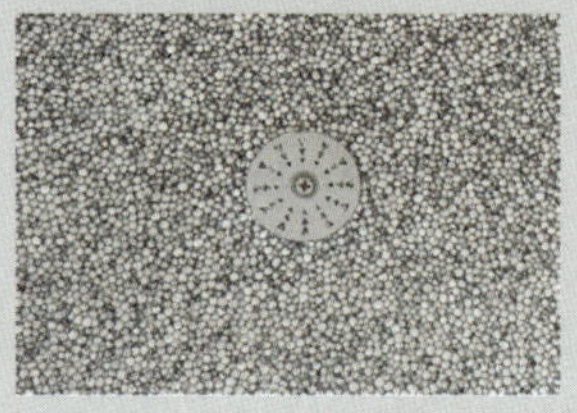
07. 단열재 위 화스너 고정●

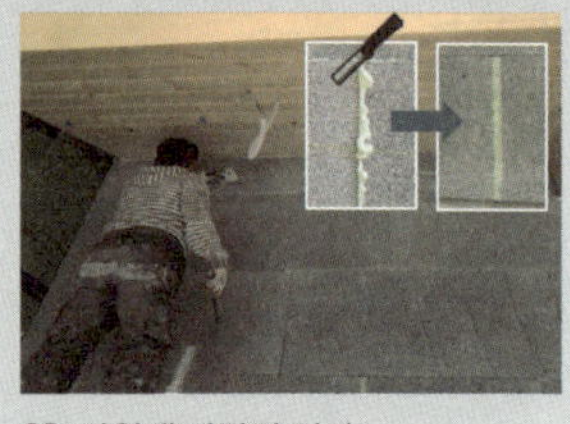
08. 단열재 바탕면 정리

● 화스너 고정철물 설치 시 주의사항 : 화스너 고정철물 설치 시 인발하중값 유지토록 Rain Screen(방무목) 위치에 정확하게 고정 필요.
고정철물 오시공 시 제거할 경우 제거부위 외벽덮개 손상으로 인한 누기가 발생하므로,
제거하지 말고 추가로 시공하여 인발하중값 확인 필요.

■ [시공 상세 및 설명] 조립분해도 ② 11.1T OSB 외벽덮개 ~ ③ 투습방수지

▪ A) Tyvek 시공

A-1. 스터드 위 OSB 외벽덮개 시공

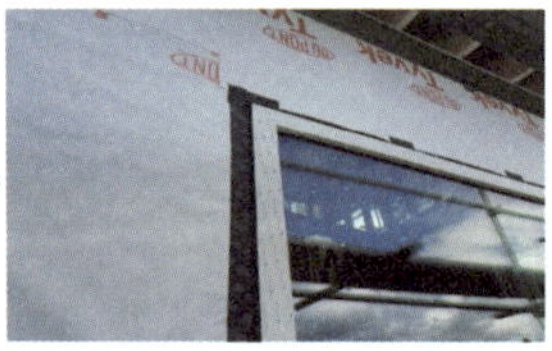
A-2. OSB 위 투습방수지(Tyvek)시공

▪ B) ZIP system 일체형 시공

B-1. 스터드 위 ZIPsystem시공(OSB외벽덮개와 투습방수지 일체형)

※ Tyvek 또는 Zip system 시공 시 상하 좌우 연결부위의 기밀 부위를 깨끗이 청소한 후 누기 방지를 위하여 기밀테이프로 정밀 접착 시공 필요

■ [시공 상세 및 설명] ⑤ 단열재 250T 비드법보온판(2종3호 가등급) - 준불연 EPS 단열재

적재되어 있는 준불연 EPS 단열재

우수한 가공성 및 편리한 현장 시공성

준불연 EPS 단열재 단면

▪ **준불연 EPS 단열재 특징**

- 우수한 난연성능
- 원료 기반의 안정적인 물성
- 기존 EPS고유의 단열성 유지
- 제조공정의 효율성
- 우수한 발포·성형 등 가공성
- 편리한 현장 시공성

■ [시공 사진] 조립분해도 ⑦ 메쉬 ~ ⑨ 마감재 코팅

01. 정리된 단열재 바탕면 모습

02. 마감재 시공 전 창문 등 비닐로 보양

03. 준불연 EPS 단열재 바탕면에 접착몰탈 바르고 메쉬 시공

04. 메쉬 시공 후 그 위 접착몰탈 덧 바르기

05. 전체면을 고르게 몰탈 덧 바르기

06. 바탕면 몰탈 시공 완료

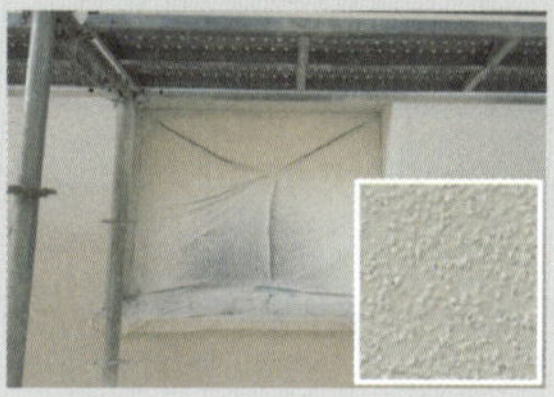

07. 몰탈 위 스타코 마감재 바름 및 코팅

08. 외단열 시공 완료된 모습

SAMOOC.M.
Creative Management

CHAPTER 11

11장

소규모 미장공사

01 _ SBCS 41 90 46 05 미장공사

02 _ SBCS 41 90 46 10 바닥 미장공사

CHAPTER 11

01

SBCS 41 90 46 05
미장공사

1 일반사항

1.1 적용범위

(1) 이 기준은 공사현장에서의 내 · 외벽체, 바닥, 천장 등에 시공되는 미장공사에 적용한다.

1.2 참고기준

(1) 미장공사의 참고 기준은 *KCS 41 46 01 (1.2)*에 따르며, 추가사항은 다음과 같다.
① SBCS 41 90 30 05 철근콘크리트 공사
② SBCS 41 90 33 소규모 목공사
③ SBCS 41 90 34 소규모 조적공사
④ SBCS 41 90 54 15 외벽패널 공사

1.3 용어의 정의

(1) 미장공사의 용어의 정의는 *KCS 41 46 01 (1.3)*에 따른다.

1.4 제출물

1.4.1 시멘트 모르타르 바름

(1) 시공상세도면
① 메탈라스: 메탈라스의 부착 위치와 크기를 표시하여야 한다. CHECK 01
② 신축줄눈: 신축줄눈의 설치 위치를 표시하여야 한다.
(2) 제조업자의 제품자료
① 시멘트
② 건조시멘트 모르타르
③ 소석회
④ 메탈라스 및 금속제 비드류
(3) 시공계획서
① 세부공정계획서
② 시공상태 검측계획서
③ 품질관리계획서(시공방법 및 순서, 환경조건, 바탕조건, 보양계획)

CHECK 01 ▶
메탈라스의 특징
• 미장공사를 할 때 사용 되는 연강제로서, 탄소강 박판이나 열연강판 또는 코일을 소재로 하여 일정한 방향으로 등 간격 의 절단면을 내고 옆으로 길게 늘여서 그물코 모양 으로 제작 되며 최소의 양과 시간으로 방대한 면적에 시공이 가능함

1.4.2 석고 플라스터 바름

(1) 제조업자의 제품자료 : 석고 플라스터

1.5 운반, 보관 및 취급

(1) 모래는 다른 용도의 골재와 섞이거나 흙, 쓰레기 등의 이물질에 의해 오손되지 않도록 보관한다.
(2) 건조시멘트 모르타르의 보관방법은 일반 포장시멘트와 동일하며, 제조일부터 3개월 이상 된 제품은 사용하지 않는다. 또한 포대의 외부에 제품종류, 제조자명, 상표, 실무게, 제조일자와 혼합수의 사용량 등 사용방법을 명기해야 하며, 용도별로 포장색상을 다르게 하여 구분이 용이하도록 해야 한다.
(3) 플라스터는 습기에 약하므로 지면보다 최소 300 ㎜ 이상 높게 만든 마루바닥이 있는 창고 등에 건조상태로 불순물에 오염되지 않도록 보관하고 겹쳐 쌓기는 13포대 이하로 한다.
(4) 플라스터는 출하시의 포장상태로 포장과 내용물의 훼손 없이 현장에 반입한다. 포장은 방습포장으로 하며, 재료의 성능, 용도, 사용방법이 명기되어야 한다.

1.6 환경요구 사항

(1) 바탕이 결빙되어 있는 상태에서 작업을 해서는 안 되며, 모르타르에 결빙된 재료가 혼합되지 않게 한다. 모르타르 시공 후에는 동해를 입지 않도록 하여야 한다.

(2) 혹서기에는 시멘트 바름면이 지나치게 수분증발이 되지 않도록 보양한다.

(3) 인공가열을 할 때는 양생되지 않은 모르타르에 열이 집중되지 않도록 하고 적절히 환기가 되도록 한다.

(4) 실내부는 작업 중 주위의 기온이 5 ℃ 이상 유지되도록 한다.

(5) 외부의 경우 별도의 보양조치가 없는 경우 주위의 기온이 5 ℃ 이상일 때 작업한다

(6) 바름 작업 중에는 될 수 있는 대로 통풍을 피하는 것이 좋으나 초벌바름 후, 고름질 후, 특히 정벌바름 후 적당히 환기하여 바름면이 서서히 건조되도록 한다.

CHECK 02 ▶
미장재료의 구분
1) 수경성(팽창성)
- 시멘트·석고 등이 물과 반응하여 경화하고, 차차 강도가 크게 되는 성질

2) 기경성(수축성)
- 진흙과 같이 공기중에서 완전히 경화하는 성질

2 자재 CHECK 02

2.1 결합재

2.1.1 시멘트

(1) 시멘트는 KS L 5201, KS L 5210 및 KS L 5211에 적합한 것으로 한다.
(2) 백색 시멘트는 KS L 5204에 적합한 것으로 한다.
(3) 포틀랜드 시멘트에 골재, 혼화재료, 안료 등을 공장에서 기성 배합한 것을 사용할 경우는 KS L 5220에 따르고, 그 종류는 도면 또는 공사시방서에 따른다.

2.1.2 석고계 플라스터

(1) 석고계 플라스터는 KS F 3507에 적합한 혼합석고 플라스터(정벌용, 초벌용), 보드용 석고 플라스터, 경석고 플러스터 또는 이와 동등 이상의 것으로 한다. 단, 제조 후 4개월 이상 경과한 것은 사용할 수 없다.

2.1.3 돌로마이트 플라스터

(1) 돌로마이트 플라스터는 KS F 3508에 적합한 것(정벌용, 초벌용)으로 한다.

2.1.4 소석회 및 패(조개)석회

(1) 소석회는 KS L 9007에 적합한 것(위바름용, 바탕바름용)으로 한다. 단, 패(조개)석회는 시험 또는 신뢰할 수 있는 자료에 의해서 품질이 인정된 것으로 한다.

2.2 혼화재료

2.2.1 광물질계 혼화재

(1) 소석회는 KS L 9007, 돌로마이트 플라스터는 KS F 3508, 플라이애시는 KS L 5405, 고로슬래그 미분말은 KS F 2563에 적합한 것으로 한다. 그 외의 포졸란, 메타카올린, 석회석분, 규석분 등은 시험 또는 신뢰할 수 있는 자료에 의해서 품질이 인정된 것으로 한다.

2.2.2 화학혼화제

(1) AE제, 감수제, AE감수제, 고성능 AE감수제, 유동화제 등의 화학혼화제는 KS F 2560에 적합한 것으로 한다. 단, 시험 또는 신뢰할 수 있는 자료에 의해서 품질이 확인된 화학혼화제에 대해서는 공사감리자의 확인을 받는다. 혼화제의 사용량은 모르타르의 강도, 기타 경화 모르타르의 물성에 현저한 영향을 주지 않는 정도로 한다.

2.2.3 방수제

(1) 방수제는 시험 또는 신뢰할 수 있는 자료에 의해 품질이 인정된 것으로 한다.
(2) 콘크리트 슬래브의 천장바탕에 시멘트 모르타르, 석고 플라스터 및 돌로마이트 플라스터를 바를 때는 콘크리트 균열, 크리프, 진동 등에 의한 탈락의 우려가 있으므로 그 공법 등은 공사감리자와 협의하여 결정한다.

2.2.4 회반죽용 풀

(1) 듬북(각우) 또는 은행초: 봄이나 가을에 채취하여 1년 정도 건조된 것으로서, 뿌리 및 줄기 등이 혼합되지 않도록 삶은 후 점성이 있는 액상으로 불용해성분이 질량으로 25% 이하의 것으로 한다.
(2) 분말 듬북은 제조업자의 시방에 따른다.
(3) 수용성 수지(메틸셀룰로오스 등)는 제조업자의 시방에 따른다.
(4) 시멘트 혼입용 폴리머는 KS F 4916의 품질에 적합한 것으로 한다.

2.2.5 기성배합 혼화재료

(1) 기성배합 혼화재료는 *(2.2.1)*에서 *(2.2.4)*에 따른다.

2.2.6 안료

(1) 안료는 내열 · 내알칼리성의 무기질인 것을 주재료로 하고, 직사광이나 100 ℃ 이하의 온도에 의해 심하게 변색되지 않으며, 또한 금속을 부식시키지 않는 것으로 한다.

2.3 골재

2.3.1 모래

(1) 모래는 유해한 양의 먼지, 흙, 유기불순물, 염화물 등을 포함하지 않아야 하며, 내화성 및 내구성에 악영향을 미치지 않는 것으로 한다.
(2) 모래의 입도는 *(표 2.3-1)*을 표준으로 한다. 단, 최대 크기는 바름두께에 지장이 없는 한 큰 것으로서, 바름두께의 반 이하로 한다. 상기 이외 입도의 모래를 사용하는 경우에는 공사감리자와 협의하여 확인을 받는다.

2.3.2 펄라이트 및 질석 CHECK 03

(1) 펄라이트는 KS F 3701, 질석은 KS F 3702에 적합한 것으로 한다.
① 모래는 유해한 양의 먼지, 흙, 유기불순물, 염화물 등을 포함하지 않아야 하며, 내화성 및 내구성에 악영향을 미치지 않는 것으로 한다.

◀ CHECK 03
펄라이트와 질석의 비교
- 펄라이트는 물을 흡수하거나 함유하지 않아 통상적으로 배수 개선 및 통기성을 증가시키는 혼합물로 사용함
- 질석은 통기성은 증가시키나, 보수성과 보비성이 있음

2.3.3 팽창혈암 및 소성 플라이애시

(1) 팽창혈암 및 소성 플라이애시는 공사시방에 따른다. 공사시방이 없는 경우, 혈암을 분쇄한 것 또는 이들을 입상화한 소성물 및 플라이애시를 입상화한 소성물은 *[표 2.3.3-1]*에 표시한 범위 내의 입도로 조정된 것으로 한다. 단, 치장용으로 사용하는 경우는 제외한다.

[표 2.3.3-1] 모래의 표준 입도

체의 공칭치수(mm) / 입도의 종별	체를 통한 것의 질량백분율(%)					
	5	2.5	1.2	0.6	0.3	0.15
A종	100	80~100	50~90	25~65	10~35	2~10
B종	-	100	70~100	35~80	15~45	2~10
C종	-	-	100	45~90	20~60	5~15
D종	100	80~100	65~90	40~70	15~35	5~15

주: 1) 0.15 mm 이하의 입자가 표의 값보다 작은 것은 그 입자 대신에 포졸란, 기타 무기질 분말을 적량 혼합하여도 좋다.
2) 입도에 따른 모래의 용도는 다음에 따른다.
- A종: 바닥 모르타르 바름용, 시멘트 모르타르 초벌바름용, 돌로마이트 플라스터 바름의 초벌용, 재벌바름용, 회반죽바름의 초벌바름용, 고름질용, 재벌바름용
- B종: 시멘트 모르타르 바름의 정벌바름용, 석고플라스터의 초벌바름용, 고름질 및 재벌바름용, 회반죽바름의 초벌바름용, 고름질용, 재벌바름용 등
- C종: 시멘트 모르티르 바름 정벌바름용, 시멘트 모르티르 얇게 바름용, 회반죽의 덧먹임용 등
- D종: 시멘트 모르타르의 압송 · 뿜칠용

2.3.4 미장용 경량발포 골재

(1) 미장용 경량발포 골재는 시험 또는 신뢰할 수 있는 자료에 의해 품질이 인정된 것으로 한다.

2.3.5 종 석

(1) 종석은 바름 견본을 받아 종석재(대리석, 기타 쇄석), 색상 등을 검토하고, 종석의 크기는 체로 쳐서 정확한 입도인 것을 물 씻기하여 사용한다. 입자 크기의 표준은 *[표 2.3.5-1]*에 따른다.

[표 2.3.5-1] 종석 알의 크기

인조석 바름		테라조 바름	
5 mm체 통과분	100%	15 mm체 통과분	100%
1.7 mm체 통과분	0	2.5 mm체 통과분	0

주: 1) 인조석 바름에서는 2.5 mm체 통과분이 전량의 1/2 정도, 테라조 바름에서는 5 mm체 통과분이 전량의 1/2 정도를 표준으로 한다.
2) 바닥심기용 콩자갈은 직경이 30 mm 이상의 것으로 한다.
3) 종석은 지나치게 납작하거나 얇지 않은 것으로 한다.

2.3.6 색모래

(1) 색모래는 천연모래와 암석을 부순 모래 또는 인공적으로 착색 · 제조한 것으로 한다.

2.4 물

(1) 비빔용수는 상수도 또는 *SBCS 41 90 30 05 (2.4.3)*에 적합한 것으로 한다.

2.5 보강재료

2.5.1 여물

(1) 백모여물

① 백모여물은 마닐라삼으로서 섬유가 튼튼하고, 불순물이 없으며, 마디를 잘 풀어서 건조한 것으로 한다.

(2) 종이여물

① 종이여물은 한지, 닥나무의 섬유 등을 사용한다.

(3) 무명여물

① 무명여물은 섬유가 튼튼하고, 잘 세척되어 불순물이 없으며, 건조가 잘된 마디가 없는 것으로 한다.

(4) 짚여물

① 초벌용 짚여물은 짚을 30~90mm로 자른 것을 사용한다.

② 재벌용 짚여물(새끼줄)은 짚을 자른 것 또는 새끼를 20mm 내외로 잘라서 부드럽게 푼 것을 쓰고, 짚여물을 재차 다시 자른 것은 짚여물 길이 10mm 이하로 한다.

③ 정벌바름용 짚여물(미세여물)은 짚을 잘 두들겨서 3mm 정도로 잘라 마디가 있는 것은 제거하고, 물로 세척하여 진을 뺀 다음에 사용한다.

2.5.2 수 염

(1) 수염은 잘 건조되고 질긴 청마, 종려털 또는 마닐라삼으로 하고, 벽용은 길이 700mm 내외, 천장용은 길이 550mm 내외, 모두 100가닥 당 질량이 130g 내외의 것을 둘로 접어서 길이 18mm의 아연도금 못에 연결하여 사용한다. 벽쌤수염은 길이가 350mm 내외로 100가닥 당 질량이 65g 내외의 것으로 한다.

2.5.3 기타 섬유류

(1) 기타 무기질 및 유기질의 섬유류는 시험 또는 신뢰할 수 있는 자료에 의해서 품질이 인정된 것으로 한다.

2.6 기성배합 재료

2.6.1 라스 바탕용 기성배합 시멘트 모르타르

(1) 시멘트에 골재, 혼화재료 등을 공장에서 배합한 라스 바탕용 기성배합 시멘트 모르타르는 KS F 4716의 품질 규정에 적합한 것으로 한다.

2.6.2 시멘트 모르타르 얇은 바름재

(1) 시멘트계 바탕 바름재

① 시멘트, 내구성이 있는 얇은 바름이 가능하도록 입도 조정 된 잔골재, 무기질 혼화재, 수용성 수지 등을 공장에서 배합한 분말체로 제조업자가 지정한 비율의 시멘트혼화용 폴리머 분산제와 혼합한 기성배합 재료 또는 폴리머 분산제 대신에 유화형 분말수지를 사용한 분말체만으로 구성된 기성배합 재료로서, 공사현장에서 적당량의 물을 더하여 반죽상태로 사용하며, KS F 4716의 품질 규정에 적합한 것으로 한다.

(2) 얇게 바름용 모르타르

① 얇게 바름용 모르타르는 시멘트, 합성수지 등의 결합재, 골재, 광물질계 분체를 주원료로 하여 주로 건축물의 내 · 외벽을 뿜칠, 롤러칠, 흙손질 등으로 시공하는 경우 원칙적으로 시멘트계를 제외하고는 한 겹이고, 또한 두께 3mm 정도 이하 요철모양으로 마무리 하는 얇은 마무리용 바름재로서 KS F 4715의 품질 규정에 적합한 것으로 한다.

② 시멘트계는 시멘트에 용적비 1~3배의 경량 모래, 펄라이트 등의 잔골재와 적당량의 수용성 수지 등을 공장에서 배합한 것으로서, 제조업자가 지정한 비율로 시멘트 혼화용 폴리머 분산제를 혼합하고, 적당량의 물을 더하여 반죽상태로 사용한다.

2.6.3 유색 시멘트

(1) 유색 시멘트는 백색 시멘트에 안료, 골재, 혼화재료 등을 공장에서 배합한 것으로서, 시험 또는 신뢰할 수 있는 자료에 의해 품질이 인정된 것으로 한다.

2.6.4 거친 마무리재

(1) 거친 마무리재는 시멘트에 골재, 혼화재료, 안료 등을 공장에서 배합한 것으로서, 시험 또는 신뢰할 수 있는 자료에 의해 품질이 인정된 것으로 한다.

2.6.5 기성배합 석고 플라스터

(1) 기성배합 석고 플라스터에 질석, 한수석, 기타 골재와 동시에 여물류를 공장에서 배합한 플라스터 및 합성수지계 혼화제 등을 배합한 기성배합 석고 플라스터는 시험 또는 신뢰할 수 있는 자료에 의해 품질이 인정된 것으로 한다.

2.6.6 기성배합 돌로마이트 플라스터

(1) 돌로마이트 플라스터에 미리 섬유, 골재 등을 공장에서 배합한 기성배합 돌로마이트 플라스터는 시험 또는 신뢰할 수 있는 자료에 의해 품질이 인정된 것으로 한다.

2.6.7 기성배합 회반죽

(1) 소석회에 미리 섬유, 풀, 골재 등을 공장에서 배합한 기성배합 회반죽은 시험 또는 신뢰할 수 있는 자료에 의해 품질이 인정된 것으로 한다.

2.7 보조재료

2.7.1 줄눈대

(1) 바닥용은 플라스틱이나 금속 등으로 미장재료와 시공되는 위치에 적정한 것으로 하며, 옥상바닥 등 신축에 대응할 목적으로 설치하는 플라스틱 줄눈대는 콘크리트나 시멘트 모르타르가 경화한 후 제거할 수 있는 구조로 된 것으로 한다.

2.7.2 흡수조정제

(1) 바닥의 흡수를 조정하는 것을 주목적으로 이용하는 흡수조정재는 내알칼리성이 있고, 내수성이 좋은 합성수지 에멀션으로 광물질계 충전재 등을 포함하지 않는 것으로 한다.

2.7.3 합성수지 에멀션 실러

(1) 기존 바탕면으로부터의 흡수작용을 조정하고, 바탕면의 강화 또는 마감 미장재와의 접착성 보강 목적으로 사용되는 합성수지 에멀션 실러는 마감바름 재료 제조업체의 지정에 의한다.

2.7.4 합성수지계 도료

(1) 합성수지계 도료는 주로 착색 및 방수성 향상을 위하여 사용하는 것으로 내수성, 내알칼리성 및 내후성이 양호한 합성수지의 에멀션 또는 수용액을 사용한다.

[표 2.7.4-1] 각종 실러와 그 적용 성능

기능 \ 실러의 종류		합성수지 에멀션 실러	염화비닐계 실러 등 열가소성수지 용액계 실러	에폭시 우레탄계 실러 등 열경화성수지 용액계 실러
바탕의 흡수 방지	① 표면흡수성	4	4	5
	② 작은 균열	2	4	4
바탕특성의 차단 작용	① 알칼리	3	4	5
	② 수분	3	2~3	4
	③ 석출물	3	4	4
	④ 백화	3	4	4
부착성 향상		3	3	5
바탕부위 부분 보강		2~3	3	5

주: 1) 5 : 최적합, 4 : 적합, 3 : 사용 가능(향상 효과 없음), 2 : 문제 있음

2.8 제물 마감

2.8.1 표면마감재

(1) 표면마감재는 시험 또는 신뢰할 수 있는 자료에 의해서 품질이 인정된 것으로 하고, 사용할 때에는 제조업자의 시방에 따른다.

2.8.2 결함충전재

(2) 결함충전재는 접착성이 양호하고, 건조수축이 적은 합성수지의 무기계 재료를 사용하며, 종류 및 시공은 공사시방서에 따른다.

3 시공

3.1 바탕

3.1.1 일반조건

(1) 미장바름을 지지하는데 필요한 강도와 강성이 있어야 한다.
(2) 통상 시 및 진동 등의 환경조건에서 미장바름을 지지하는 데 필요한 접착강도를 유지할 수 있는 재질 및 형상이어야 한다.
(3) 미장바름의 종류 및 마감두께에 알맞은 표면상태로서 유해한 요철, 접합부의 어긋남, 균열 등이 없어야 한다.
(4) 미장바름의 종류에 화학적으로 적합한 재질로서 녹물에 의한 오염과 손상, 화학반응, 흡수 등에 의한 바름층의 약화가 생기지 않아야 한다.
(5) 미장바름에 적합한 바탕은 내 · 외벽 등의 부위조건 및 사용조건을 고려하여 선택한다.

3.1.2 콘크리트 바탕

(1) 콘크리트 바탕은 *SBCS 41 90 30 05*에 따른다. 미장바탕의 조건은 상기 *(3.1.1)*과 다음을 표준으로 한다.
① 거푸집을 완전히 제거한 상태로서, 부착상 유해한 잔류물이 없도록 한다.
② 콘크리트는 타설 후 28일 이상 경과한 다음 균열, 재료분리, 과도한 요철 등이 없어야 하고, 적절히 보수되어 있는 상태로 한다. 단, 양생기간의 경우 콘크리트의 특성에 따라 그 기간을 변경할 수 있으며, 이에 대해서는 공사감리자의 확인을 받아야 한다.
③ 설계변경, 기타의 요인으로 바름두께가 커져서 손질바름의 두께가 25mm를 초과할 때는 KS D 7017에 규정한 철망 등을 긴결시켜 콘크리트를 덧붙여 친다.
④ 미장바름에 지장을 주는 철근, 간격재 또는 나무부스러기 등은 제거하고, 구멍 등은 모르타르 등으로 채워 메운다.
⑤ 콘크리트의 이어치기 또는 타설 시간의 차이로 이어친 부분에서 누수의 원인이 될 우려가 있는 곳은 적절한 방법으로 미리 방수처리를 한다.

3.1.3 콘크리트 벽돌 및 블록 바탕

(1) 콘크리트 벽돌 및 블록 바탕은 *SBCS 41 90 33* 및 *SBCS 41 90 34*에 따른다. 또한 미장바름의 바탕조건은 다음을 표준으로 한다.
① 콘크리트 벽돌 및 블록쌓기의 줄눈형상은 적용된 미장바름의 종류 및 바름두께에 적합한 것으로 한다.
② 콘크리트 블록은 적용된 미장바름과 비교하여 강도 · 강성이 우수한 것으로, 줄눈나누기 등에 의한 균열을 방지하기 위해 건습에 따른 신축이 작은 것으로 한다.
③ 물뿌리기는 미장재료의 경화 과정, 보수성, 흡수율 등을 고려하여 적절히 한다.
④ 콘크리트 벽돌 및 블록 바탕은 쌓기 후 2주 이상 경과하여 침하 및 건조수축 등 조적 바탕이 안정화되도록 한다. 단, 양생온도 등 기상조건의 변화가 예상되는 경우는 공사감리자의 확인 후 전술한 방치기간을 조정할 수 있다.

3.1.4 고압증기양생 경량 기포콘크리트(ALC: Autoclaved Light weight Concrete)

(1) 고압증기양생 경량 기포콘크리트 패널 바탕은 *SBCS 41 90 54 15*에 따르고, 이 외에 미장바름 바탕의 조건으로는 다음을 표준으로 한다.
① 고압증기양생 경량 기포콘크리트 패널 접합부의 물매, 턱솔 및 주입 모르타르의 흘러내림 등은 패널을 손상시키지 않도록 적절한 방법으로 제거하고, 미장바름에 지장을 주지 않도록 한다.
② 고압증기양생 경량 기포콘크리트 패널을 내화피복재로서 철골에 설치할 때는 갈고리 볼트 또는 기타 붙임 철물을 사용하거나 설치 철물과 내화 접착제를 병용하여 턱솔 및 줄눈 차이 등이 없도록 설치한다.
③ 외벽 접착부의 줄눈, 새시 둘레 등은 미장바름을 시작하기 전에 지정 실링재를 충전해 둔다.

3.1.5 석고보드 바탕

(1) 재료

① 석고 라스보드는 KS F 3504의 품질 규정에 적합해야 하며, 두께는 9.5 mm 이상의 것으로 한다.

② 석고보드는 KS F 3504의 품질 규정에 적합해야 하며, 두께 9.5 mm 이상의 것으로 한다.

③ 보드용 평머리못 및 기타 설치용 철물은 용융아연도금 또는 유니 크롬도금 등 녹막이 처리가 된 것으로 한다.

(2) 공법

① 목조바탕의 띠장간격은 450 mm 이내로 하고, 기둥 및 샛기둥에 따넣고, 못치기로 한다. 보드붙임은 보드 받음재 위에서 하고, 주위는 100 mm 이내로, 기타 받음재마다 간격 150 mm 이내로 보드용 평머리못을 쳐서 고정시킨다.

② 목조 천장바탕은 *SBCS 41 90 33*에 따른다. 다만, 반자틀 간격은 300 mm 이내로 한다. 보드의 붙임은 반자틀 면내에서 잇고 주위는 100 mm 이내로, 기타 받음재마다 간격 150 mm 이내로 보드용 평머리못으로 고정시킨다.

③ 경량철골바탕의 칸막이벽 등에서는 기둥, 샛기둥의 간격을 450 mm 이내로 한다. 보드의 설치는 가로로 엇빗잇기로 하고, 주위는 기둥 샛기둥마다 100 mm 이내로 나사못박기로 하며, 보드의 상, 하 접속은 간격 150 mm 이내로 이음철물로 고정시킨다. 또한 기둥 · 샛기둥마다 150 mm 이내로 보드용 평머리 나사못 고정으로 시킨다.

④ 경량철골 천장바탕에 있어서는 반자틀받이의 간격은 900 mm 이내, 반자틀의 간격은 300 mm 이내로 하며, 보드의 이음부받이를 하되 그 설치공법은 *SBCS 41 90 49*에 따른다. 보드의 설치는 목조 천장바탕에 준하여 보드용 평머리 나사못 및 밑판을 사용하여 설치한다.

⑤ 접착공법 또는 바탕치기공법에 따라 보드를 설치하는 경우는 도면 또는 공사시방서에 따른다.

3.1.6 기타 바탕

(1) 재질이 견고하지 못한 스터코 등의 바탕일 때 모서리 부분은 철망(메탈 라스, 와이어 라스 등)을 덧대고 코너비드로 보강한다.

(2) 단열을 필요로 하는 바탕일 때는 적정한 단열성능을 가진 단열재를 붙인다.

(3) 바탕을 지지하는 재료가 금속지주일 때는 구조체의 이동 또는 변형에 영향을 받지 않도록 격리시켜 설치한다. 또 구조체와 바탕재의 지지틀 사이는 미끄럼 또는 탄성형의 줄눈을 설치하여 변형을 흡수하도록 하되 횡방향은 연결시키도록 한다.

(4) 기타 필요한 재료나 공법 등은 공사시방서에 따른다.

[사진 3.1.6-1] 모서리 부분 코너비드 보강

– 출처 : 한국패시브건축협회 (https://www.phiko.kr)

3.2 시공

3.2.1 시공계획 및 현장관리

(1) 시공계획

① 수급인은 시공계획에 앞서 시방서에 따라서 시공계획서를 작성하고, 공사감리자의 확인을 받는다.

② 수급인은 시공계획서에 따라 적용범위, 공사개요, 작업조 편성, 작업공정 바탕조건, 작업용 가설설비, 보양 방법 및 안전관리 등에 대한 작업계획서를 작성한다.

③ 공사현장 등에서 실제의 건물에 시험시공을 하는 경우에는 공사시방서에 따른다.

(2) 공정관리
① 수급인은 시공계획서에 따른 재료수급 계획을 수립하여 작업을 진행한다.
② 미장공사는 사용재료와 공법적용에 충분한 공기를 확보한다.
③ 미장공사의 먹매김은 도면에 따라 정확히 하고 공사감리자의 확인을 받는다.
④ 미장공사는 다른 공사와 시공순서를 고려하여 재시공하는 일이 없도록 해야 한다.
⑤ 수급인은 주위의 다른 작업으로 미장작업에 지장이 있거나 마무리면이 손상될 우려가 있는 경우는 공사감리자에게 그 사항을 보고하여 다른 작업과 조정한다.
(3) 현장안전관리
① 배합장소 및 작업장소
가. 작업장소는 바름 재료의 종류, 공정에 맞는 적절한 채광, 조명 및 통풍 등이 되도록 창호를 열고, 조명, 환기설비를 준비한다.
나. 배합장소 및 작업장소는 항상 정리 및 정돈한다.
다. 사용하는 기계기구에는 필요한 전기설비 및 급배수설비를 준비한다.
② 미장공사용 작업 발판
가. 미장공사용 가설통로 및 작업발판은 산업안전보건법규의 산업안전기준에 관한 규칙을 준수해야 한다.
나. 미장공사의 바름면과 작업발판 사이의 간격은 마감재의 종류, 시공방법 등을 고려하여 작업에 지장을 주지 않는 거리를 유지하고, 필요시는 공사감리자와 협의한다.
다. 추락의 위험이 있는 고소작업에는 적절한 추락방지설비를 설치하고 작업자는 필요한 보호구를 착용하도록 해야 한다.
③ 안전관리 기준
가. 작업장소의 안전관리는 근로기준법규 및 산업안전보건법규를 준수하여야 한다.

3.2.2 공구 및 기계기구
(1) 흙손 및 부속공구
① 흙손은 바름재료 및 바름층의 종류, 바름두께, 마감의 종류 및 시공 부위 등을 고려하여 적절한 것을 사용한다.
② 반죽용 도구, 판, 규준대 및 솔 등의 부속공구는 잘 손질된 것으로 각각의 용도에 맞게 사용한다.
(2) 양중 및 운반용 기계기구
① 양중에 사용되는 소형 윈치, 활차 등은 충분한 용량의 것을 사용하고, 항상 점검 및 정비하여 운전 중 사고를 예방한다.
② 손수레는 사용 후 방치된 재료가 부착되어 남아 있지 않도록 작업 후 청소하고, 차체 및 차축의 비뚤어짐 등에 의한 운반 시 위험이 없도록 정비한다.
(3) 압송뿜칠기계 및 관련 기계기구
① 선정된 압송뿜칠기계의 기종(형식, 최대 토출량 등)과 대수는 공사량, 공사기간 등을 감안하여 충분한 것으로 한다.
② 작업 시작 시 점검 및 작업종료 후의 청소를 철저히 한다. 또한 제조업자의 지시사항에 따라 점검 및 정비한다.
③ 압송뿜칠기계에 사용되는 모래거름 기계, 벨트컨베이어, 모르타르 믹서 및 용기 등의 관련 기계기구류는 압송뿜칠기계의 능력에 맞는 기종 및 수량을 준비한다.

3.2.3 재료검사 및 견본
(1) 재료는 반입 전에 견본품을 제출하여 공사감리자의 확인을 받는다. 반입 후에도 견본품이 제출된 것은 그와 동일하다는 확인을 받고, 규격이 있는 것은 규정에 따라 검사 및 시험을 받는다. 규격이 없는 것은 공사감리자가 지시한 방법에 따른다. 수급인은 해당 공사에 착수하기 전에 지정된 기일 이내에 다음 자료들을 제출하여 공사감리자의 확인을 받아야 한다.
① 시방서 재료 항목에 언급된 모든 재료의 설명서, 설치 유의서, 관련 요구조건에 대한 충족 명시 자료, 제품 카탈로그 등 관련자료
② 천장이나 벽에 시공할 졸대의 시공 도면
③ 플라스터, 시멘트, 석회 등의 품질보증서

3.2.4 재료의 취급

(1) 미장용 재료는 다른 재료와 섞이거나 오염 또는 손상되지 않도록 보관한다.

(2) 시멘트, 석고 플라스터 등과 같이 습기에 약한 재료는 지면보다 최소 300mm 이상 높게 만든 마룻바닥이 있는 창고 등에 건조상태로 보관하고, 쌓기단수는 13포대 이하로 한다.

(3) 폴리머 분산제 및 에멀션 실러를 보관하는 곳은 고온, 직사일광을 피하고, 또한 동절기에는 온도가 5 ℃ 이하로 되지 않도록 주의한다.

(4) 제품은 제조회사에서 출하시의 용기나 포장지 또는 묶음으로 제조회사의 명칭이나 상품명을 쉽게 읽을 수 있게 보관해야 하며, 오손된 재료는 즉시 현장에서 제거하여야 한다.

(5) 기타 일반적 사항은 제조자가 지정한 취급방법에 따른다.

3.2.5 배합 및 비빔

(1) 재료의 배합

① 재료의 배합은 마무리의 종류, 바름층 등에 따라 다르지만 원칙적으로 바탕에 가까운 바름층일수록 부배합, 정벌바름에 가까울수록 빈배합으로 한다.

② 결합재와 골재 및 혼화재의 배합은 용적비로, 혼화제, 안료, 해초풀 및 짚 등의 사용량은 결합재에 대한 질량비로 표시하는 것을 원칙으로 한다.

③ 이 기준에 표시된 배합표의 결합재와 모래의 용적비는 *[표 3.2.5-1]*에 있는 느슨하게 채운 상태의 단위용적질량에 기초한 것이다.

④ 표준시방이나 공사시방서에 의한 배합표 또는 시공개소의 상황, 온도, 습도, 기타 조건에 의하여 결정된 배합표 등은 비빔장소에서 보기 쉬운 곳에 게시한다.

[표 3.2.5-1] 느슨하게 채운 상태의 결합재 및 모래의 단위용적질량

종류	단위용적질량(kg/ℓ)
포틀랜드시멘트	1.20
혼합석고 플라스터(정벌용)	0.76
보드용 석고 플라스터	0.88
돌로마이트 플라스터(정벌용)	0.71
돌로마이트 플라스터(초벌용)	0.76
미장용 소석회(정벌용)	0.53
미장용 소석회(초벌용)	0.54
모래(표면건조 내부포수상태)	1.20

(2) 재료의 비빔

① 분말 및 입자모양의 재료는 건비빔상태에서 고루 섞은 후 물을 부어서 다시 잘 섞는다. 액체상태의 혼화재료 등은 미리 물과 섞어둔다.

② 섬유를 섞을 물이 접착액인 경우는 이 접착액에 섬유를 분산시켜 접착액으로서 모르타르를 혼합하여 사용한다. 일반적으로 섞은 물의 경우는 미리 소정량의 결합재 일부와 섞은 물의 일부로 만든 것에 접착재를 분산시키고, 나머지 재료를 고루 섞으면서 접착재가 균일하게 분산되도록 잘 반죽한다.

③ 섞은 물의 양은 품질이 저하되지 않는 범위 내에서 물이 빠지는 정도 등을 고려하여 시공에 적합한 반죽질기가 얻어지도록 조정한다.

④ 안료 사용 시 액상인 경우에는 미리 물에 분산하여 잘 저어 결합재와 충분히 혼합한 다음 나머지 재료를 섞어 사용하고, 분말인 경우에는 결합재에 안료를 잘 섞은 다음 소요량의 물로 최상의 상태로 반죽 후 나머지 재료를 고루 섞으면서 첨가해서 얼룩이 없어질 때까지 잘 섞는다.

⑤ 재료는 균일해질 때까지 충분하게 섞는다.
⑥ 압송뿜칠기계에 사용하는 재료의 비빔은 반드시 기계비빔으로 한다. 그 시공연도는 슬럼프콘을 사용하여 관리한다.

(3) 재료혼합의 제한

① 석고 플라스터에 시멘트, 소석회, 돌로마이트 플라스터 등을 혼합하여 사용하면 안 된다.
② 결합재, 골재, 혼합재료 등을 미리 공장에서 배합한 기성배합 재료를 사용할 때에는 제조업자가 지정한 폴리머 분산제 및 물 이외의 다른 재료를 혼합해서는 안 된다.
③ 내벽에 재벌, 정벌바름으로 쓰이는 광물질계 혼화재는 포틀랜드 시멘트 1.0에 대하여 소석회, 돌로마이트 플라스터, 포졸란 및 메타카올린 등을 0.1~0.3(용적비) 정도가 되도록 한다.

3.2.6 재료의 운반

(1) 소형 윈치, 리프트 타워 등으로 운반하는 경우는 중량에 맞는 적정한 기계를 사용한다. 버킷으로 운반 시에는 적당량을 넣고 양중할 때는 재료가 낙하되지 않도록 한다.
(2) 손수레로 운반할 때에는 적당량의 재료를 싣고 운반로상의 장애물, 경사, 계단, 개구부 등으로 인한 위험이 없도록 한다.
(3) 압송뿜칠바름 기계를 사용하는 경우는 기계의 성능에 맞는 직경 및 강도의 수송관을 단거리로 곡선부분이 최소가 되도록 배관하고, 압송은 운전 순서에 따라 막힘에 주의하여 가능한 한 중단 없이 연속적으로 운전한다.

3.2.7 바탕의 점검 및 조정

(1) 바름작업에 선행하여 바탕의 균열, 요철 등 미장공사에 지장이 없는지 점검한다. 지장이 있는 경우는 공사감리자와 협의하여 적절한 조치를 강구한다.
(2) 콘크리트바탕 등의 표면 경화 불량은 두께가 2 mm 이하의 경우 와이어 브러시 등으로 불량부분을 제거한다. 2 mm를 넘거나 그 범위가 넓은 경우는 공사감리자의 지시에 따른다. 기타 바름면에 이상이 확인된 경우는 공사감리자와 협의한다.
(3) 바탕은 바름하기 직전에 잘 청소한다. 외벽의 콘크리트 바탕 등 오래 방치되어 먼지가 붙어 있는 경우는 초벌바름작업 전날 물로 청소한다. 콘크리트, 콘크리트 블록 등의 바탕 및 시멘트 모르타르, 플라스터 등의 초벌바름이 건조한 것은 미리 적당히 물축임한 후 바름작업을 시작한다.
(4) 물기가 많은 바탕면은 통풍, 기계적 건조 등에 의해 물기를 조정한 후 바름작업을 시작한다.
(5) 합판거푸집을 사용한 콘크리트 바탕이 지나치게 미끈하여 미장바름시 접착이 확실치 않은 경우는 합성수지 에멀션을 먼저 도포한 후 합성수지계 혼화재료를 주입한 시멘트 페이스트를 바르고, 초벌바름작업을 시작한다.
(6) 다른 종류의 바탕층 조합인 경우 바탕층의 상부에 다른 종류의 재료로 바르고 또 다른 층을 겹쳐 바르는 경우에 바탕층간의 경화 불량 및 강도, 수축 등이 불균일하게 발생하여 탈락이나 들뜸 발생의 우려가 있으므로 공사감리자와 협의하에 바탕층 계면간에 흡수조정재를 바르는 등의 적절한 조치를 하도록 한다.
(7) 타공사의 미장바탕을 만드는 경우, 즉 타일공사, 도장공사 및 벽지바름 등의 공사에서 미장에 의하여 바탕을 마무리하는 경우 바름층과 마무리의 정도는 공사시방서에 따른다.

3.2.8 흙손 바름

(1) 초벌바름은 바탕의 강성과 부착성을 고려하여 적합한 흙손을 선택하며, 흙손으로 충분히 누르고, 눈에 띌 정도의 틈이 생기지 않도록 한다.
(2) 재료를 바름하는 경우 흙손의 조작은 각 방향으로 균등하게 한다.
(3) 바름면의 흙손작업은 갈라지거나 들뜨는 것을 방지하기 위해 바름층이 굳기 전에 끝낸다.
(4) 바름표면의 흙손바름 및 흙손누름작업은 물기가 걷힌 상태를 보아가며 한다. 백색 혹은 유색의 치장 바름층 표면에 흙손바름을 하는 경우는 물기 얼룩에 주의하여 색얼룩이나 흙손에 의한 변색얼룩 등이 생기지 않도록 한다.

3.2.9 뿜칠

(1) 뿜칠은 얼룩, 흘러내림, 공기방울 등의 결함이 없도록 작업한다. 노즐의 구경, 분사거리 등 뿜칠의 조건은 재료 혹은 무늬에 따라 다르므로 제조업자의 지정에 따른다.
(2) 압송뿜칠기계로 바름하는 두께가 20mm를 넘는 경우는 초벌, 재벌, 정벌 3회로 나누어 뿜칠바름을 하고, 바름두께 20mm 이하에서는 재벌뿜칠을 생략한 2회 뿜칠바름을 하며, 두께 10mm 정도의 부위는 정벌뿜칠만을 밑바름, 윗바름으로 나누어 계속해서 바른다.

3.2.10 보양

(1) 건물의 진동
① 기계운전 등으로 인해 진동이 심하고, 작업이 어려운 경우 및 보양에 지장을 주는 경우에는 공사감리자와 협의하여 처리한다.
(2) 시공 전의 보양
① 바름작업 전에 근접한 다른 부재나 마감면 등은 오염 또는 손상되지 않도록 종이붙임, 널대기, 포장덮기, 거적덮기, 폴리에틸렌 필름 덮기 등으로 적절히 보양한다.
② 바름면의 오염방지 외에 조기건조를 방지하기 위해 통풍이나 일조를 피할 수 있도록 한다.
③ 외장뿜칠바름 면에서는 바름 전에 직사일광, 바람, 비 등을 막기 위한 시트보양을 한다. 특히, 파라펫과 발판 사이에는 비가 들이치지 않도록 덮개를 씌운다.
(3) 시공 시의 보양
① 미장바름 주변의 온도가 5℃ 이하일 때는 원칙적으로 공사를 중단하거나 난방하여 5℃ 이상으로 유지한다.
② 외부 미장공사를 여름에 시공하는 경우는 바름층의 급격한 건조를 방지하기 위하여 거적덮기 또는 폴리에틸렌 필름 덮기를 한 다음 살수 등의 조치를 강구한다.
③ 강우, 강풍 혹은 주위의 작업으로 바름작업에 지장이 있는 경우에는 작업을 중지한다.
④ 공사 중에는 주변의 다른 부재나 작업면이 오염 또는 손상되지 않도록 적절하게 보양한다.
(4) 시공 후의 보양
① 바람 등에 의하여 작업장소에 먼지가 날려 작업면에 부착될 우려가 있는 경우는 방풍 보양을 한다.
② 조기에 건조될 우려가 있는 경우에는 통풍, 일사를 피하도록 시트 등으로 가려서 보양 한다.

3.2.11 균열 및 박리 방지 CHECK 04

(1) 문선, 걸레받이, 두겁대 및 돌림대 등의 개탕 주위는 흙손 날의 두께만큼 띄어 둔다.
(2) 개구부의 모서리나 라스, 목모 시멘트판, 석고라스 보드, 고압증기양생 경량 기포콘크리트 패널 접합부 등 균열이 발생하기 쉬운 곳에는 종려털 바름, 헝겊 씌우기를 하고, 시멘트 모르타르 바름일 때는 메탈 라스 붙여대기 등을 한다.
(3) 콘크리트, 콘크리트 블록 및 목조 바탕 등의 서로 다른 바탕 접속부의 균열을 방지하기 위한 줄눈설치 등의 방법은 공사감리자의 지시에 따른다.
(4) 각종 부위가 충격, 진동 등에 의해서 박리의 우려가 있는 경우는 미리 바탕의 전면에 KS D 7017의 규정에 적합한 금속망을 덮고 적절한 조치를 강구한다.

◀ CHECK 04
균열이 많이 발생하는 부위
- 평면이 변하는 부위
- 단면상 두께가 변하는 부위
- 돌출부 및 출입구 주변

3.3 배합, 공정, 바름두께

3.3.1 시멘트 모르타르

(1) 시멘트 모르타르의 배합과 바름두께는 *KCS 41 46 02 (3.2~3.3)* 에 따른다.

3.3.2 시멘트 스터코

(1) 시멘트 스터코의 공정은 *KCS 41 46 03 (3.2)* 에 따른다.

3.3.3 석고 플라스터

(1) 석고 플라스터의 배합 및 바름두께는 *KCS 41 46 06 (3.2)* 에 따른다.

3.3.4 돌로마이트 플라스터

(1) 돌로마이트 플라스터의 배합 및 바름두께는 *KCS 41 46 07 (3.1)* 에 따른다.

3.3.5 회반죽

(1) 회반죽의 배합 및 바름두께는 *KCS 41 46 08 (3.1)* 에 따른다.

3.3.6 롤러 문양 마무리 바름

(1) 롤러 문양 마무리 바름의 공정은 *KCS 41 46 17 (3.2)* 에 따른다.

[표 3.3.6-1] 바름 두께의 표준

바탕	바르기 구분	바름 두께 (단위:mm)					
		초벌바름	라스 먹임	고름질	재벌바름	정벌바름	합계
콘크리트, 콘크리트블록 및 벽돌면	바닥	–	–	–	–	24	24
	내벽	7	(7)	–	7	4	18
	천장/차양	6	(6)	–	6	3	15
	바깥벽/기타	9	(9)	–	9	6	24
각종 라스바탕	내벽	라스두께보다 2mm 내외 두껍게 바른다		7	7	4	18
	천장/차양			6	6	3	15
	바깥벽/기타			0~9	0~9	6	24

* 바름두께는 바탕면의 작업여건에 따라 ±10%의 오차를 둘 수 있다.

11장 _ 소규모 미장공사

CHECK 05 ▶
시멘트 모르타르 바르기
▪ 시멘트, 모래, 물을 주 성분으로하여, 혼화재료를 가한 시멘트 모르타르로 내외벽이나 바닥, 각종 다듬재를 바탕으로 바르는 것을 의미한다.

3.4.1 시멘트 모르타르 CHECK 05

(1) 재료의 비빔 및 운반

① 시멘트와 모래를 혼합하고, 물을 부어서 잘 섞는다. 혼화재료로서 분말모양의 것은 섞을 때에 그대로 혼입하고 합성수지계 혼화제, 방수제 등 액상의 것은 미리 물과 섞는다. 비빔은 기계로 하는 것을 원칙으로 한다.

② 1회 비빔량은 2시간 이내 사용할 수 있는 양으로 한다.

(2) 초벌바름 및 라스먹임

① 합판 거푸집을 사용한 콘크리트 바탕 등으로 지나치게 평활한 것 또는 경량 콘크리트 블록 등으로 흡수가 지나친 것은 시멘트 페이스트에 혼화제를 혼입하거나, 접착제를 사용하여 바르는 방법 등 접착력을 확보하기 위한 대책을 강구한다.

② 흙손으로 충분히 누르고 눈에 뜨일 만한 빈틈이 없도록 한다. 바른 후에는 쇠갈퀴 등으로 전면을 거칠게 긁어 놓는다.

③ 초벌바름 또는 라스먹임은 2주일 이상 방치하여 바름면 또는 라스의 겹침 부분에서 생길 수 있는 균열이나 처짐 등 흠을 충분히 발생시키고, 심한 틈새가 생기면 다음 층바름 전 덧먹임을 한다. 다만, 온도변화에 따른 기상조건이나 바탕 종류 등에 따라서는 공사감리자의 확인 후 전술한 방치기간을 조정할 수 있다.

(3) 고름질

① 바름두께가 너무 두껍거나 얼룩이 심할 때는 고름질을 한다. 초벌바름에 이어서 고름질을 한 다음에는 초벌바름과 같은 방치기간을 둔다. 고름질 후에는 쇠갈퀴 등으로 전면을 거칠게 긁어 놓는다.

(4) 재벌바름

① 재벌바름에 앞서 구석, 모퉁이, 개탕 주위 등은 규준대를 대고 평탄한 면으로 바르고, 다시 규준대 고르기를 한다. 단, 재벌바름을 한 다음에는 쇠갈퀴 등으로 전면을 거칠게 긁어 놓은 후 초벌바름과 같은 방치기간을 둔다.

(5) 정벌바름

① 재벌바름의 경화 정도를 보아 정벌바름은 면 개탕 주위에 주의하고 얼룩, 처짐, 돌기, 들뜸 등이 생기지 않도록 바른다. 마무리는 공사시방서에 따른다.

(6) 2회 바름 공법

① 바탕에 심한 요철이 없고 마무리 두께가 15mm 이하의 천장, 벽, 기타(바닥 제외)는 초벌바름 후 재벌바름을 하지 않고 정벌바름을 하는 경우가 있다. 이 경우는 초벌바름 위에 정벌 밑바름을 하여 수분이 빠지는 정도를 보아서 윗바름을 하고, 규준대 고름질 후 지정된 마무리를 한다.

(7) 1회 바름 공법

① 평탄한 바탕면으로 마무리 두께 10mm 정도의 천장, 벽, 기타(바닥 제외)는 1회로 마무리하는 경우가 있다. 이 경우에는 바탕면에 시멘트 페이스트를 바르고 거기에 정벌바름의 배합으로 밑바름하며 수분이 빠지는 정도를 보아 윗바름하고 규준대 고름질 후 지정된 마무리를 한다.

(8) 쇠흙손 마무리

① 쇠흙손으로 바르고, 나무흙손으로 눌러 고른 다음, 쇠흙손으로 마무리한다. 이 경우 평활한 마무리면을 얻기 위해서는 무기질 혼화재 등을 혼합한 배합 표 3.3-1의 정벌바름으로 하고, 모래의 양을 줄이지 않도록 한다.

(9) 나무흙손 마무리

① 쇠흙손으로 바르고, 나무흙손으로 골라 마무리한다.

(10) 솔질 마무리

① 쇠흙손으로 바르고, 나무흙손으로 고른 다음 솔로 마무리한다. 이 경우 가능한 한 솔에 물이 많이 묻지 않도록 한다.

(11) 색 모르타르 바름 마무리

① 색 모르타르는 견본품과 시방을 미리 공사감리자에 제출하여 승인을 받는다. 다만, 외벽에 바르는 경우에 보통 시멘트, 착색 시멘트 및 백색 시멘트의 양은 돌로마이트 플라스터, 안료 등(골재 제외)의 합계량과 같은 양 이상으로 한다. 이때, 재벌 바름까지는 보통 모르타르의 경우와 같게 하고, 그 위에 색 모르타르 바름은 5mm 이상으로 한다.

(12) 긁어 만든 거친면 마무리

① 쇠흙손으로 바르고, 나무흙손으로 고른 다음 흙손, 쇠빗, 솔 등의 기구로 얼룩이 없도록 긁어내서 마무리한다.

가. 거친면 마무리 재료는 화강석, 대리석, 녹자갈 등의 색이 있는 자갈, 강모래, 시멘트, 백색 시멘트, 착색 시멘트, 소석회, 돌로마이트 플라스터 등에서 고르고, 미리 견본품을 제출하여 그 마무리 정도와 함께 공사감리자의 확인을 받는다.

나. 보통 시멘트 또는 백색 시멘트, 착색 시멘트의 양은 돌로마이트 플라스터, 안료 등(골재 제외)의 합계량 이상으로 한다.

다. 재벌바름까지는 보통 모르타르의 경우와 같게 하고, 그 위에 긁어 만든 거친 마무리는 두께 약 6mm 이상으로 바른 다음 그 정도에 따라 흙손, 쇠빗, 솔 등의 기구로 얼룩이 없도록 긁어내서 마무리한다.

(13) 기타 거친면 마무리

① 전 항의 재료 또는 기성배합 재료를 섞어 바탕처리를 한 콘크리트면에 두께 6~8mm로 바르고, 미리 제출된 견본바름과 같이 흙손으로 긁거나 모양을 만들고, 다시 그 면을 흙손 등으로 눌러 거친 면으로 마무리한다. 눌러 바른 다음 합성수지 도료 등으로 마무리 도장을 할 때는 최소 2일 이상 경과하여 충분히 경화한 다음 실시한다.

(14) 바닥바름

① 쇠흙손으로 바르고, 나무흙손으로 고른 다음 쇠흙손, 나무흙손 등으로 마무리 한다.

가. 콘크리트 바닥면에 모르타르를 바를 때는 바탕 표면의 레이턴스, 오물, 부착물 등을 제거하고 잘 청소한 다음 물을 뿌린다. 콘크리트 타설 후 수일 지난 것은 물씻기를 하되, 이 때 물이 고인상태에서 바르면 안 된다.

나. 바닥바름은 시멘트 페이스트를 충분히 문지르고, 잘 고른 다음 수분이 아주 적은 된비빔 모르타르를 쇠흙손으로 발라 표면의 수분 정도를 보아 잣대 고름질을 하고, 물매에 주의하여 나무흙손으로 고르고 쇠흙손, 나무흙손 등으로 마무리한다.

(15) 줄눈

① 모르타르의 수축에 따른 흠, 균열을 고려하여 적당한 바름 면적에 따라 줄눈을 설치한다. 줄눈의 종류는 공사시방서에 따르며, 공사시방서에 정한 바가 없을 때에는 공사감리자의 지시에 따른다.

② 줄눈대를 쓸 때에는 미리 줄눈 나누기에 따라 줄눈대를 설치한다. 벽 및 바닥 등에서 목재 줄눈대를 쓸 경우는 마무리까지 시공한 후 줄눈대를 뽑아내고, 지정한 재료를 줄눈에 채워 넣는다.

3.4.2 시멘트 스터코

(1) 재료의 비빔

① 합성수지 에멀션 실러는 지정량의 물로 균일하게 희석하여 사용한다.

② 시멘트 모르타르는 흙손바름의 작업성에 맞추어 지정량의 물로 균일하게 섞는다.

③ 시멘트 모르타르에 시멘트 혼화용 폴리머분산제를 혼합하는 경우는 사용하는 물과 시멘트 혼화용 폴리머분산제를 미리 혼합하여 사용한다.

④ 시멘트 모르타르의 1회 비빔량은 2시간 이내에 사용 및 소비되는 양으로 한다.

⑤ 합성수지계 도료는 에멀션계의 경우 지정량의 물로, 용액계의 경우 지정량의 희석액으로 균일하게 희석한다.

(2) 실러 바름

① 바탕을 잘 청소한 다음 바탕의 흡수 정도가 균일하여 얼룩이 생기지 않도록 바른다.

② 제조업자의 시방에 따라 실러 바름을 생략하는 것이 가능한 경우에도 바탕의 흡수가 큰 경우와 여름철 등 특히 건조가 빠른 경우에는 실러 바름을 생략하지 않는다.

(3) 시멘트 모르타르 바름

① 시멘트 모르타르는 바닥두께가 일정하도록 지정량을 흙손 바름한다.

(4) 마무리

① 마무리하는 경우에는 바름작업 후 시멘트 모르타르의 유동성이 유지되는 30분 전후에 견본품과 동일 모양이 되도록 흙손으로 다듬거나 롤러의 누름 등에 의해 요철모양을 만든다.

(5) 돌출부 처리

① 돌출부는 흙손 또는 롤러의 누름에 의해 처리한다.

② 흙손 또는 롤러 누름은 견본과 동일한 모양이 되도록 시멘트 모르타르의 바름 및 마무리작업 후 적정한 경화상태를 확인한 다음 실시한다.

(6) 마감 도장

① 합성수지계 도료는 색, 광택, 모양 등에 결함이 없도록 균일하게 솔, 롤러 또는 뿜칠에 의해 바른다.

CHECK 06 ▶
석고 플라스터 바르기
▪ 석고 플라스터와 골재의 주재료에 물로 비빈 것을 벽이나 천장에 발라 마무리하는 일, 작업 중에는 통풍을 피하고 그 후 적당히 통풍시켜 건조한다.

3.4.3 석고 플라스터 CHECK 06

(1) 재료의 조정 및 반죽

① 초벌바름 및 재벌바름용 반죽

가. 기계비빔: 계량된 모래를 믹서에 넣고 소정량의 플라스터를 가하여 잘 섞은 다음, 물을 가하여 고르게 섞일 때까지 충분히 반죽한다.

나. 손비빔: 계량된 모래, 플라스터를 잘 섞은 다음 물을 가하여 기계비빔과 같이 잘 반죽한다.

② 정벌바름용 반죽

가. 정벌바름용 석고 플라스터에 물을 가하여 균일하게 될 때까지 충분히 비벼 섞는다.

나. 페인트 도장, 벽지 바르기 바탕용 반죽은 초벌바름, 재벌바름과 같이 한다.

③ 반죽의 가용 시간

가. 혼합석고 플라스터, 보드용 플라스터는 물을 가한 후 초벌바름, 재벌바름은 2시간 이상, 정벌바름은 1시간 30분 이상 경과한 것은 사용할 수 없다.

④ 반죽상의 주의

가. 반죽용 물은 직접 공급되거나 전용 용기에 저장한 것을 쓰고, 다른 용도에 쓰인 것은 사용하지 않는다.

나. 건비빔된 재료는 모래에 수분이 있으므로 섞은 후 2시간 이내에 사용한다.

다. 믹서, 반죽 통에 남은 모르타르, 돌로마이트 플라스터 등이 부착된 것은 제거하지 않은 채 그대로 사용할 수 없다. 또한, 혼합할 때마다 청소한 다음 사용하도록 한다.

CHECK 07 ▶
라스 먹임
▪ 라스(모르타르 바르기 바탕에 붙이는 철사나 망 등) 바탕에 모르타르를 최초로 바르는 것으로 라스면보다 1mm정도 두껍게 바른다.

(2) 초벌바름 및 라스 먹임 CHECK 07

① 콘크리트, 콘크리트 블록 바탕의 경우는 바탕의 건조 정도를 보아 필요에 따라서 물을 뿌리고, 초벌바름 및 라스 먹임은 흙손으로 눌러 충분히 바탕에 스며들게 하면서 바르고 표면을 긁어 놓는다. 초벌바름이 시멘트 모르타르 바름인 경우에는 2주 이상 양생한다.

② 개구부 주변, 보드의 이음새, 기타 균열이 생길 우려가 있는 곳에는 종려털, 종려잎 또는 방청처리한 메탈 라스 등을 초벌바름 속에 넣고 바르거나 또는 초벌바름면에 뿌려 바른다. 초벌바름의 수분이 빠지는 정도를 보아 긁어 놓는다.

(3) 고름질, 덧먹임 및 재벌바름

① 고름질은 초벌바름의 수분이 빠지는 정도를 보아 뒤따라서 발라도 좋다. 재벌바름은 초벌바름면에 접착을 충분히 하고, 표면은 정벌바름하기 위하여 평탄하게 해야 하며, 적당한 거친면이 되도록 해야 한다. 바를 때는 얼룩이 없게 바르며, 나온 모서리, 들어간 구석, 개탕 주위는 규준대를 대고 정확하게 바른 다음, 굳기의 정도를 보아 나무흙손으로 문질러 평탄하게 한다.

(4) 정벌바름

① 정벌바름은 재벌바름이 반쯤 건조된 후 밑바르기, 위바르기 2공정으로 하여 쇠흙손으로 눌러서 충분하게 바르고, 수분이 빠지는 정도를 보아 마무리 흙손으로 흙손자국이 없도록 평활하게 마무리한다.

(5) 얇게 바르기 공법

① 평탄한 바탕면에서 마무리 두께를 10mm 이하로 하여 초벌바름 후에 정벌바름을 할 경우에 초벌바름은 정벌바름 예정두께 1.5~3mm를 띄우고 바탕면에 흙손으로 충분히 눌러 바르며 나온 모서리, 들어간 구석, 개탕 주위 등은 규준대를 대고 정확히 바른다. 초벌바름의 수분이 빠지는 정도를 보아 쇠흙손으로 평활하게 마무리한다.

② 골재 및 수용성 고분자수지 에멀션 등을 배합한 특수 석고 플라스터를 써서 두께 10mm 이하로 마무리하는 경우에는 미리 공사감리자의 확인을 받아 그 제조업자의 시방에 의하여 사용한다. 특히 흡수가 큰 고압증기양생 경량 기포콘크리트면의 콘크리트 패널 또는 평활한 바탕 등은 바탕을 청소한 상기 3.1.4에 따라 바탕처리한다.

③ 평탄한 바탕면에서 특히 흡수가 심한 바탕이나 평활한 면의 콘크리트 바탕 등에 마무리 두께를 5mm 정도로 할 경우에는 바탕의 성질에 적합한 골재 및 수용성 고분자수지 에멀션 등을 배합한 특수한 석고 플라스터를 사용한다. 이 경우에는 미리 공사감리자의 확인을 받은 제조업자의 시방에 따른다. 바르기에 앞서 바탕 청소를 하여 전면에 얇게 바탕 문지르기를 하고 뒤따라서 소정의 마무리는 시방에 따라 들어간 구석, 나온 모서리, 개탕 주위에 규준대를 정확히 설치하고 표면의 굳기 정도를 보아 마무리 흙손으로 평활하게 마무리한다.

④ 공사시방서가 있을 때 석고 플라스터 바름은 나무흙손마감으로 할 수 있다.

3.4.4 돌로마이트 플라스터 CHECK 08

(1) 수염 붙이기

① 벽은 초벌바름 직후, 천장 및 차양은 초벌바름 전에 수염 간격을 300mm 이하 마름모로 배열하여 붙여대고, 초벌바름과 고름질 또는 재벌바름면에 각각 반씩 부채형으로 벌려서 눌러 붙인다.

② 창문 주위 등의 벽쌤 갓둘레에는 벽쌤용 수염을 간격 150mm 이하 한 줄로 배열하여 천장, 벽 등의 공법에 준하여 시공한다. 그리고 남은 돌로마이트 플라스터와 소정량의 시멘트, 모래 및 물을 넣어 고르게 될 때까지 충분히 반죽한다.

(2) 재료의 조정 및 반죽

① 초벌바름 및 재벌바름용 반죽

가. 기계비빔: 소량의 돌로마이트 플라스터와 물을 믹서에 넣고 소정량의 여물을 넣어 반죽한다. 그리고 남은 돌로마이트 플라스터와 소정량의 시멘트, 모래 및 물을 넣어 고르게 될 때까지 충분히 반죽한다.

나. 손비빔: 여물을 잘 비벼서 소량의 물과 돌로마이트플라스터와 함께 잘 섞어서 고른 여물액을 만든다. 남은 돌로마이트플라스터와 소정량의 시멘트 및 모래를 그대로 섞은 다음 물을 넣어 기계비빔과 같은 정도로 될 때까지 고르게 반죽한다.

② 정벌바름 반죽

가. 소량의 정벌바름용 돌로마이트 플라스터에 물을 넣고, 소정량의 여물을 넣어 고르게 섞은 다음 다시 정벌바름용 돌로마이트 플라스터와 물을 조금씩 넣으며 고르게 반죽한다.

나. 정벌바름용 반죽은 물과 혼합한 후 12시간 정도 지난 다음 사용하는 것이 바람직하다.

③ 기타

가. 시멘트와 혼합하여 2시간 이상 경과한 것은 사용할 수 없다.

(3) 초벌바름 및 라스 먹임

① 콘크리트 및 콘크리트 블록 바탕의 경우는 물뿌리기를 한다. 초벌바름 또는 라스먹임은 흙손으로 충분히 눌러 바탕 사이에 밀어 넣으면서 바르고, 표면은 긁어 놓는다.

(4) 고름질, 덧먹임 및 재벌바름

① 고름질은 초벌바름면의 물걷기를 보고, 면에 얼룩이 없도록 고르게 바른다. 졸대바탕의 고름질은 초벌바름의 물걷기를 살펴 시공하고, 고름질이 충분히 건조되어 졸대의 진물이 배어 나오고 건조 · 수축된 다음 재벌바름한다.

(5) 정벌바름

① 재벌바름이 어느 정도 건조된 다음에 정벌바름을 한다. 지나치게 건조한 때는 적당히 물을 뿌린 후 정벌바름을 한다.

② 정벌바름은 흙손자국이 생기지 않도록 잘 마무리하고, 표면이 상하지 않을 정도로 굳어진 다음 솔에 맑은 물을 적셔서 직선으로 운행하여 표면의 흙손 광택을 지운다.

◀ CHECK 08

돌로마이트 플라스터 바르기

- 밑바르기용 돌로마이트 플라스터, 시멘트, 모래, 여물을 물로 비벼 섞은 것을 중바르기 공정까지 바르고, 위바르기용 돌로마이트 플라스터에 표백 여물을 가한 것을 위바르기하여 마감한다. 작업중에는 될 수 있는 한 통풍을 피하고, 위바르기 후에 적당히 환기하여 건조한다.

3.4.5 회반죽 CHECK 09

(1) 수염 붙이기

① 졸대바탕에는 수염 붙이기를 한다. 수염 간격은 벽에서 30mm 이하, 천장 및 차양에서는 250mm 이하로 하고 마름모형으로 배열하여 벽의 경우는 초벌바름 직후, 천장, 차양의 경우는 초벌바름 전에 달아매어 초벌바름과 고름질 또는 재벌바름면에 각각 한 가닥씩 부채꼴로 벌려 바른다.

(2) 재료의 조정 및 반죽

① 듬북 또는 은행초를 사용할 때는 건조된 다음에 소요량을 질량으로 달아, 1회 비빔분을 한 솥에 끓인다. 이때 작업성을 고려하여 물의 소요량을 계량해서 부어 넣는다. 끓이는 동안은 너무 휘젓지 않도록 한다. 해초풀을 끓인 다음 1일 이상 방치하게 될 때에는 표면에 소량의 석회를 뿌려서 부패를 방지하며, 사용 시는 표층 부분을 제거한 후 사용한다. 단, 석회를 뿌리더라도 2일 이상 두어서는 안 된다. 해초풀의 초벌바름 및 재벌바름용은 2.5mm 체 거르기를 2회 한다. 물로 묽게 할 필요가 있을 때는 다시 끓이도록 하고 함께 섞어서 같은 해초풀로 한다. 여물은 건조된 다음 소요량을 계량하여 한 솥분을 준비하여 막대로 두들겨서 부드럽게 하고, 물을 갈아가며 잘 씻은 것을 위의 체가름한 해초풀에 뜨거울 때 넣어 나무 막대로 잘 젓는다. 석회와 모래를 섞은 것에 여물을 풀어 넣은 해초풀을 부어 괭이로 잘 섞는다. 이때는 물을 넣지 않는다.

◀ CHECK 09

회반죽 바르기

- 소석회, 모래, 풀 여물을 주재료로 하여 만든 회반죽을 벽에 바르는 일로, 풀만으로 비비는 참반죽, 물도 섞는 진반죽 이 있다. 참반죽은 강도가 있어 흙집 등의 외벽에 사용하고, 진반죽은 실내 벽 등에 사용한다.

② 분말 듬북 또는 수용성 고분자를 풀재로서 사용할 때에는 각 바름층마다 소정량을 계량하고 소석회, 풀 및 모래를 섞으며, 그 일부에 물을 넣어서 액체와 같이 만든다. 여기에 소정량의 여물을 가하여 고른 여물액으로 하며, 위의 재료와 남은 풀을 가하면서 균일하게 반죽한다.

(3) 초벌바름 및 라스 먹임

① 초벌바름은 바탕면에 충분히 부착되도록 바르고, 표면에 거친면을 만든다. 졸대 바탕의 경우에는 흙손을 종횡으로 움직여 졸대 사이에 충분히 먹여 바른다.

(4) 고름질, 덧먹임 및 재벌바름

① 고름질, 재벌바름은 초벌바름 후 10일 이상 두고, 초벌바름면이 건조한 후에 평탄하게 바른다. 재벌바름 시 나온 모서리, 들어간 구석, 개구부 주변, 기타의 요소는 규준대를 대고 개탕 주위에 정확히 바른다. 또한 덧먹임 및 재벌바름 시에는 개구부, 모서리, 기타 틈새의 갈라지기 쉬운 곳에는 종려털 또는 종려잎 등을 묻어 바른다.

② 초벌바름에 균열이 생긴 경우에는 고름질을 한 다음 다시 10일 이상 두고 덧먹임을 하여 재벌바름을 한다. 마감두께가 12mm 이하의 경우는 고름질을 생략한다.

③ 위의 기간은 통풍, 기온에 따라 공사감리자의 확인을 받아 경감할 수 있다.

(5) 정벌바름

① 재벌바름이 반건조하여 물이 빠지는 정도를 보아서 정벌바름한다. 정벌바름은 반드시 밑바르기를 하고 나서 바르기를 하며, 흙손자국이 생기지 않도록 마무리한다.

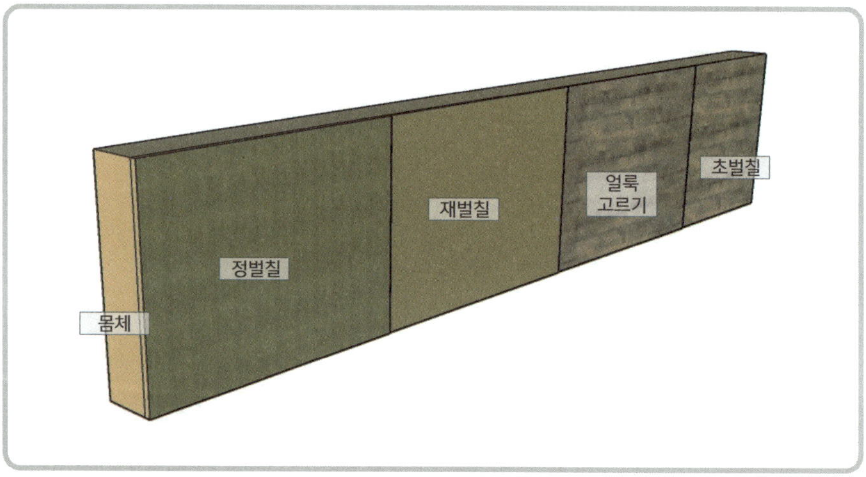

[그림 3.4.5-1] 회반죽 바르기

3.4.6 롤러 문양 마무리 바름

(1) 재료의 비빔

① 합성수지 에멀션 실러는 지정량의 물로 균일하게 희석하여 사용한다.

② 시멘트계 롤러 문양 마무리 바름재는 흙손바름 또는 롤러 바름의 작업성에 맞추어 지정량의 물로 균일하게 섞는다.

③ 시멘트계 롤러 문양 마무리 바름재에 시멘트 혼화용 폴리머 분산제를 혼합하는 경우는 사용하는 물과 미리 혼합하여 사용한다.

④ 시멘트계 롤러 문양 마무리 바름재의 1회 비빔량은 2시간 이내에 사용 및 소비되는 양으로 한다.

⑤ 합성수지계 롤러 문양 마무리 바름재는 소정의 시공성을 갖도록 물을 첨가하여 균일하게 섞는다. 장기간 방치하면 보관기구 내에서 분리하는 경우가 있으므로 충분히 교반하여 사용한다.

⑥ 합성수지계 도료 중 에멀션의 경우는 지정량의 물로, 용액계의 경우는 지정량의 희석액으로 균일하게 희석한다.

(2) 실러 바름
① 바탕을 잘 청소한 다음, 바탕의 흡수가 균일하게 얼룩이 발생하지 않도록 바른다.
(3) 롤러 마무리 바름
① 시멘트계 또는 합성수지계의 롤러 문양 마무리 바름은 미리 결정한 견본 바름과 동일 모양이 되도록 바름두께에 주의하며, 흙손, 롤러, 뿜칠기 등을 사용하여 바른다.
(4) 마무리
① 마무리하는 경우는 바름작업 후 마감재가 아직 유동성이 유지되는 30분 전후에 롤러로 누르거나 흙손으로 다듬어서 요철모양을 만든다. 이 경우 모양상 결함이 발생하지 않도록 주의한다.
(5) 돌출부 처리
① 돌출부는 마감바름재가 경화하기 전에 흙손 또는 롤러의 누름에 의해 처리한다.
② 흙손 또는 롤러 누름은 롤러 문양 마무리 바름재가 시공된 후 적정한 경화상태에서 견본과 동일한 모양이 되도록 실시한다.
(6) 마감도장
① 정벌마감은 색, 광택, 모양 등에 결함이 발생하지 않도록 균일하게 바른다.

3.4.7 제물마감
(1) 콘크리트 바닥 제물마감
① 콘크리트 바닥 제물마감 콘크리트는 된비빔 콘크리트를 사용하여 다짐기 또는 진동기로 다지고, 다시 규준대와 나무흙손으로 고른 다음, 물이 빠지는 정도를 보아 기계흙손 또는 쇠흙손으로 문질러 마감한다.
② 콘크리트의 내마모성을 향상시키거나 착색을 목적으로 시멘트, 골재 및 안료 등으로 된 표면 마감 재료를 사용할 때는 콘크리트가 굳기 전에 균등히 살포하고, 콘크리트가 수분을 흡수하는 정도를 보아가며 쇠흙손으로 문질러서 마감한다. 마감 정도는 깔 바탕, 붙임 바탕, 바름 바탕 및 방수 바탕 등 용도에 따라 다르므로 공사시방에 따른다.
(2) 콘크리트 벽면 및 천장면 제물마감
① 콘크리트 천장 및 내, 외벽 등 제물 마무리할 면은 그라인더 등으로 갈아내거나 콘크리트 면에 생긴 홈 등의 결함 부위는 부착성이 양호한 재료 등으로 메운다.
② 롤러 및 붓을 사용하여 접착성이 양호하고, 건조수축이 적은 합성수지의 무기계 재료를 콘크리트면에 몇 회 걸쳐 덧바름한 후 갈아내어 제물 마무리면으로 마감한다.

3.5 기타사항
(1) 탈락 안정성 확보
① 콘크리트 슬래브의 천장바탕에 시멘트 모르타르, 석고 플라스터 및 돌로마이트 플라스터를 바를 때는 콘크리트 균열, 크리프, 진동 등에 의한 탈락의 우려가 있으므로 그 공법 등은 공사감리자와 협의하여 결정한다.
② 피난통로가 되는 복도 및 계단 등 천장 부위의 미장바름은 바름재의 부착력을 고려하여 6mm 이하의 두께로 얇게 마감한다.
③ 콘크리트 바탕의 경우에는 바탕면에 묻어 있는 거푸집 박리제, 레이턴스 등 부착저해물을 와이어 브러시 등으로 면을 거칠게 처리하고, 물축임한 후 바름한다.
(2) 현장정리
① 작업이 끝난 후에는 인접 부위에 설치해 놓은 임시 보호물을 제거한다.
② 문틀, 창틀, 문, 창문 등 미장 마감면이 아닌 부분에 묻어 있는 미장재료는 즉시 제거한다.
③ 바닥, 벽면 부분 중 미장작업에 의해 얼룩진 모든 부분은 즉시 깨끗이 청소한다.
④ 미장마감 작업이 완료되면 현장에 남아 있는 재료, 용기, 장비 등은 즉시 현장에서 반출한다.
⑤ 위의 작업이 끝나면 미장면이 오염이나 손상이 되지 않도록 보호물을 설치하여 사용 검사를 받을 때까지 보양한다.

3.6 검사

[표 3.6-1] 시멘트 모르타르 바름 단계별 주요 검사항목 (LHCS 10 10 05 25 건축공사 일반, 부록3)

공정단계별		주요 검사항목
시멘트 모르타르 바름	내,외벽 초벌바름 완료 후	· 바탕별 배합 및 바름두께 확인 · 신축줄눈 위치확인 · 창문틀 주위 받침목 제거 여부 · 창호 개구부 및 박스 배관주위 메탈라스 설치 상태 · 수직, 수평면 평활도 상태 확인
	내, 외벽, 정벌바름 완료 후	· 부위별 마감면 평활도 상태 · 미장면 들뜸, 균열, 부풀음, 및 처짐상태 · 창문틀 주위 코킹 홈파기 및 마감상태 · 이질재와 접합부위 줄눈 설치상태
	발코니, 복도두겁 및 난간주위 바름 완료 후	· 복도 및 발코니 마감높이, 수직, 수평 확인 · 난간과 구조체의 이격거리 확인 · 두겁 상단 미장구배 및 평활도 여부 · 난간 고정철물 주위 미장면 들뜸, 균열, 평활도 여부
	지하층 벽 및 바닥바름 완료 후	· 바탕면 평활도 및 구배상태 · 바탕면 균열 및 들뜸상태 · 바탕면 바름두께 확인 · 트렌치 집수정 설치 및 배수로 구배상태

- 출처: 한국토지주택공사 전문시방서(2020, 한국토지주택공사)

3.7 안전시공

[표 3.7-1] 미장공사 안전시공사례

작업내용	위험포인트	안전관리대책
재료 준비	· 작업 중 장비 및 차량에 의한 협착	· 보호구 착용 및 안전준수사항 준수
양중	· 양중시 협착주의 · L/C운행시 과적주의 · 리어카사용시 협착, 전도 주의	· 안전모 착용 철저 · 리어카 2대분 이내 · 이동 통로구간 사전 확인
배합/반죽	· 믹서기사용 시 감전	· 믹서기전선 및 작업전 수시 육안점검 · 매월 공도구 점검실시
바탕정리	· 바탕면 이물질제거 시 파편주의	· 개인보호구 착용(안전모 및 보안경 착용 후 시공)
초벌바름	· 발판 상부 작업 시 추락	· 폭 200㎜ 이상의 발판 사용하며 발판상태 수시점검 · 안전모 착용
치수확인		
정벌바름		
정리정돈	· 부주의로 인한 전도 · 주변 개구부 미방호조치로추락	· 작업장 주변 정리정돈 철저 · 작업전 개구부 방호상태 확인

- 출처: 조적, 미장 및 견출 작업안전(2009, 한국산업안전보건공단, 오지환 외)

3.8 미장공사 하자 사례 및 개선방안

[표 3.8-1] 미장공사 하자의 유형 및 원인

결함 유형	원인	대책
균열	· 건조수축 · 모르타르 배합(비) 불량 · 동절기, 하절기시공 · 구조체 균열, 이질재접합	· 습윤상태 유지(양생철저) · 충분한 모르타르 배합 · 동·하절기 외기온도에 유의 · Metallath, Control Joint
탈락(들뜸)	· 바탕처리미흡 · 동절기시공 · 부주의	· 바탕처리 철저 · 주변온도 3℃ 이하 시공 금지 · 관리, 보양 철저
미경화	· 동절기시공 · 양생기간 부족 · 모르타르 배합(비) 불량	· 주변온도 3℃ 이하 시공 금지 · 시공면 양생 철저 · 충분한 모르타르 배합
미장면불균질	· 숙련도 부족 · 모르타르 배합(비) 불균질 · 바름횟수 미실시 · 미장 바탕면 요철, 돌출	· 숙련공에 의한 시공 · 모르타르 배합(비) 준수 · 바름횟수 준수 · 파취 후 시공

– 출처: 건축공사 들여다보기(2009, 서울지방국토관리청, 노성열 외)

하자 사례

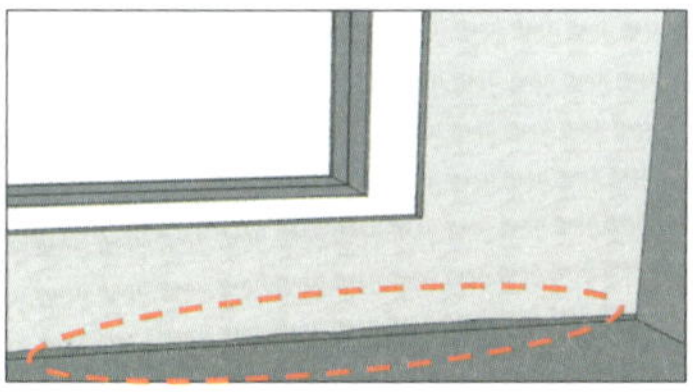

· 견출작업 후 바닥방수 작업을 실시하여 견출면이 오염, 걸레받이 마감면의 품질확보 미흡

개선 방안

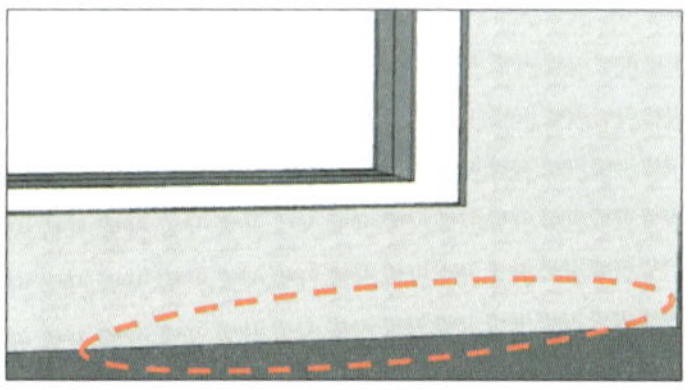

· 걸레받이 부분을 10mm 들임 시공하고 방수작업 후 미장 처리

[그림 3.8-1] 발코니 걸레받이면 미장선 불량

하자 사례

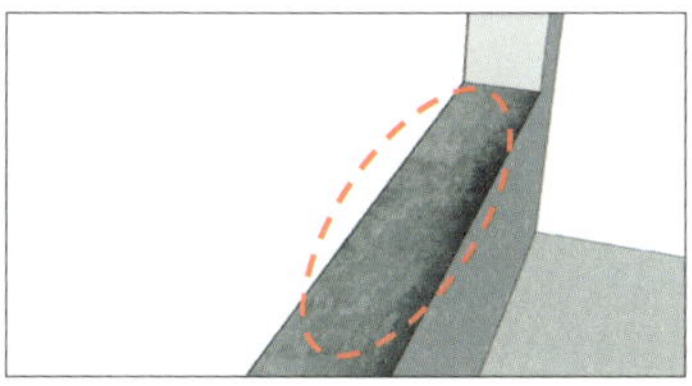

· 보양 미설치로 발코니 파손, 손상
· 상부층 견출 잔재물 낙하로 인한 하부층 높은 발코니 오염

개선 방안

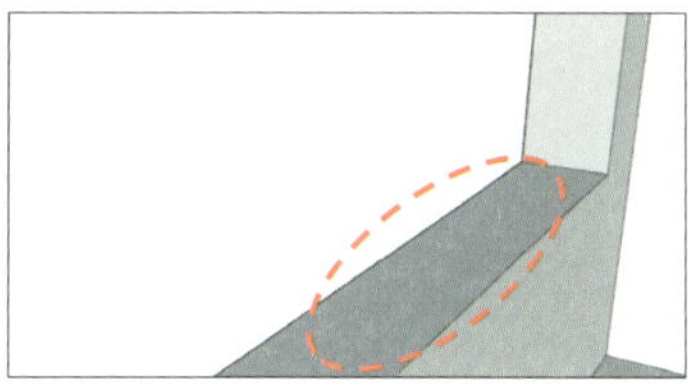

· 높은 발코니 턱에 보양지로 보양
· 오염 및 파손 되지 않도록 보양재 사용하여 보양

[그림 3.8-2] 보양 미설치로 발코니 마감 파손 및 손상

하자 사례

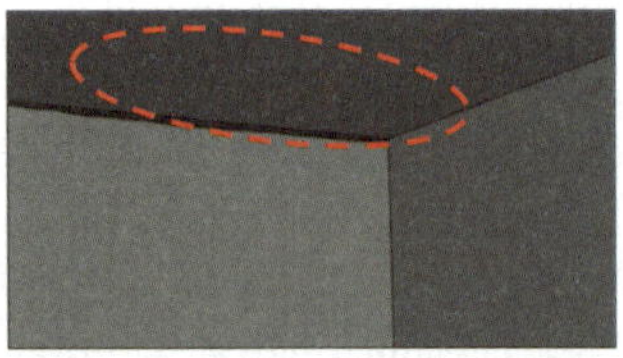

· 욕실 측벽 상부는 천정 속으로 매립되는 부위로 마감미장 처리에 소홀하여 소음 및 악취 전달 등의 문제 발생함

개선 방안

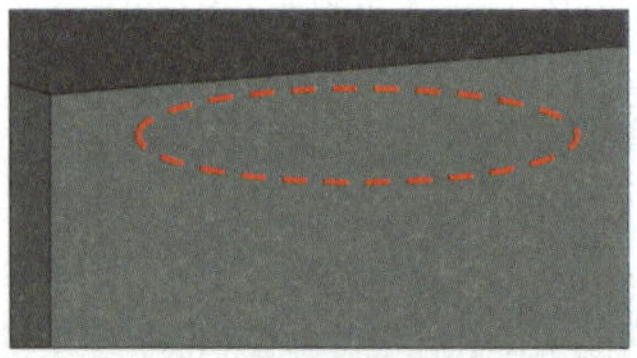

· 측벽 부위 상부를 밀실하게 미장하여 소음전달방지 및 악취전달 방지 효과를 기대할 수 있음

[그림 3.8-3] 욕실 벽면 상부 미장 불량

하자 사례

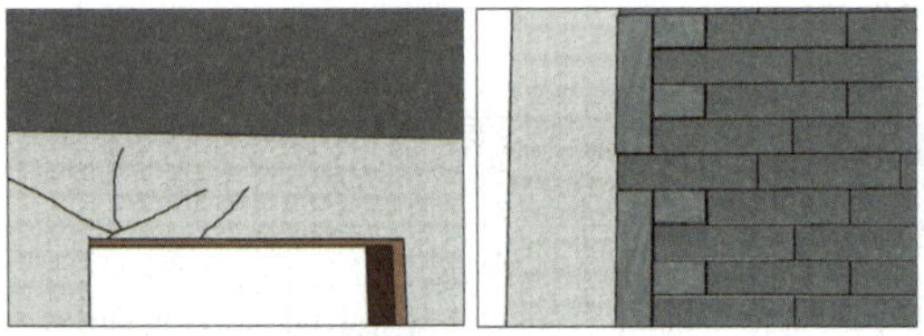

· 이질재간 접합부위 균열발생
· 미장, 도배, 타일 등 마감 품질 저하

개선 방안

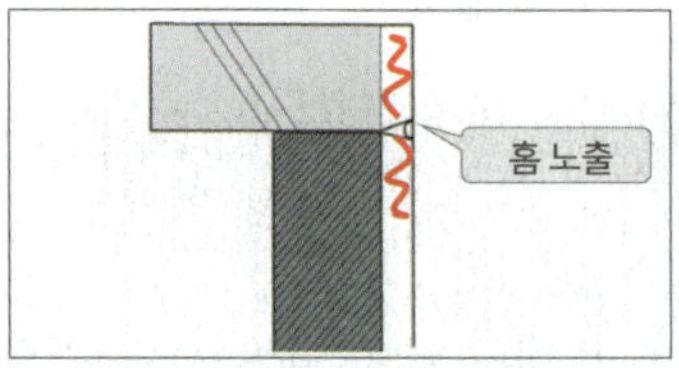

· 콘크리트와 조적 접하는 미장면은 균열 유도를 위한 사전계획 수립
· 이질재와 접합부 Control Joint 처리 후 코킹 시공

[그림 3.8-4] 콘크리트벽과 조적벽 JOINT 유도줄눈 미설치

하자 사례

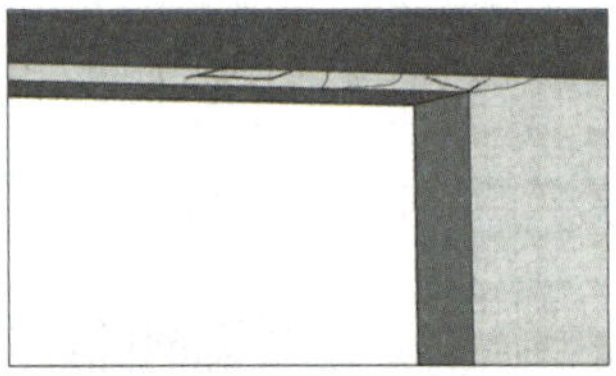

· 구조체 개구부 크기 과다 시공
· 문틀(Head) 고정 Anchor 미 시공으로 문 개폐 시 충격에 의한 균열

개선 방안

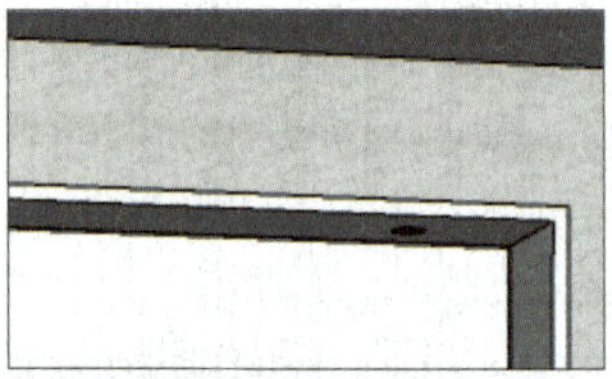

· 골조 시공시 문틀과의 간격 10mm 준수
· 문틀의 폭이 넓은 경우 600mm 간격으로 고정 앙카 철저 시공
· 문틀 주위의 미장면에 10mm 폭이 Groove 시공

[그림 3.8-5] 문틀 상부 균열 발생

하자 사례

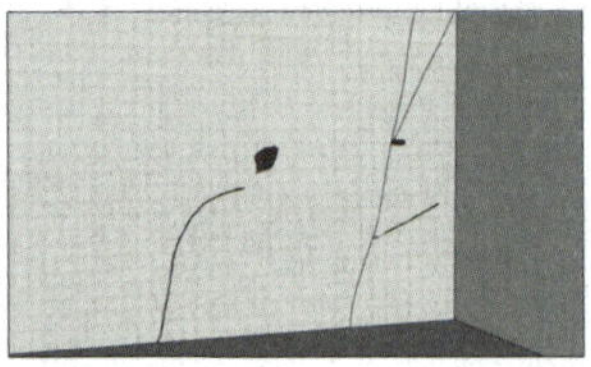

· 벽체 미장 작업절차 미 준수
· 모르타르 배합 부적합 / Open time 초과 모르타르 사용
· 미장 작업 후 양생 전 외부 충격

개선 방안

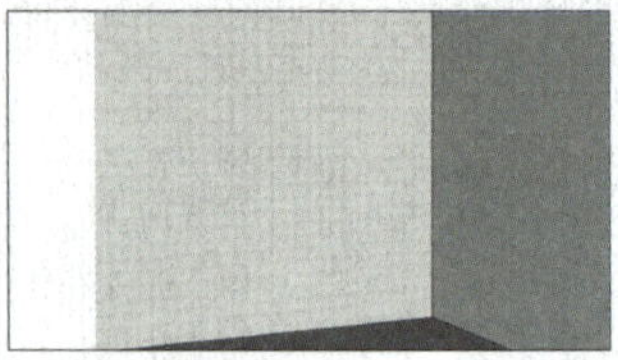

· 벽 미장작업 절차준수(바탕면 처리+물축임+초벌미장+정벌미장)
· 모르타르 배합비 및 모르타르 Open time 준수
· 양생 및 보양관리 철저

[그림 3.8-6] 벽체 미장 균열 과다

4 시공사례

■ 설악산 국립공원 오색분소 신축공사 현장 - 외단열 미장공사

01 (목구조) 외벽용스터드시공

02 스터드 위 OSB 외벽덮개 시공 1

03 OSB 위 투습방수지(Tyvek) 시공 1

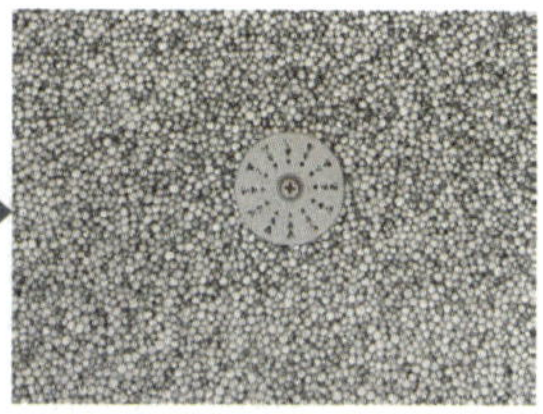
04 단열재 위 화스너 고정

05 단열재 바탕면 정리

06 준불연 EPS 단열재시공 (두겹, 패시브 건축물 수준)

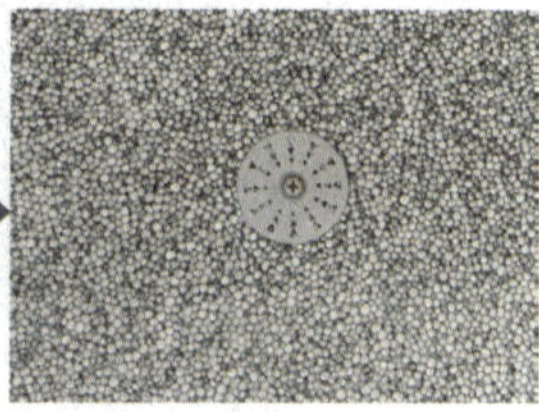
07 단열재 위 화스너 고정

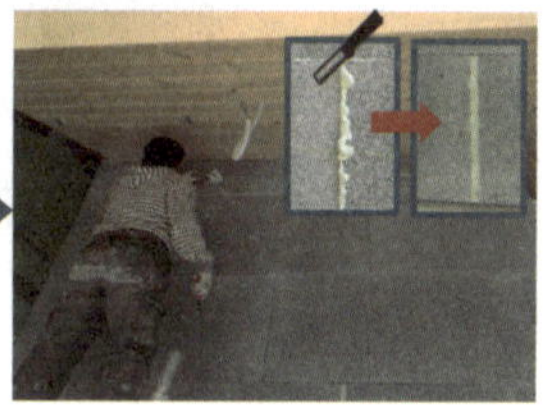
08 단열재 바탕면 정리

09 준불연EPS 단열재바탕면에 접착몰탈 바르고 메쉬 시공

10 메쉬 시공 후 그 위 접착몰탈 덧 바르기

11 전체면을 고르게 몰탈 덧 바르기

12 바탕면 몰탈 시공 완료

13 몰탈 위 스타코 마감재 바름 및 코팅

14 외단열 미장 시공 완료된 모습

1 ZIPsystem

목구조에서 외벽덮개 (합판, OSB 등) 및 투습 방수지가 결합된 기성제품

CHAPTER 11

02

SBCS 41 90 46 10

바닥 미장공사

1 일반사항

1.1 적용범위

(1) 이 기준은 공사현장에서의 바닥에 시공되는 미장공사, 기타 공사를 위한 바탕처리에 적용한다.

(2) 이 기준에 규정하는 사항은 법규 및 그에 준하는 기준 등을 제외하고는 이 기준을 우선한다.

(3) 이 기준에서는 바탕처리, 청소, 물축임 이후의 공정에 대하여 규정한 것이다.
졸대바탕, 메탈 라스(와이어 라스) 바탕의 제조, 콘크리트 표면의 경화 불량이나 요철이 심한 부분의 손질바름을 포함하는 보수 등 미장공사의 범위가 불분명한 경우는 공사감리자와 협의한다.

1.2 참고기준

(1) 바닥 미장공사의 참고 기준은 *KCS 41 46 01 (1.2)*에 따르며, 추가사항은 다음과 같다.
① SBCS 41 90 30 05 철근콘크리트 공사
② SBCS 41 90 46 05 미장공사

1.3 용어의 정의

(1) 바닥 미장공사의 용어의 정의는 *KCS 41 46 01 (1.3)*에 따르며, 추가사항은 다음과 같다.
- 바닥강화재 : 콘크리트를 타설할 때 부상하는 레이턴스를 제거한 후 시공하는 분말상의 결정체로서 내알칼리성 안료, 골재(합금강이나 금강사 또는 규사), 시멘트 및 혼화재를 주원료로 하여 제조하며, 콘크리트 또는 모르타르에서 블리딩하는 물만을 사용하여 작업할 수 있도록 제품화한 콘크리트 및 모르타르 표면 마감재를 말한다.

1.4 제출물

1.4.1 합성고분자 바름

(1) 제품자료
① 시멘트
② 폴리우레탄 바닥바름재
③ 에폭시수지 바닥바름재
④ 불포화 폴리에스테르수지 바닥바름재
(2) 시공계획서
① 세부공정계획서
② 시공상채 검측계획서
③ 품질관리계획서(배합방법, 배합비, 시공순서 및 방법, 보양, 기후조건, 바탕정리)
(3) 제조업자의 제품견본
① 제품선정을 위하여 300 ㎜ × 300 ㎜ × 60 ㎜ 크기로 현장에서 시공될 방법과 동일한 방법으로 제작한 견본 합성고분자계 바닥 바름 견본패널
② 색상 선정을 위하여 납품 가능한 제품 표준 색상 차트 또는 3종 이상의 색상별 견본

CHECK 01 ▶
바닥강화재 바름 공법
• 콘크리트 등의 시멘트계 바닥 바탕의 내마모성·내화학성 및 분진방지성 증진을 목적으로 함
• 중량물의 출입이 많은 공장 바닥 등에 주로 시공된다.

1.4.2 바닥강화재 바름 CHECK 01

(1) 제품자료
① 박리제
② 문양고무매트
③ 강화 코팅제

1.4.3 바닥문양 콘크리트

(1) 제조업자의 제품자료

① 제품을 구성하는 골재, 혼화재, 안료, 시멘트에 관한 자료로서, 시멘트의 구성 중량비, 골재와 혼화재 및 안료의 성분 및 성능, 배합

② 보양 및 양생에 관한 자료

(2) 시공계획서

① 세부공정계획서 ② 시공상태 검측계획서

③ 품질관리계획서(배합방법, 배합비, 시공순서 및 방법, 보양, 기후조건, 바탕정리)

(3) 견본

① 바닥강화재 견본패널 제품선정을 위하여 300 ㎜ × 300 ㎜ × 60 ㎜ 크기로 현장에서 시공될 방법과 동일한 방법으로 제작한 패널

② 바닥강화재의 색상 선정을 위하여 납품 가능한 제품 표준색상차트 또는 3종 이상의 색상별 견본

(4) 품질시험성과표

① 선정시험 성과표 (품질시험 대행기관 날인)

1.5 품질보증

1.5.1 자격

(1) 합성고분자 바름

① 합성 고분자계 바닥재 제조업자의 시방서에 의하여 시공할 수 있는 능력을 갖춘 회사로서, 제조업자의 품질보증 조건을 만족 시킬 수 있다고 공사감리자가 인정하는 회사이어야 하며, 시공업자의 자격은 공사시방에 정한다.

(2) 바닥강화재 바름

② 하드너 바름 제조업자의 시방서에 의하여 시공할 수 있는 능력을 갖춘 회사로서, 제조업자의 품질보증 조건을 만족시킬 수 있다고 공사감리자가 인정하는 자 이어야 한다.

1.6 운반, 보관 및 취급

(1) 반입 시에 재료의 품명, 색번호, 로트번호, 수량 등을 확인한다.

(2) 비, 서리 및 직사일광이 미치지 않는 장소에 밀봉상태로 보관하고 환기에 주의해야 한다.

(3) 바닥강화재는 사전 혼합하여 포단위의 포장된 상태로 반입해야 하며, 포장 외부에 상표 및 상품명, 제조업자명, 제품의 무게, 제조일자 및 유통유효기간, 취급 및 보관 시 유의 사항 등이 명기되어야 한다.

(4) 박리제 및 침투식 강화 코팅재는 종류별로 저장하고 품질변화가 일어나지 않도록 한다.

1.7 환경요구사항

(1) 주위의 기온이 5 ℃ 이하이거나 24시간 이내에 5 ℃ 이하로 기온이 떨어질 것이 예상되는 경우 시공할 수 없다.

(2) 평균기온이 5℃ 이상이어야 작업이 가능하다.

2 자재

2.1 컬러 시멘트 바닥 마무리공사

2.1.1 살포용 컬러 시멘트

(1) 살포용 컬러 시멘트는 백색 시멘트 또는 보통 시멘트, 경질골재, 안료, 경화제 및 시멘트 분산제 등을 넣어 배합하여 쇠흙손 마감에 적합하도록 한 것으로서, 그 종류는 공사시방서에 따른다.

2.1.2 경질 골재

(1) 일반적으로 실리카질의 경질골재 등을 사용한다.
(2) 용도에 따라서는 철분 혹은 철입자를 사용하기도 한다.

2.1.3 기타

(1) 그 밖에 문양 매트, 릴리스 에이전트, 표면 강화재의 사용 및 지정은 공사시방서에 따른다.

2.2 합성고분자 바닥 바름

(1) 합성고분자계 바닥바름 종류의 지정은 공사시방서에 따른다.
(2) 합성고분자계 바닥바름에 사용되는 수지, 촉진제, 경화제, 골재, 기타 배합재료 및 배합 비율은 제조업자의 시방에 따른다.

2.3 셀프 레벨링재 바름

CHECK 02 ▶
셀프 레벨링의 특성
- 표면강도가 커 크랙 및 박리에 대한 안전성이 우수함
- 석고계는 내구성이 약하고 이상팽창이 발생하기 쉬움
- 시멘트계는 강도발현이 늦고 수축균열이 큼

2.3.1 셀프 레벨링재 CHECK 02

(1) 셀프 레벨링재는 다음의 2종류 중에서 공사시방서에 적합한 것을 사용한다.
① 석고계 셀프 레벨링재
가. 석고에 모래, 경화지연제, 유동화제 등 각종 혼화제를 혼합하여 자체 평탄성이 있는 것.
② 시멘트계 셀프 레벨링재
가. 시멘트에 모래, 분산제, 유동화제 등 각종 혼화제를 혼합하여 자체 평탄성이 있는 것. 필요할 경우는 팽창재 등의 혼화재료를 사용한다.

2.3.2 재료 취급 유의사항

(1) 석고계 셀프 레벨링재는 물이 닿지 않는 실내에서만 사용한다.
(2) 재료는 밀봉상태로 건조해 보관해야 하며, 직사광선으로부터 보호해야 한다.

CHECK 03 ▶
바닥 강화재의 특성
- 압축강도 높음 (일반 모르타르 대비 200%)
- 균열 저항성 높음 (34% 건조수축 감소효과)
- 낮은 마모지수(약 30% 이내)
- 오일류의 오염도 높음

2.4 바닥 강화재 바름 CHECK 03

(1) 금강사, 규사, 철분, 광물성 골재 및 규불화마그네슘 등의 재료들은 소요의 밀도 및 경도를 가진 것으로서 제조업자의 공장에서 엄격한 품질관리하에서 배합, 생산되는 제품이어야 하며, 그 종류는 공사시방에 따른다.
(2) 액상하드너는 투명하고, 화학적으로 반응하는 무기질 실리케이트 또는 실리콘계의 제품으로 그 종류는 공사시방서에 따른다.
(3) 비빔용수는 상수도 또는 *SBCS 41 90 30 05 (2.4.3)*에 적합한 것으로 한다.

2.5 바닥 문양 콘크리트

2.5.1 콘크리트

(1) 콘크리트는 *SBCS 41 90 30 05*에 따른다.

2.5.2 박리제

(1) 박리제는 업체사양에 따라 공사감리자의 확인을 받은 후 사용한다.

2.5.3 문양 고무매트

경사로용 문양고무매트는 업체의 사양에 따라 공사감리자의 확인을 받은 후 사용한다.

2.5.4 강화 코팅제

(1) 강화 코팅제는 침투식 코팅제를 사용한다.

3 시공

3.1 바닥 미장공사 일반

(1) 바탕 및 시공의 일반적인 사항은 *SBCS 41 90 46 05 (3.1-3.2)*에 따른다.

3.2 바탕처리, 공정, 공법

3.2.1 컬러 시멘트 바닥 마무리공사

(1) 컬러 시멘트 바닥 마무리공사는 습식과 건식으로 구분할 수 있으며, 시공방법은 제조업자의 시방에 따른다.

(2) 그 밖에 시공에 대한 일반적인 사항은 다음과 같다.

① 콘크리트 타설 후에 소정의 높이로 대충 고르기 한 후에 탬핑을 한다.

② 양생상태를 보아 표면 고르기 한 후 평탄히 깔아준다.

③ 콘크리트가 아직 덜 건조된 중간에 발판을 사용하여 표면에 체 등을 사용하여 살포용 컬러 시멘트를 균등히 살포한다.

④ 컬러 시멘트가 콘크리트의 수분을 충분히 흡수한 시기를 가늠하여 나무 흙손으로 고른 다음 쇠흙손으로 충분히 눌러 마무리한다.

01. 콘크리트 타설 후 표면처리

02. 하드너 도포후 표면작업

03. 릴리이즈도포

04. 스탬핑 작업

05. 물청소후 UV실러 도포

06. 시공 완료

[사진 3.2.1-1] 칼라무늬 콘크리트 시공 순서

- 출처 : 제주패턴콘크리트(http://jejupattern.com)

3.2.2 합성고분자 바닥 바름

(1) 바탕

① 바닥면 배수물매, 배수구 등은 바탕을 만들 때 형체를 만들고 앵커볼트, 바탕틀류 등의 철물매입은 마감두께를 고려하여 미리 설치해 둔다.

② 내약품성이 요구되는 바닥 마감용으로 사용되는 철물류는 방청에 주의한다.

③ 시공 직전의 바탕상태는 다음을 표준으로 한다.

가. 바탕은 충분히 건조되어 있어야 한다.

나. 들뜸이나 돌기 등의 결함이 없어야 한다.

다. 마감두께가 얇을 때에는 바탕에 흙손자국이 없고 평활해야 한다.

라. 레이턴스, 녹, 유지 등이 부착되어 있지 않고 청소가 잘 되어 있어야 한다.

마. 지정된 물매를 유지해야 한다.

바. 배수구 등은 주위의 물이 잘 빠지고 견고하게 설치하여 결함이 없도록 한다.

(2) 재료의 취급 및 검사

① 반입 시에 재료의 품명, 색번호, 로트번호, 수량 등을 확인한다.

② 보관 및 취급은 소방법규, 산업안전보건법규 등 관계 규정에 따른다.

③ 비, 눈, 서리 등 습기와 직사일광이 미치지 않는 장소에 밀봉상태로 보관하고 환기에 주의한다.

(3) 공법

① 합성고분자 바닥바름 공정은 *(표 3.2-1)*에 따른다.

② 재료의 혼합

가. 혼합하거나 반죽하는 1회 재료량은 사용재료 가용시간 내에 바름을 끝낼 수 있는 양으로 한다.

나. 프라이머, 페이스트 및 정벌바름은 주제와 경화제를 지정된 비율로 정확히 계량하고, 교반기를 사용하여 충분히 혼합한다.

다. 모르타르는 주제와 경화제를 혼합 반죽한 후 소정량의 골재를 투입하고, 믹서를 사용하여 충분히 혼합하며, 이때 사용되는 골재는 흡습되지 않은 절건상태의 것으로 사용한다.

③ 바름

가. 프라이머는 솔, 고무주걱, 롤러, 뿜칠기 등을 사용하여 균일하게 바른다.

나. 페이스트는 소정량을 바닥면에 부어 롤러 또는 쇠흙손으로 평탄하게 마무리한다.

다. 모르타르는 규정보다 약간 두껍게 바르고, 잣대를 이용하여 표면을 고른 후 흙손으로 평탄하게 마감한다.

라. 정벌바름은 솔, 고무주걱, 롤러, 뿜칠기 등을 사용하여 균등히 바른다.

마. 치켜올림 부분과 걸레받이 부분은 모르타르 및 페이스트 초벌바름면이 경화된 후 묽지 않은 점도의 페이스트를 도포한다.

바. 미끄럼방지를 목적으로 모래 뿜기를 할 경우는 도포한 페이스트의 표면이 경화되지 않은 상태에서 시행한다.

④ 겹쳐바름 및 이음바름

가. 페이스트 및 모르타르의 겹쳐바름과 이음바름의 최대 양생시간은 *[표 3.2.2-2]*에 따른다.

나. 최대 양생시간을 초과하여 겹쳐바름 또는 이어바름할 경우는 공사감리자와 협의하여 적절한 조치를 취한다.

[표 3.2.2-1] 바닥바름 마감 공정 및 시방

공법	솔질 또는 뿜칠 공법 (단위: mm)		흙손바름공법 (단위: mm)	
종류(기호) 공정	폴리우레탄마감(US)	에폭시수지마감(ES)	에폭시수지 모르타르 바름(ET)	불포화 폴리에스테르 수지 모르타르 바름(PT)
1	폴리우레탄 프라이머 (약 0.3)	에폭시수지 프라이머 (약 0.2)	에폭시수지 모르타르 프라이머 (약 0.2)	불포화 폴리에스테르 수지 프라이머 (약 0.3)
2	폴리우레탄 페이스트 (약 1.5)	에폭시수지 페이스트 (약 1.8)	에폭시수지 모르타르용 결합재 (약 0.3) 에폭시수지 모르타르 (약 10)	불포화 폴리에스테르
3	폴리우레탄 페이스트 (약 1)	에폭시수지 페이스트 (약 1)	에폭시수지 페이스트 (약 0.4)	불포화 폴리에스테르 수지 모르타르 (약 0.4)
4	폴리우레탄 정벌바름 (약 0.3)	-	에폭시수지 정벌바름 (약 0.2)	불포화 폴리에스테르 수지 정벌바름 (약 0.3)
참고두께 (mm)	1.5~2.0	1.5~2.2	4.0~6.0	

주: 1) ( )안은 도포량을 표시한다.
2) ES에서 미끄럼방지마감을 하는 경우는 공정 2와 3 사이에 모래뿜기를 하여 4개의 공정으로 한다.
3) US 및 흙손바름공법에서 미끄럼방지를 위해서 모래뿜기 마감을 하는 경우에는 공정 3과 4 사이에 모래뿜기를 하여 5개의 공정으로 한다.

[표 3.2.2-2] 겹쳐바름, 이음바름의 최대 양생시간

시공	최대 양생시간(일)		
계절	폴리우레탄	결합재 에폭시수지 결합재	불포화 폴리에스테르 수지 결합재
여름	2		
봄, 가을	3	3	3
겨울	4		

⑤ 청소

가. 정벌바름제가 경화된 후 심하게 더러워진 부분은 적합한 세제를 사용하여 청소한다.

3.2.3 셀프 레벨링재 바름

(1) 바탕

① 바닥 콘크리트의 레이턴스, 유지류 등은 완전하게 제거하고, 깨끗이 청소한다.

② 크게 튀어나와 있는 부분은 미리 제거하여 바탕을 조정한다.

③ 제조업자가 지정하는 합성수지 에멀션을 이용해서 1회의 실러 바르기를 하고, 건조시킨다.

(2) 공정

① 셀프 레벨링재의 표준 바름공정은 *[표 3.2.3-1]*에 따른다.

[표 3.2.3-1] 셀프 레벨링재의 바름공정

공정	재료 또는 표면처리	배합 (질량비)	바름두께 (mm)	바름횟수 (회)	경과시간(h)		
					공정내	공정간	최종양생
1. 실러 바름 1회	합성수지 에멀션	100	(소요량) 0.2~0.6 kg/m²	1~2	1 이상	15 이상	-
	물	제조업자의 시방에 따름					
2. 실러 바름 2회	합성수지 에멀션	100		1	-	1~2	-
	물	제조업자의 시방에 따름					
3. SL재 바름	SL재	100	2~20	1	-	24 이상	-
	모래	0~100					
	물	제조업자의 시방에 따름					
4. 이어치기부분	요철부는 연마기로 다듬고, 기포는 된비빔 석고로 보수	-	-	-	-	-	72이상

01. 콘크리트 바탕면 청소　02. 벽면 마스킹 작업　03. 프라이머 도포　04. 수평몰탈자재 교반

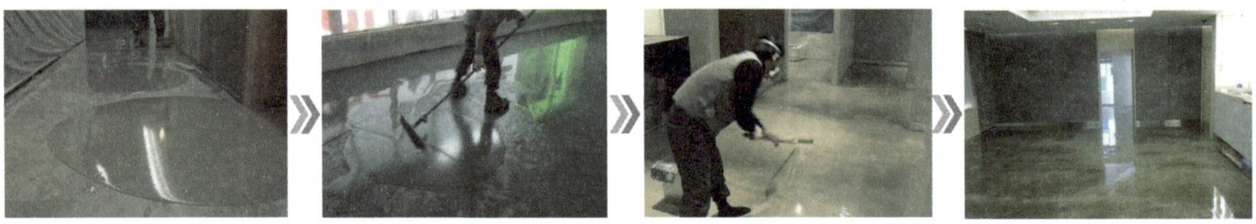

05. 수평몰탈 타설　06. 수평몰탈 마감 작업　07. 투명에폭시 작업　08. 시공 완료

[사진 3.2.3-1] 셀프 레벨링재 시공 순서

- 출처 : ㈜STUDIO VALOR(http://kypjhe.com)

(3) 공법
① 재료의 혼합반죽
가. 합성수지 에멀션 실러는 지정량의 물로 균일하고 묽게 반죽해서 사용한다.
나. 셀프 레벨링 바름재는 제조업자가 지정하는 시방에 따라 소요의 표준연도가 되도록 기계를 이용, 균일하게 반죽하여 사용한다.
② 실러바름
가. 실러바름은 제조업자의 지정된 도포량으로 바르지만, 수밀하지 못한 부분은 2회 이상 걸쳐 도포하고, 셀프 레벨링재를 바르기 2시간 전에 완료한다.
③ 셀프 레벨링재 붓기
가. 반죽질기를 일정하게 한 셀프 레벨링재를 시공면의 수평에 맞게 붓는다. 이때 필요에 따라 고름도구 등을 이용하여 마무리한다.
④ 이어치기 부분의 처리
가. 경화 후 이어치기 부분의 돌출부분 및 기포 흔적이 남아 있는 주변의 튀어나온 부위 등은 연마기로 갈아서 평탄하게 한다.
나. 기포로 인해 오목 들어간 부분 등은 된비빔 셀프 레벨링재를 이용하여 보수한다.
(4) 주의사항 CHECK 04
① 셀프 레벨링재의 표면에 물결무늬가 생기지 않도록 창문 등은 밀폐하여 통풍과 기류를 차단한다.
② 셀프 레벨링재 시공 중이나 시공완료 후 기온이 5 ℃ 이하가 되지 않도록 한다.

◀ CHECK 04
셀프 레벨링 시공시 주의사항
- 기포로 인해 오목 들어간 부분은 된비빔 셀프 레벨링 재로 보수한다.
- 셀프 레빌링재의 최대 두께는 20mm 이하로 한다.

3.2.4 바닥 강화재 바름
(1) 바탕
① 새로운 콘크리트 또는 시멘트 모르타르 바탕은 바닥강화재 제조업자의 시방에 따라 평탄하게 마무리한다.
② 콘크리트 및 시멘트 모르타르 바탕의 찌꺼기, 기름, 그리스 및 페인트 등은 깨끗하게 청소한다.
③ 분말상 바닥강화 바탕
가. 미경화 콘크리트의 바탕은 물기가 완전히 표면에 올라올 때까지 시공을 금지하고, 물과 레이턴스는 깨끗하게 제거해야 한다.
④ 액상 바닥강화 바탕
가. 새로 타설한 콘크리트 바닥은 최소 21일 이상 양생하여 완전하게 건조시킨다.
나. 액상 바닥강화를 물로 희석하여 사용하는 경우에는 첫 회 도포하기 전에 바탕 표면을 물로 깨끗하게 씻어 낸다.
(2) 배합 및 바름두께
① 분말형 바닥강화재
가. 일반적으로 바름 바닥면적(m^2)당 3~7.5kg의 분말상 바닥강화재를 사용하고, 최소한 3mm 이상의 두께가 되도록 바르고, 제조업자의 시방에 따른다.
② 액상 바닥강화재
가. 일반적으로 바름 바닥면적(m^2)당 0.3~1.0 kg의 액상인 침투식 바닥강화재를 사용하며, 제조업자가 지정한 비율의 물로 희석하여 사용하고 제조업자의 시방에 따른다.
(3) 공법
① 분말형 바닥강화재
가. 콘크리트를 타설한 후 블리딩이 멈추고 응결(초결)이 시작될 때 바닥강화재를 손이나 뿜칠기계를 이용하여 균일하게 살포한다.
나. 색 바닥강화재의 경우 콘크리트 표면에 수분이 흡수되어 색상이 진하게 되면 나무흙손으로 마감하고, 바닥강화재 살포면이 안정된 후 쇠흙손이나 기계흙손(피니셔)으로 마감한다.

다. 기존의 콘크리트바닥 혹은 콘크리트를 타설한 후 완전히 경화된 상태에서 모르타르를 타설하고, 바닥강화재를 시공할 경우 모르타르의 배합비는 적어도 1 : 2 이상으로 하고, 두께는 최소한 30mm 이상이 되도록 바른다. 이 경우에 콘크리트 바탕과 모르타르의 접착력을 증진시키기 위하여 바탕을 깨끗이 청소하고, 습윤한 상태에서 시멘트 페이스트를 바른 후 모르타르를 타설한다.
라. 마무리작업이 끝난 후 24시간이 지나면 타설 표면을 물로 양생하여 주거나 수분이 증발하지 않도록 양생용 거적이나 비닐 시트 등으로 덮어 주고, 7일 이상 충분히 양생한다.
마. 수축 및 팽창에 의한 마무리면의 균열을 방지하기 위하여 4~5m 간격으로 조절줄눈을 설치하여야 한다.

② 침투식 액상 바닥강화재

가. 제조업자의 시방에 따라 적당량의 물로 희석하여 사용하며, 2회 이상으로 나누어 도포하는 것이 바람직하다.
나. 도포할 표면이 완전히 건조된 후 부드러운 솔이나 고무 롤러, 뿜기기계 등을 사용하여 콘크리트 표면에 바닥강화재가 최대한 골고루 침투되도록 도포한다.
다. 1차 도포분이 콘크리트 면에 완전히 흡수되어 건조된 후(보통의 기후조건에서 1일 정도)에 2차 도포를 시행한다.

(4) 주의사항

① 바닥강화 시공 시 기온이 5℃ 이하가 되면 작업을 중지한다.
② 타설된 면은 비나 눈의 피해가 없도록 보양 조치한다.

3.2.5 바닥 문양 콘크리트

(1) 작업준비 : 콘크리트 표면의 레이턴스 등을 깨끗하게 청소하고 콘크리트를 타설한다.
(2) 시공
① 콘크리트를 타설하면서 규준대를 이용하여 전체적으로 수평 및 물구배를 잡은 후 쇠흙손을 이용하여 2~3차례 표면을 평활하게 해준다.
② 콘크리트 표면이 문양고무매트의 문양 시공이 가능할 시점에, 표면에 박리제를 골고루 도포하면서 지정된 문양의 매트로 표면에 문양을 찍어 내는 작업을 한다.
③ 72시간이 지난 후 표면에 남아있는 박리제를 세척기로 깨끗이 제거한 후 충분히 양생시킨다.
④ 물청소 후 제품의 표면을 강화시켜 주기위해 강화코팅제(침투식)를 2회 이상 도포한다.
(3) 청소 및 보양
① 문양작업이 끝난 후 24시간이 지나면 수분이 증발하지 않도록 양생용 거적이나 비닐시트 등으로 덮어주고 충분히 양생한다.
② 기타사항은 공사감리자와 협의하여 결정한다.
(4) 문양줄눈깊이 : 문양줄눈깊이는 15~20㎜ 범위내에서 시공한다.

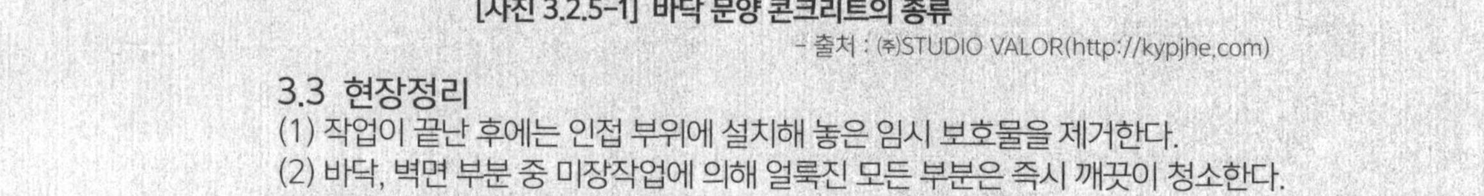

[사진 3.2.5-1] 바닥 문양 콘크리트의 종류

- 출처 : ㈜STUDIO VALOR(http://kypjhe.com)

3.3 현장정리

(1) 작업이 끝난 후에는 인접 부위에 설치해 놓은 임시 보호물을 제거한다.
(2) 바닥, 벽면 부분 중 미장작업에 의해 얼룩진 모든 부분은 즉시 깨끗이 청소한다.
(3) 미장마감 작업이 완료되면 현장에 남아 있는 재료, 용기, 장비 등은 즉시 현장에서 반출한다.
(4) 위의 작업이 끝나면 미장면이 오염이나 손상이 되지 않도록 보호물을 설치하여 사용검사를 받을 때까지 보양한다.

3.4 바닥 미장공사 하자 사례 및 개선방안

- 출처 : 건축공사 들여다보기(2009, 서울지방국토관리청, 노성열 외)

하자 사례

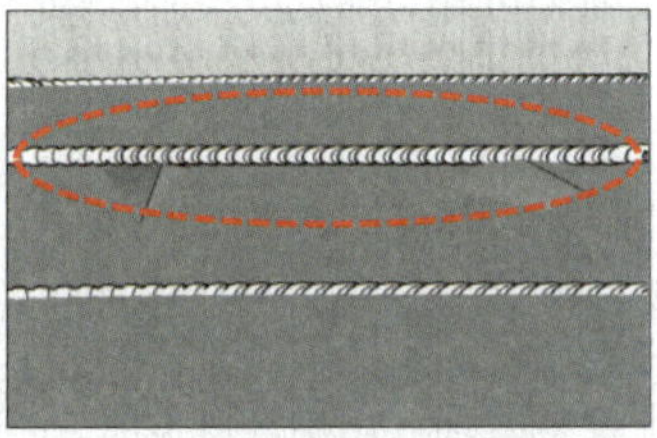

· 바닥미장 신축테이프 부착 시 바닥 미장 수평불량

개선 방안

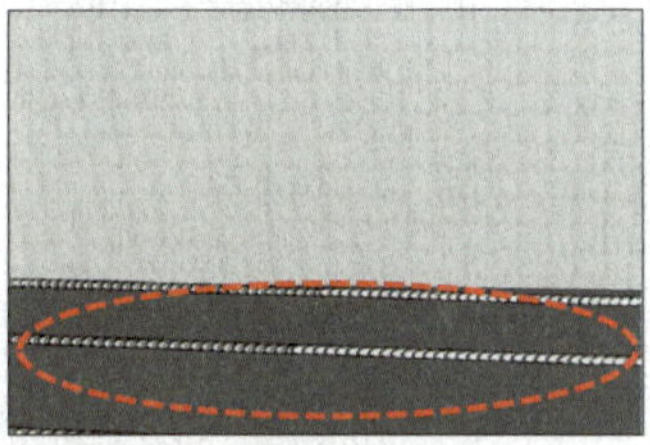

· 벽면에 바닥마감 기준선 먹줄 놓기 1차경량기포→ 방바닥미장 (측면 완충재선) 등의 먹선을 놓아 수평 확인이 용이하도록 함

[사진 3.4-1] 바닥미장 신축테이프 설치 불량

하자 사례

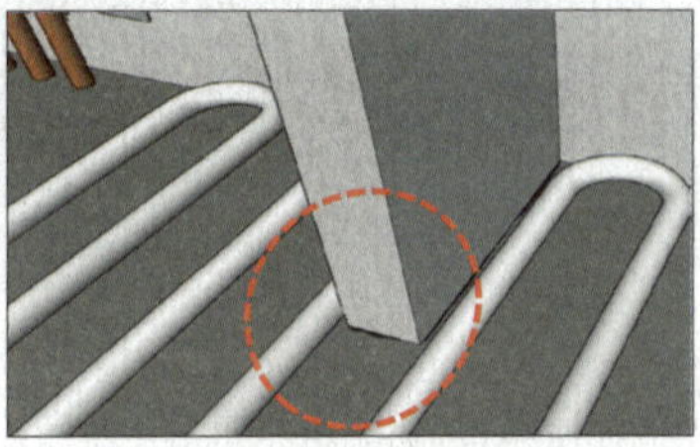

· 방바닥미장 타설 전 평면상 벽체의 모서리 부위, 온수분배기함 주변 등 크랙 발생

개선 방안

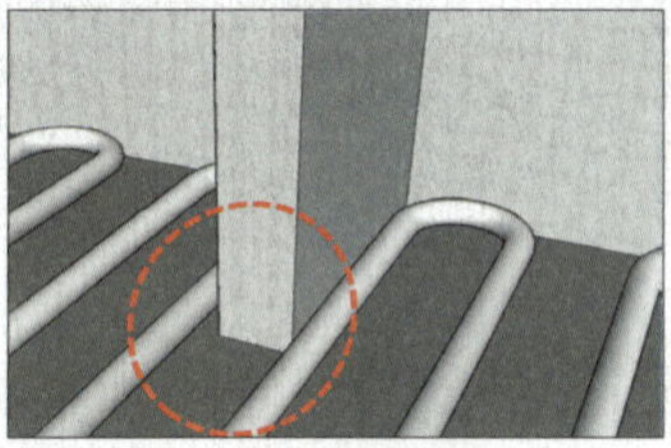

· 기포콘크리트 타설 후 최단 기간 내 방바닥 미장 공사 시행
· 평면상 벽체의 각진 부위 및 온수분배기함 주변은 대각선으로 Wire-Mesh 등 철물을 매립 시공하여 보강

[사진 3.4-2] 방바닥 모서리 균열 발생

하자 사례

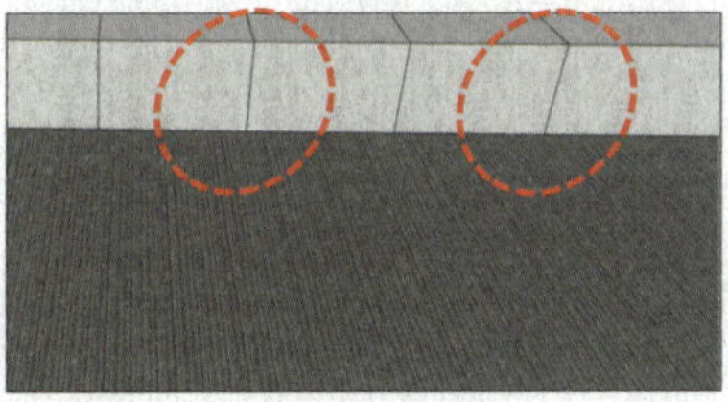

· 신축줄눈 구간 내 구배 미장 미흡
· 추후 옥상층(세대) 누수로 인한 민원 발생 우려

개선 방안

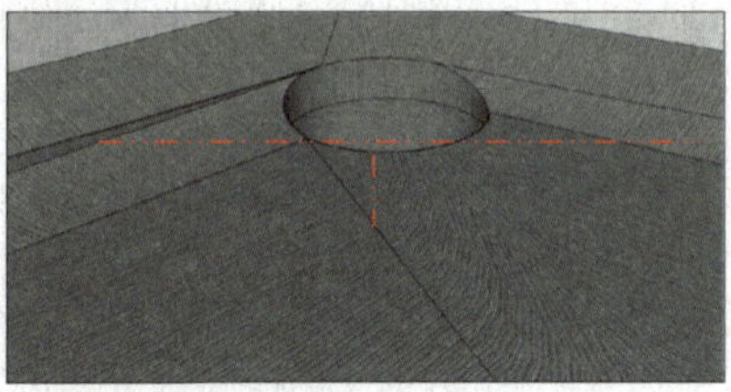

· 옥상 누름콘크리트 타설시 구배 계획 수립
· 드레인 주위 구배 계획 수립
· 신축줄눈 및 Level Post 등을 이용한 구배 확보
· 누름콘크리트 마감시 평활도 확보

[사진 3.4-3] 옥상 바닥 평활도 부족

하자 사례

· 계단 H/Rail 설치 작업자의 시공 부주의로 미장면 두께 및 모르타르 강도 부족으로 인한 미장면 파손
· 타일 위에 물흘림 방지턱 시공

》

개선 방안

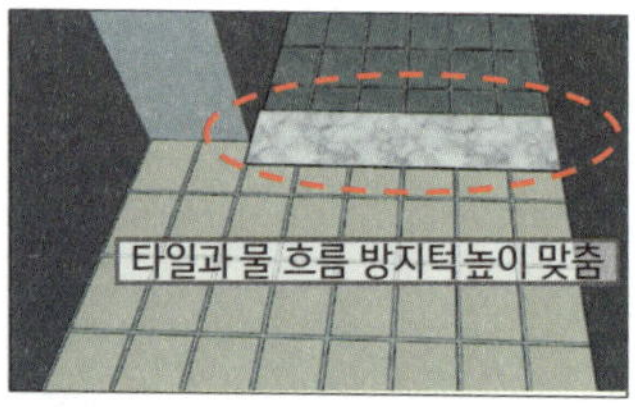

· 물흘림 방지턱 미장 두께 확보 및 모르타르 강도 준수
· 계단 H/Rail 시공 시 바닥 Post용 앙카를 선 시공한 후 커버를 씌우는 공법으로 시공방법 변경 고려
· 타일 위 물흘림 방지턱 미장 시공 지양

[사진 3.4-4] 계단 물흘림 방지턱 균열발생

하자 사례

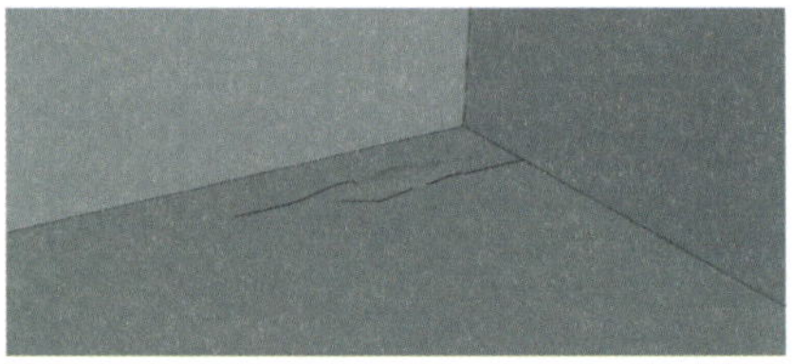

· 방통미장 균열로 인해 난방 시 바닥 장판이 균열을 따라서 부풀어 오름

》

개선 방안

· 벽체 모서리 부분에서 45°로 균열 발생 비율이 많으므로 모서리 부분에 메탈라스로 바닥 보강
· 방통미장 몰탈이 Non-Crack 방지제 혼합하여 타설
· 방통 타설 후 충분한 양생이 될 때까지 출입금지
· 방통 미장 위 중량물 적재 금지

[사진 3.4-5] 방통미장 균열

하자 사례

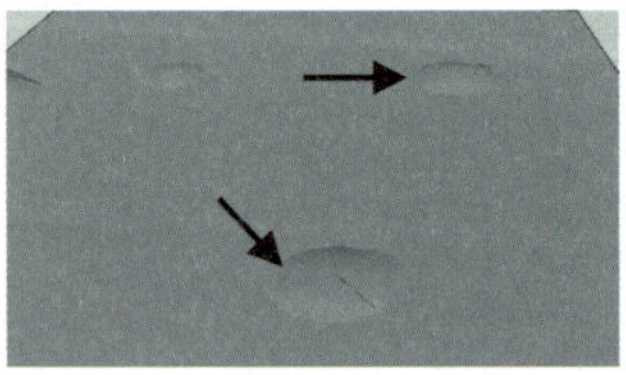

· 방바닥 모르타르 시공 시 무수축 혼화재를 사용하여 시공하였으나 첨가량 과다 및 배합 불량으로 시간이 경과되면서 주변 습기를 흡수하여 방바닥면이 이상 팽창으로 인해 위로 솟아 오르고 주변 문틀에 뒤틀림 현상이 발생

》

개선 방안

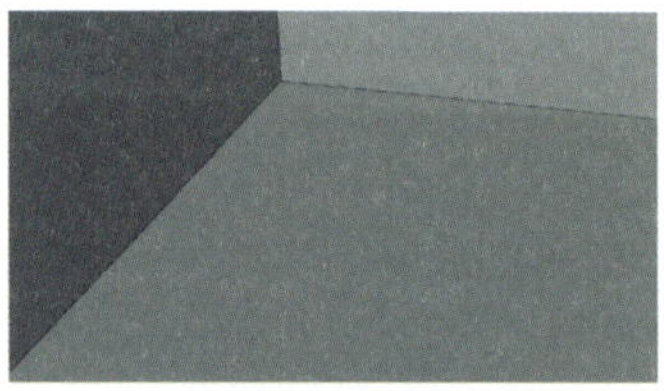

· 혼화재 사용 시 제조업체 참여 배합 관리 철저
· 방바닥 모르타르 타설 후 완전 건조 상태 유지
· 방바닥 주변 모르타르 양생 중 발생하는 신축성 고려 E/J 줄눈 시공

[사진 3.4-6] 거실 바닥 팽창 작용으로 솟아오름

하자 사례

· 바닥 미장 타설 후 습윤양생 미실시 등으로 균열 발생

개선 방안

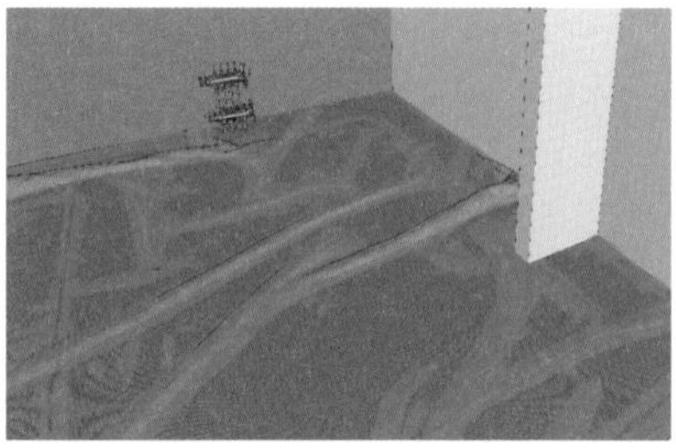

· 습윤 양생 실시하여 급격한 건조로 인한 균열 발생 억제

[사진 3.4-7] 바닥 미장 균열 발생(1)

하자 사례

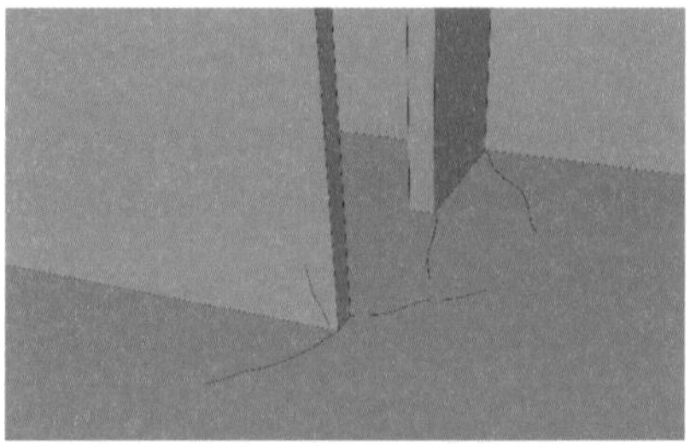

· 코너 및 분배기 주변 보강 미흡으로 균열 발생

개선 방안

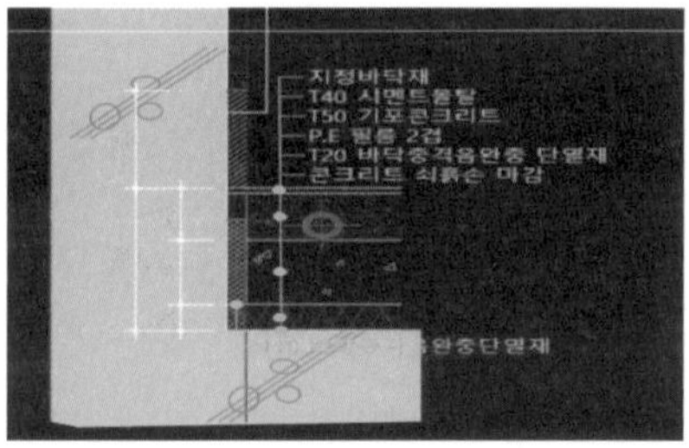

· 균열 우려 부위 메탈라스 등 보강철물 설치

[사진 3.4-8] 바닥 미장 균열 발생(2)

SAMOOCM
Creative Management

CHAPTER 12

12장

소규모 타일 및 테라코타 공사

01 _ SBCS 41 90 48 05 타일공사
02 _ SBCS 41 90 48 10 테라코타 공사

CHAPTER 12

01

SBCS 41 90 48 05

타일 공사

1 일반사항

1.1 적용범위

(1) 이 기준은 도자기질 타일(이하, 타일이라고 한다.)을 사용하여 건축물의 내 · 외장 및 바닥 마무리를 하는 타일붙임공사에 적용한다. 단, 이 기준에서 언급되지 않은 특수 공법은 설계도서에 따른다.

1.2 참고 기준

(1) 타일공사의 참고 기준은 *KCS 41 48 01 (1.2)*에 따르며, 추가사항은 다음과 같다.
① SBCS 41 90 35 소규모 석공사
② SBCS 41 90 40 소규모 방수공사
③ SBCS 41 90 46 소규모 미장공사

1.3 용어의 정의

1.3.1 도자기질 타일 재료에 관한 용어

(1) 이 기준의 도자기질 타일의 재료에 관한 용어는 KS L 1001의 '정의'에 의한다.

1.3.2 타일 붙임 공법에 쓰이는 용어

(1) 타일공사의 용어의 정의는 *KCS 41 48 01 (1.3)*에 따른다.

1.4 제출물

(1) 계약조건 및 이 기준의 일반사항에서 정한 바에 따라 다음 사항을 제출하여 공사감리자의 확인을 받도록 한다.

1.4.1 제품관련 자료

(1) 타일 및 접착제, 시멘트, 백색시멘트, 혼화제와 같이 제품과 관련된 자재에 대한 자료를 제출해야 한다.

1.4.2 타일나누기도 CHECK 01

(1) 현장 실측 결과를 토대로 작성한 것으로 다음 사항이 포함되어야 한다.
① 타일의 마름질 크기와 줄눈폭
② 구배 및 드레인 주위 처리상세
③ 각종 부착물(수전류, 콘센트 등) 주위 및 주방용구 설치 부위 처리 상세
④ 문틀 주위 코킹홈 상세
⑤ 문양 타일이나 별도의 색상 타일을 사용할 경우 그 위치
⑥ 외장 타일의 코너 타일 시공 상세

CHECK 01 ▶

타일 나누기도 작성 방법

- 타일치수와 줄눈치수를 합하여 타일 1장의 기준치수를 정한다
- 중간 문꼴부나 그 상하부도 정배수로 나누어지도록 한다
- 화장실 타일 나누기는 안쪽부터 출입문틀 입구쪽으로 나누기를 한다
- 창문틀 새시의 치수는 타일과 아무림이 좋게 설계치수에 가깝게 조절할 수 있도록 한다.

1.4.3 제품 견본

(1) 타일: 타일의 색상과 품질 확인을 할 수 있는 가로 및 세로 각각 300mm 이상 크기의 합판 또는 하드보드 등에 각 색상의 실제 타일을 붙인 것으로 한다.
(2) 접착제: 타일 붙임용 접착제에 대한 견본
(3) 제출사항의 규격, 형식, 시기 및 절차는 일반사항에서 정한 바에 따르고, 공사감리자의 확인을 받은 견본 및 관련자료 등은 지정된 기간 동안 정해진 관리기준에 따르도록 유지 관리하여야 한다.

2 자재

2.1 타일 CHECK 02

2.1.1 품질

(1) 타일은 KS L 1001의 성능검정품을 사용하며, 그 이외의 것을 사용할 때는 공사감리자의 확인을 받는다. 타일의 종류, 등급, 형상, 치수, 이형, 타일 표면의 상태, 시유약의 색깔, 광택 및 등급은 설계도서에 따르거나 견본품을 제출하여 공사감리자가 확인한다.
(2) 타일은 충분한 뒷굽이 붙어 있는 것을 사용하고, 뒷면은 유약이 묻지 않고 거친 것을 사용한다.
(3) 타일의 용도별, 재질 및 크기, 줄눈폭 및 두께는 *[표 2.1.1-1]*에 따르며, 시공 허용오차는 설계도서에 따른다.

◀ CHECK 02
제법상 분류
- 습식타일 : 반죽한 것을 압착해 성형, 수분 20% 정도(외장, 바닥)
- 건식타일 : 건조된 가루를 프레스로 성형, 수분 10% 이하 (내·외장, 모자이크)
- 반건식타일 : 습식타일과 건식타일의 중간 정도(내·외장)

[표 2.1.1-1] 타일의 크기, 줄눈폭 및 두께

사용부위	재질	크기(mm)	두께(mm)	줄눈폭(mm)
욕실바닥	자기질	200×200 이상	7 이상	4
욕 실 벽	유색시유도기질	200×250 이상	6 이상	2
현관바닥	자기질 (무유색소지 또는 시유타일)	300×300 이상	7 이상	5
세탁실 바닥	자기질	150×150 이상	7 이상	4
주 방 벽	유색시유도기질	200×200 이상	6 이상	2
발코니 바닥 (60m²이상 전면 발코니)	자기질	200×200 이상	7 이상	4
홀	자기질	250×250 이상	7 이상	4
외부 바닥	지정	150×150 이상	좌동	좌동
외벽 타일	지정	지정크기 90×90 이상 (1변이 190 이상인 경우는 60 이상)	11 이상 (석기질: 15 이상)	지정 크기
외부바닥(테라스 현관)	지정	150×150 이상	11 이상	지정 크기

2.1.2 재질과 용도

(1) 외장용 타일은 자기질 또는 석기질로 하고, 내동해성이 우수한 것으로 한다.
내장용 타일은 도기질 또는 석기질 또는 자기질로 하고, 한랭지 및 이와 준하는 장소의 노출된 부위에는 자기질, 석기질로 한다.
(2) 바닥용 타일은 유약을 바르지 않고, 재질은 자기질 또는 석기질로 한다.

[사진 2.1.2-1] 타일 종류 별 재질

2.1.3 운반, 보관 및 취급

(1) 타일은 포장의 봉함이 뜯기지 않고 상표와 품질 표시사항이 손상되지 않게 하여 반입한다. 또한 사용 직전까지 외기와 습기로부터 영향을 받지 않도록 보관하고 포장이 훼손되지 않도록 한다.

[표 2.1.3-1] 타일공사 자재 반입 및 운반시 안전관리사항

- 출처 : NCS 학습모듈(2014, 한국직업능력개발원, 이규옥 외)

작업내용	위험포인트	안전관리대책
자재 반입 및 장비 이용 하역작업	· 지게차 등 하역장비 이용하여 자재 하역중 장비 넘어짐	· 자재 하역 주변 지반 침하 및 요철 여부, 자재 적재 높이 적정성확인
	· 하역 작업 중 자재 낙하 및 적재된 자재 전도 및 붕괴	· 운반 차량의 바퀴 구름 방지 및 적재된 자재의 전도 방지 조치 확인

2.1.4 보수 예비품

(1) 타일의 하자 보수를 위해 종류별로 타일을 상표와 품질 표시가 명시되도록 포장하여 준공시 발주자에게 제출한다.

CHECK 03 ▶

타일 접착재료

- 타일 시멘트 : 붙임용 모르타르로 포대(Bag)화 / 압착용과 동시 줄눈용이 있다.

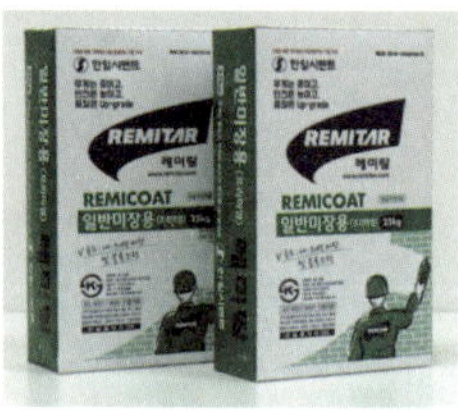

- 타일 본드 : 유기질 접착 제로 제품화 / 습식 공업용과 건식 공업용이 있다.

- 줄눈용 시멘트 : 타일 부착 후 줄눈파기를 하고 줄눈시공 / 색상은 백색, 회색, 흑색 등이 있다.

2.2 붙임 재료 CHECK 03

2.2.1 현장배합 붙임 모르타르

(1) 시멘트: 시멘트는 KS L 5201의 규정에 적합한 것으로 한다. 시멘트의 종류 및 제조업자가 이 시방서의 다른 시방절에 의하여 기(旣) 제출 및 승인된 시멘트와 같은 경우 시멘트의 제품 자료는 생략할 수 있다.

(2) 백색 시멘트: 백색 시멘트는 KS L 5204의 규정에 적합한 것으로 한다. 백색 시멘트의 종류 및 제조업자가 이 시방서의 다른 시방절에 의하여 기(旣) 제출 및 승인된 백색 시멘트와 같은 경우 백색 시멘트의 제품 자료는 생략할 수 있다.

(3) 모래(잔골재): 모래는 원칙적으로 양질의 강모래로 하고, 유해량의 진흙 먼지 및 유기물이 혼합되지 않은 것으로서 KS A 5101-1에 규정된 2.36mm체를 100% 통과하는 것으로 한다. 단, 모자이크 타일 붙이기를 할 때는 1.18mm체를 100% 통과한 모래를 사용한다.

(4) 물: 물은 청정하고 유해량의 철분, 염분, 유황분, 유기물 등이 함유되지 않은 것으로 한다.

(5) 혼화제: 혼화제를 사용할 때에는 설계도서 또는 공사감리자의 지시에 따른다.
혼화제는 보수성, 가소성, 작업성, 부착성을 향상시키는 것으로 하고, 사용량은 제조업자의 시방에 따른다.

(6) 모르타르 배합

① 배합은 *[표 2.2.2-1]*을 표준배합으로 하고, 물의 양은 바탕의 습윤상태에 따라 공사감리자의 지시에 따른다.

② 모르타르는 건비빔한 후 3시간 이내에 사용하며, 물을 부어 반죽한 후 1시간 이내에 사용한다. 1시간 이상 경과한 것은 사용하지 않는다.

③ 기타 붙임 모르타르에 합성수지 에멀션 또는 합성고무 에멀션을 사용할 때에는 설계도서 또는 공사감리자의 지시에 따른다.

2.2.2 기성 배합 모르타르

(1) 기성 배합 모르타르를 사용하는 경우는 견본품, 배합표를 제출하여 공사감리자의 확인을 받도록 한다.

[표 2.2.2-1] 모르타르 표준배합(용적비)

<table>
<tr><th colspan="3">구분</th><th>시멘트</th><th>백시멘트</th><th>모래</th><th>혼화제</th><th>비고</th></tr>
<tr><td rowspan="7">붙임용</td><td rowspan="4">벽</td><td>떠붙이기</td><td>1</td><td>-</td><td>3.0~4.0</td><td>-</td><td rowspan="10">1.모래는 타일의 종류에 따라 입도분포를 조정한다.
2.줄눈의 색은 공사감리자의 지시에 따른다.</td></tr>
<tr><td>압착 붙이기</td><td>1</td><td>-</td><td>1.0~2.0</td><td>지정량</td></tr>
<tr><td>개량압착 붙이기</td><td>1</td><td>-</td><td>2.0~2.5</td><td>지정량</td></tr>
<tr><td>판형 붙이기</td><td>1</td><td>-</td><td>1.0~2.0</td><td>지정량</td></tr>
<tr><td rowspan="3">바닥</td><td>판형 붙이기</td><td>1</td><td>-</td><td>2.0</td><td>-</td></tr>
<tr><td>클링커 타일</td><td>1</td><td>-</td><td>3.0~4.0</td><td>-</td></tr>
<tr><td>일반 타일</td><td>1</td><td>-</td><td>2.0</td><td>-</td></tr>
<tr><td rowspan="3">줄눈용</td><td colspan="2">줄눈폭 5mm 이상</td><td colspan="2">1</td><td>0.5~2.0</td><td>지정량</td></tr>
<tr><td rowspan="2">줄눈폭 5mm 이하</td><td>내 장</td><td colspan="2">1</td><td>0.5~1.0</td><td>지정량</td></tr>
<tr><td>외 장</td><td colspan="2">1</td><td>0.5~1.5</td><td>지정량</td></tr>
</table>

2.2.3 접착제

(1) 내장타일 및 내장용 모자이크 타일, 바닥 타일 등의 붙이기에 사용하는 접착제는 견본품 및 시험 성적서를 제출하여 공사감리자의 확인을 받도록 하며, 그 종류는 설계도서에 따른다.

2.2.4 충전재

(1) 모래와 시멘트 충전: 지시된 색상을 위해 회색 시멘트와 백색 시멘트를 사용하거나 필요한 색상의 잔골재를 섞는다.
(2) 시멘트 충전: 지정색으로 한다.
(3) 건식 충전: 지정색으로 한다.
(4) 라텍스(latex)와 시멘트: 지정색으로 하며, 현장에서 물로만 유동성있게 하는 분말 형태의 건조 폴리머 첨가재와 시멘트, 균등한 골재로 배합된 건조 충전재이다.
(5) 내약품성 에폭시 충전: 지정색으로 하고, 제조업자가 보증한 사용법에 따라 사용한다.

2.2.5 신축줄눈재

(1) 설계도서에 따른 형태, 등급, 종류, 용도 등을 참고하고, 줄눈 혼합제의 요건에 따라 내후성 실리콘, 다용도 유동성 우레탄, 실란트 등 화학적으로 경화되는 재료를 표준으로 한다.
(2) 설계도서의 지시가 없는 한, 타일의 줄눈 색상은 인접한 줄눈의 색상과 유사한 것으로 한다.
(3) 내약품성 바닥 코킹은 제조업자의 사용 지시에 따른 모르타르 및 시멘트 등과 동등한 성질의 내약품제 및 모르타르를 사용한다.

2.2.6 흡수 조정재

(1) 흡수 조정재는 제조사의 시험 및 신뢰할 수 있는 자료에 의한 품질이 확인된 것으로 한다.

2.2.7 실링재 및 백업재

(1) 신축조정 줄눈, 타일과 설비기기와의 접합부에 사용하는 실링재는 한국산업표준에 적합한 제품으로 하되 그 종류는 설계도서에 의한다.
(2) 백업재의 재질 및 형상 등은 설계도서에 의한다.

3 시공

3.1 타일 붙이기 일반사항

(1) 줄눈나누기 및 타일 마름질은 도면 또는 공사감리자의 지시에 따라 수준기, 레벨 및 다림추 등을 사용하여 기준선을 정하고 될 수 있는 대로 온장을 사용하도록 줄눈나누기 한다. CHECK 04

(2) 줄눈 너비는 도면 또는 공사시방서에서 정한 바가 없을 때에는 *[표 3.1-1]*에 따른다. 다만, 창문선, 문선 등 개구부 둘레와 설비기구류와의 마무리 줄눈 너비는 10mm 정도로 한다.

[표 3.1-1] 줄눈 너비의 표준

타일구분	대형벽돌형(회부)	대형(내부일반)	소형	모자이크
줄눈너비 (단위 : mm)	9	5~6	3	2

CHECK 04 ▲
줄눈나누기의 원칙
- 벽타일과 바닥타일이 만나는 부분 상세 결정
- 벽타일과 바닥타일 제작치수 및줄눈폭을 확인
- 타일면에 설치되는 부착물위치 확인
- 벽타일나누기 먼저 작성 후 바닥타일 나누기 실시

CHECK 05 ▶
치장줄눈의 시공 순서
- 세로줄눈은 먼저 시공 하고 가로줄눈은 위에서 아래로 마무리 한다.

(3) 도면에 명기된 치수에 상관없이 징두리벽은 온장타일이 되도록 나누어야 한다.

(4) 벽체 타일이 시공되는 경우 바닥 타일은 벽체 타일을 먼저 붙인 후 시공한다.

(5) 배수구, 급수전 주위 및 모서리는 타일나누기 도면에 따라 미리 전기톱이나 물톱과 같은 것으로 마름질하여 시공한다.

(6) 타일의 박리 및 백화현상이 발생하지 않도록 시공하고, 3.5에 따라 보양한다.

(7) 벽타일 붙이기에서 타일 측면이 노출되는 모서리 부위는 코너 타일을 사용하거나, 모서리를 가공하여 측면이 직접 보이지 않도록 한다.

(8) 벽체는 중앙에서 양쪽으로 타일 나누기를 하여 타일 나누기가 최적의 상태가 될 수 있도록 조절한다. 달리 도면에 명기되어 있지 않다면 동일한 폭의 줄눈이 되도록 한다.

(9) 치장줄눈 CHECK 05

① 타일을 붙이고, 3시간이 경과한 후 줄눈파기를 하여 줄눈부분을 충분히 청소하며, 24시간이 경과한 뒤 붙임 모르타르의 경화 정도를 보아, 작업 직전에 줄눈 바탕에 물을 뿌려 습윤케 한다.

② 치장줄눈의 폭이 5mm 이상일 때는 고무흙손으로 충분히 눌러 빈틈이 생기지 않게 시공한다.

③ 개구부나 바탕 모르타르에 신축줄눈을 두었을 때는 적절한 실링재로서, 빈틈이 생기지 않도록 채운다.

④ 유기질 접착제를 사용할 때에는 공사시방서에 따른다.

(10) 신축줄눈

① 신축줄눈에 대하여 도면에 명시되어 있지 않을 때에는 이질바탕의 접합부분이나 콘크리트를 수평방향으로 이어붓기한 부분 등 수축균열이 생기기 쉬운 부분과 붙임면이 넓은 부분에는 공사감리자의 지시에 따라 그 바탕에까지 닿는 신축줄눈을 약 3m 간격으로 설치하여야 한다.

② 신축줄눈과 조절줄눈, 시공줄눈, 그리고 분리용 줄눈을 포함하여 실링재를 충전시켜 만든 줄눈위치를 나타내도록 하여야 하며, 모르타르 바탕, 타일 부속재료 설치시 줄눈의 위치를 설정한다. 타일을 붙이고 줄눈시공 후에는 줄눈 나누기를 하기 위해 톱 등으로 자르지 말아야 한다.

③ 타일의 신축줄눈은 구조체의 신축줄눈, 바탕 모르타르의 신축줄눈의 위치가 가능한 일치하도록 설계 요구사항에 따라 줄눈을 맞추고 줄눈의 실링재는 타일씻기 완료 후 건조상태를 확인하고 설치한다.

(11) 바탕 만들기

① 모르타르 바탕

가. 바탕고르기 모르타르를 바를 때에는 타일의 두께와 붙임 모르타르의 두께를 고려하여 2회에 나누어서 바른다.

나. 바름두께가 10mm 이상일 경우에는 1회에 10mm 이하로 하여 나무흙손으로 눌러 바른다.

다. 바탕 모르타르를 바른 후 타일을 붙일 때까지는 여름철(외기온도 25℃ 이상)은 3~4일 이상, 봄, 가을(외기온도 10℃ 이상, 20℃ 이하)은 1주일 이상의 기간을 두어야 한다.

라. 타일붙임면의 바탕면은 평탄하게 하고, 바탕면의 평활도는 바닥의 경우 3m당 ±3mm, 벽의 경우는 2.4m당 ±3mm로 한다.

마. 바닥면은 물고임이 없도록 구배를 유지하되, 1/100을 넘지 않도록 한다.

② 콘크리트 바탕 및 기타 바탕: 콘크리트 타설면, 콘크리트 블록면, 경량기포 콘크리트면, 시멘트 압출성형판, 석고보드 등을 바탕으로 사용하는 경우는 공사시방서에 따른다.

(12) 바탕처리(물축이기 및 청소)

① 타일을 붙이기 전에 바탕의 들뜸, 균열 등을 검사하여 불량 부분은 보수한다.

② 타일을 붙이기 전에 불순물을 제거하고, 청소한다.

③ 여름에 외장타일을 붙일 경우에는 하루 전에 바탕면에 물을 충분히 적셔둔다.

④ 타일붙임 바탕의 건조상태에 따라 뿜칠 또는 솔을 사용하여 물을 골고루 뿌린다. 이때 물의 양은 바탕의 습윤상태에 따라 공사시방서에 따른다.

⑤ 흡수성이 있는 타일에는 제조업자의 시방에 따라 물을 축여 사용한다.

(13) 타일을 붙이는 모르타르에 시멘트 가루를 뿌리면 시멘트의 수축이 크기 때문에 타일이 떨어지기 쉽고 백화가 생기기 쉬우므로 뿌리지 않아야 한다.

(14) 타일붙임은 타일의 백화, 탈락, 동결융해 등의 결함사항에 대하여 충분히 검토하여야 한다.

(15) 타일면은 우수의 침투를 방지할 수 있도록 완전히 밀착시켜 접착력을 높이며, 일정간격의 신축줄눈을 두어 백화, 탈락, 동결융해 등의 결함사항을 방지할 수 있도록 한다.

① 방수대책

가. 얇은 붙임타일에 대한 방수처리는 공사감리자의 확인을 받아 타일작업에 지장이 없도록 사전에 시공한다.

나. 방수처리는 공사시방서에 따르며, 부득이한 경우 공사감리자의 확인을 받아 제조업자의 시방에 따른다.

다. 바닥타일 부착 전, 욕실이나 화장실과 같은 곳은 타일부착 전에 공사감리자의 확인을 받는다.

3.2 벽타일 붙이기

(1) 내장 및 외장 타일 붙임공법별 타일의 크기와 붙임재료의 바름두께는 *[표 3.2-1]*을 표준으로 한다.

[표 3.2-1] 공법별 타일크기 및 바름두께

공법 구분		타일 크기(mm)	붙임 모르타르의 두께(mm)
외장	떠붙이기	108×60 이상	12~24
	압착 붙이기	108×60 이상	5~7
		108×60 이하	3~5
	개량압착 붙이기	108×60 이상	바탕 쪽 3~6 / 타일 쪽 3~4
	판형 붙이기	50×50 이하	3~5
	동시줄눈붙이기	108×60 이상	5~8
내장	떠붙이기	108×60 이상	12~24
	낱장 붙이기	108×60 이상	3~5
		108×60 이하	3
	판형 붙이기	100×100 이하	3
	접착제 붙이기	100×100 이하	-

CHECK 06 ▶
떠붙임 공법 특징
- 접착강도의 편차 적음
- 마감 정밀도 양호
- 바탕면이 요철이 있어도 평탄하게 조절 가능
- 접착성이 좋아 박리 적음
- 시공시 상당한 숙련을 필요로 하며, 시공 능률이 떨어짐
- 외장타일 적용시 뒷면 공극에 의한 백화발생 우려

3.2.1 떠붙이기 CHECK 06

(1) 타일 뒷면에 붙임 모르타르를 바르고 빈틈이 생기지 않게 바탕에 눌러 붙인다. 붙임 모르타르의 두께는 12~24mm를 표준으로 한다.

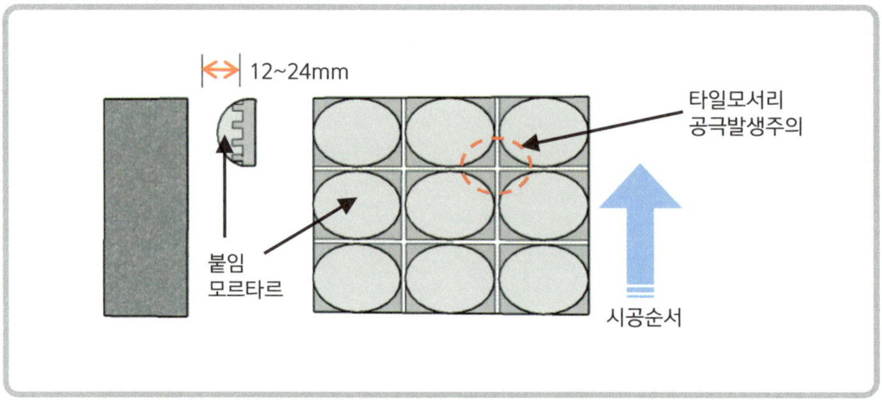

[그림 3.2.1-1] 떠붙임 공법 상세도

CHECK 07 ▶
압착붙이기 공법 특징
- 타일 뒷면에 공극이 없어 백화발생 없음
- 시공 능률이 양호
- Open time 길어지면 부착강도 저하
- 붙임 모르타르가 얇아 바탕의 시공정밀도가 요구
- 접착강도의 편차가 발생

3.2.2 압착 붙이기 CHECK 07

(1) 붙임 모르타르의 두께는 타일 두께의 1/2 이상으로 하고, 5mm~7mm를 표준으로 하여 붙임 바탕에 바르고 자막대로 눌러 표면을 평탄하게 고른다.
(2) 타일의 1회 붙임 면적은 모르타르의 경화속도 및 작업성을 고려하여 1.2m² 이하로 한다. 벽면의 위에서 아래로 붙여 나가며, 붙임 시간은 모르타르 배합 후 15분 이내로 한다.
(3) 한 장씩 붙이고, 나무망치 등으로 두들겨 타일이 붙임 모르타르 속에 박히도록 하고, 타일의 줄눈 부위에 모르타르가 타일 두께의 1/3 이상 올라오도록 한다.

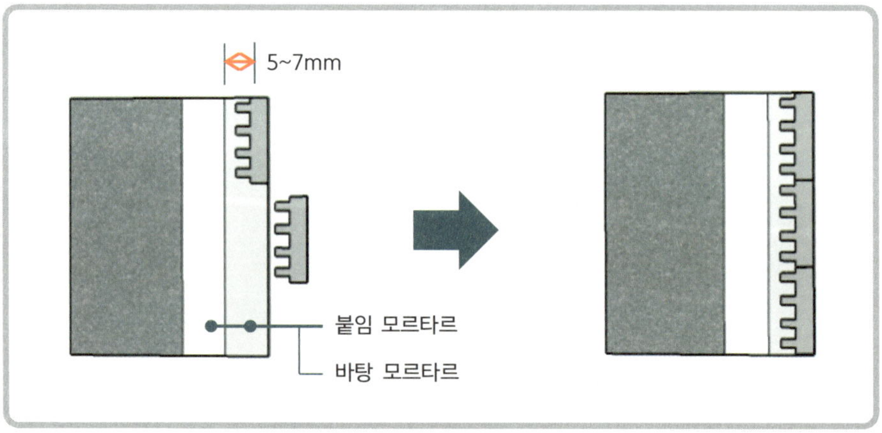

[그림 3.2.2-1] 압착붙이기 공법 상세도

CHECK 08 ▶
개량압착붙임 공법 특징
- 접착성이 우수
- 타일 뒷면에 공극이 없어 백화발생 없음
- 균열 발생 없음
- 압착공법에 비해 작업능률 저하
- 붙임 모르타르가 얇아 바탕의 시공정밀도가 요구

3.2.3 개량압착 붙이기 CHECK 08

(1) 붙임 모르타르를 바탕면에 4mm~6mm로 바르고 자막대로 눌러 평탄하게 고른다.
(2) 바탕면 붙임 모르타르의 1회 바름 면적은 1.5m² 이하로 하고, 붙임 시간은 모르타르 배합 후 30분 이내로 한다.
(3) 타일 뒷면에 붙임 모르타르를 3mm~4mm로 평탄하게 바르고, 즉시 타일을 붙이며 나무망치 등으로 충분히 두들겨 타일의 줄눈 부위에 모르타르가 타일 두께의 1/2 이상이 올라오도록 한다.
(4) 벽면의 위에서 아래로 향해 붙여나가며 줄눈에서 넘쳐 나온 모르타르는 경화되기 전에 제거한다.

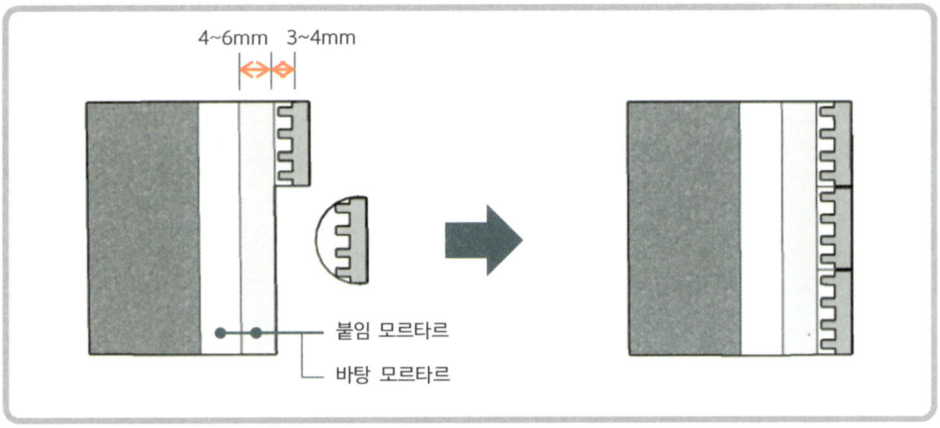

[그림 3.2.3-1] 개량압착붙임 공법 상세도

3.2.4 판형 붙이기

(1) 낱장 붙이기와 같은 방법으로 하되 타일 뒷면의 표시와 모양에 따라 그 위치를 맞추어 순서대로 붙이고 모르타르가 줄눈 사이로 스며 나오도록 표본 누름판을 사용하여 압착한다.

(2) 줄눈 고치기는 타일을 붙인 후 15분 이내에 실시한다.

3.2.5 접착 붙이기 CHECK 09

(1) 내장공사에 한하여 적용한다.

(2) 붙임 바탕면을 여름에는 1주 이상, 기타 계절에는 2주 이상 건조시킨다.

(3) 바탕이 고르지 않을 때에는 접착제에 적절한 충전재를 혼합하여 바탕을 고른다. 이성분형 접착제를 사용할 경우에는 제조회사가 지정한 혼합비율 대로 정확히 계량하여 혼합한다.

(4) 접착제의 1회 바름 면적은 $2m^2$ 이하로 하고 접착제용 흙손으로 눌러 바른다.

(5) 접착제의 표면 접착성 또는 경화 정도를 설계도서 또는 공사감리자의 지시에 따라 확인한 다음 타일을 붙이며, 붙인 후에 적절한 환기를 실시한다.

◀ CHECK 09

접착붙임 공법 특징

- 시공능률이 우수
- 각종 바탕면에 적용 가능
- 건조 시간의 영향을 받기 쉬움
- 혼합 후 경화 시점에 유의
- 접착제가 고가로 시공 단가 상승

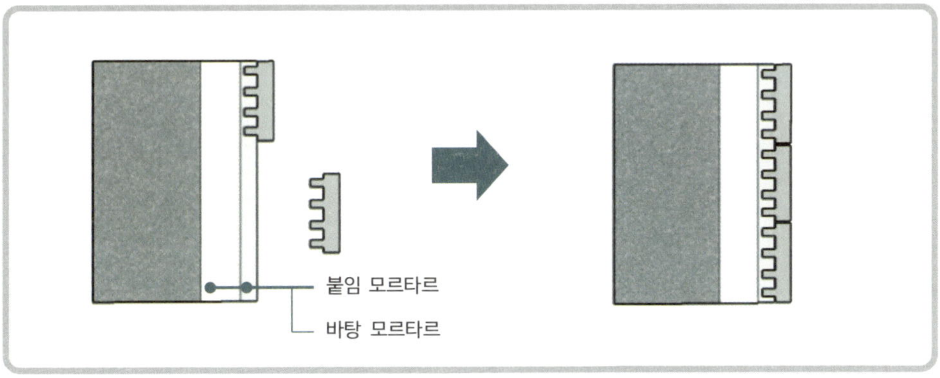

[그림 3.2.5-1] 접착붙임 공법 상세도

CHECK 10 ▶
동시줄눈붙임 공법 특징
- 압착붙임공법에 비해 Open time 영향 적음
- 작업이 쉽고 능률 좋음
- 타일 균열이 적음
- 줄눈의 깊이가 한정
- 진동시 타일의 어긋남 발생 우려

3.2.6 동시 줄눈 붙이기 CHECK 10

(1) 붙임 모르타르를 바탕면에 5mm~8mm로 바르고 자막대로 눌러 평탄하게 고른다.
(2) 1회 붙임 면적은 1.5m^2 이하로 하고 붙임 시간은 20분 이내로 한다.
(3) 타일은 한 장씩 붙이고 반드시 타일면에 수직하여 충격 공구로 좌우, 중앙의 3점에 충격을 가해 붙임 모르타르 안에 타일이 박히도록 하며 타일의 줄눈 부위에 붙임 모르타르가 타일 두께의 2/3 이상 올라오도록 한다.
(4) 충격 공구의 머리 부분은 대(ϕ50mm), 소(ϕ20mm) 중 한 가지를 선택하여 사용한다.
(5) 타일의 줄눈 부위에 올라온 붙임 모르타르의 경화 정도를 보아 줄눈흙손으로 충분히 눌러 빈틈이 생기지 않도록 한다. 줄눈 부위에 붙임 모르타르가 충분히 올라오지 않았을 때는 붙임 모르타르를 채워 줄눈흙손으로 줄눈을 만든다.
(6) 줄눈의 수정은 타일 붙임 후 15분 이내에 실시하고, 붙임 후 30분 이상이 경과했을 때에는 그 부분의 모르타르를 제거하여 다시 붙인다.

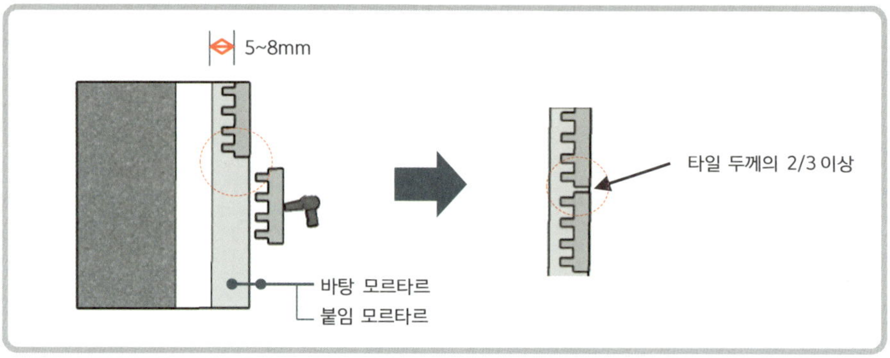

[그림 3.2.6-1] 동시줄눈붙임 공법 상세도

3.2.7 모자이크 타일 붙이기

(1) 붙임 모르타르를 바탕면에 초벌과 재벌로 두 번 바르고, 총 두께는 4mm~6mm를 표준으로 한다.
(2) 붙임 모르타르의 1회 바름 면적은 2.0m^2 이하로 하고, 붙임 시간은 모르타르 배합 후 30분 이내로 한다.
(3) 타일 뒷면의 표시와 모양에 따라 그 위치를 맞추어 순서대로 붙이고 모르타르가 줄눈 사이로 스며 나오도록 표본 누름판을 사용하여 압착한다.
(4) 줄눈 고치기는 타일을 붙인 후 15분 이내에 실시한다.

CHECK 11 ▶
바닥타일 붙이기 시 주의사항
- 바닥타일 바르기는 바탕 바르기 시 물구배를 잡는 것과 바닥 방수처리가 매우 중요함

3.3 바닥 타일 붙이기 CHECK 11

3.3.1 시멘트 페이스트 붙이기

(1) 바탕 조정으로 타일 붙이기에 앞서 바탕면의 청소를 실시한다.
(2) 타일 나누기는 설계도서에 맞추어 기준먹으로부터 마무리 먹매김을 실시하고, 각 부위와의 접합이나 물구배 등의 설계조건에 대해 치수 확인을 실시한다. 불합격이 있으면 감리자에게 보고하고 지시에 따른다. 또한, 타일 시공하는 면을 기준으로 하여 먹 또는 수실로 매긴다.
(3) 기준타일 붙이기 순서는 직각의 기준을 잡기 위하여 줄눈 나눔에 따라 가로 · 세로 3m~4m 간격에 기준타일 붙임을 실시하고, 바탕 콘크리트면에 물뿌림한 후 깔개 모르타르를 기준타일 붙임 개소에 깔고 타일 폭 2배 정도의 폭에 평활하게 펴깐다. 그 후, 깔개 모르타르 경화 전에 시멘트 페이스트를 깔개 모르타르 위에 흘려 직접 미장하여 실에 붙어 있는 타일을 망치 손잡이 등을 사용하여 바닥면에 압착하고, 나머지 깔개 모르타르를 제거하여 청소토록 한다.

(4) 타일 붙이기는 기준타일 붙이기를 실시한 구획 내에 깔개 모르타르를 펴고, 기준타일 사이에 수실을 붙이므로 기준타일 붙임과 동일하게 타일을 붙여 진행하며, 줄눈부에 두둑하게 올라온 시멘트 페이스트는 경화 전에 제거한다. 또한, 타일 붙임이나 줄눈 사이에는 붙인 타일을 움직이지 않도록 주의한다.

3.3.2 압착 붙이기

(1) 바탕 조정은 타일 붙이기에 앞서 바탕 모르타르면의 청소를 실시하고, 바탕건조의 정도를 조절하며, 필요에 따라 타일 붙이기 전날 또는 당일에 수분을 뿌려 바탕 표면처리를 실시한다.
(2) 타일 나누기는 설계도서에 맞추어 기준먹으로부터 마무리 먹매김을 실시하고, 각 부위와의 접합이나 물구배 등의 설계조건에 대해 치수 확인을 실시한다. 불합격이 있으면 감리자에게 보고하고 지시에 따른다. 또한, 타일 시공하는 면을 기준으로 하여 먹 또는 수실로 매긴다.
(3) 기준타일 붙이기에서 직각의 기준을 잡기 위하여 줄눈 나눔에 따라 가로・세로 3m~4m 간격에 기준타일 붙임을 실시한다.
(4) 타일 붙이기는 붙임 모르타르의 도막붙임에는 두 번으로 하며, 그 두께는 5mm~7mm로 한다. 한 번에 도막붙임 면적은 2m² 이내로 한하며, 붙임 모르타르는 비빔에서부터 시공완료까지 60분 이내에서 사용하고 도막시공 시간은 여름철에는 20분, 겨울철에는 40분 이내로 한다. 오전 및 오후에 타일 붙임을 개시할 때에 타일을 붙임 직후에는 반드시 타일과 붙임 모르타르 및 붙임 모르타르와 바탕과의 접착 상황을 확인한다. 또한, 붙임 모르타르가 약할 경우에 타일 간 채워넣어 붙이면 모르타르가 타일 속면에 영향을 미치므로 충분한 접착강도가 있는 모르타르를 선택하여 타일의 바닥면 압착을 충분히 한다. 타일 붙임이 종료된 후, 붙임 모르타르의 굳음이 예견될 경우 줄눈 부분의 청소를 실시한다.

3.3.3 개량압착 붙이기

(1) 바탕 조정은 타일 붙임에 앞서 바탕 모르타르면의 청소를 실시한다. 바탕 건조의 정도를 조절하며, 필요에 따라서 타일 붙이기 전날 또는 당일에 수분을 뿌려 바탕 표면처리를 실시한다.
(2) 타일 나누기는 설계도서에 맞추어 기준먹으로부터 마무리 먹매김을 실시하고, 각 부위와의 접합이나 물구배 등의 설계조건에 대해서 치수 확인을 실시한다. 불합격이 있으면 감리자에게 보고하고 지시에 따른다. 또한, 타일 시공하는 면을 기준으로 하여 먹 또는 수실로 매긴다.
(3) 기준타일 붙이기에서 직각의 기준을 잡기 위하여 줄눈나눔에 따라 가로・세로 3m~4m 간격에 기준타일 붙임을 실시한다.
(4) 타일 붙이기는 1회 도막붙임 면적을 2m² 이내로 하고, 붙임 모르타르를 바탕면측 3mm~4mm에 얼룩 없이 도포하여 평활하게 편 후, 붙임 모르타르는 비빔부터 시공완료까지 60분 이내에서 사용하고 도막시공 시간은 여름철에는 20분, 겨울철에는 40분 이내로 한다. 오전 및 오후에 타일 붙임을 개시할 때에 타일을 붙임 직후에는 반드시 타일과 붙임 모르타르 및 붙임 모르타르와 바탕과의 접착 상황을 확인한다. 또한, 타일 속면 전체에 붙임 모르타르를 3~5mm 정도의 두께를 평균으로 수직에서 바탕면에 눌러서 붙인다. 동시에 해머 등으로 타일 주변부터 모르타르가 삐져나올 때까지 압착을 실시한다. 타일 붙임이 종료된 후, 붙임 모르타르의 굳음이 예견될 경우 줄눈 부분의 청소를 실시한다.

3.3.4 접착 붙이기

(1) 타일 붙임에 앞서 바탕면을 검사하여 건조된 것을 확인한다.
(2) 타일 나누기는 설계도서에 맞추어 기준먹으로부터 마무리 먹매김을 실시하여 각 부위와의 취합되는 치수 확인을 실시한다. 불합격이 있으면 감리자에게 보고하고 지시에 따른다.
(3) 기준타일 붙이기에서 직각의 기준을 맞추기 위해 줄눈 나눔에 따라 가로・세로 3m~4m 정도에 기준타일 붙임을 실시한다.
(4) 타일 붙이기는 접착제 1회 도막붙임 면적은 3m² 이내로 하며, 접착제는 우선 금속흙손을 사용하여 평활하게 도막붙임한 후, 지정된 줄눈흙손을 사용하여 필요한 높이로 한다. 건조경화형 접착제는 도막시간에 유의하여 타일을 압착한다. 또한, 반응경화형 접착제를 사용할 경우는 가용 시간에 유의하여 타일을 압착한다.

3.4 천장 붙이기

(1) 바탕처리는 *(3.1)*에 따라 평평하게 하고, 바탕면 상태에 따라 적절히 습윤케 하며, *(표 2.2-1)*과 *(표 3.2-1)*에 따라 타일의 종류와 공법에 맞는 붙임 모르타르를 선정하여 타일을 붙인다.
(2) 타일은 줄눈 나누기에 따라 모서리를 잘 맞추고 적절한 기구로 가볍게 두들겨 모르타르가 솟아나올 정도로 붙인다.

3.5 보양 및 청소

3.5.1 보 양

(1) 외부 타일 붙임인 경우에 태양의 직사광선 또는 풍우 등으로 손상받을 우려가 있는 곳은 공사감리자의 지시에 따라 시트 등 적절한 것을 사용하여 보양한다(직사광선은 피한다).

(2) 한중공사 시에는 시공면을 보호하고 동해 또는 급격한 온도변화에 의한 손상을 피하도록 하기 위해 외기의 기온이 2 ℃ 이하일 때에는 타일작업장 내의 온도가 10 ℃ 이상이 되도록 임시로 가설 난방 보온 등에 의하여 시공 부분을 보양하여야 한다.

(3) 타일을 붙인 후 3일간은 진동이나 보행을 금한다. 다만, 부득이한 경우에는 공사감리자의 확인을 받아 보행판을 깔고 보행할 수 있다.

(4) 줄눈을 넣은 후 경화 불량의 우려가 있거나 24시간 이내에 비가 올 우려가 있는 경우에는 폴리에틸렌 필름 등으로 차단 · 보양한다.

(5) 타일의 마감작업 후 균열, 칩핑, 깨어짐, 접착 불량 등이 없도록 깨끗하게 설치가 완료된 상태로 유지하여야 한다.

(6) 실제 완성단계에서 타일이 오염되거나 손상을 입지 않았다는 것을 증명하기 위해 제조업자 및 수급인이 인정하는 방법으로 마지막까지 보양을 철저히 하고, 그 상태를 유지하여야 한다.

① 제조업자의 요구가 있을 때 중성용 클리너의 보호피막을 작업이 끝난 바닥과 벽타일에 적용시킨다.

② 줄눈넣기가 완료된 후 7일 동안은 바닥에 설치된 타일 위를 보행하거나 통행해서는 안 된다.

(7) 마지막 점검 전에 타일 표면을 중성용 클리너로 깨끗이 헹구고 보호막을 제거한다.

CHECK 12 ▶
타일의 표면 청소 방법
• 타일표면 청소는 5~10% 염산 수용액을 사용한다.

3.5.2 청 소 CHECK 12

(1) 치장줄눈 작업이 완료된 후 타일면에 붙은 불결한 재료나 모르타르, 시멘트 페이스트 등을 제거하고 손이나 헝겊 또는 스펀지 등으로 물을 축여 타일면을 깨끗이 씻어 낸 다음 마른 헝겊으로 닦아낸다.

(2) 공업용 염산 30배 희석용액을 사용하였을 때에는 물로 산성분을 완전히 씻어낸다.

(3) 접착제를 사용하여 타일을 붙였을 때에는 공사감리자의 지시에 따라 승인된 용제로 깨끗이 청소한다.

(4) 줄눈넣기가 완성되면 세라믹 타일 전체를 청소한다.

① 가능한 한 빨리 타일에 묻어 있는 시멘트 모르타르 등 오염물질을 제거한다.

② 유약을 바르지 않은 타일은 공사감리자의 확인을 받은 경우에 산성 용해제로 청소해도 무방하다.

3.6 검사

3.6.1 시공 중 검사

(1) 하루 작업이 끝난 후 비계발판의 높이로 보아 눈높이 이상이 되는 부분과 무릎 이하 부분의 타일을 임의로 떼어 뒷면에 붙임 모르타르가 충분히 채워졌는지 확인하여야 한다.

3.6.2 두들김 검사

(1) 붙임 모르타르의 경화 후 검사봉으로 전면적을 두들겨 검사한다.

(2) 들뜸, 균열 등이 발견된 부위는 줄눈 부분을 잘라내어 다시 붙인다.

3.6.3 접착력 시험

(1) 타일의 접착력 시험은 일반건축물의 경우 타일면적 200㎡당, 공동주택은 10호당 1호에 한 장씩 시험한다. 시험위치는 공사감리자의 지시에 따른다.
(2) 시험할 타일은 먼저 줄눈 부분을 콘크리트 면까지 절단하여 주위의 타일과 분리시킨다.
(3) 시험할 타일은 시험기 부속 장치의 크기로 하되, 그 이상은 180×60mm 크기로 콘크리트 면까지 절단한다. 다만, 40mm 미만의 타일은 4매를 1개조로 하여 부속 장치를 붙여 시험한다.
(4) 시험은 타일 시공 후 4주 이상일 때 실시한다.
(5) 시험결과의 판정은 타일 인장 부착강도가 0.39MPa 이상이어야 한다. CHECK 13

◀ CHECK 13
부착강도 영향요인
- Open time
- 타일의 뒷발 모양
- 타일의 함수율
- 모르타르의 함수율
- 모르타르의 두께
- 모르타르의 배합비
- 타일 붙임공법

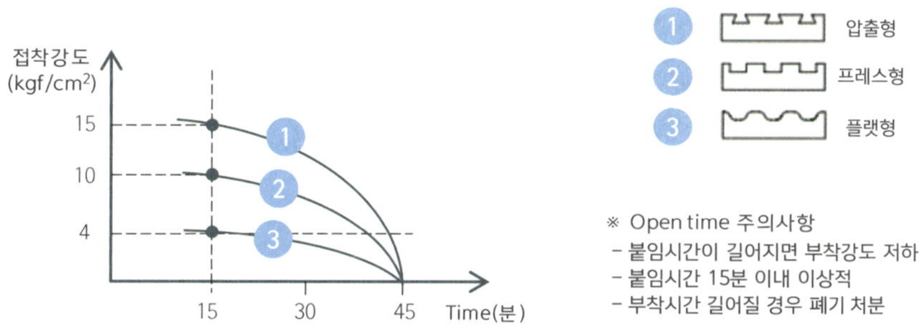

[그림 3.6.3-1] open time과 부착강도의 관계

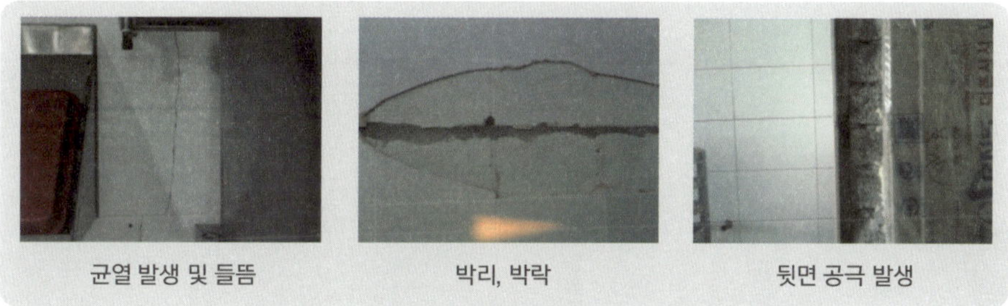

[사진 3.6.1-1] 타일공사 결함(하자)의 종류

[표 3.6.1-1] 타일공사 단계별 주요 검사항목 (LHCS 10 10 05 25 건축공사 일반, 부록3)

공정단계별		주요 검사항목
타일공사	벽타일 완료 후	· 타일면 평활도 및 정밀시공 여부 · 타일 접착 및 줄눈 파기상태 · 타일 붙임면 모르타르 충전상태 · 타일 들뜸 및 균열상태 · 시공순서 및 나누기도와의 일치여부 · 줄눈크기 확인
	바닥타일 완료 후	· 바탕면 평활도 및 구배 유지여부 · 타일 접착 및 줄눈 마감상태 · 타일 들뜸 및 균열상태 · 시공순서 및 나누기도와의 일치여부

- 출처 : 한국토지주택공사 전문시방서(2020, 한국토지주택공사)

3.7 안전시공

[표 3.7-1] 타일공사 안전시공사례

작업내용	위험포인트	안전관리대책
타일 인양작업	· 양중 장비(윈치 등) 이용하여자재 인양 작업 중 상부 작업자 추락 또는 자재 낙하	· 양중 장비(윈치, 도르래 등) 및 로프의 적정성
	· 비계 위에 타일이나 석재 적재 과다로 붕괴 위험	· 자재 인양 통행로 및 자재 운반 인양 작업 반경 주변 접근 방지 조치 여부
	· 외벽타일 및 석재붙이기작업 장소 하부에서 자재 정리 중 자재 낙하	· 인양 및 적재 부위 비계의 안전성 및 작업발판, 안전난간 확인
타일 붙임작업	· 근로자가 안전모, 안전대 미착용하고 작업중 부딪히거나 추락	· 타일 붙임 작업시 안전모, 안전대 착용 확인
	· 비계 작업발판 위 이동 중, 작업발판 파단에 의한 추락	· 비계상에 작업발판 설치시 작업중 파단되지 않도록 견고한 것 설치 확인
	· 외벽타일붙임 장소 하부에서 자재 정리중, 상부에서 자재나 공구 낙하	· 외벽 붙임작업시 작업 장소 하부 접근 금지조치 및 발판 단부에 발끝막이판 설치
타일 줄눈 및 코킹작업	· 근로자가 달비계 사용시 수직구명줄에 안전대 미착용하고 작업 중 추락	· 달비계 사용시 수직구명줄에 안전대 체결 여부 및 상부의 로프 고정 상태 확인
	· 달비계 로프 고정 불량 또는 작업대와 로프의 연결부 파단되면서 근로자 추락	· 달비계 장비는 로프와 작업대 연결부 등 견고성을 사전에 확인하고 사용

– 출처 : NCS 학습모듈(2014, 한국직업능력개발원, 이규옥 외)

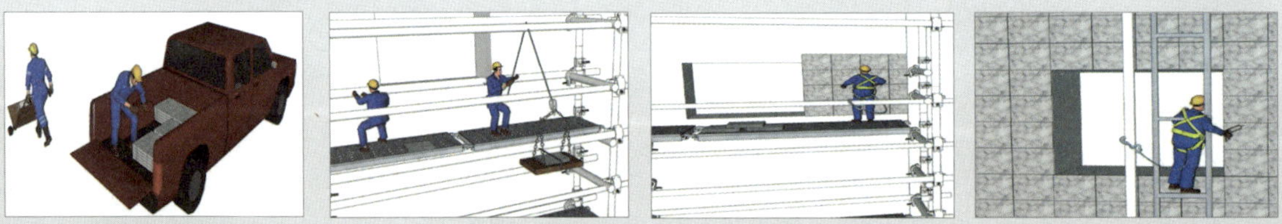

[그림 3.7-1] 타일시공 작업 순서

– 출처 : 건설분야 교육자료(2009, 안전보건공단)

3.8 하자 사례 및 개선방안

- 출처 : 건축공사 들여다보기(2009, 서울지방국토관리청, 노성열 외)

하자 사례

· 공동주택 발코니 재료분리대 앞에 조각타일 시공
· 오피스건물 엘리베이터 홀의 줄눈 계획 미흡

개선 방안

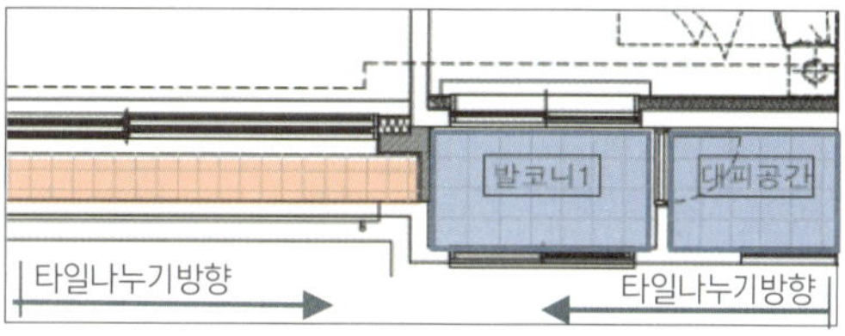

· 시공전 바닥타일 나누타일 기 계획 수립 및 검토

[그림 3.8-1] 타일나누기 미흡

하자 사례

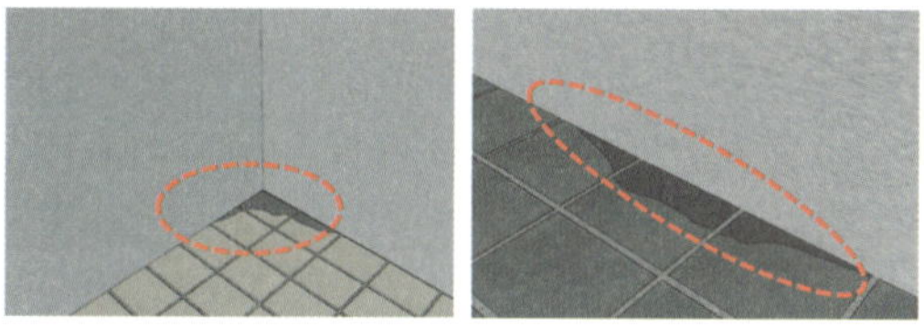

· 오피스건물의 계단실 바닥타일 이색
· 공동주택 발코니 바닥타일 이색

개선 방안

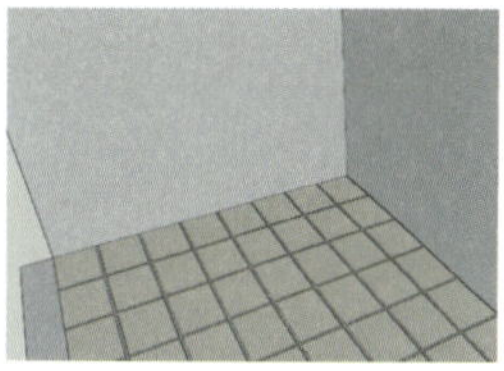

· 동일장소는 반드시 동일 LOT 자재로 시공
· 본 시공전 자재 검수로 이색타일 시공 예방(자재검수 시기는 재반입기간을 고려하여 사전에 계획 반영)

[그림 3.8-2] 바닥타일 이색

하자 사례

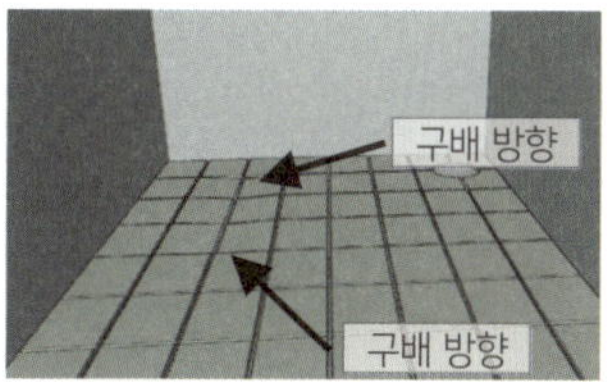

· 공동주택 발코니의 구배 미흡으로 물청소 후 물고임
· 장방형으로 긴 평면의 경우 구배 시공이 어려움

개선 방안

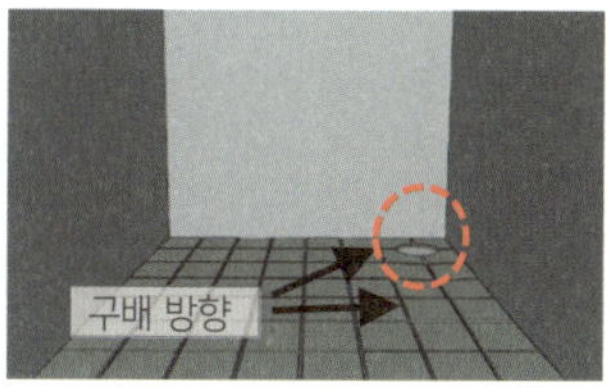

· 구배지침 준수로 물고임 사전 예방
· 평면계획시 구배 계획 및 드레인 배치 사전 검토

[그림 3.8-3] 바닥타일의 구배 미흡

하자 사례

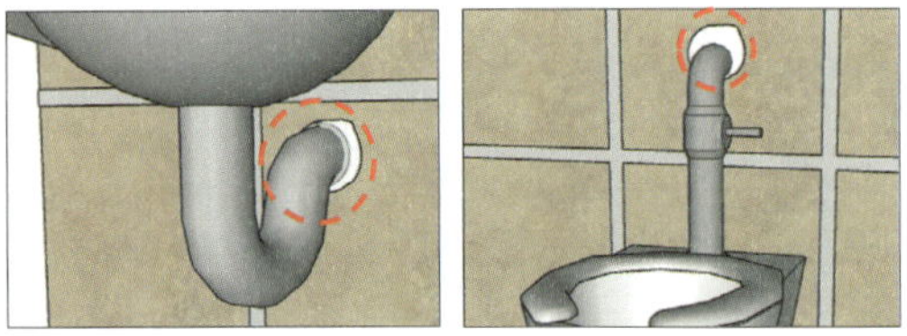

- 세면기 및 배관 주위 타일 마감 미흡
- 백시멘트 시공면적 과다로 미관 저해

개선 방안

- 배관 규격을 고려한 타일 정밀 시공

[그림 3.8-4] 위생기구류 배관 주위 타일 마감 미흡

하자 사례

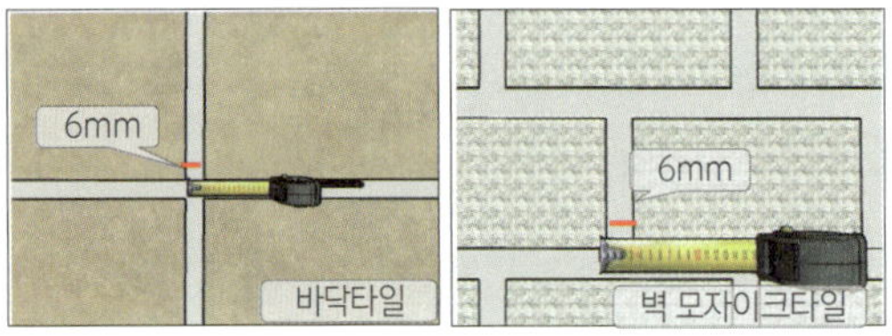

- 바닥타일 및 벽타일 두께의 기준 초과로 미관 저해

개선 방안

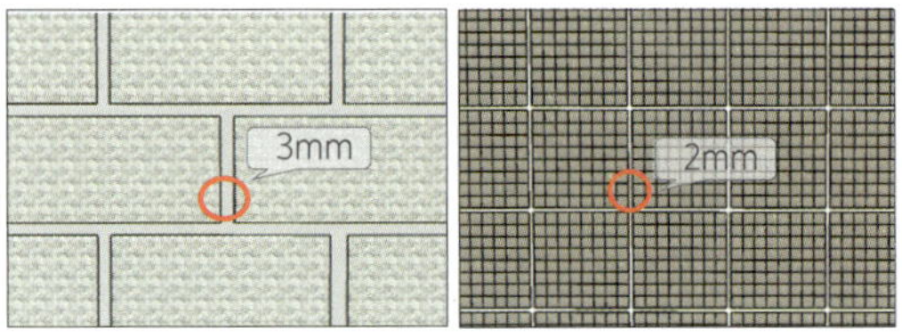

- 줄눈 폭에 대한 시공지침 준수(건축공사표준시방서 참조
  - 소형타일: 3mm, 모자이크타일: 2mm)

[그림 3.8-5] 줄눈두께 과다

하자 사례

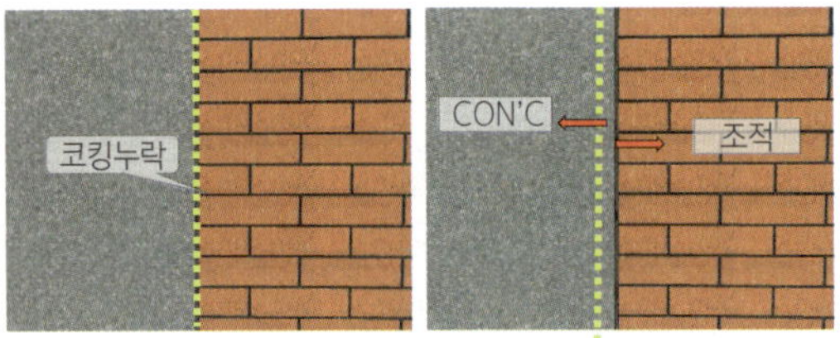

- 욕실 이질재 타일 시공부위 코킹 누락으로 인한 크랙 발생

개선 방안

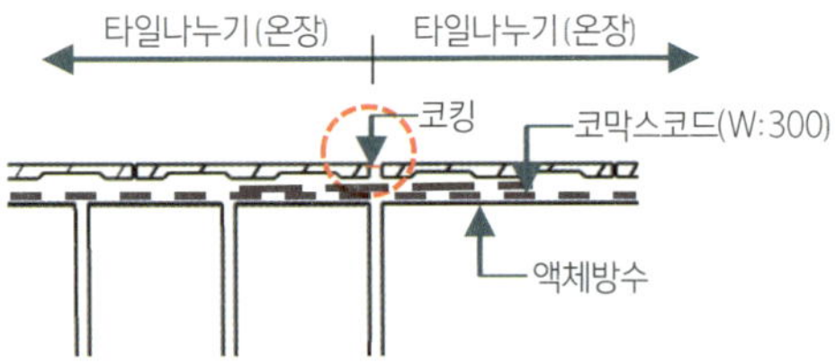

- 콘크리트와 조적조 등 이질재 부분을 경계로 온장타일 나누기 시공
- 이질재 경계구간 줄눈 부위 코킹 시공

[그림 3.8-6] 이질재 Joint 타일 시공시 줄눈코킹 누락

4 시공예시도

■ 외단열 타일 마감 공사 조립분해도

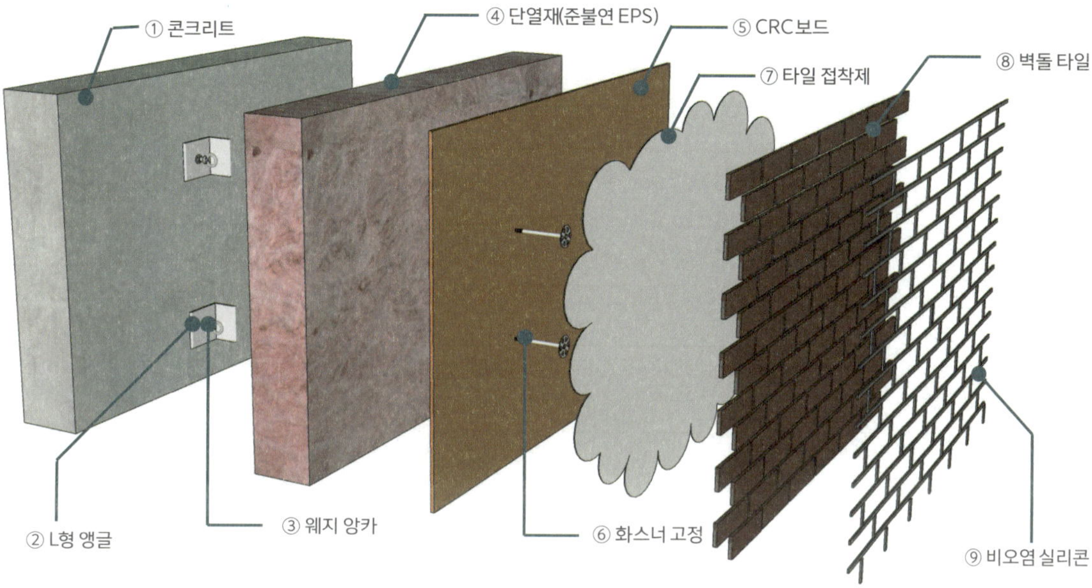

■ 외단열 타일 마감 상세도

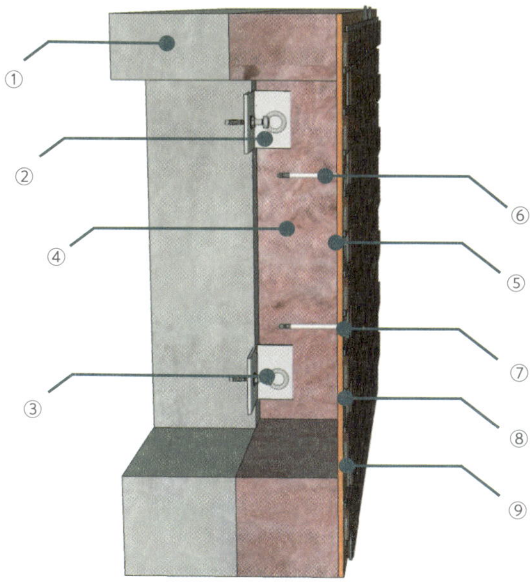

① 콘크리트

② L형 앵글

③ 웨지 앙카

④ 단열재(PF 보드)

⑤ CRC 보드

⑥ 화스너로 고정

⑦ 타일 접착제

⑧ 비오염 실리콘

⑨ 벽돌 타일

■ 내장 타일공사 조립분해도

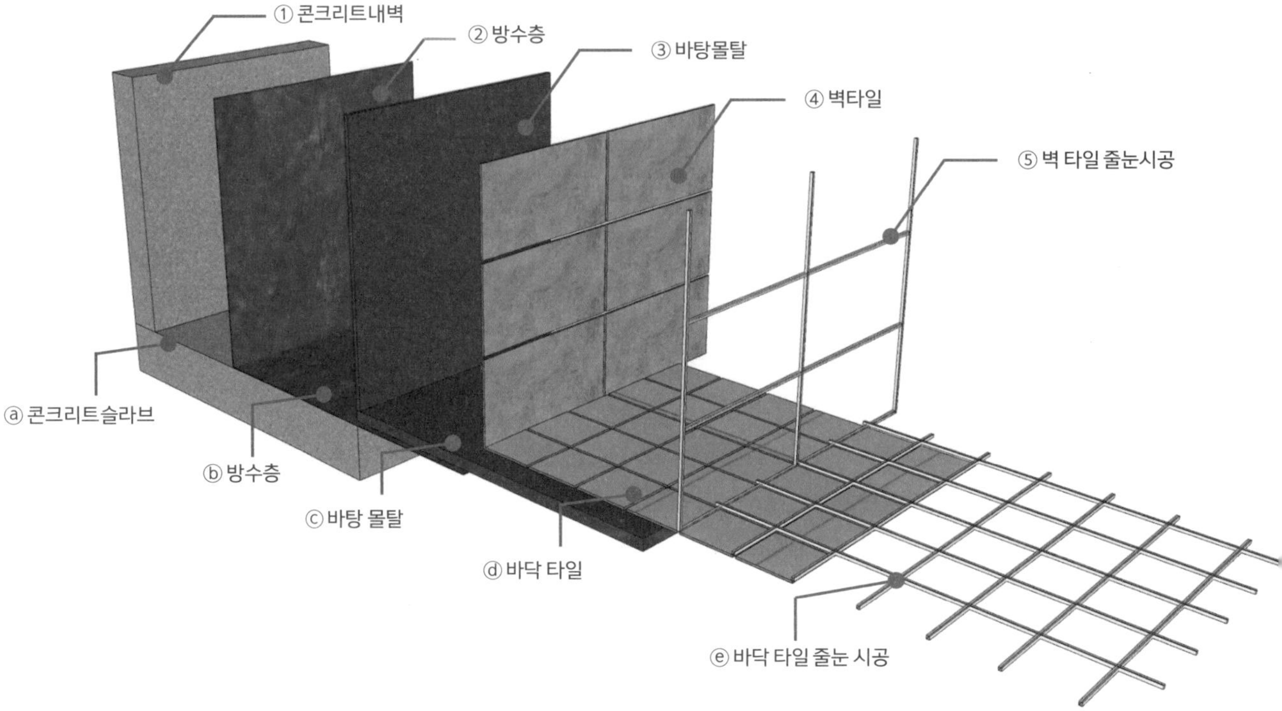

■ 내장타일 공사 상세도

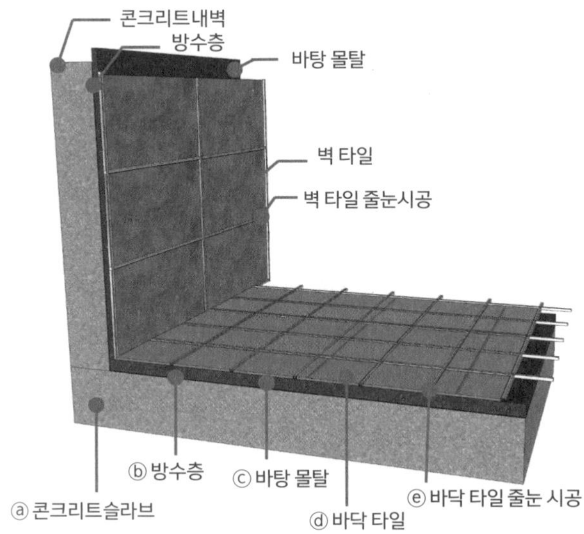

CHAPTER 12

02

SBCS 41 90 48 10
테라코타 공사

1 일반사항

1.1 적용범위

(1) 이 기준은 설계도서가 지정하는 테라코타 공사에 관하여 적용한다.

1.2 참고 기준

(1) 테라코타 공사의 참고 기준은 *KCS 41 48 03 (1.2)*에 따르며, 추가사항은 다음과 같다.
① SBCS 41 90 48 05 타일공사
② EN ISO 10545 Ceramic tiles

1.3 용어의 정의

(1) 테라코타 공사의 용어의 정의는 *KCS 41 48 01 (1.3)*에 따른다.

1.4 제출물

(1) 시공상세도면
① 테라코타 형태 및 색상 나누기
② 이질 재료와의 접합부 상세도
(2) 제품자료
① 테라코타 재질, 치수, 형태, 타일 소지질, 표면, 유약상태, 접착성 등 제반사항
② 제조업자 공사시방서
(3) 시공계획서
① 세부공정계획서
② 시공상태 검측계획서
③ 품질관리 계획서(관리시험, 시공 및 방법, 바탕정리, 보양계획)
(4) 견본
① 테라코타
② 접합 및 긴결 부속자재
③ 줄눈재 및 실링재(색상표 포함)

2 자재

2.1 테라코타

(1) 테라코타는 주문품 또는 시중품으로 한다.

2.1.1 재료

(1) 테라코타의 품명, 형상, 치수, 이형, 소지, 표면 상태, 유약의 색깔, 시유약의 정도, 색깔 및 광택 등은 설계도서에 따르거나 견본품을 제출하여 공사감리자의 확인을 받는다.

[사진 2.1.1-1] 테라코타 자재 적용 사례

2.1.2 형상 및 외관

(1) 형상 및 외관은 설계도서나 모형 또는 견본품에 의하여 정한다.

(2) 맞댐자리 홈턱, 물끊기, 치켜올림 및 달기구멍 등을 붙이고 소성이 양호하고 뒤틀림, 갈라짐, 홈, 표면의 색깔, 얼룩 등이 없고 각 치수는 2% 이상의 오차가 없는 것으로 한다.

2.1.3 검사 및 시험

(1) 테라코타 재료의 검사(소성의 완부, 성형의 정부, 변형, 뒤틀림, 홈, 관입 및 색깔 얼룩 등) 및 시험(KS L 1001)에 대해서는 시험성적서를 첨부하여 공사감리자의 확인을 받는다.

2.2 고정철물

(1) 고정철물, 촉, 연결철물 등의 재질, 형상, 치수는 설계도서에 따라 제작하고 지정한 녹막이도장을 한다.

3 시공

3.1 가설 짜맞추기

(1) 평짜맞춤의 것 또는 겹쳐 포개는 경우는 색깔의 배치를 조정하고, 공사감리자의 검사를 받고 각기 부호를 명기한다.

3.2 줄눈 나누기

(1) 설계도서 또는 공사감리자의 지시에 따라 줄눈 나누기를 한다.

3.3 설치공사

(1) 바탕철골 설치공사

① 정확한 시공을 위하여 골조상태의 수직·수평을 확인검토 후 바탕철골의 여유 공간을 이용하여 기준선을 설정하고 수평 먹줄 띄우기 및 피아노선을 각 기점에 수직으로 설치한다.

② 부속철물은 도금 및 스테인리스를 제외하고는 현장반입 전 녹막이 페인트로 2회 이상 도장하며 특히 용접으로 인하여 녹막이 페인트가 손상된 부분에 대해서는 패널 설치 전 보완토록 한다.

③ 앵커의 설치 간격은 900~1500mm에 1개소씩 설치하되 보강을 요하는 부위는 추가 설치 및 충분히 지지토록 한다.

(2) 현장에서 테라코타의 건식공법 설치 및 조립은 제조회사의 공사시방서에 따른다.

3.4 보양 및 청소

(1) 보양 및 청소는 *SBCS 41 90 48 05 (3.5)*에 따른다.

3.5 시공 하자 사례

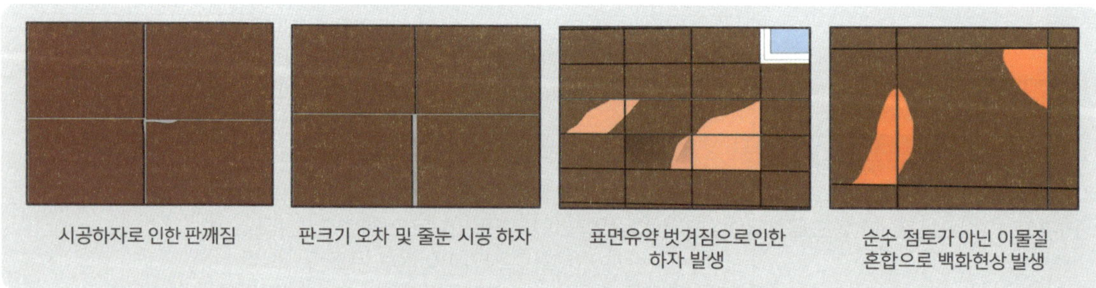

[그림 3.5-1] 테라코타 시공 하자 사례

4 시공예시도

■ 테라코타 공사 조립분해도

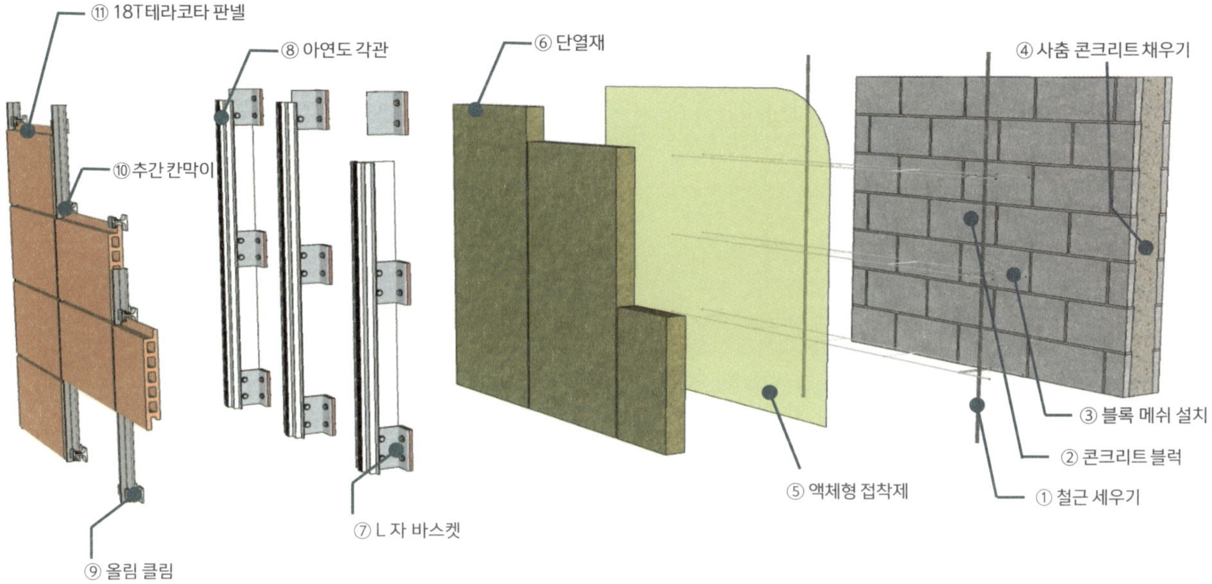

■ 테라코타 공사 상세도

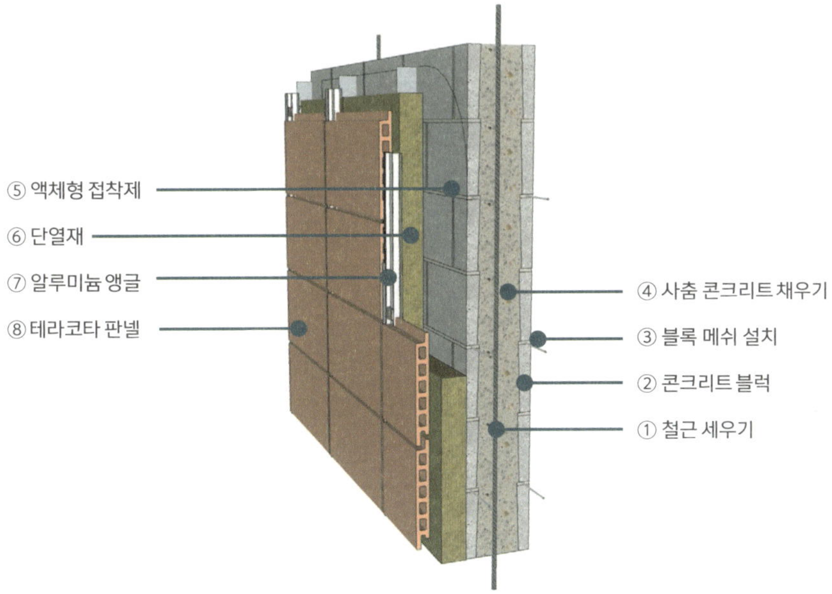

■ [시공 사진] 시공순서도 ⑥ 단열재 ~ ⑪ 테라코타 판넬

01. 벽체 위 단열재 부착 후 열교차단 화스너로 고정

02. 단열재에 열교방지용 앙카 볼트를 사용하여 L자 브라켓 고정 및 아연각관 트러스 설치

03. 테라코타 판넬 설치를 위한 스테인레스 부속 철물을 스텐피스로 고정

04. 테라코타 판넬을 클립에 고정하여 설치

05. 테라코타 판넬 고정 완료된 모습

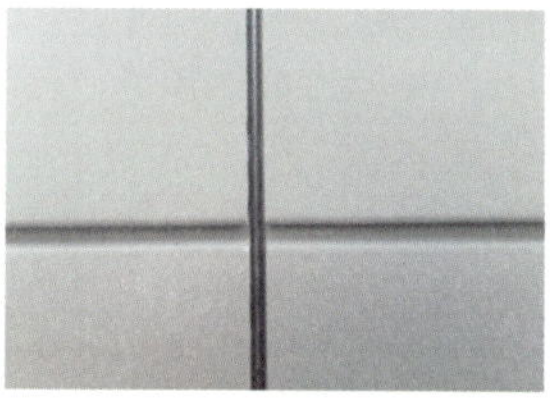

06. 테라코타 판넬 줄눈 시공

07. 테라코타 판넬 시공 완료

SAMOOCM

CHAPTER 13

13장

소규모 수장공사

SBCS 41 90 47 00 소규모 도장공사

SBCS 41 90 51 05 석고보드 및 시멘트판

SBCS 41 90 51 10 바닥공사

CHAPTER 13

01

SBCS 41 90 47 00
소규모 도장공사

1 일반사항

1.1 적용범위

(1) 이 기준은 도장공사에 적용하고, 이 시방에서 정한 바가 없는 경우에는 설계도서에 의한다. 성능, 견본 및 시험에 대하여는 설계도서에 의한다.

CHECK 01 ▶
도장의 목적
• 도장공사는 물체나 건물의 표면에 방습, 방청 등의 성능을 부여하여 내구성 확보와 함께 물체나 건물의 미적 효과를 내게 하는데 목적이 있음

1.2 도장공사 일반 CHECK 01

1.2.1 도장의 품질 및 명칭

(1) 이 기준의 *(2.2)*에서 규정한 품질은 각 공정에서 사용하는 도장재료의 명칭을 표시한 것이다.

1.2.2 도장의 배합비율

(1) 도료의 배합비율 및 희석제의 배합비율은 질량비로서 표시한다. 친환경(환경부하 저감) 제품 적용시 배합비율은 공사감리자의 확인을 받아 조정할 수 있다.

1.2.3 건조시간

(1) 건조시간(도막양생시간)은 온도 약 20 ℃, 습도 약 75%일 때, 다음 공정까지의 최소 시간이고, 온도 및 습도의 조건이 많이 차이 날 경우에는 공사감리자의 확인을 받아 건조 시간을 결정한다.

1.2.4 도장의 표준량

(1) 도장의 표준량은 평편한 면의 단위면적에 도장하는 도장재료의 양이고, 실제의 사용량은 도장하는 바탕면의 상태 및 도장재료의 손실 등을 참작하여 여분을 두어야 한다.

1.2.5 개봉 시의 입회

(1) 도료를 사용하기 위해 개봉할 때는 공사감리자의 입회하에 개봉하는 것을 원칙으로 한다.

1.2.6 체 거르기

(1) 재료의 사용 직전에 오물, 기타 이물질이 섞여 있지 않도록 하고 체에 걸러 사용한다.

1.2.7 바탕 및 바탕면의 건조

(1) 바탕 자체 및 바탕 표면이 건조하지 않을 때에는 충분한 양생기간을 두어, 충분히 건조 시킨 후 그 다음 공정의 작업을 진행시켜야 한다.

1.2.8 도장하지 아니하는 부분

(1) 마감된 금속표면은 별도의 지시가 없으면 도금된 표면, 스테인리스강, 크롬도금판, 동, 주석 또는 이와 같은 금속으로 마감된 재료는 도장하지 않는다.
(2) 움직이는 품목 및 라벨의 움직이는 운전부품, 기계 및 전기부품으로 밸브, 댐퍼 동작기, 감지기 모터 및 송풍기 샤프트는 특별한 지시가 없으면 도장하지 않다. 단, 라벨에는 도장하지 않는다.

1.2.9 도장재료의 종류별 일반사항 CHECK 02

(1) 도장재료의 종류별 일반사항은 *KCS 41 47 00 (1.2.11)*에 따른다. 그 종별의 지정은 설계도서에 의한다.

◀ CHECK 02
도장의 종류
- 도장의 종류에는 크게 투명도료와 불투명도료로 구분할 수 있음
- 투명도료: 바니시, 클리어 래커
- 불투명도료: 유성페인트, 수성페인트, 에나멜 페인트, 합성수지도료

1.3 참고 기준

(1) 소규모 도장공사의 참고 기준은 *KCS 41 47 00 (1.2)*에 따른다.

1.4 용어의 정의

(1) 소규모 도장공사의 용어의 정의는 *KCS 41 47 00 (1.3)*에 따른다.

1.5 제출물

(1) 도장계획 및 도장재료 견본품을 제출하여 색상 및 광택 등에 대하여 공사감리자의 확인을 받는다.

1.5.1 제품자료

(1) 도장자재 및 부자재의 물성, 특성, 품질기준, 배합 및 희석에 관한 자료

(2) 제조업자 제품자료 및 공사시방서 (도장자재 용도별 시공부위, 시공방법, 시공공정, 바탕정리방법, 보양, 희석재 배합비, 작업조건, 자재보관에 관한 특기사항 및 유효보관 기간)

(3) 유지관리 지침서 (페인트와 코팅재의 보수와 현장칠, 오염부위 처리, 청소에 대한 유지관리 자료)

(4) 도장재를 사용할 때 유해물질에 대한 과다노출에 대한 보호 등 안전에 관한 사항

1.5.2 시공계획서

(1) 도장재의 종류 및 수량별 자재반입계획

(2) 층별, 부위별 시공일정계획

(3) 시공부위별 칠공법

(4) 칠 횟수별 도막두께 확인방법, 오염방지계획, 품질관리조직에 관한 사항이 포함된 칠공사 품질관리계획

(5) 시공상태 검측계획서

(6) 해풍의 영향을 받는 지역에 시공하는 외부는 필요한 경우 염해방지 도장 실시 계획을 수립하여 공사감리자의 확인을 받아야 한다.

1.5.3 견본

(1) 제조업자 표준 색견표

(2) 선정된 색상으로 제조업자가 직접 칠하여 제작한 색견표

(3) 도장재의 종류별로 300 ㎜ × 300 ㎜ 크기로 마무리를 각기 다르게 하여 제작한 3개의 시공견본 패널

CHECK 03 ▶
도료 보관상 주의사항
- 직사광성이 들지 않게 보관
- 밀폐된 용기에 보관
- 환기가 잘 되는 곳에 보관
- 화기로부터 먼 곳에 보관

1.6 운반, 보관 및 취급 CHECK 03

(1) 도장재는 밀봉된 용기에 넣어 개봉하지 않은 상태로 반입하고, 용기에는 도장재의 종류, 색상, 수량, 제조일자, 제조일련번호, 상표, 사용상 주의사항, 바탕준비사항, 건조시간, 배합에 관한 제조업자의 지침사항이 명기되어야 한다.

(2) 도장재의 반입 시기는 소요공사기간 외에 품질시험에 소요되는 기간을 고려하여 결정한다.

(3) 가연성 도료의 보관 및 장소

① 가연성 도료는 전용 창고에 보관하는 것을 원칙으로 하며, 적절한 보관 온도를 유지하도록 한다. 반입한 도료 및 사용 중인 도료는 현장 내에서 공사감리자가 지시하는 창고에 보관하고 도료창고에 화기 엄금 표시를 한다.

② 도료창고는 특히 화재에 주의하고, 창고 내와 그 주변에서의 화기 사용을 엄금한다.
도료창고 또는 도료를 둘 곳은 아래 사항을 구비한다.

가. 독립한 단층건물로서 주위 건물에서 1.5 m 이상 떨어져 있게 한다.

나. 건물 내의 일부를 도료 저장장소로 이용할 때에는 내화구조 또는 방화 구조로 된 구획된 장소를 선택한다.

다. 지붕은 불연재로 하고, 천장을 설치하지 않는다.

라. 바닥에는 침투성이 없는 재료를 깐다.

마. 신너를 많이 보관할 때에는 소화방법 및 기타 위험물 취급에 관한 법령에 준하여 소화기 및 소화용 모래 등을 비치한다.

③ 사용하는 도료는 될 수 있는 대로 밀봉하여 새거나 엎지르지 않게 다루고, 샌 것 또는 엎지른 것은 발화의 위험이 없도록 닦아낸다.

④ 도료가 묻은 헝겊 등 자연발화의 우려가 있는 것을 도료보관 창고 안에 두어서는 안 되며 반드시 소각시켜야 한다.

[표 1.6-1] 도장공사 자재반입 및 운반시 안전관리사항

작업내용	위험포인트	안전관리대책
도장공사 자재 반입·운반	· 지게차 전담신호수 미배치(협착,충돌) · 자재 과적재로 인한 운전원 시야 미확보(전복,충돌,협착) · 이동통로 자재방치(전도)	· 지게차 전담신호수 배치 후 작업(신호수 복장 필히 착용 할 것) · 지면에서 1.2m이하 적재된 자재 운반(과적된 자재 정리 후 운반) · 정해진 구간에 자재 하역 및 이동통로 구간 적재 금지

- 출처 : 도장 작업안전(2009, 한국산업안전보건공단, 오지환 외)

CHECK 04 ▶
도장의 작업조건
- 5℃ 미만 작업 금지
- 옥외 작업시 풍속 40km/h 이상일 경우 작업 금지
- 청정한 공기의 지속적인 공급 필요
- 상대습도 85% 초과할 때 작업 금지

1.7 환경조건 CHECK 04

(1) 도장하는 작업 중이나 도료의 건조기간 중, 도장하는 장소의 환경 및 기상 조건이 아래와 같이 좋은 도장 결과를 기대할 수 없을 때에는 공사감리자가 지시할 때까지 도장하여서는 안 된다.

(2) 도장하는 장소의 기온이 낮거나, 습도가 높고, 환기가 충분하지 못하여 도장건조가 부적당할 때, 주위의 기온이 5℃ 미만이거나 상대습도가 85 %를 초과할 때, 눈, 비가 올 때 및 안개가 끼었을 때 다만 별도로 재료, 제조업자의 시방서에 별도로 표시한 경우에는 예외로 한다.

(3) 강설우, 강풍, 지나친 통풍, 도장할 장소의 더러움 등으로 인하여 물방울, 들뜨기, 흙먼지 등이 도막에 부착되기 쉬울 때.

(4) 주위의 다른 작업으로 인하여 도장작업에 지장이 있거나 또는 도막이 손상될 우려가 있을 때.

(5) 도장 작업 시 환기를 충분히 시키고, 밀폐된 공간에서 도장할 경우 반드시 보호 장구를 착용하여야 한다.

2 자재

2.1 재료

2.1.1 도료의 선정

(1) 도장재료는 전 절에서 기술한 친환경 제품을 우선적으로 사용하고 설계도서에서 정하는 바가 없을 경우 그 제조회사 제품 등에 대하여 사전에 공사감리자의 확인을 받는다.

2.1.2 도료의 확인

(1) 도료는 상표가 완전하고 개방하지 않은 채로 현장에 반입하여, 즉시 한국산업표준 표시 여부, 규격번호, 품명, 종별, 제조년월일, 포장의 번호 및 수량, 구성성분(안료 및 용제), 희석방법, 색명 및 번호 등에 대하여 공사감리자의 확인을 받는다.

2.1.3 가연성 도료의 보관 및 장소 CHECK 05

(1) 가연성 도료는 전용 창고에 보관하는 것을 원칙으로 하며, 적절한 보관온도를 유지하도록 한다.

① 반입한 도료 및 사용 중인 도료는 현장 내에서 공사감리자가 지시하는 창고에 보관하고, 도료창고에 화기 엄금 표시를 한다.

② 도료창고는 특히 화재에 주의하고, 창고 내와 그 주변에서의 화기 사용을 엄금한다. 도료창고 또는 도료를 둘 곳은 아래 사항을 구비한다.

가. 독립한 단층건물로서 주위 건물에서 1.5m 이상 떨어져 있게 한다.

나. 건물 내의 일부를 도료의 저장장소로 이용할 때는 내화구조 또는 방화구조로 된 구획된 장소를 선택한다.

다. 지붕은 불연재로 하고, 천장을 설치하지 않는다.

라. 바닥에는 침투성이 없는 재료를 깐다.

마. 희석제를 보관할 때에는 위험물 취급에 관한 법규에 준하고, 소화기 및 소화용 모래 등을 비치한다.

③ 사용하는 도료는 될 수 있는 대로 밀봉하여 새거나 엎지르지 않게 다루고, 샌 것 또는 엎지른 것은 발화의 위험이 없도록 닦아낸다.

④ 도료가 묻은 헝겊 등 자연발화의 우려가 있는 것을 도료보관 창고 안에 두어서는 안 되며, 반드시 소각시켜야 한다.

◀ CHECK 05

가연성 도료 보관장소 예시

2.1.4 품질시험

(1) 도료의 품질에 대하여 공사감리자가 필요하다고 인정할 때에는 한국인정기구 (KOLAS)에서 인증한 기관이나 관련 법령에 의해 국가가 인정한 시험기관에 의뢰하여 시험을 실시한다.

2.1.5 도료의 조색

(1) 도료의 조색은 전문 제조회사가 견본의 색상, 광택으로 조색함을 원칙으로 한다. 다만, 사용량이 적을 때에는 공사감리자의 확인을 받아 현장에서 동종 도료를 혼합하여 조색할 수 있다.

2.1.6 유해물질 CHECK 06

(1) 어린이 활동공간에 사용되는 도료는 중금속(납, 카드뮴, 수은 및 6가 크로뮴)의 합이 질량분율로 0.1% 이하이어야 하고, 어린이의 손이 닿는 난간 및 창호의 표면에는 가급적 중금속 등 유해물질의 함유량이 적은 도료 및 실내공기질 기준을 만족하는 도료를 사용하는 등 어린이 활동공간에 대한 안전기준에 적합하도록 시공한다.

▼ CHECK 06

6가 크로뮴(6가 크롬)

- 6가 크롬은 비용해성으로 대부분 산소와 결합하는 강력한 산화제로 사용되는 발암성 물질이다. 일반적으로 환경 중에 존재하는 형태는 주로 3가, 6가 크롬이며, 6가 크롬은 다시 수용성과 불용성으로 구분할 수 있다.
- 6가 크롬화합물은 체내에서 비점막의 궤양, 비중격천공, 비염, 비출혈, 고막천공, 폐수정, 천식, 신장해, 심와부 동통, 치아산식증과 치아변색, 1차적 자극성 피부염, 감작성 피부염 및 피부궤양을 일으킨다.

<출처> 허용기준 대상물질 13종 노출 실태 조사 연구, 6가 크롬화합물(2014, 최아름 외)

2.2 도료의 종류 및 품질

(1) 이 시방에서 쓰는 도료의 종류 및 품질은 *KCS 41 47 00 (2.2)*에 따른다. 규격, 종별의 선정, 희석제의 배합비율, 도료 용도의 선정 등에 대해서는 각 절의 도장방법에 의한다.

2.3 탄성도료(탄성코트)

(1) 탄성이 있는 합성수지 에멀젼과 안료(단색을 기준으로 사용하되 현장여건에 따라 2가지 이상 색상의 다채무늬 적용가능)를 주성분으로 한 수성페인트로서 품질기준 및 시험방법은 아래 품질기준을 따른다.

[표 2.3-1] 탄성도료 품질기준

항목		품질기준		시험방법
		중도	상도	
도료	용기 내에서의 상태	혼합했을 때 딱딱한 덩어리가 없이 균일해야 한다		KS M 5000-2011
	도장 작업성	도장 작업에 지장이 있어서는 안된다		KS M 5000-2421
	주도(KU)	82~140	65-100	KS M 5000-2122
	비휘발분(%)	30이상		KS M ISO 3251
	건조시간(고화)	6시간 이내	24시간 이내	KS M 5000-2511
	광택(60°)	60이상	30~60	KS M ISO 2813
도막1)	건조도막상태	도막 외관에 이상이 없을 것		-
	내수성	48시간 침지 후 도막 외관에 이상이 없을 것		KS M ISO 2812-2
	내알칼리성	18시간 침지 후 도막 외관에 이상이 없을 것		KS M ISO 2812-1
	내세척성	100회 이상		KS M 5000-3351

주 1) 도막은 하도, 중도, 상도가 포함된 완성 도막상태로 시험한다. 다만, 제품특성에 따라 하도, 중도만 포함된 도막도 포함될 수 있다.
2) 하도의 품질기준은 제조사의 품질기준에 준한다.

2.4 도장

[표 2.4-1] 도장의 구성

- 출처 : BUILDING CONSTRUCTION ILLUSTRATED SIXTH EDTION(2021, 김훈 외)

구성	용도 및 성분	
안료	코팅에 색상과 불투명도를 부여하기 위해 액체 용제에 현탁된 미세하게 분쇄된 불용성 물질	
전색제	일관성, 접착력, 광택 및 내구성을 제어하기 위해 표면에 도포하기 전에 안료를 분산시키는 액체	결합재는 건조과정에서 안료 입자를 점착성 필름으로 결합시키는 페인트 용제의 비휘발성 성분이다.
		용제/솔벤트 또는 희석재/시너는 붓, 롤러 또는 스프레이로 도포 할 때 원하는 일관성을 보장하는 페인트 용제의 휘발성 성분이다.

2.4.1 페인트

(1) 페인트는 액체 용제에 현탁해 놓은 고체 색소의 혼합물이며 보호 및 장식을 위해 표면에 얇고 (일반적으로는) 불투명한 코팅으로 적용한다.

① 프라이머는 페인트 또는 바니시의 후속 코팅의 접착력을 향상시키기 위해 표면에 적용되는 밑칠이다.

② 실러는 페인트 또는 바니시의 후속 코팅의 흡수를 감소시키거나 마감 도장을 통한 번짐을 방지하기 위해 표면에 적용되는 밑칠이다.

③ 유성페인트는 산화되고 굳어지는 건성유를 사용하며 얇은 층으로 공기에 노출될 때 단단한 탄성 필름을 형성한다.

④ 알키드 페인트는 화학적으로 변형된 콩 또는 아마인유와 같은 알키드 수지를 접합재로 사용한다.

⑤ 라텍스 페인트는 유제에서 물이 증발함에 따라 결합하는 아크릴 수지를 접합재로 사용한다.

⑥ 에폭시 페인트는 마모, 부식 및 화학 물질에 대한 내성을 높이기 위한 접합재로 에폭시 수지를 사용한다.

⑦ 방청페인트와 프라이머는 금속 표면의 부식을 방지하거나 줄이기 위해 부식방지 안료를 추가하여 특별히 제조한 것이다.

⑧ 연소지연 페인트/ 방화도료는 가연성 물질의 화염 확산을 줄이기 위해 실리콘, 폴리 염화비닐 또는 기타 물질로 특별히 제조한 것이다.

⑨ 팽창성 방화 도료는 화재의 열에 노출 될 때 팽창하여 화염 확산과 연소를 지연시키는 불활성 폼의 두꺼운 단열층을 형성한다.

⑩ 내열 페인트는 고온에 견딜 수 있도록 실리콘 수지로 특별히 제조한 것이다.

[표 2.4.1-1] 내부벽체 페인트 종류별 특징

구분		내부벽체 페인트				
		친환경 수성 페인트	비닐페인트	친환경 일반 수성 페인트	아크릴페인트	다채무늬페인트
구성		아크릴 에멀젼	고급 PVA수지	아크릴 에멀젼	아크릴 수지	아크릴 에멀젼 수지
도장 사양	광택	무광	무광	무광	무광/반광/유광	-
	두께	80㎛(2회 기준)	80㎛(2회 기준)	80㎛(2회 기준)	80㎛ (2회 기준)	80㎛ (TEXTURE 두께 제외)
	방법	붓, 롤러, 스프레이 도장	붓, 롤러, 스프레이 도장	붓, 롤러, 스프레이 도장	붓, 롤러, 스프레이 도장	붓, 롤러, 스프레이 도장
	색상	모든 색	모든 색	모든 색	-	-
불연성적서		O	O	O	O	O
특징		· 친환경 수성 페인트 (최우수 등급) · Easy Cleaning기능 · 물세척 가능 · 미세 크랙 방지 기능 · 방균 기능 내포 · 포름알데히드를 분해시켜 쾌적한 주거환경 조성	· 은은하고 미려한 특유의 광택 · 평활하고 매끈한 외관 형성 · 작업성 우수	· 친환경 페인트 · 가장 일반적인 자재로 작업성 우수 · 안료 패킹 개선을 통한 후도막 · 크랙 개선 · KS 1급 기준 만족	· 친환경 자재 (수용성 아크릴 제품) · 색상 표현 및 내수성, 내오염성 우수 · 광택 및 은폐력, 내후성 우수 · 걸레받이, 낙서방지 기능 등을 혼합·단일화 한 아크릴페인트 · 불연 제품 성적서 취득	· 다양한 패턴 및 질감 · 판상의 칩 형태 입자로 다양한 무늬구현 · 내알칼리성 우수 · 냄새가 없으며, 물세척 가능
적용장소		· 콘크리트 · 걸레받이 · 몰탈 마감	· 콘크리트 · 걸레받이 · 몰탈 마감	· 콘크리트 · 걸레받이 · 몰탈 마감	· 콘크리트 · 걸레받이 · 몰탈 마감	· 내부 계단실, 복도 등의 콘크리트, 시멘트 몰탈 마감부위
시공사진				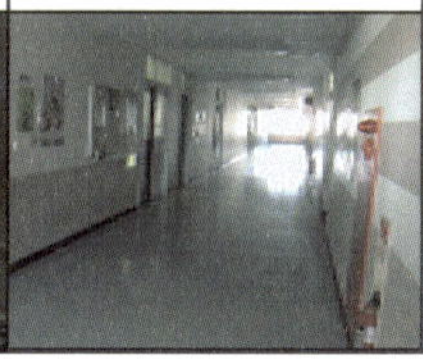		

[표 2.4.1-2] 외부벽체 페인트 종류별 특징

구분		외부벽체 페인트			내화 페인트
		친환경 수성 페인트	실리콘 페인트	불소 페인트	
구성		아크릴 에멀전 수지	실리콘 아크릴 에멀전 수지	불소 수지	아크릴수지, 에폭시수지, 난연제
도장 사양	광택	무광	무광	무광	–
	두께(um)	80 (2회 기준)	80 (2회 기준)	52 外	1시간: 기둥/보 0.70㎜ 2시간: 기둥 2.65㎜/ 보 3.35㎜ 3시간: 기둥11.15㎜/보 11.20㎜
	도장 방법	붓, 롤러, 스프레이 도장	붓, 롤러, 스프레이 도장	붓, 롤러, 스프레이 도장	하도: B,R,S /중도: S /상도: B,S
	색상	모든 색	모든 색	모든 색	상도: 모든색
특징		·KS1급 기준 만족 ·구도막과의 부착성 향상	·발수 성능이 우수해 물에 잘 젖지 않음 ·통기성(수증기투과성) 우수 ·소지와 도막간 부착력 우수 ·내후성 및 내오염성 우수	· 내오염성, 내수성, 내약품성 우수 · 부착력, 내후성 우수 · 염분에 강함 · 보수기간 20년	·빠른 건조 / 우수한 내수성 및 내크랙성 ·내화뿜칠 대비 환경 친화적, 고내구성, 외관 우수, 공기단축 가능
적용장소		·콘크리트, 시멘트 몰탈 등으로 마감한 외부용 친환경 마감 도료	·콘크리트, 시멘트 몰탈 등으로 마감한 건물의 고내후성 외부용 마감 도료	· 알루미늄패널 / 커튼월 프레임 外	·식품 생산 공장, 화학/제약 공장 ·냉동/냉장 창고, 물류 창고 ·급식실/조리실
시공 예시사진					

2.4.2 스테인

스테인은 액체에 현탁된 염료 또는 염료 용액으로, 나뭇결을 가리지 않고 목재 표면에 침투하여 색을 칠하기 위해 적용한다.

① 침투성 스테인은 목재 표면에 스며든 후 표면에 매우 얇은 막을 생성한다.

② 물 스테인은 액체에 염료를 녹여 만든 침투성 스테인이다.

③ 알코올성 스테인은 알코올이나 알코올성 염료를 녹여 만든 침투성 스테인이다.

④ 착색 또는 불투명 스테인은 목재 표면의 결과 질감을 가릴 수 있는 안료가 포함된 오일 스테인이다.

⑤ 오일스테인은 건성유 또는 오일 바니시 액체에 염료를 용해하거나 안료를 현탁하여 만든다.

CHECK 07 ▶
바니시란?
▪ 바니시는 천연수지, 합성수지 또는 역청질 등을 건성유와 같이 열반응시켜 건조제를 넣고 용제에 녹인 것을 말한다.

2.4.3 바니시 CHECK 07

바니시는 오일(오일 바니시) 또는 알코올(알코올성 바니시)에 용해된 수지로 구성된 액체로, 펴서 건조하면 단단하고 광택이 있으며 일반적으로 투명한 코팅을 형성한다.

① 스파(spar) 또는 마린(marine) 바니시는 내구성이 있는 수지와 아마인 또는 동유로 만든 내구성 및 내후성이 있는 바니시이다.

② 폴리우레탄 바니시는 같은 이름의 플라스틱 수지로 만든 매우 단단하고 내마모성 및 내화학성이 있는 바니시이다.

③ 래커는 고광택 필름을 형성하기 위해 증발에 의해 건조되는 용매에 용해된 니트로 셀룰로오스 또는 기타 셀룰로오스 유도체로 구성된 다양한 투명 또는 유색 합성 코팅을 말한다.

④ 셸락(shellac)은 정제된 랙(lac) 조각을 변성 알코올에 녹여 만든 알코올성 바니시이다.

3 시공

3.1 시공일반 CHECK 08

3.1.1 도료의 견본품

(1) 도장 도료 견본품을 제출하여 색상 및 광택 등에 대하여 공사감리자의 확인을 받는다.
(2) 도장 견본 도료 및 견본품은 변색하지 않게 보존해 둔다.
(3) 다만, 견본품 크기의 치수는 공사감리자의 지시에 따르되 다음 치수의 것을 권장한다.
① 철재 바탕일 때는 300×300mm의 것으로 하고 색채와 질감이 유사한 2개의 표본을 제출하되 광택, 색상의 질감이 요구하는 수준에 도달할 때까지 표본을 다시 제출한다.
② 모르타르, 콘크리트 바탕일 때는 100×100mm의 크기의 것으로 하고, 종류가 각기 다른 마감 및 색채를 지닌 것으로 한다. 그리고 퍼티재, 하도용 도료 및 상도용 도료를 도장한 견본품을 2개 제출한다.
③ 목재 바탕일 때는 목재 표면 위에 도장한 견본품과 자연 그대로의 100×200mm 크기의 견본품 2개를 제출한다.

3.1.2 도료의 배합 및 배합장소

(1) 도료는 바탕면의 조밀, 흡수성 및 기온의 상승 등에 따라 배합 규정의 범위 내에서 도장하기에 적당하도록 조절한다.
(2) 도료의 배합은 공사감리자가 지정하는 장소에서 공사감리자의 입회하에 실시한다.

3.1.3 도장용 기구

(1) 붓, 롤러, 주걱, 분무 도장기, 기타 도장용 기구는 쓰기 좋은 상태로 깨끗하게 하여 사용한다.

3.1.4 도장하기

(1) 도장은 추천 도료량에 따르고 고임, 얼룩, 흘러내림, 주름, 거품 및 붓자국 등의 결점이 생기지 않도록 균등하게 도장한다.

3.1.5 보 양

(1) 도장면에 오염 및 손상을 주지 않도록 주의하고, 필요에 따라 적당한 보양작업을 한다.

3.1.6 검 사

(1) 각 공정마다 공사감리자의 검사 및 확인을 받는다.

3.1.7 정리, 정돈 및 재해방지

(1) 배합 장소 및 작업장은 잘 정리 및 정돈하고 청소하여 두며, 대팻밥, 종이 등 분진이 날아다니지 않게 한다.
(2) 사용한 연마지, 빈틈, 양생지 등도 청소 및 처분한다.
(3) 가연성 도료를 취급할 때에는 화기를 엄금하고, 도료가 묻은 헝겊 등은 산화 열의 축적으로 자연 발화가 될 우려가 있으므로 안전한 장소에 정리하고, 그 폐품은 속히 현장 밖으로 폐기 처분한다.

3.2 시공공정

3.2.1 바탕면 만들기

(1) 방청도장 CHECK 09
① 처음 1회 째의 녹막이도장은 가공장에서 조립 전에 도장함을 원칙으로 하고, 화학처리를 하지 않은 것은 녹제거 직후에 도장한다. 다만, 부득이하게 조립 후에 도장을 할 때 조립하면 밀착되는 면은 1회, 장래 녹막이도장이 곤란하게 되는 면은 1~2회씩 조립 전에 도장한다.

◀ CHECK 08

목재부 도장의 순서
❶ 바탕처리
❷ 초벌칠
❸ 퍼티 바름
❹ 연마작업
❺ 재벌칠
❻ 연마작업
❼ 정벌칠

철제면 칠 도장의 순서
❶ 바탕처리
❷ 방청 초벌칠
❸ 퍼티 바름
❹ 연마작업
❺ 재벌칠
❻ 정벌칠

◀ CHECK 09

방청도료(녹막이)칠의 종류
• 광명단
• 징크로메이트 도료
• 아연 분말 도료
• 알루미늄 도료
• 역청질 도료
• 산화철 녹막이 도료

② 현장 반입 후 도장은 현장에서 설치하거나, 짜 올릴 때 용접 부산물 또는 부착물을 제거한 후 녹막이도장을 1~2회 실시한다. 다만, 설치 후 도장이 불가능한 부분은 설치 전에 도장한다.

③ 바탕재의 종류에 따라 해당되는 제조회사 및 규격제품에 따라야 하며, 공사감리자의 확인을 받아 침지도장 방법으로 해도 좋다.

(2) 퍼티 먹임

① 바탕면의 상태에 따라 면의 우묵한 구멍, 빈틈, 틈서리, 갈라진 곳 등의 부분에는 구멍땜용 퍼티를 나무주걱, 쇠주걱 등으로 될 수 있는 한 얇게 눌러 채우고, 건조 후에 연마지(P160~180)로 마무리한다.

② 필요에 따라 표면이 평탄하게 될 때까지 1~3회 되풀이해 채우고 평활하게 될 때까지 갈아낸다.

③ 다만, 외부의 처마둘레, 비늘판 등은 지장이 없는 한 생략해도 좋다.

④ 퍼티가 완전히 건조하기 전에 연마지 갈기를 해서는 안 된다.

(3) 흡수방지제

① 바탕재가 소나무, 삼송 등과 같이 흡수성이 고르지 못한 바탕재에 색올림을 할 때에는 흡수방지 도장을 한다.

② 흡수방지는 방지제를 붓으로 고르게 도장하거나 스프레이 건으로 고르게 1~2회 스프레이 도장한다.

(4) 착색

① 착색제의 도장방법은 붓도장으로 하고, 대강 건조되면 붓과 부드러운 헝겊으로 여분의 착색제를 닦아내고 색깔 얼룩을 없앤다.

② 건조 후, 도장한 면을 검사하여 심한 색깔의 얼룩이 있을 때에는 다시 색깔 고름질을 전술한 바와 같은 방법으로 작업한다.

(5) 눈먹임

① 눈먹임제는 빳빳한 털붓(돼지털의 붓) 또는 나무주걱, 쇠주걱 등으로 잘 문질러 나뭇결의 잔구멍에 압입시키고, 여분의 눈먹임제는 닦아낸다. 잠깐 동안 방치한 후 반건조하여 끈기가 남아 있을 때에 면방사 헝겊이나 삼베 헝겊 등으로 나뭇결에 직각으로 문질러 놓고 다시 부드러운 헝겊 등으로 닦아낸다.

② 귀, 문선, 문틀 등에는 눈먹임제가 남지 않도록 한다. 색올림을 하지 않고 눈먹임을 하였을 때에는 눈먹임제가 충분히 건조하는 것을 기다려 P240 정도의 연마지로 가볍게 도장면을 문질러 남아 있는 눈먹임제를 제거한다.

③ 눈먹임 공정 전에 색올림을 하였을 때에는 연마지로 닦지 않고 헝겊 등으로 여분의 눈먹임제를 깨끗이 닦아낸다. 이때 색올림층이 벗겨지지 않게 주의한다.

(6) 갈기(연마)

① 갈기에는 마른 연마와 물 연마가 있으나 일반적으로 건축도장에서는 마른 연마를 주로 사용한다.

② 바탕의 오물, 기타 잡물을 제거한 후 필요한 연마지를 가볍게 나뭇결에 따라서 혹은 일직선, 타원형으로 바탕면 갈기 작업을 한다. 갈기가 필요할 때 도장도막이 충분히 경과・건조된 후가 아니면 갈기를 하여서는 안 된다.

③ 갈기에 쓰이는 연마재료 및 갈기법은 다음에 따른다.

가. KS L 6001의 P320~P400 정도의 연질의 경석분 또는 퍼미스 스톤가루를 약 5배의 물에 이긴 것에 담가 짠 펠트 또는 천에 묻혀 간다.

나. P320~P400의 내수연마지를 쓰고, 뒤쪽에 코르크, 고무 등의 받침을 하고, 도장면을 적시면서 갈기를 한다.

④ 갈기 부분을 적실 때에는 한꺼번에 불필요한 부분까지 적시지 않도록 주의한다.

⑤ 갈기는 나뭇결에 평행으로 충분히 평탄하게 되도록 또한 광택이 없어질 때까지 갈고, 간 부분은 간 찌꺼기가 마르기 전에 맑은 물에 적신 해면, 스펀지 등으로 도장면을 닦아 간 찌꺼기나 오염을 제거하고, 다시 씻어 꼭 짠 스펀지 등으로 훔쳐낸 다음 버프 또는 비닐 스펀지로 수분을 충분히 훔쳐낸다. 다시 2시간 이상 방치한 후 도장면이 완전히 건조하면 다음 공정을 실시한다.

3.2.2 바탕 만들기 및 바탕면 처리

(1) 바탕 만들기 및 바탕면 처리 일반

① 녹, 유해한 부착물(먼지, 기름, 타르분, 회반죽, 플라스터, 시멘트 모르타르) 및 노화가 심한 낡은 구도막은 완전히 제거한다.

② 면의 결점(홈, 구멍, 갈라짐, 변형, 옹이, 흡수성이 불균등한 곳 등)을 보수하여 면을 도장하기 좋은 상태로 한다.

③ 배어나오기 또는 녹아나오기 등에 의한 유해물(수분, 기름, 수지, 산, 알칼리 등)의 작용을 방지하는 처리를 한다.

④ 도장의 부착이 잘 되도록 하기 위해 연마 등의 필요한 조치를 한다.

⑤ 비도장 부위는 바탕면 처리나 칠하기에 앞서 보양지 덮기 등 도료가 묻지 않게 조치해야 한다.

⑥ 바탕만들기 공정의 종별(바탕의 종류, 바탕만들기 공법)은 *[표 3.2.2-1]*에 따르고 종별의 지시가 없을 때에는 철재면에서는 3종, 아연도금면에는 2종 또는 3종, 경금속 및 동합금면에는 2종으로 한다.

⑦ 다만, 비닐계 도료 도장일 때에는 철재면에는 2종, 아연도금면에는 1종으로 하고, 100℃ 이상 온도에서 건조시키는 공업용 도장시는 1종(인산염처리)으로 적용한다.

(2) 바탕의 종류에 따른 바탕 만들기 공정은 *KCS 41 47 00 (3.3.2)*에 따른다.

[표 3.2.2-1] 바탕만들기의 도장방법

바탕의 종류	도장종류	공법
목재면, 플라스터면, 모르타르면, 콘크리트면	1종	부분 퍼티처리
	2종	전면 퍼티처리
	3종	이음새 퍼티처리
철재면	1종	인산염(인산염)처리를 할 때
	2종	금속바탕처리용 프라이머를 칠할 때
	3종	보통의 금속
아연도금면	1종	금속바탕처리용 프라이머를 칠할 때
	2종	황산아연의 수용액을 칠할 때
	3종	옥외로서 풍우에 접할 때
경금속 및 동 합금면	1종	인산염처리를 할 때
	2종	금속바탕처리용 프라이머를 칠할 때

3.2.3 다양한 재료에 대한 권장사항

(1) 페인트 또는 기타 코팅이 가해지는 모든 재료는 코팅을 표면에 접착하고 코팅 수명을 최대화하기 위해 적절히 준비하며 프라이머 도막을 선행해야 한다. 일반적으로 칠면은 건조하고 먼지, 기름, 습기 및 곰팡이와 같은 오염물질은 없어야 한다. 다음의 *[표 3.2.3-1]*은 다양한 재료에 대한 권장사항이다.

(2) 필요한 표면 처리 및 프라이머 도막 외에도 코팅 선택 시 고려해야 할 다른 사항은 다음과 같다.

① 코팅이 적용되는 표면과의 호환성

② 적용 방법 및 필요한 건조 시간

③ 사용 조건 및 물, 열, 햇빛, 온도 변화, 곰팡이, 화학 물질 및 물리적 마모에 대한 내성

④ 유해한 휘발성 유기 화합물의 방출 가능성

- 출처 : BUILDING CONSTRUCTION ILLUSTRATED SIXTH EDTION(2021, 김훈 외)

[표 3.2.3-1] 다양한 재료에 대한 권장사항

다양한 재료	권장사항
	벽돌 표면에는 먼지, 약한 모르타르, 백화 및 기타 이물질이 있게 마련이다. 쇠솔질, 공기압 또는 스팀으로 청소하여 제거한다. 라텍스 프라이머 실러 또는 투명한 실리콘 발수제로 밀봉한다.
	콘크리트 조적은 완전히 건조하고 먼지가 없어야 하며 모르타르가 약하거나 과하면 안된다. 거친 표면의 음향 값이 중요하지 않을 경우 다공성 표면은 블록 충전제 또는 시멘트 그라우트 프라이머가 필요할 수 있다.
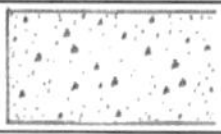	콘크리트 표면은 잘 경화된 상태에서 먼지, 박리제 및 경화 화합물이 없어야 한다. 그라우트 표면을 라텍스, 알키드 또는 오일 프라이머 실러로 프라이머 도막을 형성한다. 콘크리트 표면을 투명한 실리콘 발수제로 밀봉할 수 도 있다.
-	콘크리트 바닥에는 먼지, 왁스, 그리스 및 기름이 없어야 하며 코팅의 접착력을 향상시키기 위해 염산 용액으로 내식작업을 해야 한다. 프라임 도막은 내알칼리성 코팅으로 해야 한다.
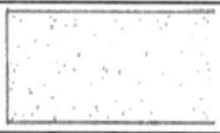	석고보드 표면은 깨끗하고 건조해야 하며 종이 표면의 섬유가 도장면에서 도드라지지 않도록 라텍스 프라이머 실러를 사용해야 한다.
	플라스터 및 스투코 표면은 완전히 건조되고 경화되어야 함. 라텍스, 알키드 또는 오일 프라이머 실러로 프라이머 도막을 진행한다. 굳지 않은 플라스터는 내알칼리성 코팅으로 프라이머 도막을 해야 한다.
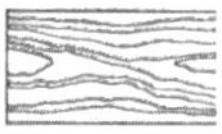	목재는 깨끗하고 잘 건조되어야 한다. 옹이와 송진 얼룩은 프라이머 도장 전에 사포질과 충전으로 매끈하게 만들어 놓는다. 도장 할 표면은 목재의 수분 함량을 안정화하고 후속 도장의 흡수를 방지하기 위해 프라이머 도막작업을 하거나 밀봉한다. 얼룩 및 일부 페인트는 자체 프라이머 도막층을 형성할 수 있다. 모든 못 구멍, 균열 및 기타 작은 구멍은 프라임 도막 후에 밀봉해야 한다.
-	오래된 페인트 표면은 사포질하거나 세제 용액으로 깨끗이 세척하여 건조시켜야 한다.
	철금속 표면에는 녹, 이물질이 없어야 함. 용제 또는 쇠솔질, 샌드블라스팅, 불꽃청소 또는 산으로 세척해야 한다. 녹방지 프라이머를 쓴다.
-	아연도금 된 철은 용제 또는 화학 세척으로 그리스, 잔류물 및 부식을 모두 제거해야 한다. 산화 아연 또는 포틀랜드 시멘트 페인트로 프라임 도막 해야 함. 풍화 처리된 경우 아연도금 된 철은 철 금속으로 간주할 것.

3.2.4 도장공법 CHECK 10

(1) 붓 및 롤러: 붓 및 롤러는 사용하는 도료의 성질과 도장하는 부위가 적절한 것을 쓴다.

① 붓도장

가. 붓도장은 일반적으로 평행 및 균등하게 하고 도료량에 따라 색깔의 경계, 구석 등에 특히 주의하며 도료의 얼룩, 도료 흘러내림, 흐름, 거품, 붓자국 등이 생기지 않도록 평활하게 한다.

② 롤러도장

가. 롤러도장은 붓도장보다 도장속도가 빠르다. 그러나 붓도장 같이 일정한 도막두께를 유지하기가 매우 어려우므로 표면이 거칠거나 불규칙한 부분에는 특히 주의를 요한다.

(2) 주걱(헤라) 및 레기: 주걱 및 레기는 사용하는 도료의 성질과 도장하는 부위가 적절한 것을 쓴다.

① 주걱도장

가. 주걱도장은 표면의 요철이나 홈, 빈틈을 없애기 위하여 주로 점도가 높은 퍼티나 충전제를 메우거나 훑고 여분의 도료는 긁어 평활하게 한다.

② 레기도장

가. 레기도장은 자체 평활형 도료 시공에 사용한다. 도장면적과 도막두께에 의해 계산된 도료를 바닥에 부어 두께를 조절하여 레기를 긁어 시공한다.

CHECK 10 ▶

붓도장 및 롤러도장

- 솔칠(붓도장)은 인력에 의한 도장이므로 속도가 느리지만 적은 면적과 협소한 지역에 사용하면 좋다.
- 모임, 흘림, 거품이 생기지 않도록 시공하고, 문틀주위, 구석, 걸레받이 등에 균등하게 도장해야 한다.
- 롤러칠(롤러도장)은 넓은 면적에 유용하며 구석은 붓칠로 마감한다.

레기도장 시공 예시

(3) 스프레이 도장공법

① 스프레이 도장기구

스프레이 도장에는 도장용 스프레이건을 사용한다. 래커타입의 도료일 때에는 노즐구경 1.0~1.5mm, 스프레이의 공기압은 0.2~0.4N/mm²를 표준으로 하고 사용재료의 묽기 정도에 따라 적절히 조절한다. 스프레이건에 쓰이는 압축공기는 유분, 수분, 먼지 등이 섞이지 않게 하고, 또한 공기압이 사용 중 0.02N/mm² 이상 증감되지 않도록 적절한 장치를 한다. 도료 자체를 고압(14.7N/mm² 전후)으로 가압하여 도장을 작은 유출관으로 배출시켜 안개처럼 뿜어내는 에어레스 스프레이 방법도 있다. 에어레스 스프레이 노즐팁은 0.02~0.1mm의 것이 사용되며, 수치가 커짐에 따라 도막두께도 두껍게 할 수 있다.

② 스프레이 도장방법

도장거리는 스프레이 도장면에서 300mm를 표준으로 하고 압력에 따라 가감한다. 스프레이할 때에는 매끈한 평면을 얻을 수 있도록 하고, 항상 평행이동하면서 운행의 한 줄마다 스프레이 너비의 1/3 정도를 겹쳐 뿜는다. 각 회의 스프레이 방향은 전회의 방향에 직각으로 한다. 매 회의 에어스프레이는 붓도장과 동등한 정도의 두께로 하고, 2회분의 도막 두께를 한 번에 도장하지 않는다. 에어레스 스프레이 도장은 1회 도장에 두꺼운 도막을 얻을 수 있고 짧은 시간에 넓은 면적을 도장할 수 있다. 무용제 초속경화형 도장에는 고온 고압의 충돌혼합 스프레이를 사용하면 빠른 시간에 도장 및 건조 작업을 완료할 수 있다.

▼ CHECK 11

정전 스프레이 도장

- 고압의 정전기를 분산시켜 물체의 표면에 에어 스프레이 건으로 도료를 부착시키는 공법

[표 3.2.4-1] 도장시공의 도료손실

도장 시공 방법	도료손실
에어스프레이도장	30 ~ 40 %
가열 에어스프레이도장	15 ~ 30 %
에어리스 스프레이 도장	10 ~ 20 %
정전스프레이 도장 CHECK 11	5 ~ 15 %
붓 도장 및 로울러브러쉬도장	4 ~ 8 %

(4) 도료의 체거르기

도료는 사용 전에 체로 걸러서 사용함을 원칙으로 한다. 체는 KS A 5101-1,2,3에 의하고 *[표 3.2.4-2]*를 표준으로 한다.

[표 3.2.4-2] 도장의 체거르기

도료 종류	사용하는 체	비고
수성 도료	53~75㎛	휘저어 거르기
유성 도료	106~125㎛	휘저어 거르기
바니시, 에나멜, 래커	125~150㎛	자연 거르기

(5) 연마재료 및 연마지 갈기

① 연마재료 : 연마재의 입도, 연마포, 연마지, 내수연마지는 다음 규격에 합격하는 것으로 한다.

가. KS L 6001　　나. KS L 6002　　다. KS L 6003

② 연마지 갈기

가. 각 공정의 연마지 갈기는 밑층 도장의 도장막이 건조한 다음, 각층마다 하는 것을 원칙으로 하고, 연마지의 입도는 각 절의 표에 나타난 도장공정의 내용으로 한다.

나. 일반적으로 연마지 갈기는 창호, 수장, 가구 등에 대해서는 면밀히 하고, 일반 구조체 및 옥외의 비늘판, 처마둘레 등 마무리가 고급이 아닌 것은 생략한다.

다. 도장, 건조, 연마를 매 회마다 원칙으로 하며, 정벌도장에 가까울수록 입도가 작은 연마지를 쓰고, 차례로 면밀히 한다.

(6) 하도(방청 포함), 중도, 상도공정

① 도장하기 법규는 *(3.2.2의 (1), (2))*에 준하며, 불투명한 도장일 때에는 하도, 중도, 상도공정의 각 도막 층별로 색깔을 될 수 있는 한 달리하여 몇 번째의 도장도막인가를 판별할 수 있도록 한다.

(7) 도장공사의 안전

① 도장공사는 일정한 장소에서 작업할 수 없고, 현장별 이동작업이 특색이다.
따라서 작업의 효율을 최대한으로 얻기 위해 작업자가 작업에 익숙해야 하고, 다음과 같은 안전수칙을 준수하여야 한다.

가. 도장재료는 화기로부터 보호받을 수 있는 안전한 공간에 보관하여야 한다.
나. 정류기 형태의 전기 모터 옆에서는 도장작업을 하지 않으며, 표면처리와 도장기기를 사용할 때는 반드시 방폭장치를 사용한다.
다. 용제 처리 및 도료의 도장은 반드시 열이 없는 표면에서만 실시한다.
라. 사고의 발생 시, 응급처치를 위해 즉시 보고하고, 도료보관 창고에는 방폭전등 및 밀폐스위치를 사용해야 한다. CHECK 12
마. 작업장 주위는 항상 정리·정돈 및 청소가 되어 있어야 한다.
바. 안전모, 안전벨트, 안전안경, 방진마스크 등의 보호장비는 항상 준비했다가 작업 시에는 반드시 착용하고 작업하여야 한다.
사. 화기예방을 위한 소화장비를 항상 작업장 주위에 배치하고 작업하여야 한다.

CHECK 12 ▶
방폭전등 제품 및 설치 사례

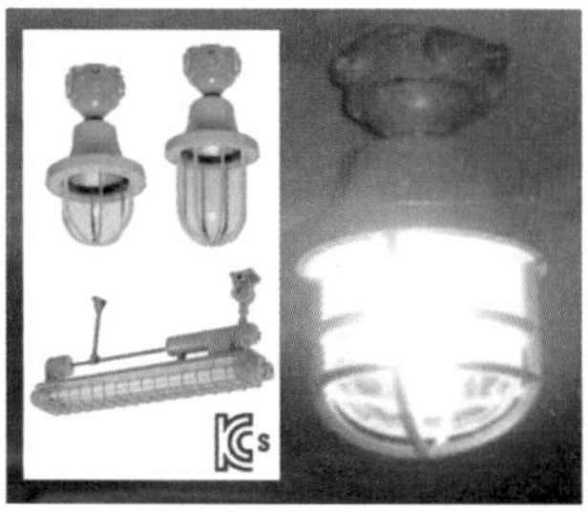

3.3 재료별 도장 공정

(1) 재료별 도장 공정 및 주의사항은 *KCS 41 47 00 (3.4.1~3.4.19)*에 따른다.

3.4 탄성도료

3.4.1 시공조건 확인

(1) 표면처리

① 부착물, 레이턴스, 오염 등 바탕을 깨끗이 하고 바탕의 균열, 구멍 등의 주위는 모르타르 또는 수지를 사용하여 만든 퍼티로 메꾸며 건조 후 평활하게 유지한다. 또한 바탕면 불량, 배합이 맞지 않은 시멘트 풀칠은 들뜸의 요인이 되므로 콘크리트 바탕면은 연마 후 도장을 권장한다.

② 벽체, 천장의 콘크리트 및 미장면은 반드시 2개월 이상 건조시키고, 수분 함유율이 10% 이하(적정 알칼리도 PH 9이하)를 확인한 후 본 공사를 시행토록 한다.

(2) 도장방법

① 비·눈 오는 날, 습도가 높은 날(85% 이상), 온도가 낮거나 높은 곳(5℃ 이하, 40℃ 이상) 등 환경조건이 불리할 경우 작업을 금지한다.

② 탄성도료(탄성코트)는 하도(프라이머), 중도(코팅재), 상도(투명재) 순으로 시공하며 도장시스템을 표기한 사전 견본품(색상, 광택율 등)을 제출하여 공사감리자의 확인 후 견본품과 동일하게 시공하며 상도재는 광택이 있는 제품으로 골고루 시공되도록 한다.(상도 광택투명재는 최종 마감재로서 중도재의 광택과 육안구분이 어려우므로 공사감리자는 시공여부를 필히 확인)

③ 각각의 하도, 중도, 상도는 각 단계별 도장 시 반드시 완전건조 확인 후 시공하며 붓, 롤러 또는 스프레이를 사용하여 마감한다.

④ 탄성도료가 시공되는 발코니 벽체하부에는 굽도리 모르타르면(걸레받이용) 페인트를 반드시 시공하여 벽체하부 습기유입으로 인한 도장들뜸을 사전 예방한다.

⑤ 제품은 필히 원액을 사용하고, 필요 시 제조회사의 허용비율 이내로 희석한다(물희석은 제품성능 저하의 원인). 기타 도장방법 및 주의사항은 제조업체의 기술자료 및 시방서에 준한다.

3.4.2 도장시스템

(1) 탄성도료(탄성코트)

① 하도, 상도의 건조막두께는 제조업체의 시방에 따른다.

[표 3.4.2-1] 건조막두께

바탕	하도(건조막두께)	중도(건조막두께)	상도(건조막두께)
콘크리트, 시멘트모르터, 석고	프라이머	탄성코팅재(0.5㎜)	투명재

3.5 현장품질관리

3.5.1 시공상태 확인

(1) 바탕처리상태 및 바탕습도상태 검사

(2) 재료 배합 및 시공공정 검사

(3) 색상 및 광택, 도막의 흘러내림, 도막의 부풀음, 벗겨짐, 균열 검사 CHECK 13

① 색상 및 광택 : 육안검측하며 견본품과 동일한 색상이 되어야 한다.

② 도막의 흘러내림, 부풀음 : 육안검측하며 결로로 인한 흘러내림을 검사하고 실내의 온도, 습도, 통풍상태가 제품자료에 명기된 상태로 재시공하여야 한다.

③ 벗겨짐, 균열 : 평균지름 6㎜ 이상의 벗겨짐과 도막에 금이 간 것은 수정하여야 한다.

◀ CHECK 13
시공 하자의 주요 원인
- 도료가 바탕에 부착을 저해하거나 부풀음, 터짐, 벗겨지는 원인이 될 수 있는 요수는 유분, 수분, 진, 금속 녹 등이 있다.

3.6 현장안전관리

3.6.1 재료 보관 및 관리 안전

(1) 도료의 보관장소는 관계자외 출입금지한다.

(2) 도료 보관장소에 소화기를 비치하여 화재를 예방한다.

3.6.2 작업 안전시설 준비

(1) 외부 도장 작업시 안전 대책

① 외부 도장 작업 시 비산 분진 방지를 위한 보호막을 설치한다.

② 외벽 도장 작업시 로프를 타고 작업하는 기능공은 부주의로 인한 추락 재해가 발생하지 않도록 한다.

③ 외부 로프 작업자는 전날 충분한 수면과 과다한 음주 행위가 있었는지 작업 전 철저히 확인한다.

④ 로프 작업 시작 전에는 로프 결속 지지점의 고정상태와 발판재료의 손상 여부, 로프의 절단 여부를 꼼꼼하게 점검해야 한다.

(2) 내부 도장 작업시 안전 대책

① 내부 천장 모서리 등의 퍼티 메움 작업의 경우는 틀비계 및 작업 발판대에서 균형을 잃고 떨어질 우려가 있으므로 항상 작업 전에 체크한다.

② 내부 공간에서 작업시에는 밀폐된 공간이나 환기가 잘 되지 않는 곳은 없는지 체크한 도료에 중독재해가 발생하지 않도록 한다.

3.7 검사

[표 3.7-1] 도장공사 단계별 주요 검사항목 (LHCS 10 10 05 25 건축공사 일반, 부록3)

<table>
<tr><th colspan="2">공정단계별</th><th>주요 검사항목</th></tr>
<tr><td rowspan="7">도장공사</td><td>도장공사 착수전</td><td>· 퍼티재질의 적정성
· 바탕정리 상태
· 보양상태</td></tr>
<tr><td>내부, 외부 및 기와
초벌칠 완료 후</td><td>· 이질 페인트 겹침시공 여부
· 칠순서 및 횟수 준수여부 확인
· 연마 및 눈먹임상태 확인
· 부위별 색상 마감계획 확인</td></tr>
<tr><td>내부, 외부 및 기와
정벌칠 완료 후</td><td>· 초벌칠 후 건조시간 준수 여부
· 칠횟수 준수 여부
· 도막두께 및 마감상태
· 이질 페인트 겹침시공 여부
· 부위별 색상마감 한계선 일치여부
· 도장면 변색, 들뜸, 흠집, 거품 등 오염 여부</td></tr>
<tr><td>목부 초벌칠 완료 후</td><td>· 칠순서 준수여부 확인
· 샌딩 후 우드프라이머 도장상태
· 바탕면 눈먹임 연마상태
· 칠 종류별 재료확인</td></tr>
<tr><td>목부 정벌칠 완료 후</td><td>· 초벌칠 수 건조시간 준수 여부
· 칠 도막두께 확인
· 칠횟수 준수 여부
· 도장 후 마감상태</td></tr>
<tr><td>철부 초벌칠 완료 후</td><td>· 바탕면 녹막이 도료상태 (들뜸)
· 용접부위 슬래그 제거 및 연마상태
· 바탕면 유해 부착물 제거 상태</td></tr>
<tr><td>철부 정벌칠 완료 후</td><td>· 칠 도막두께 확인
· 칠횟수 준수 여부
· 도장 후 마감상태</td></tr>
</table>

- 출처 : 한국토지주택공사 전문시방서(2020, 한국토지주택공사)

3.8 안전시공

[표 3.8-1] 면처리 도장작업 안전시공사례

작업내용	위험포인트	안전관리대책
① 초벌도장	· 우마 발판 높이 조절 pin손상(전도) · 발코니 도장작업시발코니난간대 고정불량(추락) · 도장 작업시 주변 화기류 방치 및 보호구 미착용 (화재, 질식)	· 폭 400㎜ 이상 작업발판 사용 및 균열, 손상 유무 상태 일일점검 · 발코니 퍼티 작업시 무리한 행동 금지 및 안전고리 체결 후 작업 · 도장 작업 주변 용접,용단 작업 금지 및 개인 소지품(라이터) 작업장 소지 금지, 방진마스크 착용
② 면처리	· 벽 면처리작업 시 비산물질 위험 (안구손상) · 퍼티칼 사용 시 무리한 작업으로 베임 · 믹싱기고정상태 불량(감전, 골절)	· 폭 40cm 이상 작업발판 사용 및 균열, 손상 유무 상태 일일점검 · 양면 고무장갑 사용 및 무리한행동 금지 · 믹싱기사용 시 일일 공도구 점검 및 안정된 자세로 작업 개시
③ 퍼티 정벌 도장	· 우마 발판 높이 조절 pin손상 (전도) · 도장 작업시 주변 화기류 방치 및 보호구 미착용 (화재, 질식)	· 폭 400㎜ 이상 작업발판 사용 및 균열, 손상 유무 상태 일일점검 · 도장 작업 주변 용접,용단 작업 금지 및 개인 소지품(라이터) 작업장 소지 금지, 방진마스크 착용
④ 정리정돈	· 이동통로 자재 방치(전도) · 작업장 주변 인화성 물질 방치(화재)	· 작업 종료 시 작업장 주변 정리정돈 · 도장작업 종료 후 도장용기 폐기 조치

[표 3.8-2] 실내 도장작업 안전시공사례

작업내용	위험포인트	안전관리대책
① 초벌도장	· 이동식비계 설치불량및 안전고리 미체결 (추락, 낙하) · 도장 작업시 주변 화기류 방치 및 보호구 미착용(화재, 질식)	· 작업발판 틈새 간격 30㎜ 이하 설치 · 안전난간대 : 중간 900㎜, 상부 1,200 ㎜ 설치 + 발끝막이판 100㎜ 이상 설치 · 아웃트리거 설치 및 전용철물 사용 이동식 비계 조립 + 안전고리 체결 후 작업 · 도장 작업 주변 용접,용단 작업 금지 및 개인 소지품(라이터) 작업장 소지 금지, 방진마스크 착용
② 퍼티작업	· 우마 발판 높이 조절 pin손상 (전도) · 발코니 퍼티작업시발코니난간대 고정불량 (추락)	· 폭 400㎜ 이상 작업발판 사용 및 균열, 손상 유무 상태 일일점검 · 발코니 퍼티 작업시 무리한 행동 금지 및 안전고리 체결 후 작업 · 작업 전 발코니 난간대 고정상태 확인
③ 마감도장	· 이동식비계 설치불량및 안전고리 미체결 (추락, 낙하) · 도장 작업시 주변 화기류 방치 및 보호구 미착용(화재, 질식)	· '① 초벌도장' 안전관리대책과 상동
④ 정리정돈	· 이동통로 자재 방치(전도) · 작업장 주변 인화성 물질 방치(화재)	· 작업 종료 시 작업장 주변 정리정돈 · 도장 작업 종료 후 도장용기 폐기 조치

- 출처 : 도장 작업안전(2009, 한국산업안전보건공단, 오지환 외)

[표 3.8-3] 실외 도장작업 안전시공사례

작업내용	위험포인트	안전관리대책
① 작업준비	· 낙하물 발생 · 상하동시작업및 하부통행 · 부적격근로자 작업투입 · 타공종 작업자 옥상출입 및 로프 임의해체	· TBM해당 위험 교육실시 · 작업구간 통제구역 설정, 통행통제(조회시 전 근로자에게 공지) · 부적격 근로자 작업투입금지 · 타공종 작업자 옥상 출입 통제(※담당 : 작업팀장+소장 상주)
② 로프내림	· 부적합 시설보호구 착용(안전대, 추락방지대 등) · 작업발판(달비계) 파손 · 5종 안전대(로립) 미결속	· 보호구 착용(안전모+그네식 안전대) · 달비계의 상태 점검 · 로프의 마모, 샤클의 이상, 로립의 작동 및 체결상태 점검 · 현장 특별교육 실시(※담당 : 시공담당자 + 소장 + 안전팀)
③ 로프결속	· 로프 굵기, 결속위치불량 · 안전대 미결속상태로로프내림 으로 인한 추락 · 로프 내림길이불량 및 꺽이는 면 마모로 인한 추락	· 로프굵기 확인(작업로프 φ20~22mm,보조로프 φ14~16mm) · 청소고리, 골조, 지붕트러스 외 결속금지 · 작업로프 풀림방지체결 · 작업로프와 생명줄 별도 결속 · 로프 내림시 안전대결속 · 로프 내림길이지면 1m이내 확보 · 로프가 꺽이는 부위 로프 보호대 설치
	· 안전대 미착용 상태 설치 작업대 낙하	· 작업대 설치 전 안전대 결속 · 작업시작 전 시공담당자+ 안전팀 확인 후 작업 개시 (※담당 : 소장) · 작업대 샤클 결속상태 확인 · 산업안전기준제 375조 달비계의 점검 및 보수(※담당 : 소장)
④ 작업대 설치	· 탑승전 안전대 미사용 · 로립 반대방향 체결, 잠금장치, 로립 미체결 탑승	· 탑승전 5종안전 보호구 착용 · 안전대 걸이용 벨트 + 로립 방향 확인, 탑승장소 최상부의 안전한 장소 탑승
⑤ 작업대 탑승	· 작업도구 결속, 작업시낙하	· 작업도구 및 자재의 결속상태 확인 · 작업도구 고정걸이확인
⑥ 작업통 결속	· 작업 중 건물 내 이동 · 작업도구, 자재 낙하	· 작업개시 후 반드시 지면까지이동 · 세대 진입 금지(사고사례 교육) · 작업통 걸개 확인
⑦ 작업개시→ 종료	· 로프 투하 · 로프 인양시추락 · 로프 외부방치로 인한 훼손	· 로프 회수는 상부로 끌어올려 정리 · 2일 이상 미사용 로프는 내부 보관 · 로프 회수시 안전벨트 착용후 작업 · 하부통제 입간판 배치 후 작업 (※담당 : 소장 + 시공담당자)

- 출처 : 한국산업안전보건공단

3.9 도장공사 하자 사례 및 개선방안

- 출처 : 건축공사 들여다보기(2009, 서울지방국토관리청, 노성열 외), 2022 공동주택 공종별 핸드북(경기도)

[표 3.9-1] 도장공사 하자 유형 및 방지대책

결함 유형	원인	대책
들뜸(박리)	· 바닥에 유지분이 남았거나 초벌칠단계에서 연마가 불충분 할 경우	· 유해한 부착물을 닦아낸 뒤 휘발유, 벤졸 등으로 닦아 처리 · 목부의 경우 연마지로 평탄작업
흘림, 굄, 얼룩	· 균등하지 않게 두껍게 도장할 경우 · 바탕처리가미흡한 경우	· 얇게 여러 차례(3회) 칠함 · 바탕면의 녹, 흠집 등은 사전에 제거하고 퍼티를 채운 후 연마
오그라듬	· 지나치게 두껍게 칠한 경우 · 초벌칠 건조가 불충분한 경우	· 얇게 여러 차례 균등하게 칠하고 건조 시간 내에 겹쳐바르기 금지
거품(화구현상)	· 용제의 증발 속도가 지나치게 빠른 경우 · 솔질을 지나치게 빨리 했을 경우	· 도료의 선택을 신중히 하고 솔질이 뭉치거나 거품이 일지 않도록 천천히바름
백화	· 도장시 온도가 낮으루 경우 공기 중의 수증기가 도장면에 응축·흡착되어 백화현상 발생	· 도장시 기온이 5℃ 이하이거나 습도 85% 이상이며, 환기가 충분하지 못한 곳에서는 작업 중지
변색	· 바탕이 충분히 건조되지않은 경우	· 바탕면의 건조를 충분히 함(함수열 8% 이하, ph9 이하) · 도료의 현장 배합 금지
부풀어오름	· 도막 중 용제가 급격하게 가열되어 물과 접촉하여 발생 · 초벌, 정벌의 도료질이 다른 경우	· 도장 후 직사광선에 노출금지 · 바탕에 녹물 등 유해물 제거 · 도료의 질이 같은 동일한 제품 사용
균열	· 초벌칠 건조가 불충분할 경우 · 초벌칠과 재벌칠의 재질이 다른 경우 · 바탕 물체가 도료를 흡수할 경우 · 기온차가 심한 경우	· 초벌칠 후 건조 시간 준수 · 도료의 종류, 도료질이 같은 도료 사용 · 바탕만들기 철저

하자 사례

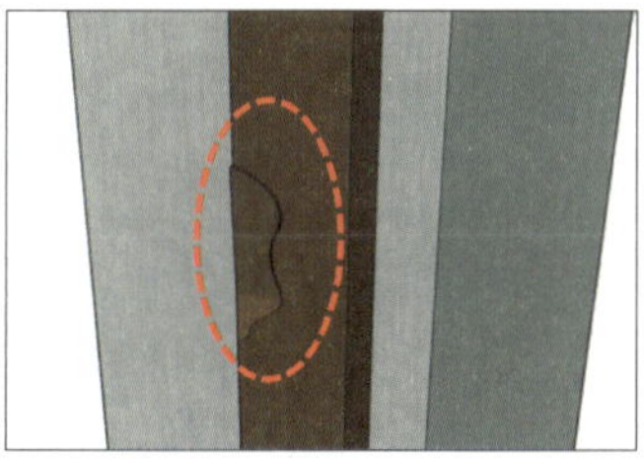

· 목부 일부분 도장공사 시공 미흡
· 도장 피막이 피도면의 전처리 불량으로 벗겨짐

개선 방안

· 도장공정시 피도면의 전처리 및 재료의 성능 테스트
· 업체 책임시공의 철저한 확인(입주전 사전점검 철저)

[그림 3.9-1] 목부 도장 박리

하자 사례

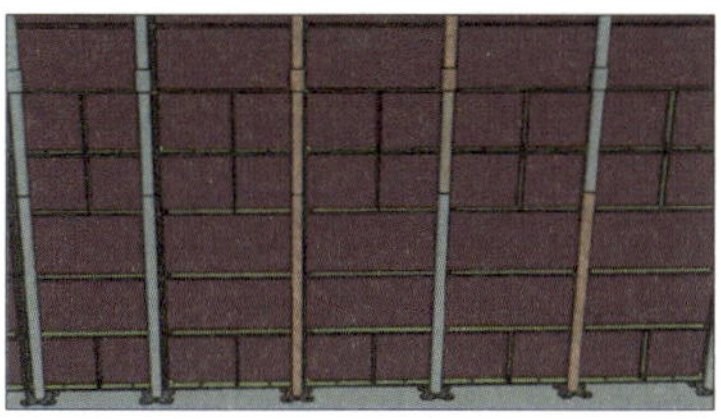

· 녹막이 페인트칠 불량으로 외기에 노출된 철재 핸드레일 부식
· (녹발생) 발생

개선 방안

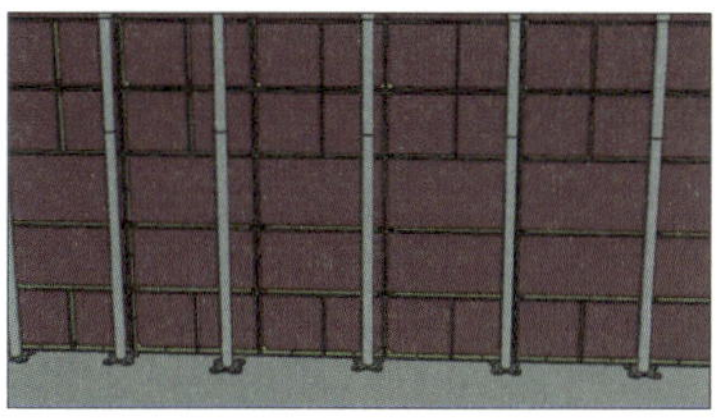

· 반드시 지정된 서포트를 사용하며, 외기에 노출있는 철물은 녹방지 효과가 있는 재질로 설계 변경
· 시스템 서포트는 브레이싱이 연결된 제품을 사용
· 취약부위(절단, 용접, 절곡 등)에 대한 철저한 마감 작업

[그림 3.9-2] 녹방지 도장 불량

하자 사례

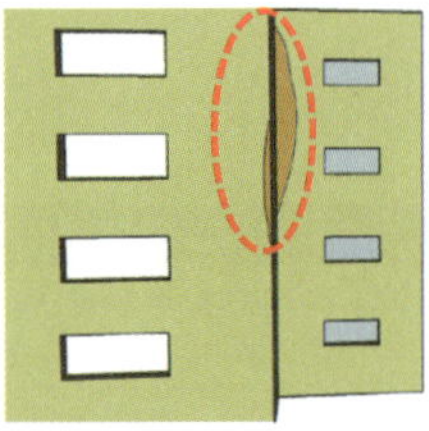

· 보수작업 이후의 상태를 고려하지 않은 무성의한 시공
· 이색으로 인한 전체 도장요구 민원 발생

개선 방안

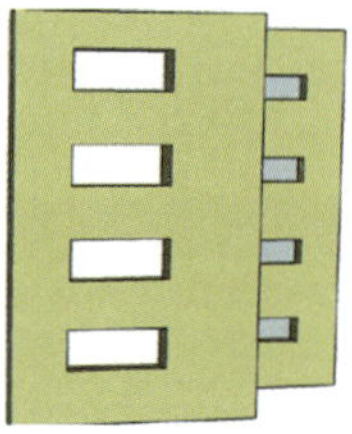

· 도장면의 이색을 최소화 할 수 있도록 구간별로 구획하여 도장공사 실시

[그림 3.9-3] Touch up paint 시공불량

하자 사례

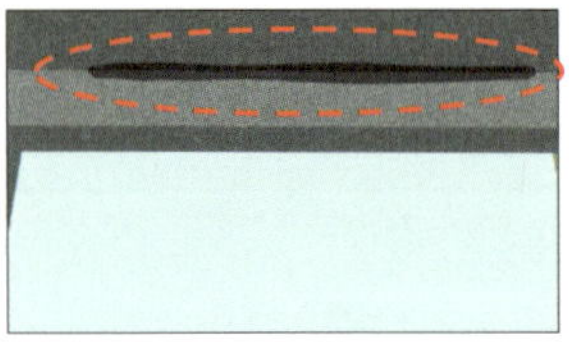

· 제품사양 확인 미흡(석고 펄라이트계)
· 환기시설 미흡(시공후 입주시 까지)
· 지하주차장의 환기가 원활하지 않아 결로에 따른 곰팡이 발생

개선 방안

· 펄라이트, 질석의 규정에 적합한 원재료에 석고, 시멘트, 무기접착제, 기포제, 발수제 및 특수첨가제 등 첨가
· 열전도율, 밀도, 부착강도의 규정준수 여부 확인
· 발수성능이 뛰어난 안정화제 및 발수제 사용

[그림 3.9-4] 지하주차장 천정 A-COAT 곰팡이 발생

하자 사례

· 밤라이트 천정 조인트 코킹 부위 이색
· 조인트 코킹 시공시 테이프 미시공으로 선형 미흡

개선 방안

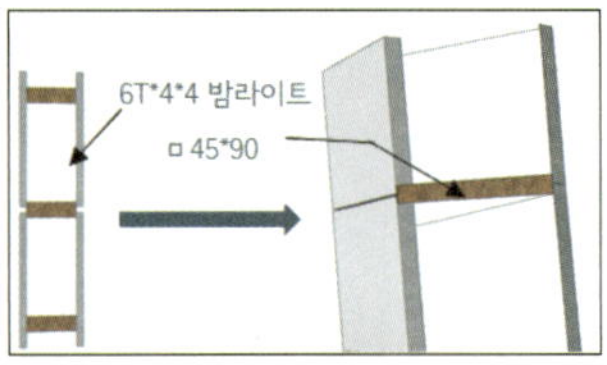

· 밤라이트 조인트 줄눈 시공계획서 작성 실시
· 줄눈의 폭은 시공 편의상 밤라이트 두께로 하면 편리하고 미관 또한 양호함

[그림 3.9-5] 밤라이트 조인트 부위 이색

하자 사례

· 바탕면 청소 및 프라이머 작업 불량으로 바닥 하드너 탈락

개선 방안

· 불량부위 하드너 재시공
· 바탕면 청소철저 및 각 작업 공정마다 매뉴얼에 준한 시공관리

[그림 3.9-6] 주차장 바닥 하드너 바탕처리 불량

하자 사례

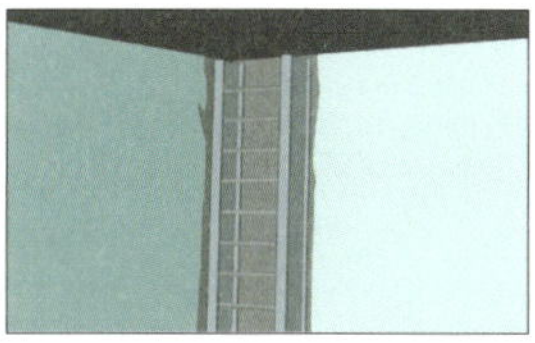

· ESP실 케이블 Tray 설치 후 도장 작업을 실시하여 Tray 주변 누락(작업순서 미 준수)

개선 방안

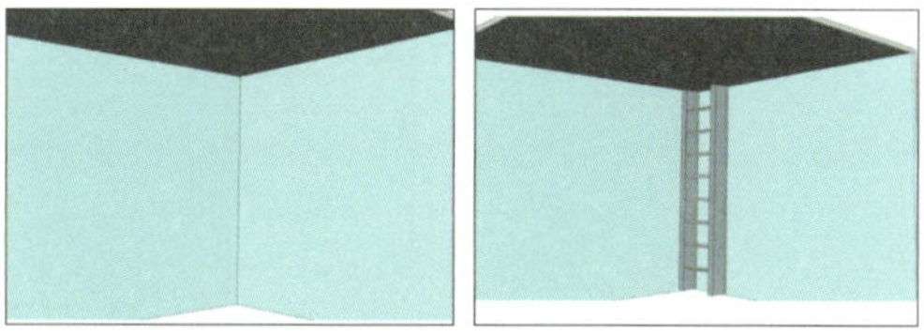

· 사전에 이종 공종 간 간섭 검토 후 도장공사 선시공 후 케이블 Tray 설치
· 도장공사 완료 후 도장 상태 점검 철저

[그림 3.9-7] ESP실 내 도장 누락

하자 사례

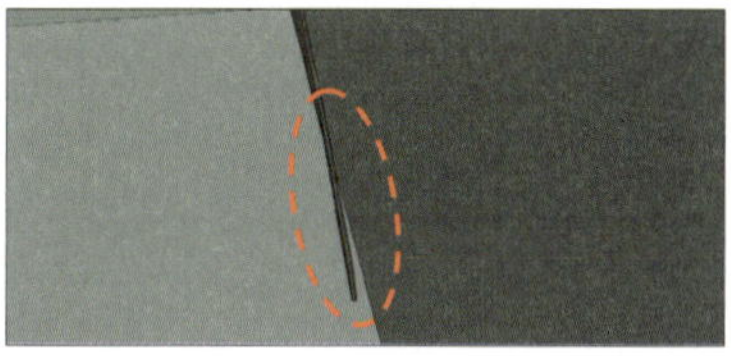

· 걸레받이 보양용 테이프 제거 시 페인트 훼손(페인트 경화 전 테이프 부착)
· 접착력이 강한 테이프 부착

개선 방안

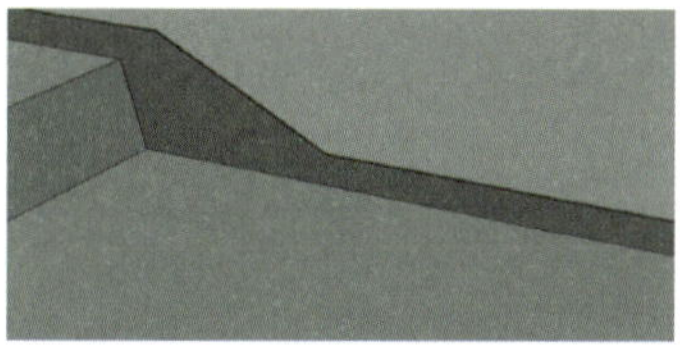

· 도장 전, 후 보양 테이프 관리 철저 및 바탕면에 따라 접착력을 고려한 테이프 보양 시공
· 보양 테이프 부착면의 도장 경화 상태 확인 후 테이프 부착

[그림 3.9-8] 걸레받이 도장 벗겨짐

하자 사례

· 바탕면 함수율이 높은 상태에서 도장 시공하여 들뜸 및 기포 발생

개선 방안

· 바탕면 함수율이 8% 이하의 조건에서 도장 시공

[그림 3.9-9] 도장면 들뜸

CHAPTER 13

02

SBCS 41 90 51 05

석고보드 및 시멘트판

1 일반사항

1.1 적용범위

(1) 이 기준은 주거 또는 이와 유사한 용도에서 석고보드 및 시멘트판과 단열재 설치부위의 석고보드 바탕골조로 사용되는 보온벽틀 설치공사에 대해 규정한다.

1.2 참고 기준

(1) 석고보드 및 시멘트판의 참고 기준은 *LHCS 41 52 02 (1.2)*에 따르며, 추가사항은 다음과 같다.

① SBCS 41 90 01 소규모 건축공사 총칙
② SBCS 41 90 33 소규모 목공사
③ SBCS 41 90 42 소규모 단열공사

1.3 제출물

1.3.1 제품자료

(1) 바탕벽틀
(2) 석고보드 및 방수석고보드
(3) 섬유강화시멘트판
(4) 접착제
(5) 못, 나사못 등의 고정철물

1.3.2 시공상세도면

(1) 바탕 프레임 설치도 주방부위는 주방용구 상부장의 고정위치가 명시되어야 한다.

(2) 석고보드 및 시멘트판 나누기도(두께별, 종류별) 석고보드와 시멘트판의 종류와 적용부위별로 고정철물의 설치간격을 포함하여 작성하여야 하며, 석고보드에 대해서는 모서리 보강철물 설치위치가 포함되어야 한다.

(3) 석고보드 부착 입면상세도 본드간격, 두께조절용 합판의 위치, 도어록이 닿는 부위 및 옷걸이 설치부위 보강에 관한 사항이 포함되어야 한다.

(4) 단열재 지지공법(종류별, 규격별) CHECK 01

CHECK 01 ▶
단열재 지지공법 시공상세 예시

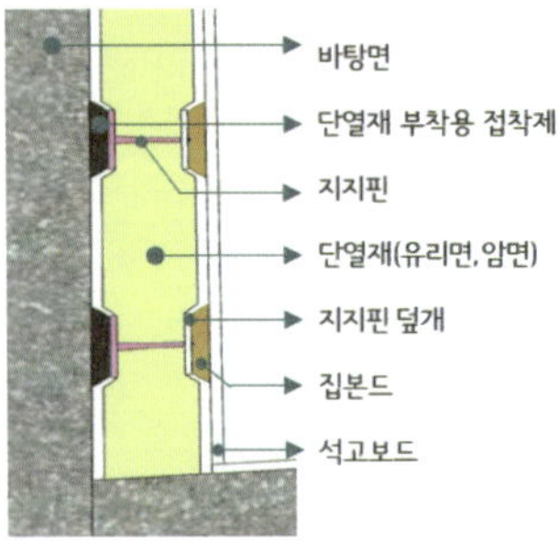

1.3.3 견본

(1) 바닥틀재, 석고보드 및 시멘트판의 시공상태를 볼 수 있도록 제작된 견본
(2) 모서리 보강철물
(3) 못, 나사못 등 고정철물

1.4 품질보증

1.4.1 공사전 협의

(1) 천정에 전등 보강목을 설치하는 경우 그 위치 및 설치에 관련된 사항에 대하여 해당 공사 착수에 앞서 *SBCS 41 90 01 (1.15)*에 따라 전기공사 수급인과 작업착수회의를 하여야 한다.

1.5 운반, 보관, 취급

(1) 자재는 출하시의 본래 포장상태로 반입하고 상호, 품질표시가 각 포장단위에 명기되어야 한다.

(2) 석고보드 및 시멘트판 제품은 지반에서 이격하여 평탄한 곳에 쌓고 악천후, 습기 등으로 인해 손상되지 않도록 저장한다. 저장되는 곳은 적절히 환기가 이루어져야 하고 모서리, 단부와 표면이 훼손되지 않도록 한다. 석고보드의 경우, 평평한 바닥에 받침목을 최대 450mm 간격으로 놓고 적재하여 휨을 방지토록 한다.

[그림 1.5-1] 자재 보관, 취급 시 주의사항

- 출처 : 한국 유에스지 보랄 시공 핸드북(2015, USG Boral Korea)

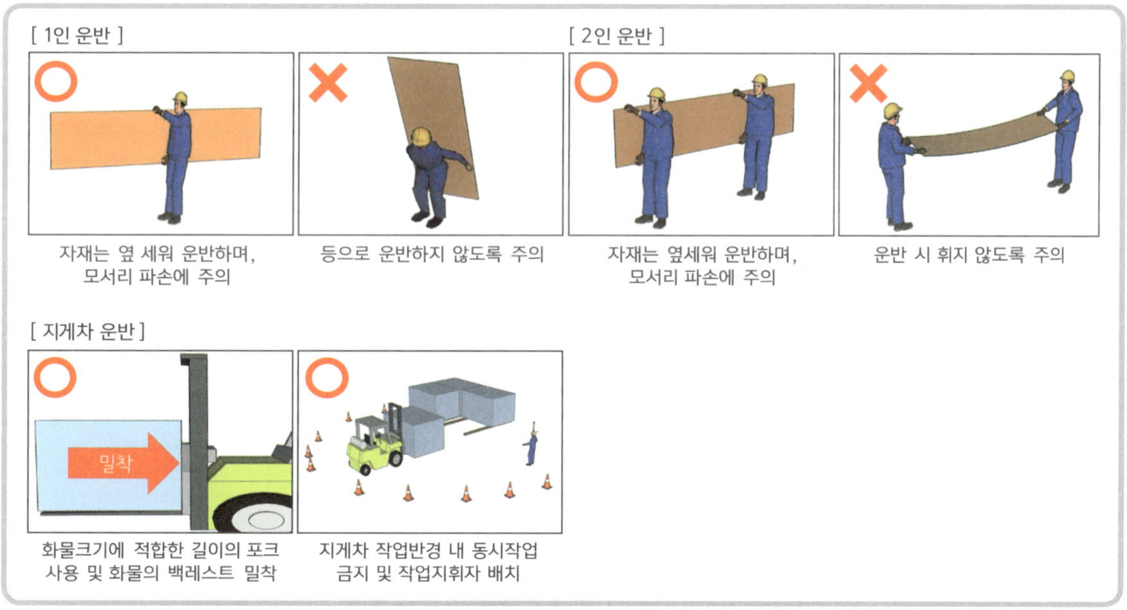

[그림 1.5-2] 자재의 올바른 운반 방법 및 주의사항

- 출처 : 2012-교육미디어-710(안전보건공단), 한국 유에스지 보랄 시공 핸드북(2015, USG Boral Korea)

1.6 현장조건

1.6.1 현장 환경요구사항

(1) 접착제를 사용하여 붙이는 경우 작업의 시작시점부터 접착제가 경화될 때 까지 주위의 기온이 5℃ 이상 유지되도록 한다.

CHECK 02 ▼
방균석고보드의 항 곰팡이 성능 비교

- TEST 기간: 4주(2016.09~2018.08)
- 온습도 : 25℃이하/RH 75~95%
- 방균석고보드(4주 경과)

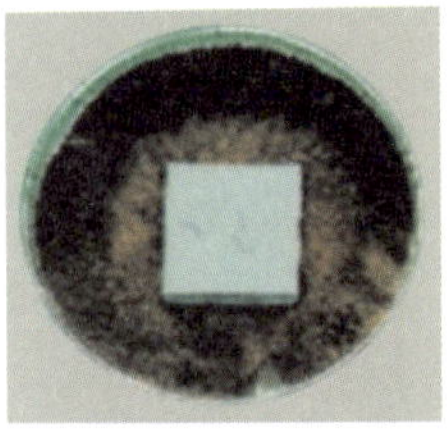

- 일반석고보드(4주 경과)

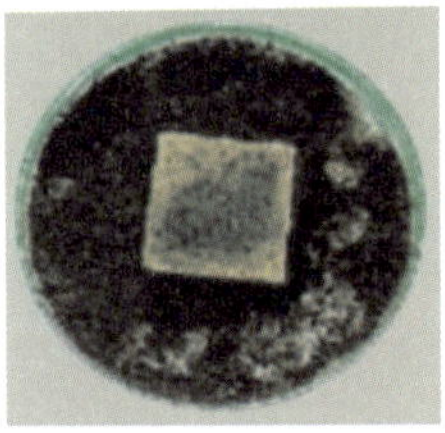

2 자재

2.1 바탕벽틀

다음의 바탕벽틀 종류에 따른 세부적인 내용은 제조업자의 공사시방서 또는 제품자료에 따른다.

(1) 철제 보온벽틀
KS D 3609 규정에 적합한 제품으로 한다.
(2) 단열재 지지핀공법 보온벽틀
(3) 단열재 프리캡공법 보온벽틀 및 압출법 보온판 프리캡공법 보온벽틀
(4) 목제 보온벽틀
(5) 압출법 보온판 플레이트공법 보온벽틀
(6) 단열재 고정용 앵커 설치
(7) 단열재 본드접착공법 보온벽틀

2.2 석고보드

2.2.1 석고보드

(1) KS F 3504에 적합한 제품

[표 2.2.1-1] 석고보드 종류별 특징

구분	방균석고보드	고강도 석고보드	전방수보드	고강도 전방수보드	비고
이미지	CHECK 02 				-
규격(㎜)	9.5Tx900x1,800~2,400 12.5Tx900x1,800~2,400	9.5Tx900x1,800~2,400 12.5Tx900x1,800~2,400	12.5Tx900x1,800~1,200	9.5Tx900x1,800~3,400 12.5Tx900x1,800~3,400	-
휨강도(N)	500 이상	700 이상	600 이상	700 이상	12.5T 기준
연소성능	불연	불연	불연	불연	12.5T 기준
방균성능	항곰팡이 성능	-	항곰팡이 성능	항곰팡이 성능	-
타일부착강도(kgf/㎠)	2.6 ~ 3.5	6.0	5.7	6.0	LH 기준 4.0 이상
나사못 지지력(kg)	8.0	26.0	13.1	27.2	-
특징	· 곰팡이 방지를 위한 추가 작업 없음 · 비닐 보호막 및 방균 도료 도포 필요 없음 · 몰탈 양생기간동안 곰팡이 발생 없음 · 냄새가 없고 인체에 무해	· 내충격성 우수 · 수평저항성 우수 · 나사못 지지력 우수 · 치수 안정성 우수 · 공기단축 ·유지관리비 절감	· 특수원지 및 고성능 방수액 처리로 내수성우수 · 타일 부착력 우수 · 석고보드 심재 방륜처리 시 곰팡이 발생 억제 · 도막방수 보강면적 최소화	· 내화 및 차음성능 우수 · 타일부착강도 우수 · 방수성능 우수 · 내충격성 우수	-

- 출처 : kcc(https://www.kccworld.co.kr/)

[표 2.2.1-2] 자재별 물성 및 시공성 비교

구분		전방수석고보드	시멘트블록	CRC건식벽체	베이스패널	경량기포패널	PVC 벽체배수판	SMC판넬
마감재 물성비교	마감재 재질	전방수석고보드	시멘트, 모래	섬유강화 시멘트판넬	시멘트패널	EPS+CRC+ 경량기포 콘크리트패널	합성수지(PVC)	열경화성수지
	중량	10 kg/㎡	150 kg/㎡	12 kg/㎡	50 kg/㎡	55 kg/㎡	4 kg/㎡	4 kg/㎡
	흡수율 (24h)	8%	40%	25%	20%	35%	0%	0%
	불연성	불연	불연	불연	불연	불연	가연	난연
시공성	시공법	건식	습식	건식	건식	건식	건식	건식
	고정방식	경량철물 벽체 보드 타정핀고정형	모르타르 접착방식	경량철물 벽체 보드 몰딩고정형	경량철물 벽체 각관 구조	상하런너 경량 런너 자립구조	벽체 화약핀고정 (방수층손상)	경량철물 벽체 보드 클립고정형
	벽체두께	75mm	150mm	73mm	120mm	50mm	70mm	75mm
참고용 이미지								

- 출처 : kcc(https://www.kccworld.co.kr/)

2.3 시멘트판

2.3.1 섬유강화시멘트판

(1) KS L 5114 1.3 규산칼슘판 형식2에 적합하여야 한다. 또한 한국산업표준 이외의 것을 사용하는 경우에는 공사감리자의 확인을 받으며, 2차 제품의 판 옆면의 방수처리는 공사시방서에 따른다.

2.4 단열재

(1) 단열재의 종류는 도면 및 *SBCS 41 90 42* 에 따른다.

2.5 부속재

2.5.1 석고본드

(1) 제조업자가 당해 용도로 제조하거나 추천하는 제품으로 한다.

2.5.2 단열재 위 석고보드 붙이기용 접착제

(1) 보온판의 성능을 저하시키지 않는 것으로 초기 부착강도가 크며, 합성수지를 주성분으로 하고 주용제는 메탄올로 고형분 65±3%, 점도 80,000±5,000 CPS/20℃형 점도계 기준인 제품이어야 한다.

2.5.3 모서리 보강철물

(1) 별도의 명시가 없는 경우 두께 0.45㎜의 아연도금강판 제품으로 한다.

2.5.4 못

(1) 아연도금, 유니크롬도금, 스테인리스 또는 이와 동등 이상 재질의 녹이 슬지 않는 평머리철못 등으로 한다.

2.5.5 나사못

(1) 아연도금, 유니크롬도금, 스테인리스 또는 이와 동등 이상 재질의 녹이 슬지 않는 평머리 Self Drilling Screw 못으로 한다.

2.6 기타

(1) 줄눈처리용 조인트 시멘트는 한국산업표준에 적합한 것으로 한다.

(2) 줄눈처리용 조인트 테이프는 공사시방서에 의한다.

(3) 코너비드, 조이너 및 틈새 충전재 등은 공사시방서에 의한다.

3 시공

3.1 가공

(1) 석고보드 가공에 관한 내용은 제품의 공사시방서에 따른다.

3.2 바탕준비

(1) 접착제의 바탕면인 조적, 콘크리트 및 미장면은 잘 건조된 상태로 먼지, 기름, 박리제 등이 깨끗이 제거되어 있어야 하고 요철이나 빈틈이 없어야 한다.
(2) 석고보드가 부착되는 벽돌면은 수평, 수직쌓기용 모르타르가 밀실하게 채워진 상태를 확인 후 공사를 시작해야 하며, 벽돌면이 설비배관 매입으로 수평, 수직쌓기용 모르타르가 밀실하게 채워지기 어려운 부위는 배관 후 모르타르로 충전하고 충전면을 평활하게 한다.
(3) 창호주위의 결로방지용 단열재가 빈틈없이 설치되어 있는지를 확인해야 한다.

3.3 벽틀설치

3.3.1 일반사항

(1) 단열재간 접합면은 틈새가 생기지 않도록 밀착하여 시공하며, 단열재간 또는 이질재와 만나는 접한면의 틈새가 발생할 경우는 우레탄폼으로 밀실하게 충전한다.
(2) 전기박스 위치는 전기공사 수급인과 협의하여 필요한 크기만큼 정밀하게 타공을 할 수 있도록 하며, 전기박스 주변은 4면을 석고본드로 보강하거나 석고보드의 들뜸이 생기지 않도록 조치하여야 한다.

3.3.2 철제 보온벽틀 설치

(1) 철제벽틀은 도면과 시공상세도면에 따라 견고하게 부착하고 배관용 부재가 설치되는 경우에는 지정위치에 정확히 설치되도록 보강한다.

3.3.3 단열재 지지핀공법 벽틀설치 CHECK 03

(1) 바탕정리→먹매김(핀부착 위치표시)→지지핀용 본드바르기→하부핀 부착→단열재 시공→PE필름부착→지지핀 고정→석고본드 시공→석고보드 시공

◀ CHECK 03
단열재 시공 시 유의사항
- 단열재(유리면, 암면) 시공 시 분진마스크 및 긴팔 옷을 필히 착용하여 함

3.3.4 단열재 프리캡공법 벽틀설치 및 압출법보온판프리캡공법 벽틀설치

(1) 바탕정리→먹매김(프리캡핀 부착위치 표시)→타공→핀고정→단열재시공(PE필름 부착)→프리캡 설치 및 수평조절→석고보드 시공

3.3.5 목제 보온벽틀 설치

(1) 목제벽틀은 도면과 시공 상세도면에 따라 견고하게 부착하고 배관용 부재가 설치되는 경우에는 지정위치에 정확히 설치되도록 보강한다.

3.3.6 압출법 보온판 플레이트공법 벽틀설치

(1) 바탕정리→단열재면위 모래띠장 시공→석고본드 시공→플레이트를 부착한 단열재 벽면시공→플레이트 위 석고보드 나사못 시공

3.3.7 석고보드 고정 앵커설치

(1) 바탕정리→먹메김→앵커볼트매립→단열재시공→PE필름 부착→석고보드 고정틀연결→석고본드시공→석고보드 부착

3.3.8 압출법 보온판 본드접착공법 벽틀설치

(1) 바탕정리→본드 시공→단열재 부착→고정못 시공→틈새부위 우레탄폼 충전→단열재위 프라이머* 시공→모래띠장 시공→석고본드 시공→석고보드 부착
(* 모래가 섞인 프라이머일 경우 모래띠장 미시공)

CHECK 04 ▶
석고보드 시공 시 유의사항
- 면적에 맞게 최대한 원판을 사용하여 연결부를 최소화하고 원판 이하의 면적은 절단하여 마감
- 석고보드의 앞뒤 구분에 유의하여 시공

3.4 석고보드 설치 CHECK 04

3.4.1 일반조건

(1) 석고보드 및 방수석고보드(이하 석고보드라 한다) 벽마감은 석고보드를 부착하기 전에 석고보드 하부를 뒷면 50mm, 전면 450mm 높이로 폴리에틸렌 필름으로 감싸거나 또는 기타 자재를 사용하여 습기침투 방지 및 시공 중 오염방지를 위한 조치를 하여야 한다.

01. 주차램프 부위 경량철골 건식벽체 시스템 설치
02. Stainless 타카핀으로보드 고정
03. 수성도장으로 최종 마감

[사진 3.4.1-1] 전방수석고보드 지하주차장 적용 사례 CHECK 05

CHECK 05 ▶
1) 지하차수벽의 정의
- 지하 외벽에서 누수 또는 결로수에 의한 물이 실내에 영향을 미치지 않도록 외벽 하단에 배수로를 설치하고 이와 인접하여 설치한 벽

2) 지하 차수벽의 역할
- 방수층의 시공결함, 노후 균열로 인한 누수 대비
- 결로수의 실내 유입 방지

3) 지하차수벽의 개념도

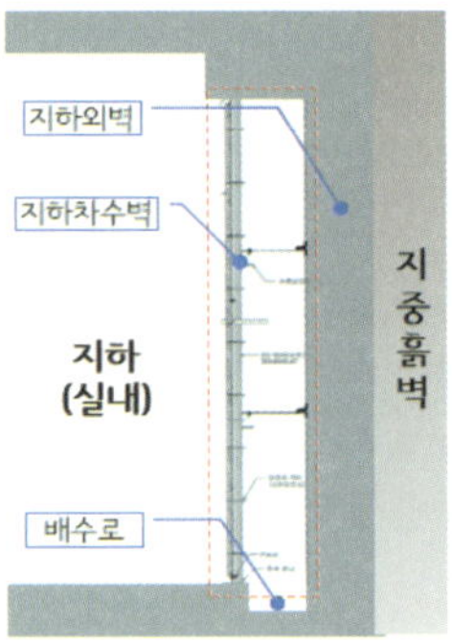

(2) 외부창틀이나 분합문틀과 접하는 석고보드는 폴리에틸렌 필름 등으로 감싸 습기침투가 없도록 하여야 한다.
(3) 석고보드 이음새와 코너부분은 두드러짐이 없도록 본드로 매운 후 샌드페이퍼 등으로 평활하게 면처리를 한다.
(4) 석고보드의 옆면이 노출되는 경우는 모서리 보강철물로 보강하되 수직으로 줄바르게 시공한다.
(5) 건축공사 수급인은 전기스위치박스 위치를 정확하게 석고보드 위에 표시하여 전기공사 수급인이 필요한 크기만큼 정밀하게 개공할 수 있도록 하여야 한다. 또한 석고보드 천정인 경우, 조명기구 보강재를 설치하고 그 위치를 석고보드 위에 표시하여야 한다.
(6) 이중창의 창짝 개폐 시 창틀의 흔들림을 최소화하기 위해서 이중창의 창틀에 형성된 석고보드 홈까지 석고보드가 밀착되게 시공되어야 한다.

3.4.2 벽면 석고본드 붙이기

(1) 먼저 실을 띄어 벽면의 수평을 맞춘 후 본드두께 조절용 합판(4cm×5cm×9mm)에 본드를 발라 60×90cm 간격으로 벽면에 부착하여 본드두께를 유지할 수 있도록 한 다음 2시간 경과하여 도면과 같이 석고본드를 바르고 석고보드를 눌러 붙인다. 전기 스위치박스 주변은 4면을 본드로 보강한다.
(2) 석고보드의 혼합은 반죽통에 넣고 석고본드 25kg당 12~14ℓ의 깨끗한 물을 넣고 충분히 반죽되도록 전동식 반죽기로 최소 5~10분간 교반한다. 한 번에 반죽하는 분량은 1시간 이내에 사용하여야 한다. 단, 옹벽 및 스티로폼 같이 매끄러운 표면 등에 석고본드를 사용할 경우에는 모래띠장 또는 석고본드용 전용 프라이머로 처리한 후 시공한다.
(3) 벽면에 본드를 30×40cm 간격으로 직경 5cm정도(눌렀을 경우 7cm정도)로 점찍어 석고보드를 수평이 되게 붙인 다음 3시간 이내에는 충격이나 힘을 가하지 않도록 한다.
(4) 벽면의 도어록이 닿는 부위에는 석고본드를 전면 바름하여 부착하거나, 도어스토퍼를 설치한다.
(5) 석고보드 부착시 수분흡수를 방지하고 본드의 양생촉진을 위하여 마감처리에 문제가 없는 경우 석고보드를 천정과 바닥으로부터 10mm 정도를 띄어 부착할 수 있다.

3.4.3 못 및 나사못 붙이기

(1) 목재띠장 바탕에는 못 등으로, 철재 띠장 바탕에는 나사못으로 설치하되, 그 간격은 15cm 이내로 한다. 못 및 나사못 시공주위는 요철이 없도록 평활하게 마무리한다.

(2) 석고보드 이음은 바탕띠장 위에서 이루어지도록 한다.

3.4.4 단열재 지지핀공법 벽틀 위 석고보드 붙이기

(1) 핀 위에 석고본드를 소요두께의 2배 정도 되게 직경 5cm 정도, 눌렀을 경우는 8cm 정도 되도록 붙이고, 석고보드를 석고본드 두께를 이용하여 수직, 수평이 되게 붙인다.

① 부착부위의 표시
벽체의 이물질을 제거하고 설계도면에 따라 지지핀 부착부위를 표시

② 지지핀 부착
지지핀 본드를 지지핀 뒷면 전체에 발라 탈락하지 않도록 충분히 압착

③ 크린매트 설치
본드가 경화된 후 크린매트를 지지핀에 끼워 설치한 후 지지핀 덮개를 고정

④ 석고본드 도포
지지핀 덮개위에 석고보드가 충분히 충진되도록 도포

⑤ 석고보드 부착
도포된 석고본드 위에 수직, 수평을 조정하면서 석고보드를 부착

[사진 3.4.4-1] 지지핀 공법 위 석고보드 시공 예시

- 출처 : 한국내화건축자재협회(http://www.kfbma.org)

3.4.5 단열재 프리캡공법 벽틀 및 압출법 보온판 프리캡공법 벽틀 위 석고보드 붙이기

(1) 수평자를 이용하여 프리캡의 수평을 조절한 후 프리캡을 90° 돌려 고정시킨 후 Φ6x25mm 나사못을 사용하여 석고보드를 설치한다.

(2) 각각의 프리캡에는 1개 이상의 나사못을 고정하며, 석고보드의 이음부위에는 각 석고보드에 1개씩의 나사못을 고정한다.

나사못 시공주위는 요철이 없도록 평활하게 마무리 한다.

① 부착부위의 표시
벽체의 이물질을 제거하고 설계도면에 따라 프리캡 부착부위 표시

② 타공 및 프리캡핀 고정
표시된 위치에 정확히 타공한 후 프리캡핀을 고정

③ 크린매트 설치
크린매트를 프리캡 핀에 끼워 설치한 후 프리캡을 덮어 고정

④ 수평조절, 프리캡 고정
수평자를 이용하여 프리캡의 수평을 조절한 후 프리캡을 돌려 고정

⑤ 석고보드 부착
나사못을 이용하여 프리캡에 석고보드를 부착

[사진 3.4.5-1] 프리캡 공법 위 석고보드 시공 예시

- 출처 : 한국내화건축자재협회(http://www.kfbma.org)

3.4.6 압출법 보온판 플레이트공법 벽틀 위 석고보드 붙이기

(1) 석고보드 부착은 단열재 접합면과 엇갈리게 하여 플레이트가 부착된 위치에 지정 나사못을 이용하여 석고본드와 동일한 위치와 간격으로 고정한다. 나사못 시공주위는 요철이 없도록 평활하게 마무리한다.

3.4.7 압출법 보온판 본드접착공법 벽틀 위 석고보드 붙이기

(1) 단열재 표면에 일정 간격(압출법 단열재의 경우 프라이머가 충분히 양생이 되면 프라이머 위)으로 석고본드를 붙인 다음 석고보드를 부착한다. 석고보드 부착 시 안목치수 유지를 위하여 바닥에 안목치수선을 먼저 표시한 후 석고보드를 시공하며 평활도 검사 후 마무리한다.

3.4.8 시공허용오차

(1) 시공이 완료된 석고보드면의 평활도는 3m 당 3mm 이내의 오차 범위 내에 들도록 한다.

3.5 시멘트판 설치

(1) 시멘트 판의 설치는 특기가 없는 경우 3.4 석고보드 설치에 명시된 *(3.4.3)* 못 및 나사못 붙이기에 따르며, 압출법 발포 폴리스티렌 보온재 위 시멘트판 설치는 3.4 석고보드 설치에 명시된 *(3.4.6)* 압출법 발포 폴리스티렌 보온재 위 석고보드 붙이기에 준한다.

(2) 스위치 박스가 있는 경우는 건축수급인이 그 위치를 시멘트판에 정확히 표시하여 전기수급인이 필요한 규격만큼 정밀하게 개공할 수 있도록 한다.

3.6 보양

(1) 석고보드를 본드 붙이기한 경우는 석고본드가 완전히 굳을 수 있도록 2주간 동안은 변형이 생길 정도의 충격이나 힘을 가하지 않도록 한다.

3.7 검사

[표 3.7-1] 석고보드 및 시멘트판 단계별 주요 검사항목 (LHCS 10 10 05 25 건축공사 일반, 부록3)

공정단계별		주요 검사항목
석고보드 및 시멘트판	벽 및 천정 석고보드 설치 후	· 마감자재 수직, 수평 고정상태 · 마감자재 정밀시공 상태 · 고정용 못의 간격 · 마감재 고정상태 · 고정용 못의 녹발생 여부 · 석고본드 시공상태

- 출처 : 한국토지주택공사 전문시방서(2020, 한국토지주택공사)

3.8 안전시공

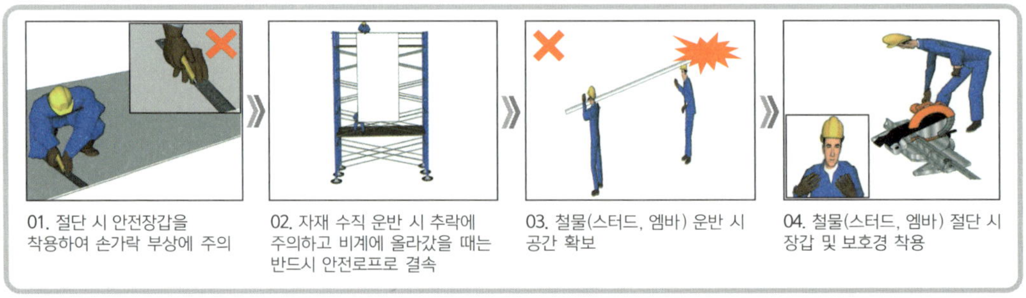

[그림 3.8-1] 석고보드 및 시멘트판 안전 시공 사례

- 출처 : 한국 유에스지 보랄 시공 핸드북(2015, USG Boral Korea)

3.9 하자 사례 및 개선방안

– 출처 : 건축공사 들여다보기(2009, 서울지방국토관리청, 노성열 외)

하자 사례

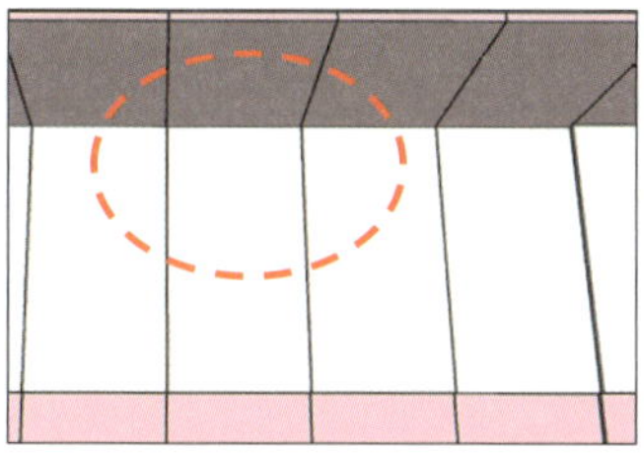

· 단열재의 시공이음부와 석고보드 시공 이음부가 동일 위치에 설치
· 단열재 이음부에 Taping처리 누락
· 결로발생 및 열손실 효과 저감 우려

개선 방안

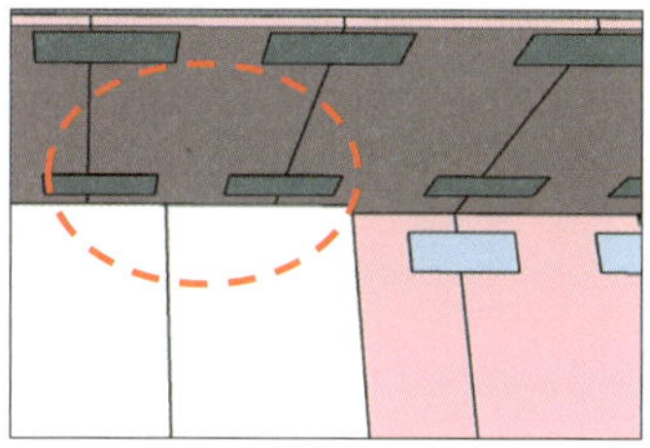

· 단열재와 석고보드의 시공이음부 위치를 다르게 제작·설치
· 단열재 이음부에 Taping처리

[그림 3.9-1] 단열재와 석고보드 Taping처리 누락

하자 사례

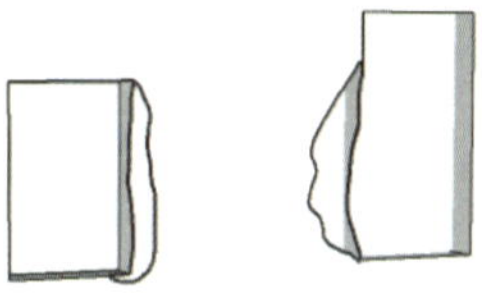

· 석고보드 시공 후 전기콘센트 설치로인한 석고보드 일부 파손
· 석고보드 파손된 부위의 규격 과다로 후속 공종인 도배공사시 하자 발생

개선 방안

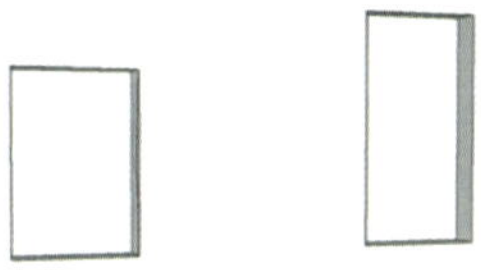

· 석고보드 설치 전 미리 전기콘센트규격에 맞춰 모따기 가공
· 석고보드에 미리 전기콘센트 등의 위치를 표시한 후 정밀 시공

[그림 3.9-2] 석고보드 전기콘센트 구멍(모따기)로 인한 파손

하자 사례

· 단열재(유리면) PE필름 포장누락
· 결로 발생 및 세대간 소음 발생
· 런너 하부 틈새 발생으로 소음 전달
· 배관위치 등 개구부 처리 부위의 처리불량에 따른 미관, 균열등의 하자 발생

개선 방안

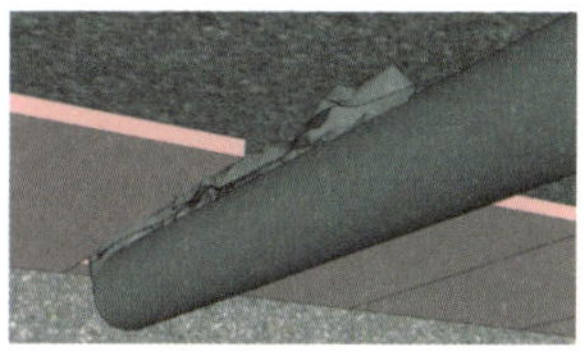

· 유리면 등의 단열재(오픈타입) 설치 전 PE필름 포장 처리
· 이음부에 공극이 발생되지 않도록 밀실 시공
· 석고보드 내부에 설치되는 단열재의 규격을 크게 하여 소음이 전달되지 않도록 처리
· 시공후 틈새 여부 확인하여 보강 처리
· 정확한 위치에 정확한 모따기 작업으로 하자 예방

[그림 3.9-3] 단열재(유리면 등) 이음부 처리 소홀

하자 사례

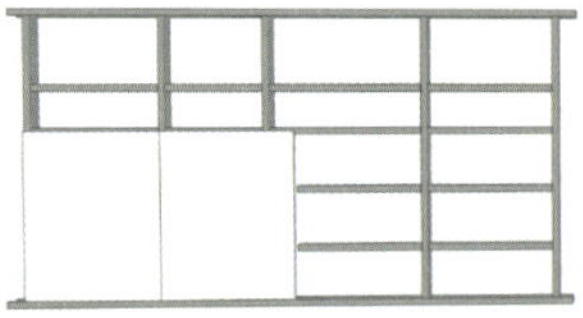

· 런너상부 규격불량에 따른 구조적 결함 발생
· 수직보강재의 간격불량에 따른 휨발생
· 수평보강재의 누락에 따른 마감재의 탈락 발생

개선 방안

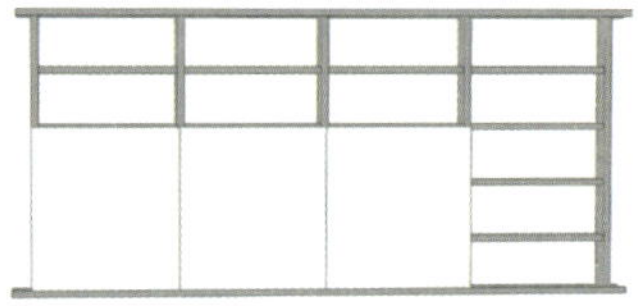

· 런너규격을 정확히 시공하여 구조적 결함을 보완
· 런너규격의 동일성에 따른 마감재를 고정
· 수직·수평의 간격을 철저히 유지시켜 횡력 등에 대응하며 마감재의 탈락을 방지

[그림 3.9-4] 런너 상부틈새 발생 및 보강 찬넬 시공 누락

하자 사례

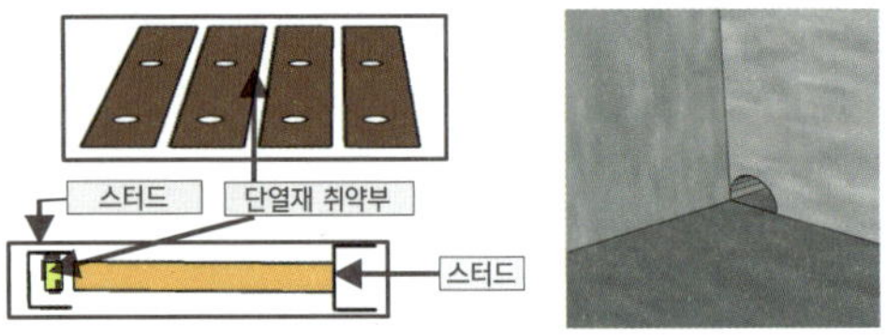

· Stud 홈의 단열재 충진 미흡
· 유리면 절단시 홈 깊이 고려 미흡
· 유리면 PE필름 포장 미실시

개선 방안

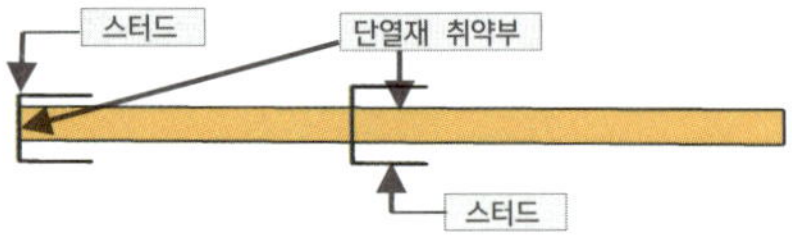

· 내화 차음용 단열재를 설치할 때 Stud 사이에 꼭 낄 수 있도록 Stud 간격보다 50mm 크게 절단하여 끼워 넣는다
· 유리면 PE필름 포장 시공 확인 철저

[그림 3.9-5] 경량벽체 스터드 내부 유리면 충진 불량 등

하자 사례

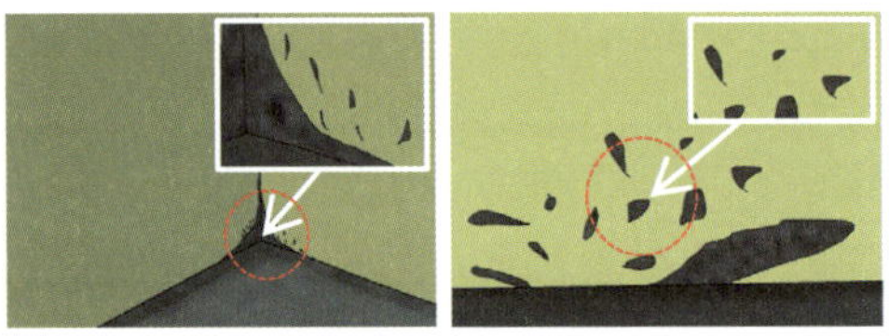

· 지하실 환기 시설 미흡 등으로 경량벽체 석고보드 곰팡이 발생
· 하부 발수재 미시공으로 석고보드 내부 물이 흡수되어 곰팡이 발생

개선 방안

· 방수 석고보드를 사용하고 wall 자체 숨어 있는 습기를 제거
· 석고보드 하부에 발수재를 도포한 후 석고보드 설치

[그림 3.9-6] 경량벽체 석고보드 하부 곰팡이 발생

하자 사례

· 나사못을 너무 깊게 시공하여 표면 종이 파손

개선 방안

· 표면 종이파손에 주의하여 나사못 머리의 위치는 석고보드 표면과 일치하도록 시공

[그림 3.9-7] 석고보드 표면 종이 파손

하자 사례

· 포켓도어 상부틀, 수직 버팀대 등 미시공으로 문짝 흔들림

개선 방안

· 포켓도어 상부틀, 수직 버팀대 등 시공 및 고정 철저

[그림 3.9-8] 포켓도어 상부 미고정으로 인한 처짐

[부록]

■ 석고보드 복합패널 시공 순서

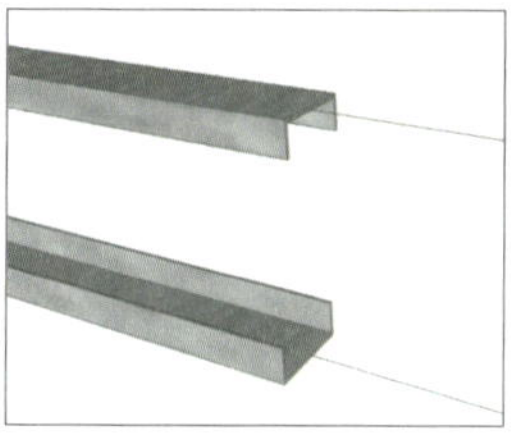

01. 먹줄을 따라 러너 설치

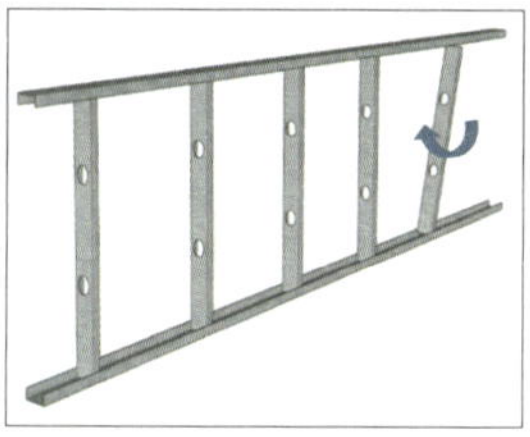

02. 스터드를 상·하 러너 사이에 끼워서 세움

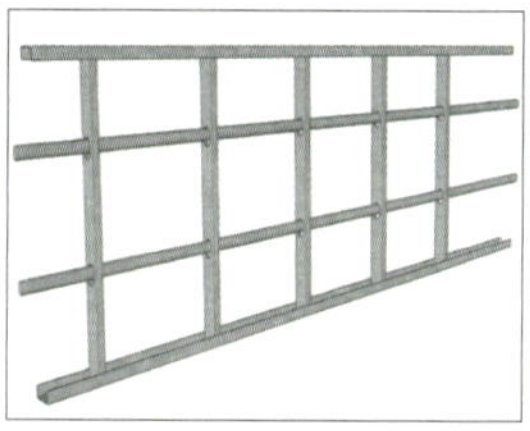

03. 필요한 경우 보강채널을 스터디홀에 삽입

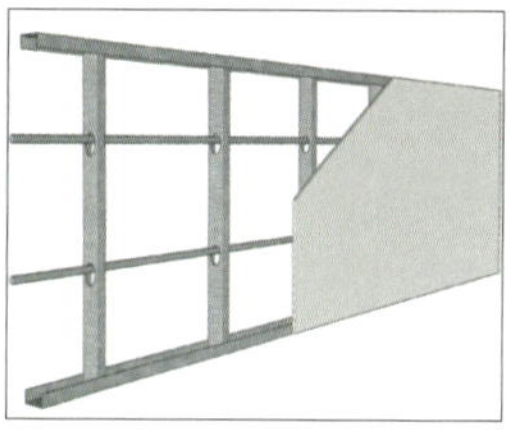

04. 보드를 나사못으로 고정

■ S.G 패널 칸막이 상세도

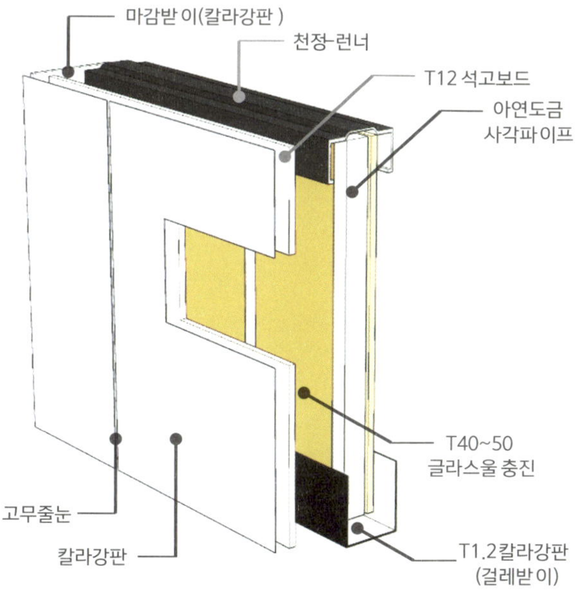

< 입체 상세도 >

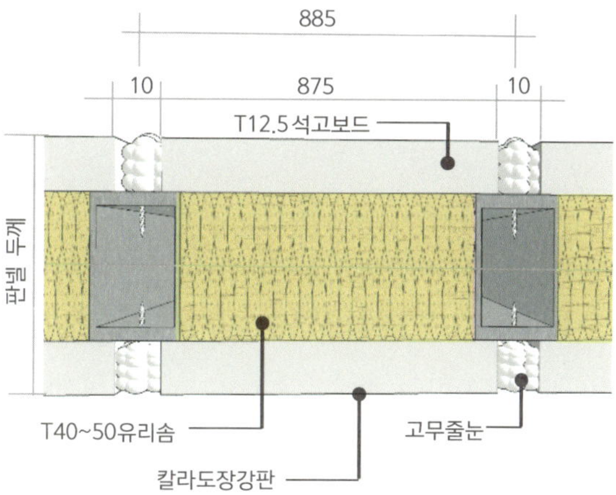

< 단면 상세도 >

CHAPTER 13

03

SBCS 41 90 51 10
바닥공사

1 일반사항

1.1 적용범위

(1) 이 기준은 건물 바닥에 사용되는 재료 및 공법에 적용하고, 이 시방에 정한 바가 없는 경우는 도면 또는 공사시방서에 따른다.

1.2 바닥공사 일반

1.2.1 목질계

(1) 내장에 사용되는 목재품류는 한국산업표준에 합격하는 것으로 한다. 규격에 없는 것은 공사시방서에 따른다.

1.2.2 합성고분자계

(1) 아스팔트타일 붙임공사, 고무타일 붙임공사, 비닐 및 비닐합성타일 붙임공사와 비닐시트 및 고무시트 붙임공사에 적용한다.

1.2.3 카펫

(1) 바닥에 사용되는 카펫은 한국산업표준에 적합한 것으로 하고 종류, 형상 및 치수 등은 공사시방서에 따른다. 한국산업표준에 없는 경우에는 공사감리자의 확인을 받은 것을 사용한다.

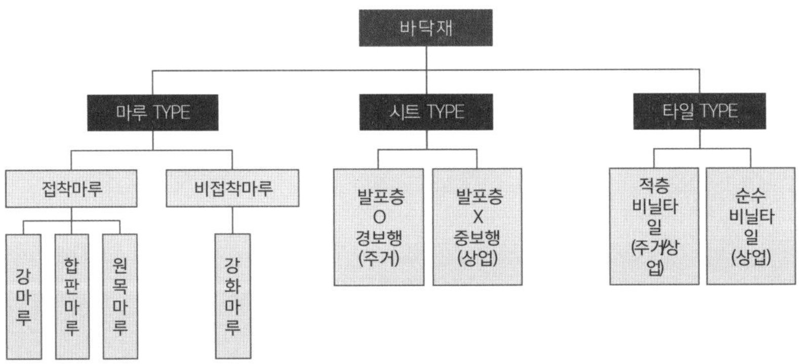

[그림 1.2.3-1] 바닥재 종류의 구분

1.3 참고 기준

(1) 바닥공사의 참고 기준은 *KCS 41 51 01 (1.2), KCS 41 51 03 (1.2), LHCS 41 51 03 05 ~ LHCS 41 51 03 20 (1.2)*에 따르며, 추가사항은 다음과 같다.

① 국토교통부령 및 환경부령, 공동주택 층간소음의 범위와 기준에 관한 규칙

② 국토교통부 고시 , 소음방지를 위한 층간 바닥충격음 차단 구조기준

1.4 제출물

1.4.1 제품자료

(1) 바닥재 및 부자재 물성, 특성

(2) 제조업자 특기시방서 (접착제 시공온도조건 포함)

(3) 유지관리 주의점 (일상관리, 정기청소, 오염종류 및 제거방법)

1.4.2 시공계획서

(1) 시공일정계획과 보양방법, 접착제 도포방법이 포함되어야 한다.

1.4.3 시공상세도면

(1) 바닥재 나누기도
(2) 문꼴 주위 및 접합부 처리
(3) 이질재 접합부 상세

1.4.4 견본

(1) 바닥재(종류별, 규격별) 및 부자재에 대한 제품견본

1.5 운반, 보관, 취급

(1) 내장자재의 운반, 보관 등에 있어서 변형, 파손, 오염 등의 결함방지에 특별히 주의한다.
(2) 자재는 각 자재의 보관방법에 따르며 기타 다른 것에 의한 오염이 생기지 않도록 적절한 보관방법을 강구한다.
① 바닥재는 포장상태로 현장에 반입하고, 청결하고 건조한 장소에 훼손되지 않도록 보관한다. 바닥재는 시공 1일 전까지는 시공위치로 운반되어야 한다.
② 자재는 습기 및 화기에 주의하여 보관한다.

1.6 현장조건

1.6.1 현장 환경요구사항

(1) 바닥재는 제조업자의 표준시공지침서에 따르되 별도의 명시가 없는 경우 작업의 시작시점부터 접착제가 경화 될 때까지 주위의 기온이 5℃ 이상 유지되도록 한다.

▼ CHECK 01
직접충격 소음
• 뛰거나 걷는 동작 등으로 인하여 발생하는 소음
공기전달 소음
• 텔레비전, 음향기기 등의 사용으로 인하여 발생하는 소음

1.7 층간소음

(1) 공동주택의 입주자 및 사용자는 공동주택에서 발생하는 층간소음을 ***공동주택 층간소음의 범위와 기준에 관한 규칙의 [별표]***에 따른 기준 이하가 되도록 노력하여야 한다.

[표 1.7-1] 층간소음의 기준 CHECK 01

층간소음의 구분		층간소음의 기준 [단위: dB(A)]	
		주간 (06:00 ~ 22:00)	야간 (22:00 ~ 06:00)
직접충격 소음	1분간 등가소음도 (Leq)	39	34
	최고소음도 (Lmax)	57	52
공기전달 소음	5분간 등가소음도 (Leq)	45	40

1) 직접충격 소음은 1분간 등가소음도(Leq) 및 최고소음도(Lmax)로 평가하고, 공 기전달 소음은 5분간 등가소음도(Leq)로 평가한다.
2) 위 표의 기준에도 불구하고 「공동주택관리법」 제2조 제1항 제1호 가목에 따른 공동주택으로서 「건축법」 제11조에 따라 건축허가를 받은 공동주택과 2005년 6월 30 일 이전에 「주택법」 제15조에 따라 사업승인을 받은 공동주택의 직접충격 소음 기준에 대해서는 2024년 12월 31일까지는 위 표에 따른 기준에 5dB(A)을 더 한 값을 적용하고, 2025년 1월 1일부터는 2dB(A)을 더한 값을 적용한다.
3) 층간소음의 측정방법은 「환경분야 시험 · 검사 등에 관한 법률」 제6조 제1항 제2호 에 따른 소음 · 진동 분야의 공정시험기준에 따른다.
4) 1분간 등가소음도(Leq) 및 5분간 등가소음도(Leq)는 비고 제3호에 따라 측정한 값 중 가장 높은 값으로 한다.
5) 최고소음도(Lmax)는 1시간에 3회 이상 초과할 경우 그 기준을 초과한 것으로 본다.

2 자재

CHECK 02 ▶
목재 마감재 공법의 종류
- 목재 마감재로 바닥을 마무리하는 공법에는 합판 플로링, 널 플로링, 쪽마루 널 마감 등이 있음

2.1 목질계 CHECK 02

2.1.1 일반사항

(1) 일반

① 목재류의 수종, 종류, 형상, 등급 및 치수 등은 공사시방서에 따르며 견본을 미리 제출하여 공사감리자의 확인을 받는다.

② 내장 마감재로 사용되는 목재의 경우에는 함수율 15% 이하로 하고, 필요에 따라서 12% 이하의 함수율을 적용한다.

(2) 고정철물

① 쪽매널, 플로어링보드의 고정에 사용되는 철물은 공사시방서에 의한다. 단, 공사시방서가 없는 경우 판두께의 3배 정도로 한다.

② 재질은 녹막이 처리한 강재로 한다.

(3) 접착제접착제는 플로어링류 제조업자가 지정하는 것을 이용하며 그 종류는 공사시방서에 따른다.

(4) 반입, 보관 및 취급

① 반입 시 재료의 품질, 색 번호, 로트번호, 수량 등을 확인한다.

② 보관 및 취급은 소방법규 및 위생법규 등의 관계법규 규정에 따른다.

③ 성형재료는 비, 이슬, 눈, 일사광선에 노출되지 않는 장소에 보관하며, 운반 시 손상을 입지 않도록 취급한다.

④ 액상재료는 비, 이슬, 눈, 일사광선에 노출되지 않는 장소에 밀봉상태로 보관하고, 용제계 재료는 환기, 에멀션계 재료는 동결에 주의한다.

2.1.2 합판마루

(1) 합판마루는 천연무늬목을 합판층에 접착한 제품으로 합판의 재질은 KS F 3101 내수 1급으로서 단판 켜수는 5켜 이상이며, 천연무늬목 접착 방식은 건식접착 방법으로 한다.

2.1.3 강화마루

(1) 강화마루는 KS F 3126에 적합한 것으로 경질섬유판 표면에 LPL(low pressure laminates) 또는 HPL (high pressure laminates) 을 접착시킨 후 표면을 강화시킨 제품으로 표면층, 무늬층, 코아층, 바닥층으로 구성된다.

2.1.3.1 부자재(접착제,PE폼, PE필름, 걸레받이, 프로파일)

(1) 제조업자가 당해 용도로 제조하거나 추천하는 제품으로 한다.

2.1.4 강화합판마루

(1) 강화합판마루는 고강도 나무무늬 수지를 합판층에 부착시킨 후 표면을 강화시킨 제품으로 KS F 3126에 적합한 것으로 한다.

(2) 합판 : 합판의 재질은 KS F 3101 내수 1급 합판으로 단판 켜수는 5켜 이상으로 한다.

2.1.5 친환경주택 마루재

(1) 친환경주택 마루재는 천연원목섬유, 식물성 수지 등으로 구성된 제품이다.

2.1.5.1 치수 및 품질

(1) 식물성 수지 계열 KS기준 수립 시점까지 KS M 3802을 준용한다.

(2) 친환경주택 마루재는 아래 유해물질 검출 기준을 만족시키는 제품이어야 한다.

[표 2.1.5.1-1] 친환경주택 마루재의 품질기준

항 목	단위	기준	비고
HCHO (폼알데하이드)	mg/m²·h	0.015 이하	-
TVOC (총휘발성유기화합물)	mg/m²·h	0.10 이하	
톨루엔	mg/m²·h	0.079 이하	
Phthalate계 가소제 6종 (DEHP, DBP, BBP, DIDP, DINP, DNOP)	wt%	0.05	KS M 1991
중금속 (Pb, Cd, Hg)	mg/kg	불검출	KS M 0016 / KS M 0032

2.1.5.2 접착제

(1) 접착제의 품질기준은 아래와 같다.

[표 2.1.5.2-1] 접착제의 품질기준

항목		기준치	비고
성분		Binder+ 황토	
소요량 (kg/평)		1.2~1.5	표준 도포량
오픈타임 (분)		20분	접착력이 최대가 되는 시간
가사시간 (분)		60분 이내	접착력이 유지되는 시간
접착강도 (N/㎟)		0.2 이상	KS F 3218
중금속 함유량 [mg/kg]	Pb(납)	50 이상	KS M 0016 KS M 0032
	Cd(카드뮴)	0.5 이하	
	Hg(수은)	0.5 이하	
총휘발성유기화합물질[mg/m2·h]		0.10 이하	-
포름알데히드[mg/m2·h]		0.015 이하	
톨루엔[mg/m2·h]		0.079 이하	

2.1.6 부자재

부자재(접착제, PE폼, PE필름, 걸레받이, 프로파일)는 제조업자가 당해 용도로 제조하거나 추천하는 제품으로 한다.

2.2 합성고분자계

2.2.1 일반사항

(1) 바닥 타일 CHECK 03

① 바닥 타일은 KS M 3802에 적합한 것으로서 아스팔트타일, 고무타일, 비닐타일, 및 비닐합성타일의 두께는 공사 시방이 된 것을 제외하고는 3mm 이상의 것을 사용한다.

② 한국산업표준에 없는 것은 공사시방서에 의한다.

▼ CHECK 03

바닥타일의 종류

1) 아스팔트 타일
- 아스팔트와 크마론수지, 염화비닐수지에 석면 및 안료를 섞어 열압·성형한 타일
- 촉감과 탄력성, 내화학성이 우수한 합성수지계 재료

2) 고무계 타일
- 천연고무와 합성고무를 주원료로 안료, 충진제 등을 첨가하여 만든 타일
- 내마모성 및 탄력이 우수

13장_소규모 수장공사

③ 걸레받이

걸레받이는 도면에 따라 시공하며 종류, 치수, 색깔, 명칭은 공사시방서에 의한다.

④ 접착제

접착제는 한국산업표준에 적합한 것으로서 바닥 타일 제조업자가 지정하는 것을 원칙적으로 사용한다.

CHECK 04 ▶
바닥시트의 종류
1) 리놀륨 바닥 시트
▪ 여러 건성유를 혼합하고 수지 및 안료 등을 첨가한 후 가압·성형한 시트
▪ 내구력과 탄력성은 우수하나 고온에 변질 우려가 있고, 국부적으로 압력을 가하면 자국이 생김
2) 고무 시트
▪ 황하고무를 주체로 한 시트 재료를 의미

(2) 바닥 시트 CHECK 04

① 바닥 시트는 KS M 3802에 적합한 것으로 하며 리놀륨, 고무시트의 종류, 형상 및 치수 등은 공사시방서에 따른다.

② 한국산업표준에 없는 것은 공사시방서에 의한다.

2.2.2 륨 카펫

2.2.2.1 종류 및 치수

(1) 륨 카펫은 품질기준에 따라 청소기능, 항균기능 등이 우수한 자외선 코팅(U.V코팅) 륨 카펫으로 한다. 륨 카펫의 두께 및 나비는 다음과 같다.

[표 2.2.2.1-1] 륨 카펫의 두께 및 나비

종류	두께		나비	
	호칭(㎜)	허용오차(%)	호칭(㎜)	허용오차(%)
U.V.코팅 륨 카펫	1.8	+20, −10	1,830	+20, −10
	2.0	+20, −10	1,830	+20, −10
	2.3	+20, −10	1,830	+20, −10
	2.5	+20, −10	1,830	+20, −10
	4.5	+20, −10	1,830	+20, −10
	6.0	+20, -10	1,830	+20, -10

2.2.2.2 품질기준

(1) 륨 카펫은 U.V.코팅층, 투명층, 인쇄층, 유리섬유층, 발포층, 이면층(또는 하부발포층) 등으로 구성되며, 품질기준은 다음과 같다.

[표 2.2.2.2-1] 륨 카펫의 품질기준

항목		기준	시험방법
압입량(㎜, 20℃)		0.3 이상	KS M 3802
잔류압입률(%)	PF	15 이하	
	PS	20 이하	
가열에 의한 길이 변화율(%)		0.5 이하	
가열감량률(%)		2.5 이하	
오염성		현저한 색, 광택변화 및 부풀음이 없어야 한다.	
U.V코팅층 확인		U.V코팅층 있음	KS M 0024
표면 투명층 두께(㎜)	4.5T 이상	0.5이상	-
	6.0T 이상	0.6이상	

2.2.2.3 접착제 및 용착제

(1) 룸카펫 제조업자가 당해 용도로 제조하거나 추천하는 제품으로 한다.

(2) 룸카펫 접착제의 품질기준은 다음과 같다.

[표 2.2.2.3-1] 룸 카펫 접착제의 품질기준

항목	기준	시험방법
90도박리접착강도[N/25㎜]	10.0 이상	KS F 3218

2.2.3 바닥 시트류

2.2.3.1 치수 및 품질

(1) 합성수지 바닥재(시트류)는 특수 표면층, 칩층(chip layer), 이지층으로 구성되며, 치수 및 품질기준은 다음과 같다.

[표 2.2.3.1-1] 합성수지 바닥재의 치수

폭		두께	
기준	허용차	기준	허용차
72"	+25㎜, −0	2.2㎜	±10%

[표 2.2.3.1-2] 합성수지 바닥재의 품질기준

항목		기준	시험방법
오염성		변화없음	KS M 3802
인열강도	L	49N/cm 이상	KS M 3507
	W		
인장강도	L	377.3N/㎠ 이상	KS M 3507
	W		
가열에 의한 길이 변화율		±0.15%	KS M 3802

(2) 접착제는 제조업자가 당해 용도로 제조하거나 추천하는 제품으로 한다.

2.2.4 비닐합성타일

2.2.4.1 품질 및 규격

(1) KS M 3802에 적합한 것으로서 비닐 비석면타일 반경질제품으로 하며, 내부색상이 표면과 동일하고 표면이 매끄러운 것으로 크기가 305×305mm인 것으로 한다.
색상과 패턴은 전 제품이 균일해야 한다.

2.2.4.2 접착제

(1) 제조업자가 당해 용도로 제조하거나 추천하는 제품으로 한다.

2.2.4.3 걸레받이

(1) 걸레받이는 도면에 따라 시공하며 종류, 치수, 색깔, 명칭은 공사시방서에 의한다.

CHECK 05 ▶
PVC 시트류 마감

- 업체에서 생산되는 기성 제품의 시트를 사용해 바닥마감재를 시공하는 방법으로 사용되는 용도에 따라 재료의 선정에 신중을 기해야 함

2.2.5 목재문양 PVC마루 CHECK 05

2.2.5.1 품질 및 규격

(1) KS M 3802에 적합한 것으로서 규격은 3.0mm(두께)로 하며 바닥 난방시에도 변형이 없는 치수변형 보강구조의 제품으로 UV코팅층, 투명층, 인쇄층, 치수안정층, 바닥층으로 구성되고, 품질기준은 다음과 같다.

[표 2.2.5.1-1] 총휘발성유기화합물, 톨루엔, 폼알데하이드의 시험방법 및 품질기준

항목		기준치	비 고
규격	두께(㎜)	3.0±0.15	KSM3802 (HT류)
	크기(%)	±0.10	"
압입량 (㎜)	20℃	0.25 이상	"
	45℃	1.20 이하	"
잔류압입률(%)		8.0 이하	"
가열에 의한 길이 변화율(%)		0.25 이하	"
직각도(C)		0.25 이하	"
가열감량률(%)		0.5 이하	"
오염성		이상없음	"
온도에 의한 길이 변화율(%)	길이방향	0.20 이하	0℃→60℃ 상승시 길이변화율
	너비방향	0.20 이하	
표면 투명층 두께(㎜)		0.18 이상	-
치수안정층		Glass Fiber	수축/변경 방지층
중금속함유량 [mg/kg]	Pb(납)	50 이하	KS M 0016 KS M 0032
	Cd(카드뮴)	0.5 이하	
	Hg(수은)	0.5 이하	

2.2.5.2 접착제

(1) KS F 3218에 접합한 친환경 아크릴계 수성접착제로서 품질기준은 다음과 같다.

[표 2.2.5.2-1] 총휘발성유기화합물, 톨루엔, 폼알데하이드의 시험방법 및 품질기준

항목		기준치	비고
성 분		아크릴계(수성)	-
소요량(kg/평)		1.2~1.5	표준 도포량
오픈타임 (분)		15분	접착력이 최대가 되는 시간
가사시간 (분)		45분 이내	접착력이 유지되는 시간
접착강도 (N/㎟)		0.2 이상	KS F 3218
중금속함유량 (mg/kg)	Pb(납)	50 이하	환경마크기준 적용
	Cd(카드뮴)	0.5 이하	
	Hg(수은)	0.5 이하	

(2) 수성 접착제 도포용 부자재(주걱)는 아래 규격의 것을 적용한다.

[표 2.2.5.2-2] 수성 접착제 도포용 부자재(주걱)의 규격

구분		규격	비고
수성접착제 도포용 주걱	홈 폭(A)	2.5mm	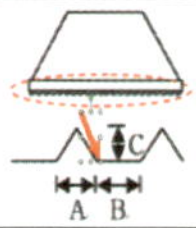
	골간 간격(B)	3.0mm	
	홈 높이(C)	2.0mm	

2.2.6 천연륨카페트

2.2.6.1 재료 및 일반규정

(1) 아마인유, 송진, 코르크 및 목재분말, 천연안료 등 합성물질이 아닌 천연원료로 제조되고 고화재저항성, 청소기능, 항균 기능 등이 있는 천연소재바닥재이어야 한다.

2.2.6.2 품질 및 치수

(1) 품질기준은 다음과 같으며, 한국산업표준(KS)자재일지라도 모든 항목의 시험을 실시한다.

[표 2.2.6.2-1] 총휘발성유기화합물, 톨루엔, 폼알데하이드의 시험방법 및 품질기준

항목		기준	시험방법
압입량mm(20℃)		0.3 이상	KS M 3802
잔류압입률(%)	PS	20 이하	
	PF	15 이하	
가열에 의한 길이변화율(%)		0.5 이하	
가열감량률(%)		2.5 이하	
오염성		현저한 색, 광택변화 및 부풀음이 없어야 한다.	

(2) 치수기준

[표 2.2.6.2-2] 천연 륨 카펫의 치수기준

폭(㎜)		두께(㎜)		비고
호칭	허용오차	호칭	허용오차	
2000	0~+20	2.0~2.5	+20, 10	

2.3 카펫

2.3.1 일반사항

(1) 재료의 종류각종 카펫 및 밑바탕 재료의 종류는 *[표 2.3.1-1]*을 표준으로 하고, 그 종류의 지정은 공사시방서에 따른다. 양탄자는 방충 처리를 하고, 방염처리는 소방법규에 합격한 것으로 한다.

(2) 카펫의 색깔, 무늬, 모양 등은 견본을 제출하여 공사감리자의 확인을 받는다.
견본은 종류별로 가로 450mm, 세로 650mm의 크기로 하고, 길이 150mm의 모서리 조각도 동시에 제출하여야 한다.

(3) 자른 털 카펫자른 털 카펫의 색깔, 무늬, 모양 등은 견본을 제출하여 공사감리자의 확인을 받는다. 염색 및 염료에 대해서는 위의 항에 따른다.

(4) 부속 철물

파이프, 못, 나사못 등의 부속 철물은 황동제로 하고, 기타 재질의 것과 부속 철물의 표면마무리를 하는 경우에는 공사 시방서에 따른다.

[표 2.3.1-1] 카펫 및 밑바탕 재료의 종류

<table>
<tr><th colspan="2" rowspan="2">종별</th><th>A종</th><th>B-1종</th><th>B-2종</th></tr>
<tr><th>카펫</th><th>자른 털 카펫</th><th>자른 털 양탄자</th></tr>
<tr><td colspan="2">파일사</td><td>신품의 순모 100%,
3, 5번
수 5본 꼬기한 것.
파일길이는 바탕지 윗면부터의 털발
12 mm이상, 밀도 30 mm당 8단</td><td>방모(순모로서 제품을 포함한다)
100%, 7번수 2본 꼬기. 파일길이는
바탕지 윗면부터의 털발 10 mm
이상,
밀도 25 mm당 8단</td><td>방모사 7번수 2본 꼬기, 파일길이 및
밀도는 B-1종과 같다.</td></tr>
<tr><td colspan="2">바탕 날실</td><td>면사 10번수 25본 꼬기,
밀도 30 mm당 8단</td><td>면사 10번수 4본 꼬기,
밀도 25 mm당 8단</td><td>B-1종과 같다.</td></tr>
<tr><td colspan="2">바탕 씨실</td><td>면사 10번수 25본 꼬기,
밀도 30 mm당 8단</td><td>황마사 10번수 단사
밀도 25 mm당 8단</td><td>B-1종과 같다.</td></tr>
<tr><td colspan="2">얽는 실</td><td>면사 10번수 6본 꼬기</td><td>황마사 10번수, 14번수 3본 꼬기</td><td>B-1종과 같다.</td></tr>
<tr><td rowspan="2">밑
바
탕</td><td>아스팔트 펠트
(콘크리트바닥)</td><td>KS F 4901의 26kg품</td><td>A종과 같다.</td><td>B1종과 같다.</td></tr>
<tr><td>펠트
(방충처리한 것)</td><td>마펠트 두께 10 mm</td><td>마펠트 두께 10 mm</td><td>마펠트 두께 5 mm</td></tr>
</table>

2.3.2 분리쿠션형 또는 접착 카펫

(1) WOVEN 카펫 : KS K 2618에 규정된 품질에 합격하거나 동등이상의 품질이어야 한다.

(2) TUFTED 카펫 : KS F 2619에 규정된 품질에 합격하거나 동등이상의 품질이어야 한다.

2.3.3 카펫 타일재

(1) 소방법에 의한 방염성능을 만족하여야 하며 설계도면이 지정한 경우를 제외하고는 아래사항에 따른다.

① 종류 : loop, cut 중 공사감리자의 지시에 따른다.

② 두께 : 6.0~9.5mm

③ 규격 : 500mm X 500mm

④ 물성 : 정전기 방지용

⑤ 디자인 및 색상 : 공사감리자가 확인한 견본품

2.3.4 부속재

(1) 프라이머와 접착제 : 카펫 및 카펫타일 제조업자가 추천한 종류로 공사감리자가 확인한 견본품으로 하며, 방수가능하고 바닥재와 융합되어야 한다.

(2) 점착제 : 카펫 및 카펫타일 제조업자가 추천한 종류로 공사감리자가 확인한 견본품으로 한다.

3 시공 CHECK 06

3.1 목질계

3.1.1 일반사항

(1) 플로어링류

① 공법

가. 못박기

(가) 판의 이음을 엇갈리게 하고 옆 및 마구리의 가공부분에 손상을 주지 않도록 줄바르게 충분히 밀착시키고 장선에 숨은 못치기로 한다.

(나) 걸레받이 및 문지방 아래의 판장부는 판의 신축을 고려하여 틈새를 설치한다.

나. 접착제 붙임

(가) 바탕면의 오염을 제거하고 청소한다.

(나) 2성분형 접착제를 이용하는 경우는 소정의 배합비에 의해 계량하고 교반한다.

(다) 접착제는 소정의 주걱을 이용하여 균일하게 도포한다.

(라) 벽 가장자리 등의 단부에는 도포 자국이 남지 않도록 주의한다.

(마) 접착제의 가용시간 안에 플로어링류를 잘 압착하여 붙인다.

(바) 플로어링류의 표면에 부착된 접착제는 경화하기 전에 제거한다.

다. 모르타르 붙임

(가) 나누기도에 기초하여 수평을 잡고 바닥 중앙부분에서 사방으로 붙여 깐다.

(나) 붙임에 이용되는 모르타르는 시멘트 : 모래 = 1 : 3으로 하고 요철이 없도록 두께 35mm 정도로 펼친다.

(다) 모르타르 면에 물을 적량 살포하고, 그 위에 시멘트 페이스트를 사용하여 플로어링류를 붙인다.

② 보양 및 표면도장

가. 기존 부분, 시공완료 부분에 파손 및 오염의 우려가 있을 경우는 종이, 천, 목재 등으로 보양한다.

나. 시공 완료 부분의 플로어링류는 흡습 및 오염을 방지하고, 일사광선을 피하며, 물이 닿지 않도록 보양재를 사용한다.

(2) 합판

① 공법

가. 걸레받이, 두겁대, 문꼴선, 돌림선, 기타와의 접합은 도면에 따라 시공한다. 판 옆을 맞출 때에는 틈서리, 턱솔 등이 없도록 하고 조이너를 붙여댈 때에는 위치 바르게 고정한다.

나. 합판류의 치장널깔기의 경우에는 숨은 못박기로 하고, 두드러짐, 턱솔 등이 없도록 마무리한다.

다. 못박기는 판면에 처짐이나 우그러짐 등이 생기지 않도록 공사감리자의 지시에 따라 그 간격을 정한다.

라. 접착제 붙임 공법은 접착제가 경화할 때까지 적당한 방법으로 보양한다.

마. 종이, 천류의 붙임 바탕이 되는 합판을 못박기하는 경우에는 녹막이 도장한 못을 사용하고, 기타 바탕붙임용은 보통 못으로 한다. 이음은 맞댐으로 하고, 턱지지 않게 한다.

(3) 쪽매널

① 바탕

쪽매널 바닥깔기의 바탕은 이중 바닥깔기를 원칙으로 하고, 밑창 깔기 바닥널은 두께 18mm 이상의 것으로 하고, 위 깔기 바닥널은 두께 6mm 이상의 소나무, 낙엽송, 삼송, 미송, 라왕 및 보통합판 등으로 하고, 장선에 못을 박아대고 턱진 곳 없이 평활한 바닥으로 한다.

② 공법

가. 도면에 따라 바탕널에 정확하게 나누기를 하여 쪽매널을 바심질한다.

나. 작업공간은 상온상태로 적당한 습도가 유지되도록 밀폐되어야 하고, 바탕깔기 작업 시작 5일 전부터 쪽매널을 깔기 장소에 보관하되, 깔기 작업을 전후로 상당기간 18℃~21℃의 온도를 유지한다.

◀ CHECK 06
바닥공사 시 유의사항
- 바닥마감재의 시공은 통상적으로 천장과 벽체의 마감이 끝난 후 최종적으로 실시하기 때문에 들뜸 현상과 수평에 유의하여 시공해야 하며, 마감 후 보양을 통해 다른 공정에서의 오염을 사전에 방지해야 함

다. 쪽매널의 쪽매자리 및 이음자리의 붙여대기는 난연성의 접착제를 사용하며, 요소마다 숨은 못박기를 한다. 각 쪽매의 끝은 800mm 간격 이내로 접시머리 나사못으로 고정한다. 걸레받이와의 접합부는 13mm 이상의 신축줄눈을 두어야 하며, 신축줄눈 부분이 문선으로 감추어지지 않을 때는 적절한 충전재료로 신축줄눈을 채운다.

라. 쪽매널을 붙여댄 후, 턱진 곳은 대패질하여 평탄하게 하고 연마지 닦기로 마무리한다. 연마지 닦기 마무리의 종별 횟수 및 연마지는 *[표 3.1.1-1]*을 표준으로 하고, 그 종류의 지정은 공사시방서에 따른다.

마. 구석진 곳 등 연마지 닦기가 곤란한 경우에는 적당한 방법으로 평활하게 마무리한다.

[표 3.1.1-1] 연마지 닦기 마무리의 종별 횟수 및 연마지

종별	A종	B종	C종
1회째	-	#20~#24	-
2회째	-	#36~#50	-
3회째	#80~#100	#60~#80	-

③ 보양쪽매널 깔기 후에는 물과의 접촉에 주의하고, 일사광선을 막기 위하여 보양재를 사용한다.

④ 표면도장공사감리자의 지시에 따라 보양재를 제거하고, 두드러지거나 턱진 곳, 뒤틀림 등을 보수한 후, 공사시방서에 정한 바가 없으면 왁스도장 2회 및 닦기 마무리를 한다.

(4) 바탕준비

① 바탕을 평탄하게 잘 다듬고 스테인 휠라, 바니스, 락카, 조합페인트 등의 오염물질을 완전히 제거하고 흙, 먼지 등을 깨끗이 청소한다. 바탕면의 함수율은 4.5%이내의 건조 상태가 되도록 하고, 바닥면에 균열이 있거나 패인부분은 제조업자의 시공지침에 따라 충전재로 평탄하게 메꾸어야 한다.

② 시공바닥면의 평활도가 3m당 2mm 이하가 되어야 한다. 2mm 초과할 경우 낮은 부분은 레벨링 콤파운드 또는 석고로 보완하고, 튀어나온 부분은 면정리 한다.

③ 접착제 시공시 적정 실내온도는 5℃ 이상을 유지한다.

3.1.2 합판마루 및 강화합판마루 깔기

(1) 마루재를 깔기 전에 나누기도를 작성한 후 이에 따라 시공한다.

(2) 접착제의 1회 도포량은 30cm 너비로 도포범위를 주고 자재제품 자료에 규정된 가사시간 내 작업을 수행 하여야 한다.

(3) 벽면과 만나는 모서리나 코너부분, 문턱 앞부분 등에 대해서는 면밀히 관찰, 조사하고 바닥굴곡이 있는 경우 접착제 도포량을 증가시켜 굴곡진 부분을 메워주고 모래 등으로 압착작업을 반드시 수행하여야 한다.

3.1.3 강화마루 깔기

(1) 마루재를 깔기 전에 나누기도를 작성한 후 이에 따라 시공한다. 나누기도 작성시 마루판이 벽면과 접하는 부위는 습기에 의한 마루판의 수축 및 팽창을 대비 마루판 길이에 따라 부위별 이격 치수를 표시하여야 한다.

(2) 바닥위에 두께 0.1mm PE 필름을 깐다. PE필름은 20cm이상 겹치게 깔고 벽면부위는 바닥에서 2cm 이상 올라가도록 한다.

(3) PE필름 위에 두께 2.0mm PE폼을 보행감과 습기에 의한 변형 방지를 위해 맞대어 깔고 테이프로 접착한다.

(4) 마루판을 모두 설치한 후에는 제조업자가 제공하거나 추천하는 제품의 걸레받이로 마감한다.

(5) 접착제는 제조업자가 제공하거나 추천하는 제품을 사용하며, 혀와 홈 부분에 접착제를 충분히 도포한다.

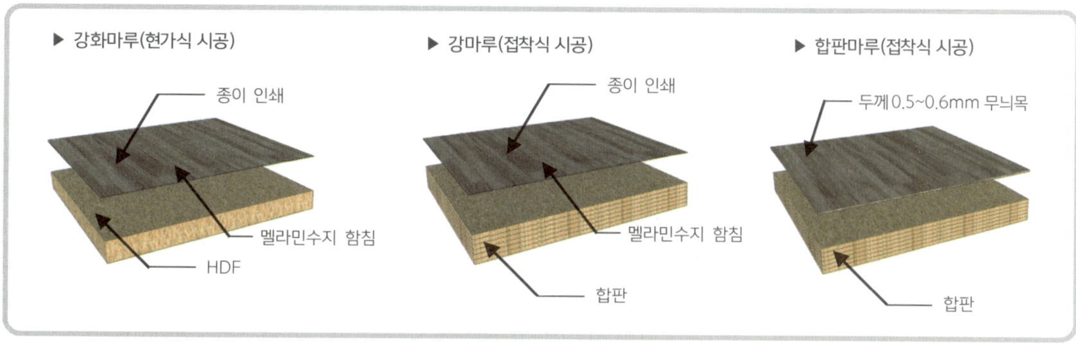

[그림 3.1.3-1] 마루재 종류의 구분

3.1.4 기타사항

(1) 기타 자세한 시공방법 등은 자재 제조업체의 공사시방서에 따른다.

3.2 합성고분자계

3.2.1 일반사항

(1) 공법

① 도면 또는 공사감리자의 지시에 따라 나누어 대기를 하고, 문꼴 옆, 기둥모양, 바닥 밑 검사구 둘레, 기타 잘라내서 붙이는 부분에는 줄눈 접착재료 등을 이용하여 틈이 생기지 않도록 한다.

② 시트의 경우 펴질 때까지 충분한 기간 동안 임시깔기를 한다.

③ 붙일 때에 실온이 낮은 경우나 실내 습도가 높아 접착제의 경화에 지장이 예상되는 경우에는 깔기를 중지한다. 부득이하게 깔기를 할 경우에는 적절한 방법으로 난방하여 시공한다.

④ 바탕면에 결로가 확인된 경우에는 붙이기를 중지한다.

⑤ 붙이기에는 접착제를 바탕면에 고르게 바르고 필요에 따라 타일, 시트의 뒷면에도 바른다. 바름은 온통바름으로 하며, 두드러지거나 턱지지 않게 한다. 단, 바닥 타일에 프라이머를 사용하는 경우에는 공사감리자의 지시에 따른다.

⑥ 붙인 후에는 표면과 바탕 사이의 접착제를 제거하고 롤러 등으로 눌러 접착면에 공기가 남지 않도록 하고, 접착제가 경화할 때까지 공사감리자의 지시에 따라 보양한다.

⑦ 붙인 후, 접착제의 경화 정도를 보아 공사감리자의 지시에 따라 온수 또는 중성세제로 물청소하고, 건조 후에는 수용성 왁스 등을 사용하여 마무리 닦기를 한다.

⑧ 접착제 등을 사용하는 곳은 접착제가 경화할 때까지 유해한 충격이나 진동을 받지 않도록 통행을 금지하며, 주변의 타 공사에 대해서도 적절한 조치를 한다.

⑨ 바닥시트에 적합하게 이용하는 줄눈 접착재는 제조업자가 지정하는 것으로 한다.

(2) 바탕준비

① 바닥면은 건조하고 청결하여야 하며, 페인트, 오일, 그리스유, 아스팔트 기타 접착제 등을 완전히 제거하여야 한다.

② 바닥표면은 3m거리에서 최대 2mm이내까지 평활도가 유지되어야 한다.

③ 바닥의 균열이나 불규칙한 표면은 포틀랜드 시멘트 등으로 평탄하게 보수한다.

④ 콘크리트 바닥면은 모르타르 수분 함유량이 4.5% 미만이 되도록 양생되어야 한다.

⑤ 바닥에 난방을 하였을 경우, 바닥 온도가 32℃ 이상 가열되지 않도록 유의한다.

⑥ 접착제 시공시 적정 실내온도는 5℃ 이상을 유지한다.

(3) 계단설치

① 제조업자의 지침서에 따라 정확하게 바닥타일 또는 시트를 설치한다.

② 모든 계단 디딤판을 단코(Step's nose)에 맞추기 위해 미리 맞춘 계단 디딤판과 부자재를 설치한다.

③ 제조업자가 추천한 접착제로 디딤판을 단에 접착한다. 쇠흙손의 사이즈는 사용 가능한 것을 이용하며, 재료는 제조업자의 지침서에 따라 반드시 롤러를 이용하여 누른다.

3.2.2 륨 카펫 깔기

(1) 자재 나누기도에 따라 시공하되, 바닥재의 생산일자가 같은 것끼리 모아서 시공한다. 자재가 펴질 때까지 임시깔기 등을 하며, 굴곡현상이 없는 상태에서 시공한다.

(2) 이음부분은 20~30cm 넓이로 접착제를 바른(이음매를 중심으로 양쪽 접착면 10cm 이상) 다음 무늬를 맞추어 잘라내고 이음부위의 표면을 깨끗이 닦은 다음 용착제를 흘려 넣는다.

(3) 접착부위는 잘 문질러 기포 등이 없어야 하고, 최소 15분 이상 그 위를 밟지 말아야 하며, 1시간 이상 건조시켜야 한다. 용착제 도포 후 마른 천으로 반복하여 닦아 도포 흔적이 없도록 해야 한다.

(4) 침실에 적용되는 륨카펫의 굽도리는 바닥 마감면에서 5cm 정도 올려 시공하되 접착제 부착을 하지 아니한다.

(5) 출입구 주변은 밀림을 방지하기 위하여 문틀의 전, 후면 각각 50cm 이내에 해당하는 부분과 문틀의 좌우면에 각각 20cm씩 추가한 부분 즉, 문틀폭 +40cm로 구획되는 부위는 그림 3.2-1과 같이 접착제를 전면 도포한다.

3.2.3 바닥 시트류 깔기

(1) 붙이기 전에 나누기도를 작성한 후 이에 따라 시공하되 바닥재의 생산일자가 같은 것끼리 모아서 시공한다.

(2) 시트는 두루마리 비틀림이나 이상 신축부의 펴짐을 도모하며, 1일 정도 임시 깔기를 한다.

(3) 접착제는 전면도포를 실시하며 중앙에서 가장자리 쪽으로 롤러 등을 사용하여 바닥재를 압착하면서 접착시킨다.

(4) 붙일 때에 실온이 낮은 경우나 실내 습도가 높아 접착제의 경화에 지장이 예상되는 경우에는 깔기를 중지한다. 부득이하게 깔기를 할 경우에는 적절한 방법으로 난방하여 시공한다.

(5) 바탕면에 결로가 확인된 경우에는 붙이기를 중지한다.

(6) 이음부위는 접착제를 바른 다음 무늬를 맞추어 잘라내고 이음매를 중심으로 7cm 정도 접착제를 바른 다음 표면을 깨끗하게 닦고 용착제를 흘려 넣는다.

(7) 접착부위는 최소 15분 이상 그 위를 밟지 말아야 하며, 1시간 이상 건조시켜야 한다.

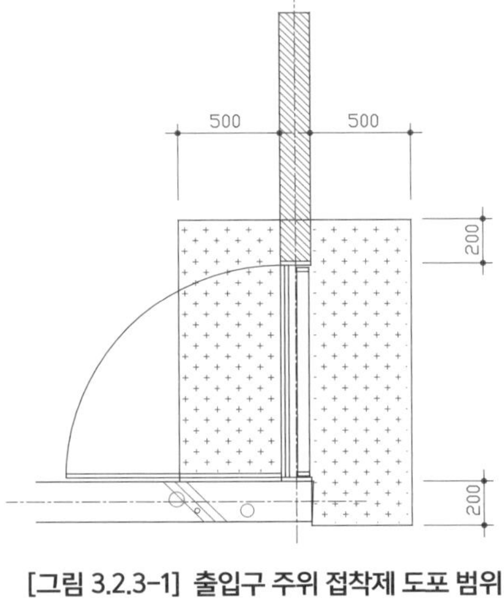

[그림 3.2.3-1] 출입구 주위 접착제 도포 범위

3.2.4 합성비닐타일 붙이기

(1) 시공도에 따라 나누어 대기를 하고, 문꼴 옆, 기둥모양, 기타 잘라내서 붙이는 부분에는 특히 틈나지 않게 한다.

(2) 붙이기에는 접착제를 바탕면에 고르게 바르고 필요에 따라 타일의 뒷면에도 바른다. 접착재는 온통바름으로 하며, 두드러지거나 턱지지 않게 한다.

(3) 사용하는 타일의 매수를 최소한으로 하고 가장자리의 타일이 타일의 1/2 이상 크기로 시공되도록 중심선을 설정하여 중심선에서부터 붙여 나간다.

(4) 붙인 후에는 표면과 바탕사이의 접착제를 제거하고 롤러 등으로 눌러 접착면에 공기가 남지 않도록 하고, 접착제가 완전히 경화될 때까지 보양한다.

3.2.5 목재문양 PVC마루 깔기

(1) 마루와 접착제를 최소 시공 24시간 전에 시공장소에 옮겨 보관하여 충분히 적응(숨죽임) 시키고 24시간 동안 실내 온도를 18℃이상 유지토록 하며, 동절기에는 난방을 통하여 18℃이상 온도를 유지하도록 한다. 시공실시 최소 3시간 전에 난방을 중지하고, 시공 후 최소 24시간 난방을 가동하지 않은 상태로 바닥의 온도를 유지하여야 한다.

(2) 생산일자(LOT번호)가 같은 것끼리 모아서 시공한다.

(3) 중심선 표시법은 다음과 같다.

① 시공할 공간의 폭÷마루 폭=홀수가 나오면 중앙지점이 중심선이 된다.

② 시공할 공간의 폭÷마루 폭=짝수가 나오면 중앙지점에서 마루폭의 1/2만큼 이동한 지점이 중심선이 된다.

(4) 중심선 설치로 4등분된 면적 중 시공순서를 결정, 한 면(1/4)에 접착제를 도포한다.

(5) 접착제는 접착력을 유지하는 시간(가사시간)이 일정하므로 접착제 도포 시 작업속도를 고려하여 적당 면적만 도포한다.

(6) 접착제가 투명 상태가 되면 제품이면에 화살표 및 결 방향을 확인하면서 중심점(start point)에서 L자 방향으로 시공하여 간다.

(7) 중심선은 전체 시공의 기준이 되므로 평행, 직각도를 확인하면서 시공한다.

(8) 시작선 한구역의 시공이 완료되면 동일한 방법으로 나머지 부분도 접착제를 도포한 후 중앙부분부터 시공해 나간다.

(9) 제품을 시공한 직후 70kg 이상 로울러로 제품 전체를 완벽하게 접착시킨다.

(10) 벽면 재단시는 제품을 벽면으로부터 1mm정도 작게 재단하여 자연스럽게 들어가도록 하고 충분하게 압착하여 완전한 접착시공이 되도록 한다.

3.2.6 천연륨카펫 깔기

(1) *(3.2.2)* 륨카펫 깔기에 준하여 시공한다.

3.3 카펫

3.3.1 일반사항

(1) 공법

① 바탕면바탕면은 평탄하게 마무리하고, 바탕이 콘크리트면인 경우에는 모르타르로 흙손 마감하여 충분히 건조시킨 후 깨끗이 청소한다. 깔개를 못으로 고정하는 경우에는 미리 주위에 적당한 받이재를 묻어 둔다.

② 바탕 밑깔기모르타르 바탕인 경우에는 아스팔트 펠트를 깔고, 겹침너비는 30mm 내외로 한다. 마 펠트깔기로 하는 경우에는 이음을 맞대기로 하고, 정깔기의 접어 넣는 부분을 제외하고, 주위에 못박기 또는 접착제로 고정시킨다. 밑깔기는 틈이 없이 평탄하게 깔고, 계단의 챌판에는 밑깔기를 하지 않는다.

③ 정깔기

가. 바심질

정깔기 카펫의 옆 꿰매기는 질긴 면사를 써서 손 꿰매기로 하고, 무늬, 모양, 도안을 맞추어서 꿰맨 솔이 좁게 되도록 하며, A종을 제외하고 주위는 30mm 이상 접어 넣어 꿰맨다.

나. 일반 바닥깔기

(가) 못으로 고정하여 깔기카펫의 폭수 나누기는 공사감리자의 지시에 따르고, 갓둘레는 주위 100mm 간격 내·외로 못질하여 늘어짐 또는 두드러짐 등이 없게 고정해야 하며, 겹치는 부분과 방향 정하기는 통일성을 유지해야 한다. 또한 카펫을 깔 때는 동선 방향에 직교하는 접합선을 두지 말아야 하며, 건물의 신축이음부에서는 연속해서 펴 깔지 않도록 한다.

(나) 접착제로 고정하여 깔기카펫을 접착제로 고정하는 경우에는 접착제를 바르기 전에 카펫의 절단 부분을 각각 맞추고 가장자리를 다듬은 후에 접착제를 바른다. 접착제는 기반층에 균등하게 펴 깔고 카펫 밑의 공기에 의한 기포나 불균등한 접착을 방지하기 위해 가볍게 카펫 위를 롤러로 고르면서 접착시킨다.

다. 계단깔기

카펫의 양끝은 간격 100mm 내·외로 못질하고, 챌판 하부의 구석에는 특히 유의하여 못질 고정하며, 치장 파이프(직경 15mm) 상부의 쇠시리형은 직경 12mm 내·외의 같은 황동제 파이프를 양끝 중간 간격 300mm 내외에 나사못으로 고정 한다. 필요한 때는 파이프 맞이 철물을 좌우에 댄다.

라. 청소 및 보양접착공정이 끝나는 대로 롤러 고름에 의해 절단면에 솟아오른 접착제를 즉시 제거하고, 기계로 청소한다. 접착시공이 끝난 다음 카펫의 표면에 얼룩이 있으면 제거하고 얼룩을 제거할 수 없는 곳은 카펫을 바꿔 깔아야 한다.

마. 다시 펴기못으로 고정하여 깔 때는 카펫이 설치되어 사용된 지 6개월 이내에, 다시 설치장소에서 잡아당겨 펴서 이음매의 어긋남을 수정하고, 모서리 부분의 위치를 재조정하여 맞추어야 한다.

(2) 기타 깔개순모카펫, 플록 카펫, 합성섬유제품 각종 깔개, 평직 카펫 등의 깔개를 사용하는 경우에는 공사시방서에 따른다.

3.3.2 분리구션형 또는 접착 카펫

(1) 작업준비

① 바탕면의 요철 및 튀어나온 부위를 제거한다. 작은 홈, 크랙, 조인트, 구멍 및 기타 결점들은 바탕 채움재를 사용하여 평탄하고, 거친 표면을 갖도록 준비한다.

② 바탕채움이 안정될 때 까지 보호조치 한다.

③ 바탕면의 평활도와 최대 평활오차가 6mm/3m 가 되었는지 검사한 후 작업에 임한다.

(2) 설치

① 건물방향에 평행하게 설치한다.

② 분리쿠션형 카펫설치 시 모르타르 바탕인 경우 아스팔트 펠트로 깔되 겹침 나비는 30cm 내외로 한다.

③ 접착형 카펫의 이음은 맞댄이음으로 한다.

3.3.3 카펫 타일

(1) 작업준비

① 바탕표면을 진공 청소한다.

② 바탕면의 평활도와 최대 평활오차가 6mm/3m 가 되었는지 검사한 후 작업에 임한다.

(2) 설치

① 시공상세도면에 따라 실별 나누어 대기를 하고, 문꼴 옆, 기둥모양, 바닥 및 검사구 둘레, 기타 잘라내서 붙이는 부분에는 특히 틈나지 않게 한다.

② 붙임은 카펫 타일 설치에 필요한 만큼의 접착재를 바탕면에 고르게 바른 다음 필요에 따라 뒷면에도 접착제를 바르고 두르러 지거나 턱지지 않게 온통붙임으로 한다.

③ 온장으로 깔도록 하며 건물과 수평을 이루도록 한다.

④ 붙임 후 접착제의 경화 정도를 보아 따라 표면마무리를 한다.

3.4 걸레받이 설치

(1) 조인트를 긴밀하게 수직으로 맞춘다.

(2) 코너부는 도면에 명기가 없을 때에는 연귀이음을 원칙으로 한다. 외부 코너부는 걸레받이 스트립을 두께 2/3 깊이로 뒷면을 V-커팅(Cutting)하여 접는다. 노출된 끝부분은 기성 몰딩을 사용한다. CHECK 07

(3) 단일재로 채워진 바탕재위에 걸레받이를 설치한다. 바닥 및 벽면에 강하게 접합한다.

(4) 문 프레임 및 기타 다른 장애물에 금을 그어 표시하고 정확하게 설치한다.

◀ CHECK 07

연귀이음 방식

• 두 자재의 끝을 대각선으로 잘라 그 면을 맞닿게 잇는 방법

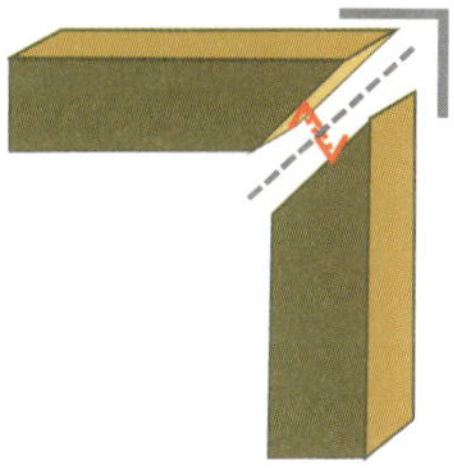

3.5 청소 및 보양

(1) 접착제 작업 후 경화시간은 기본 24시간, 동절기는 48시간이며, 경화시간 내에는 무거운 물건의 이동을 금지하고 집단적 보행도 금지한다.

(2) 바닥재 시공 후 바닥이나 벽면에 묻은 접착제를 시공부위에 손상이 없도록 제거하고 시공부위의 표면은 제조업자의 시공지침에 따라 청소, 광내기 등을 한다.

(3) 바닥재 깔기 및 청소가 끝나면 골판지 등으로 보양한다.

(4) 카펫 표면은 진공청소를 실시한다.

3.6 검사

(1) 공사완료 후에는 보양재를 제거하고 청소한 후 검사를 실시한다.

(2) 수급인은 전 공정에 걸쳐 자체적인 검사를 통해 품질관리를 한다.

[표 3.6-1] 합성고분자계 바닥타일류 및 시트류 단계별 주요 검사항목 (LHCS 10 10 05 25 건축공사 일반, 부록3)

공정단계별		주요 검사항목
합성고분자계 바닥타일류 및 시트류	바닥재 깔기 완료 후	· 연결부위 맞댄이음 여부 · 이색 및 변질여부 · 바탕면 접착상태 · 나누기도 적정 시행여부 · 굽도리 시공상태 (올림시공 : 50㎜) · 출입구 주변 접착제 전면 도포 여부 (밀림방지)

- 출처 : 한국토지주택공사 전문시방서(2020, 한국토지주택공사)

3.7 바닥공사 하자 사례 및 개선방안

- 출처 : 건축공사 들여다보기(2009, 서울지방국토관리청, 노성열 외)

하자 사례

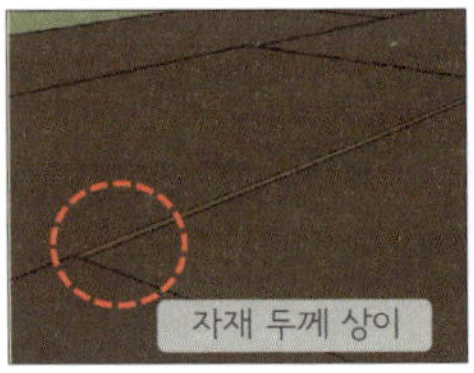

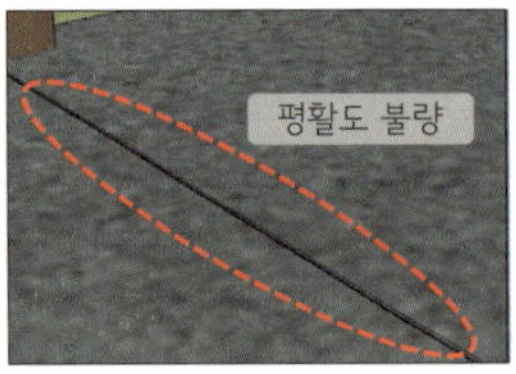

· 마루판 자재 두께 상이
· 이질재 접합부 부위의 하부 평활도 불량

》

개선 방안

· 정확한 바탕면 Level Check 및 사전 자재 두께 검토 철저
· Level 보정용 재료분리대 적용

[그림 3.7-1] 이질재 접합부 단차

하자 사례

· 마루판 연결부위 틈 과다로 미관 손상

》

개선 방안

· 주위 온도 18° C 이상에서 작업 수행
· 연결부위 정밀 시공으로 틈새 방지

[그림 3.7-2] 마루판 연결 부위 틈 과다

하자 사례

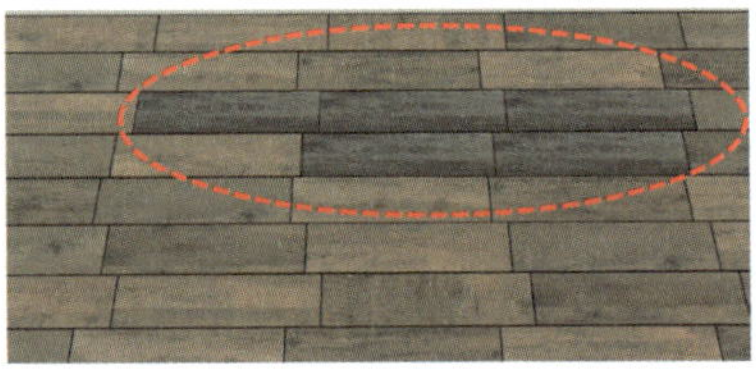

· 자재 불량 및 관리감독 소홀에 따른 이색 마루판 시공
· 작업 전 이색진 마루판 미교체

》

개선 방안

· 자재검수 및 자재보관 철저
· 변색 및 이색 자재 사전 분류
· 제습구멍 설치(잔류습기 제거)

[그림 3.7-3] 마루판 이색

하자 사례

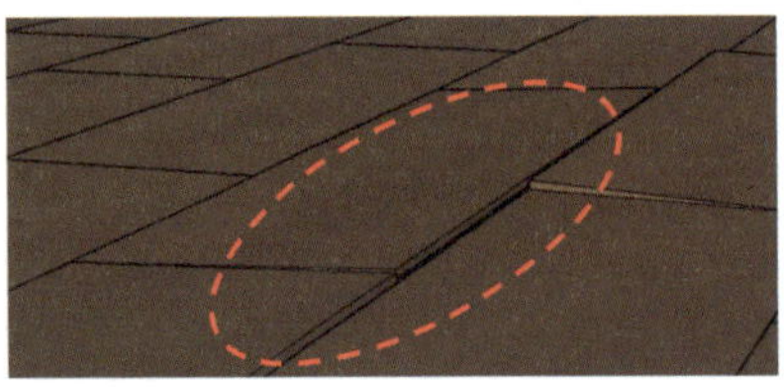

· 습기 침투에 의한 마루판 들뜸
· 바탕면 완전 경화 전 또는 수분 침투에 의한 들뜸

》

개선 방안

· 바탕 함수율 사전 점검 철저
· 제습구 설치

[그림 3.7-4] 마루판 들뜸

[그림 3.7-5] 누수에 의한 마루판 하자

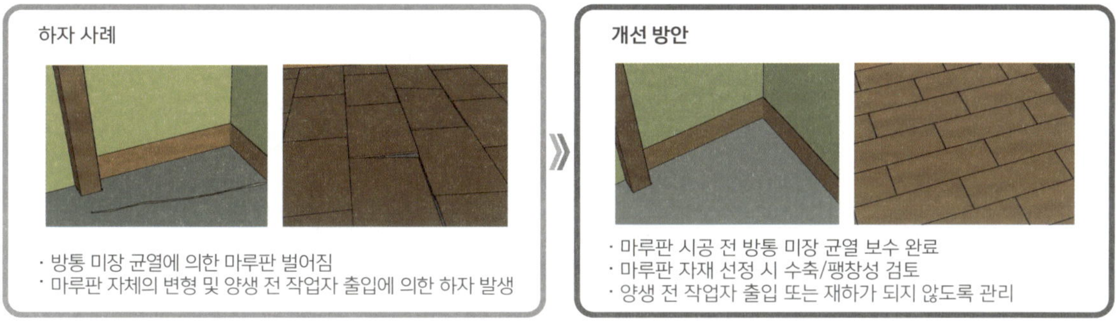

[그림 3.7-6] 마루판 벌어짐

3.8 층간소음 저감대책 – 출처 : 기본서 PE 건축시공기술사(2021, 백종엽)

(1) 뜬바닥구조(Floating Floor)

뜬바닥구조 공법은 바닥 Slab에 충격을 가하였을 때 발생되는 고체 전달음이 구조체를 따라 전달되지 않도록 하기 위해서, 바닥 자체를 구조체의 바닥 Slab와 분리시켜 띄운 바닥구조이다.

(2) Slab 조건의 변화

① Slab의 두께를 늘리는 것은 Slab의 면밀도와 강성의 양쪽을 늘리는 것이 되므로 표준중량충격원에 대한 바닥충격음 저감방법으로서 그 효과는 크지만, 이와 같은 충격에 의한 바닥구조의 진동상태 중량 및 강성 이외에도 벽체의 위치, 면적, 지지조건, 충격음의 위치 등에 따라 다양하게 나타나기 때문에 바닥의 구조조건도 종합적으로 고려해야 한다.

② *소음방지를 위한 층간 바닥충격음 차단 구조기준의 [별표 1]*에 따른 표준바닥구조를 적용한다.

(3) 이중천장의 설치

공기층을 충분히 하고 천장재의 면밀도를 크게 하여 방진지지 하면 바닥충격음레벨을 감소시킬 수 있다.

(4) 층간소음재 밀실시공

층간소음재 부착 시 틈이 없이 밀실시공한다.

(5) 설비소음

① 덕트 내의 흡음재 시공

② 원형덕트 사용으로 감소

③ 송풍기에 흡음장치 및 소음기 설치

④ 파이프 샤프트 및 설비 코어의 위치, 급수기구와 위생기구의 부착위치 조정

⑤ 급수압 및 배수량 설정

⑥ 저소음 엘보 및 3중 엘보 사용

[부록]

■ 소음방지를 위한 층간 바닥충격음 차단 구조기준 [별표 1]

– 표준바닥구조의 종류

가. 표준바닥구조 1

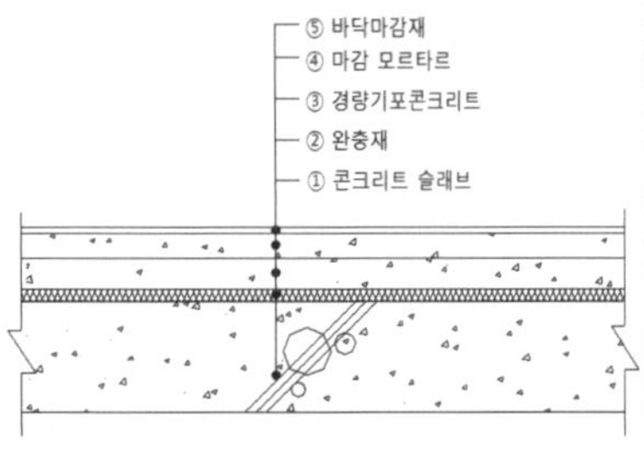

단면 상세	형식·구조별 표준바닥구조 기준					
	형식	구조	① 콘크리트슬래브	② 완충재	③ 경량기포콘크리트	④ 마감 모르타르
	I	벽식 및 혼합구조	210㎜ 이상	20㎜ 이상	40㎜ 이상	40㎜ 이상
		라멘구조	150㎜ 이상			
		무량판 구조	180㎜ 이상			
	II	벽식 및 혼합구조	210㎜ 이상	20㎜ 이상	–	40㎜ 이상
		라멘구조	150㎜ 이상			
		무량판 구조	180㎜ 이상			

나. 표준바닥구조 2

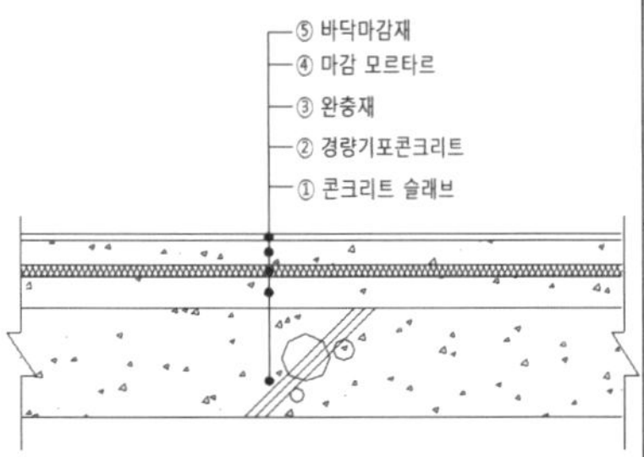

단면 상세	형식·구조별 표준바닥구조 기준					
	형식	구조	① 콘크리트슬래브	② 경량기포콘크리트	③ 완충재	④ 마감 모르타르
	I	벽식 및 혼합구조	210㎜ 이상	40㎜ 이상	20㎜ 이상	40㎜ 이상
		라멘구조	150㎜ 이상			
		무량판 구조	180㎜ 이상			
	II	벽식 및 혼합구조	210㎜ 이상	–	20㎜ 이상	40㎜ 이상
		라멘구조	150㎜ 이상			
		무량판 구조	180㎜ 이상			

다. 표준바닥구조 3

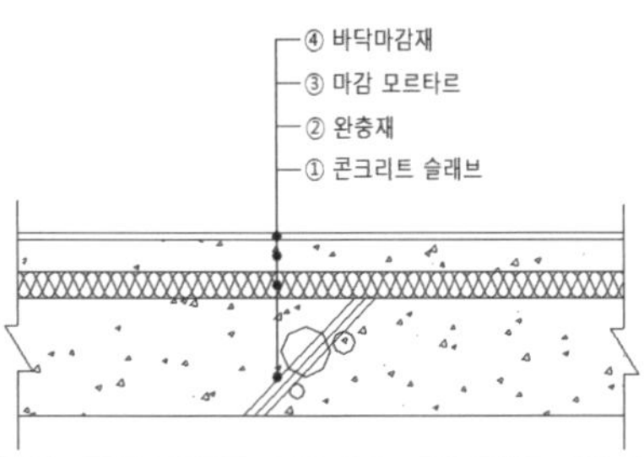

단면 상세	형식·구조별 표준바닥구조 기준				
	형식	구조	① 콘크리트슬래브	③ 완충재	④ 마감 모르타르
	I	벽식 및 혼합구조	210㎜ 이상	40㎜ 이상	50㎜ 이상
		라멘구조	150㎜ 이상		
		무량판 구조	180㎜ 이상		

< 비고 >

1. 경량기포콘크리트의 품질 및 시공방법은 KS F 4039(현장 타설용 기포콘크리트) 규정에 따른다.
2. "완충재"란 충격음을 흡수하기 위하여 바닥 구조체 위에 설치하는 재료를 말하며, 성능 평가기준 및 시공방법 등은 「공동주택 바닥 충격음 차단구조 인정 및 관리기준」 제32조 및 제33조에 따른다.
3. 온돌층이 벽체와 접하는 부위에는 측면 완충재를 적용한다.

4 시공예시도

■ 콘크리트 구조 바닥공사 - 무등산 원효분소 실증현장

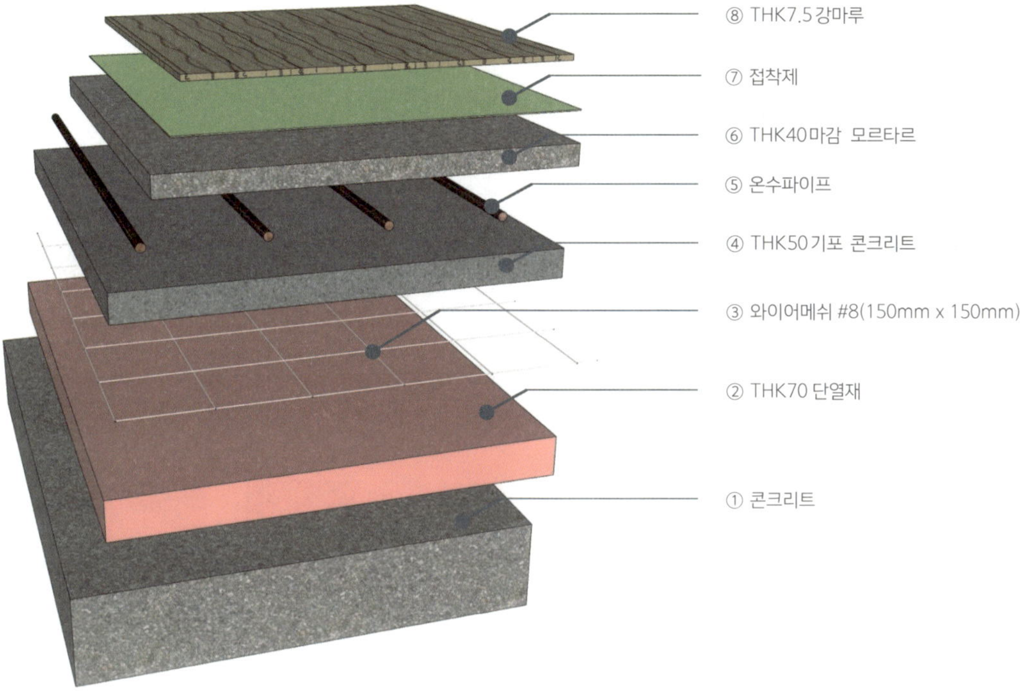

■ 콘크리트 구조 바닥공사 상세도

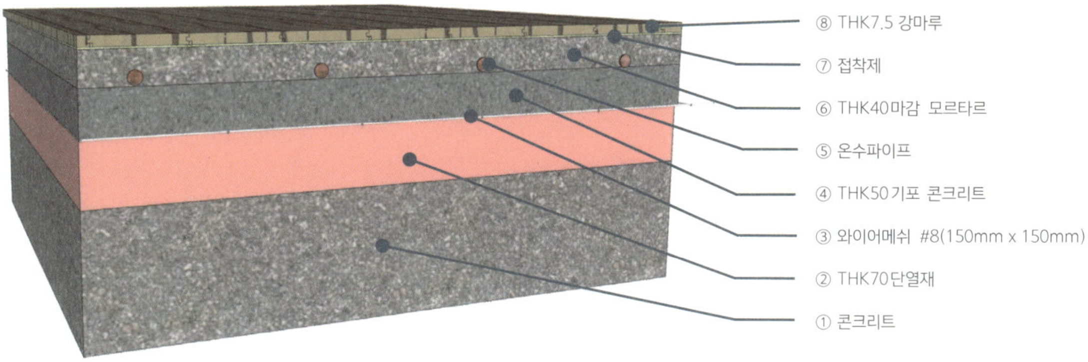

13장 _ 소규모 수장공사

■ [시공 사진] 시공순서도 ① 콘크리트 ~ ⑥ THK40 마감 모르타르

01. 콘크리트 슬라브 정리

02. 슬라브 위 단열재 시공

03. 와이어메쉬 설치

04. 기포콘크리트시공

05. 온수파이프 설치

06. 온수파이프 고정

07. 마감 모르타르 시공

08. 마감 모르타르시공 완료된 모습

- 출처 : 세라건축그룹(http://www.zip1004.com)

■ [시공 사진] 시공순서도 ⑦ 접착제 ~ ⑩ THK7.5 강마루

01. 바닥재 깔기 전 면고르기 하지작업

02. 바닥면 고르기 후 접착본드 바름

03. 강마루 시공

04. 강마루 시공완료된 모습

- 출처 : 날마다집을짓는사람들(https://e-depot.kr/1686)

■ 목구조 바닥공사 - 설악산 오색분소 실증현장

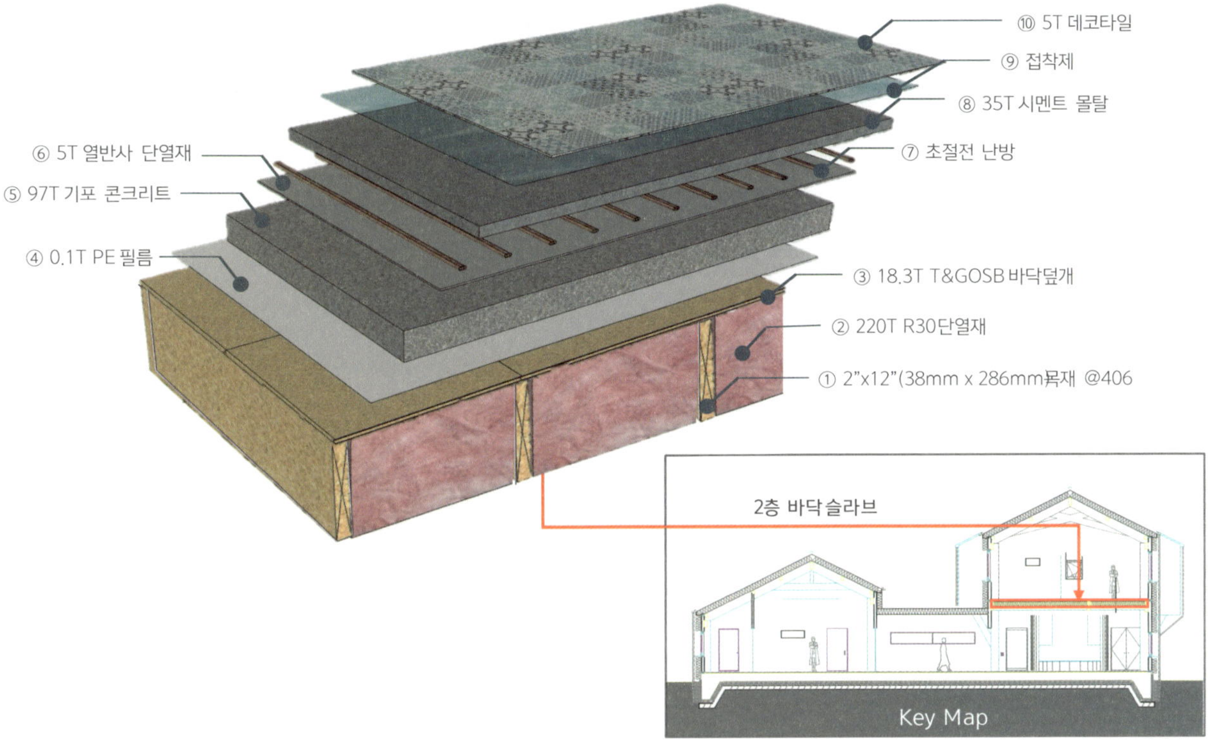

■ 목구조 바닥공사 상세도

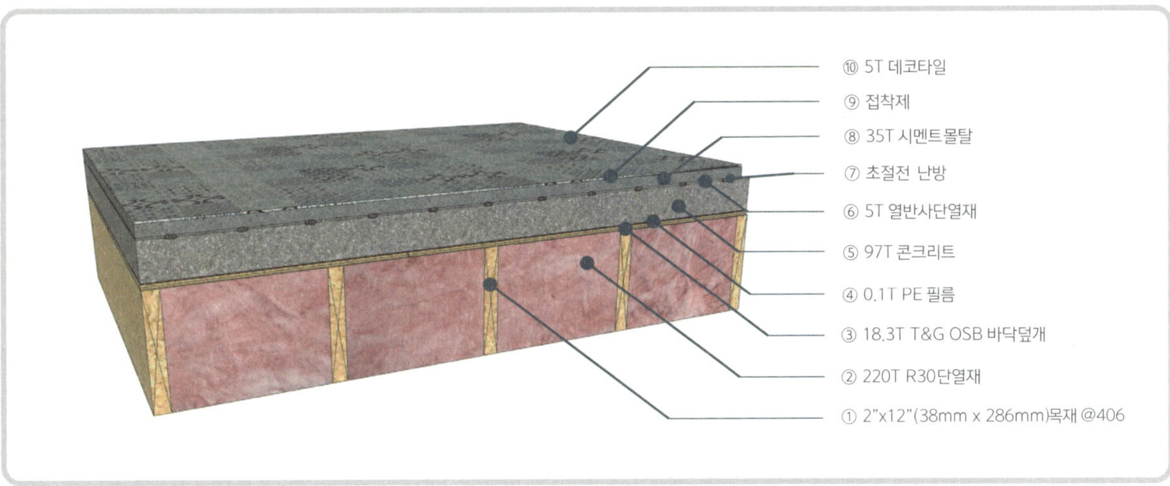

■ [시공 사진] 시공순서도 ⑤ 97T 기포 콘크리트 ~ ⑧ 35T 시멘트 모르타르

01. 바닥단열 시공

02. 열반사 단열재 시공

03. 전기온돌배열작업

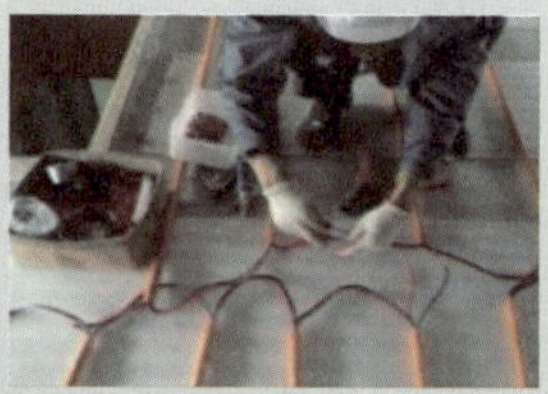
04. 전기온돌결선작업

05. 전기온돌 배선작업

06. 방열층 시멘트 몰탈 시공

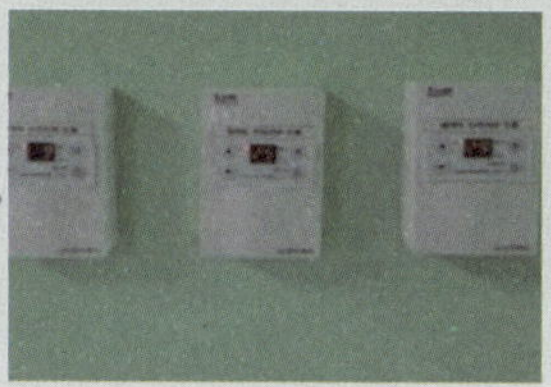
07. 온도조절기 설치

- 출처 : 한진테크(https://electo282.com)

SAMOOCM
CREATIVE MANAGEMENT

CHAPTER 14

14장

소규모 천장공사

SBCS 41 90 52 00 소규모 천장공사
SBCS 41 90 52 05 경량천장설치

CHAPTER 14

01

SBCS 41 90 52 00
소규모 천장공사

1 일반사항

1.1 적용범위

(1) 이 기준은 천장 구조물의 자재와 시공에 관한 전반적이고 기본적인 사항을 규정한다.

(2) 천장 구조의 시공은 이 기준의 규정을 따른다. 다만, 특수한 천장 구조로서 이 기준에 따르지 아니할 때는 설계도면 또는 공사시방서에 따르거나 *SBCS 41 90 05*에 따라 공사감리자와 협의한다. CHECK 01

CHECK 01 ▶

천장 분류

- 매달린 천장 : 모체와의 연결구조를 통해 천장 자체가 매달려 있는 경우의 천장
- 바닥판 밀착 천장 : 슬래브 하부의 천장 모체에 직접 밀착시켜 시공한 천장
- 노출천장 : 천장 자체가 모체의 노출면이 그대로 드러나는 천장

1.2 참고 기준

1.2.1 관련 기준

(1) SBCS 41 90 02 소규모 건축공사 일반사항

(2) SBCS 41 90 51 소규모 수장공사

① KS D 3506 용융아연도금 강판 및 강대

② KS D 3609 건축용 강제 받침재(벽·천장)

③ KS D 3512 냉간 압연 강판 및 강대

④ KS D 3554 연강 선재

⑤ KS D 3861 건축구조용 압연 강재

⑥ KS D 8304 전기아연도금

⑦ KS D 7081 건축용 착색 금속 천장재

⑧ KS F 4535 천장용 알루미늄제 루버

⑨ KS F 4740 열경화성수지천장판

⑩ KS L 5509 석고시멘트판

⑪ KS L 9105 암면흡음천장판

1.3 제출물

(1) 제조업자의 제품 자료

① 천장틀(보강철물, 고정철물 포함)

② 석고보드 및 천장재(자재 물성, 특성 포함)

③ 제조업자의 시방서(접착제, 못, 나사류 등의 사용개소 및 방법 포함)

(2) 시공상세도

① 바탕 프레임 설치도

② 자재 나누기도 및 고정철물 설치간격 및 각종 보강 철물 설치 위치도

③ 자재 부착 입면 상세도

(3) 시공상태 확인서

공사중 시공상태 확인을 받도록 되어 있는 항목에 대하여 시공상태 확인서를 제출한다.

(4) 견본

① 천장재 (이 절의 시방 및 설계도면에 지정한 규격품)

② 천장틀, 보강철물 및 고정철물

(5) 기타사항

상기 이외의 제출물에 관한 사항은 *SBCS 41 90 02 (1.5)*에 따른다.

2 자재

2.1 목질계

(1) 천장공사에 사용되는 목재류는 한국산업표준에 적합한 것으로 하며, 한국산업표준에 없는 것은 관련 기준에 따른다.

(2) 합판의 종류, 등급, 표면판의 수종 및 치수 등은 관련 기준에 따른다. 무늿결, 색깔 등은 견본을 제출하여 공사감리자의 확인을 받는다.

(3) 고정철물

① 합판에 사용하는 고정철물은 공사시방서가 없는 경우 못으로 한다.

② 섬유판의 고정철물은 공사시방서에 따르며 공사시방서가 없는 경우에는 못, 나사 또는 스테이플로 한다.

③ 재질은 강제 및 스테인리스강제로 하고 치장용 바탕으로 이용하는 판에는 전기아연도금한 것을 사용하며, 치장판에는 전기아연도금에 도장한 것을 사용한다.

④ 습기의 영향으로 녹이 발생하기 쉬운 개소에 사용하는 스테인리스강제로 한다.

(4) 접착제 : 접착제는 한국산업표준에 적합한 것으로 하고 그 지정은 공사시방서에 의한다.

(5) 기타 자재 : 줄눈대, 누름대 등을 사용하는 경우, 종류, 형태 및 치수는 공사시방서에 따른다.

2.2 무기질계

(1) 목모 보드 CHECK 02

① 한국산업표준에 합격한 것으로 하며, 기타 이와 유사한 성질의 것은 공사감리자가 확인한 것을 사용한다.

② 목모 보드의 종류, 형상 및 치수 등은 공사시방서에 따른다.

③ 고정용 철물 : 고정철물은 공사시방서에 의한다. 공사시방서가 없는 경우 스테인리스강제의 못 또는 나사로 한다.

(2) 섬유강화 시멘트판

① 한국산업표준에 합격한 것으로 하고, 한국산업표준 이외의 것을 사용하는 경우에는 공사감리자의 확인을 받으며, 2차 제품의 판 옆면의 방수처리는 공사시방서에 따른다.

② 고정용 철물

가. 섬유강화 시멘트판의 고정철물은 공사시방서에 의한다. 공사시방서가 없는 경우 못, 나사류로 한다. 치수는 공사시방서에 의한다.

나. 재질은 강제 및 스테인리스강제로 하고, 치장용 바탕으로 이용하는 판에는 전기아연도금한 것을 사용하며, 치장판에는 전기아연도금에 도장한 것을 사용한다.

③ 접착제는 한국산업표준에 적합한 것으로 하고 그 지정은 공사시방서에 의한다.

④ 줄눈대, 누름대 등을 사용하는 경우, 종류, 형태, 치수는 공사시방서에 의한다.

(3) 석고보드류

① 한국산업표준에 합격한 것으로 하고, 규격 외의 것을 사용할 때는 공사감리자의 확인을 받는다.

② 고정용 철물

가. 공사시방서에서 정한 바가 없을 때는 아래를 표준으로 하고 공사감리자의 지시를 따른다.

나. 고정철물은 바탕종류, 인발내력, 보드두께, 환경조건에 의해서 선정한다.

다. 석고보드용 못 및 드릴링 태핑나사는 한국산업 표준에 적합한 것으로 한다.

라. 고정용 철물은 녹막이를 고려하여 아연도금 또는 크롬산염 처리한 것 이외에 스테인리스 강제로 한다.

(4) 석고 시멘트판

한국산업표준 KS L 5509(석고 시멘트판)에 적합한 것으로 한다.

◀ CHECK 02
목모보드의 특징 및 용도
- 천연 목재를 가공하여 만든 보드로 흡음 및 방음 성능이 우수하여 운동 시설, 종교 시설, 사무실 등의 넓은 공간 및 극장, 방송실, 녹음실, 공연장 등의 음향 시설 내부에 주로 사용

2.3 금속계

(1) 천장공사에 사용되는 금속계 자재는 한국산업표준에 적합한 것으로 하고, 그 지정은 공사시방서에 따른다.

(2) 형상, 치수, 무늬, 표면 마무리 및 녹막이도장은 공사시방서에 따른다.

(3) 금속제 천장틀의 자재는 *[표 2.3-1]*을 표준으로 하고 그 지정은 공사시방서에 의한다.

[표 2.3-1] 금속제 천장틀

바탕재 종류	형상, 치수	해당규격	녹막이처리
반자틀 및 반자틀받이	ㄷ자형 - 60×30×10×1.6 - 40×20×1.6	KS D 3861	전기아연도금 혹은 녹막이 도장
행 어	FB-3×38	KS D 3861	전기아연도금 혹은 녹막이 도장
클 립	St·1.6t	KS D 3512	전기아연도금 위 크로메이트
달대볼트 및 너트	10, W" 3/8"	KS D 3554	전기아연도금

(4) 경량철골 천장틀

① 무기질계 천장의 천장틀은 몸체(M-BAR, CLIP-BAR, 캐링채널, 마이너채널 등), 부속철물(행어, 클립, 조인트 등)과 달대(행어볼트, 너트, 인서트 등)으로 구성된 경량철골 천장틀을 표준으로 하며 그 외는 공사시방에 따른다.

② 부속 철물에는 몸체와 동등 이상의 방청처리를 하여야 한다. 다만, 행어볼트, 너트 및 달대는 KS D 8304 (전기아연도금)에서 규정하는 1종 1급, 2종 1급 이상 또는 이와 동등 이상의 방청처리를 하여야 한다.

③ 행어볼트는 일정수준의 강성과 연성을 확보하기 위해 KS D 3506 (용융아연도금 강판 및 강대)에 의한 SGCC의 항복점, 인장강도 기준이상으로 하되 연신율은 30% 이상이 되어야 한다.

④ 경량철골 천장틀에 사용하는 금속자재의 성능기준은 *[표 2.3-2]*에 따른다.

[표 2.3-2] 경량철골 천장틀 금속자재 성능기준

<table>
<tr><th colspan="4">항 목</th><th>단위</th><th>품질기준</th><th>시험방법</th></tr>
<tr><td colspan="4">아연, 알루미늄, 마그네슘 합금 도금의 최소 부착량(양면)</td><td>g/㎡</td><td>80 이상</td><td>KS D 3609의 9.1</td></tr>
<tr><td colspan="3" rowspan="2">부재의 모양 안정성</td><td>가로굽음</td><td rowspan="2">mm</td><td rowspan="2">2L/1000 이하</td><td>KS D 3609의 9.2.1</td></tr>
<tr><td>휘어짐</td><td>KS D 3609의 9.2.2</td></tr>
<tr><td rowspan="5">재하
강도</td><td rowspan="4">아랫 방향
하중</td><td rowspan="2">바</td><td>최대 잔류휨량</td><td>mm</td><td>10 이하</td><td rowspan="2">KS D 3609의 9.5.1 a)</td></tr>
<tr><td>잔류휨량</td><td>mm</td><td>2 이하</td></tr>
<tr><td rowspan="2">캐링 채널</td><td>최대 잔류휨량</td><td>mm</td><td>5 이하</td><td rowspan="2">KS D 3609의 9.5.1 b)</td></tr>
<tr><td>잔류휨량</td><td>mm</td><td>2 이하</td></tr>
<tr><td colspan="2">윗방향하중</td><td>최대휨량</td><td>mm</td><td>5 이하</td><td>KS D 3609의 9.5.2</td></tr>
</table>

⑤ 경량철골 천장틀의 반자돌림은 알루미늄 제품으로 한다. 이외는 공사시방서에 의한다.

⑥ 경량철골 천장틀에 사용하는 나사못은 아연도금, 유니크롬 도금 또는 동등 이상 재질의 녹이 슬지 않는 평머리 나사못으로 한다

(5) 고정용 철물류

① 금속제 천장틀을 고정하는 곳에 사용하는 나사못, 볼트류는 한국산업표준에 적합한 것으로 하고 그 지정은 공사시방서에 의한다. 다만, 동판의 경우에는 구리못으로 한다.

② 고정철물은 아연니켈크롬 도금한 것을 표준으로 한다.

(6) 줄눈재 : 줄눈재의 종류, 형상 및 치수는 공사시방서에 의한다.

2.4 시스템 천장

(1) 시스템 천장은 설비존 · 천장 패널 방식과 루버 방식이 있으며, 설비존 · 천장 패널 방식은 라인 방식과 크로스 방식으로 구분된다. 이에 대한 지정은 공사시방에 따른다.

(2) 반자틀, 반자돌림, 루버

① 알루미늄제 부재, 부품은 한국산업표준에 적합한 압출 성형품을 사용한다.

② 강제 부재, 부품은 한국산업표준에 적합한 성형품 또는 이와 동등 이상의 녹방지 성능을 갖는 강판 성형품을 사용한다.

(3) 반자틀받이, 달대볼트는 한국산업표준에 적합한 성형제품을 사용한다.

(4) 달대 흔들림 방지용 보강재

① 달대의 흔들림 방지용 보강재는 한국산업표준에 적합한 C채널과 동등 이상으로 하며, 녹방지 도장 또는 아연도금을 한 것으로 한다.

② 천장에 단차가 있는 경우의 달대 흔들림 방지보강재는 C채널 또는 L형강과 동등한 것으로 한다.

(5) 반자틀 받이 행거 및 반자틀 고정 철물

한국산업표준에 적합한 자재를 사용하며 최소 부착량 120g/m²의 아연 도금 또는 이와 동등 이상의 녹방지 처리를 한 제품을 사용한다.

(6) 반자틀 조이너

알루미늄 반자틀의 반자틀 조이너는 한국산업표준에 적합한 강재류에 아연도금 또는 이와 동등 이상의 녹방지 처리한 것 또는 한국산업표준에 적합한 스테인 리스 강제를 사용한다.

(7) 설비 패널

설비 패널용 강판, 스테인리스 강판 및 알루미늄 합금은 한국산업표준에 적합한 성형품을 사용한다.

(8) 천장 패널

천장 패널은 한국산업표준의 암면흡음판을 표준으로 하며 그 외는 공사시방에 따른다.

2.5 합성고분자계

(1) 열경화성수지 천장판한국산업표준에 적합한 열경화성 수지 천장판으로 한다.

(2) 천장틀합성고분자계 천장의 천장틀은 *(2.3 (4))*의 경량철골 천장틀을 표준으로 하며, 그 외는 공사시방에 따른다.

3 시공

3.1 목질계

(1) *SBCS 41 90 51 15 (3.1.1)*에 따른다.

3.2 무기질계

(1) 천장틀

① 달대는 반드시 방청처리된 제품을 사용하며 용접 등으로 방청처리가 손상된 경우는 추가 방청조치를 한다.

② 달대는 지정간격에 따라 견고하게 설치하고 천장의 부분적인 처짐이나 뒤틀림 등이 생길 수 있는 곳은 추가 보강한다.

③ 행어볼트의 시공 시 설계보다 긴 규격을 사용한 후 자르거나 구부려 마감하지 않도록 한다.

④ 몰딩은 정확한 수평을 유지하고 모서리나 꺾임 부위는 연귀맞춤으로 틈새 없이 설치한다. 곡선부위는 바탕벽면의 곡률과 동일하도록 가공한다.

⑤ 조명기구 등의 설치시는 기구양단에 보강재를 설치하고, 보강재 설치위치는 전기공사 수급인과 협의하거나 공사시방에 따른다.

⑥ 등박스 설치 부위는 조명기구 설치에 지장이 없도록 M-Bar로 별도 보강한다.

⑦ 단열벽체에 경량철골 천장 고정용 앵글 설치시 단열부위가 결손되지 않도록 하여 각재로 변경할 수 있다.

⑧ CLIP-BAR는 열경화성 수지 천장판을 설치한 경우 시공하며 M-BAR시스템에 준하여 설치한다.

CHECK 03 ▶

목모보드 시공사례

▪ 홍보관 내부

▪ 녹음실 내부

▪ 교회 내부

▪ 연습실 내부

<출처> (주)씨에스코리아 (http://www.cskorea.net)

(2) 목모 보드 CHECK 03

① 목모 보드의 가공 및 절단은 전동식 톱이나 일반 톱으로하며, 큰 면접기는 원칙적으로 기계가공으로 한다.

② 목모 보드의 고정방법은 공사시방서에 의한다.

③ 판은 줄바르게 동일한 간격으로 고정시키며, 이음, 쪽매 등의 위치는 정확하고 줄바르게 하고, 두드러짐, 턱솔 등이 없도록 붙여댄다.

(3) 섬유강화 시멘트판

섬유강화 시멘트판의 설치방법 및 간격은 공사시방서에 따른다.

(4) 석고 보드류

① 경량철골 천장틀에 300 ㎜ 이내의 간격으로 접합용 나사못으로 고정하되, 각 나사못의 위치가 일직선이 되도록 한다.

② 중앙부분에서부터 시작하여 사방으로 향하여 붙여 나가고, 끝단의 이음수가 최소가 되도록 판의 길이를 정한다.

③ 천장판의 이음은 M-Bar위에서 이루어지도록 하고 이음부가 틈새와 턱지지 않도록 시공한다.

(5) 석고 시멘트판

① 천장틀의 시공이 완전히 완료된 후 천장판 작업을 시작한다.

② 천장틀에 300 ㎜ 이내의 간격으로 접합용 나사못으로 고정하되, 각 나사못의 위치가 일직선이 되도록 한다.

③ 천장판은 중앙부분에서부터 시작하여 사방으로 향하여 붙여 나가고, 길이 방향의 단부 천장판 나비가 온장나비의 1/2 이하가 되지 않도록 한다.

3.3 금속계

(1) 달대볼트 설치

① 반자틀받이 행어를 고정하는 달대볼트는 천장재가 떨어지지 않도록 인서트, 용접 등의 적절한 공법으로 설치한다.

② 달대볼트는 주변부의 단부로부터 150mm 이내에 배치하고 간격은 900㎜ 정도로 한다.

③ 달대볼트는 수직으로 설치한다.

④ 천장 깊이가 1.5m 이상인 경우에는 가로, 세로 1.8m 정도의 간격으로 달대볼트의 흔들림 방지용 보강재를 설치한다.

(2) 반자틀받이의 설치
반자틀받이는 행어에 끼워 고정하고 반자틀에 설치한 후 높이를 조정하여 체결한다.
(3) 반자틀 고정
① 반자틀 간격은 공사시방서에 의한다. 공사시방서가 없는 경우는 900㎜ 정도로 한다.
② 반자틀은 클립을 이용해서 반자틀받이에 고정한다.
(4) 기타 사항
내풍압 볼트 등을 사용한 내풍압 천장재를 설치하는 경우에는 제조업자의 공사시방서에 따른다.

3.4 시스템 천장

(1) 일반사항
① 전문공사업자가 작업순서 및 범위, 기타 부위와 조정이 필요한 고정부의 처리, 마무리 등을 기록한 시공계획서를 제출한다.
② 먹줄치기시 먹줄은 기준먹을 기준으로 한다.
(2) 반자돌림의 고정반자돌림은 구조체 또는 벽, 기둥 측면에 콘크리트 못, 플러그, 나사류, 접착제 등으로 견고하게 고정시킨다. 반자돌림을 직접 벽면에 설치하기 곤란한 경우는 비드를 설치하고, 비드 또는 마감이 끝나는 부분의 바탕재를 쐐기 혹은 반자틀받이 등으로 고정한다.
(3) 달대볼트의 설치현장타설 콘크리트 및 프리캐스트 콘크리트 부재에 설치할 경우, 미리 설치한 강제 인서트나 앵커볼트에 달대볼트를 반자틀 받이에 대해 1,600㎜ 간격 이내로 설치하고, 또한 재하에 대해서 충분한 내력이 확보되도록 한다.
(4) 달대 흔들림 방지용 보강재달대 흔들림 방지용 보강재는 반자틀 받이 또는 달대볼트 하단 및 달대볼트의 인서트 매립부 사이에 45° 정도의 각도로 30m² 이내마다 1조씩 X, Y 양방향으로 설치한다. 칸막이벽이나 방연 현수벽(hanging type smoke barrier) 상부에서는 달대볼트 하단과 달대볼트의 인서트 매립부 사이의 간격을 1,600㎜ 이하로 하고 칸막이 방향과 직각으로 달대 흔들림 방지용 보강재를 설치한다.
(5) 반자틀받이의 설치
① 라인 방식인 경우, 반자틀과 직각방향으로 설치하는 반자틀받이는 달대볼트보다 반자틀받이 행어를 이용하여 단단히 설치하고, 반자틀받이 간격은 1,600㎜ 이내로 한다.
② 설비라인에 대해서 반자틀받이가 우선해서 관통하는 것이 바람직하며 관통이 불가능한 부분은 크랭크형의 기구를 넘겨 보강을 실시하며 설비라인에 의해 반자틀받이가 절단되는 것은 바람직하지 않다.
(6) 반자틀(T바)의 설치
① 라인 방식에서는 반자틀받이보다 반자틀 고정철물을 이용해서 반자틀을 설치한다.
② 크로스 방식에서는 달대볼트보다 직접 달아매는 철물로 반자틀을 받고 반자틀과 반자틀 교차부는 교차용 마감철물 등 을 이용해서 긴결시킨다.
(7) 설비존의 설치는 설비존용 반자틀 사이에 설비 패널이나 조명 기구 등을 설치한다. 설비 단말기기의 설치가 별도의 설비 공사가 되는 경우에도 설비설치 패널이나 구멍 없는 패널에 대해서는 가설치를 해둔다.
(8) 천장 패널의 설치
① 공사시방서에 의한 지정이 있는 경우, 지진 시의 천장 패널 낙하 방지용 철물류를 설치한다.
② H바를 이용해서 패널을 반자틀에 고정하는 경우 패널의 줄눈 간격이 한쪽으로 치우치지 않도록 정확히 나누어 고정 시킨다.
③ 암면 치장 흡음판을 부착하는 경우는 공사 중 실내 습도가 80%를 넘지 않도록 필요한 대책을 준비한다.
(9) 루버 및 점검구 등
① 루버 천장용 루버는 전용의 홈이 있는 반자틀에 정확하게 설치한다.
② 점검구, 방연 현수벽(hanging type smoke barrier) , 방화 셔터의 세로방향의 틀 주위는 반자틀받이 또는 치장돌림에 고정시킨다. 점검구 패널은 경첩으로 고정하거나 낙하방지 철물을 설치한다.

3.5 합성고분자계

(1) 바탕 바탕준비

① 벽 및 천장을 지지하기 위하여 타 공종에서 설치한 끼움재 혹은 지지물 등을 검사하여야 한다.

② 달대 시공을 위한 인서트를 정확히 설치한다. 천장면 내부의 골조와 조적면의 결함부 보수와 천장 내부에 시공되는 공사가 완료된 후 천장공사를 시작한다.

③ 반자돌림 설치 부위는 초벌도장 등의 사전 마감과 몰딩 위치를 먹매김하여 천장판을 설치할 때 반자돌림 부위가 조잡해지지 않도록 한다.

(2) 천장판 시공

① 시공 전에 천장재를 검사하여 흠이 있거나 파손된 것은 설치해서는 안된다.

② 시공된 열경화성 수지 천장판의 수평 시공 허용차는 어느 방향이든 매 2.5m마다로 ±1.5㎜ 이하이어야 하며, 정상적인 환경에서 눈에 띄는 차이가 있어서는 안 된다.

③ 행어 볼트는 ϕ9.5㎜의 전산 볼트를 사용해야 하며 녹이 슬지 않도록 아연도금이 되어야 한다.

④ 외부 공간에 천장판을 설치할 경우는 풍압 등에 의해 탈락하지 않도록 나사못 보강 등의 조치를 하거나 공사시방에서 정하는 보강 조치를 한다.

(3) 공사 간 간섭

시공 중 기계, 전기류 등의 기 시공분에 대한 파손 등에 주의해야 하며, 시공 중 발생하는 분진 등의 오물이 기계, 전기류 등의 설비 부품 등에 끼어들지 않도록 보호, 보양 등의 조치 후 공사를 진행해야 한다.

(4) 현장품질관리

① 시공허용차 검사

② 달대볼트 설치간격 검사

③ 처짐 검사

④ 변형, 오염, 탈락 검사

3.6 검사

(1) 천장재 설치 후 천장면의 수평면과 모든 연결 부분에 대한 시공 허용차는 3m마다 ±3㎜ 이어야 한다.

3.7 천장공사 하자 사례 및 개선방안

– 출처 : 건축공사 들여다보기(2009, 서울지방국토관리청, 노성열 외)

하자 사례 / 개선 방안

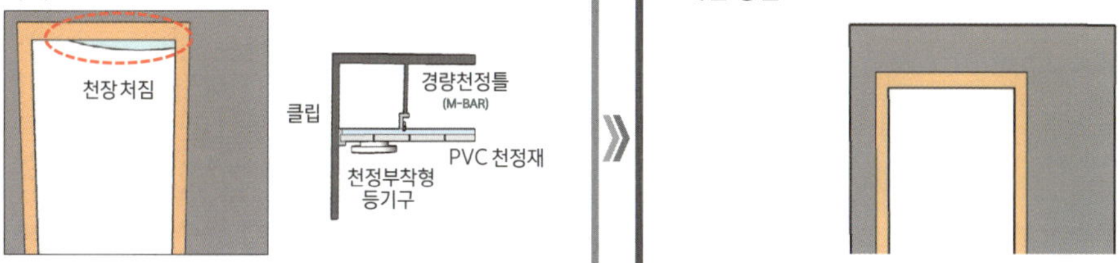

하자 사례
- 부분 클경량 철골 천정틀 끝립에서 천정판이 탈락되어 처짐
- 화장실 문 개폐시 일시적 압력 작용으로 점검구 들썩거림

개선 방안
- 벽에 견고하게 고정하여 천정틀 처짐 방지
- 점검구 중량 검토하여 들썩거림 방지

[그림 3.7-1] 화장실 천장 처짐

하자 사례
- M-Bar 고정간격 불량으로 이음부 틈새 발생
- 레벨불량에 따른 평활도 불량

개선 방안
- 사전계획 철저로 이음부 틈새 및 평활도 유지
- 천정틀 수평 점검 후 천정판 부착으로 평활도 유지

[그림 3.7-2] 천정판 틈새 및 처짐

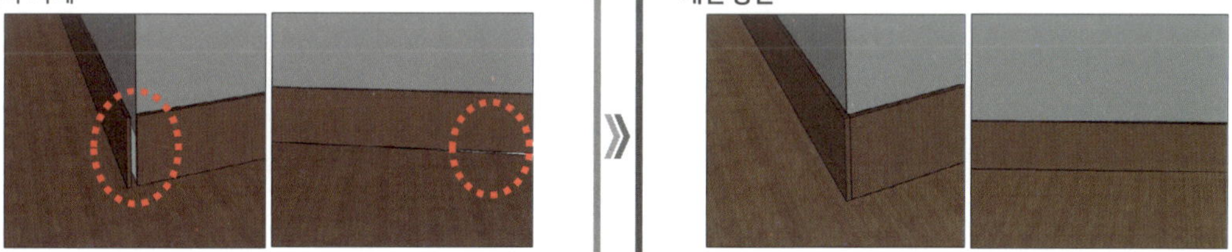

하자 사례
- 접착제 사용부족으로 걸레받이 탈락
- 바탕처리 불량에 따른 걸레받이 Line 불량

개선 방안
- 충분한 접착제 도포로 걸레받이 밀착 시공
- 걸레받이 시공전 바탕면 처리로 Line 정확히 시공

[그림 3.7-3] 걸레받이 시공 불량

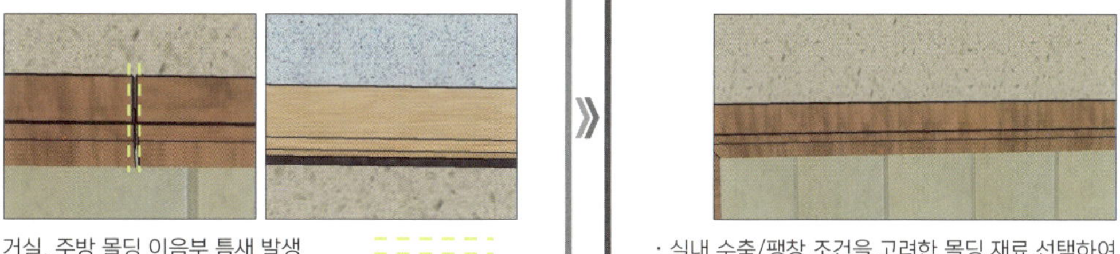

하자 사례
- 거실, 주방 몰딩 이음부 틈새 발생
- 몰딩 재료 선정 불량

개선 방안
- 실내 수축/팽창 조건을 고려한 몰딩 재료 선택하여 틈새 방지
- 중간 이음 지양하고 일체성 시공

[그림 3.7-4] 거실 몰딩 이음부 벌어짐

하자 사례

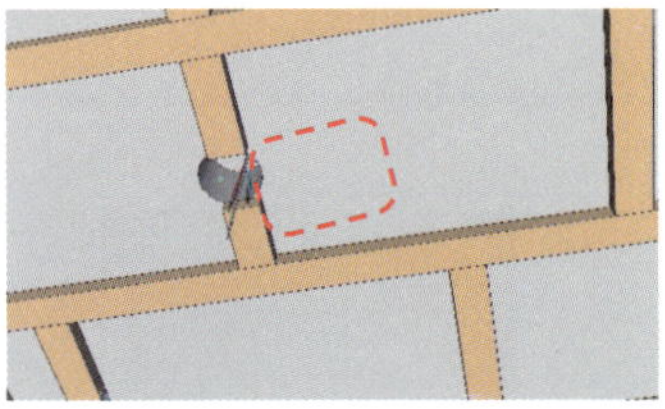

· 등기구 타공 시 천장틀 절단 후 보강 미조치

개선 방안

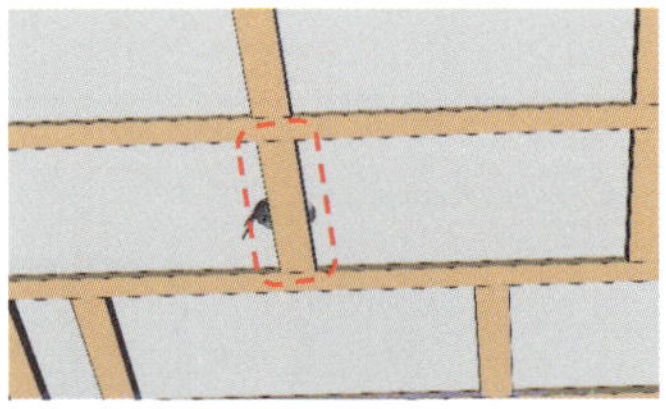

· 등기구 타공 부위와 천장틀이 간섭되지 않도록 사전 협의하고 부득이 천장틀 절단 시 보강 철저

[그림 3.7-5] 등기구 타공 부위 보강 미흡

하자 사례

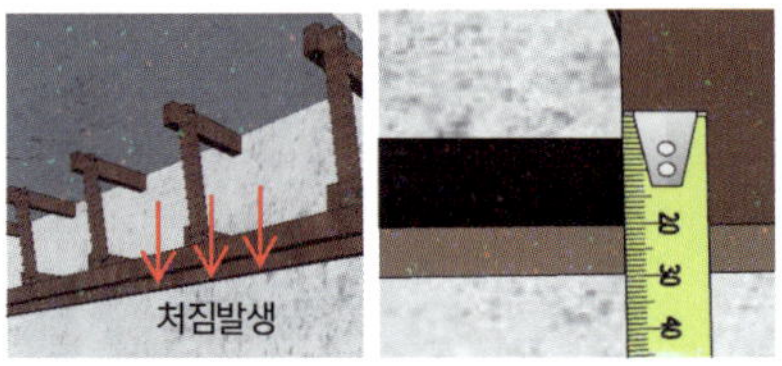

· 커텐박스 합판 자재 규격(두께) 부족으로 처짐 발생
· 커텐박스 달대 고정 미흡으로 처짐 발생

개선 방안

· 커텐박스 합판용 자재는 두께 12mm 이상으로 사용
· 커텐박스 달대는 2단으로 고정하고 달대 간격 450mm 이내로 유지

[그림 3.7-6] 커텐박스 시공 불량

CHAPTER 14

02

SBCS 41 90 52 05
경량천장설치

1 일반사항

1.1 적용 범위

(1) 이 기준은 경량철골 천장틀을 사용하여 천장텍스, 석고보드, 암면 흡음천장판, 기타 천장재료를 부착시키기 위한 경량천장설치공사에 관하여 적용한다.

1.2 참고 기준

(1) 경량천장설치의 참고 기준은 *SMCS(서울특별시 전문시방서) 41 49 06 (1.2)*에 따르며, 추가사항은 다음과 같다.
① SBCS 41 90 01 소규모 건축공사 총칙
② SBCS 41 90 51 소규모 수장공사
③ SBCS 41 90 52 소규모 천장공사

1.3 제출물

1.3.1 시공상세도면

(1) 각 실별 천장틀 배치도
(2) 천장틀 상세도(전선관, 등기구, 덕트, 수도 및 각종 배관을 표시)
(3) 전등, 디퓨져, 기타설비 부착물 설치를 위한 세부상세도 및 각종 보강을 위한 세부상세도면

1.3.2 제조업자의 제품자료

(1) 틀재 주재 및 보강재의 특성, 물성

1.3.3 시공계획서

(1) 틀재 설치 세부공정계획서
(2) 시공상태 검측계획서
(3) 품질관리 계획서(시공순서 및 방법, 타 공종과의 협력, 바탕처리 등)

1.3.4 견본

(1) 아래항목은 현장대리인의 서명 날인 후 공사감리자에게 제출하여 확인을 받고 천장틀 타입별 450 ㎜ × 750 ㎜ 규격 이상의 견본틀을 제출하여 확인을 받는다.
① 행거볼트, 너트 및 행거 ② 찬넬재 ③ 보강재

1.3.5 품질시험성과표

(1) 자재 선정용 KS 표시 허가증 사본
(2) KS 제품이 아닌 경우는 선정시험 성적서(품질시험 대행기관 날인)

1.4 품질보증

1.4.1 공사 전 협의

(1) 천장틀 설치 시 천장내부의 전등보강, 덕트배관, 전선배선 등 기타 선행 공종의 설치 관련된 사항에 대하여 해당 공사착수에 앞서 *SBCS 41 90 01 (1.15)*에 따라 작업착수회의를 하여 공사감리자의 확인을 받은 후 착수하여야 한다.

1.5 운반, 보관 및 취급

(1) 자재는 출하시의 포장상태로 반입하고 상호, 품질표시가 명기되어야 한다. 자재는 건조하고 물기가 침투하지 않는 곳에 저장하고 훼손되지 않도록 유의하여 취급한다.

2 자재

2.1 일반사항

(1) 가공부분의 녹막이 처리가 손상된 부분은 즉시 보수하여야 한다.
(2) 지진하중을 고려할 시는 적용하중에 따라 최대 1/360, 1/240의 기울기를 감수할 수 있는 시스템을 설치하여야 한다.
(3) 노출되는 천장받침재는 수평이 일직선이 되도록 설치하여야 한다.

2.2 천장받침재

(1) 천장받침재는 공사시방에 따르며 KS D 3609 규정에 합격한 것 또는 동등 이상으로 한다.
(2) 천장받침재 구성재료인 싱글바, 더블바, 캐링찬넬 및 부속재의 정의는 KS D 3609에 규정된 부재의 명칭에 따른다.
(3) M-BAR **CHECK 01**
① 종류 : 19형, 25형 중에서 설계도면 및 시공도에 따라 정한다.
② M-BAR 몸체인 싱글바, 더블바, 캐링찬넬의 아연 최소부착량은 120g/㎡(양면) 이상이어야 하며, 사용상 지장이 있는 비틀림과 변형이 없어야 한다.
③ 몸체의 접합부는 마무리재 부착에 지장이 없어야 한다.
④ M-Bar 몸체와 스페이셔, 클립, 기타 쇠붙이와이 결합은 덜거덕거림이 없어야 한다.
(4) T-BAR **CHECK 02**
① 종류 : 38형, 25형 중에서 설계도면 및 시공도에 따라 정한다.
② 금속판으로 조립한 구성품은 전기아연도금, 핫 디피드(Hot dipped), 갈바나이즈드, 카드뮴 혹은 이와 동등한 보호 코팅을 하여야 아연 최소부착량은 120g/㎡(양면) 이상이어야 한다.
③ 사용상 지장이 있는 비틀림과 변형이 없어야 한다.
④ 색상은 공사감리자가 지정한 견본품으로 하여야 한다.
⑤ 메인티바에 인접하는 노출되는 양쪽 표면의 수평, 수직처짐은 0.38㎜를 초과하지 말아야 한다.

◀ CHECK 01
M-Bar 공법
- 하부의 M-Bar에 나사못을 사용해 천장재를 고정시킴
- 시공이 간편하고 보수가 용이하여 가장 널리 사용함

◀ CHECK 02
T-Bar 공법
- 메인 T-바 및 크로스 T-바를 사용하여 천장 마감재를 T-바 위에 올려놓는 공법
- 시공 후 T-바가 천장면에 노출됨

[표 2.2-1] 경량천장 설치 제품 사례

- 출처 : kcc(https://www.kccworld.co.kr/)

구분	SOUNDWIN	마이톤 T-bar	마이톤 M-bar		마이톤 T&H-bar	석고텍스 PLUS
제품 이미지						
시스템	M-bar	T-bar	M-bar (석고하지 有)	M-bar (석고하지 無)	T&H-bar	M-bar
주성분	석고	미네랄울	미네랄울		미네랄울	석고
규격(㎜)	12.5T x 900 x 1800	15T x 600 x 600	12T x 300 x 600		15T x 300 x 1210 (최대 1500) 15T x 395 x 1210 (최대 1500)	9.5T x 300 x 600
연소성능	불연	불연	불연		불연	불연
흡음률 (NRC)	0.51~0.59 0.59~0.70 (유리면삽입)	0.53 ~ 0.64	0.53 ~ 0.64		0.53 ~ 0.64	-
장점	· 타공 배열 패턴 조합 다양한 디자인	· 다양한 패턴 · 깨끗한 미관 · 유지보수 편리 · 흡음성능 우수	· 석고하지 있음 · 깨끗한 미관 · 흡음성능 우수	· 석고하지 없음 · 시공성 우수 · 유지관리 용이	· 다양한 패턴 · 깨끗한 미관 · 흡음성능 우수	· 경제적 · 석고시멘트판 대비 경량 · 시공 용이 · 파손 우려 적음
단점	· 암면흡음텍스 대비 고가	· 모듈 규격 제한적	· 점검구 필요	· 엣지스트 리핑 · 이음매 노출	· 모듈 규격 제한적 · 복잡한 형태 천장에 적용이 어려움	· 흡음성능 없음 · 규격 및 무늬가 제한적

[표 2.2-2] 흡음텍스(마이톤) 제품 디자인 예시 CHECK 03

구분	제품 이미지	특징
PLATON		마이톤 원판을 무늬가공 없이 표면의 자연스러운 질감을 그대로 살려 스프레이 도장한 마이톤 無무늬 제품
FISSURED	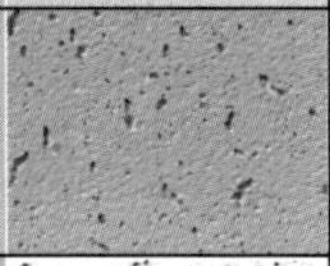	마이톤 제품의 가장 대표적인 무늬로 PIN, BACKGROUND무늬와 벌레무늬가 조합된 형태
Pin Point	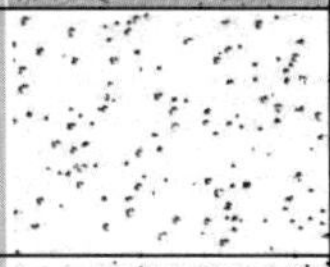	다양한 크기의 Pin 무늬를 방향성 없이 배열
Pin Star	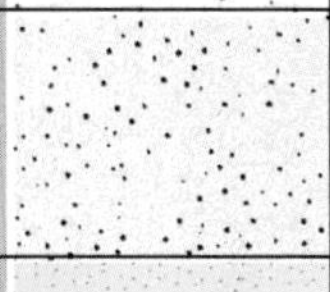	다양한 크기의 Pin 무늬를 방향성 (별모양)을 갖게 배열
Fine Point		일정한 크기의 Pin 무늬 (0.7mm)를 방향성 없이 배열
Fine Point Neo	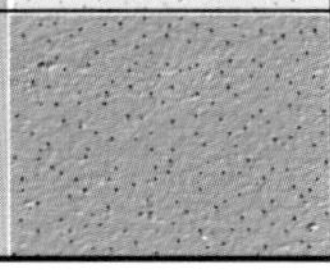	일정한 크기의 Pin 무늬(1.2mm)를 방향성 없이 배열
CLOUDA		마이톤 원판 표면에 GLASS-FIBER를 표면 코팅 처리하여 고급스럽고 산뜻한 섬유질감을 느낄 수 있는 고급제품
SAHARA		마이톤 표면에 구사(모래) 코팅 후 도장 및 PIN 무늬 가공한 제품으로 고급스럽고 산뜻한 질감을 느낄수 있는 고급제품
SAHARA NEO		마이톤 표면에 규사(모래) 코팅 후 도장한 사하라 제품 중 PIN 가공이 없는 제품
ROCOCO	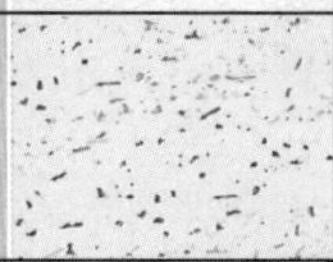	PIN 무늬와 방향성 없는 벌레무늬가 조합되어 있는 형태
CYGNUS		일정한 패턴의 Pin 무늬 조합이 밤하늘의 별자리와 같은 모양으로 이루어진 형태

▲ CHECK 03

흡음텍스(마이톤)의 특징

- 순수 자연광석으로 제조되는 미네랄울(암면)을 주원료로 하여 판산으로 제조 성형한 고급 불연 흡음 천장재이다.
- 암면을 주원료로 하여 흡음, 단열, 불연 천장재로 특히 소음이 많은 곳에 적합하고 가볍기 때문에 건물 자중 저감 효과가 있다.

일반텍스(아미텍스, 아스텍스)의 특징

- 자연스로운 벌레무늬로 대표되는 천장 마감재로 곰팡이가 생기지 않아 일반 주택의 주방이나 욕실, 지하도, 섬유공장 등에 사용되며, 페인트칠이 가능한 실용적인 재료이다.

3 시공

3.1 강재천장 바탕(철근 콘크리트조)

3.1.1 달대볼트(행거)

(1) 고정용 인서트의 간격은 공사시방에 따르며 지정이 없는 경우 가로 2000㎜, 세로 1000㎜로 하여야 한다.

(2) 벽 및 보 밑의 인서트는 달대볼트의 고정에 지장이 없는 위치에 묻는다.

(3) 반자틀 받이, 달대볼트는 공사시방에서 정하는 바가 없을 경우, 직경 9㎜로 하고 상부는 인서트에 고정하고 하부는 반자틀 받이 행거붙임으로 한다.

(4) 스트롱 앵커를 사용할 때, 중심선이 설정되면 스트롱 앵커 고정부위를 슬래브 표면에 표시한 후 드릴로 뚫고 고정한다. 앵커 또는 인서트간의 간격 유지에 유의하며, 스트롱 앵커 또는 인서트는 캐링찬넬의 설치 방향을 고려하여 설치간격을 900~1200㎜로 한다.

3.1.2 반자틀 받이(마이너 찬넬)

(1) 찬넬은 간격은 공사시방에 따르며 1000㎜ 내외로 양끝을 맞대어 달대볼트의 행거에 고정한다.

(2) 반자틀 받이는 공사감리자의 지시에 따라 치켜 올린다.

3.1.3 반자틀(캐링찬넬)

(1) 반자틀 간격은 도면에 따르고, 반자틀 받이에 용접 또는 지정된 특수 철물로 견고하게 고정한다.

(2) 반자틀을 격자형으로 하는 경우, 반자틀과 반자틀의 접합부는 용접 또는 특수 철물로 견고하게 고정한다.

(3) 반자틀의 양끝은 맞대거나 매입한다.

3.2 강재천장 바탕(철골조)

3.2.1 달대볼트(행거)

(1) 고정용 인서트의 간격은 설계도면 및 공사시방에 따르며 지정이 없는 경우 가로 2000㎜, 세로 1000㎜로 하여야 한다.

(2) 스트롱 앵커를 사용할 때, 중심선이 설정되면 스트롱 앵커 고정부위를 슬래브 표면에 표시한 후 드릴로 뚫고 고정한다. 앵커 또는 인서트간의 간격 유지에 유의하며, 스트롱 앵커 또는 인서트는 캐링찬넬의 설치 방향을 고려하여 설치간격을 900~1200㎜로 한다.

3.2.2 반자틀 받이(마이너 찬넬)

(1) 찬넬의 간격은 설계도면과 시공상세도면에 따르며 1000㎜내외로 설치하여야 한다.

(2) 찬넬의 양끝은 기둥 등의 강재에 맞댐 또는 덧댐 용접하여야 한다.

(3) 반자틀 받이는 공사감리자의 지시에 따라 챔버(Chamber) (1/100) 시공을 하여야 한다.

3.2.3 반자틀(캐링찬넬)

(1) 설계도면 및 시공상세도면에 따라 설치하여야 한다. 반자틀은 양쪽 끝을 기둥 등의 금속재에 맞댐 또는 덧댐 용접으로 하고 반자틀 받이에 철물 또는 용접에 의하여 견고하게 정착시켜야 한다.

3.2.4 부재의 지지

(1) 건물 구조부재로부터 지지되는 행거로서 설계자가 명시한 대로 천장틀을 설치한다.

(2) 별도 명기가 없으면 300㎜ 마다 3㎜의 오차를 허용하는 직접 걸치는 런너나 캐어링 찬넬을 1.2m 간격으로 길이가 150㎜ 이상인 행거를 설치하여야 한다.

3.2.5 강재데크 공사기간중의 행거크립 설치

(1) 달대의 설치는 벽, 기둥, 배관과는 독립적으로 설치하여야 한다.

(2) 캐링부재가 분리되는 곳은 없어야 한다.

(3) 덕트나 다른 장비로 인하여 행거의 설치가 불규칙적으로 배열되는 곳은 가장 가까운 곳에 보강하여야 한다.

(4) 허용 처짐을 초과하는 하중이 작용하면 메인런너나 크로스런너에 부속재를 설치하지 말아야 한다. 각 코너에서 150㎜ 이내에 부속 행거를 설치하여 고정하중을 보강하여야 한다.

3.3 경량 천장 설치

3.3.1 경량철골 천장틀 설치

(1) 달대의 위치는 천장내부의 관련 작업을 고려하여 정해야 하며, 제일 바깥측 달대는 천장 각 단부와의 간격이 150㎜를 초과하지 않도록 한다.

(2) 달대는 지정간격에 따라 견고하게 설치하고 천장의 부분적인 처짐이나 뒤틀림 등이 생길 수 있는 곳은 추가 보강한다.

(3) 달대는 반드시 방청처리된 제품을 사용하고 용접 등으로 방청처리가 손상된 경우는 추가방청조치를 한다.

(4) 몰딩은 정확히 수평이 유지되게 하고 모서리나 꺽임부위는 연귀맞춤으로 틈새 없이 한다.

(5) 천장틀 몸체는 천장판 설치에 적합하도록 해야 하며, 천장판 부착 시 수평면 허용오차 범위 내에 들도록 정밀하고 견고하게 설치한다.

(6) 조명기구 등의 기구부착으로 처지거나 비틀리지 않도록 기구양단에 보강재를 설치하되, 보강재 설치위치는 전기공사 수급인과 협의하여야 한다.

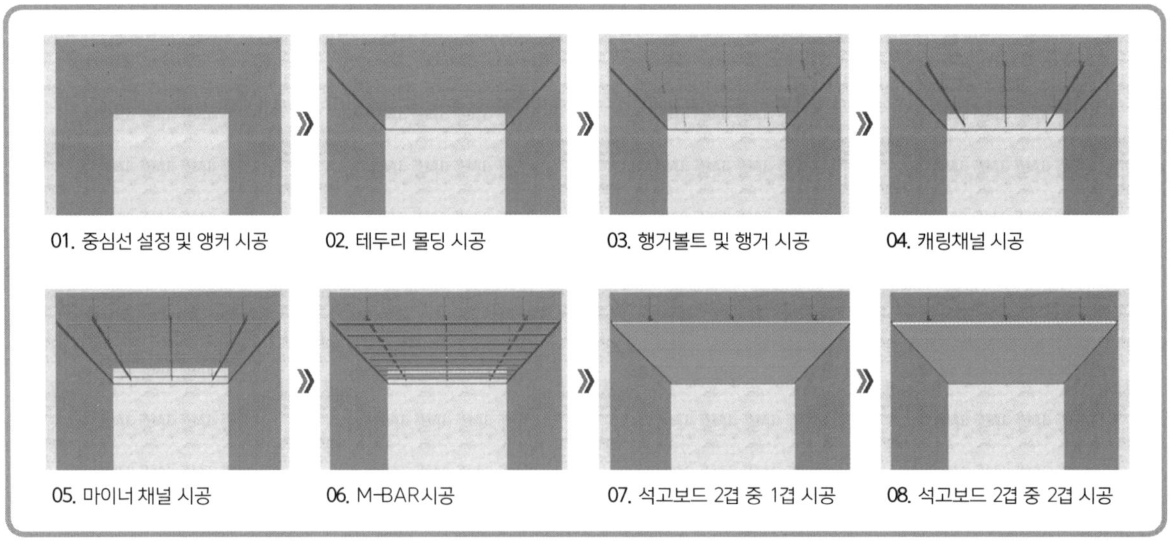

[그림 3.3.1-1] 경량철골 천장틀 시공순서도

[그림 3.3.1-2] 경량철골 천장틀 종류별 설치 상세도 및 시공 사례 CHECK 04

▶ Line T-Bar

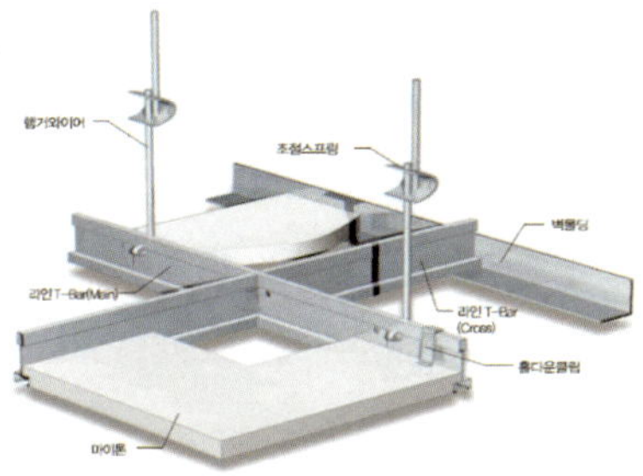

▶ T-Bar

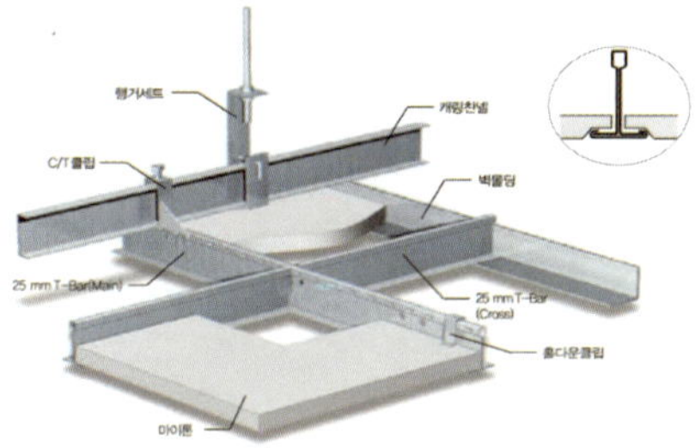

▶ T&H-Bar

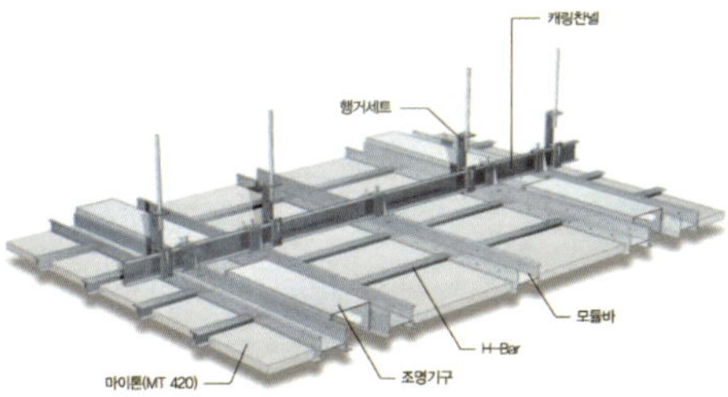

▶ M-Bar

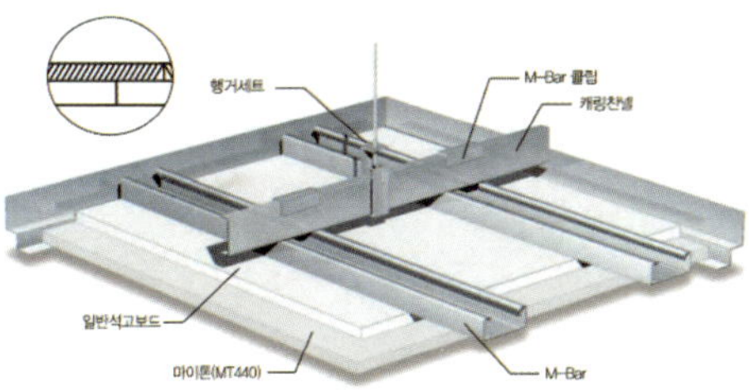

◀ CHECK 04

일반적인 시공순서

❶ 거푸집 시공시 인서트(Insert)를 미리 매설해 콘크리트 속에 묻히도록 한다.

❷ 인서트에 행거볼트 또는 용접으로 달대를 설치한다.

❸ 천장의 높이 조절을 위해 행거를 사용하고, 천장 경량철골은 클립 등을 이용해 고정시킨다.

❹ 경량철골이 설치되면 개구부 보강을 반드시 해야 천장수평을 확인한 후 천장 마감재를 시공한다.

14장 _ 소규모 천장공사

3.3.2 천장틀 보강설치

(1) 달대 높이가 1.5m를 초과하는 부분의 행거 볼트는 마이너 챤넬을 2500㎜ ~ 3000㎜ 간격으로 행거볼트에 용접 고정 한다.

(2) 천장 행거는 각 열마다 약 9m 간격으로 브레싱(Bracing) 보강한다.

(3) 조명기구, 설비기구, 점검구 등이 설치되는 주위는 도면에 별도의 표기가 없더라도 수급인 부담으로 경량철골 천장틀의 달대 이외의 ϕ 9 철제 환봉 또는 L - 30 × 30 × 3 앵글 등으로 용접 연결하여 안전하고 견고하게 고정시켜야 하며, 공사 감리자가 지시하는 곳은 별도의 보강을 하여야 한다.

3.4 시공허용오차

(1) 천장 설치 후 천장면의 수평면에 대한 허용오차는 3m에 대하여 ±3㎜ 이내가 되도록 한다.

3.5 현장품질관리

3.5.1 시공상태 확인

(1) 달대볼트, 반자틀 받이, 반자틀 간격 및 설치검사

(2) 천장 받침재 수평 일직선 검사

4 시공예시도

■ 경량철골 천정틀(M-Bar) 조립해체도

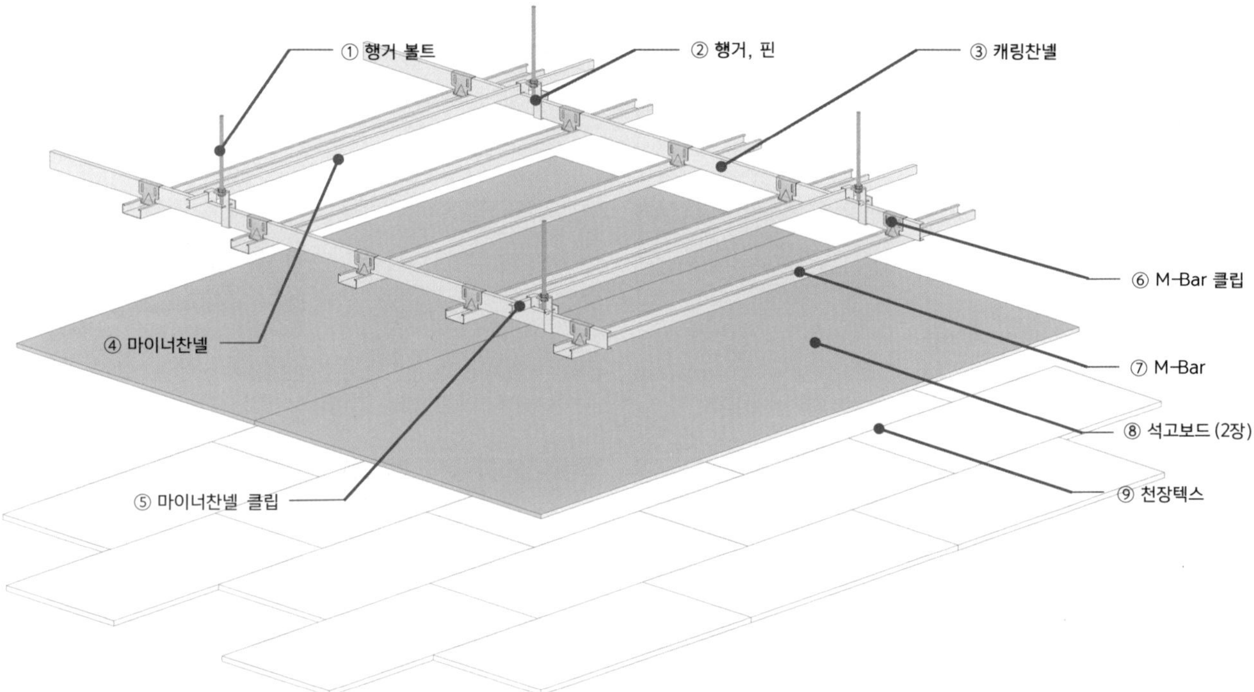

■ 경량철골 천정틀(M-Bar) 시공순서도

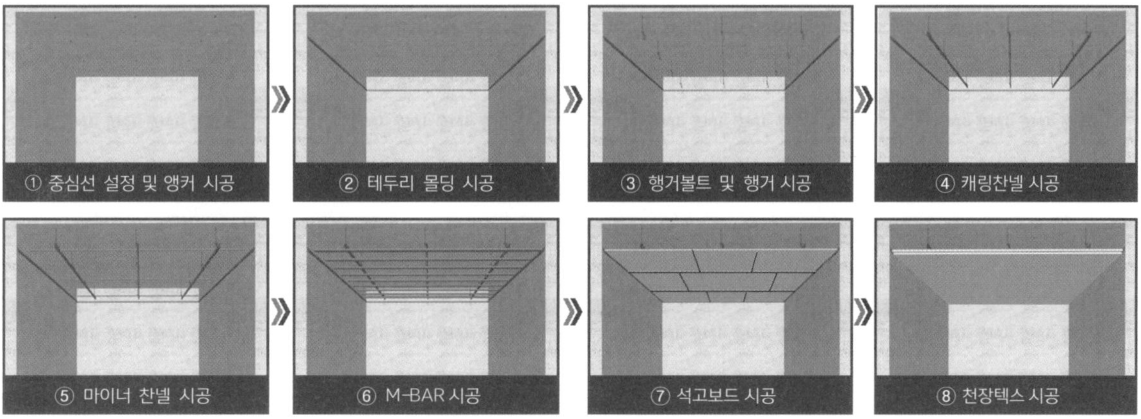

[시공 사진] 경량목구조 기초공사 및 벽체 골조공사 조립분해도

01. 전기드릴을 이용 천정에 약 3cm의 구멍 뚫기

02. 레이저수평기를 통해 수평 체크

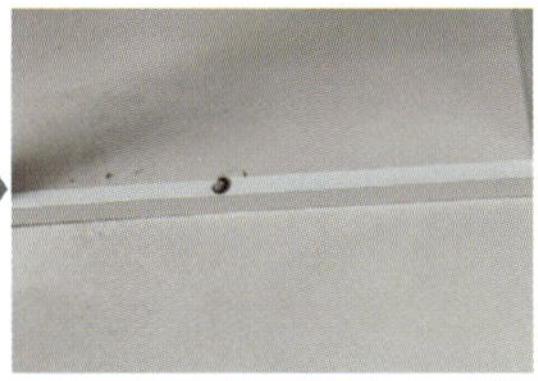

03. 체크한 선을 따라 몰딩 작업실시

04. 드릴로 뚫은 구멍에 앙카부분 결합

05. 행거에 캐링을 결합한 후 행거핀으로 고정

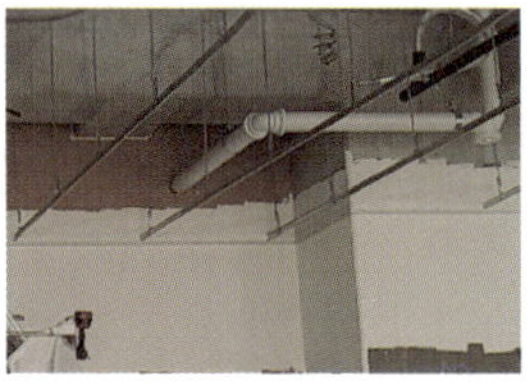

06. 캐링 설치 완료된 모습

07. M-bar에 M-bar조인트 결합

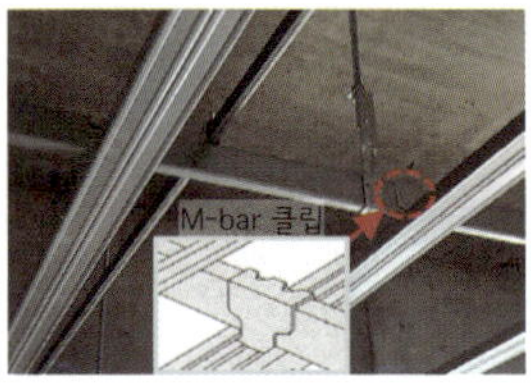

08. M-bar와 캐링을 교차로 설치 후 M-bar 클립으로 고정

09. 완성된 M-bar 시스템의 모습

10. M-bar 시스템에 설치할 석고보드 시공

11. 천장텍스 재단

12. 천장텍스시공 완료된 최종 모습

[시공 상세 및 설명] ⑦ 석고보드 시공 ~ ⑧ 천장텍스 시공

▶ **잘못된 시공 예시**

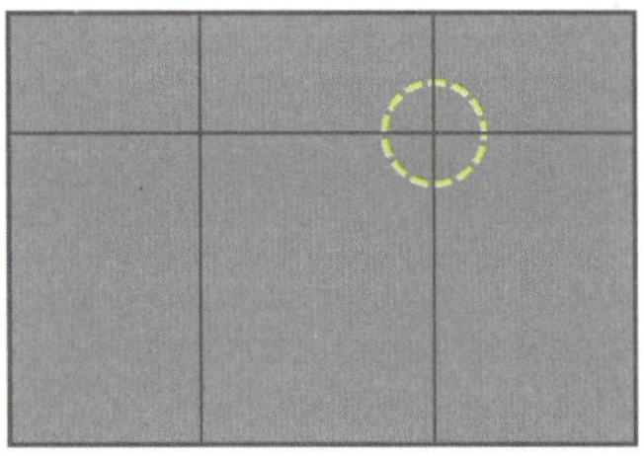

- 석고보드의 이음새가 이어지도록 시공

▶ **올바른 시공 예시**

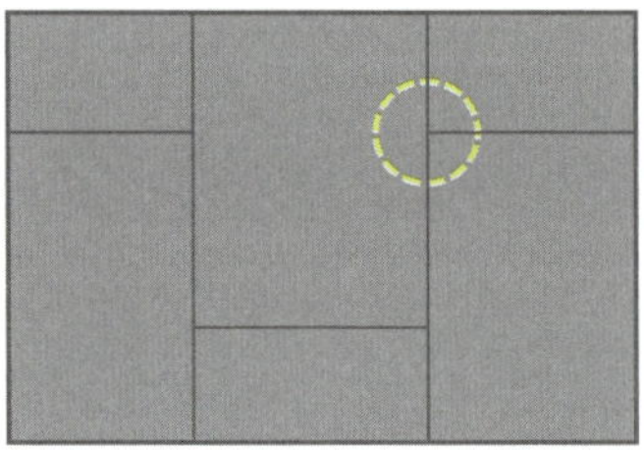

- 석고보드의 이음새가 이어지지않도록 시공

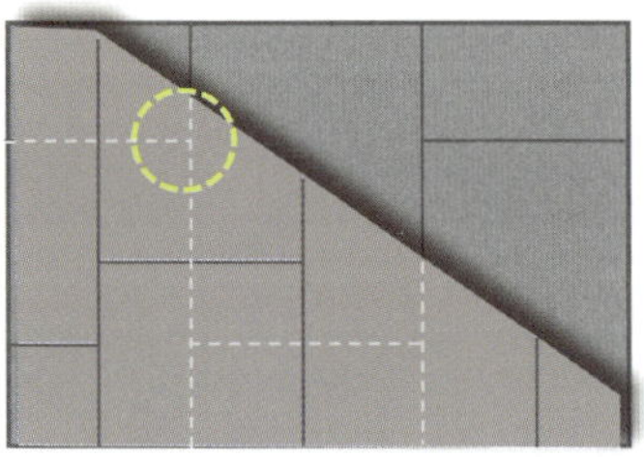

- 석고보드 2p시공 시 앞뒤로 이음새가 이어지지 않도록 시공 (견고성 및 차음, 방화 성능 향상)

■ 경량철골 천정틀(T-Bar) 조립해체도

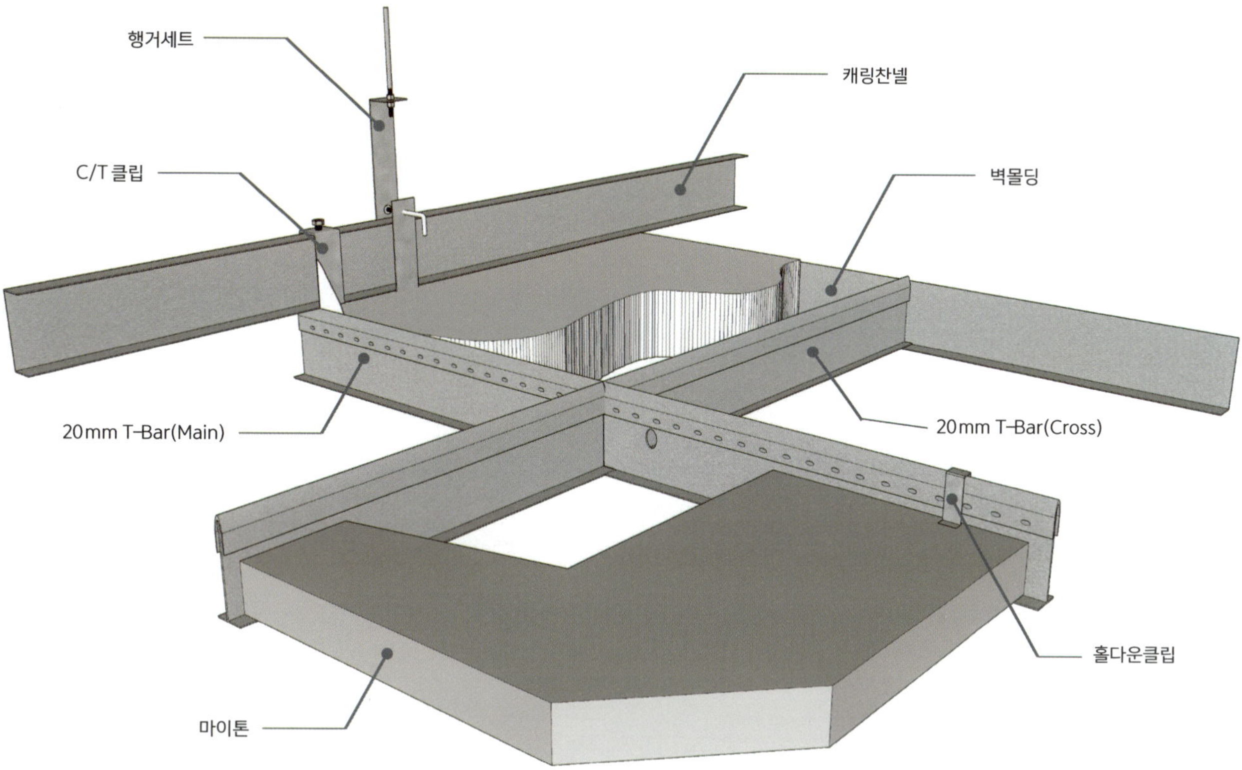

■ 경량철골 천정틀(T-Bar) 시공순서도

- 출처 : Knauf(https://www.knaufapac.com)

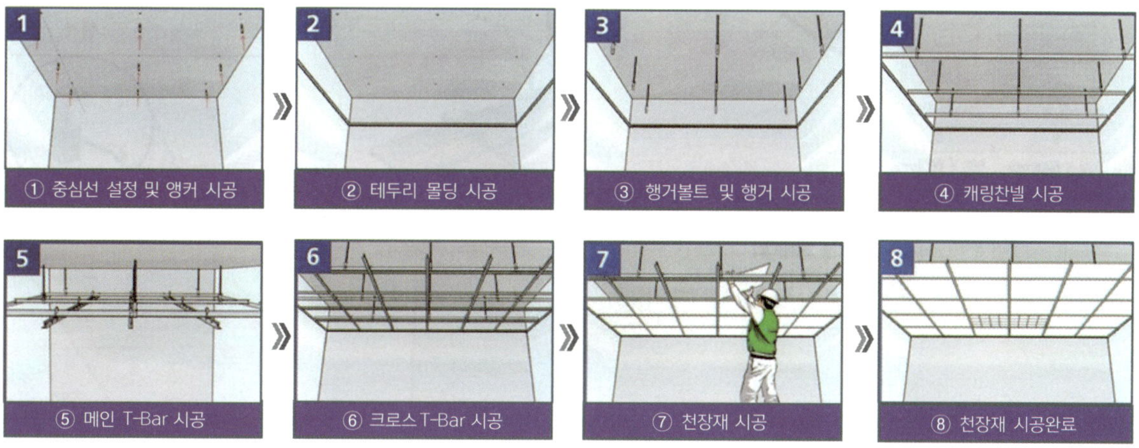

SAMOO C.M.
Creative Management

CHAPTER 15

15장

소규모 외벽공사

SBCS 41 90 54 10 외벽패널 공사

CHAPTER 15

SBCS 41 90 54 10
외벽패널 공사

1 일반사항

1.1 적용범위

(1) 이 기준은 조립식 패널 또는 경량기포 콘크리트 패널로 외벽을 마감하는 공사에 관하여 적용한다.

1.2 참고 기준

1.2.1 관련 기준

(1) SBCS 41 90 01 소규모 건축공사 총칙
(2) SBCS 41 90 05 05 패시브 건축자재 및 시공
(3) KS D 3503 일반 구조용 압연 강재
(4) KS D 3504 철근 콘크리트용 봉강
(5) KS D 3506 용융 아연도금 강판 및 강대
(6) KS D 3528 전기 아연 도금 강판 및 강대
(7) KS D 3530 일반 구조용 경량 형강
(8) KS D 3552 철선
(9) KS D 3568 일반 구조용 각형강관
(10) KS D 6759 알루미늄 및 알루미윰합금 압출 형재
(11) KS D 9521 용유 아연 도금 작업 표준
(12) KS F 4724 건축용 철강제 벽판
(13) KS F 4735 압출 성형 콘크리트 패널
(14) KS F 4910 건축용 실링재
(15) KS F 4914 경량 기포 콘크리트 패널(ALC 패널)
(16) KS L 9102 인조 광물섬유 단열재
(17) KS M 5331 강선외판용 유성도료
(18) 국토교통부 고시, 건축물의 구조기준 등에 관한 규칙

1.3 용어의 정의

(1) 외벽패널 공사의 용어의 정의는 *KCS 41 54 01 (1.3)*에 따른다.

1.4 제출물

1.4.1 시공상세도면

(1) 단위 입면도, 단면 상세도, 접합 및 조립 상세도, 타 공사와의 연결 상세도, 부속재의 재질, 위치, 모양 및 마감, 마감 판재를 조립하는 방법 등
(2) 배관 매입부 홈파기 상세가 포함되어야 한다.

1.4.2 시공계획서

(1) 시공설치 공정 계획서
(2) 품질관리 계획서
(3) 시공 상태 검측 계획서

1.4.3 견본

(1) 현장 요청 시 견본 제출
(2) 철근 및 보강철물 견본

1.4.4 자격

(1) 외벽패널 공사의 시공은 전문건설업체에서 시공하는 것을 원칙으로 한다.

1.4.5 품질인증서류

(1) 한국산업규격(KS)

(2) 공인기관의 시험성적서

1.5 품질보증

1.5.1 시공전 협의

(1) 외벽패널 공사 시 천선행 공종의 설치 관련된 사항에 대하여 해당 공사착수에 앞서 *SBCS 41 90 01 (1.15)*에 따라 작업 착수회의를 하여 공사진행에 차질이 없도록 한다.

1.6 운반, 보관 및 취급

(1) 패널은 변형이 생기지 않도록 주의하여 운반하고 적재 및 하역에는 전용장비 및 기구를 사용하여 파손이 생기지 않도록 하며, 운반차가 직접 시공장소에 하역함을 원칙으로 하고 부득이 야적을 할 경우 소운반 거리를 짧게 한다.

(2) 보관은 조립위치에 가까운 곳에 수평 건조한 장소를 택하여 패널이 직접지면에 접하지 않도록 하고 뒤틀림, 휨, 균열 등의 손상을 주지 않도록 버팀목, 시트 등을 사용하여 보관한다.

(3) 저장은 원칙적으로 옥내에 하고, 옥외에 저장할 때에는 시트를 덮어 보호한다.

(4) 패널의 취급시, 특히 모서리 등 취약부분이 손상되지 않도록 주의한다.

1.7 환경조건

(1) 강우, 강설시 시공을 금지한다.

(2) 쌍줄 비계, 휘장막, 안전망, 안전대 등의 안전설비가 이루어진 상태에서 작업을 시작한다.

(3) 시공 전이나 시공 중에도 가설 시설물에 대하여 상시 안전점검을 실시한다.

(4) 용접 작업시 화재의 위험이 내재된 곳에서는 위험 요인을 제거한 후에 작업을 실시한다.

2 자재

2.1 조립식 패널 외벽공사

2.1.1 조립식 패널재료

(1) 외벽공사에 사용하는 재료는 한국산업표준 또는 공인인정기관에서 인정된 재료이어야 한다.

2.1.2 부대공사 재료 및 시공 부속자재

(1) 이 공사에 사용되는 자재는 한국산업표준 또는 공인인정기관에서 성능인정 시 사용된 재료와 동일한 것이거나 공사감리자의 확인을 받은 것을 사용하여야 한다.

[표 2.1.2-1] 판넬 자재 입고시 안전관리사항

작업내용		위험포인트	안전관리대책
판넬 자재 입고		· 자재 전도에 의한 협착 위험 · 지게차 주변 접근 시 협착 위험	· 지게차 유도원 배치하에 주변 인원 통제 · 자재 반입 작업시 주변 통제 및 자재 반입 후 구획 설정 · 자재실명제 카드 부착 및 정리 정돈

- 출처 : 판넬 등 외부마감 작업안전(2009, 한국산업안전보건공단, 오지환 외)

CHECK 01 ▶

ALC 내,외벽 패널 제품 구분

- 일반패널: 내벽, 외벽, 간막이벽 등에 사용하며, 패널의 최대길이는 패널두께의 40배까지 가능
- 디자인패널: 표면을 다양한 문양으로 가공한 패널
- 커튼월패널: 현장설치에 필요한 긴결철물을 패널 내 매립시켜 생산
- 인방(Sill, Lintel): 건축물의 외벽 모서리부분에 사용하며 최대길이는 5m 까지 가능

2.2 ALC패널 공사

2.2.1 ALC패널 CHECK 01

(1) ALC패널은 KS F 4914에 규정된 품질 이상의 성능을 갖는 것으로 한다.

(2) 종류별 두께, 설계하중, 장변의 가공형상, 내화성능 등은 공사시방서 또는 도면에 따른다.

(3) 이 기준에 규정되지 않은 재료는 공인기관의 시험을 통해 이 시방의 재료와 동등 이상의 성능이 인정된 경우, 공사감리자의 확인을 받아 사용할 수 있다.

[그림 2.2.1-1] ALC패널 디자인 예시

2.2.2 철근 및 철물

(1) ALC패널 설치에 사용하는 철근은 KS D 3504, KS D 3552에 규정한 호칭직경 5mm 이상의 봉강 또는 철선으로 한다.
(2) ALC패널 설치에 사용하는 철물은 적절한 방청처리를 한 것으로 KS D 3503, KS D 3530의 품질규정에 적합하거나 또는 이와 동등 이상의 성능을 갖는 것으로 한다.
(3) ALC패널의 설치에 사용하는 철근 및 철물의 재질, 형상 및 치수는 공사시방서 또는 도면에 따른다.

2.2.3 실링재

(1) 실링재는 KS F 4910에 적합한 것으로 하고, 그 종류는 공사시방서에 따른다.

2.2.4 내화 줄눈재

(1) 내화 줄눈재는 KS L 9102에 적합하거나 이와 동등 이상의 성능을 갖는 것으로 한다.

2.2.5 방청재

(1) 보강철물은 단체 표준에 적합한 것으로 하고, 접합철물은 KS D 3528에 의해 처리된 방청성능과 동등 이상의 것으로 한다.

2.3 락패널

(1) 락패널은 현무암을 주 원료로 열경화성 합성 접착제를 사용하여 압축한 광물 섬유보드이다.
(2) 락패널의 자재에 대한 세부적인 사항은 제조사의 공사시방서에 따른다.

3 시공

3.1 조립식 패널 외벽공사

3.1.1 일반사항

(1) 시공계획

시공에 앞서 패널의 골 형태, 색상 및 단열재의 종류, 시공법, 시공도 및 공정계획 등에 대하여 공사감리자의 확인을 받아야 한다.

(2) 시공 시 유의사항

① 콘크리트 슬래브면 등 바닥이 평탄하게 시공되었는가 확인한다.

② 철골 등 구조재의 수직 수평이 유지되었는가 확인한다.

③ 중도리와 층도리가 철재인 경우 두께가 3.2mm 이하임을 확인하고 이상인 경우 3.2mm의 형강재를 50mm 길이로 절단 하여 구조체에 설치 후 직결볼트로 패널을 고정한다.

④ 패널 설치에 필요한 철골 부재, 특히 개구부 보강, 패널이음 부위 보강, 행잉도어 레일설치 부분 직결볼트 체결 부위 등을 철골 체크리스트에 의거 · 확인한다.

⑤ 사전에 승인된 시공도에 따라 시공되었는지 실측 후 그 결과치를 공사감리자에게 통보 및 확인한다.

⑥ 패널의 조립시공에 사용되는 모든 자재는 취급에 주의하여 파손 또는 표면흠집이 생기지 않도록 주의해야 한다.

⑦ 조립식 패널 조립 시공에 사용되는 조립자재가 외부에 노출되어 사용되는 경우 부식에 강한 재질을 선택하여 시공한다.

⑧ 작업 중 발생된 경미한 패널 표면의 흠집은 터치폼 페인트로 방청 처리한다.

⑨ 이슬이나 서리, 얼음 등이 트러스에 묻혀 있을 경우 작업자를 절대로 트러스 상부로 올려보내서는 안 된다.

⑩ 항상 작업 후에는 시공 완료되지 않은 벽체 상부와 지붕 용마루 쪽에 비나 눈이 들어가지 않도록 반드시 비닐 또는 테이프를 이용하여 막아준다.

⑪ 사용 자재는 방청을 위하여 아연 도금한 것을 사용하거나 방청페인트로 도장한다.

⑫ 컬러강판으로 제작된 패널의 끝 부분은 반드시 절곡 가공된 자재를 사용하여야 한다.

3.1.2 종방향 외벽패널 시공

(1) 외벽패널의 조립은 바닥 콘크리트 작업이 끝난 후 그 위에 설치하며 그 바닥면은 평활하여야 한다. 바닥면의 허용차는 3m 당 ±3mm 정도이어야 하며, 전체적으로 최대 12mm 이상 높이 차이가 나지 않도록 한다.

(2) 바닥면을 평탄하게 한 후 두께 1.2mm 이상의 아연도금강판으로 가공된 베이스 채널을 앵커 볼트 등으로 고정 후 패널 조립을 하도록 한다.

(3) 외벽패널 설치 전, 외벽패널을 고정하기 위한 층도리 간격은 KS F 4724의 분포압강도와 면내 전단강도 항목에 의한 결과치를 책임기술자의 검토 및 확인 후 공사감리자의 확인을 받은 후 설치하여야 한다.

(4) 패널의 폭방향 연결방법은 제혀쪽매 방식의 조립구조를 원칙으로 한다(패널의 폭방향 연결방법은 암수 조립방식의 구조를 원칙으로 하며 별도의 부자재를 사용하여 보강한다).

(5) 패널의 길이가 10m 이상인 경우, 길이 방향 연결은 내외부에 후레싱을 설치하고 후레싱 사이를 우레탄 현장 발포 등으로 충전하여 침수와 열손실을 막아야 한다.

(6) 외벽패널 고정은 볼트(self drilling screw)(ϕ6mm)를 횡방향으로 1m 간격, 종방향으로 2m 간격으로 층도리(girth) 등 에 고정하며, 수평과 수직 상태를 유지해야 한다. 또한, 풍하중의 영향이 큰 지역에서는 0.5m 간격으로 고정한다. 이때 사용하는 볼트는 목재용과 철재용으로 구분하여 사용한다.

(7) 외벽패널 고정용 직결나사의 간격은 풍하중에 따른 구조를 책임기술자의 검토 및 공사감리자의 확인을 받은 후 시공을 한다.

3.1.3 횡방향 외벽패널 시공

(1) 외벽패널의 조립은 콘크리트 작업이 끝난 후 그 위에 설치하며 그 바닥면은 평탄하여야 한다. 바닥면의 허용차는 3m당 ±3mm 정도이어야 하며 전체적으로 최대 12mm 이상 높이 차이가 나지 않도록 한다.
(2) 바닥 콘크리트면이 평활하지 못한 경우 위 항의 허용차 이내로 하기 위하여 건축마감 시공업체에게 의뢰하여 평활상태 유지 후 패널조립을 하도록 한다.
(3) 풍하중에 따른 적정 허용 스팬을 결정하여 보조기둥을 설치한다.
(4) 패널의 길이는 10m 이하로 하며, 그 양단부는 self drilling bolt(screw)(ϕ6mm)에 의하여 주기둥에 고정되고 패널 연결 부위 틈새는 백업재(back-up)를 넣고 코킹 처리한 다음 후레싱 마감한다. 또한 보조기둥에는 self drilling bolt(screw)(ϕ6mm)를 체결하고 별도의 후레싱은 없다.
(5) 외벽패널 고정은 직결볼트(self drilling screw)를(직경 ϕ6mm) 종방향 1m 간격으로 보조기둥에 체결하며 수평과 수직의 상태를 유지해야 한다. 또한, 풍하중의 영향이 큰 지역에서는 0.5m 간격으로 고정한다.

3.1.4 파라펫 보강패널의 시공

(1) 종방향으로 설치된 외벽의 경우 파라펫 높이(외벽부 상단 직결나사 체결점에서 파라펫 최상단까지의 패널 길이)가 0.7m 초과할 경우와 모든 횡방향 설치 파라펫 부위에는 내부에 보강패널을 설치한다. 시공 방법은 외벽과 동일하며, 파라펫 후레싱으로 마감한다.

3.1.5 홈통 시공

(1) 물홈통 지지용 보강 플레이트(ST'L 50×3.2T)는 아연도금이나 소부방청 도장자재를 600mm(0.6m) 이하 간격으로 수평을 유지하여 설치 후 지정된 색상의 금속판으로 제작한 홈통을 리벳 등으로 고정한다.
(2) 처마홈통을 설치하고 지붕패널과 접촉하는 면은 부칠 테이프를 접착하여 우수의 침투를 방지한다.
(3) 보온패널 지지용 보강플레이트(ST'L 50×3.2T)를 1m 간격으로 sub beam과 도리들보(purlin)에 용접하여 고정한다.
(4) 내부 홈통 부위의 실측을 근거로 한 절단된 패널을 연귀 맞춤으로 견고히 설치한다.
(5) 내부 홈통 패널의 꺾인 면은 필요 시 후레싱으로 마감한다.
(6) 홈통을 설치하고 지붕, 벽패널과 접촉하는 면은 부칠 테이프를 접착하여 우수의 침투를 방지한다.
(7) 보온패널은 건축법규 등에서 규정한 수준의 내화성능을 보유하여야 한다.

3.1.6 검사

(1) 시공 후 패널의 수직 수평상태, 침수 가능성 등을 검사하여야 한다.
(2) 패널의 색상 차이와 접합부의 충전상태를 검사하여야 한다.
(3) 전기배선의 배출구 등 관련 공사와의 안전을 검사하여야 한다.
(4) 시공된 부위의 손상, 균열 등을 검사하여야 한다.
(5) 시공완료 후 청소 및 적절한 보양을 검사하여야 한다.

3.2 ALC패널 공사

3.2.1 공통사항

(1) 일반사항
① 수급인은 공사에 앞서 시공도 및 시공계획서를 작성하여 공사감리자의 확인을 받는다.
② 수급인은 불량부위가 생기지 않도록 타 공정과의 업무 분장을 사전에 명확히 한다.
③ 패널이 흙 또는 물에 상시 접하는 부분에는 사용하지 않음을 원칙으로 하고 부득이하게 흙에 접하거나 부분적으로 지표면 이하로 매설할 경우에는 반드시 표면처리제 등으로 방수마감해야 한다.
④ 화학적으로 유해한 영향을 받을 수 있는 장소에 패널을 사용할 경우에는 필요한 방호처리를 한다.

⑤ 패널에 묻은 오물을 제거하고 *[표 3.2.1-1]*의 보수 한계를 초과하여 심하게 파손되어 있거나 폭 또는 길이 전체에 걸쳐 균열이 발생된 패널은 사용하지 않는다.
⑥ 수급인은 공사 완료 후, 공사감리자의 검사를 받는다.

[표 3.2.1-1] 패널의 보수 한계

파손 부위		보수 한계	
모서리	단변에서의 길이가 장변보다 클 경우	단변 방향	패널 폭의 1/2이하
		장변 방향	80mm 이하
	단변에서의 길이가 장변보다 클 경우	단변 방향	80mm 이하
		장변 방향	300mm 이하
장변		길이	300mm 이하
		깊이	40mm 이하

(2) 가설공사
① 수급인은 공사에 앞서 필요한 가설공사를 확인한다.
② 외벽패널 설치공사에서는 외부비계를 설치할 경우 원칙적으로 쌍줄비계 또는 틀비계를 설치한다.
③ 패널의 양중, 철물용접, 설치작업 등에 필요한 적정의 공사용 전력 및 용수를 확보한다.
(3) 운반
① 패널은 변형이 생기지 않도록 주의하여 운반한다.
② 패널은 공장에서 운반차가 직접 시공 장소에 하역함을 원칙으로 하고, 하역 후의 운반거리는 가급적 최소화한다.
③ 인력에 의한 운반은 가급적 피하고 전용장비 및 도구를 이용하여 파손이 생기지 않도록 주의한다.
(4) 검수
패널은 반입 시에 종류, 치수 및 형상에 대해 공사감리자의 확인을 받는다.
(5) 보관
① 패널의 보관은 가급적 옥내에서 하고, 부득이 옥외로 할 경우에는 설치 위치에 가까우며, 평탄하고 배수 및 통풍이 잘 되는 장소로 한다.
② 패널은 직접 지면에 닿지 않게 하고, 흙탕물이나 기타 이물질이 튀지 않도록 보관해야 한다.
③ 패널은 뒤틀림, 균열 등의 손상이 생기지 않도록 목재 등의 보강재를 수평으로 깔고 그 위에 정리하여 쌓는다.
(6) 현장가공
① 원칙적으로 외벽에 사용되는 패널의 현장절단은 하지 않는다. 단, 부득이 절단할 경우에는 패널제조업자 또는 공사 감리자의 확인을 받은 후 현장에서 절단할 수 있다.
② 외벽 패널의 홈파기는 패널 1매당 1개소에 한하고, 폭 30mm 이내, 깊이 10mm 이내로 한다.
③ 설비배관을 위한 패널의 구멍뚫기는 보강철근을 절단하지 않는 범위에서 패널 1매당 1개소로 하고, 직경은 외벽에서 폭의 1/6 이하로 한다.
④ 위의 범위를 넘어 절단, 홈파기, 구멍뚫기를 하는 경우에는 부재의 강도 등을 확인하고 공사감리자의 확인을 받는다.
⑤ 패널의 절단, 홈파기, 구멍뚫기 등으로 노출된 철근은 방청재를 사용하여 방청처리를 한다.
(7) 용접부의 방청처리
바탕철물 및 설치철물의 용접부는 녹막이 도료로 방청처리를 한다. 단, 용접부가 모르타르 등으로 보호되고 모르타르에 의한 충분한 방청효과가 있다고 인정되는 경우에는 방청처리를 하지 않을 수 있다.

(8) 신축줄눈의 내화처리

① 외력에 의한 변형을 흡수하기 위하여 패널 상호간 또는 패널과 타부재와의 접합부에 10~20mm 폭으로 설치되는 신축 줄눈에 내화성능이 요구될 경우에는 암면 등의 내화줄눈재를 실링재로 방수처리한다.

② 10mm의 신축줄눈에는 두께 12.5mm의 내화줄눈재를, 20mm의 신축줄눈에는 두께 25mm의 내화줄눈재를 각각 20% 정도 압축시켜 사용한다.

③ 내화줄눈재의 두께는 최소 50mm 이상으로 하며, 패널두께와 같게 하는 것이 바람직하다.

(9) 충전재 모르타르의 양생

① 충전 모르타르를 충전한 후 24시간(동절기 48시간) 동안은 양생에 유해한 진동 및 충격이 가해지지 않도록 한다.

② 전용 모르타르의 충전 및 경화 도중에 모르타르의 온도가 2℃ 이하로 저하될 우려가 있는 기상 조건일 경우에는 보온 양생 등의 적절한 조처를 취하도록 한다.

(10) 보수

① 패널의 보수는 원칙적으로 깔기 및 설치 완료 후에 한다. 단, 깔기 및 설치완료 후에 보수할 수 없는 부분은 공사감리자의 지시에 따라 깔기 및 설치 전에 할 수 있다.

② 패널의 보수는 다음과 같은 순서로 실시한다.

가. 보수할 곳과 그 주변을 청소한 후 보수한다.

나. 보수용 모르타르를 패널 표면보다 조금 솟아오르게 바른다.

다. 모르타르가 적당히 경화된 후 톱날 또는 면갈이 대패 등으로 표면을 평활하게 마무리한다.

③ 외벽 패널 등에서 실링재가 충전된 줄눈부 주변을 보수할 경우에는 실링 줄눈의 형상이 확보될 수 있도록 한다.

④ 신축줄눈부를 보수할 경우에는 신축줄눈의 폭이 확보될 수 있도록 주의한다.

(11) 설치 완료 후의 양생

수급인은 설치가 완료된 패널이 방수공사 및 외장, 내장공사 시작 전까지 기상 악화 및 기타의 원인에 의해 흔들림, 파손, 오염 등이 없도록 적절한 방법으로 보호 및 양생하여야 한다.

(12) 연관공사

① 공사감리자는 패널을 설치하기 전 반드시 골조에 대한 정밀한 검측을 하여 기준선을 정하고 패널공사에 부적절한 경우 즉시 보정공사를 해야 한다.

② 패널 설치 후 설비 및 전기수급인은 설비 및 전기수급인의 매입배관 및 전기박스 설치 위치 표지에 따라 전용 홈파기 공구를 사용하여 홈파기를 한다. 배관 및 전기박스 설치 완료 후에 수급인은 보수 모르타르로 밀실하게 틈을 메운다.

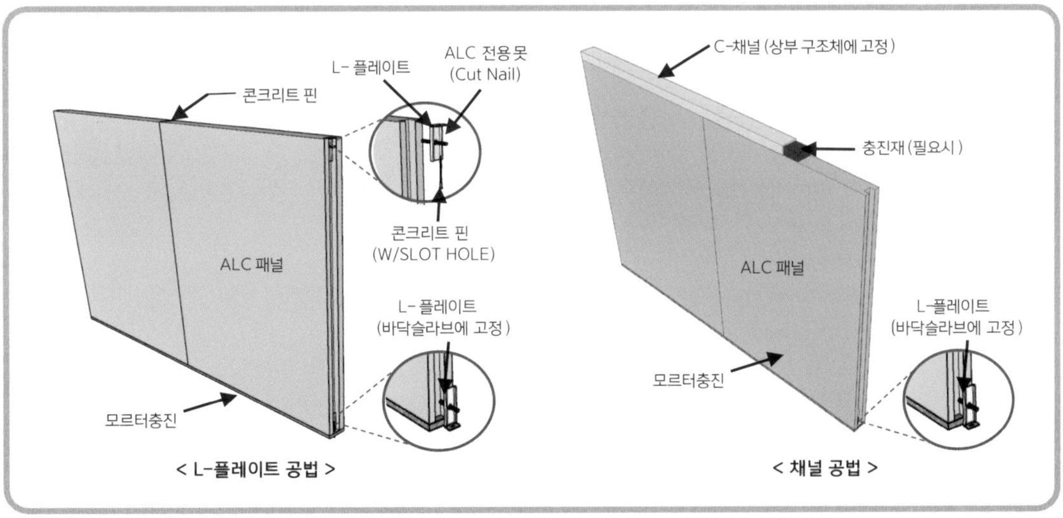

[그림 3.2.1-1] ALC패널의 내벽 공법 상세

3.2.2 외벽

(1) 일반사항

외벽 패널의 설치방법은 *(3.2.1)*의 설치방법을 표준으로 하고 그 종류는 공사시방서 또는 도면에 따른다. (3.2.1) 이외의 설치 방법은 공사시방서 또는 도면에 따른다.

(2) 설치바탕

① 패널을 지지하는 바닥, 보 등의 면이 고르지 못할 경우에는 패널의 설치에 앞서 고름 모르타르를 사용하여 바탕면을 조정한다.

② 바탕철물을 설치하기에 앞서 먹매김을 정확히 한다.

③ 창 및 출입구 등의 개구부 주변에는 개구부 보강재를 설치하는 것을 원칙으로 한다.

(3) 설치

① 패널을 설치하기 전 시공도에 따라 먹매김을 한다.

② 패널 부착용 보통 앵글은 L-65×65×6(mm) 이상, 옥탑층에 설치할 앵글은 L-50×50×6(mm) 이상으로 한다.

③ 공사감리자는 패널을 설치하기 전 반드시 골조에 대한 정밀 검측을 하여 기준선을 정하고, 패널 공사에 부적절한 경우는 즉시 보정공사를 해야 한다. 구조체와 패널 사이의 간격이 지나치게 큰 경우에는 치수가 큰 앵글 또는 브래킷을 이용하여 설치한다.

④ 패널의 설치는 시공도에 표기된 접합상세에 따르며 설치에 사용하는 각종 철물류는 *(2.2)*의 규정에 적합한 것을 사용 하여야 한다.

3.2.3 시공허용오차

(1) 벽 가로선 정밀도는 외측에 대하여 ±5㎜ 이내로 한다.

(2) 패널 길이에 의한 수직오차는 ±5㎜ 이내로 한다.

3.3 락패널공사

3.3.1 공통사항

(1) 노출된 일체의 부재에 대한 가공은 시각적이고 구조적으로 결함이 없도록 실시하며, 정확한 치수와 강도를 유지하도록 하여야 한다.

(2) 연결(Joint) 줄눈은 일정한 간격을 유지하고 이음부분의 보강재는 유동이 없어야 한다.

3.3.2 시공순서

(1) 현장 검측 (2) 수직, 수평 기준점 설정 (3) 프레임 설치 (4) 단열재 시공

(5) 가스켓 패드 설치 (6) 락패널 설치

3.3.3 시공내용(볼트 노출공법)

(1) 수직, 수평 기준점 설정골조 상태의 수평, 수직을 확인 검토 후 하지재의 여유 공간을 확보하고 기준선을 설정하여 수평 먹줄 띄우기 및 피아노선을 각 기점에 수직으로 설치한다.

(2) 프레임 설치

① 수평, 수직 기준선을 중심으로 층간 슬라브 또는 옹벽에 기설치된 앵커를 이용하여 화스너(브라켓)를 고정한다.

② 화스너(브라켓)에 구조 프레임을 볼팅하여 취부하며 고정한다.

③ 패널 뒷면(프레임 또는 단열재와 패널)은 수직으로 지난가는 바탕프레임에 의해서 떠받쳐지는 최소 20㎜ 두께의 연속된 빈 공간을 만들어 환기층을 형성한다. 이 환기층을 가로부재가 가로 막아서는 안된다.

④ 패널 두 장이 고정되는 프레임은 45㎜ x 75㎜ 이상 규격을 사용하야 한다.

(3) 단열재 시공
패널 내부 쪽 내벽 면에 시공하고 단열재의 이음 부위 연결은 바람이 유입되지 않도록 단열재 틈이 생기지 않게 한다.
(4) 가스켓 패드 설치
① 가스켓 패드는 미관적인 줄눈 장식과 일차적인 누수를 차단하는 기능으로 프레임을 따라 접착 성분이 있는 가스켓 패드 (두께 3㎜ x 폭 40㎜)를 밀실하게 부착한다.
② 가스켓 패드는 완벽한 방수재가 아니므로 필요에 따라 패널 설치 후 줄눈에 실란트 처리 후 마감한다.
(5) 락패널 설치
① 정확한 수평, 수직을 유지하도록 프레임에 먹매김 후 부착한다.
② 패널과 패널의 조인트는 무코킹으로 적용하며 간격은 6~8㎜로 하고 패널과 패널이 직접 맞닿지 않도록 한다.
③ 패널 고정 전 직격 7~8㎜로 먼저 타공한다. 사용되는 SDS 스크류(직결나사)의 색상은 패널 색상에 맞추며 SUS(스테인 레스) 재질을 사용한다.
④ 스크류의 간격은 300㎜에서 600㎜ 이하로 하되, 지역 풍하중과 건물 높이에 따라 고려한 간격 이하가 되도록 하여야 한다.
⑤ 창틀 둘레는 도면에서 지정하는 자재로 사용해야 하며, 명기되어 있지 않은 경우에는 락패널 또는 금속 시트(Sheet)를 공사감리자와 협의하여 마감한다.
⑥ 락패널의 모서리부 파손을 방지하기 위해 알루미늄 코너비드를 설치・고정하여 마감한다.
(6) 실링재
실링재는 *(2.2.3)*에 따른다.

3.3.4 시공허용오차
(1) 최대 평활도 범위 : 각 방향 3m 당 3㎜
(2) 수직・수평 허용오차 : 3m 당 3㎜ 이내
(3) 인접자재 표면의 최대 단 차이 : 1m 이내
(4) 패널 간 조인트의 실제 폭은 공칭 폭에서 줄눈 폭의 1㎜를 넘지 않아야 한다.

3.4 시공 시 고려사항
(1) 외벽 시공 시 지면에 접하는 부위는 하부를 이격 및 마감하여 오염을 방지한다.
(2) 기밀층 형성에 필요한 가변현 투습방습지(내부용), 투습방수지(외부용)의 시공은 *SBCS 41 90 05 05*에 따른다.

3.5 보 수
(1) 패널의 보수는 원칙적으로 깔기 및 설치 완료 후에 한다. 단, 깔기 및 설치 완료 후에 보수할 수 없는 부분은 공사감리자의 지시에 따라 깔기 및 설치 전에 할 수 있다.
(2) 패널의 보수는 다음과 같은 순서로 실시한다.
① 보수할 곳과 그 주변을 청소한 후 보수한다.
② 보수용 모르타르를 패널 표면보다 조금 솟아오르게 바른다.
③ 모르타르가 적당히 경화된 후 톱날 또는 면갈이 대패 등으로 표면을 평활하게 마무리한다.
(3) 외벽 패널 등에서 실링재가 충전된 줄눈부 주변을 보수할 경우에는 실링 줄눈의 형상이 확보될 수 있도록 한다.
(4) 신축줄눈부를 보수할 경우에는 신축줄눈의 폭이 확보될 수 있도록 주의한다.

3.6 현장 품질관리

(1) 변색, 오염, 평활도, 표면상태 검사

(2) 부착상태 검사

(3) 틈새 벌어짐 검사

(4) 취약부분의 마감상태 검사

3.7 보양 및 청소

(1) 수급인은 설치가 완료된 패널이 방수공사 및 외장, 내장공사 시작전까지 기상악화 및 기타의 원인에 의해 흔들림, 파손, 오염 등이 없도록 적절한 방법으로 보호, 양생하여야 한다.

3.8 안전시공

3.8.1 외부 로프 작업 시 안전시공

[표 3.8.1-1] 외부로프작업 안전시공사례

작업내용	위험포인트	안전관리대책
① 옥상 및 하부 통제	· 낙하물 발생 · 부적격근로자 작업투입(특히 음주자) · 타공종 작업자 옥상출입(로프 조작, 결속 해제)	· 작업전 5분 안전교육, TBM 실시 · 작업구간 하부 통제구역 설정, 통행 통제 · 부적격근로자 작업투입 금지 (음주자, 건강상태 불량 근로자 등) · 타공종 작업자 옥상출입 통제(작업순서 사전 조정) · 안전난간대 설치상태 확인
② 작업시설준비	· 부적합 시설/보호구착용 (안전대, 추락방지대 등) · 안전대 미결속으로인한 추락	· 보호구 착용(안전모+ 그네식안전대) · 옥상(옥탑) 작업 준비시 안전대 사용 · 2차 로프 설치 및 연결 · 로프 및 샤클 마모상태 확인
③ 주로프 및 보조로프 설치	· 로프 굵기, 결속위치불량 · 2점지지불량 및 주로프에 보조로프 결속 · 안전대 미결속상태로 로프 내림으로 인한 추락 · 로프 내림길이 불량	· 로프 굵기 확인(주로프 :φ22mm,보조로프 :φ14~16mm) · 청소용고리, 골조, 지붕 트러스 外 결속 금지 · 로프 2점지지 확인 · 로프와 보조로프 별도 결속 확인 · 로프 내림시 안전대 결속 및 로프 내림길이 확인 · 로프보호대 설치 확인
④ 작업대(달비계) 설치	· 안전대 미착용 상태 설치로 인한 추락 · 작업대 낙하	· 작업대 설치 전 안전대 결속 · 작업대 샤클 결속상태 확인 · 산업안전기준제375조【달비계의 점검 및 보수】
⑤ 작업대 탑승	· 탑승 전 안전대 미사용으로 인한 추락 · 로립 반대방향 체결, 잠금장치 불량으로 인한 추락 · 로립 미체결상태 탑승으로 인한 추락	· 안전대 걸이용 2차로프(또는 안전블럭) + 안전대 연결 (보조로프와는 별도로 작업대 탑승전 사용 -탑승후 로립 체결 후 2차 로프 해체) · 작업대 탑승 후 로립 체결 및 로립 방향 확인(↑) · 작업 편의를 위해 역방향 체결 금지 · 로립 체결 후 2차 로프 해체 · 안전대, 작업도구 및 자재의 결속상태 확인 · 최상부의 안전한 장소에서 탑승(중간층 탑승 절대 금지)
⑥ 작업개시→ 종료	· 작업 중 건물 내 이동으로 작업대 벌어지며 실족 또는 작업도구, 자재 낙하	· 작업개시 후 반드시 지면까지 이동 (중간층 진입 절대 금지) · 작업도구 걸이철물 확인
※ 옥상 상·하부 통제	· 옥상 타공종 작업자 출입으로 로프 조작 · 낙하물 발생	· 타공종 작업자 옥상출입 통제 (사전 작업순서 조정) · 작업구간 하부 구역 설정, 통제

- 출처 : 판넬 등 외부마감 작업안전(2009, 한국산업안전보건공단, 오지환 외)

3.8.2 하지철물 설치 시 안전시공

[표 3.8.2-1] 하지철물 설치 안전시공사례

작업내용	위험포인트	안전관리대책
① 하지 철물 Embed 매설	· 안전난간대 해체(필요시)에 따른 추락 위험 · 용접작업시 화재 위험 및 감전 위험 · 매입 철물 낙하 위험	· 안전난간대 해체구간 발생 시 사전 생명줄 설치 확인 (생명줄 16mm 이상) , 생명줄 설치구간 안전고리 활용 · 용접작업구간 하부 불티비산방지 및 화기감시자 배치하에 작업
② Embed 스터드 보강 작업	· 단부 작업 시 추락 및 낙하물 발생 위험 · 용접작업에따른 화재 위험	· 단부 인접 작업시 생명줄에 안전고리 활용 확인 · 단부 작업시 자재 및 사용 공도구는 이탈방지끈 결속 · 화기작업시 하부 불티비산방지조치 확인
③ 하지철물제작 작업	· 철물 하역 작업시 낙하에 의한 협착 위험 · 용접작업시 불티 비산에 의한 화재위험 · 운반 시 요통계 질환 발생 위험	· 장비 주변 인원통제 및 양중작업구간 하부 인원통제 · 신호수와 장비운전원 신호체계 수립 · 철물 운반은 원칙적으로 지게차를 이용하여 운반 · 용접작업시 주변 인화성 물질 격리
④ 하지철물 수직·수평재 설치작업	· 양중작업시 낙하 위험 · 단부 작업 시 추락 위험 · 화기 작업 시 화재 위험	· 양중작업구간 하부 및 장비 주변 인원 통제 · 부재 양중시 Lug 용접상태 확인 · 화기감시자 상주하에 불티비산방지조치 확인 · 양중도구(와이어, 슬링벨트, 샤클 등) 상태 점검 확인
⑤ 앵글 보강 작업	· 보강 앵글 낙하 위험 · 단부 작업 시 추락 위험 · 화기 작업 시 화재 위험	· 앵글 보강 작업시 하부 통제원 배치 하에 작업 · 앵글 이탈시 낙하 위험방지조치 (결속끈 등을 활용하여 조치) · 화기작업시 하부 인화성 물질 격리 확인 및 감시자 배치
⑥ 수직·수평재 고정 작업	· 인원 탑승용 장비(붐 리프트, 탑승용 구대 등) 작업 시 추락 위험 · 화기 작업시 화재 위험 · 사용 공도구 낙하물 발생 위험	· 인원 탑승용 장비 사용시 제원확인 및 허용하중 표시 탑승용 구대 활용시 구조검토 후 허용하중 표시하여 통제 · 외벽에 생명줄 설치하여탑승자의 경우 Rorip 체결한 상태에서 작업 · 작업구간 하부 통제원 배치하에 통제 · 양중용 도구(와이어, 슬링벨트 등) 점검 확인 · 장비 제원에 따른 작업반경 표시
⑦ 수직·수평도 확인	· 낙하물 발생에 따른 사고 위험 · 전도 위험	· 수직·수평도 확인시 상부 작업 여부 확인 · 낙하물 발생위험이 없는 구간에서 확인

- 출처 : 판넬 등 외부마감 작업안전(2009, 한국산업안전보건공단, 오지환 외)

3.8.3 외벽판넬 설치 시 안전시공

[표 3.8.3-1] 외벽판넬 설치 안전시공사례

작업내용	위험포인트	안전관리대책
베이스 후레싱 설치작업	· 전도 및 창상 위험 · 그라인더작업 시 불티 비산 위험 및 안면/안구 손상 위험 · 용접작업시 화재 위험	· 그라인더 작업 시 보안경 및 장갑 착용 · 불티 비산에 따른 주변 인화성 물질 격리 확인 · 용접작업구간 하부 불티비산 방지 조치
외장판넬 설치작업	· 탑승용 구대 사용에 따른 추락 위험 · 사용 자재 및 공도구 낙하물 발생 위험	· 탑승용 구대에 대한 허용하중 검토 실시 · 장비 제원에 따른 허용하중 검토 · 탑승용 구대에 탑승 인원 포함 허용하중 표기 및 통제 · 외벽에 생명줄(16mm 이상) 설치하여Rorip 체결 후 활용 · 탑승용 구대에 탑승자는 1인당 Rorip1개씩 착용한 후 생명줄에 연결하여작업 · 작업높이 15m 이상의 경우 무전기를 통해 신호 · 상부에서 사용하는 공도구 일체 이탈방지끈 결속 확인 · 작업구간 하부 구획설정하에 통제원 배치 후 주변 인원 통제
외장판넬 실리콘 및 가스켓 작업	· 추락 위험 · 낙하물 발생 위험	· 외벽에 생명줄(16mm이상) 설치하여 Rorip 체결 후 활용 · 탑승용 구대에 탑승자는 1인당 Rorip1개씩 착용한 후 생명줄에 연결하여 작업 · 상부에서 사용하는 공도구 일체 이탈방지끈 결속 확인 · 하부 구획설정하에 인원통제
파라펫 후레싱 설치작업	· 단부 작업에 따른 추락 위험 · 자재/공도구 낙하 위험	· 작업 전 생명줄 설치 확인 · 단부 작업자는 반드시 생명줄에 안전고리 활용한 상태에서 작업 · 하부 구획설정하에 인원통제
외장판넬 보호 필름 제거 작업	· 추락 위험 · 낙하물 발생 위험	· 외벽에 생명줄(16mm 이상) 설치하여 Rorip 체결 후 활용 · 탑승용 구대에 탑승자는 1인당 Rorip1개씩 착용한 후 생명줄에 연결하여작업 · 하부 구획설정하에 인원통제

- 출처 : 판넬 등 외부마감 작업안전(2009, 한국산업안전보건공단, 오지환 외)

3.8.4 코킹작업 시 안전시공

[표 3.8.4-1] 코킹작업 안전시공사례

작업내용	위험포인트	안전관리대책
· 작업전T.B.M실시 · 옥상 주위에 로프를 걸 수 있는 상태 점검 (청소고리 등)	· 안전의식결여 · 부적격근로자의 작업 투입 (특히 음주자)	· 작업 전 5분 안전교육 및 T.B.M 실시 · 근로자에 대한 건강상태 확인하여 부적격근로자에 대해서는 귀가 조치 · 사전 안전보호구를 점검하여로프작업에 대한 경각심 인지 필요 · 하부 통제자는 주위 위험물을 제거한 후 인원 및 주변 장비작업 통제
· 청소고리및 지지대로프 2점지지 결속 – 주로프 : φ22mm – 보조로프 :φ16mm · 작업대 설치	· 규격에 맞지않은 로프 사용 시 추락위험성 · 로프를 2점지지를 하지 않을 시 추락 사고로 연계될 위험성	· 로프 굵기 및 하부까지의 길이 확인 · 작업대 및 샤클을 사전 점검 · 주로프와 보조로프의 별도 결속 확인 · 견고한 지지대에 1차지지 후 청소고리에 2차로 지지 · 작업대의 이상 유무 확인 후 설치
· 작업대 지지상태확인 · 작업대 탑승 전 Rorip에 안전고리체결 · 작업대 탑승 및 청소, 프라이머, 마스킹 테이프 부착	· 로립의 역방향 체결 위험상황 발생 시 추락 사고로 직결 · 작업공구 및 자재의 작업대 미체결로 인한 낙하물 발생	· 상부 위험요소를 파악하여 사전 제거 · 탑승 전 작업대 지지상태(견고성) 확인 · 탑승 전 Rorip 상태 확인 및 체결한 후 작업대 탑승 · 사전 작업범위를상호 협조하에 설정하여 작업시 옆 작업자와의 충돌방지 · 안전화를 착용하되 앞부분을 보양하여 외벽의 훼손 또는 오염 발생방지
· 실란트 충진 및 툴링(표면처리작업)	· 눈,비가 올때나 결로 현상이 생겼을 경우 작업의 위험성 · 상부 타공종 작업자에 의한 로프 풀림, 충돌(심적불안감 및 추락 위험)	· 상부 통제자는 타 공종 작업자의 출입을 통제하며 주위 환경에 대해 파악하고 있어야 됨 · 상, 하부 통제자는 이상 발견시 즉시 로프작업자에게 통보, 조치 · 로프 작업자는 마스킹 테잎 및 빈 용기를 수거통에 보관
· 마스킹 테이프 제거 및 양생	· 중간층 건물 내부로 진입시 로프의 뒤틀림으로 인한 추락사고 발생 · 외부창호와의 충돌	· 작업 종료 후 반드시 지면까지 이동하여 작업대 및 공구, 자재를 해체 · 외부 창호와 충돌로 인한 파손 및 로프작업자 부상 위험이 있으므로 사전 교육
· 작업 후 정리정돈	· 떨어뜨린자재 및 공구로 인한 타 작업자의 간접적위험 · 작업대 및 Rorip 해체 시 로프 걸림	· 작업장소 주위 청소 및 정리 정돈 철저 · 떨어뜨린 공구 및 쓰레기류는 즉시 처리 · 로프 작업자 하강시 하부 시야를 확보하여야 하며, 지면으로 이동시 하부 통제자는 작업자 유도 및 보조

– 출처 : 판넬 등 외부마감 작업안전(2009, 한국산업안전보건공단, 오지환 외)

4 시공사례

■ **아산시 역도팀 합숙소 리모델링 공사 – 외벽패널 시공 (목조 프리패브 공법 적용)**

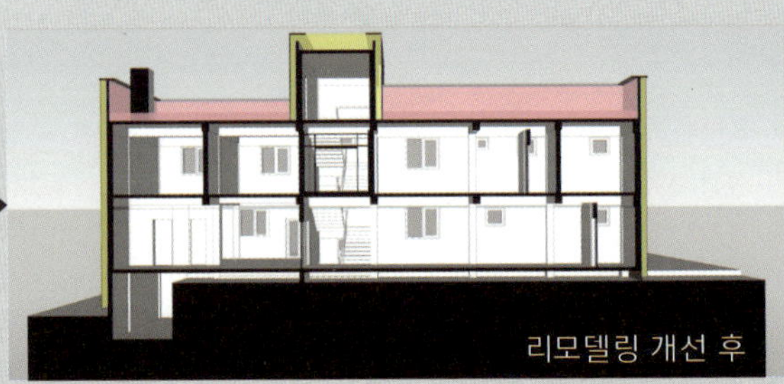

01 공장에서 사전 제작(스터드+글라스울+내수합판+투습방수)

02 공장에서 사전 제작된 목조 프리패브 이동

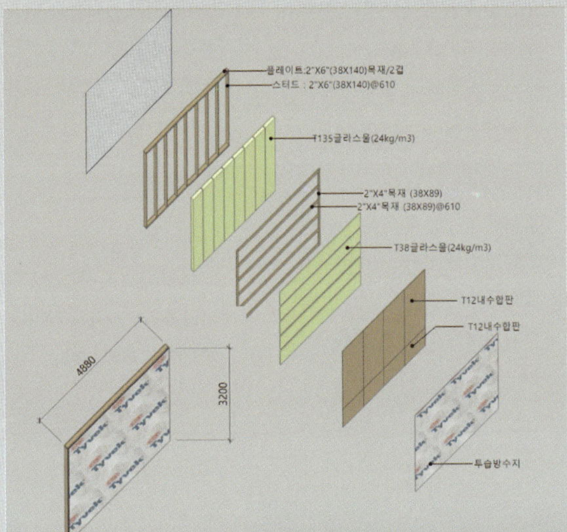

< 목조 프리패브 조합도 >

03 옥상으로 양중 → 한 세트씩 설치 위치로 이동+고정

04 목조 프리패브 시공

05 목조 프리패브 시공 후 아연도 각관+락보드(외벽패널) 시공

06 락보드 시공 후 페인트 도장 (2~3회 이상)

07 목조 프리패브+외벽패널 시공 전/후

08 목조 프리패브+외벽패널 시공 완료

5 시공예시도

■ 외벽공사 조립분해도 - 무등산 원효분소 실증현장

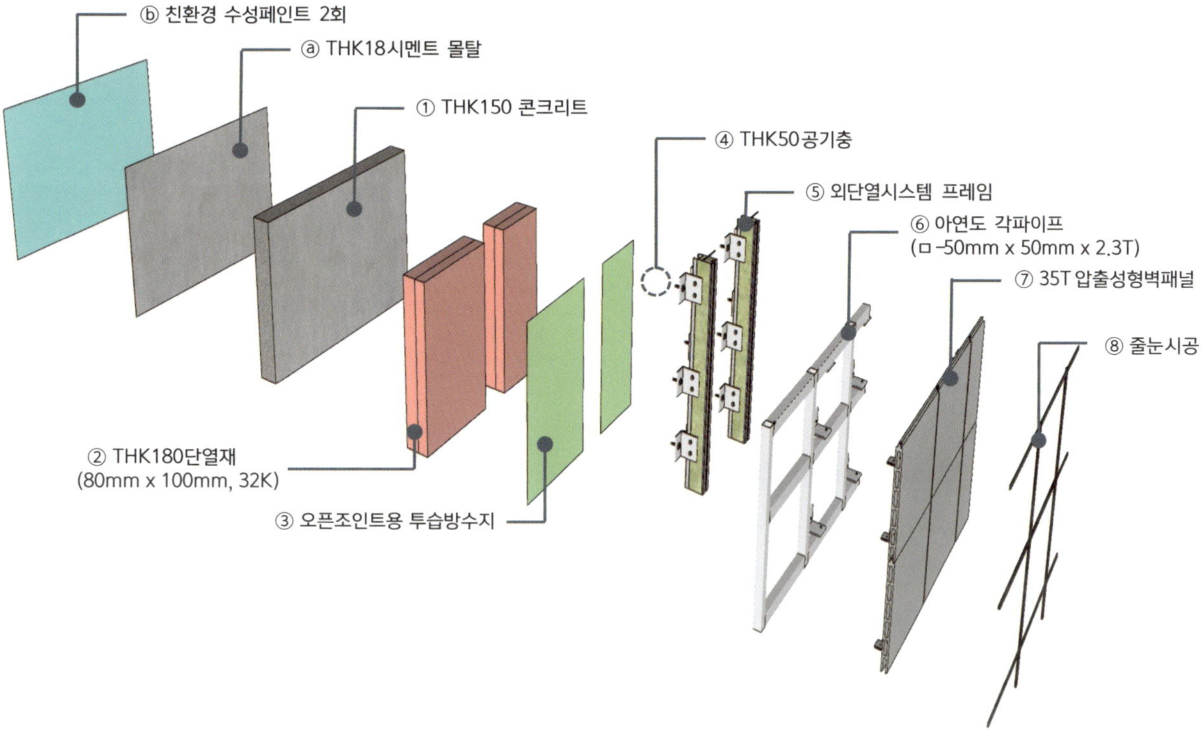

■ 외벽공사 상세도 - 무등산 원효분소 실증현장

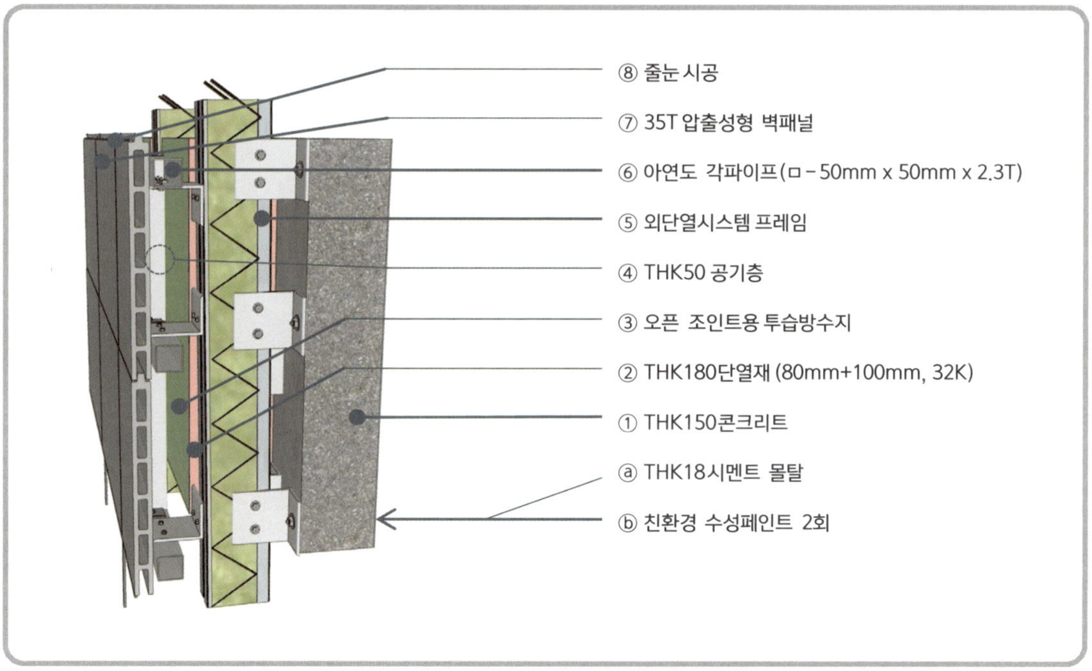

■ [시공 사진] 조립분해도 ① THK150 콘크리트 ~ ⑧ 줄눈 시공

01. 열교차단재 설치 부위 실측

02. 설치 부위에 수직먹 표시

03. 단열프레임과 브라켓을 볼트로 선 조립

04. 볼트조립한 단열프레임의 조립상세

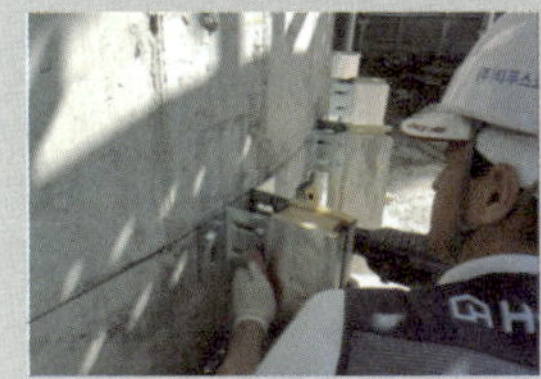
05. 단열프레임을 벽체에 표기한 설치 위치에 앵커링하여 설치

06. 벽체에 가이드홀을 천공한 후 스크류앵커를 임팩트드릴로 조임

07. 단열프레임이 설치된 전경

08. 단열프레임 내 단열재 시공

09. 단열재 시공 완료

10. 단열재 위 투습·방수지 시공

11. 투습·방수지 위 수평으로 각파이프 설치

12. 수평 각파이프 설치 후 수직으로 T-BAR 설치

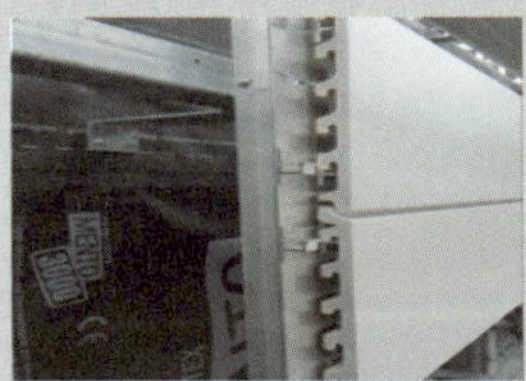
13. 압축성형패널 외장재 부착

14. 패널 시공 완료된 모습

- 출처 : ㈜티푸스코리아(http://www.tifus.co.kr)

■ 외벽공사 조립분해도 – 설악산 오색분소 실증현장

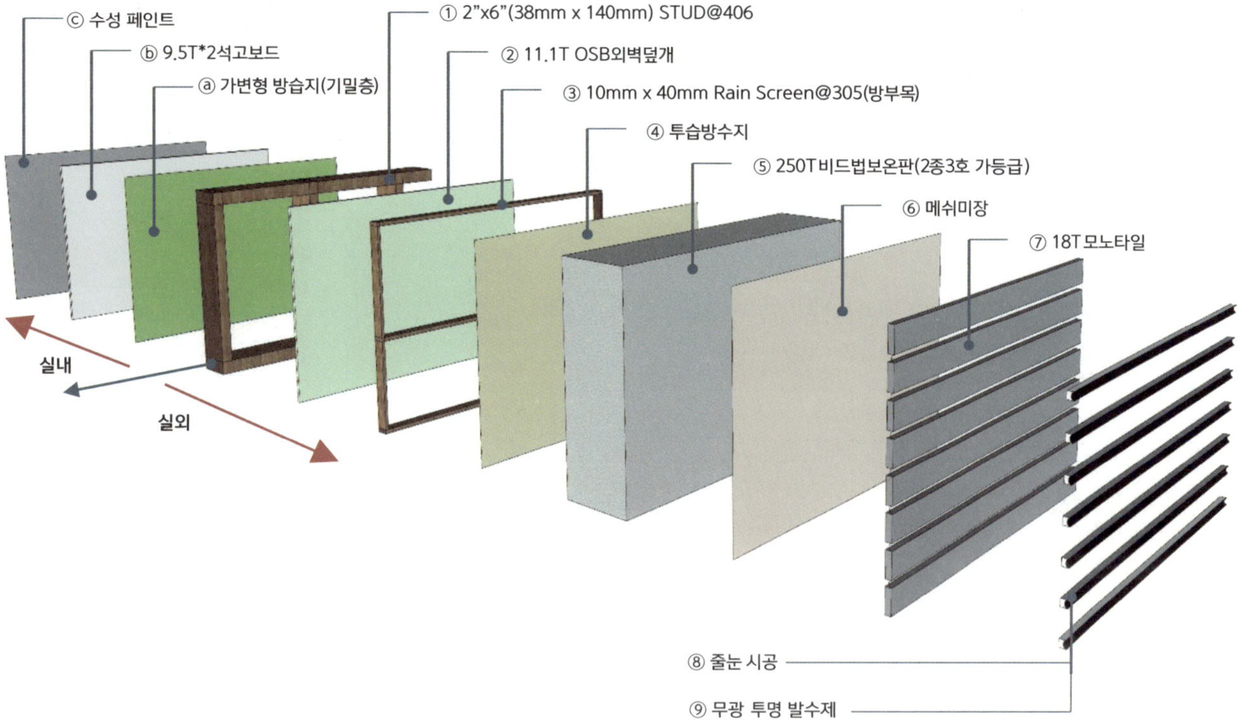

■ 외벽공사 상세도 – 설악산 오색분소

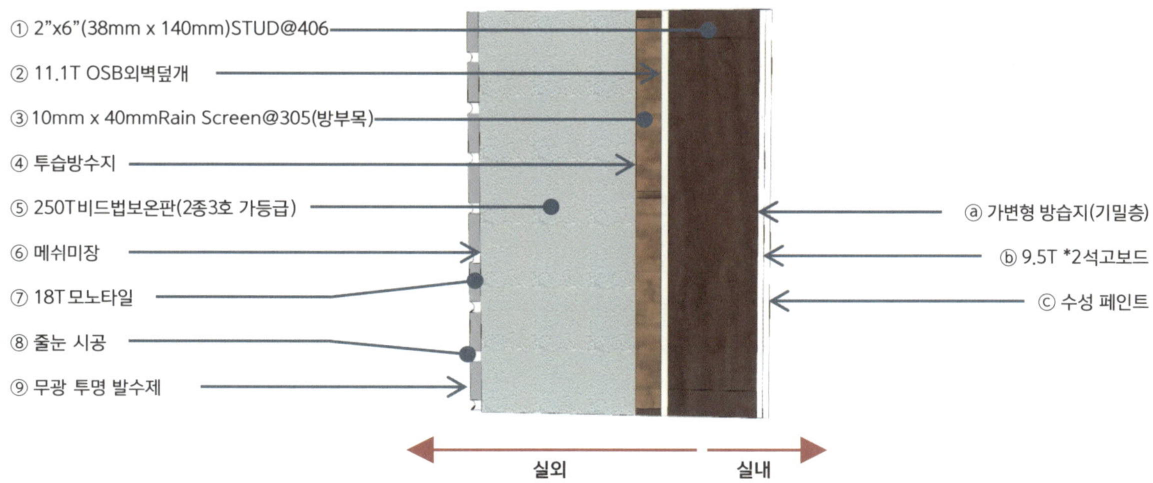

■ [시공 사진] 조립분해도 ① 2"x6"(38mm x 140mm) STUD@406 ~ ④ 투습방수지

01. 목구조 공사 완료

02. 외부 비계 설치

03. 외벽용 스터드 시공

04. 스터드 시공 완료된 모습

05. 스터드위 레인스크린시스템 패널설치(OSB 합판+투습방수지)

06. 패널 맞닿는 면 기밀 테이프 시공

07. 목구조와 패널 연결 부위의 기밀 테이프 시공

08. 스터드 위 시스템 패널 설치 완료

■ [시공 사진] 조립분해도 ⑤ 250T 비드법보온판(2종3호 가등급) ~ ⑨ 무광 투명 발수제

01. 준불연EPS 단열재 시공

02. 단열재사이 패널용폼 접착제도포

03. 단열재 시공 완료된 모습

04. 단열재 위 몰탈 초벌

05. 몰탈 위 매쉬 시공

06. 매쉬 위 몰탈 재도포

07. 모노타일 시공

08. 줄눈 시공후 무광투명발수제 도포

09. 외부비계 해체

10. 완성된 외부 모습

■ [시공 사진] 조립분해도 ⓐ 가변형 방습지(기밀층) ~ ⓒ 수성 페인트

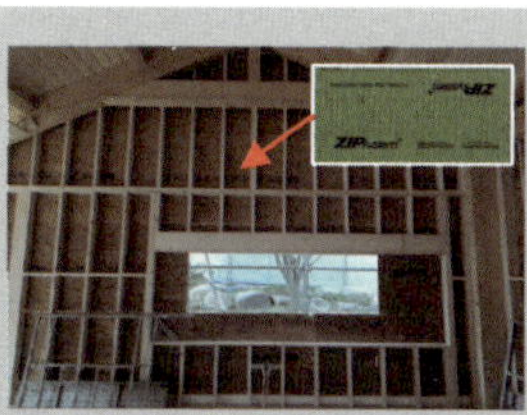

01.①스터드~④투습방수지 설치 완료

02. 스터드 내 그라스울 단열재 시공

03. 스터드 내 단열재 시공 완료

04. 석고보드 9.5T 2겹 시공 (전용접착제 도포)

05. 석고보드시공 완료

06. 석고보드 위 수성페인트 칠

07. 시공 완료된 모습

SAMOOCM
CREATIVE MANAGEMENT

CHAPTER 16

16장

소규모 창호 및 유리공사

SBCS 41 90 55 05 창호공사
SBCS 41 90 55 15 유리공사

CHAPTER 16

01

SBCS 41 90 55 05

창호공사

1 일반사항

1.1 적용범위

(1) 이 기준은 목제 창호공사, 강제 창호공사, 알루미늄 합금제 창호공사, 합성수지 창호공사, 스테인리스 스틸 창호공사, 복합소재 창호공사, 기타 창호공사 및 창호 철물공사에 적용한다.

(2) 이 절의 규정에서 성능, 견본, 시험 및 치수 확인에 대해서는 공사시방서에 따른다.

1.2 참고 기준

(1) 창호공사의 참고 기준은 *KCS 41 55 01 ~ KCS 41 55 07 (1.2)*에 따르며, 추가사항은 다음과 같다.

① SBCS 41 90 05 05 패시브 건축자재 및 시공 ② SBCS 41 90 55 15 유리공사

1.3 제출물

(1) 시공상세도 및 시공지침서의 작성

수급인은 창호의 제작 및 시공에 앞서 설계도서에 의한 시공상세도, 시공지침서를 작성하고 공사감리자의 확인을 받는다.

(2) 시공상세도 및 시공 지침서

① 시공상세도는 창호배치도, 창호일람표, 창호상세도, 재료 일람표로 구성한다.

② 창호배치도에는 설치의 위치, 부호, 개폐방법 등을 필요에 따라 기재한다.

③ 창호일람표는 부호, 형상, 치수, 수량, 부재, 부품의 재료, 성능, 표면처리, 창호철물 등을 필요에 따라 기재한다.

④ 창호상세도에는 재질, 형상, 치수, 표면처리, 부속철물, 부착철물의 위치, 고정방법, 방수처리, 방식처리 및 주위의 마감재나 설비 기기와의 관계 등을 필요에 따라 기재하며, 유리창의 경우 유리의 종류(재질, 색상 등) 및 두께를 표기한다. 소정의 유리받침대 깊이가 확보될 수 있도록 끼우기 홈 치수를 기재한다.

⑤ 부속재료의 재질, 형상, 치수를 표기한다.

⑥ 수급인은 시공지침서를 작성하여 공사감리자의 확인을 받는다.

(3) 견본 및 시험

① 견본의 제출, 시험제작, 성능시험의 실시는 공사시방서에 따른다.

② 시험제작 및 성능시험의 내용은 공사시방서에 따른다.

CHECK 01 ▼

시험성적서 인정기준

- 벽·바닥·지붕 등 부위별 전체 구성재료와 동일한 시료에 대하여 KS F 2277에 의한 열저항 또는 열관류율 측정값 사용
- 창 및 문의 경우 KS F 2278에 따름
- 시험성적서는 국가 공인 시험기관의 KOLAS 인정마크가 표시된 경우에 인정

[표 1.3-1] 지역별 창 및 문의 열관류율표 (건축물의 에너지절약 설계기준: 2022) CHECK 01

구분				중부1 [1]	중부2 [2]	남부 [3]	제주도
창 및 문	외기에 직접 면하는 경우	공동주택		0.900 이하	1.000 이하	1.200 이하	1.600 이하
		공동주택 외	창	1.300 이하	1.500 이하	1.800 이하	2.200 이하
			문	1.500 이하			
	외기에 간접 면하는 경우	공동주택		1.300 이하	1.500 이하	1.700 이하	2.000 이하
		공동주택 외	창	1.600 이하	1.900 이하	2.200 이하	2.800 이하
			문	1.900 이하			
공동주택 세대현관문 및 방화문	외기에 직접 면하는 경우			1.400 이하			
	외기에 간접 면하는 경우			1.800 이하			

주 1) 강원특별자치도(고성, 속초, 양양, 강릉, 동해, 삼척 제외), 경기도(연천, 포천, 가평, 남양주, 의정부, 양주, 동두천, 파주), 충청북도(제천), 경상북도(봉화, 청송)

주 2) 서울특별시, 대전광역시, 세종특별자치시, 인천광역시, 강원특별자치도(고성, 속초, 양양, 강릉, 동해, 삼척), 경기도(연천, 포천, 가평, 남양주, 의정부, 양주, 동두천, 파주 제외), 충청북도(제천 제외), 충청남도, 경상북도(봉화, 청송, 울진, 영덕, 포항, 경주, 청도, 경산 제외), 전북특별자치도, 경상남도(거창, 함양), 대구광역시(군위)

주 3) 남부지역 : 부산광역시, 대구광역시(군위 제외), 울산광역시, 광주광역시, 전라남도, 경상북도(울진, 영덕, 포항, 경주, 청도, 경산), 경상남도(거창, 함양 제외)

- 출처 : 건축물의 에너지절약 설계기준(2022, 국토교통부)

[표 1.3-2] 창 및 문의 단열성능 (건축물의 에너지절약 설계기준: 2022) CHECK 02

창 및 문의 종류			창틀 및 문틀의 종류별 열관류율								
			금속재						플라스틱 또는 목재		
			열교차단재[1] 미적용			열교차단재 적용					
유리의 공기층 두께[mm]			6	12	16이상	6	12	16이상	6	12	16이상
창	복층창	일반복층창[2]	4.0	3.7	3.6	3.7	3.4	3.3	3.1	2.8	2.7
		로이유리(하드코팅)	3.6	3.1	2.9	3.3	2.8	2.6	2.7	2.3	2.1
		로이유리(소프트코팅)	3.5	2.9	2.7	3.2	2.6	2.4	2.6	2.1	1.9
		아르곤 주입	3.8	3.6	3.5	3.5	3.3	3.2	2.9	2.7	2.6
		아르곤 주입+로이유리(하드코팅)	3.3	2.9	2.8	3.0	2.6	2.5	2.5	2.1	2.0
		아르곤 주입+로이유리(소프트코팅)	3.2	2.7	2.6	2.9	2.4	2.3	2.3	1.9	1.8
	삼중창	일반삼중창[2]	3.2	2.9	2.8	2.9	2.6	2.5	2.4	2.1	2.0
		로이유리(하드코팅)	2.9	2.4	2.3	2.6	2.1	2.0	2.1	1.7	1.6
		로이유리(소프트코팅)	2.8	2.3	2.2	2.5	2.0	1.9	2.0	1.6	1.5
		아르곤 주입	3.1	2.8	2.7	2.8	2.5	2.4	2.2	2.0	1.9
		아르곤 주입+로이유리(하드코팅)	2.6	2.3	2.2	2.3	2.0	1.9	1.9	1.6	1.5
		아르곤 주입+로이유리(소프트코팅)	2.5	2.2	2.1	2.2	1.9	1.8	1.8	1.5	1.4
	사중창	일반사중창[2]	2.8	2.5	2.4	2.5	2.2	2.1	2.1	1.8	1.7
		로이유리(하드코팅)	2.5	2.1	2.0	2.2	1.8	1.7	1.8	1.5	1.4
		로이유리(소프트코팅)	2.4	2.0	1.9	2.1	1.7	1.6	1.7	1.4	1.3
		아르곤 주입	2.7	2.5	2.4	2.4	2.2	2.1	1.9	1.7	1.6
		아르곤 주입+로이유리(하드코팅)	2.3	2.0	1.9	2.0	1.7	1.6	1.6	1.4	1.3
		아르곤 주입+로이유리(소프트코팅)	2.2	1.9	1.8	1.9	1.6	1.5	1.5	1.3	1.2
	단창		6.6			6.10			5.30		
문	일반문	단열 두께 20㎜ 미만	2.70			2.60			2.40		
		단열 두께 20㎜ 이상	1.80			1.70			1.60		
	유리문	단창문 유리비율[3] 50%미만	4.20			4.00			3.70		
		단창문 유리비율 50%이상	5.50			5.20			4.70		
		복층창문 유리비율 50%미만	3.20	3.10	3.00	3.00	2.90	2.80	2.70	2.60	2.50
		복층창문 유리비율 50%이상	3.80	3.50	3.40	3.30	3.10	3.00	3.00	2.80	2.70

1) 열교차단재 : 열교 차단재라 함은 창 및 문의 금속프레임 외부 및 내부 사이에 설치되는 폴리염화비닐 등 단열성을 가진 재료로서 외부로의 열흐름을 차단할 수 있는 재료를 말한다.
2) 복층창은 단창+단창, 삼중창은 단창+복층창, 사중창은 복층창+복층창을 포함한다.
3) 문의 유리비율은 문 및 문틀을 포함한 면적에 대한 유리면적의 비율을 말한다.
4) 창 및 문을 구성하는 각 유리의 공기층 두께가 서로 다를 경우 그 중 최소 공기층 두께를 해당 창 및 문의 공기층 두께로 인정하며, 단창+단창, 단창+복층창의 공기층 두께는 6mm로 인정한다.
5) 창 및 문을 구성하는 각 유리의 창틀 및 문틀이 서로 다를 경우에는 열관류율이 높은 값을 인정한다.
6) 복층창, 삼중창, 사중창의 경우 한면만 로이유리를 사용한 경우, 로이유리를 적용한 것으로 인정한다.
7) 삼중창, 사중창의 경우 하나의 창 및 문에 아르곤을 주입한 경우, 아르곤을 적용한 것으로 인정한다.

- 출처 : 건축물의 에너지절약 설계기준(2022, 국토교통부)

▲ CHECK 02

창 및 문의 단열성능

- *(표 1.3-2)*를 통해 창호 에너지 소비효율 등급 또는 KOLAS 시험성적서 없이도 창 및 문의 종류에 의한 열관류율을 확인할 수 있다.
- 신축 이외에 기존 건축물의 창호 성능 확인에도 활용될 수 있다.
- 로이유리에 대한 여부는 *(그림 1.3-1)*의 방법으로 확인할 수 있다.

로이 복층 유리 (불꽃이 4개 - 전면부터 2번째 불꽃이 다른 부분이 로이코팅된 부분)

로이 삼중 유리 (불꽃이 6개 - 전면부터 3번째, 5번째 불꽃이 다른 부분이 로이코팅된 부분)

창호에 기재되어 있는 KS 로고가 B종 혹은 U3-1, U3-2이면 로이류리이다.

[그림 1.3-1] 로이코팅 유리의 확인 방법

[표 1.3-3] 창호의 에너지소비효율등급

등급	열관류율 (W/m^2·K)	기밀성 (m^3/m^2·h)
1등급	1 이하	1 이하
2등급	1 초과 ~ 1.4 이하	1 이하
3등급	1.4 초과 ~ 2.1 이하	2 이하
4등급	2.1 초과 ~ 2.8 이하	없음
5등급	2.8 초과 ~ 3.4 이하	없음

1.4 품질확보

1.4.1 품질관리 요소

[표 1.4.1-1] 창호별 분류

구분	목제창호	플라스틱 창호	알루미늄 창호	강제 창호
접합방법	무두못+접착제	용접	접합철물, 용접불가	접합철물, 용접
강성	소프트	소프트	강성 양호	강성 양호
단열성능	양호	양호	미흡	미흡
누수	물에 취약하여 변형유발	물에 강함, 자외선 취약	접합부 실링처리	물에 의해 녹발생
방화성능	미흡	미흡	양호	양호
의장성	재료의 무늬 등 의장성 양호	비닐시트 랩핑 등 의장성 보완 가능	특수도장 의존 의장성 미흡	녹막이칠 및 도장 의장성 미흡
적용부위	실내	실내 및 실외	실외	실외
품질관리	물 습기에 의한 변형주의	용접부 강성부족, 처짐 검토	접합부 누수 및 접합철물 품질확보	강재 녹발생 방지 및 도장공사 관리

- 출처 : LH SMART HANDBOOK(2019, 한국토지주택공사)

1.4.2 수직·수평관리

(1) 문틀 수직도 관리 미흡 시 미관저해, 골조와의 틈새, 틀·짝 간격 불일치, 여닫음 간섭 발생

(2) 문짝 개폐 시 바닥과의 간섭 방지 위해 문짝 수평확보, 바닥 마감 높이 고려에 유의

(3) 유리 및 창호부재의 장기하중으로 편심 발생에 유의

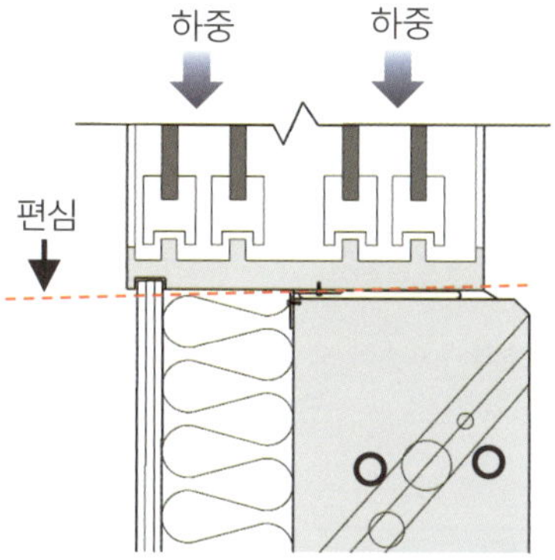

[그림 1.4.2-1] 하중에 의한 편심 발생 개념

- 출처 : LH SMART HANDBOOK(2019, 한국토지주택공사)

1.5 운반 및 저장

1.5.1 운반

(1) 제작된 창호의 운반, 저장에 있어서는 같은 종별, 같은 치수마다 울거미와 띠장의 위치를 맞추어 놓는다.

(2) 운반 중에 변형되기 쉬운 것은 강재 등으로 보강하거나 목재 등을 사용하여 보호한다. 또한 운반 중에 부품이 손상되지 않도록 중복쌓기는 피한다.

(3) 운반, 저장 중에 파손, 뒤틀림, 변형이 생기지 않도록 목재, 골판지, PVC로 보양하거나 환기 등 적당한 조치를 강구한다.

(4) 상품에 변형, 흠 및 더러움 등을 방지하기 위하여 필요에 따라 보양 재료로 보양하여 준다.

(5) 재료의 운반, 보관 등에 있어서 변형, 파손, 오염 등의 결함방지에 특별히 주의한다.

1.5.2 저장

(1) 부품의 공사현장 반입 시에는 납품서를 제출하고 수량, 품목번호 등에 대하여 공사 감리자의 확인을 받는다.

(2) 반입 후 곧바로 파손, 변형, 공장 보양 등을 점검하고 불량개소의 유무를 검사한다. 불량개소가 발견된 경우에는 공사감리자에게 보고하고 그 처리에 관하여 협의한다.

(3) 보관은 설치할 때의 소운반이 가능한 범위 내에서 정리한다. 또한, 필요에 따라 손상, 오염을 방지하기 위해 보양을 한다. 특히, 목재 창호부재는 습도에 의한 손상이 발생하지 않도록 유의한다.

(4) 창호는 종별, 생산치수별로 구분하여 식별하기 좋도록 보관한다.

(5) 재료는 각 재료의 보관방법에 따르며, 기타 다른 것에 의한 오염이 생기지 않도록 한다.

(6) 현장 적재 시는 고임목 등을 사용하여 습기에 접하지 않고 통풍이 가능한 곳에 보관한다.

창호운반 사례: 제품 손상 및 보양 상태 확인

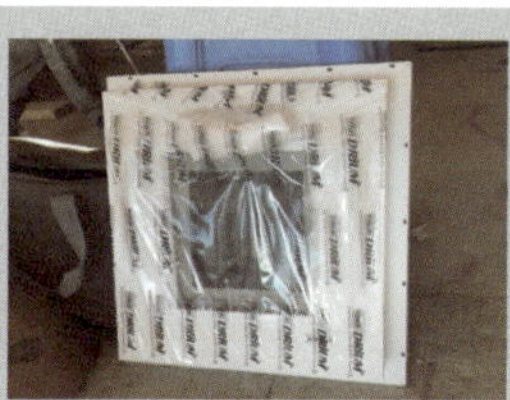

현장 창호 기성제품 보양 상태 사례

보관 불량 사례: 창호 적재장소 확보 필요

2인 이상 1조로 하여 안전하게 운반

[사진 1.5.2-1] 창호 운반 및 보관 사례

[표 1.5.2-1] PL창호 운반/양중작업 안전시공사례

작업내용	위험포인트	안전관리대책
작업준비	· 복장, 작업도구 준비 불량 · 개인 질병에 의한 사고	· 안전보호구, 공도구 점검 확인 · TBM시 건강상태 점검
자재(창호) 하차 및 운반 운반차량 → 보관장	· 지게차 하차시 신호수 미배치로 인한 협착 · 운전 신호수 미배치 : 협착 · 지게차 운반시 적재중량 초과 · 자재 운반 반경 내 접근시 협착 · 운반경로 미확보로 전도	· 지정된 신호수의 배치 – 신호수 안전모 / 신호복 / 신호봉 / 호루라기 등 확인 · 지게차 운반시 적재중량 확인(시야 확보) · 자재 운반 주변 통제 · 운반경로 주변 통제
자재 적재	· 자재적재 불량으로 인한 협착 · 지반상태 불량으로 자재 전도	· 적정량(3단 이하) 적재 · 주변 정리 · 지반 상태 확인
각 실(세대) 양중	· 강풍으로 인한 창호 낙하	· 강풍시 작업 중지

– 출처 : 창호 및 유리 작업안전(2009. 한국산업안전보건공단, 오지환 외)

2 자재

2.1 알루미늄 합금제 및 복합소재와 합성수지제 창호공사

2.1.1 재료

(1) 알루미늄 합금제 및 복합소재 CHECK 03

① 새시알루미늄 합금제 창호의 재질은 KS D 6759 또는 동등 이상의 것으로서 창세트 KS F 3117, KS F 3109에 적합한 제품, 알루미늄 합금제 창호에 사용한 알루미늄 합금 압출 형재 및 판재의 표면처리는 KS D 8301 또는 KS D 8303에 적합한 제품으로 한다. 단, 착색 피막의 색상은 공사시방서에 따른다. 공사시방서에 정한 바가 없을 때에는 공사감리자의 지시에 따른다.

② 치수설계도서 또는 공사시방서에 정한 바가 없을 때의 단면형상과 치수는 KS F 3117, KS F 3109에 따르고 허용오차의 범위는 +0.5mm로 하며 부재의 두께는 1.35mm로 한다. 단, 주택의 발코니에 설치되는 창호틀재 및 문(창)짝 부재의 최소두께는 *KDS 41 10 15(표 5.5-1)*에 정해진 풍압력에 대하여 안전한 것으로 한다.

(2) 합성수지재 CHECK 03

합성수지 창 및 창틀은 KS F 3117에 적합한 제품 또는 공사시방서에서 정한 재료를 사용하여야 한다.

◀ CHECK 03

알루미늄 창호 오손 주의

- 공장에서 표면처리된 창호가 현장설치 시 오염 및 파손될 경우, 수정이 어려우므로 오손에 특히 주의한다.

합성수지재 창호 실측

- 제품 사이즈 산출시 줄자, 거리측정계 등 이용하여 개구부 넓이·높이 측정
- 최소 3회(하부, 중간, 상부)를 측정하여 최소 사이즈 산출 및 협의 후 제작

<출처> 대우건설, 한국토지주택공사)

알루미늄 합금제 창호 예시

합성수지제창호 예시

복합소재 창호 예시

[사진 2.1.1-1] 창호의 재료 및 종류 예시

[표 2.1.1-1] 알루미늄 창호 설치 허용치의 국내기준 CHECK 04

– 출처 : 건설기술지침 Rev.2(2019, 대한건축학회, 대우건설)

창호의 치수 부위	치수	허용치(mm) 국내기준
문틀 안쪽의 높이 및 폭	2.0m 미만	±3
	2.0m 이상 ~ 3.5m 미만	±4
	3.5m 이상	±5
대칭변 안쪽 치수의 차	2.0m 미만	2.0 이하
	2.0m 이상 ~ 3.5m 미만	3.0 이하
	3.5m 이상 ~ 4.0m 미만	4.0 이하
문의 높이 및 폭	–	±1.5
문의 대칭변 치수의 차	–	2.0
문의 대각 치수의 차	–	3.0

[표 2.1.1-2] 철재 Door 부위별 허용오차

– 출처 : 건설기술지침 Rev.2(2019, 대한건축학회, 대우건설)

구분	항목 및 오차(mm)			
문틀	안쪽 폭	안쪽 높이	대칭변 내외 치수	–
	±1.5	±1.5	2.0	–
문짝	바깥 폭	바깥 높이	대칭각 치수차	뒤틀림, 휨, 부풀음
	±1.5	±1.0	3.0	2.0
기타	부속 부착 위치	틀과 문의 틈	틈의 기울기	–
	±3.0	1.0	2.0	–

▲ CHECK 04 **허용오차 관리** • 창호는 제작 및 설치 완료까지의 누적오차가 허용오차 범위에 있도록 관리한다.

[표 2.1.1-3] 창세트의 성능기준: KS F 3117 CHECK 05

- 출처 : 한국표준협회(https://e-ks.kr)

<table>
<tr><th>성능 항목</th><th>등급</th><th>등급과 대응값</th><th>성능</th><th>시험방법</th></tr>
<tr><td>개폐력[a]</td><td>-</td><td>개폐 하중 (N)
80</td><td>· 창이 원활하게 작동할 것.</td><td>KS F 2237</td></tr>
<tr><td>개폐 반복성[a]</td><td>-</td><td>개폐 횟수
10000회</td><td>· 개폐에 이상이 없고, 사용상 지장이 없을 것.</td><td>KS F 3109
KS F 4534</td></tr>
<tr><td rowspan="2">내풍압성[b]</td><td colspan="2">건축물의 높이, 형상, 입지조건에 따라 건축기준에 의해 풍압하중을 산정 CHECK 06</td><td rowspan="2">· 가압 중 파괴되지 않을 것.
· 슬라이딩은 여밈대, 마중대 선틀의 최대 변위가 각각의 부재에 평행한 방향에서 안쪽 치수의 1/70 이하일 것.
· 스윙은 창틀, 중간 막이틀, 중간 선대 등 창 주변에 접하는 부재에서 최대 상대 변위가 15mm 이하일 것.
· 또한 쌍여닫이 등의 여밈대는 최대 변위가 그 부재에 평행한 방향에서 안쪽 치수가 1/70 이하일 것.
· 중간 막이틀과 중간 선대가 있는 경우는 그 휨률이 1/100 이하일 것.
· 6.8mm 이상의 유리를 사용할 경우는 각 부재의 휨률이 다음 표의 규정에 적합할 것.
<table><tr><th colspan="2">부재명</th><th>휨률</th></tr><tr><td colspan="2">중간막이 및 중간 선틀</td><td>1/150 이하</td></tr><tr><td rowspan="2">여밈대, 마중대, 선틀</td><td>중간 막이, 중간 선틀 있음.</td><td>1/85 이하</td></tr><tr><td>중간 막이, 중간 선틀 없음.</td><td>1/100 이하</td></tr></table>· 압력 제거 후 창틀재, 창 부재, 철물, 그 밖의 기능상 지장이 없을 것.</td><td rowspan="2">KS F 2296</td></tr>
<tr><td>
80
120
160
200
240
280
360</td><td>최대 가압 압력 (Pa)
800
1200
1600
2000
2400
2800
3600</td></tr>
<tr><td>기밀성[b]</td><td>
120
30
8
2
1</td><td>기밀 등급선
120 등급
30 등급
8 등급
2 등급
1 등급</td><td>· 해당되는 등급에 대하여 통기량이 KS F 2292에 규정된 기밀 등급선을 초과하지 않을 것.</td><td>KS F 2292</td></tr>
<tr><td>수밀성</td><td>
10
15
25
35
50</td><td>압력차 (Pa)
100
150
250
350
500</td><td>· 가압 중 KS F 2293에 규정된 다음의 상황이 일어나지 않을것.
- 창틀 밖으로의 유출
- 창틀 밖으로의 물보라 발생
- 창틀 밖으로의 내뿜음
- 창틀 밖으로의 물의 넘침</td><td>KS F 2293</td></tr>
<tr><td>방음성[b]</td><td>
25
30
35
40</td><td>방음 등급선
Ts-25 등급
Ts-30 등급
Ts-35 등급
Ts-40 등급</td><td>· 해당되는 등급에 대하여 다음에서 규정하고 있는 방음 등급선에 적합할 것. CHECK 07</td><td>KS F 10140-2</td></tr>
<tr><td>단열성[b]</td><td>
4.65
4.00
3.52
2.90
2.32
1.80
1.40
1.00</td><td>열관류율 (W/㎡·K)
4.651 이하
4.010 이하
3.524 이하
2.907 이하
2.326 이하
1.800 이하
1.400 이하
1.000 이하</td><td>· 해당되는 등급에 대하여 대응하는 열관류율 값에 적합할 것.</td><td>KS F 2278</td></tr>
<tr><td>함수율[c]</td><td>-</td><td>-</td><td>· 18% 이하일 것.</td><td>KS F 2199</td></tr>
</table>

a) 창 세트 중 슬라이딩 창, 고정 슬라이딩 창에 공통적으로 적용하며, 스윙 창 및 고정 스윙 창은 인수·인도 당사자 간의 협정에 따른다.
b) 목제 창 세트에는 적용하지 않는다.
c) 목제 창 세트에만 적용한다.

▲ CHECK 05

- 상기의 품질기준 만족 여부는 공인시험기관의 시험성적서로 확인한다.

▲ CHECK 06

- 6구역 165지역으로 구분하여 기본풍속을 24m/s ~ 44m/s 사이에서 구분

▲ CHECK 07

방음 등급선의 규정

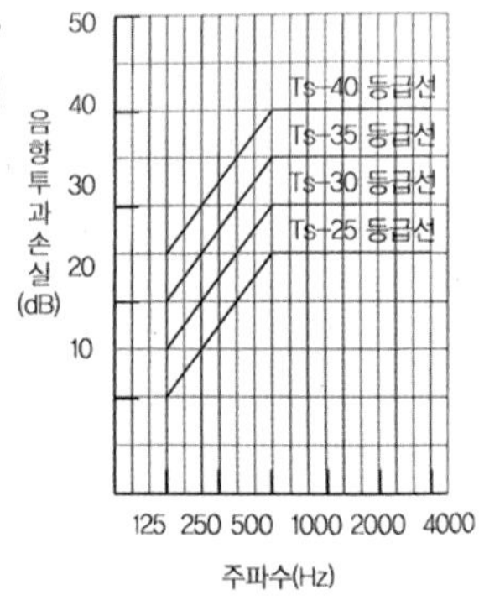

[표 2.1.1-4] 문세트의 성능기준: KS F 3109 (계속)

<table>
<tr><th colspan="2">성능 항목</th><th>등급</th><th>등급과 대응값</th><th>성능</th><th>시험방법</th></tr>
<tr><td colspan="2">비틀림 강도</td><td>20
40
60</td><td>재하 하중 (N)
200
400
600</td><td>· 개폐에 이상이 없고 사용상 지장이 없을 것.</td><td>KS F 3109</td></tr>
<tr><td colspan="2">연직 하중 강도</td><td>50
75
100</td><td>재하 하중 (N)
500
750
1000</td><td>· 잔류 변위가 3㎜이하에서 개폐에 이상이 없고 사용상 지장이 없을 것.</td><td>KS F 2631</td></tr>
<tr><td rowspan="2">개폐력</td><td>여닫이</td><td>-</td><td>개폐 하중 (N)
50</td><td rowspan="2">· 문이 원활하게 작동할 것.</td><td rowspan="2">KS F 2237</td></tr>
<tr><td>미닫이</td><td>-</td><td>개폐 하중 (N)
80</td></tr>
<tr><td rowspan="2">개폐 반복성</td><td>여닫이</td><td>-</td><td>개폐 횟수
100000회</td><td rowspan="2">· 개폐에 이상이 없고 사용상 지장이 없을 것.</td><td rowspan="2">KS F 2237</td></tr>
<tr><td>미닫이</td><td>-
1
5
10</td><td>개폐 횟수
10000회
50000회
100000회</td></tr>
<tr><td colspan="2">내충격성</td><td>17
50
100</td><td>모래주머니
낙하 높이(㎝)
17
50
100</td><td>· 1회의 충격으로 해로운 변형이 없고, 개폐에 지장이 없을 것. 다만, 유리의 파손은 지장이 없는 것으로 판단한다.</td><td>KS F 2236</td></tr>
<tr><td colspan="2">내풍압성</td><td>N[a]
80
120
160
200
240
280
360</td><td>최대 가압압력 (Pa)
-
800
1200
1600
2000
2400
2800
3600</td><td>1) 가압 중 파괴되지 않을 것.
2) 미닫이에서 여밈대 또는 마중대, 세로 중간 선틀의 최대 상대 변위[b]가 각 부재의 평행한 방향의 안쪽 치수의 1/70 이하일 것.
3) 여닫이에서 틀, 중간 막이 틀, 중간 선대 등 문 주변에 접하는 부재에 대해 최대 상대 변위[b]가 15㎜ 이하가 되게 할 것. 그리고 양쪽으로 열리는 문짝의 여밈대인 경우는 최대 상대 변위가 그 부재에 평행한 방향의 안지름 치수의 1/70 이하일 것.
4) 중간 막이 틀, 중간 선대가 있는 경우는 그 변형률이 1/100 이하일 것.
5) 6.8㎜ 이상인 유리를 사용하는 경우, 각 부재의 변형률은 다음 표에 적합할 것.
<table>
<tr><th colspan="2">부재명</th><th>휨률</th></tr>
<tr><td colspan="2">중간막이 및 중간 선틀</td><td>1/150 이하</td></tr>
<tr><td rowspan="2">여밈대, 마중대, 세로 중간 선틀</td><td>중간 막이, 중간 선틀 있음.</td><td>1/85 이하</td></tr>
<tr><td>중간 막이, 중간 선틀 없음.</td><td>1/100 이하</td></tr>
</table>
6) 압력 제거 후 틀 및 부재, 철물, 그 밖에 기능상 지장이 없을 것.</td><td>KS F 2296</td></tr>
<tr><td colspan="2">기밀성</td><td>N[a]
120
30
8
2
1</td><td>기밀성 등급선
-
120등급선
30등급선
8등급선
2등급선
1등급선</td><td>· 해당되는 등급에 대하여 통기량이 다음 그림에서 규정하는 기밀성 등급선을 초과하지 않을 것.
CHECK 08</td><td>KS F 2292</td></tr>
</table>

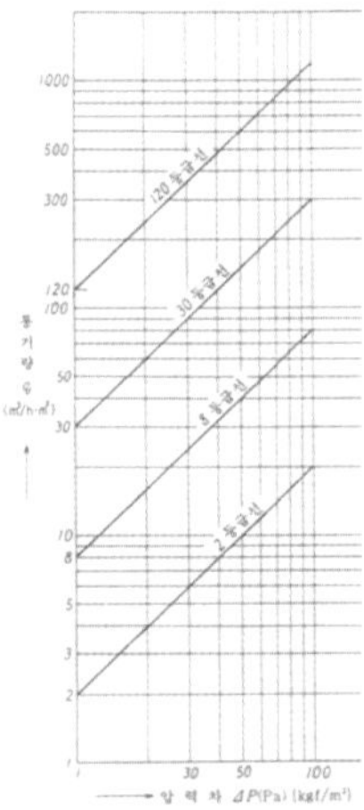

▼ CHECK 08
기밀등급선의 규정

[표 2.1.1-4] 문세트의 성능기준: KS F 3109

성능 항목	등급	등급과 대응값	성능	시험 방법
수밀성	 N[a] 10 15 25 35 50	압력차 (Pa) - 100 150 250 350 500	· 가압 중 KS F 2293에 규정하는 다음 상황이 일어나지 않을 것. 1)틀 밖으로 유출 및 실내 쪽으로의 현저한 유출 2)틀 밖으로의 물보라 3)틀 밖으로의 분사 4)틀 밖으로의 넘침	KS F 2293
방음성	 25 30 35 40	방음 등급선 Ts-25 등급선 Ts-30 등급선 Ts-35 등급선 Ts-40 등급선	· 해당되는 등급에 대하여 그림 2.1-1에 규정한 방음 등급선에 적합할 것.	KS F 10140-2
단열성[b]	 4.65 4.00 3.52 2.90 2.32 1.80 1.40 1.00	열관류율 (W/m²·K) 4.651 이하 4.010 이하 3.524 이하 2.907 이하 2.326 이하 1.800 이하 1.400 이하 1.000 이하	· 해당되는 등급에 대해 대응하는 열 관류율 값에 적합할 것	KS F 2278
내화성	비차열 30	30분 내화	· 해당되는 등급에 대응하는 내화 시험 결과 KS 2268-1의 8절(성능 기준)을 만족할 것.	KS F 2268-1
	비차열 60	60분 내화		
	비차열 90	90분 내화		
	비차열 120	120분 내화		
	차열 30	30분 내화		
	차열 60	60분 내화		
	차열 90	90분 내화		
	차열 120	120분 내화		
차연성	-	차압 25 Pa	· 공기 누설량이 0.9m³/minm²를 초과하지 않을 것.	KS F 2846
결로 방지성	지역	온도 차이 비율(TDR)값	· 해당되는 등급에 대응하는 온도 차이 비율 값에 적합할 것.	KS F 2295
	I (북부)	문짝 0.30 이하 문틀 0.22 이하		
	II (중부)	문짝 0.33 이하 문틀 0.24 이하		
	III (남부)	문짝 0.28 이하 문틀 0.27 이하		
방범성	S1 S2 S3 S4	각 등급의 대응값 참조	· 해당되는 등급에 대응하는 방범 성능 시험 결과 SPS-SDT0002-2044의 4.2.2(침입 저항 성능)를 만족할 것.	KS F 2637 KS F 2638 SPS-SDT002-2044
안전성	-		1)손가락 끼임 상해 방지 성능을 보유할 것. 2)여닫이의 경우 도어클로저 등 속도 제어 장치 설치 또는 문과 틀의 실내·이 고정부 모서리면에 손끼임 방지 장치를 설치할 것. 3)개폐 반복성 시험 후 손가락 끼임 상해 방지 성능이 정상적(외관 변형, 파손이 없을 것)으로 유지 될 것.	KS F 3109
함수율	-	-	· 목재의 수분 함유량이 15% 이하일 것.	KS F 2199

a) 당사자 사이의 협의에 의해 생략된 시험 항목에 대한 등급을 말한다.
b) 닫히는 쪽에서 가압한다.

[표 2.1.1-5] 창세트, 문세트 제작 치수에 대한 허용 오차: KS F 3117, 3109

구분	대상 부위	치수	허용 오차 (mm)
창세트	창틀 바깥쪽의 너비 및 높이	3000 미만	±2
		3000 이상	±3
	창틀 내부 대각선 치수의 차	2100 미만	2 이하
		2100 이상 3000 미만	4 이하
		3000 이상	6 이하
문세트	문틀의 너비 및 높이	-	±2
	대각선 문틀 치수의 차	-	±2

- 출처 : 한국표준협회(https://e-ks.kr)

2.1.2 부재 및 부속품

(1) 알루미늄 합금제 및 복합소재

알루미늄 합금제 창호에 사용되는 부재 및 부속품은 KS F 3117, KS F 3109에 따르고 조립, 설치 및 보강 등 기타 부품에 있어서 재질이 다른 재료를 사용할 경우에는 접촉부에 부식이 일어나지 않는 것을 쓰며, 필요에 따라 견본을 제출하여 공사감리자의 확인을 받는다.

(2) 합성수지재

① 창호에 사용하는 형재는 KS F 5602에 따른다.

② 호차는 KS F 4534에 적합하거나 또는 공사시방서에 따른다.

③ 크리센트는 KS F 4534에 적합하거나 또는 공사시방서에 따른다.

④ 보강재는 KS F 3117에 적합하도록 적절히 삽입한다.

2.1.3 알루미늄 문 및 틀 제작

(1) 가공은 공장가공을 원칙으로 하며 부재 및 보강재 등의 접합을 정확히 하며 제작업자 제품자료에 따라 가공한다.

(2) 조립 : 알루미늄 합금제 창호의 조립방법은 제작업자 제품자료에 따른다.

(3) 공장도장 : 페인트 작업 전 바탕면의 기름 등의 오염을 제거한다.

(4) 녹막이 처리

① 아연도금 철재, 아연, 스테인리스 스틸강재, 니켈과 접촉하는 부분을 제외하고는 이종금속의 상호접촉에 따른 부식을 방지할 수 있도록 제품자료에 따라 Zinc chromate primer를 도포하거나 실란트 또는 테이프로 보호조치 하여야 한다.

② 알루미늄재가 모르타르 등 알칼리성 재료와 접하는 곳에는 내알칼리성 도장을 한다.

③ 강재의 골조, 보강재, 앵커 등은 아연 도금 처리한 것을 사용한다. 특히, 빗물 또는 결로수 등의 물기와 접할 위험이 있는 경우에는 반드시 녹막이 칠을 한다. 단, 앵커 등은 도장을 하지 않는다.

④ 알루미늄 창호와 접하여 목재를 사용하는 경우 목재의 함유염분, 함수율이 높은 것을 사용하면 부식을 일으키므로 함유염분 0.02%, 함수율 18% 이하의 것을 사용하여야 한다.

(5) 절단면 접합면 누수방지

모든 절단면 접합부위와 Screw 작업부위는 제품자료에 따라 조립 시 내부에서 (실란트로) 누수방지처리를 하여야 한다.

[표 2.1-6] 창호철물의 종류

- 출처 : 스마트 건축시공(2021, 김창훈 외)

자유정첩		스프링 힌지, 안팎으로 개폐할 수 있는 정첩, 자재문에 사용
보통정첩	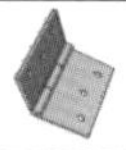	핀이 고착되어 쉽게 해체되지 않으므로 특히 방범적인 곳에 설치
레버토리 힌지		정첩으로 박스, 공중화장실에 사용, 150㎜ 정도 열려진 것
플로어 힌지		정첩으로 지탱할 수 없는 무거운 자재 여닫이 문에 사용 (현관문에 사용)
피벗 힌지		용수철을 쓰지 않고 문장부식으로 된 힌지. 가장 중량문에 사용 (방화문)
도어 클로저 (= 도어체크)	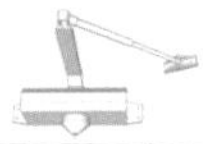	문 위틀과 문짝에 설치하여 자동으로 문을 닫는 장치
창개폐 조절기		창 수위조절기라고도 한다. 여닫이창, 젖힘창의 개폐 조절
도어 홀더		도어스톱에 고리쇠나 꽂이쇠가 달려서 문열림이나 닫힘 방지
도어 스톱	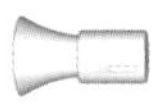	문이 벽에 충돌하여 파손되는 것을 방지하는 것으로 바닥매립형과 벽매립형이 있다.
오르내리 꽂이쇠		쌍여닫이문(주로 현관문)에 상하고정용으로 달아서 개폐방지
크레센트		오르내리창이나 미서기창의 잠금장치 (자물쇠)
호차	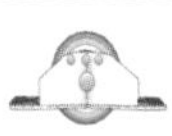	미닫이가 잘 여닫아지도록 문짝 아래에 홈을 파고 끼우는 작은 쇠바퀴
오목손걸이		손가락을 걸어 개폐할 수 있도록 하는 창호철물로써 미서기, 미닫이에 주로 사용
도르래	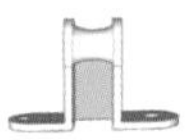	오르내리창에 사용

2.2 목제 창호공사

2.2.1 재료

(1) 목재

① 목재의 수종, 품질등급, 마름질 방법에 의한 종별은 *[표 2.2.1-1]*을 따르고, 그 종별의 지정은 공사시방서에 따른다.

② 목재는 수심이 없어야 한다.

③ 목재의 건조 정도에 따른 함수율은 공사시방서에 정한 바가 없는 경우에는 함수율 18% 이하로 한다.

④ 플러시문의 울거미재는 라왕류, 소나무류, 삼나무류, 낙엽송류 및 잣나무류 등으로 한다.

⑤ 공사시방서에 정한 바가 없는 경우의 창문목재는 KS F 3108에 합격한 것으로 하고, 플러시 문틀재는 KS F 3109에 적합한 제품으로 한다.

[표 2.2.1-1] 수종, 품질등급, 마름질 방법에 따른 목재의 종별

종별 \ 종류		A종	B종	C종
수종	침엽수	홍송, 회나무	삼송, 삼나무, 미송	미송, 적송
	활엽수	공사시방서에 따른다.	삼나무, 추목, 라왕	라왕
품질	등급	1등	2등	3등
마름질 방법	울거미재 띠장재	4방 또는 3방 곧은결	2방 곧은 결	백변재가 있는 2방 곧은결
	판 재	곧은결재	널결재	백변재가 있는 곧은결 또는 널결재

* 산림청(국립산림과학원) 고시 침엽수 구조용제재 규격 및 제재규격, KS F 3020, KS F 3108 등을 참고한다.

(2) 합 판

① 합판은 KS F 3101의 규격에 적합한 것으로 하고, 제조방법, 접착성, 판면의 품질 및 겉모양, 합판의 구성 수종에 따라 다음과 같이 구분한다.

가. 제조방법에 따른 구분

(가) 일반 (나) 무취 (다) 방충 (라) 난연

나. 접착성에 따른 구분

(가) 내수 (나) 준내수 (다) 비내수

다. 판면의 품질 및 겉모양에 따른 구분

(가) 1급 (나) 2급

라. 구성 수종에 따른 구분

(가) 침엽수 합판 (나) 활엽수 합판 (다) 침 · 활엽수 혼용 합판

② 모양 및 치수보통 합판의 모양 및 치수는 *[표 2.2.1-2]*에 따른다.

③ 품질보통합판의 접착성, 함수율, 흡수성, 포름알데히드 방산량, 난연성에 대한 품질 기준은 *[표 2.2.1-3]*에 따른다.

(3) 집성재

① 종류집성재의 종류는 용도별, 표면치장 가공의 유무, 재면의 품질 및 외관에 따라서 다음과 같이 구분한다.

가. 용도에 따른 구분

(가) 수장용: 구조물 등의 내부 수장에 사용되는 것

(나) 구조용: 강도를 필요로 하는 구조물의 부재로 사용되는 것

나. 표면치장 가공의 유무에 따른 구분

(가) 보통: 치장가공을 하지 않은 것

(나) 치장: 치장재의 도포 등 치장가공을 한 것

다. 재면의 품질 및 외관에 따른 구분

(가) 1급 (나) 2급

② 치수의 허용치치수의 허용치는 *[표 2.2.1-4]*와 같다.

③ 품질집성재의 접착강도, 함수율, 휨, 홈가공, 모서리 가공 및 절삭가공, 재면 및 외관의 품질기준은 *[표 2.2.1-5]*에 따른다.

[표 2.2.1-2] 보통 합판의 모양 및 치수 (단위 : mm)

두께	단판 켜 수(켜)	너비	길이	허용오차			대각선의 길이 차
				두께	너비	길이	
2.7	3	900	1800	±4.0%	±2.0	±2.0	3.0
3.0	3	910	1820				
3.6	3	1200	2400				
4.8	3	1220	2440				
7.5	3, 5						
8.0	3, 5						
9.0	5						
12.0	5, 7, 9						
15.0	7, 9						
18.0	7, 9, 11						
21.0	7, 9, 11, 13						
24.0	9, 11, 13, 15						
28.0	9, 11, 13, 15						

[표 2.2.1-3] 보통 합판의 품질 기준 CHECK 09

구분		품질 기준	비고
접착성	내 수	· 서로 인접하는 단판의 섬유 방향이 직교하는 베니어 코어 합판은 내수 인장 전단 접착력 시험에서 접착력이 0.7N/mm² 이상일 것 · 서로 인접하는 단판의 섬유 방향이 평행하는 베니어 코어 합판 또는 특수 코어 합판은 내수 침지 박리시험에서 동일 접착층에 박리하지 않은 부분의 길이가 각 측면에서 50mm이상일 것	-
	준내수	· 서로 인접하는 단판의 섬유 방향이 직교하는 베니어 코어 합판은 준내수 인장 전단 접착력 시험에서 접착력이 0.7N/mm² 이상일 것 · 서로 인접하는 단판의 섬유 방향이 평행하는 베니어 코어 합판 또는 특수 코어 합판은 준내수 침지 박리 시험에서 동일 접착층에 박리하지 않은 부분의 길이가 각 측면에서 50mm 이상일 것	
	비내수	· 서로 인접하는 단판의 섬유 방향이 직교하는 베니어 코어 합판은 비내수 인장 전단 접착력 시험에서 접착력이 0.7N/mm² 이상일 것. · 서로 인접하는 단판의 섬유 방향이 평행하는 베니어 코어 합판 또는 특수 코어 합판은 비내수 침지 박리 시험에서 동일 접착층에 박리하지 않은 부분의 길이가 각 측면에서 50mm 이상일 것	
함수율		· 함수율 시험에서 함수율이 13% 이하일 것	
흡습성		· 흡습성 시험에서 흡습량이 0.4g 이하일 것	난연 보통합판에 한함.
포름 알데히드 방산량	완전 무취 (F0)	· 포름알데히드 방산량 시험에서 포름알데히드 방산량이 평균 0.5mg/L 이하이고, 최대 0.7mg/L 이하일 것	무취 보통합판에 한함.
	무취 (F1)	· 포름알데히드 방산량 시험에서 포름알데히드 방산량이 평균 1.5mg/L 이하이고, 최대 2.1mg/L 이하일 것 CHECK 10	
	준무취 (F2)	· 포름알데히드 방산량 시험에서 포름알데히드 방산량이 평균 5.0mg/L 이하이고, 최대 7.0mg/L 이하일 것	

* 붕산의 흡수량, 폭심(phoxim)의 흡수량, 페니트로티온의 흡수량, 판면 및 겉모양 품질 기준은 KS F 3101의 규정에 따른다.

▲ CHECK 09 **품질기준 확인** <출처> LH SMART HANDBOOK (2019, 한국토지주택공사)

- 원자재·품질관리를 위해 필요 시 납품업체 방문 및 채취하여 품질검사 전문기관에 시험·확인

▲ CHECK 10 **합판의 친환경 자재 확인**

- 포름알데히드 방산량에 의한 등급 확인 : E0급(방산량 평균 1.5mg/L 이하, 최대 2.1mg/L 이하)

[표 2.2.1-4] 치수의 허용치 (단위 : mm)

구분	허용치	
	수장용	구조용
두께	±1.0 이하	±1.5 이하
너비	±1.0 이하	±1.5 이하
길이	∞ 0	∞ 0

[표 2.2.1-5] 수장용 집성재의 품질 기준

구분	품질 기준
접착 강도	침지박리 시험에서 횡단면의 박리율이 10% 이하이고, 동시에 접착층의 박리길이가 각 길이의 1/3 이하일 것
함수율	동일 시료 집성재로부터 채취한 시험편의 함수율 평균치가 15% 이하일 것
굽음(통직재에 한함) 뒤말림 및 비틀림	0.1% 이하일 것
홈가공, 모서리가공및 절삭가공	가공 정도가 극히 양호하게 마무리 가공되어 결점이 눈에 띄지 않을 것
표면균열에 대한 저항성	표면 균열에 대한 저항성 시험에서 표면 균열이 생기지 않을 것
치장 단판의 두께	문턱, 마루귀틀 및 계단판 윗면 : 1.5mm 이상

(4) 접착제

① 창호의 제작에 사용하는 접착제의 종류는 창호의 용도구분에 기준하여 *[표 2.2.1-6]*을 표준으로 한다. 어느 것이나 각각의 한국산업표준에 적합한 제품을 사용하고 그 종류의 지정은 공사시방서에 따른다.

② *[표 2.2.1-6]* 이외의 접착제를 지정하는 경우는 공사시방서에 따른다.

(5) 기타 재료

① 망사창 및 발문 등의 망사, 발 또는 못, 나사못 등은 도면이나 공사시방서에 따르고, 공사시방서에 정한 바가 없을 때에는 견본을 제출하여 공사감리자의 확인을 받는다.

② 창호철물 및 부속품

경첩은 KS F 4519에 따른다.

③ 도어 클로저 및 플로어 힌지

가. 도어 클로저는 KS F 4505에 따른다. 나. 플로어 힌지는 KS F 4518에 따른다.

④ 문바퀴 및 레일

가. 문바퀴는 KS F 4524에 따른다. 나. 레일은 KS F 4511에 따른다.

⑤ 기타 창호용 부속품기타 창호용 부속품은 공사시방서에 따른다.

[표 2.2.1-6] 창호용 접착제의 종류

구분	접착제	비고
약간 습도가 높은 장소에 설치하는창호	요소 수지 목재 접착제	KS M 3701
습도와 물을 특별히 고려할 필요가 없는 장소에 설치하는 창호	초산 비닐 수지 에멀션 목재 접착제	KS M 3700

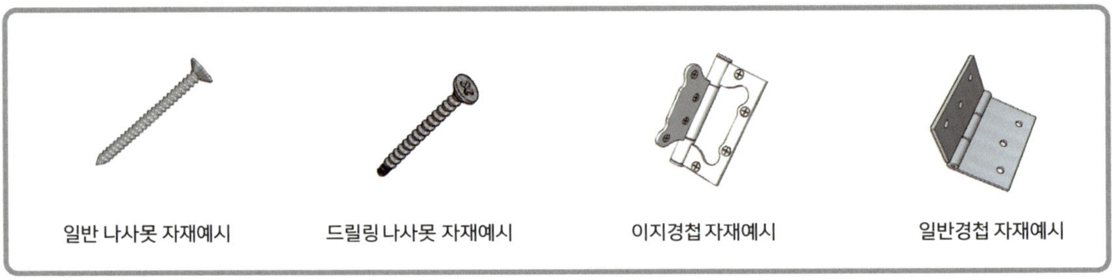

[그림 2.2.1-1] 목제 창호공사 기타재료 (나사못, 경첩) CHECK 11

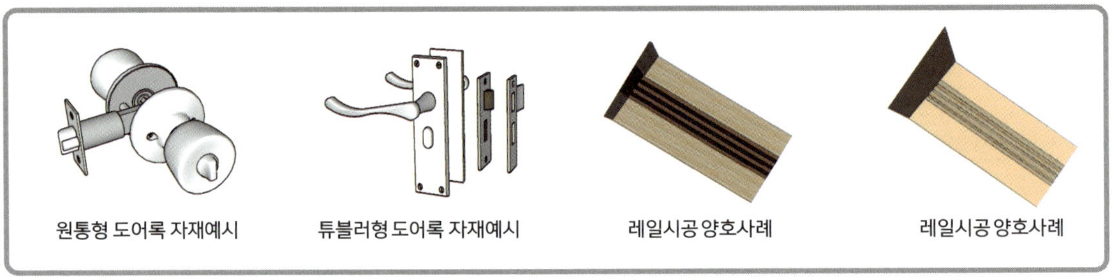

[그림 2.2.1-2] 목제 창호공사 기타재료 (도어록, 레일)

CHECK 11 ▲
- 이지경첩은 회사의 제품명 이지만 일반적으로 통용
- 문틀 짝에 홈을 내지 않고 사용할 수 있는 보조경첩의 일종으로 KS규격품은 아님

2.2.2 제품 품질 및 성능

(1) 제품의 치수

① 플러시문

플러시문의 제품치수는 설계도서에 따르고, 공사시방서에 정한 바가 없을 때에는 *[표 2.2.2-1]*을 표준으로 한다.

② 양판문

가. 양판문의 제품치수는 설계도서 또는 공사시방서에 따르고, 공사시방서에 정한 바가 없을 때에는 *[표 2.2.2-2]*을 표준으로 한다.

나. 각 부재 접합부의 장부형식은 *[표 2.2.2-3]*에 따른다.

[표 2.2.2-1] 플러시문의 치수표준 (단위 : mm)

구 분		높이	폭	옆두께	합판 두께	보임면 너비		
						띠장	위, 아래 띠장	중간 띠장
A		1,832	700 800 900	30	3.2 4.8	35이상	12 이상 (100 이내)	
B	1	1,760 1,800	600 700 800	33	3.2 4.8	35 이상	12 이상 (100 이내)	
	2	1,760 1,800	600 700 800 900	36	4.8	60 이상	12 이상 (80 이내)	
C		1,900 2,000	800 900	40	4.8	60 이상	12 이상 (80 이내)	

주 1) 합판의 두께를 3mm로 사용할 때는 공사감리자의 확인을 받는다.
2) 중간띠장의 보임면 치수는 2mm 이상으로 한다. ( )은 간격을 표시함.
3) 구분A의 보임면 치수에 대한 규정은 미세기문 및 외여닫이문인 경우만으로 한다.

[표 2.2.2-2] 양판문의 표준형식 (단위 : mm)

구분	문의 높이	널판지 두께	옆두께
A	1,800	9	36
B	2,000	9	40
C	2,300	9	45

[표 2.2.2-3] 장부의 표준형식 (단위 : mm)

부재	부재의 치수		장부형식
상 · 하막이 및 중요한 옆막이	옆두께	30 이상 30 미만	쌍장부 쌍장부
	보임면 너비	200 이상 100~200 미만 100 미만	3단장부 2단장부 1단장부
살재	-		외장부

* 장부의 형식은 옆두께의 치수로 장부의 쪽수를 정하고, 보임면 너비의 치수로 단수를 정한다.

③ 유리문

가. 유리문의 제품치수는 설계도서에 따르고, 공사시방서에 정한 바가 없을 때에는 *[표 2.2.2-4]*을 표준으로 한다.

나. 각 부재접합부의 장부의 표준형식은 *[표 2.2.2-3]*에 준한다.

④ 격자문, 종이문 : 창호의 제품치수는 공사시방서에 따른다.

[표 2.2.2-4 유리문의 치수표준 (단위 : mm)

구 분	높이	옆두께		보임면 너비			
		울거미	띠 장	울거미	위띠장	아래띠장	유리띠장
A	150	30	29 이상	24 이상	30 이상	30 이상	-
B	360	30	29 이상	24 이상	40 이상	40 이상	-
C	600	30	29 이상	30 이상	55 이상	55 이상	24 이상
D	850	30	29 이상	40 이상	55 이상	60 이상	24 이상
E	1,365	30	29 이상	40 이상	55 이상	60 이상	24 이상
F	1,760	30	29 이상	45 이상	60 이상	120 이상	24 이상
G	1,818	30	29 이상	45 이상	60 이상	120 이상	24 이상

* 구분 F 및 G(높이 1,760mm 이상의 창호)에서 단층 유리문이고 유리 띠장이 한 개인 경우 보임면 치수는 60mm 이상으로 한다.

2.2.3 목재 Door 마감재

(1) 문짝 무늬목 건식, 문틀은 래핑용, 무늬목 이음은 Butt Joint를 적용하고, PVC 래핑 문짝 Edge 자재는 1㎜ 이상을 사용한다.

(2) 목재 Door의 마감 자재에는 무늬목, PVC 무늬목(Film), 도장 등을 주로 사용한다.

(3) 무늬목의 종류는 표 *[2.2.3-1]*의 내용과 같다. CHECK 12

(4) PVC 래핑의 무늬목 종류는 *[그림 2.2.3-1]*과 같다.

[표 2.2.3-1] 무늬목의 종류

구분	내용
건식 무늬목	0.6㎜ 두께 Veneer로 원목 Cutting 후 흡수율 10% 정도로 건조한 것
습식 무늬목	0.2~0.3㎜ 두께 Veneer로 원목을 Cutting 하여 습윤상태로 보관한 것 CHECK 13
래칭용 무늬목	0.6㎜ 건식 무늬목 뒷면에 부직포를 접착한 후 0.33㎜ 정도 두께로 표면을 Sanding 하여 건식 무늬목의 질감과 Flexible 한 기능을 확보할 것 CHECK 14

- 출처 : 건설기술지침 Rev.2(2019, 대한건축학회, 대우건설)

▼ CHECK 12
- 고급 주거시설을 제외한 건축물에는 공장에서 대량생산되는 기성제품 문을 적용하고 있다.

▼ CHECK 13
- 두께가 얇기 때문에 건조시킬 경우 형태 유지가 곤란함

▼ CHECK 14
- 문틀 몰딩 부위 등 굴곡 부가 많은 곳에 사용

[그림 2.2.3-1] PVC 래핑, 무늬목 종류

2.3 강제 및 스테인리스 창호공사

2.3.1 재료

(1) 강제 – 새시 바

새시 바는 KS F 3117, KS F 3109에 적합한 제품으로서 변형, 흠, 빨간 녹 등이 없는 것으로 한다. 한국산업표준 이외 형상의 것을 사용할 경우 재질은 그 규격에 적합한 것으로서 사용하고, 형상 및 치수는 설계도서에 따른다.

(2) 스테인리스 스틸

① 스테인리스 강판 : 스테인리스 강판은 KS D 3705 및 KS D 3698에 합격한 것으로 변형, 흠, 녹이 없는 것으로 한다. 그 외의 스테인리스 강판을 사용하는 경우는 공사시방서에 따른다.

② 스테인리스 강판의 두께 : 스테인리스 강판의 두께는 *[표 2.3.1-2]*에 따른다.

③ 표면마감 : 스테인리스 스틸 창호에 사용하는 스테인리스 강판의 표면 다듬질은 공사시방서에 따른다. 공사시방서에 정한 바가 없을 때는 공사감리자와 협의하여 정한다.

CHECK 15 ▶
허용오차 관리
• 제작부터 설치완료 후까지 허용오차 내에서 관리

(3) 철재 Door의 부위별 허용오차에 대한 관리는 *[표 2.1.1-2]*에 따른다. CHECK 15

[표 2.3.1-1] 스테인리스 강재의 종류별 용도

STS 304	건축재로 가장 많이 사용되고, 내외장과 설비 등 모든 용도로 적합하다.
STS 316 (몰리브덴 첨가)	STS 304 에 몰리브덴을 첨가한 것으로 내식성이 뛰어난 강재임. 해안지대, 공장지대, 염분과 부식성 가스 등의 영향을 받기 쉬운 장소에는 이 강재를 사용한다.

* STS란 스테인리스 강재의 종류를 나타내는 기호로 KS D 3705 등에 의함.

[표 2.3.1-2] 스테인리스 스틸 창호의 판두께 (단위 : mm)

구분	부재	보강판이 있는 경우		보강판이 없는 경우
		스테인리스 판두께	보강판 두께(강판)	스테인리스 판두께
창	하부틀의 후레싱	1.5	1.6 이상	2.0
	창문틀	1.5	1.6 이상	1.5
	이동창	1.5	1.6	1.5
출입문	문지방	–	–	2.0 이상
	문틀	1.5	1.6	1.5
	문의 프레임	1.5	1.6	1.5
	문의 플러시판	2.0	1.6	2.0
앵커류	습기가 있는 곳	STS 304 2.3 (강판)		
	습기가 없는 곳	STS 304 1.6 (강판)		

2.3.2 부재 및 부속품

(1) 강제

① 재료 및 부속품 : 강제 창호에 쓰이는 재료 및 부속부품의 품질은 KS F 3117, KS F 3109에 적합한 제품으로 한다.

② 부품에 쓰이는 재료의 지정

가. 미끄럼의 목적으로 쓰이는 부분은 황동제로 한다.

나. 기밀창의 웨더 스트립에 대해서는 *[표 2.3.2-1]*에 따르고, 종별의 지정은 공사 시방서에 따른다.

다. 문의 여닫음에 의한 충격을 방지하기 위하여 고무 개스킷을 사용한다.

③ 녹막이 도료 : 녹막이 도료는 철판의 마감 및 마감도료에 합당한 것으로 한다.

④ 창호철물 및 부속품 : 강제 창호에 쓰이는 철물 및 부속품은 KS F 4525에 따른다.

(2) 스테인리스 스틸

스테인리스 창호에 쓰이는 철물 및 부속품은 KS F 4525에 따른다.

[표 2.3.2-1] 웨더 스트립의 종류

종별	A종	B종	C종
재질	인청동	황동	알루미늄(AL) 또는 PVC

[표 2.3.2-2] 강철제 도어용 철물 및 부속품 재질, 종류: KS F 4525

재질	표준
강	KS D 3503, KS D 3752, KS D 3501, KS D 3512, KS D 3554, KS D 3556, KS D 3552
주철	KS D 4301
스테인리스강	KS D 3706, KS D 3705, KS D 3698, KS D 3703
황동	KS D 5201, KS D 6024, KS D 6025
청동	KS D 5201, KS D 6024, KS D 6025
인청동	KS D 5202, KS D 5102

* 작은 나사는 KS B 1021, KS B 1023에 규정하는 것으로 하고, 그 재질은 황동 또는 스테인리스강으로 한다.
다만, 경첩 부착용 작은 나사의 재질은 강철 또는 스테인리스강으로 한다.

철물의 종류
기(旗) 경첩(5번, 6번), 스테인리스제 기(旗) 경첩(5번, 6번)
A형 도어 스톱(용수철식), B형 도어 스톱(훅 식), C형 도어 스톱(칼식)
오르내리 꽂이쇠

2.3.3 제작

2.3.3.1 강제 문 및 틀의 제작

(1) 공장가공

① 성형, 절단, 휨, 구멍 뚫기 등의 기계가공은 정확히 한다.

② 용접가공은 열에 의한 변색, 비틀림, 얼룩 등이 생기지 않도록 정확하고, 세심하게 마감한다.

③ 플라스터 가드(Plaster guard) 등 철물이 설치될 부분의 가공 및 내부보강은 공장 가공으로 한다.

(2) 공장조립

① 부재 및 보강재 등의 접합은 정확하고, 확실하게 한다.

② 부품의 조립은 정확하고, 확실하게 한다.

(3) 열부재 : 면에 단열문을 표시한 경우 별도 지정이 없으면 K 값이 0.36 kcal/hr.m².c 이상인 부재를 사용하여야 한다.

(4) 방음부재 : 도면에 방음부재를 지시한 곳은 도면과 시방서에 따라 시험하고 분류해서 제작한 문과 문틀을 사용하여야 한다.

16장_소규모 창호 및 유리공사

(5) 녹막이 도장

① 스테인리스 강판은 녹막이 도장을 실시하지 않는다. 아연도금 및 이와 동등한 녹막이처리가 된 강판, 또는 녹 발생의 우려가 있는 장소에 사용하는 강판의 경우에는 녹막이 도장을 할 수 있다.

② 도장면은 철선 솔(와이어 브러시), 연마지 등을 사용하여 마무리한다.

③ 녹막이 도장은 바탕마무리를 한 후, 먼지, 더러움, 기름, 용접재 등의 표면부착물을 제거한 다음, 전면에 일정하게 한다.

④ 공장에서 KS M 6030에 따라 초벌도장 바탕을 고르게 처리해서 마감도장을 할 수 있어야 한다.

⑤ 부품조립이나 가공 등에 의하여 녹막이 처리부분이 떨어진 경우에는 바탕처리 후 재녹막이 도장을 한다.

(6) 공장 내 보양

공장가공, 공장조립, 녹막이 도장, 검사 등의 각 단계를 거친 부품 등은 손상, 더러움 등이 생기지 않도록 정연하게 보관하고, 필요에 따라 보양한다.

2.3.3.2 스테인리스 문 및 틀 제작

(1) 제작에 관한 기본사항

① 가공은 공장가공을 원칙으로 하며 부재 및 보강재 등의 접합을 정확히 하며 용접으로 인한 비틀림으로 없도록 하여야 한다. 제작은 제품자료 및 시공도와 일치하여야 한다.

② 각을 주어 절곡하는 마감은 판두께가 얇아지고 강도가 저하하므로 뒷면에 철판으로 보강한다.

③ 염분이 있는 해류바람을 받기 쉬운 입지조건의 외벽에는 좀더 내식성이 좋은 SUS 316(몰리브덴 함유)을 사용한다.

④ 스테인리스는 대부분 얇은 판으로 사용되므로 넓은 평판상태로 사용하면 용접과 난반사에 의한 굴곡이 생기므로 가능한 한 파형이 있는 형상을 사용하든가 엠보싱(Embossing)마감, 에칭(Etching)마감 등 굴곡과 난반사가 생기지 않는 마감으로 한다.

⑤ 벽면의 요철부, 이음부는 먼지 등이 부착하기 어렵고 청소하기 쉬운 단순한 형상으로 한다.

⑥ 내부 보강용 철재는 아연도금 등의 방청처리를 한다.

⑦ 용접은 마감면이 변색하므로 가능한 한 보이지 않는 부분에 한다.

⑧ 복잡한 형상의 창호는 바탕처리 후 가조립을 하여 검사한다.

⑨ 스테인리스의 표면에 연강, 구리 등의 이종금속이 접촉하면 전식이 생겨 녹의 원인이 되므로 가공 시 주의한다.

(2) 공장가공

① 전단가공(Shearing) : 전단가공은 간단히 판재를 절단하는 것만이 아니고, 소요 형상 치수의 구멍뚫기, 면처리 하기 위한 절단작업을 포함한다. 전단가공 시 주의를 요하는 점은 각각의 재료에 맞는 적정 클리어런스(Clearance)와 전단(Shear)각을 설정하는 것이다.

② 절삭공정 : 각을 주어 절곡 가공하는 경우, 뒷면에 V자형이나 U자형의 홈을 절삭한다.

③ 기계가공 : 스테인리스의 절곡가공은 프레스와 유압벤딩기, 롤포밍(Roll forming) 등에 의한다.

④ 조립

가. 용접 : 스테인리스는 거의 모든 용접 방법이 적용 가능하지만, 창호가공의 경우 스포트(Spot) 용접이 대부분이다.

나. 기계적 접합

(가) 볼트, 나사못 고정 접합 ; 스테인리스는 이종금속과의 접촉으로 전식을 발생시키므로, 볼트와 나사못은 스테인리스재의 것을 사용한다. 강재와 황동재를 사용할 경우는 스테인리스면에 직접 닿지 않도록 절연한다. 볼트고정 접합의 경우 볼트 구멍중심부터 접합판 단부까지의 거리를 볼트 직경의 2배 이상으로 한다.

(나) 판 접합 : 볼트, 리벳에 의한 접합이 아니고 판을 접어끼우는 방법이다.

⑤ 마감 : 절곡, 용접 중 생긴 흠집, 오염 부분에 대한 보수 마감을 한다.

2.4 패시브 건축자재

(1) 열교차단재, 기밀 및 팽창테이프 등 패시브 건축자재에 대한 사항은 *SBCS 41 90 05 05*에 따른다.

3 시공

3.1 알루미늄 합금제 및 복합소재와 합성수지제 창호공사

3.1.1 창호설치 CHECK 16

(1) 기본사항

먹메김은 건물 기준선으로부터 끌어낸다.

(2) 설치작업 순서

알루미늄 합금제와 복합소재 창호의 설치작업 순서는 *[그림 3.1.1-1]*과 같다.

(3) 알루미늄 합금제 및 복합소재의 창호설치

① 철근 콘크리트 구조의 경우는 다음에 따른다.

가. 각 부재는 위치, 변형 및 개폐방법 등을 고려하여 쐐기 등의 방법으로 수평, 수직을 정확히 하여 가설치한다.

나. 앵커는 미리 콘크리트에 매입된 철물에 용접하고, 창호설치를 실시한다.

다. 앵커의 용접 시에는 용접불꽃에 의하여 알루미늄 또는 유리의 표면에 흠이나 얼룩 등이 생기지 않도록 주의한다. 앵커간격 위치는 각 모서리에서 150mm 이내의 위치에 설치하고 한 변의 길이가 1.2m 이상인 경우는 0.5m 간격으로 등분하여 설치한다.

라. 창틀 주위의 고정에 사용된 쐐기를 제거하고, 틀의 내 · 외면에 형틀을 대고 모르타르로 충전한다. 외부 창호 주위의 충전 모르타르에 사용하는 방수제는 염화칼슘 등 금속을 부식시키는 것은 피하여야 한다. 또한, 충전 모르타르에 해사를 사용하는 경우에는 NaCl량 환산으로 0.02% 이하까지 염분을 제거한다.

마. 녹막이처리

(가) 알루미늄 표면에 부식을 일으키는 다른 금속과 직접 접촉하는 것은 피한다.

(나) 알루미늄재가 모르타르 등 알칼리성 재료와 접하는 곳에는 내알칼리성 도장을 한다.

(다) 강재의 골조, 보강재, 앵커 등은 아연도금처리한 것을 사용한다. 특히, 빗물 또는 결로수 등의 물기와 접할 위험이 있는 경우에는 반드시 녹막이칠을 한다. 단, 앵커 등은 도장하지 않는다.

(라) 알루미늄 창호와 접하여 목재를 사용하는 경우 목재의 함유염분, 함수율이 높은 것을 사용하면 부식을 일으키므로 이에 주의한다.

바. 문지방 등 모르타르의 충전이 곤란한 곳에 사용하는 부재는 미리 이면탈락 방지 조치를 강구하여 모르타르가 충전되도록 한다.

② 철골 구조의 경우는 *(3.1.1 (3) ① 마. (가)와 (다))*에 준하지만 앵커는 철골에 나사고정, 클립고정 또는 용접으로한다.

③ ALC 벽체의 경우는 *(3.1.1 (3) ① 마. (가))*에 준한다. 다만, ALC측에는 창호를 고정하는 철물을 미리 부착하여 둔다.

④ 보강 콘크리트 블록조의 경우는 *(3.1.1 (3) ① 마. (가))*에 준한다.

⑤ 현장먼저세우기 및 프리캐스트 콘크리트판에 부착되는 경우에는 공사시방서에 따른다.

(4) 합성수지재의 창호설치

① 창호 설치 시 수평 · 수직을 정확히 하여 위치의 이동이나 변형이 생기지 않도록 고임목으로 고정하고 창틀 및 문틀의 고정용 철물을 벽면에 구부려 콘크리트용 못 또는 나사못으로 고정한 후에 모르타르로 고정철물에 씌운다.

② 고정철물은 틀재의 길이가 1m 이하일 때는 양측 2개소에 부착하며, 1m 이상일 때는 0.5m 마다 1개씩 추가로 부착한다.

– 출처 : 건설기술지침 Rev.2(2019, 대한건축학회, 대우건설)

창틀(B/F)입고, 적재 » 개구부 조정 » 벽면연결구부착 » B/F 의 임시고정 및 수직, 수평의 조정 »
사춤 » 보양 » 창짝(S/F)입고, 적재 » S/F의 운반, 배치 » S/F 의 설치

[그림 3.1.1-1] 설치작업 순서 (합성수지제 창호) CHECK 17

◀ CHECK 16

알루미늄 창호

- 알루미늄 바의 현장 가공 및 조립작업에 따른 품질관리가 요구되고, 용접이 불가능하여 실링처리 및 접합부위 누수방지조치 유의 등 관리 필요
- 알루미늄 창호는 용접이 불가능하여 누수방지 조치로서 실링처리(누수 발생 우려)
- 금속재 창호는 열교 차단재 적용 필요

합성수지재 창호

- 합성수지재 창호는 열변형 방지 위한 프로파일의 단면형상과 처짐방지 위한 창호고정 앵커철물 보강심 위치 등이 주요 검토사항으로 관리필요
- 합성수지재 창호는 선틀과 밑틀 접하는 부위 를 열로서 가압용접에 의해 접합(누수안전)

복합소재 창호

- 알루미늄 창틀 또는 문틀이 목재와 결합될 때에는 서로 일체가 되도록 마감 설치

▼ CHECK 17

문틀 수직·수평 불량

- 밑틀의 1㎜ 처짐·돌출은 선틀에서 3~4배의 편차를 발생시켜 문짝 겹침길이 미확보 등으로 인한 문짝탈락 하자 발생

<출처> LH SMART HANDBOOK (2019, 한국토지주택공사)

[표 3.1.1-1] 합성수지제 창호 종류별 특징 (KCC 창호 사례)

구 분		PVC 이중창	PVC 분할 이중창	PVC 시스템창호
구 성		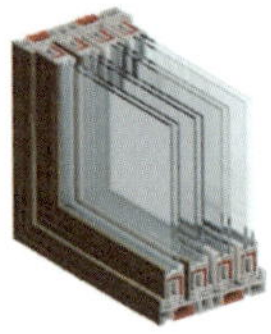	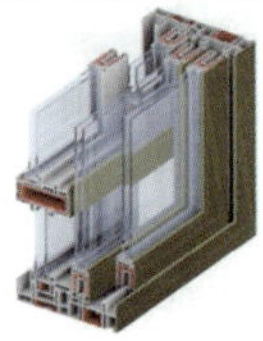	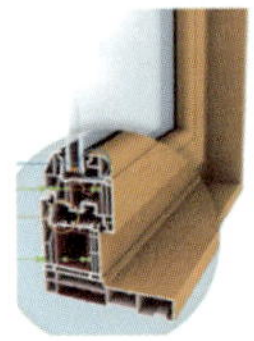
성능	단열성능	0.79 ~ 1.25 W/㎡K	0.85 ~ 1.37 W/㎡K	0.85 ~ 1.90 W/㎡K(0.87)
	방음성능	Rw = 46dB 이상	Rw = 46dB	Rw = 37dB
	기밀성능	1등급	1등급	1등급
개폐방식		Silding	FIX&Silding	Tilt&Turn
내풍압 성능		시스템 창호 대비 열등	시스템창호 대비 열등	우수
형태		이중창	분할 이중창	단창
특 징		· 열관류율, 수밀, 기밀, 차음성능 우수 · 가시공 용이 · 내풍압 성능 우수 · 프레임 두께 240mm 이상 · 합리적 가격	· 열관류율, 수밀, 기밀, 차음성능 우수 · 분할창으로 외부 난간대 설치 불필요 · 가시공 용이 · 내풍압 성능 열세 · 프레임 두께 240mm 이상	· 삼중유리 적용 가능 · 열관류율 이중창 대비 열세 · 내풍압 성능 우수하여 고층에 적합 · 차음성능 우수 · Tilt & Turn 방식의 개폐방식
색상	내부	친환경 필름	친환경 필름	친환경 필름
	외부	기본 : 백색 (불소수지 도장 가능)	기본 : 백색 (불소수지 도장 가능)	기본 : 백색 (불소수지 도장 가능)

[그림 3.1.1-2] 설치작업 순서 (알루미늄 합금제와 복합소재)

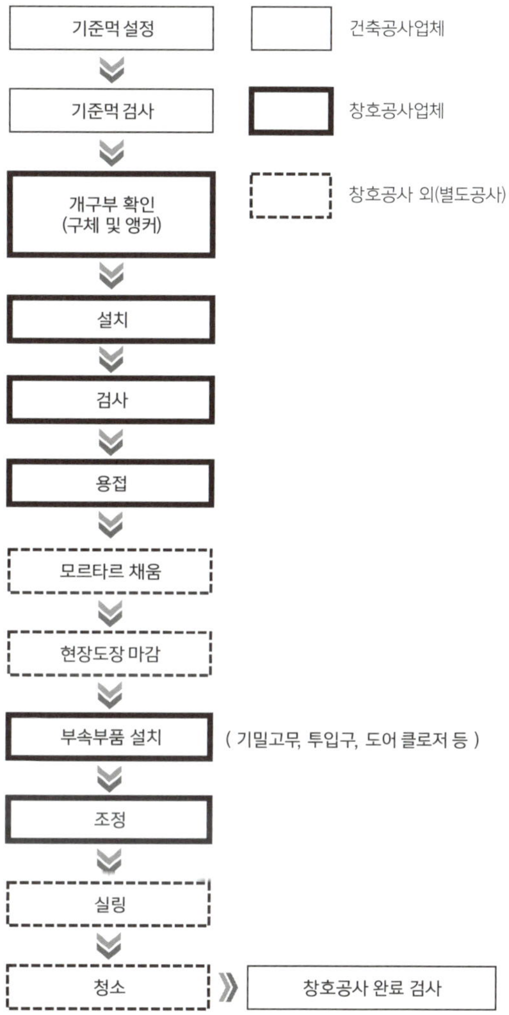

[그림 3.3.1-3] 설치작업 순서 (강제 및 스테인리스 스틸) CHECK 18

▲ CHECK 18

밑틀 보강방식
- 직접용접 : 견고성 우수, 녹발생 가능성
- 플레이트 사용 : 견고성 저하, 스테인리스 손상 적음

용접부위 처리
- 보강철판 용접 후 손상 부위는 녹막이 처리

앵커시공 시 유의사항
- 앵커철물은 현관문 개폐 시 충격에 대한 이격 방지와 수직·수평유지 역할하므로 견고하게 설치

3.1.2 가설치 후 검사

(1) 알루미늄 합금제와 복합소재 창호의 검사내용은 *[표 3.1.2-1]*과 *[3.1.2-2]*와 같다.

[표 3.1.2-1] 가설치 시, 용접 전 검사 내용

검사 항목	내용	검사 방법
위치	창호부호의 도면확인	육안
정밀도	수평, 수직, 처짐, 접합부, 대각치수	계측
고정	앵커 위치, 개수	육안
표면상태	보양재의 파손, 손상	육안

[표 3.1.2-2] 용접 및 쐐기 제거 후 검사 내용

검사 항목	내용	검사 방법
고정	앵커의 용접 상태	육안
도장	녹막이 도료의 손상, 공장실링의 손상	육안
정밀도	치수의 변동 유무	계측

3.1.3 AL 창호 부식방지 대책

(1) 부식의 최다 원인은 모르타르에 의한 부식이므로 창틀 및 창틀 주변 모르타르 채움 시 창호가 오염되지 않도록 특히 유의한다.

(2) 모르타르와 목재의 접합에 의한 부식 → 판재에 구멍 같은 이상부식이 발생하는 경우도 있다.

[표 3.1.3-1] 가설치 시, 용접 전 검사 내용

① 이종금속간 전위부식			
원인	· 수소이온과 수분 존재 · 이종금속간 접촉	대책	· 이종금속간 절연체 시공
② 모르타르 접촉부위			
원인	· 해사 혹은 혼화제 중의 염분 · 모르타르의 알칼리에 의해 산화 피막의 파괴	대책	· 모래의 염분함유량 품질관리 · 창호재 표면을 복합피막으로 할 것 · 공사 시 피막이 손상가지 않도록 관리
③ 목재 접촉부위			
원인	· 수입목재는 염분을 함유	대책	· 잘 건조된 목재 확인 (함수율 10% 이하) · 알루미늄과 접착면 도장처리
④ 결로			
원인	· 마감내부 결로발생으로 접착면 수분공급	대책	· 결로방생 방지를 위해 단열라인 확보 · 내부 결로발생 방지를 위한 단열설계

주 1) AL 창호와 관련하여 ①~④의 단면 및 부위는 다음의 ***그림 3.1.3-1***과 같다.

– 출처 : 건설기술지침 Rev.2(2019, 대한건축학회, 대우건설)

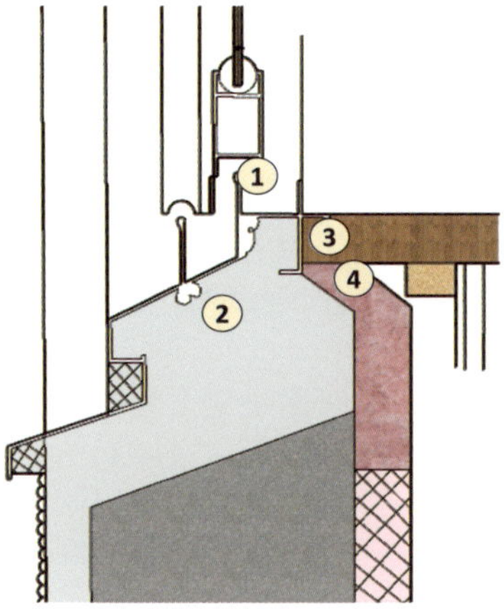

① 이종금속간 전위부식
② 모르타르 접촉부위
③ 목재 접촉부위
④ 결로

[그림 3.1.3-1] AL 창호 단면 및 부위

- 출처 : 건설기술지침 Rev.2(2019, 대한건축학회, 대우건설)

[표 3.1.3-2] AL의 부식원인과 대책

구분	원인	대책
시공 중	· 내화피복재와 모르타르 등의 부착에 의한 흠집 발생	· 적절히 보양을 하며, 부착 시 즉시 세척 · Touch-Up이 가능한 Touch-Up조치 · 심한 경우 교체
환경	· 해안 부근 (염분입자) · 공장지대 (대기오염물질) · 고속도로 부근 (대기오염물질) · 철도 부근 (철분)	· 표면처리 수준 검토 · 정기적인 유지관리 필요 → 유리 청소뿐 아니라, 창호 청소도 필요

- 출처 : 건설기술지침 Rev.2(2019, 대한건축학회, 대우건설)

CHECK 19 ▶
목재창호
• 목재는 휨 및 변형하자가 빈번하게 발생됨에 따라 목재의 재질 및 함수율 등을 관리하고, 문틀 및 문짝 틈 발생으로 생활소음 유입 및 프라이버시가 침해되지 않도록 세심한 품질관리 요구
<출처> LH SMART HANDBOOK (2019, 한국토지주택공사)

3.2 목재 창호공사 CHECK 19

3.2.1 창호 설치

(1) 설치준비

① 창호 설치에 앞서 설치에 지장이 없도록 틀 및 그 부근을 청소하고, 정리하여 둔다.

② 공사진행상 설치에 지장이 있을 때에는 공사감리자의 지시에 따른다.

③ 창호의 여닫음에 의한 기둥, 벽선, 홈대 및 문틀의 뒤틀림, 휨 등을 조사하고, 심하게 변형되었을 경우에는 공사감리자의 지시에 따른다.

(2) 가설치

설치에 앞서 창호를 기둥, 벽선, 홈대 및 문틀 등에 맞도록 상하, 좌우를 조정한 후, 소정의 위치에 가설치한다.

(3) 창호철물류의 설치

① 시공상세도에 따라 창호철물류를 소정의 위치에 설치한다.

② 앵커간격은 모서리 150mm, 중앙 500mm 내외로 한다.

③ 창호철물류의 설치는 공사시방서에 따른다.

(4) 설치

① 여닫이

창호는 위치가 바르고, 여닫음이 좋게 문틀과 틈서리가 나지 않도록 달고, 뒤틀림, 처짐 등이 없도록 시공한다.

② 미닫이, 미서기

뒤틀림이 생기지 않고, 여닫음이 잘 되도록 정확하게 설치한다. 또한, 미닫이는 문 끝쪽의 벽에 창문받이 철물 또는 주축을 댄다.

③ 오르내리기창

안팎 창짝의 여밈이 정확하고, 여닫음이 잘 되며, 뒤틀림이 생기지 않도록 설치한다.

끈은 그 끝을 못으로 완전히 고정시키고, 추는 풀리지 않게 맨다. 끈과 도르래는 질기고 손상되지 않은 것으로 한다.

④ 회전 및 내밀이 창호

회전의 축대가 되는 선대에 뒤틀림이 생기지 않도록 위치 바르게 달고, 철물은 살며시 닫을 수 있도록 단다. 특히 고창은 창선틀에 소란을 대고, 그 상반은 바깥에 하반은 안에 댄다.

⑤ 붙박이 창호

위에 올려 끼우고, 내리맞추어 달고, 옆 또는 밑에 선을 댄다.

⑥ 매달은 창호 또는 접문

먼저 괴임 등을 사용하여 창호의 위치를 바르게 정하여 달고, 여닫음을 살펴 창호철물의 위치를 정하여 달아 여닫음이 좋게 한다.

(5) 조정

① 창호의 여닫음이 원활하고 정확히 될 수 있도록 한다.

② 여닫음, 맞춤 등의 상태를 정밀하게 잘 조정하고, 덜거덕거림이 없도록 한다.

③ 수급인은 여닫음(매설치) 상태를 조정한 후, 매단 상태, 개폐정도, 기둥 또는 틀과의 맞춤 등에 대하여 점검하고, 공사감리자의 확인을 받는다.

3.2.2 목제 문틀, 문짝 시공

[표 3.2.2-1] 내틀(선틀) 고정

콘크리트면	조적면
· 플라스틱 매립앵커용볼트 사용 · 직경 5㎜, 매립 깊이 35㎜ 이상	· 플라스틱 매립앵커용볼트 사용 · 직경 5㎜, 매립 깊이 35㎜ 이상 (조적면과 내틀의 틈이 20㎜ 이내인 경우 콘크리트못 사용가능)

- 출처 : LH SMART HANDBOOK (2019, 한국토지주택공사)

[표 3.2.2-2] 내틀(윗틀) 고정 CHECK 20

윗틀 상부가 보·슬래브에 맞닿는 경우	윗틀 상부가 경량 벽틀인 경우	
	상부 틈이 100㎜ 초과	상부 틈이 100㎜ 미만
· 플라스틱 매립앵커용 볼트(직경 5㎜, 매립 깊이 35㎜ 이상)	· 스트롱앵커, 행거볼트, 고정브라켓 철물 등을 사용하여 견고히 고정	· 경량틀 부재에 나사못(2개소, 매립 깊이 20㎜ 이상)으로 고정

▲ CHECK 20

내틀(윗틀) 고정유의

- 미서기 문틀 상부에 달대철물(행거볼트) 고정 시, 과다조임으로 인한 문틀 수평유지 곤란한 경우 고정브라켓 철물 사용 유리

설치높이, 수직·수평 확인 ≫ 내틀 설치 (수직·수평 확인) ≫ 내틀 고정 → 사춤, 방수, 방바닥 미장 ≫ 표면판(본틀) 설치 ≫ 문짝, 철물 설치

[그림 3.2.2-1] 목재 문틀 시공순서 CHECK 21

- 출처 : LH SMART HANDBOOK (2019, 한국토지주택공사)

▲ CHECK 21

보 춤 산정(내부 목재문)

- 개구부 여유 폭은 상부, 좌·우 10㎜ 이내 계획
- 층고, 개구부 여유 폭, 문틀의 방바닥 미장 묻힘 깊이(창틀: 천장 사춤높이) 를 고려하여 보 춤 검토

[그림 3.2.2-2] 목재 문틀, 문짝 시공 하자 사례

[표 3.2.2-3] 내틀(윗틀) 고정

무늬목 마감문짝 A 안	무늬목 마감문짝 B 안
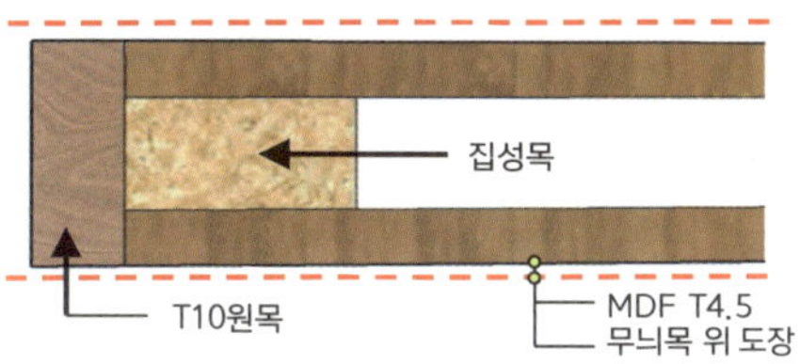	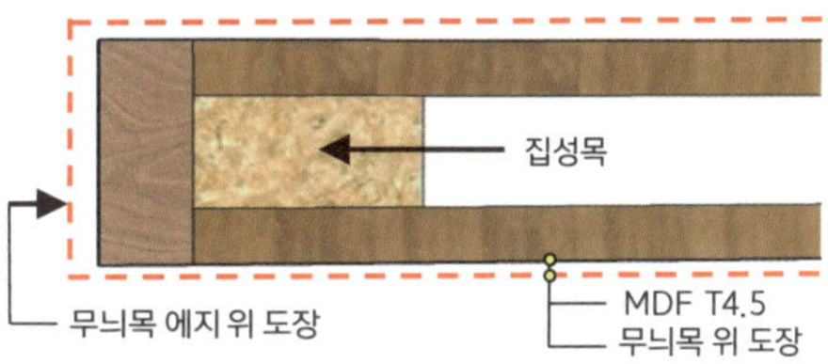
· 무늬목과 같은 수종의 원목으로 Edge 처리	· 무늬목으로 Edge 마감 · B안의 경우 마구리 대패질로 현장 수정이 곤란하므로, 문틀의 품질관리가 적절히 이루어져야 하는 어려움은 있으나 시공성과 경제성면에서 유리하다.

주 1) PVC 래핑 문짝의 시공방법은 두께 1~2㎜ PVC Edge를 사용한다.

- 출처 : 건설기술지침 Rev.2(2019, 대한건축학회, 대우건설)

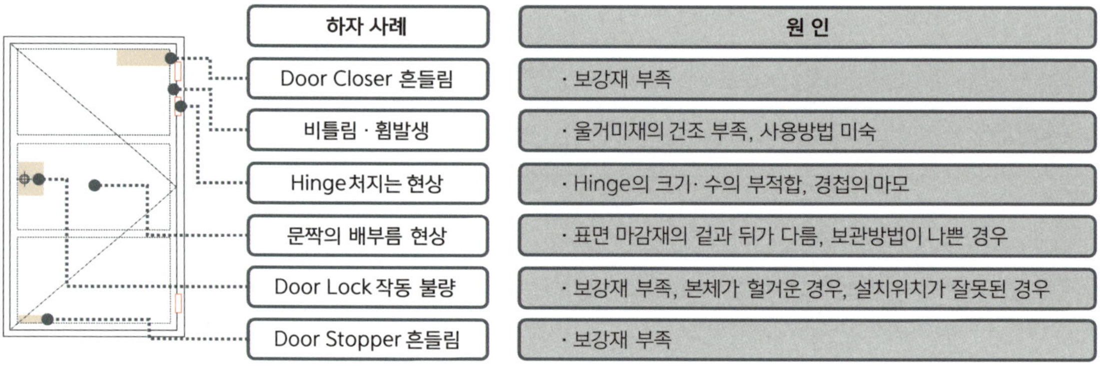

[그림 3.2.2-3] Door의 구성요소별 하자 및 원인

CHECK 22 ▶
강재창호
▪ 재료의 특성상 중량으로 이를 지탱하는 힌지의 역할이 중요하며 적용부위에 따라 방화성능(갑종, 을종), 결로방지성능, 제연설비 자동개폐, 상시 개방형 등 다양한 기능과 접목됨에 유의
▪ 금속재 창호는 열교 차단재 적용 필요

<출처> LH SMART HANDBOOK (2019, 한국토지주택공사)

3.3 강재 및 스테인리스 스틸 창호공사 CHECK 22

3.3.1 창호 설치

(1) 기본사항

① 설치는 공정표 및 시공 요령서에 따라 순서대로 확실하게 실시한다.

② 부품의 설치 및 소운반은 부품 및 주변에 손상, 더러움 등이 생기지 않도록 한다.

(2) 설치작업 순서 : 설치작업 순서는 다음의 *(그림 3.3.1-1)*과 같다.

(3) 설치

① 창문설치는 철물, 부속품, 작동장치 등을 고려하여 공사감리자의 지시에 따라 설치한다.

② 바닥 시공 정밀도에 따라 기준먹 높이를 조정할 경우는 다른 공정과의 관계를 검토하여 조정한다.

③ 용접용 앵커

가. 앵커간격은 모서리 150mm, 중앙 500mm 내외로 설치한다.
문틀폭이 클 경우(폭 150mm 이상)는 이중으로 한다.

나. 문지방 부분은 바닥철근을 이용하거나 앵커를 설치한다.

다. 앵커 위치는 시공상세도로 확인한다.

④ 창문은 힘을 가하여도 뒤틀리지 않도록 버팀대, 가새 등으로 보강하여 운반하고, 밑틀, 위틀 및 선틀이 수평, 수직을 유지하도록 설치한다.

⑤ 창틀은 지지구조에 견고하게 고정시킨다. 또한, 원활한 작동 및 방수, 방풍을 위하여 접촉부분에 틈막이재를 견고하게 설치한다.

⑥ 문지방이 처지지 않도록 설치 후 조속히 주변 모르타르를 채운다.

⑦ 금속표면은 깨끗하게 청소하고 변색되었을 때는 복구시킨다. 아연도금된 철재나 부식성재료의 표면은 다른 재료와 접촉으로 인한 정전기가 발생되지 않도록 아스팔트 도장을 하거나 플라스틱 재료를 끼운다.

(6) 보수

① 부착물의 처리 : 부품이나 제품에 모르타르 등이 부착된 경우는 녹막이 바탕이 손상되지 않도록 주의하여 제거 · 청소하되 알칼리성 용제나 연마제를 사용해서는 안된다.

② 보수 : 부품이나 제품에 경미한 더러움 또는 손상이 생긴 경우에는 현장에서 보수하고, 공사감리자의 확인을 받는다. 큰 손상을 받아 현장에서 보수가 곤란한 경우 제작자는 수급인과 공사감리자 간의 협의에 의하여 공장으로 반환하여 교환이나 재제작한다.

(7) 마감도장 : 마감도장 시기는 별도의 명기가 없을 경우 일반적으로 아래와 같다.

① 재벌칠: 벽마감 전(재벌칠 후 철물 설치)

② 문틀 정벌칠: 바닥마감 전

③ 문짝 정벌칠: 바닥마감 후

3.3.2 강재 문틀, 문짝 시공

[표 3.3.2-1] 개구부 계획 CHECK 23

구분	AL-Form	유로폼	표준상세도
여유 폭	10㎜	15㎜	15㎜

- 출처 : LH SMART HANDBOOK (2019, 한국토지주택공사)

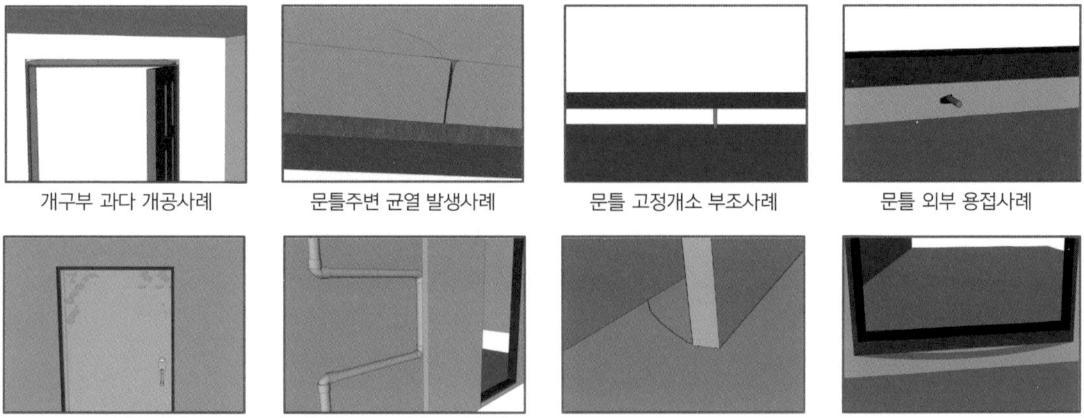

개구부 과다 개공사례 / 문틀주변 균열 발생사례 / 문틀 고정개소 부조사례 / 문틀 외부 용접사례

현관문 결로 발생사례 / 현관문과 가스배관 간섭사례 / 문틀 하부 바닥 걸림사례 / 밑틀 보양 누락사례

[그림 3.3.2-1] 강제 문틀, 문짝 시공 하자 사례

▲ CHECK 23

보 춤 산정(세대 현관문)

- 개구부 여유 폭은 상부, 좌·우 10㎜ 이내로 계획
- 개구부 여유 폭, 층고, 방바닥 미장두께, 타일, 테라죠 마감 등을 고려하여 보 춤 검토
- 마감 시 실링재가 문틀사춤 부위를 덮을 수 있도록 계획

개구부 폭 산정

- 개구부 여유 폭을 결정하여 개구부 폭 확정
- 구조체와 세대현관문틀의 여유 폭을 최소화하여 결로방지 가능토록 계획
- 개구부 여유 폭이 작을수록 구조체와 문틀을 통한 결로방지에 유리(10㎜)

3.4 창호 주변 배수

(1) 창호 주변 물빠짐이 원활하도록 단열재에 구배를 두거나 빗물받이 등을 설치하도록 한다.

▲ 물고임 현상으로 방수층이 무너질 수 있다. ▲ 빗물받이를 시공하여 물이 흘러갈 수 있도록 한다.

[그림 3.4-1] 물고임 발생 대책 - 출처 : ㈜프로클리마(http://www.proclima.co.kr)

3.5 안전시공

[표 3.5-1] PL창호 설치작업 안전시공사례

작업내용	위험포인트	안전관리대책
창틀 조립	· 창틀 전도 위험	· 각 실 내부(세대) 적재시 적재 상태확인
창틀 가시공	· 창틀 미고정상태 방치로 전도 · 망치 작업시 부주의로 인한 안면손상	· 가시공 고정 상태 점검/확인 · 보안경 등 보호구 착용 철저
창틀 고정	· 창틀 고정상태 불량으로 인한 전도 · 전기드릴작업시 누전으로 인한 감전 · 전기선방치로 인한 이동시 전도	· 창틀 고정상태 점검 · 전기드릴 작업시 전기테스터기로 누전상태 확인 점검
작업발판	· 사다리 작업시 상단작업으로 인한 추락 · 1인 작업으로 인한 추락	· 사다리 최상단 금지, 사전허가된 사다리 작업에 한하여 작업 진행 · 2인 1조 작업 실시
작업종료	· 주변 인화물질방치로 인한 자재 화재	· 창호 정리 및 주변 인화물질 제거 확인 · 정리 정돈 실시

- 출처 : 창호 및 유리 작업안전(2009. 한국산업안전보건공단, 오지환 외)

3.6 패시브 건축자재 시공

(1) 열교차단재, 기밀 및 팽창테이프 등 패시브 건축자재 시공에 대한 사항은 *SBCS 41 90 05 05*에 따른다.

CHECK 24 ▶

보양재 설치 시 유의사항

▪ 창호 설치 후 보양재 탈락 등 유지관리의 어려움 해결위한 사전 보양·유지 방법 검토

▪ 방바닥미장 시 바닥 마감과 이격거리 확보를 위해 밑틀 보양지 제거 및 타설 후 재설치 검토

보양재 제거 유의사항

▪ 비닐 보양제거 준공청소 시 제거되지 않을 경우 입주 후 문짝을 들어내야 하는 번거로움 발생

<출처> LH SMART HANDBOOK (2019, 한국토지주택공사)

3.7 보양 및 검사

3.7.1 보양 CHECK 24

(1) 창호설치의 경우, 보양재는 필요한 최소기간이 지난 후 제거한다. 또한, 작업상황에 맞도록 적절히 보호재를 사용하고, 더러움 및 손상 등이 생기지 않도록 한다.

(2) 창호를 설치한 후 출입 또는 작업으로 손상될 우려가 있는 곳에는 틀이 손상되지 않도록 보양한다.

(3) 일사에 의한 변색, 퇴색, 변형 및 타 공사에 의해 손상되지 않도록 적절히 보양한다.

(4) 창호표면에 모르타르나 불순물이 묻은 때에는 표면에 흠이 생기지 않도록 제거하고 청소한다.

(5) 손상을 받기 쉬운 곳에 사용하는 창문틀은 적절하게 보양하고, 통행 또는 재료 취급 시 변형이 생기지 않게 한다.

(6) 목재 창호는 다른 관련공사의 진행 상태를 고려하여 공사감리자의 지시에 따라 보양한다. 또한 여닫음에 무리가 없도록 주의한다.

(7) 새시의 틀 또는 살을 발디딤으로 하거나 통나무, 기타 가설물을 새시에 걸쳐 대서는 안 된다.

[표 3.7.1-1] 목재 Door 보양

문틀 및 문지방의 보양	방 기둥(내부 기둥) 보양
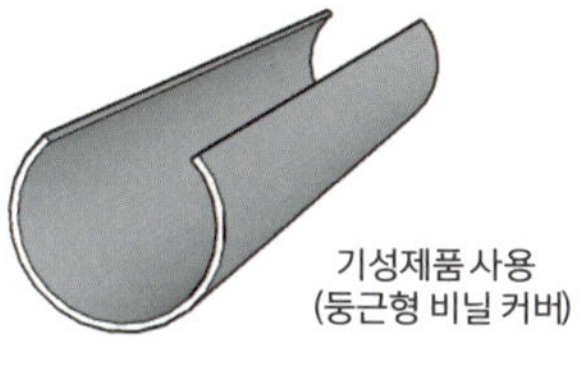	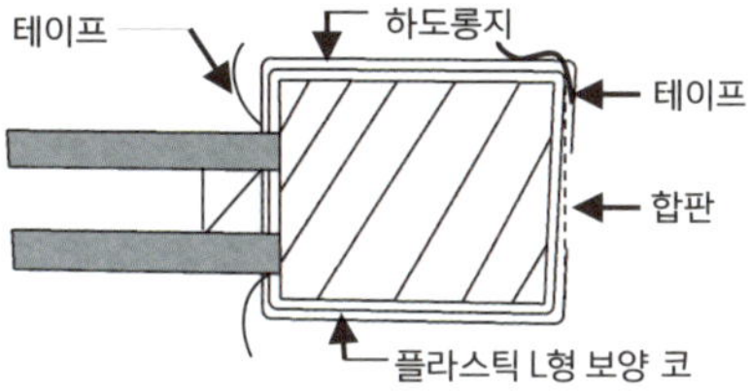
· 하도롱지(Haed Rolled Paper)를 해초풀로 기둥 전체에 붙인다. - 하도롱지의 관이 있는 쪽에 풀을 바름 - 하도롱지는 얇게 처리 · 필요에 따라서 합판 설치 · 플라스틱 L형 코너를 테이프로 고정	· 특별히 보양이 필요한 곳은 합판으로 전면 보양 → 가는 못으로 고정 · 인접부분 마감 시 보양재를 철거하지 않도록 보양 방법 강구

- 출처 : 건설기술지침 Rev.2(2019, 대한건축학회, 대우건설)

창호 보양재 시공 사례

창호 보양재(하단) 시공 사례

창호 설치 후 보양 사례

[사진 3.7.1-1] 창호 시공 후 보양 사례

3.7.2 검사

(1) 창호를 설치한 후, 전 수량의 창호에 대하여 공사감리자의 검사를 받는다.
(2) 검사는 공사감리자, 수급인, 제작자의 입회하에 실시한다.
(3) 공사감리자의 지시가 있을 경우에 수급인과 제작자는 검사보고서를 제출함으로써 이를 대체할 수 있다.
(4) 검사결과, 불합격된 것은 수정하여 공사감리자의 확인을 받는다.

[표 3.7.2-1] 창호공사 단계별 주요 검사항목 (LHCS 10 10 05 25 건축공사 일반, 부록3)

공정단계별		주요 검사항목	
목제창호	문틀 및 창틀 설치 후	· 부재의 수직, 수평, 휨 등 변형여부 · 벽체와 접하는 부위 방부제 도포상태 · 문틀 고정철물 설치상태	· 문틀 보양상태 · 문틀 사춤 시 배부림 방지(버팀목) 조치여부 · 문틀 수직, 수평 및 전, 후면 기울기 확인
	문짝 및 창짝, 창호철물 설치 후	· 문짝 뒤틀림, 휨 발생 여부 · 문짝 상하좌우 맞춤 상태 · 문짝 기밀성 및 여닫음 상태	· 도장면 손상여부 확인 · 각종 창호철물 설치상태
알루미늄 창호	문틀 및 창틀 설치 후	· 부재의 수직, 수평, 휨상태 · 문틀 상하좌우 맞춤 상태	· 문틀 사춤 시 배부림 방지(버팀목)조치여부 · 문틀 보양 관리상태
	문짝 및 창짝, 창호철물 설치 후	· 문짝 고정 및 파손여부 · 문짝 기밀성 여부 및 여닫음 상태	· 각종 창호철물 설치상태
합성 수지제 창호	문틀 및 창틀 설치 후	· 슬래브, 콘크리트 옹벽 고정방법 적정여부 · 부재의 수직, 수평, 휨 방지 여부	· 벽돌면 면할시 고정용 철물 사용여부
	문짝및창짝, 창호철물설치 후	· 문짝 고정 및 파손여부	· 문짝 기밀성 여부 및 여닫음 상태
철제창호	문틀 및 창틀 설치 후	· 부재의 수직, 수평, 휨 등의 변형여부 · 문틀 전, 후면 기울기 상태	· 바닥 마감면 감안 문틀높이 확인 · 문틀 고정철물 용접상태
	문짝 및 창짝, 창호철물 설치 후	· 문짝 휨발생 여부 · 문틀주위 고무패킹 설치상태 · 문짝 기밀성 여부 및 여닫음 상태	· 각종 창호철물 설치상태 · 문짝의 보양 관리상태
압출 성형틀 창호 문틀 및 창틀 설치 후		· 골조와 마감고려 설치높이 확인 · 창문틀 수직, 수평 및 휨 균열 여부 확인 · 문틀 고정철물 설치상태	· 부재 접합부위 바인다(접착제) 혼합액 충전여부 · 외부 이중창 밑틀, 선틀 접합부위 실링상태 · 문틀 보양 관리상태

- 출처 : 한국토지주택공사 전문시방서(2020, 한국토지주택공사)

3.8 창호공사 하자 사례 및 개선방안

하자 사례

· SILL 내부 몰탈 충진 미흡
· SILL 보양재 미설치

개선 방안

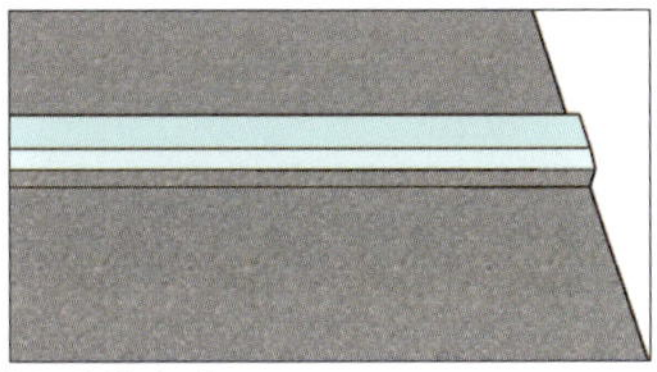

· SILL 내부 밀실 충진
· 문틀시공 완료 후 하부 SILL이 타공정에 의해 손상이 가지 않도록 SILL 보양재 시공

[그림 3.8-1] 철재 문틀 하부 사춤 불량으로 SILL 찌그러짐

하자 사례

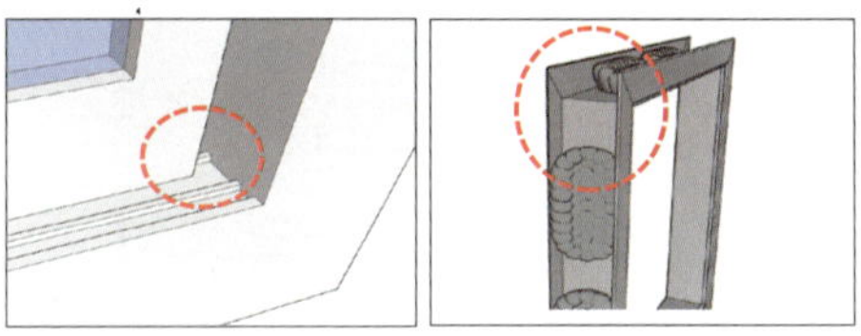

· 창문 교차부 상·하에 기밀재가 시공되지 않아 바람, 외부 소음 등 유입
· 현관 문틀 단열모르타르 사춤이 일부 탈락

개선 방안

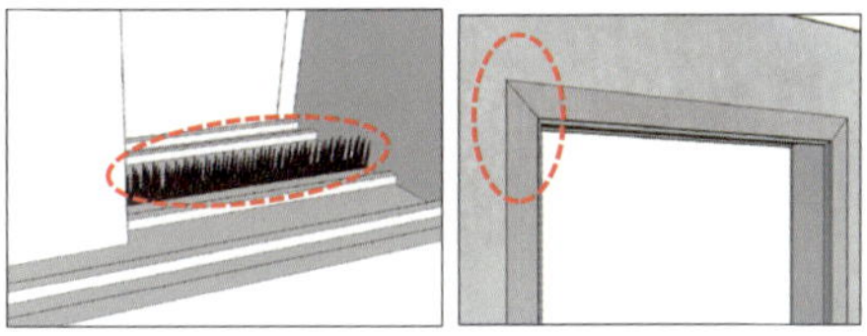

· 창틀 폭 중앙의 상·하부에 기밀재를 부착
· 현장 선정 시험시 양생과정, 운반과정, 보관과정에서 문틀에 사춤되는 단열 모르타르가 탈락되지 않도록 유의

[그림 3.8-2] 창틀 중앙 상·하부 기밀재 누락

하자 사례

· 현관 중문 및 신발장 문짝의 높이가 확보되지 않은 상태에서 개방 방향이 모두 출입구측으로 시공되어 신발 걸림 발생

개선 방안

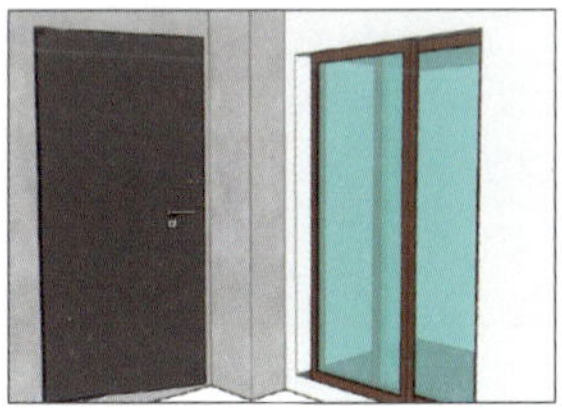

· 설계단계에서 현관 공간활용도를 고려한 중문 Type 선정
· 신발장 문짝 높이 확보

[그림 3.8-3] 현관 중문 및 신발장 문짝과 신발 간섭

- 출처 : 건축공사 들여다보기(2009, 서울지방국토관리청, 노성열 외)

하자 사례

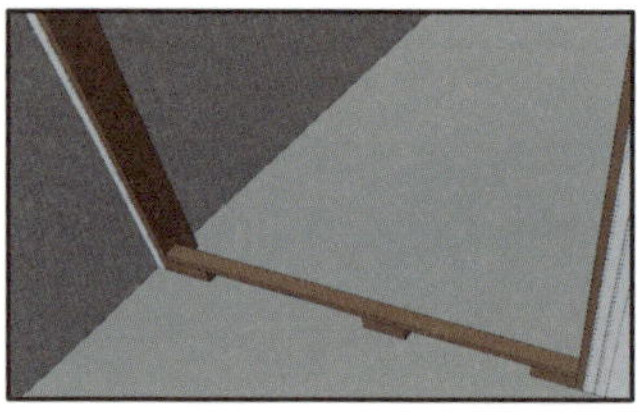

· 가틀 씰 하부 공극 발생으로 바닥 울림 및 꿀렁거림 발생

개선 방안

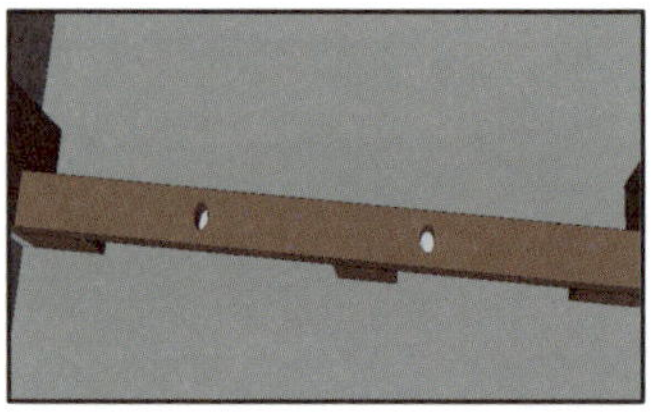

· 목창호 가틀 씰 구멍 2개소 타공하여 공극 발생 예방

[그림 3.8-4] 바닥 울림 등 발생

하자 사례

· PL창호 고정 불량에 의한 창호 개폐 시 흔들림 발생

개선 방안

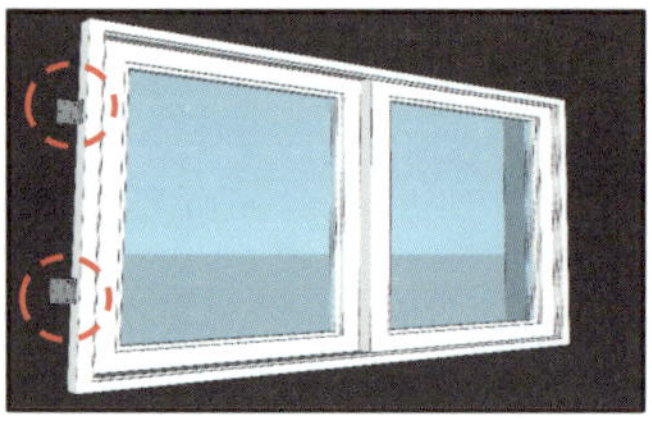

· 흔들림 방지용 보강 브라켓 추가 설치

[그림 3.8-5] 창호 개폐 충격에 의한 흔들림

하자 사례

· 창틀 하부 배수구 누락으로 물고임 발생

개선 방안

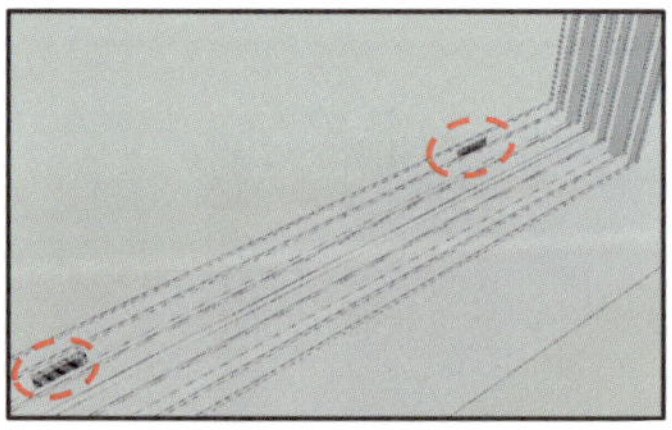

· 창틀 하부 배수구 및 방충캡 시공하여 물고임과 해충 유입 방지

[그림 3.8-6] 창틀 하부 배수구 누락

하자 사례

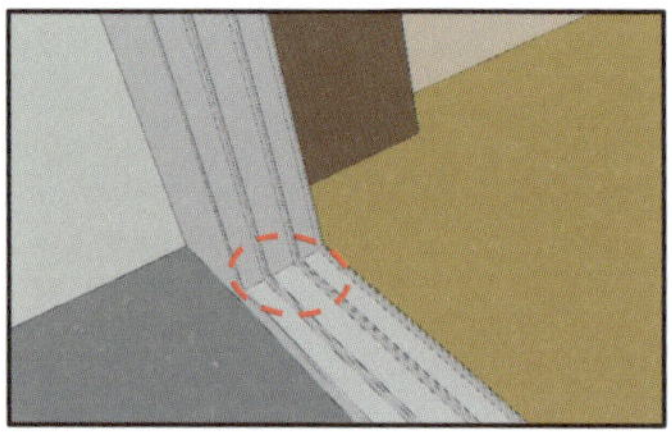

· 창호 스토퍼 미설치로 문짝 개폐 시 소음 및 파손 발생

개선 방안

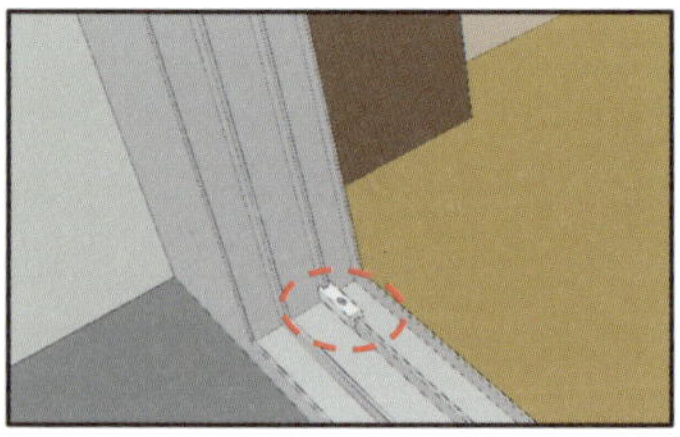

· 창호 스토퍼 설치하여 소음 및 파손 방지

[그림 3.8-7] 창호 스토퍼 미설치

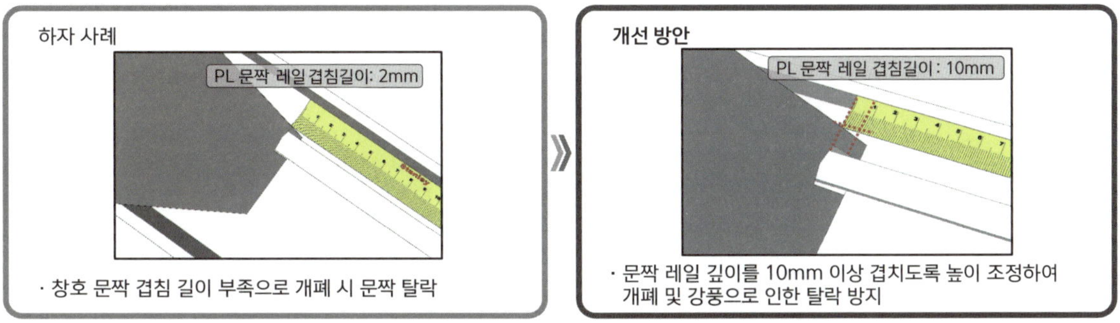

[그림 3.8-8] 바닥 울림 등 발생

[표 3.8-1] 합성수지 창호 시공 시 유의사항

항목	불량 유형	불량의 영향	방지대책
벽면 연결구 설치	· 연결간격과다 · 고정 불량	· 창틀 휨 및 변형발생 · 고정부 사이 휨 · 외창의 경우, 이탈 우려	· 지그재그식 배열 · 1m 이내 간격으로 설치 2개 이상 고정
수직, 수평 조정	· 수직, 수평조정불량	· 창짝 개폐 곤란 · 창짝 수식, 수평조정 곤란 · 창짝 개폐 시 소음발생	· 정확한 수직, 수평
보양	· 보양 미실시및 유지관리미숙의 경우	· 창틀 훼손 및 파손 오염 · 소음발생, 부자재의 훼손	· 철저한 보양유지
크리센트	· 보양 미실시	· 녹 발생 및 부식 오염	· 보양 철저
미장, 사춤	· 미장 높이, 사춤 불량	· 물 구멍의 막힘, 본틀 설치 곤란, 창틀 Bending 및 처짐	· 보양 철저 · 사춤의 철저
방수처리	· 방수처리불량	· 누수발생	· 하부 칼 블록 금지 · 적정 실리콘 처리
파손자재	· 파손 자재 재사용	· 재시공의 발생	· 사용금지
기준 먹	· 주방, 거실, 침실 등의 하단 경량기포 콘크리트바닥 미장 높이 기준의 무시	· 경량기포 콘크리트 바닥 미장면 보다 낮거나 높게 설치	· 기준먹 확인 후 시공
칼 블록	· 탈락	· 처짐 및 휨	· 칼 블록 Size에 맞게 시공

- 출처 : 건설기술지침 Rev.2(2019, 대한건축학회, 대우건설)

3.9 금속커튼월 공사 하자 사례 및 개선방안

하자 사례

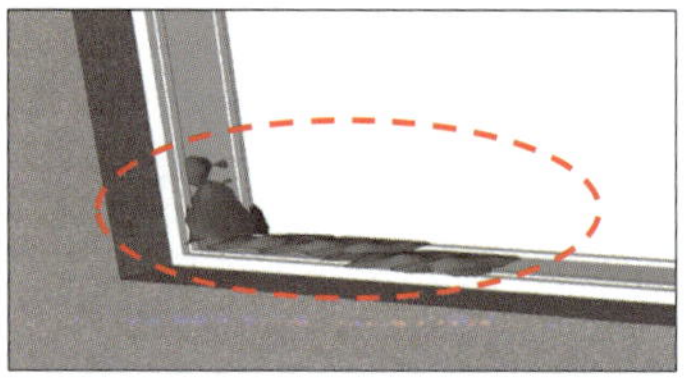

골조공사와 외장 커튼월 공사가 동시에 진행되므로 상부
· Con'c 타설시 흘러내려 외장 PANEL 부분에 오염 발생

개선 방안

. 보양포 또는 비닐시트로 Alum, Frame 또는 Panel을 덮어 외장재 보호

[그림 3.9-1] 콘크리트에 의한 오염

하자 사례

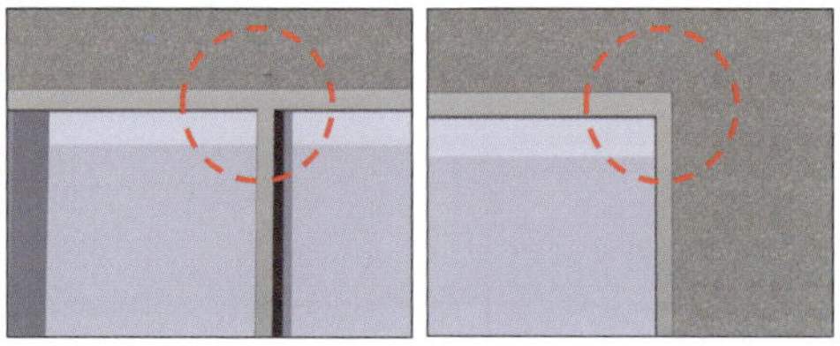

· Bo취부시 Locking It 소홀 및 취부된 Bolt 길이 부족

개선 방안

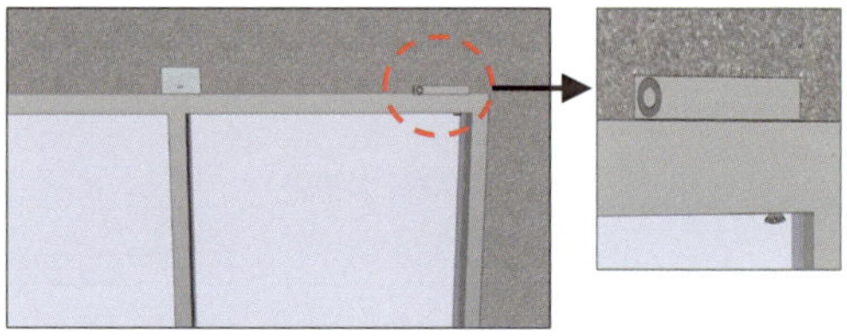

· Bolt 취부시 Bolt의 길이는 Nut보다 나사선 3~4개 정도의 여유가 있도록 해야 하며, 풀림방지용 Washer 또는 Welding Washer 등이 취부되도록 해야 함
· 각 이질재와의 접촉부위는 격리재를 사용하여 분리되도록 함
· 조임 정도는 토크랜치 등의 장비를 사용하여 확인토록 함

[그림 3.9-2] Bolt 취부 소홀

- 출처 : 건축공사 들여다보기(2009, 서울지방국토관리청, 노성열 외)

하자 사례

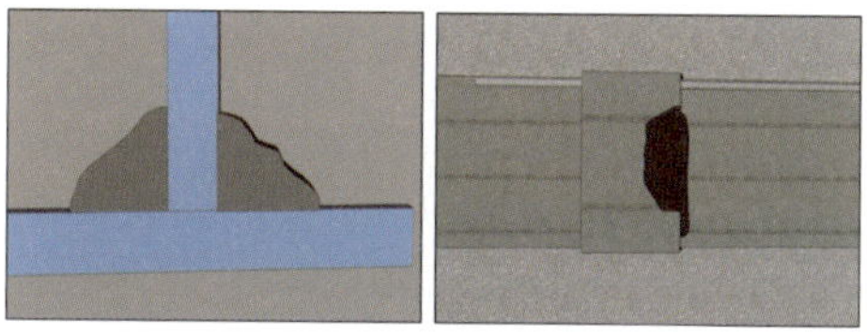

· 용접시 목두께가 일정하지 않고 용접작업 미숙으로 인한 Steel Frame 모재 손상이 발생됨

개선 방안

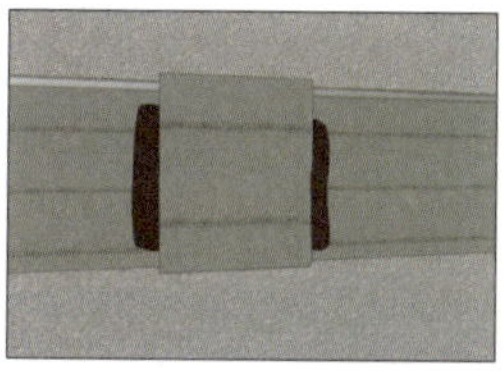

· 모재 및 부재의 손상이 일어나지 않도록 사전에 Sample 용접을 실시하여 현장 승인 후 관리
· 용접 목두께는 부재 두께의 약 1.5배 이하로 일정하게 나오도록 용접하며, 용접 후 Slug 제거 및 방청 처리 실시

[그림 3.9-3] 용접 불량

하자 사례

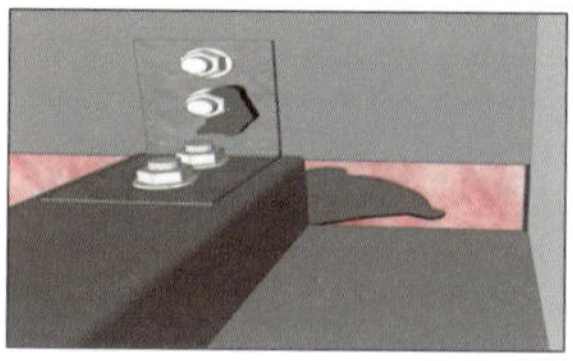

· 현장 앵커 용접으로 인한 내부 단열재 손상
· 시공상세도 미작성

개선 방안

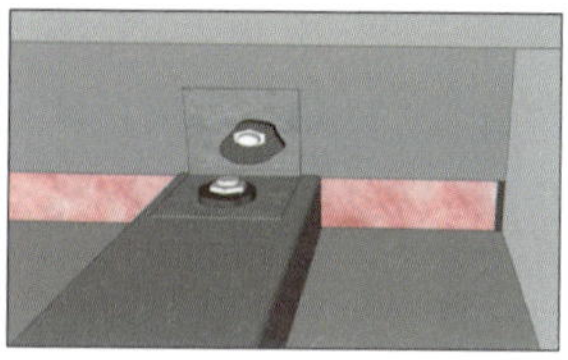

· 사전에 시공상세도를 작성하여 검토 철저
· 용접은 설치전에 미리 실시하여 단열재가 손상되지 않도록 함

[그림 3.9-4] 단열재 손상

하자 사례

· 구조체 선형 미흡으로 일부 구간 볼트체결 불가 부위 용접 시공
· 볼트 대체 시공 부위 용접상태 불량
· Fastener 설치공간 부족으로 고정부 절단

개선 방안

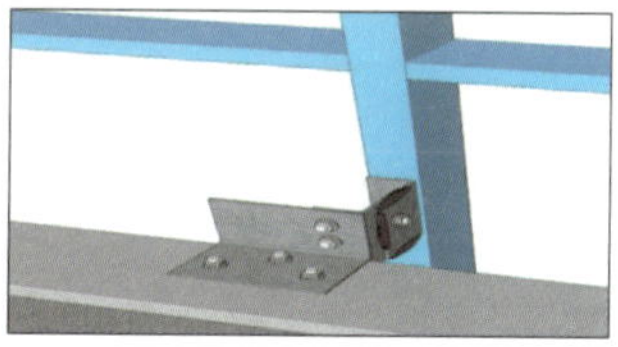

· 골조 선형 관리 철저
· 볼트 대체 용접 시공시 품질관리 철저

[그림 3.9-5] 커튼월 Fastener 설치 미흡

하자 사례

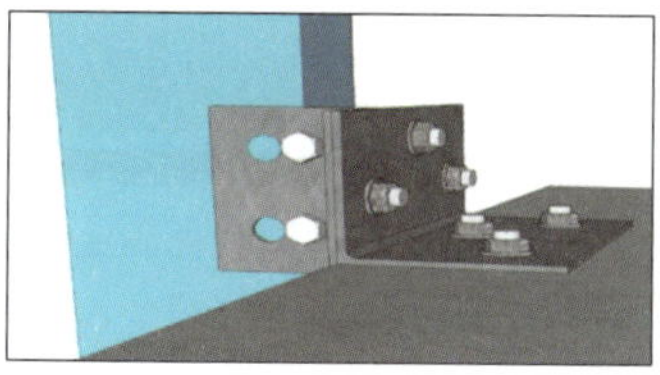

· 커튼월 Fastener 고정볼트 여장 길이 부족

개선 방안

· 커튼월 Fastener 고정볼트 여장 길이 나사산 3개 이상 확보

[그림 3.9-6] 커튼월 Fastener 고정볼트 여장 부족

하자 사례

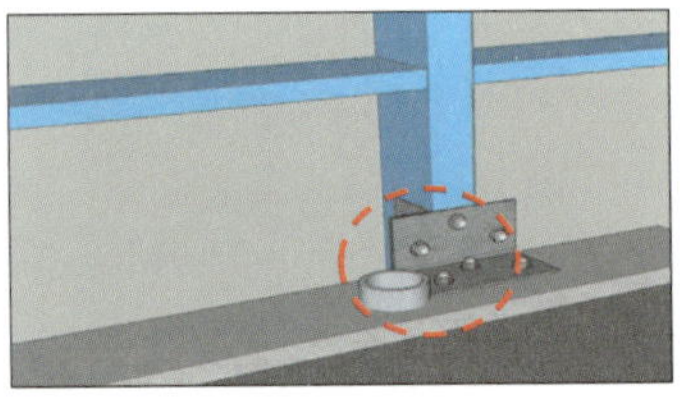

· 커튼월 파스너 공사시 팬코일 유니트 슬리브와 간섭

개선 방안

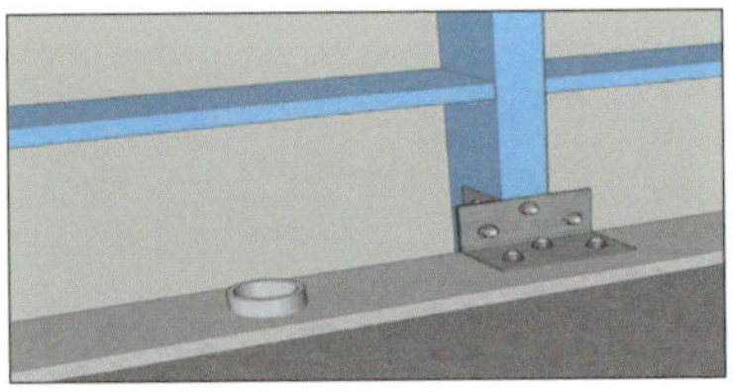

· 해간섭으로 인 파스너 절단 및 기타 보강
· 커튼월 파스너와 간섭 여부 사전 검토 철저

[그림 3.9-7] 커튼월 Fastener와 팬코일 슬리브 간섭

하자 사례

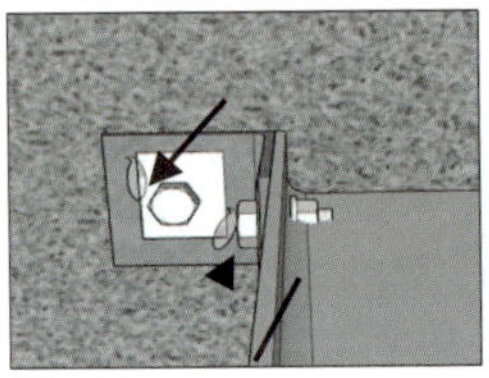

· Shop Dwg에 작성된 용접과 다르게 현장 시공됨

개선 방안

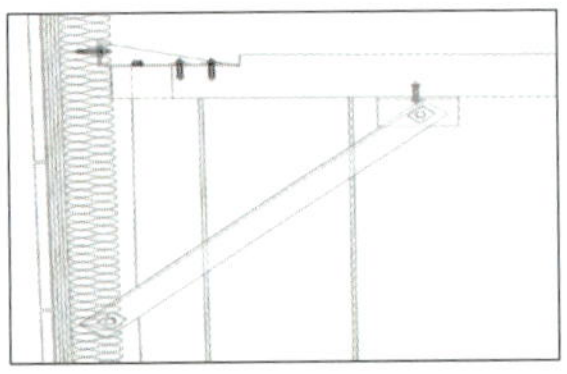

· 용접부위에 대한 용접길이 및 목두께는 Shop Dwg에 표현되어 있는 대로 적용하며, 부재의 변형이 우려될 시 자재를 변경하여 현장 승인을 득한 후 작업을 진행토록 함

[그림 3.9-8] Anchor 용접 불량 및 용접작업 미실시

하자 사례

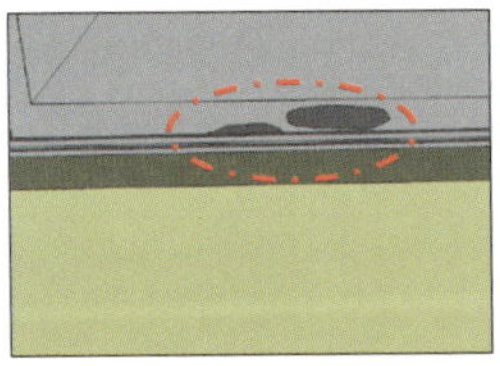

· Sealant 손상

개선 방안

· Vent Corner 및 Glazing Sealant 부위는 마감 작업시 눈에 잘 띄지 않으므로, 작업 부위에 대한 철저한 품질관리가 중요

[그림 3.9-9] Sealant 마감작업 소홀

하자 사례

· Stack Joint 부분에 설치되는 Baffle Sponge류 누락 시공하여 기밀성, 수밀성이 매우 취약질 가능성이 높음

개선 방안

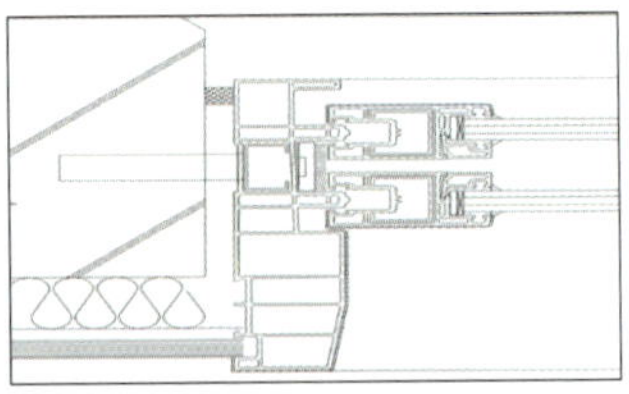

· Stack Joint 부분에 Baffle Sponge류 시공

[그림 3.9-10] Stack Joint 부위 Air Baffle Sponge 누락

하자 사례

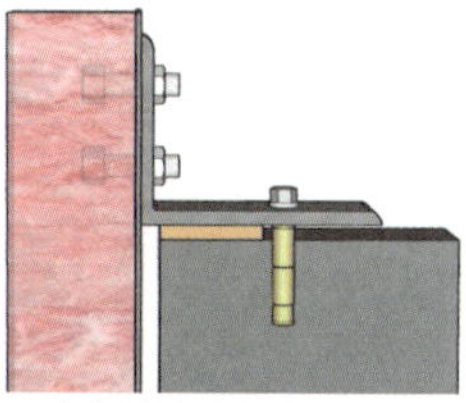

· Cast in Channel의 상부면이 슬래브보다 높이 설치 되는 경우 메인 앙카에 전달되는 하중이 슬라브에 원활하게 전달되지 못하여 구조적으로 불안정한 상태

개선 방안

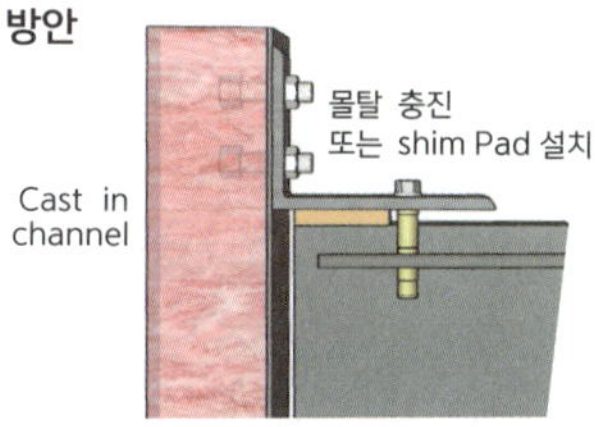

· 메인 앵카플레이트 하부에 모르타르를 충진하거나 Shin Pad 등으로 고여서 슬래브면과 밀착시공

[그림 3.9-11] 앵커플래이트 시공상태 불량

하자 사례

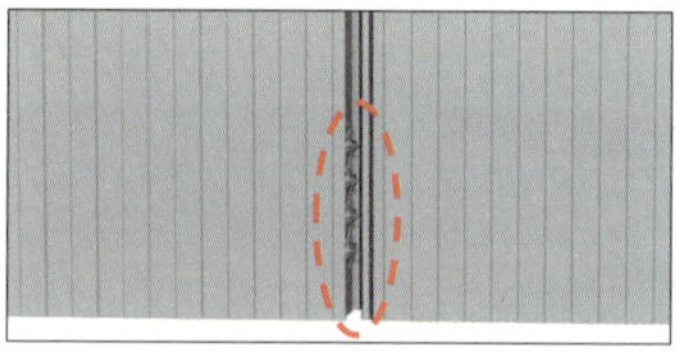

· 스팬드럴 구간에 설치되는 단열판넬 주변에 공극 발생

개선 방안

· 동절기 결로 발생 예상
· 실내의 공기가 유입되지 않도록 완벽한 기밀유지

[그림 3.9-12] 단열 판넬 주변 기밀처리 상태 불량

하자 사례

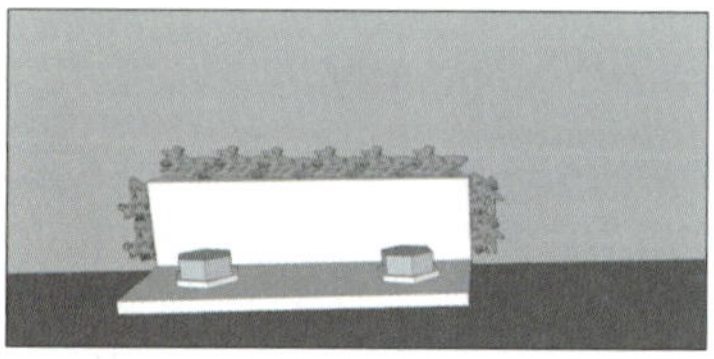

· 용접 작업 후 방청 처리를 즉시 하지 않아 녹이 발생하여, 용접 부위에 대한 접착 성능의 불량을 야기

개선 방안

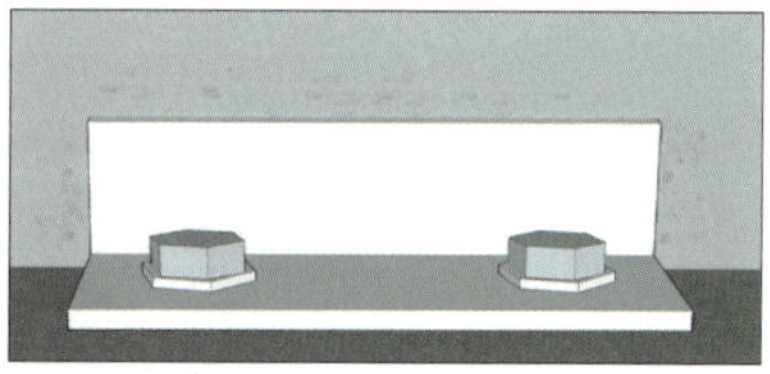

· 용접작업 후 Slag제거 및 용접부위 검사 및 수정
· 방청처리 즉시 실시

[그림 3.9-13] 용접 후 방청 작업 불량

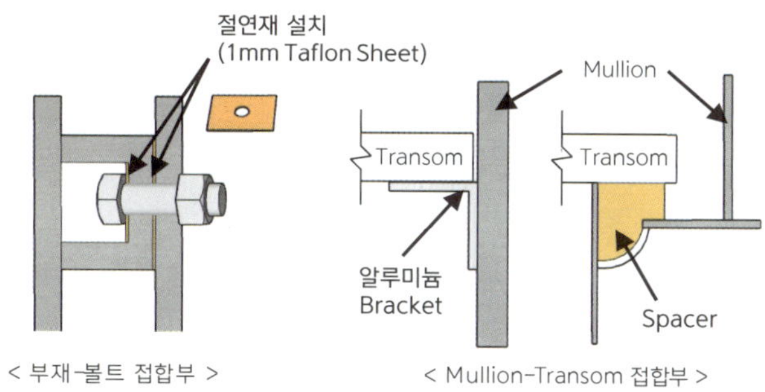

발음방지 대책

1) 부재의 팽창수축이 자유로워 지도록 접합부 마찰면 처리
2) 검토대상 부위
   · 폭이넓은 창대, 검은색 계통으로 마감되어 열량을 많이 받는 곳 등
   · 부재가 긴 샤시(Sash) 등
   · 소리가 쉽게 감지되는 응접실 등 조용한 방

[그림 3.9-14] 금속 커튼월의 발음 방지 도해 CHECK 25

▲ CHECK 25 **커튼월의 발음 현상**

- 여러 부재로 조립된 금속커튼월이 온도변화에 의한 각부재의 신축에 의해 마찰음이 발생하는 현상
- 주로 Mullion과 Transom 부위 접합부에서 발생

4 시공사례

■ 소규모 목조주택 창호공사 (계속) [1]

01 개구부 확보 : 투습 방수지로 가려진 상태 [2]

02 개구부(투습 방수지) X자형 절단 및 고정

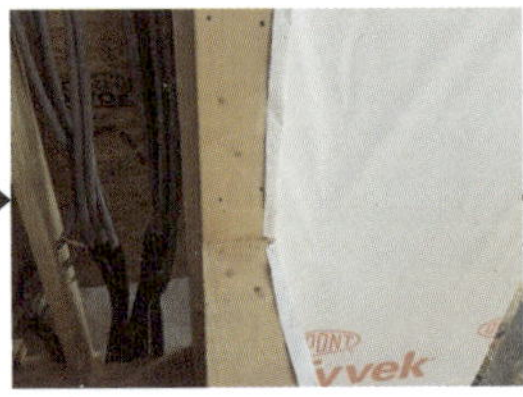

03 개구부(투습 방수지) 끝단 처리 완료

04 투습 방수지 상부는 절단 처리 :방수 고려

05 측정기(레벨기)를 통한 창호 설치 위치 실측

06 고임목 준비

07 고임목 배치 및 예상 수평 위치 확보

08 창호 내·외부 측에 기밀테이프 [3] 부착

09 열리는 창호 부분(개폐창)은 분리

10 각 해당 개구부로 창호 이동

11 창호 주변 쐐기로 고정

12 측정기(레벨기)로 레벨 위치 확인

13 창호 설치 위치 세부 조정

14 수직 및 수평 확인

15 창호 철물 고정(전용 철물 사용)

16 창호 고정 완료 및 개폐창 조립

[1] 본 사례는 PVC 시스템 창호(42T 삼중유리용) 및 기밀테이프 시공, 유리 끼우기 등을 포함한다.
[2] 투습 방수지에 대한 시방서는 SBCS 41 90 05 05 패시브 건축자재 및 시공을 참조한다.
[3] 기밀테이프에 대한 시방서는 SBCS 41 90 05 05 패시브 건축자재 및 시공을 참조한다.

■ 소규모 목조주택 창호공사

17 (내측) 창호전용 연질폼 시공 4

18 (외측) 창호전용 연질폼 시공

19 테이프 접착 전 연질폼 평탄화

20 (내측)기밀 테이프 접착 및 누름

21 (내측) 추가 테이핑 처리

22 (외측) 기밀 테이프 접착 및 누름

23 (외측) 상부측, 접착 부족면 등 추가 테이핑 처리

24 GB(유리 고정테) 분리 5

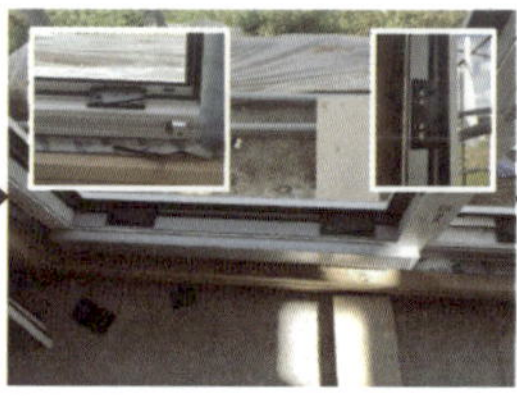

25 고임목 배치, (유리) 고정재 끼움

26 유리 끼우기 및 맞추기

27 GB(유리 고정테) 조립

28 개폐창 작동 유무 확인

29 유리 설치 완료

30 (필요시) 접합부 전용 실란트 처리

31 청소, 정리, 보양 등

4 수성 연질폼은 내측과 외측에서 모두 분사하여 빈 공간이 없도록 한다.
팽창 테이프를 시공하는 경우 SBCS 41 90 05 05 패시브 건축자재 및 시공을 참조한다.

5 유리에 대한 시방서는 SBCS 41 90 55 15 유리 공사를 참조한다.

■ 소규모 다가구주택 – 창호 교체 공사

01 창호 반입(반입 중 철저히 고정)

02 창호 해체/설치 전 실내 및 주변 가구 보양

03 창호 설치 전 기존 창호해체 (장비로 프레임 절단 및 해체)

04 기존 창호 프레임까지 해체

05 창호 해체 후 정리(필요시 미장공사 추가)

06 창호 설치 전 기밀 및 팽창 테이프 부착

07 설치할 창호 각 위치에 배치하기

08 레이저 측정기 + 레벨기로 창호 위치 확인 후 설치 및 고정

09 창호와 벽체 틈 사이 우레탄폼 도포

10 우레탄폼 도포 후 기밀테이프벽체에 부착 및 고정

11 창호 프레임 틀 설치 및 고정

12 창호 설치 완료 후 주변부 코킹 마감

5 시공예시도

■ 창호 조립분해도

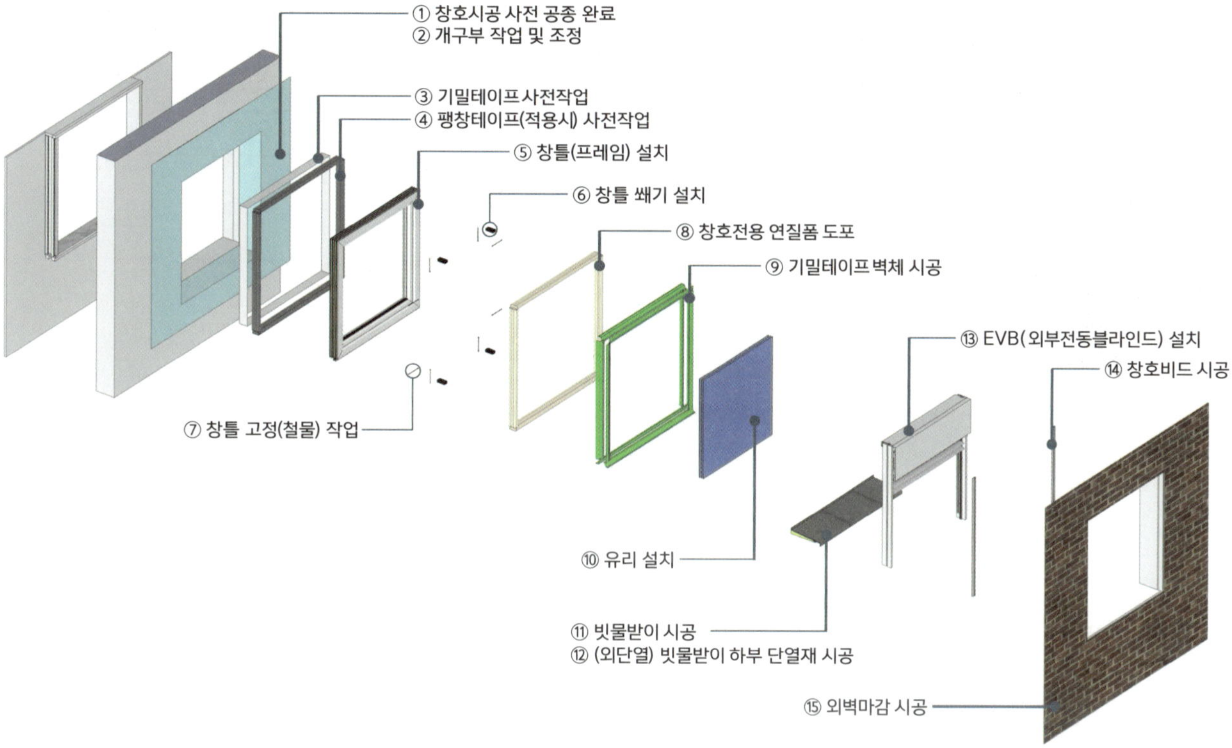

■ ①-⑮ 창호 설치 및 고정 세부 상세도

① 창호시공 사전 공종 완료
② 개구부 작업 및 조정
③ 기밀테이프 사전작업
④ 팽창테이프(적용시) 사전작업
⑤ 창틀(프레임) 설치
⑥ 창틀 쐐기 설치
⑦ 창틀 고정(철물) 작업
⑧ 창호전용 연질폼 도포
⑨ 기밀테이프 벽체 시공
⑩ 유리 설치
⑪ 빗물받이 시공
⑫ (외단열) 빗물받이 하부 단열재 시공
⑬ EVB(외부전동블라인드) 설치
⑭ 창호비드 시공
⑮ 외벽마감 시공

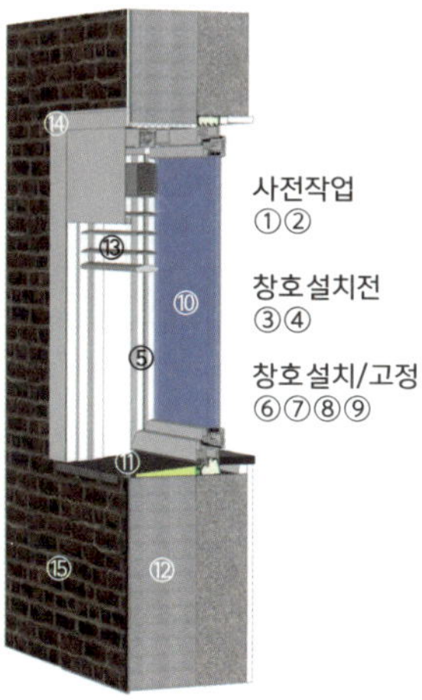

■ ⑪-⑫ 빗물받이 시공 조립분해도

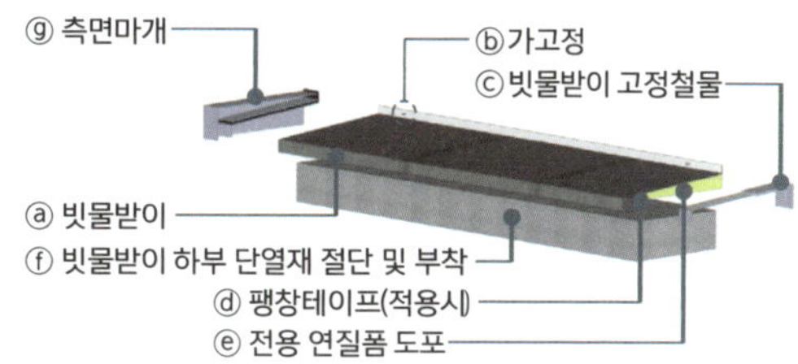

■ [시공 사진] 조립분해도 ① 창호시공 사전 공종 완료 ~ ② 개구부 작업 및 조정

01. 개구부 확보(투습방수지 제거)

02. 개구부 X자형 절단 및 고정

03. 개구부(투습방수지) 끝단 처리완료

04. 투습방수지상부 절단 처리
(방수 고려)

05. 측정기를 통한 창호 설치위치 실측

06. 고임목 준비

07. 고임목 배치 및 예상 수평위치 확보

■ [시공 사진] 조립분해도 ③ 기밀테이프 사전작업

· 내·외부 기밀테이프 사전 시공

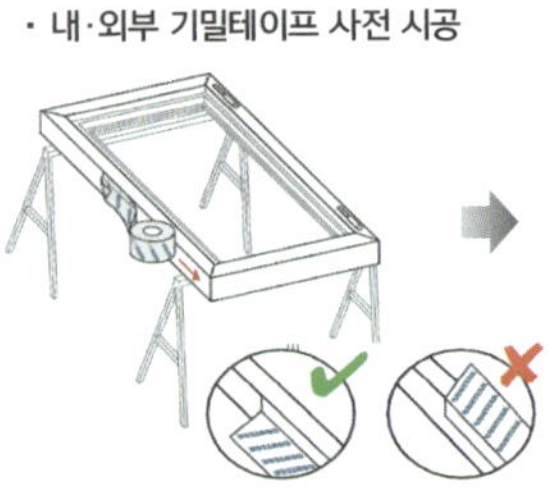

01. 테이프 접착면을 그림과 같이 작업한다.

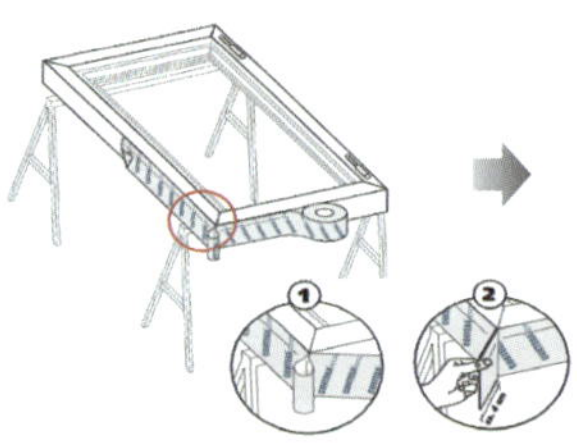

02. 모서리 부분은 4㎝ 겹쳐서 작업한다.

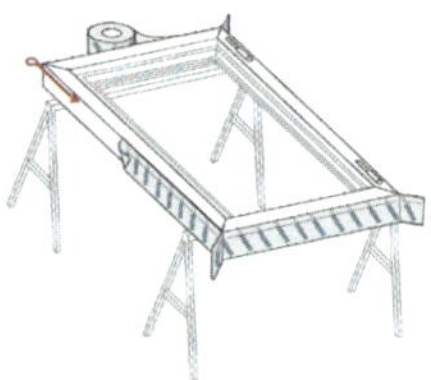

03. 테이프를 프레임에 둘러준다.

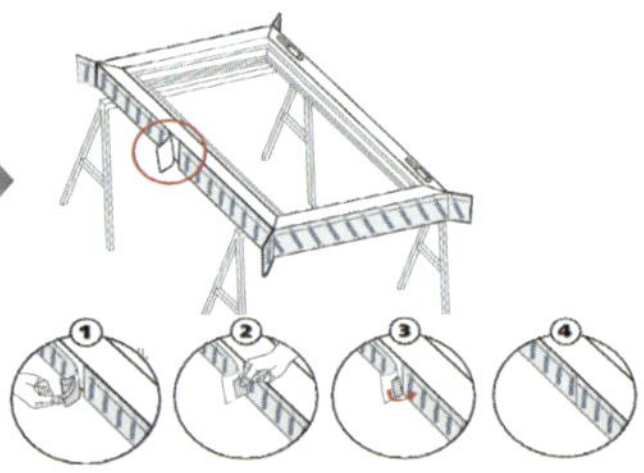

04. 양끝 5㎝ 겹치도록 절단한 후 접착면을 문질러 빈틈없이 붙여준다.

· 내·외부 기밀테이프 사전 시공 현장사례

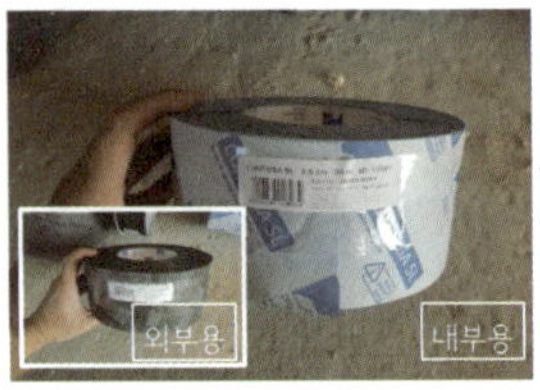

01. 내·외부 기밀테이프 준비

02. 기밀테이프 접착면 창호에 부착

03. 반대편 창호에도 동일하게 작업

04. 시공이 용이하도록 테이핑 작업(위) 또는 아래와 같이 기밀테이프를 안쪽으로 접어 테이핑

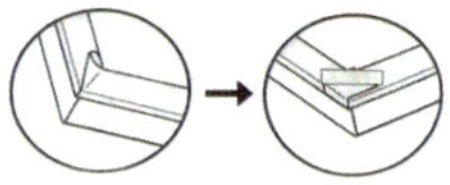

- 출처 : ㈜프로클리마(http://www.proclima.co.kr)

■ [시공 상세 및 설명] 조립분해도 ④ 팽창테이프(적용시) 사전작업

- **팽창 테이프 사전 시공**

01. 창호 프레임 이물질 제거

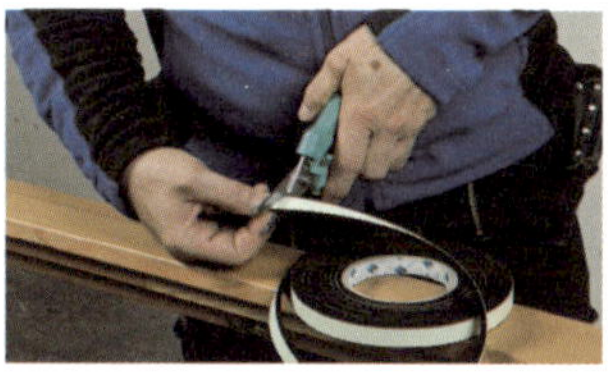
02. 개구부 사이즈에 맞춰 팽창테이프 절단

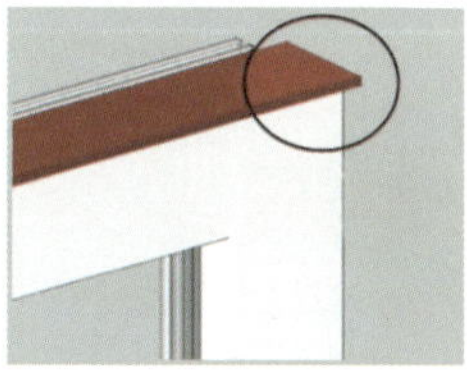
03. 개구부 사이즈로 창호 붙일 시 여유폭

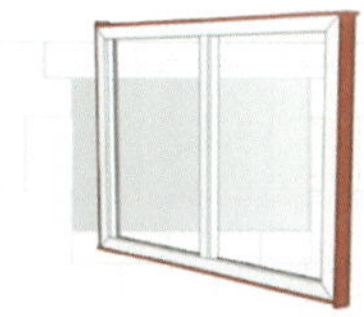
04. 테이프를 프레임에 둘러준다.

- **모서리 부분 시공예시(1)**

-개구부와 창호프레임 사이의 간격이 좁거나 목조 구조일 때 그림과 같이 시공한다.

- **모서리 부분 시공예시(2)**

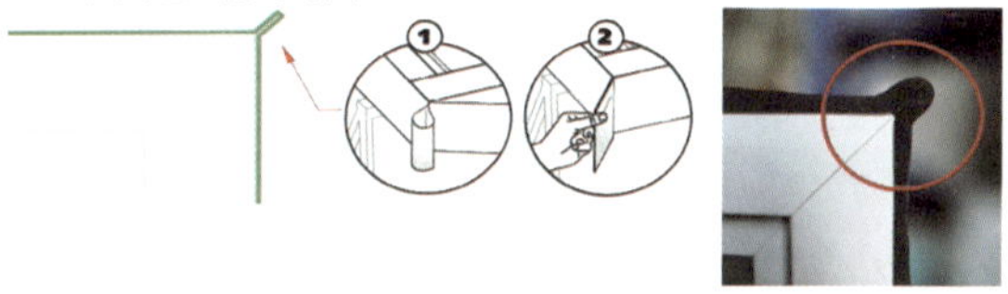
-개구부와 창호프레임 사이의 간격이 넓거나 RC구조일 때 그림과 같이 시공한다.

- **팽창 테이프 시공 시 주의사항**

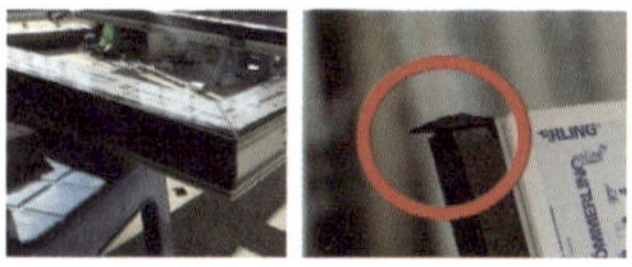
- 창호프레임보다 팽창테이프를 여유있게 절단하여 팽창 후 모서리를 빈틈 없게 한다.

- 아랫면에 고임목 설치 시 팽창테이프와 맞물리게 창호 기밀테이프를 시공한다.

- 팽창 테이프로 빈틈없이 기밀층 형성 및 팽창 후 울퉁불퉁한 구조면까지 꽉 채울 수 있다.
- 모서리 부분은 여유있게 절단하지 않을 경우 빈틈 발생 우려 있음.

■ [시공 사진] 조립분해도 ⑥ 창틀 쐐기 설치 ~ ⑦ 창틀 고정(철물) 작업

01. 열리는 창호 부분(개폐창) 분리

02. 각 해당 개구부로 창호 이동

03. 창호 주변 쐐기로 고정

04. 측정기로 레벨 위치 확인

05. 창호 설치 위치 세부 조정

06. 수직·수평 확인

07. 창호 철물 고정(전용 철물 사용)

08. 창호 고정 완료 및 개폐창 조립

■ [시공 상세 및 설명] 조립분해도 ⑥ 창틀 쐐기 설치 ~ ⑦ 창틀 고정(철물) 작업 (계속)

· 창호 종류에 따른 쐐기 설치 위치

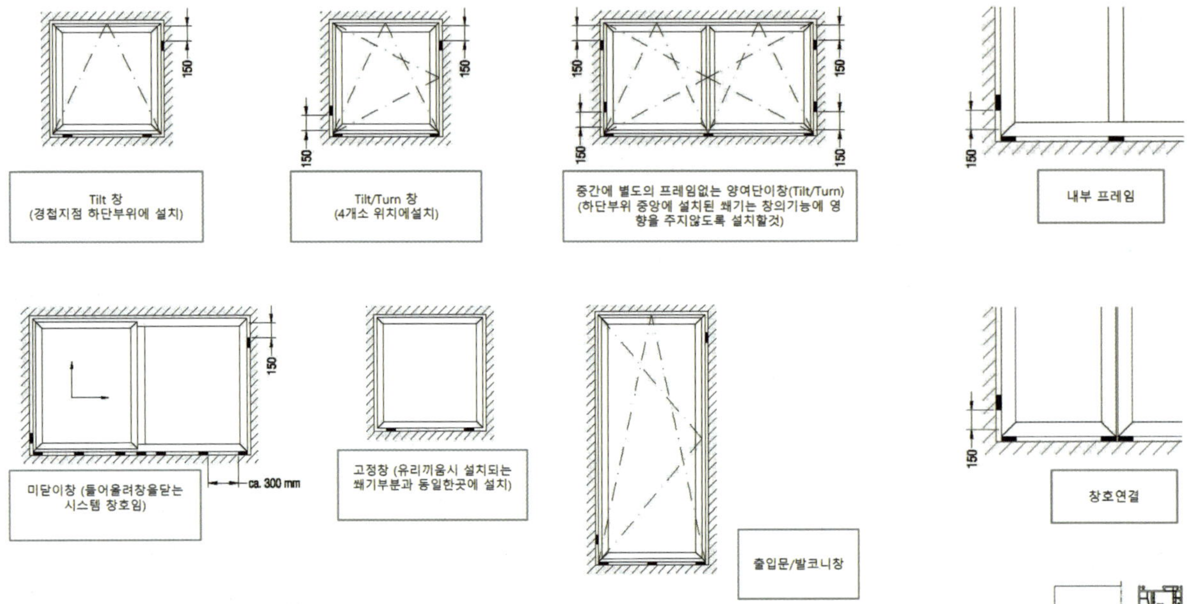

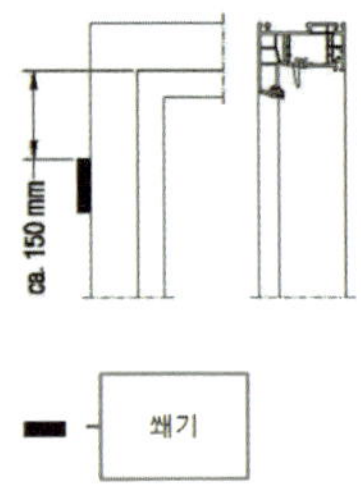

· 창호 설치 시 철물 고정점

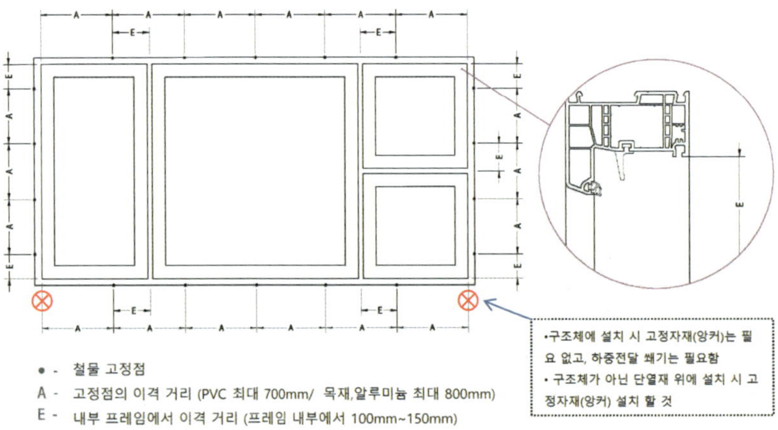

● - 철물 고정점
A - 고정점의 이격 거리 (PVC 최대 700mm/ 목재,알루미늄 최대 800mm)
E - 내부 프레임에서 이격 거리 (프레임 내부에서 100mm~150mm)

※ 개폐표시방법은 유럽식 표현임

- 출처 : 창호시공가이드라인 V15(2014, 패시브제로에너지건축연구소)

■ [시공 상세 및 설명] 조립분해도 ⑦ 창틀 고정(철물) 작업

· 창호 접합 방식

앙커 깊이 선정을 위한 조건들

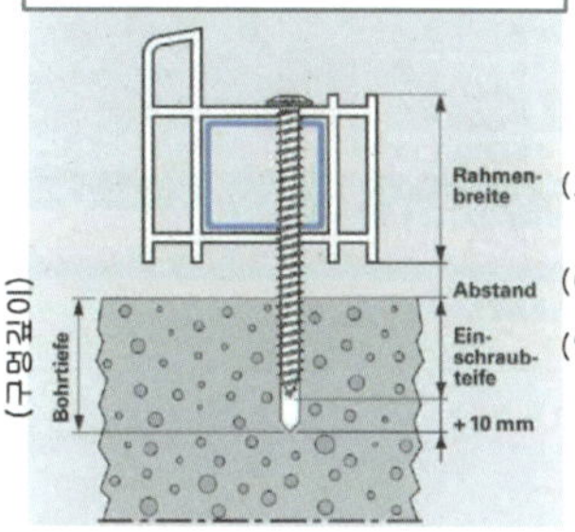

구조체에 따른 앙커길이

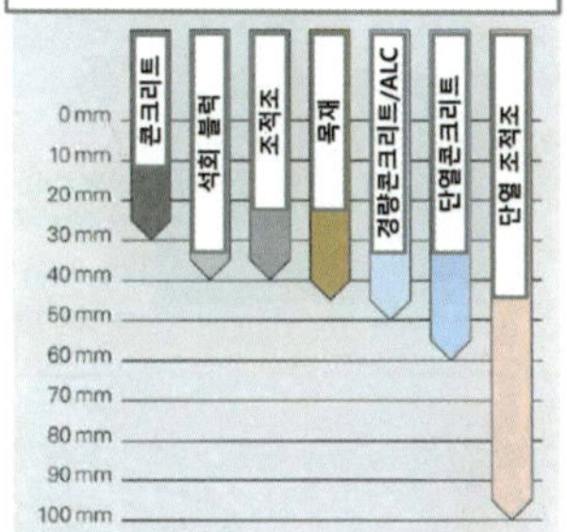

■프레임폭: Var.

■ 이격거리: 10-20mm

■ 구멍깊이: 앙커깊이 + 10mm

- 고정 철물 측벽 부위

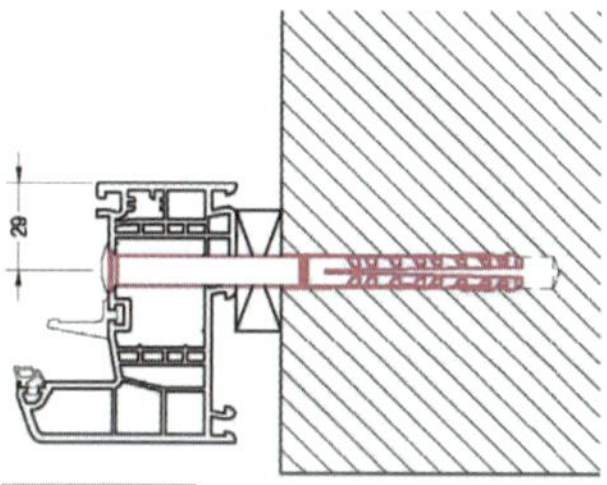

앙커시스템 (Ø10)

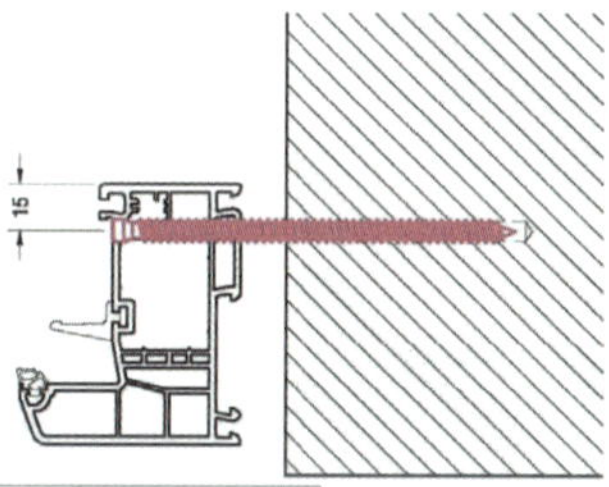

원형머리 전용나사 (Ø7.5)
IFT Rosenheim 연구소 측정

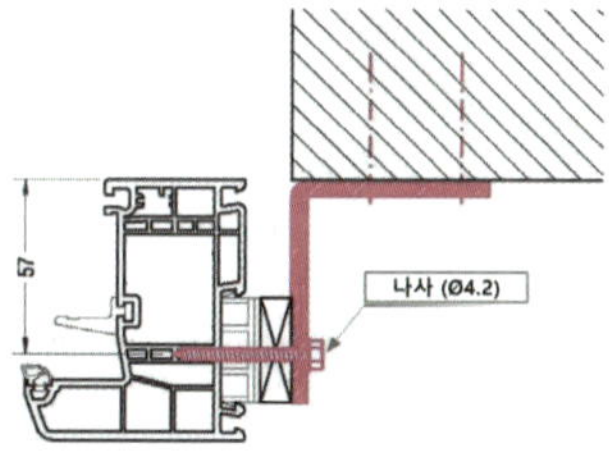

L 형강 고정

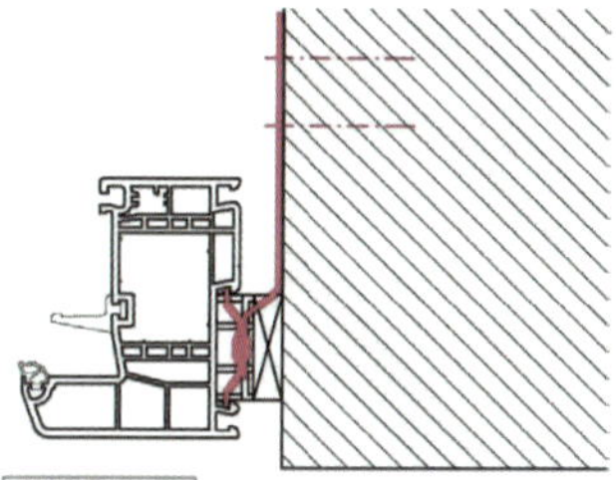
끼움철물 시스템

- 고정 철물 하단 부위

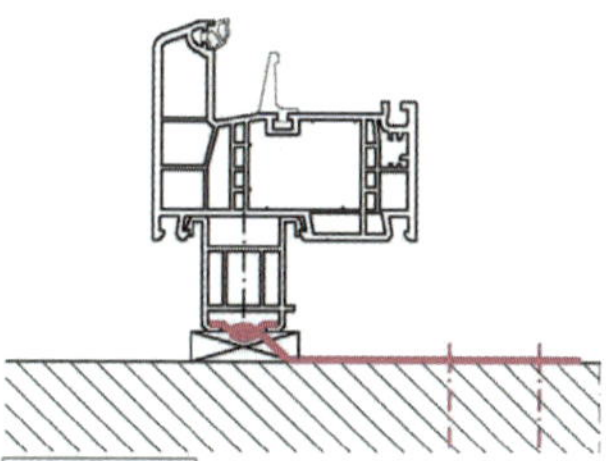
끼움철물 시스템

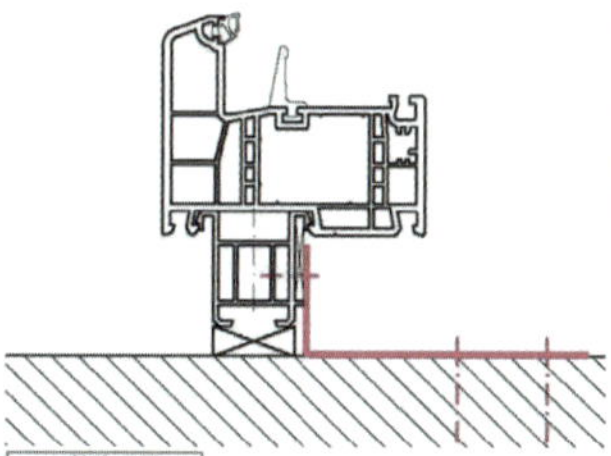
L 형강 고정

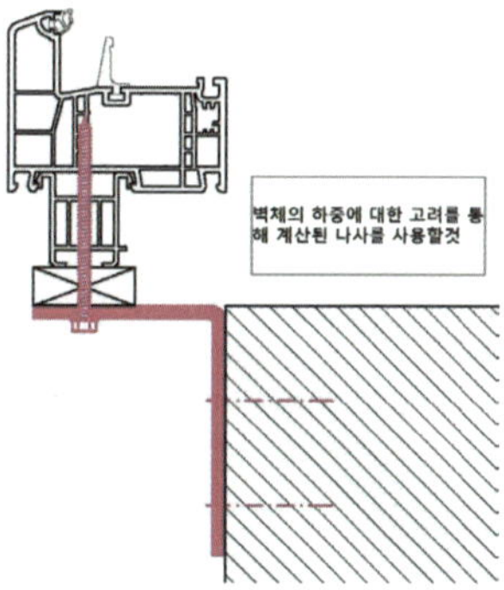

L 형강 고정

- 출처 : 창호시공가이드라인 V15(2014, 패시브제로에너지건축연구소)

■ [시공 사진] 조립분해도 ⑧ 창호전용 연질폼 도포 ~ ⑨ 기밀테이프 벽체 시공

01. (내측) 창호전용 연질폼 시공

02. (외측) 창호전용 연질폼 시공

03. 테이프 접착 전 연질폼 평탄화

04. (내측) 기밀 테이프 접착 및 누름

05. (내측) 추가 테이핑 처리

06. (외측) 기밀 테이프 접착 및 누름

07. (외측) 상부 등 추가 테이핑 처리

■ [시공 상세 및 설명] 조립분해도 ⑨ 기밀테이프 벽체 시공 (계속)

· (Indoor) Timber construction(목구조)

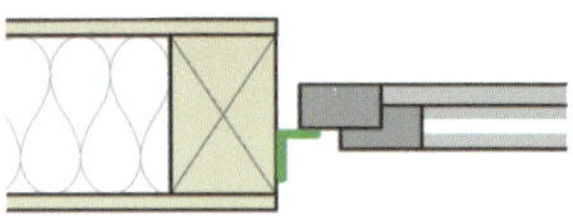
-창호시공 후, 기밀테이프를 부착하는 경우

01a. 내부 접착비닐 제거

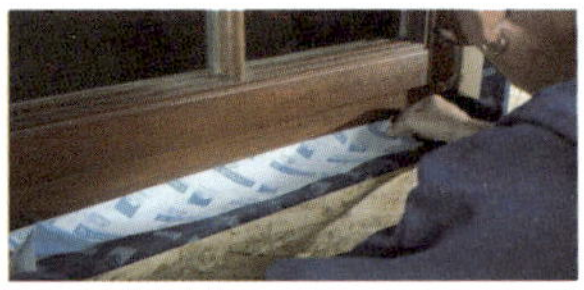
01b. 비닐을 제거하고 기밀테이프를 프레임에 부착

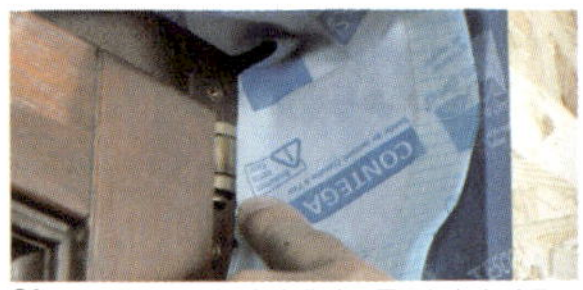
01c. 모서리 주변 기밀테이프를 접어서 시공
→ 접어서 시공되어야 기밀성능이 보장. 완료 후, 기밀테이프가 5㎝이상 겹치도록 절단

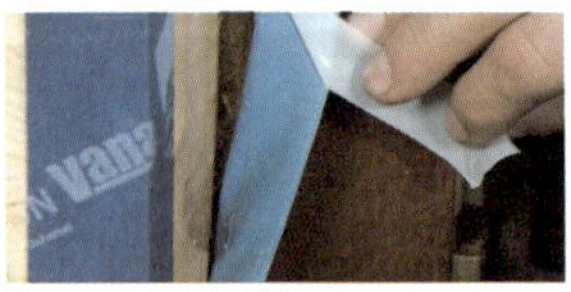
01d. 나머지 비닐을 제거하고 부착

01e. 전용공구를 사용하여 기밀테이프를 누른다.

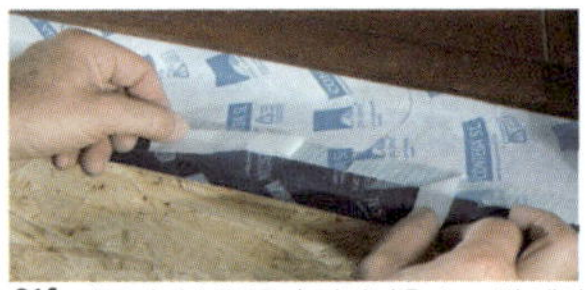
01f. 마무리된 부분은 후면비닐을 4cm씩 제거

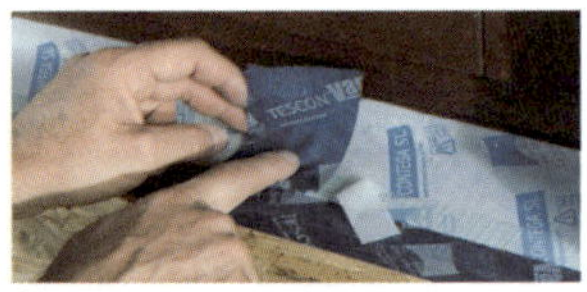
01g. 기밀테이프가 겹쳐지는 부분에 전용테이프를 부착

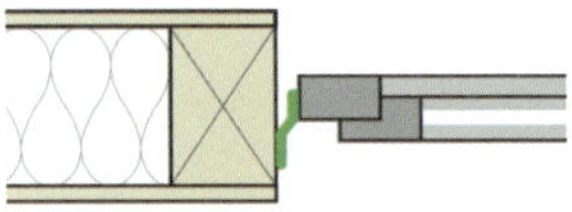
- 기밀테이프가 창호 프레임에 부착된 후 시공하는 경우

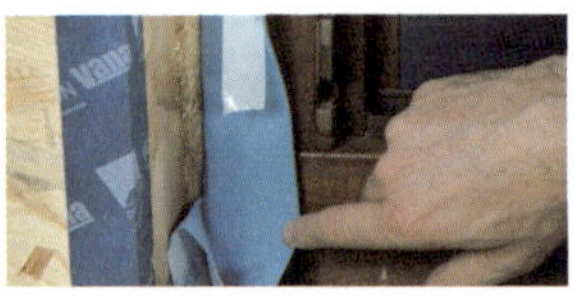
02a. 모서리 주변 기밀테이프 접어서 시공
→ 접어서 시공되어야 기밀성능이 보장

※ 참고: [시공 상세 및 설명] 조립분해도 ④ 팽창테이프(적용시) 사전작업

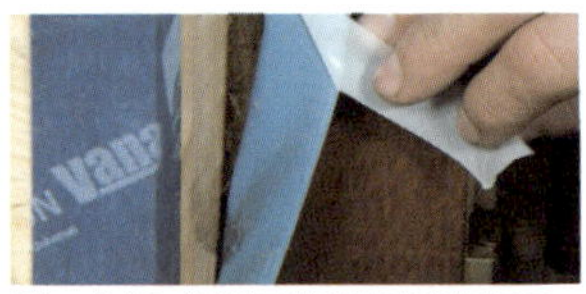
02b. 비닐을 제거하고 벽면에 기밀테이프를 부착

02c. 5mm 두께의 접착제를 사용하여 기밀테이프 겹쳐지는 부분 접착
→ 접착제도포 후, 완전히 평평하게 누르지 말것

- 출처 : ㈜프로클리마(http://www.proclima.co.kr)

■ [시공 상세 및 설명] 조립분해도 ⑨ 기밀테이프 벽체 시공 (계속)

· (Indoor) Masonry&Concrete construction(조적 및 콘크리트조)

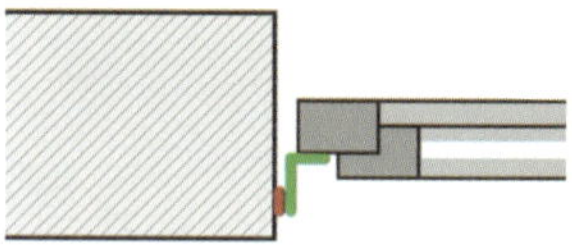

-창호시공 후, 기밀테이프를 부착하는 경우

03a. 내부접착비닐 제거 후 프레임에 접착

03b. 기밀테이프의 비닐을 창호 모서리부분까지 제거

03c. 접착면을 충분히 건조시키고, 먼지, 실리콘, 윤활유 등이 없도록 청소

03d. 접착제를 5mm 두께로 지그재그로 패턴으로 도포

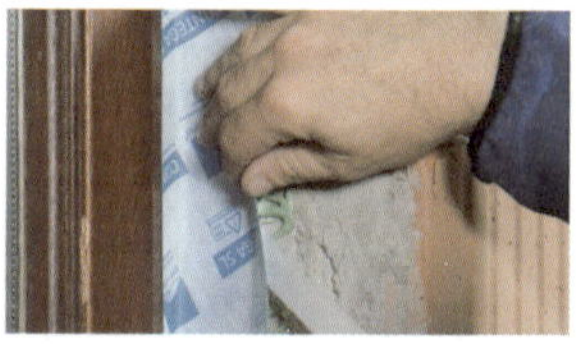

03e. 비닐 제거 후, 기밀테이프를 벽면에 부착
→ 접착제 도포 후, 완전히 평평하게 누르지 말 것

03f. 기밀테이프가 겹쳐지는 부분의 비닐을 제거하고 전용접착제를 사용하여 접착
→ 접착제 도포 후, 완전히 평평하게 누르지 말 것

03g. 바깥쪽 비닐을 제거
→ 비닐을 제거하지 않을 경우, 플라스터와 부착 안됨

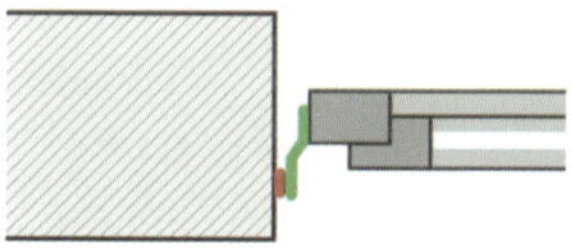

- 기밀테이프가 창호 프레임에 부착된 후, 시공하는 경우

04a. 접착제를 5mm 두께로 지그재그로 패턴으로 도포

04b. 비닐을 모서리부분까지 제거
→ 비닐을 제거하지 않을 경우, 접착제와 기밀테이프 부착 안됨

04c. 비닐을 제거한 후, 모서리 주변 기밀테이프 접어서 시공
→ 접어서 시공되어야 기밀성능이 보장

04d. 기밀테이프를 벽면에 부착
→ 접착제 도포 후, 완전히 평평하게 누르지 말 것

04e. 기밀테이프가 겹쳐지는 부분에 전용접착제를 도포하여 부착.
→ 접착제 도포 후, 완전히 평평하게 누르지 말 것

04f. 전용접착제를 이용하여 모서리부분을 접착시키면, 플라스터와 쉽게 부착

04g. 완료

- 출처 : ㈜프로클리마(http://www.proclima.co.kr)

■ [시공 상세 및 설명] 조립분해도 ⑨ 기밀테이프 벽체 시공 (계속)

· (Outdoor) Timber construction(목구조 외부용)

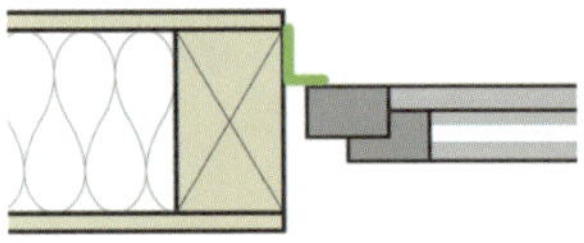

-창호시공 후, 기밀테이프를 부착하는 경우

01. 내부 접착비닐 제거

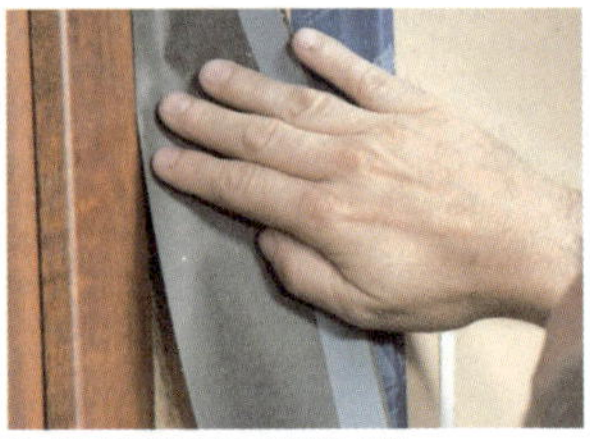

02. 기밀테이프를 프레임에 부착

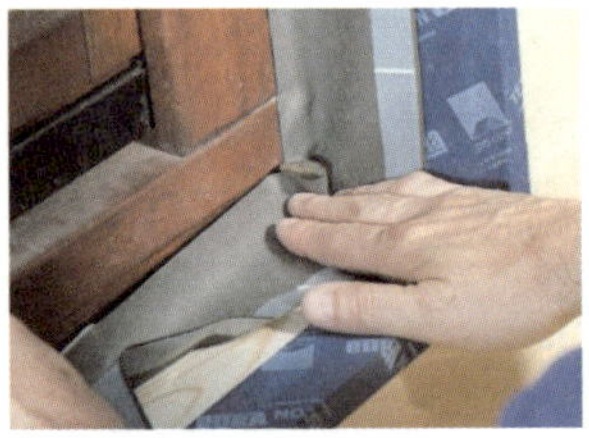

03. 모서리 주변 기밀테이프 접어서 시공
→ 접어서 시공되어야 기밀성능이 보장

04. 나머지 비닐을 제거하고 부착

05. 전용공구를 사용하여 기밀테이프를 누른다.

06. 기밀테이프가 겹쳐지는 부분은 비닐을 제거하고 전용접착제를 사용하여 접착

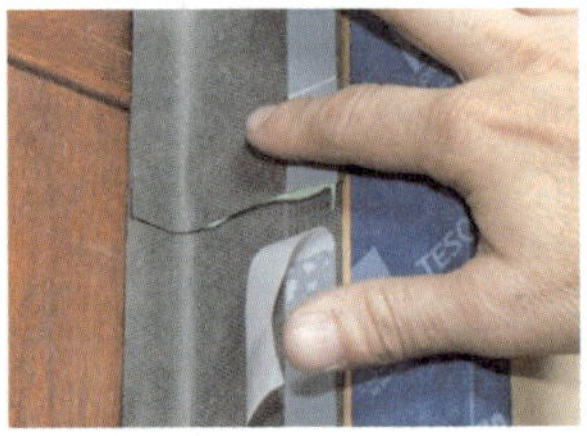

07. 접착제 도포 후, 완전히 평평하게 누르지 말 것

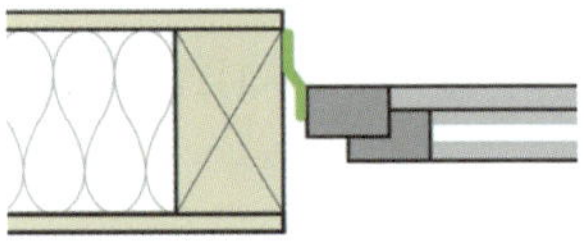

- 기밀테이프가 창호 프레임 부착된 후, 시공하는 경우

01. 비닐을 제거한 후, 모서리 주변 기밀테이프 접어서 시공
→ 접어서 시공되어야 기밀성능이 보장

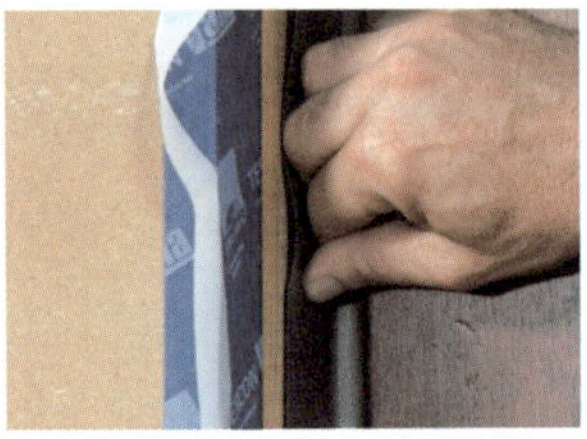

02. 내부 접착비닐 제거한 후, 벽면에 부착

03. 기밀테이프가 겹쳐지는 부분은 비닐을 제거하고 전용접착제를 사용하여 접착
→ 접착제도포 후, 완전히 평평하게 누르지 말 것

· (Outdoor) Masonry& Concrete construction(조적조 및 콘크리트조 외부용)

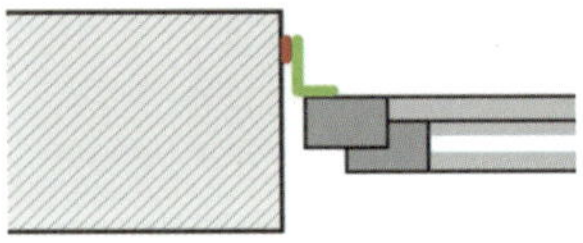

- 창호시공 후, 기밀테이프를 부착하는 경우

01. 비닐을 제거한 후, 기밀테이프 한 면을 프레임에 부착

02. 내부비닐을 제거

03. 모서리 주변 기밀테이프 접어서 시공
→ 접어서 시공되어야 기밀성능이 보장. 완료 후, 5cm 이상 겹칠 수 있도록 절단

- 출처 : ㈜프로클리마(http://www.proclima.co.kr)

■ [시공 상세 및 설명] 조립분해도 ⑨ 기밀테이프 벽체 시공

04. 접착제를 5㎜두께로 벽면 전체에 도포(지그재그 패턴)
→ 면이 거친 경우, 5mm 두께 이상 도포

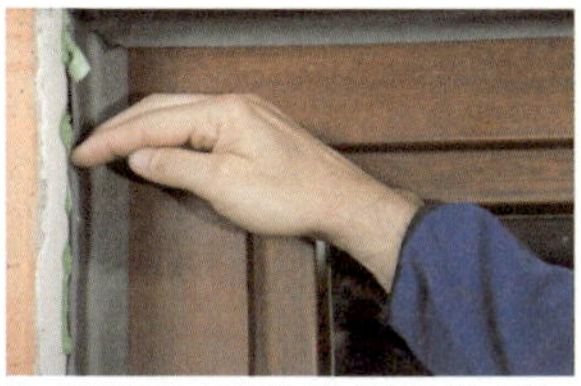

05. 기밀테이프 내부비닐을 제거한 후, 부착
→ 접착제 도포 후, 완전히 평평하게 누르지 말 것

06. 기밀테이프가 겹쳐지는 부분은 비닐을 제거하고 전용접착제를 사용하여 접착
→ 접착제 도포 후, 완전히 평평하게 누르지 말 것

07. 바깥쪽 비닐을 제거
→ 비닐을 제거하지 않을 경우, 플라스터와 부착 안됨

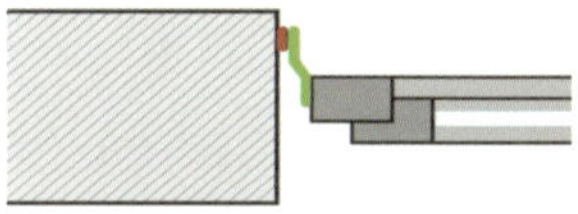

- 기밀테이프가 창호 프레임 부착된 후, 시공하는 경우

01. 접착제를 5㎜두께로 벽면 전체에 도포(지그재그 패턴)
→ 면이 거친 경우, 5mm 두께 이상 도포

02. 기밀테이프 내부비닐을 제거
→ 접착제 도포 후, 완전히 평평하게 누르지 말 것

03. 비닐을 제거한 후, 모서리 주변 기밀테이프 접어서 시공
→ 접어서 시공되어야 기밀성능이 보장

04. 기밀테이프 부착

05. 기밀테이프가 겹쳐지는 부분은 비닐을 제거하고 전용접착제를 사용하여 접착
→ 접착제 도포 후, 완전히 평평하게 누르지 말 것

06. 전용접착제를 사용하여 모서리부분 접착
→ 모서리부분을 접착시키면 플라스터가 쉽게 부착

07. 완료

- 출처 : ㈜프로클리마(http://www.proclima.co.kr)

■ [시공 사진] 조립분해도 ⑩ 유리 설치

01. GB(유리고정 테) 분리

02. 고임목 배치, (유리) 고정재 끼움

03. 유리 끼우기

04. GB(유리고정 테) 조립

05. 개폐창 작동유무 확인

06. 유리 설치 완료

07. (필요 시) 접합부 전용 실란트 처리

08. 청소, 정리, 보양 등

■ [시공 상세 및 설명] 조립분해도 ⑪ 빗물받이 시공 ~ ⑫ 빗물받이 하부 단열재 시공

· 외단열 미장마감에서 빗물받이 설치 순서도

01. 창호 기밀 시공 완료

02. 단열재두께 - 빗물받이 사이즈 선정

03. 빗물받이에 접착 테이프 부착

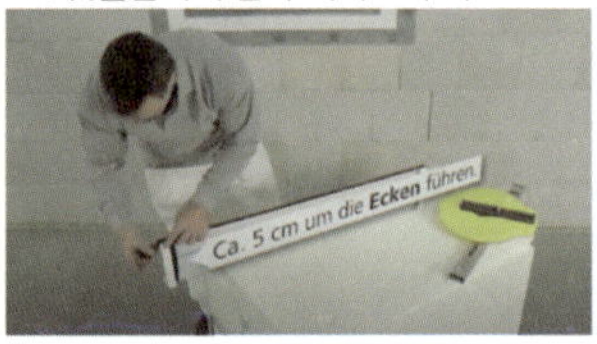

04. 빗물받이 접착 부위에 부착

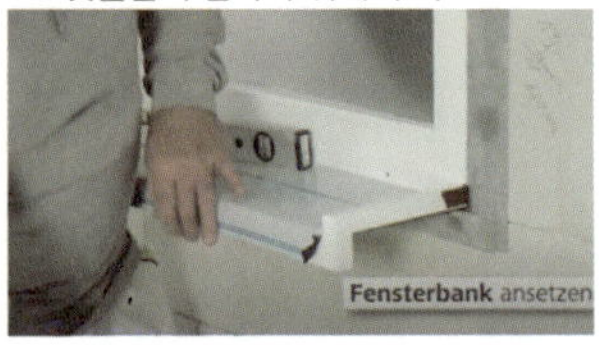

05. 빗물받이 가고정

06. 빗물받이 받침대 설치

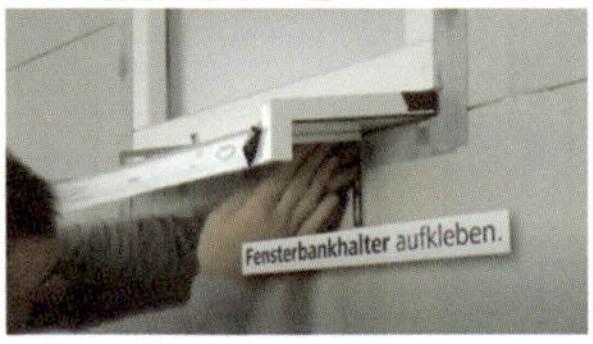

07. 빗물받이 받침대 고정

08. 빗물받이 받침대 수평 및 완료

09. 틈새 부위 전용 폼 도포

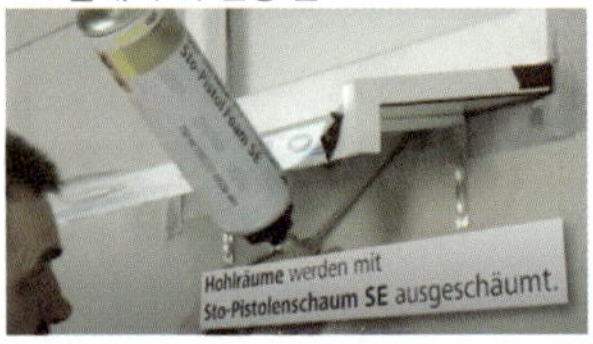

10. 단열재 절단 부위 측정

11. 단열재 절단

12. 단열재에서 빗물받이 돌출 부위 절단

13. 접착 부위 팽창 테이프 부착

14. 접착부위 팽창 테이프부착(이음시공)

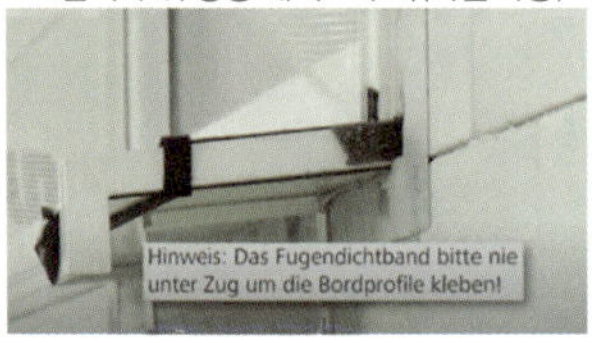

15. 단열재 부착 및 수직·수평 측정

16. 단열재내측 전용 폼 도포로 기밀시공

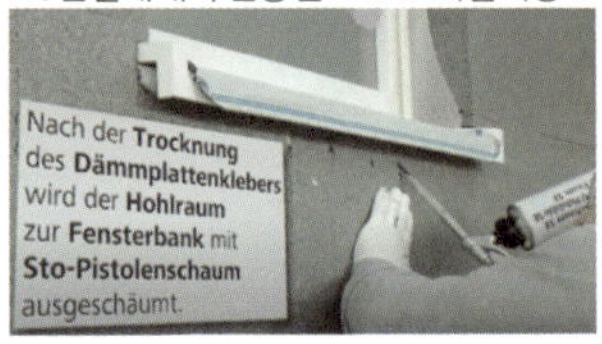

· 외단열 미장마감에서 빗물받이 설치 시 주의사항

▶ 잘못된 시공 방법

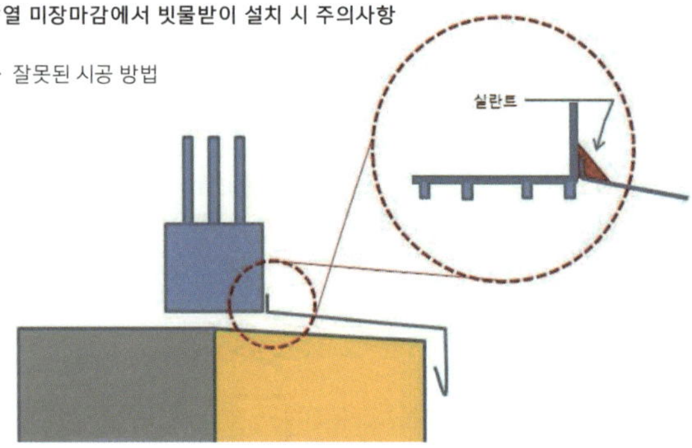

- 프레임 옆에 빗물받이 고정을 할 경우, 시간이 흐르면 실란트는 결국 벌어지고, 이 부분으로의 방수는 기대하기 어렵게 된다.

▶ 올바른 시공 방법

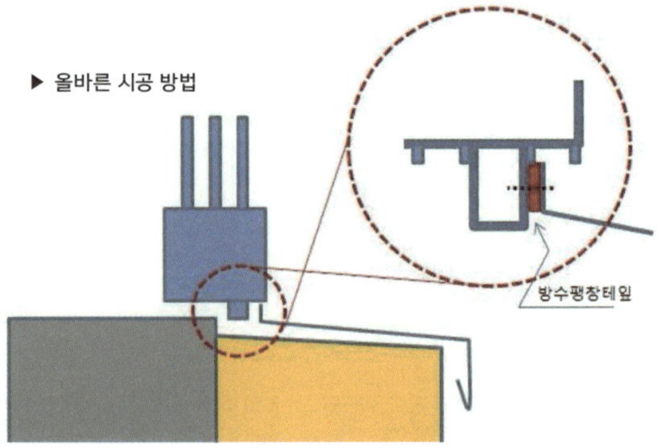

- 프레임 하단에 빗물받이 고정을 위한 부자재가 끼워져야 한다

- 출처 : 한국패시브건축협회(https://www.phiko.kr)

■ [시공 사진] 조립분해도 ⑪ 빗물받이 시공 ~ ⑫ 빗물받이 하부 단열재 시공

01. 외벽 창호 설치 완료

02. 빗물받이 하부철물 설치 및 창호에 고정

03. 빗물받이 설치 완료 (1)

04. 빗물받이 설치 완료 (2)

05. 창호 주변/하부 단열재 1겹 설치

06. 창호 주변/하부 단열재 2겹 설치

■ [시공 사진] 조립분해도 ⑬ EVB 외부전동블라인드 설치

▶ 외부전동블라인드 설치 전 모습

■ [시공 상세 및 설명] EVB 제어장치의 구성

< EVB 모터 >

< 틸팅 리모컨 >

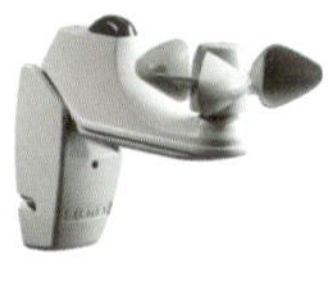
< 외부용 태양바람센서 >

▶ 외부전동블라인드 설치 후 운영 모습

■ [시공 상세 및 설명] 외부전동블라인드(EVB) 케이블타입의 부품도

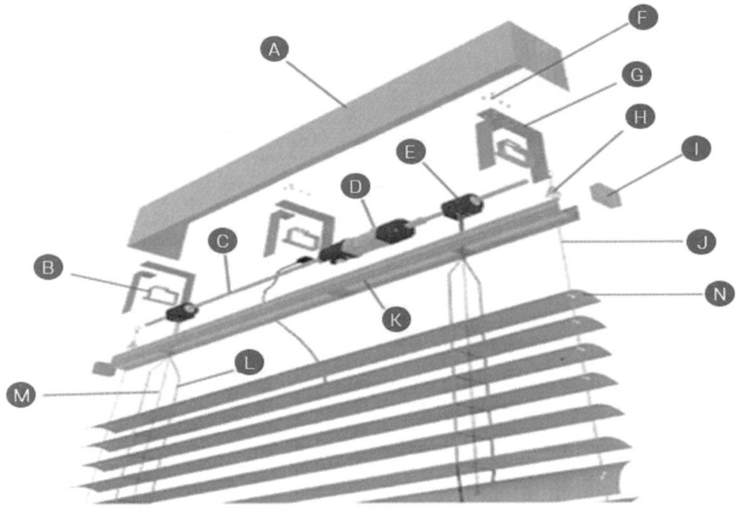

- Ⓐ HEAD BOX COVER
- Ⓑ HEAD BOX BRACKET
- Ⓒ AL. EXTRUDE SHAFT
- Ⓓ EXTERNAL BLIND MOTER
- Ⓔ BLIND SPOOL
- Ⓕ STAINLESS BOLT/NUT
- Ⓖ L_TYPE BRACKET
- Ⓗ CABLE TENSION SPRING
- Ⓘ PLASTIC HEAD BOX CAP
- Ⓙ CABLE
- Ⓚ HEAD BOX
- Ⓛ LADDER STRING
- Ⓜ LIFT TAPE
- Ⓝ AL. SLAT

- 출처 : EBMLEADER(http://www.ebmleader.com)

■ [시공 상세 및 설명] 블라인드 내장형 창호의 시공상세 및 설치 사례

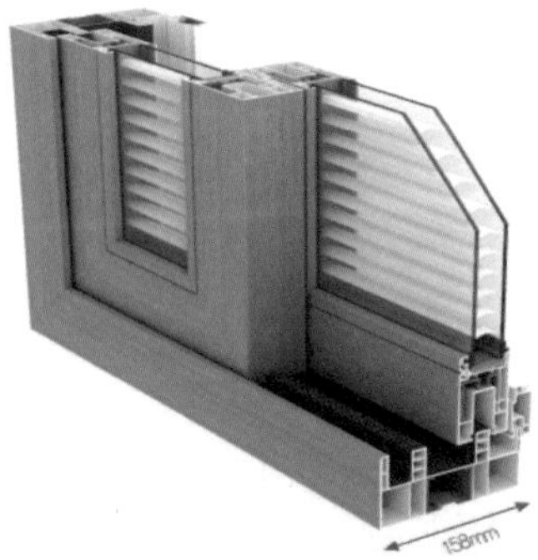

블라인드 내장형 창호의 단면도

블라인드 내장형 창호의 설치 사례

- 출처 : LG하우시스(http://www.lxhausys.co.kr)

CHAPTER 16

02

SBCS 41 90 55 15

유리공사

1 일반사항

1.1 적용범위

(1) 이 기준은 각종 건축물에 사용하는 유리제품의 설치와 거울공사에 적용한다.
(2) 유리공사 중 설계도서에 정한 바가 없을 때는 이 기준에 따른다.

1.2 참고 기준

(1) 유리공사의 참고 기준은 *KCS 41 55 09 (1.2)*에 따르며, 추가사항은 다음과 같다.
① SBCS 41 90 34 05 벽돌공사
② SBCS 41 90 56 소규모 지붕공사
③ (사)한국판유리창호협회, SPS-KFGIA 002-1799 가스주입 단열유리

1.3 용어의 정의

(1) 유리공사의 용어의 정의는 *KCS 41 55 09 (1.3)*에 따른다.

1.4 제출물

1.4.1 시공상세도

(1) 유리의 시공상세도
유리의 시공상세도는 마감공사, 커튼월 공사 등의 시공상세도 등에 포함시키는 것을 원칙으로 한다. 단 거울, 장식유리, 유리스크린 등 공사감리자가 필요하다고 판단되는 경우에 대해서는 별도의 유리시방도서를 작성할 수 있다.
(2) 유리 일람표
건축물에는 각종의 유리가 사용되므로 품종, 두께, 형태, 치수, 시공방법으로 구분하여 유리 일람표를 작성하는 것을 원칙으로 하나 현장 도면으로 대신할 수 있다.
(3) 시공요령서
시공요령서는 공사개요, 공사범위, 관리체제, 공정표, 사용재료의 명칭, 규격, 제작자, 제작공장, 제작, 시공방법, 제품검사, 반입 및 양중의 계획, 시공기기 및 장비, 시공순서 및 요령, 양생, 청소, 검사 및 안전관리 등을 기재한다.
(4) 견본의 제출 및 시험제작
견본의 제출 및 시험제작에 대해서는 공사시방서에 따른다.

1.4.2 구조계산서

(1) 판유리 및 structural silicone glazing 시스템의 시공 전 풍압계산서 및 구조용 실란트 등 필요한 구조검토를 현장설계 공사감리자와 협의할 수 있다.

1.5 운반 및 보관

(1) 판유리의 운반은 크기, 무게, 현장상황과 운반거리 등에 따라 적절한 운반방법을 선택한다.
(2) 현장에 반입되는 모든 재료는 제조회사의 상표가 표기되어 있어야 하며, 목재 상자, 팔레트로 운반해 온 유리는 그대로 보관한다.
(3) 현장반입 시 손상의 유무, 수량 등에 대해 공사감리자의 확인을 받는다.

(4) 목재 상자, 팔레트가 없는 경우 벽, 바닥에 고무판, 나무판을 대고 유리를 세워두며, 유리와 유리 사이에는 코르크판 등 완충제를 끼워 보관한다.
(5) 모든 입고품은 확인을 실시하며, 의심스러운 상자는 분리하여 검사한다. 특히 유리에 대해서는 규격 검사를 명확히 한다.
(6) 적치와 중간취급을 최소화할 수 있도록 반입 및 수송계획을 수립하고, 층별 운반 계획도 고려한다.
(7) 유리의 보관은 시원하고 건조하며 그늘진 곳에 통풍이 잘 되게 하고, 직사광선이나 비에 맞을 우려가 있는 곳은 피해야 한다.
(8) 즉시 사용하지 않을 유리는 비닐이나 방수포로 덮고, 상자 내의 열집적 방지를 위해 상자 사이의 공기순환을 고려하여 적치한다.
(9) 사용 실란트, 개스킷 등 사용부재료의 성능에 대한 시험결과를 제조업자로부터 재료 반입시 함께 받는다.
(10) 복층 유리는 20매 이상 겹쳐서 적치하여서는 안 되며, 각각의 판유리 사이는 완충재를 두어 보관한다.

▼ CHECK 01
- 유리자재는 야적공간, 중량물, 안전성 등을 고려해 반입·양중·반출 계획을 별도로 수립하여 진행한다.

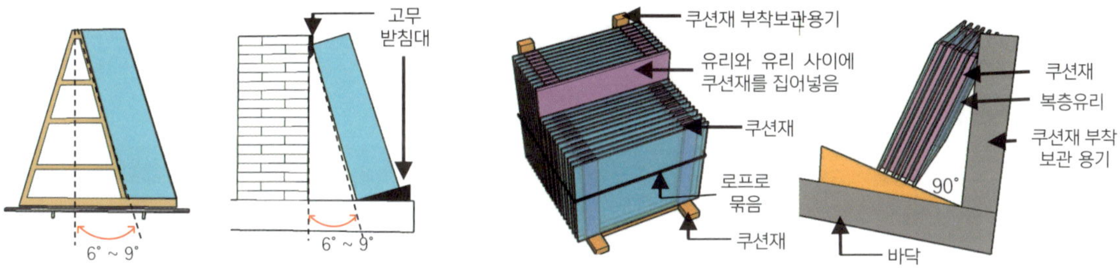

<원판 유리 보관> <복층 유리 보관>

[그림 1.5-1] 원판/복층유리 보관

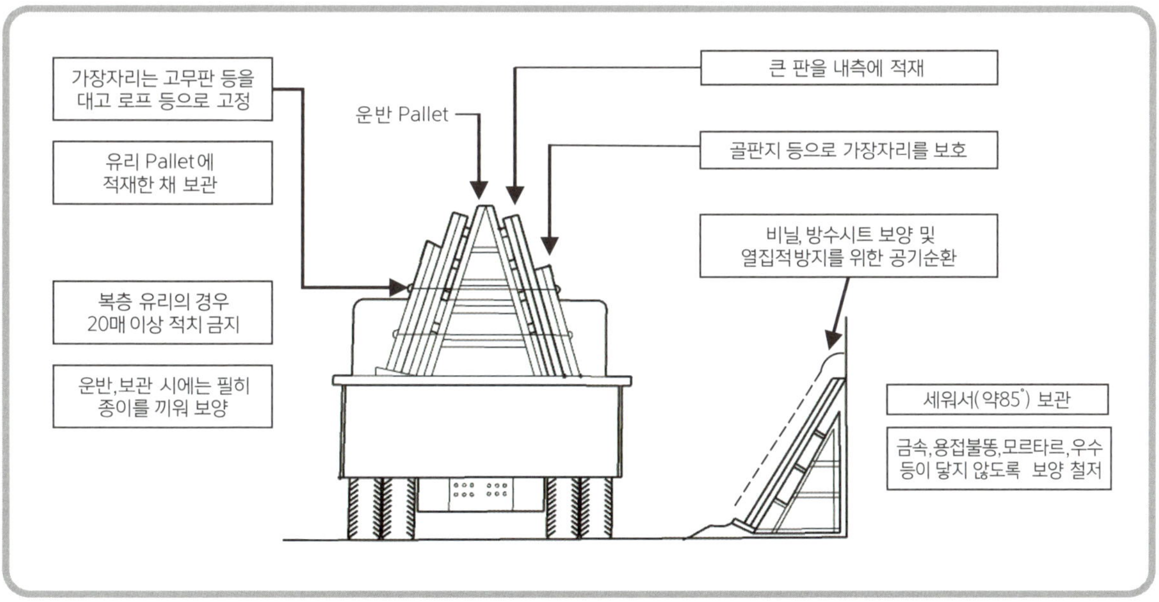

[그림 1.5-2] 운반 및 보관 계획 CHECK 01

- 출처 : 건설기술지침 Rev.2(2019, 대한건축학회, 대우건설)

[표 1.5-1] 유리 취급 및 보관 시 유의사항

취급 시	상·하차 시	운송 시	보관 시
· 유리 취급 시 장갑, 안전모 등 보호장구 착용 · 작업 전 유리 파손 여부 확인 · 유리 파손 시, 유리파편이 비산되지 않도록 테이프를 부착하여 처리 · 유리 보관대 정면에서 작업시, 주의	· 품종, 규격, 수량 등 확인 · 유리 파손부위 확인 · 유리 및 프레임 고정여부 확인 · 프레임 손상여부 확인 · 평탄한 곳에서 작업을 수행하며 작업 중 차량의 기울기에 주의	· 차량의 허용중량 준수 · 과속, 급정지삼가 · 커브길운행 시, 감속 · 유리 운반 시, 반사에 의한 피해 주의 · 우천 시, 덮개 등으로 보양한 후 운반	· 상이한 규격의 유리를 동시에 적치시, 소형규격의 모서리에 완충재 적치 · 공기와 타공정에 방해되지 않는 곳에 보관하고 환기가 잘 되는 곳에 보관 · 규격에 맞는 목재상자 등에 보관 · 유리 하부에 나무받침대 등으로 고정 · 유리 표면이 맞닿는 경우, 간지 등을 사이에 시공

[표 1.5-2] 유리 운반작업 안전시공사례

작업내용	위험포인트	안전관리대책
창호 및 유리 자재 하역	· 운반 신호수 미배치 : 협착 · 지게차 운반시 적재중량 초과 · 팔레트 운반시 좌우 불균형 : 전도 · 자재 운반 반경 내 접근시 협착	· 지정된 신호수의 배치 - 신호수 안전모 / 신호복 / 신호봉 / 호루가기 등 확인 · 지게차 운반시 적재중량 확인 · 팔레트 운반시 좌우균형 및 지반 돌출물, 상태 확인 · 자재 운반 주변 통제
창호 및 유리 인력 운반 보관대 → 각 실(세대) → 설치장소	· 단독으로 무리한 작업시 전도 · 2인 1조 작업시 신호불량으로 인한 낙하 · 수직 →수평 전환시 미끄러짐으로 인한 창상 / 안면 손상	· 2인 1조 작업 - 대형 3인 1조 / 압착기 사용시 양중가능 중량 확인, 압착기 압착능력 상태 사전 확인 · 신호체계 상호 확인 · 대형 전환시 상호 신호 및 균형유지 철저 · 주변 통제
자재 적재	· 유리 내려 놓는 중 자세 불량으로 인한 요통	· 하역 신호 체계 확인 - 무리한 자세 금지

- 출처 : 창호 및 유리 작업안전(2009. 한국산업안전보건공단, 오지환 외)

2 자재

2.1 재료

(1) 유리공사의 재료에 대한 일반적인 사항은 *KCS 41 55 09 (2.1 재료)*에 따른다.

(2) 유리의 단열성능, 열관류율, 중공층 가스 성질, 간봉 및 두께, 로이코팅 유리 특징은 표 2.1-1~표 2.1-6을 참조한다.

[표 2.1-1] 창의 단열성능 CHECK 02

유리의 종류			프레임의 종류별 열관류율								
			금속재						플라스틱 또는 목재		
			열교차단재[1] 미적용			열교차단재 적용					
유리의 공기층 두께[mm]			6	12	16 이상	6	12	16 이상	6	12	16 이상
창	복층창	일반복층창[2]	4.0	3.7	3.6	3.7	3.4	3.3	3.1	2.8	2.7
		로이유리(하드코팅)	3.6	3.1	2.9	3.3	2.8	2.6	2.7	2.3	2.1
		로이유리(소프트코팅)	3.5	2.9	2.7	3.2	2.6	2.4	2.6	2.1	1.9
		아르곤 주입	3.8	3.6	3.5	3.5	3.3	3.2	2.9	2.7	2.6
		아르곤 주입+로이유리(하드코팅)	3.3	2.9	2.8	3.0	2.6	2.5	2.5	2.1	2.0
		아르곤 주입+로이유리(소프트코팅)	3.2	2.7	2.6	2.9	2.4	2.3	2.3	1.9	1.8
	삼중창	일반삼중창[2]	3.2	2.9	2.8	2.9	2.6	2.5	2.4	2.1	2.0
		로이유리(하드코팅)	2.9	2.4	2.3	2.6	2.1	2.0	2.1	1.7	1.6
		로이유리(소프트코팅)	2.8	2.3	2.2	2.5	2.0	1.9	2.0	1.6	1.5
		아르곤 주입	3.1	2.8	2.7	2.8	2.5	2.4	2.2	2.0	1.9
		아르곤 주입+로이유리(하드코팅)	2.6	2.3	2.2	2.3	2.0	1.9	1.9	1.6	1.5
		아르곤주입 +로이유리(소프트코팅)	2.5	2.2	2.1	2.2	1.9	1.8	1.8	1.5	1.4
	사중창	일반사중창[2]	2.8	2.5	2.4	2.5	2.2	2.1	2.1	1.8	1.7
		로이유리(하드코팅)	2.5	2.1	2.0	2.2	1.8	1.7	1.8	1.5	1.4
		로이유리(소프트코팅)	2.4	2.0	1.9	2.1	1.7	1.6	1.7	1.4	1.3
		아르곤 주입	2.7	2.5	2.4	2.4	2.2	2.1	1.9	1.7	1.6
		아르곤 주입+로이유리(하드코팅)	2.3	2.0	1.9	2.0	1.7	1.6	1.6	1.4	1.3
		아르곤 주입+로이유리(소프트코팅)	2.2	1.9	1.8	1.9	1.6	1.5	1.5	1.3	1.2
	단창		6.6			6.10			5.30		

주 1) 열교차단재 : 열교 차단재라 함은 창의 금속프레임 외부 및 내부 사이에 설치되는 폴리염화비닐 등 단열성을 가진 재료로서 외부로의 열흐름을 차단할 수 있는 재료를 말한다.

주 2) 복층창은 단창+단창, 삼중창은 단창+복층창, 사중창은 복층창+복층창을 포함한다.

주 3) 창을 구성하는 각 유리의 공기층 두께가 서로 다를 경우 그 중 최소 공기층 두께를 해당 창의 공기층 두께로 인정하며, 단창+단창, 단창+복층창의 공기층 두께는 6㎜로 인정한다.

주 4) 창을 구성하는 각 유리의 창틀이 서로 다를 경우에는 열관류율이 높은 값을 인정한다.

주 5) 복층창, 삼중창, 사중창의 경우 한면만 로이유리를 사용한 경우, 로이유리를 적용한 것으로 인정한다.

주 6) 삼중창, 사중창의 경우 하나의 창 및 문에 아르곤을 주입한 경우, 아르곤을 적용한 것으로 인정한다.

- 출처 : 건축물의 에너지절약 설계기준(2022. 국토교통부)

▲ CHECK 02

창 및 문의 열관류율 값

- 공인시험성적서가 없을 경우 창 및 문의 단열성능 인정기준은 *(표 2.1-1)*과 같이 『건축물의 에너지절약설계기준, [별표4]』에 제시된 창의 단열성능을 참고할 수 있으나, 최근 강화된 단열기준에 적합하기 위해서는 공인시험성적서 또는 에너지소비효율등급을 보유한 고효율 창 및 문의 적용이 필요하다.
- *(표 2.1-1)*은 창의 종류, 유리의 공기층 두께(㎜)에 따른 열관류율 값을 제공한다.

[표 2.1-2] 유리 구성 종류별 유리 중심부 열관류율(W/㎡K)

구 분	공기층/아르곤층	투명 무코팅	Low-e1) e=0.05	Low-e1) e=0.10	Low-e1) e=0.20
단판유리	-	5.91	n/a	n/a	3.86
복층유리	6mm 공기층 6mm 아르곤층2) 12mm 공기층 12mm 아르곤층2)	3.12 2.84 2.73 2.61	2.27 1.87 1.70 1.42	2.38 1.99 1.76 1.53	2.50 2.16 1.99 1.76
삼중유리 (Low-e 일면)	6mm 공기층 6mm 아르곤층2) 12mm 공기층 12mm 아르곤층2)	2.10 1.93 1.76 1.65	1.70 1.42 1.25 1.08	1.76 1.48 1.31 1.14	1.82 1.59 1.42 1.25
삼중유리 (Low-e 양면)	6mm 공기층 6mm 아르곤층2) 12mm 공기층 12mm 아르곤층2)	-	1.42 1.14 0.91 0.74	1.48 1.19 1.02 0.79	1.59 1.31 1.14 0.97

주 1) e = emissivity 2) 90% 아르곤충진 3) GANA Glazing manual TABLE 8, Center of Glass U-Value

[표 2.1-3] 중공층 특수가스의 종류 및 물성 CHECK 03

물성	단위	아르곤	크립톤	제온	공기
열전도율	W/m·K	0.1684	0.09	0.054	0.253
밀도	Kg/cbm	1.699	3.56	5.897	1.23
점도	Kg/m·s	0.000216	0.000234	0.000228	0.000175
비열	J/kg·K	519	345	340	1007

[표 2.1-4] 간봉 및 중공층 두께 CHECK 04

제품명	알루미늄 간봉	Warm-Light	Swispacer	TGI	Superspacer
단면		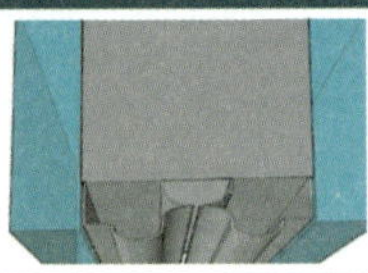		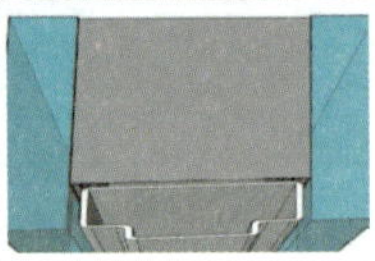	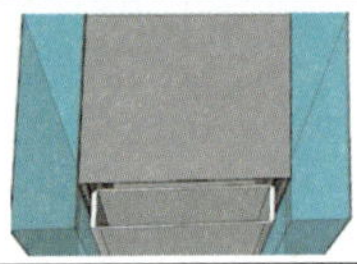
소재	알루미늄	AL + 고강도 폴리우레탄	특수강화 플라스틱	SST + 특수플라스틱	Silicon Foam
열전도율	200 (W/m·K)	0.2 (W/m·K) 이하			
중공층 두께	간봉의 크기(두께)로 확인				

- 출처 : 건설기술지침 Rev.2(2019, 대한건축학회, 대우건설)

▲ CHECK 03

- 공기층을 주로 사용하며, 그 외에 아르곤 가스를 많이 사용함.
- 아르곤 가스 : 무색, 무취, 무미의 비활성 기체. 어떤 물체를 산소나 다른 반응성이 있는 기체로부터 보호할 필요가 있을 때 사용된다. 비교적 값이 싸고 구하기 쉬워 많은 범위에서 사용된다.

▲ CHECK 04

- 간봉 : 유리의 간격을 유지하며 흡습제의 용기가 되는 재료
- 흡습제 : 작은 기공을 수억 개 갖고 있는 입자로, 기체분자를 흡착하는 성질에 의해 밀폐공간에서 건조상태를 유지하는 재료
- 접합재료 : 1차 실런트(간봉과 유리를 접합 → 이소부틸렌) / 2차 실런트(유리와 유리를 접합 → 폴리설파이드, 폴리우레탄)

[표 2.1-5] 간봉 폭에 따른 열전도율의 변화와 중공층 가스(아르곤)의 경년변화

간봉 폭에 따른 열전도율 변화 : 복층유리	중공층 가스(아르곤)의 경년변화
· 간봉 폭이 클수록 열전도율이 감소하나 12mm 이상의 간봉에서는 열전도율의 감소폭이 급격히 줄어듦.	· 국내 충진 규격 : 아르곤 90% 이상 · 매년 1%씩 감속하여 약 70~80%에서 급격한 단열성능 저하 (약 10~20년의 내구성)

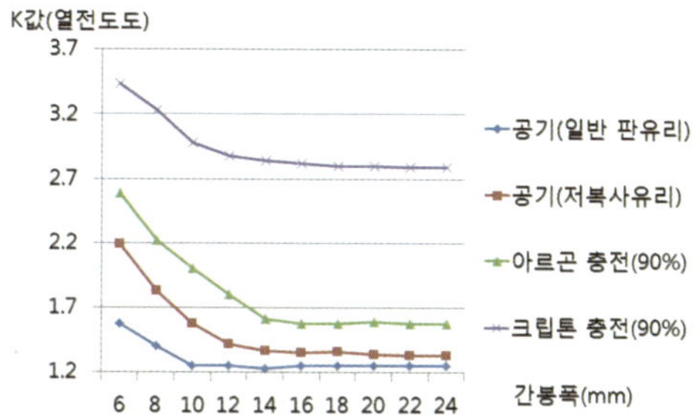

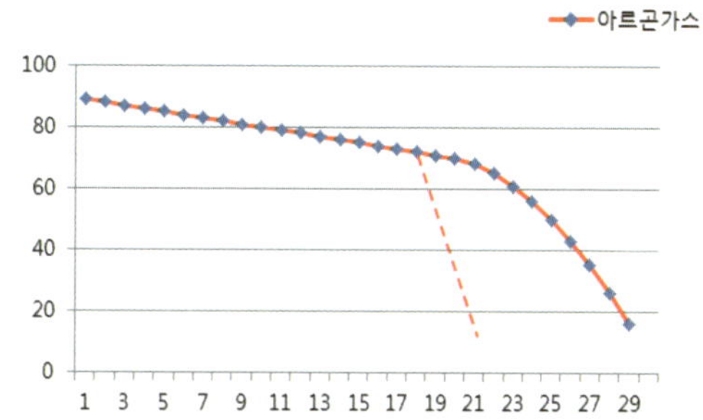

[표 2.1-6] 주거와 업무시설 유리의 로이유리 코팅 CHECK 05

주거용 건축물	상업용 건축물
난방에너지 사용량이 높음 (겨울철 난방 중시)	냉방에너지 사용량이 높음 (여름철 냉방 중시)

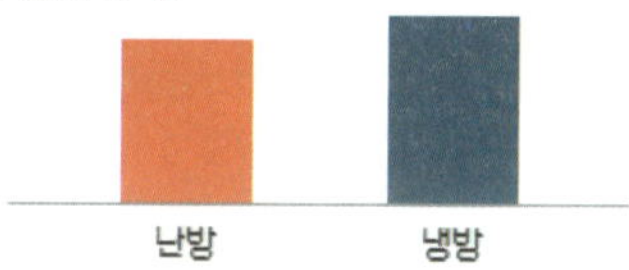

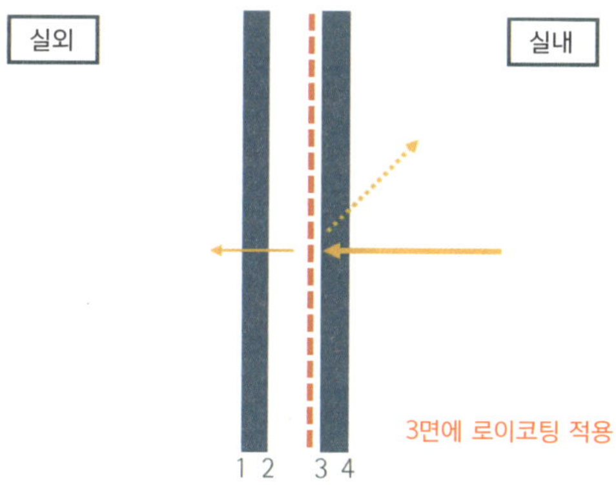

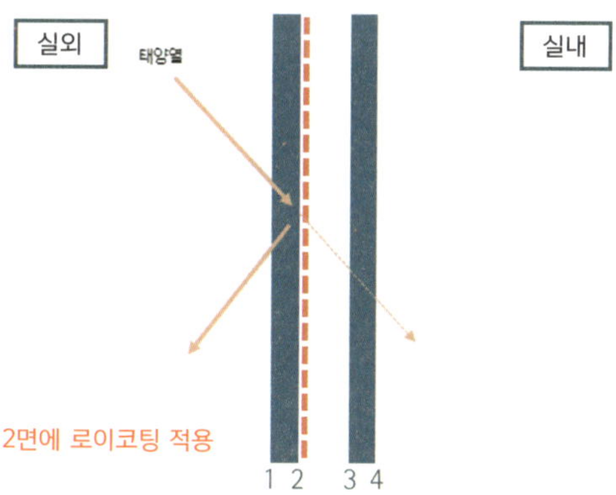

▲ CHECK 05

로이코팅의 위치

- 삼중 유리의 경우 실외측을로부터 주거용 건축물은 3면, 5면, 상업용 건축물은 2면, 4면에 로이코팅을 적용한다.
- 단, 주거용 건축물에서 3번 유리가 열처리가 되지 않은 경우 2면, 5면에 로이코팅을 적용하는 것이 유리파손 가능성을 낮출 수 있다.

로이코팅 간이 확인 방법

- 라이터를 유리에 가까이 비춰 보았을 때 불꽃의 색이 다른 경우, 해당 유리면에 로이코팅이 적용되었음을 확인할 수 있다.

2.2 재료의 선정

(1) 창호면적 및 위치에 따른 유리의 품종 및 두께는 공사시방서에 따른다.
(2) 주요부재 및 기타 부재간의 시공성에 대한 검토가 반드시 있어야 한다.
(3) 각 재료는 미리 견본을 받아 검토 후 공사감리자의 확인을 받은 후 사용한다.
(4) 접합 유리의 경우 단부가 용제에 노출되지 않도록 용제를 포함하지 않는 폴리설파이드, 실리콘, 부틸 등의 실란트를 사용한다.
(5) 특별히 도면에 명시되지 않은 실란트, 코킹재료나 기타 재료의 사용은 제조업자의 설명서에 따른다.
(6) 실란트는 기온, 습도 등 외부 영향이나 용제에 의한 화학작용에 의해 탄성체로 양생이 가능한 폴리설파이드, 실리콘, 우레탄, 아크릴 등의 재질을 사용해야 한다.

2.3 유리의 광학적 성능

- 출처 : 건설기술지침 Rev.2(2019, 대한건축학회, 대우건설)

(1) 유리선정 시 고려사항
일사부하에 관련된 유리의 광학적 성능 데이터를 이해하고, 건축물 특성에 적합한 유리를 선정하여야 한다.
(2) 가시광선 투과율(VLT : Visual Light Transmittance)
유리를 투과하는 Solar Spectrum(390~770nm) 내 가시광선의 백분율
(3) 차폐계수(SC, Shading Coefficient)
① 3㎜ 맑은 유리의 태양열 유입량을 기준(기준값 1.0)으로 했을 때 동일 조건하에서 비교

태양열 유입량 / 3㎜ 투명유리 태양열 유입량

② 유리의 태양열 상대값 → 얼마나 태양열을 유입하는가를 판별하는 척도
③ 낮은 차폐계수 = 태양열 유입량 감소 → 냉방부하 경감(여름철에 중요)
④ 색상이 차폐계수에 미치는 영향 : 일반적으로 어두울수록 차폐계수가 크다,
Clear > Green > Blue > Bronze
⑤ 코팅종류의 영향 비교 : 일반 > 로이코팅 > 반사로이코팅 ≒ 고효율 로이(더블 로이) 코팅 > 반사코팅

(4) 열관류율(U-Value, W/㎡·K)
① 유리의 열전도율과 실내·외 온도차로 전달되는 열전달(취득, 손실)의 투명유리 측정값
② 낮은 수치일수록 유리를 통한 열량의 이동이 적다.
③ 유럽 열관류율 기준은 국내기준보다 약함 → 열관류율 검토시 국내기준으로 환산한 데이터 요구(EN 673에 의한 열관류율 기준값 제시 때 별도 국내기준 데이터 요구)

(5) 취득 열용량(RHG, Relative Heat Gain)
열관류율 및 차폐계수를 고려할 때 실내로 취득되는 태양열에너지의 총량공식

$$RHG = \{Summer\ U\text{-}VALUE \times 7.8℃ + (SC \times 630)\}$$

(6) 태양열 취득율(SHGC, Solar Heat Gain Coefficient)
① 태양 입사광선의 정도를 측정하여 유리가 태양열을 얼마나 잘 차단하는가를 표시
② 0~1 값으로 나타내며, 값이 적을수록 태양열의 획득이 낮고 차광효과가 증대
③ 높은 SHGC는 온도가 낮은 겨울철 난방부하 저감효과가 있으나, 온도가 높은 여름철의 경우 내부가 더워지는 현상으로 실내 열환경이 취약해져 냉방부하의 급격한 상승을 초래

[표 2.3-1] 종류별 유리 광학성능 (T6 기준) CHECK 06

구분		VLT (%)	U-Value (W/㎡·K)	SC	SHGC	RHG (W/㎡)
맑은유리		88	5.8	0.96	0.83	644
색유리	그린	75	5.8	0.64	0.74	509
	블루	57	5.8	0.59	0.69	475
	브론즈	36	5.8	0.56	0.65	452
로이유리		84	3.4	0.74	0.64	487
반사유리		8~20	4.3~5.0	0.24~0.38	0.2~0.33	117~275

▲ CHECK 06

- 우측 Data값은 한글라스 T6 기준의 예시이며, 로이코팅, 반사코팅방법, 제조사 등 차이에 따라 각각 다른 광학적 성능을 나타낸다.
- 판유리의 조합 (T18, T22, T24, T28 등)에 의해 복층유리의 광학특성도 달라지므로, 유리의 광학적성능 이해가 필요하다.

3 시공

3.1 일반사항

(1) 유리공사의 시공에 대한 일반적인 사항은 *KCS 41 51 09 (3. 재료)*에 따른다.

3.2 유리의 설치공법

(1) 유리공사의 설치공법에 대한 일반적인 사항은 *KCS 41 51 09 (3. 재료)*에 따른다.

3.3 안전시공

[표 3.3-1] 유리 설치작업 안전시공사례

작업내용	위험포인트	안전관리대책
설치 장소로 유리 운반	· 사전 유리 압축력 미점검: 낙하 · 주변 근로자와 충돌 : 협착	· 유리 압축기 상태 점검 · 유리설치상호 업무 확인 · 주변 통제 실시
(철거시) 창호틀 제거	· 무리한 작업으로 요통 발생 · 틀 제거시 잡아주는 근로자 놓침으로 인한 안면 부상	· 높이에 따른 작업대 사용 · 2인 반드시 상호 확인 후 작업 실시
유리 끼우기	· 장갑 미착용으로 인한 미끄러짐: 낙하 · 대형유리를 압축기로 근로자 단독작업으로 인한 유리 낙하	· 코팅장갑 착용 · 유리와 틀사이 협착 주의 상호 신호 체계 확립 · 2인 1조 또는 3인 1조 작업
창호틀 설치	· 무리한 작업으로 요통 발생 · 틀 제거시 잡아주는 근로자 놓침으로 인한 안면 부상	· 높이에 따른 작업대 사용 · 2인 이상 작업시 반드시 상호 확인 후 작업 실시
유리설치완료 및 작업 종료	· 유리 고정상태 불량으로 전도, 협착 · 주변 정리정돈불량으로 전도 · 잔여 유리 미고정으로타근로자 이동 중 전도	· 유리 고정상태 점검 · 작업장 정리 정돈 · 잔여 유리 고정 및 타근로자 접근 통제

– 출처 : 창호 및 유리 작업안전(2009. 한국산업안전보건공단, 오지환 외)

CHECK 07 ▶
용접불똥 주의, 파손 주의
• 유리는 설치 후 훼손, 용접불똥 및 모르타르에 의한 훼손이 제일 빈번하게 발생하므로 항상 보양조치에 유념하면서 설치 전후의 파손에 주의한다.

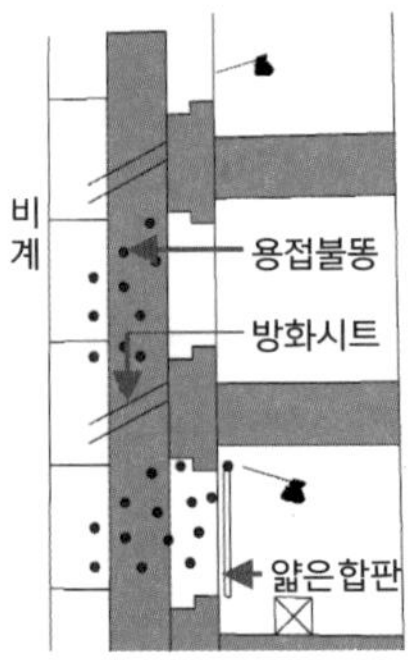

<출처> 건설기술지침 Rev.2 (2019, 대한건축학회, 대우건설)

3.4 보양 CHECK 07

(1) 페인트, 콘크리트 모르타르, 플라스터 등의 재료들이 유리나 금속 프레임 위에서 경화되면 흠, 부식 등을 일으킬 수 있으므로 즉시 깨끗한 물이나 적당한 용제로 닦아내거나 미리 비닐로 유리 및 금속을 보호하도록 한다.
(2) 이미 설치된 유리는 준공검사 전 중성세제를 이용하여 닦아주도록 해야 한다.
(3) 시공먼지, 콘크리트 부스러기, 쇠의 녹 등이 이슬이나 응축제와 결합하여 유리에 부식이나 흠을 일으키는 화학물질을 형성하지 않도록 주의해야 한다.
(4) 유리와 접촉하여 다른 재료를 적치하지 않도록 한다. 또한 근처에 쌓은 재료와의 사이에 열 집적이 일어나지 않도록 주의한다.
(5) 타 작업자들에게 유리를 보호하도록 유리주의 스티커를 부착한다.
(6) 충전작업 후 양생될 때까지 이물질이 침투되지 않도록 보호한다.
(7) 유리 파손 시 교체한다.
(8) 접착제의 양생은 종류에 따라 공사감리자의 지시에 따른다.

3.5 하자 및 개선방안

(1) 열파손 방지대책

① 유리가 두꺼운 경우 열축적이 크고, 가공으로 인해 국부적 결함이 있는 경우 파손의 우려가 커짐

② 열파손 개념 CHECK 08

유리의 중앙부위와 주변부(프레임에 면하는 부위)와의 온도차이로 인한 팽창성 차이가 응력을 발생시켜 유리가 파손되는 현상

③ 열파손 특징

가. 색유리는 열흡수가 많기 때문 다수 발생함

나. 동절기의 맑은 날 오전 같이 프레임과 유리의 온도차가 클 때 다수 발생

다. 판유리 온도차 60도 이상일 경우 발생

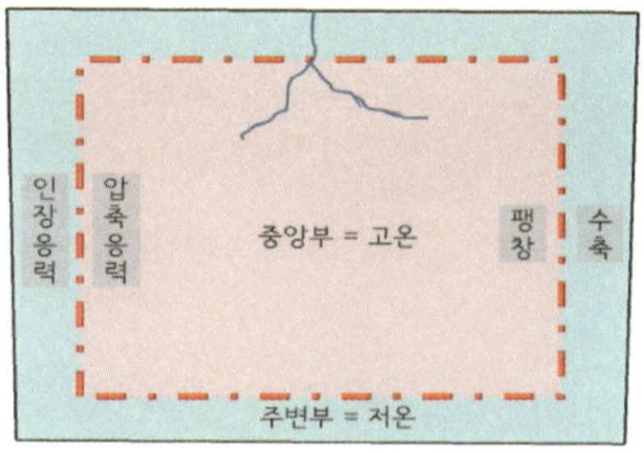

[그림 3.5-1] 유리의 균열 매커니즘

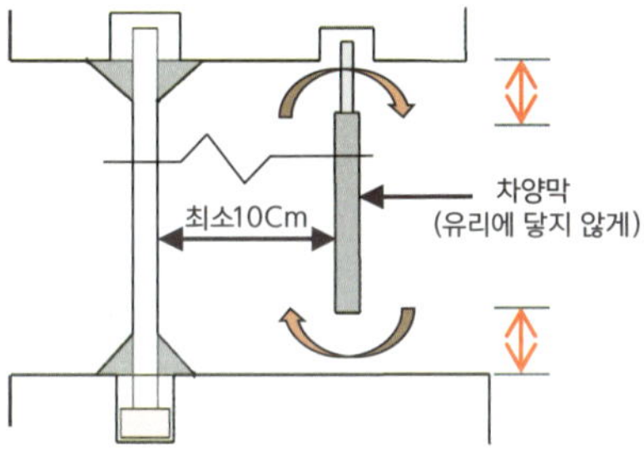

[그림 3.5-2] 판유리와 차양막의 설치 구조

◀ CHECK 08

유리의 열파손 사례

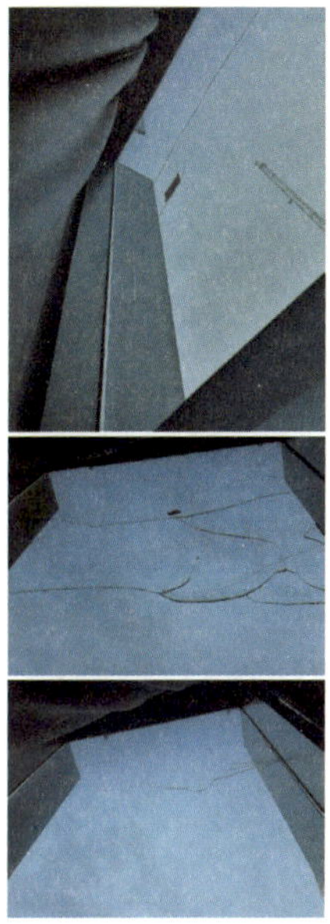

라. 열파손 방지대책

(가) 판유리와 차양막 사이 일정간격을 유지시킬 것 → 최소 100㎜

(나) 냉난방된 공기가 직접 닿지 않도록 조치할 것

(다) 유리에 필름 부착, 페인트칠 등을 하지 않을 것

(라) 절단면을 매끄럽게 처리할 것 → #120 연마 이상

(마) 유리와 프레임은 확실히 단열시킬 것 CHECK 09

(바) 판유리와 차양막 사이의 내부 공기가 Vent 될 수 있도록 할 것

(사) Spandrel부의 내부 공기가 밖으로 유출될 수 있도록 할 것

(아) 배강도 또는 강화유리를 사용할 것

◀ CHECK 09

국내에서 많이 사용되는 복층유리 구조

- Visual 부분 : 배강도 저반사유리 + 공기층 + 투명유리
- Spandrel 부분 : 배강도 저반사유리 6 공기층 + 배강도 투명유리

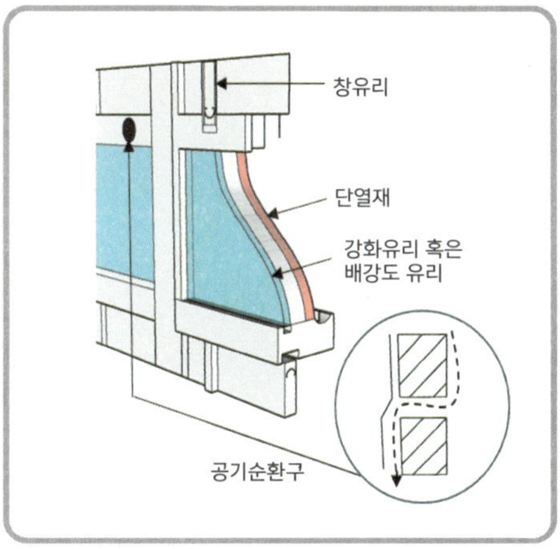

[그림 3.5-3] Spandrel 부분 마감재 구성

3.6 검사

[표 3.6-1] 유리공사 단계별 주요 검사항목 (LHCS 10 10 05 25 건축공사 일반, 부록3)

공정단계별		주요 검사항목
유리공사	유리끼우기 완료 후	· 부위별 유리규격 확인 · 유리절단 및 흔들림 확인 · 유리 퍼티(가스켓) 밀착여부 상태

- 출처 : 한국토지주택공사 전문시방서(2020, 한국토지주택공사)

3.7 방수공사 하자 사례 및 개선방안

하자 사례

· 샤워부스 강화유리 적용에 의한 자파(유리가 외부 충격과 관계없이 스스로 깨지는 현상으로 강화유리에만 발생)

개선 방안

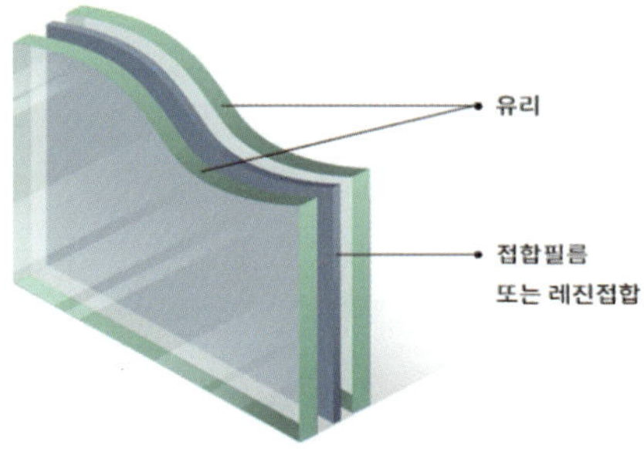

· 욕실 샤워부스 유리는 안전유리 또는 접합유리 사용

[그림 3.7-1] 샤워부스 유리 파손

SAMOOCM
CREATIVE MANAGEMENT

CHAPTER 17

17장

소규모 지붕공사

SBCS 41 90 56 05 기와공사
SBCS 41 90 56 10 금속재 지붕공사
SBCS 41 90 56 15 지붕부속 자재

CHAPTER 17

01

SBCS 41 90 56 05

기와공사

1 일반사항

1.1 적용범위

(1) 이 기준은 건축물의 지붕공사에서 점토 기와, 가압 시멘트판 기와, 한식형 기와, 지붕공사의 마감자재로 사용되는 금속 기와, 아스팔트 싱글을 설치하는 공사에 적용한다.
(2) 지붕의 구성은 설계도면에 명시된 바에 따른다.

1.2 참고 기준

(1) 기와공사의 참고 기준은 *KCS 41 56 01 (1.2), KCS 41 56 02 ~ KCS 41 56 04 (1.2)*에 따르며, 추가사항은 다음과 같다.
① SBCS 41 90 46 소규모 미장공사
② SBCS 41 90 47 소규모 도장 공사
③ SBCS 41 90 56 15 지붕 부속 자재

1.3 용어의 정의

(1) 기와공사의 용어의 정의는 기본적으로 *KCS 41 56 01 (1.3)*에 따르며, 추가사항은 다음과 같다.

1.3.1 한식기와

(1) 강회다짐 : 누수 방지와 기와의 침하를 방지하기 위하여 보토 위에 시공하는 혼합재
(2) 개판 : 서까래나 부연 위를 덮는 널
(3) 내림마루 : 박공, 합각 부분에 설치한 지붕마루
(4) 너새 : 박공이나 합각 부분에서 가로방향으로 이은 기와
(5) 막새기와 : 지붕의 처마 끝에 붙이는 치장용 기와로 암 · 수막새가 있음
(6) 보토 : 지붕 경사를 잡기 위하여 적심목 또는 산자 위에 채워 넣는 혼합재
(7) 알매흙(새우흙) : 강회다짐 위에 암키와를 고정시키기 위해 까는 혼합재
(8) 용마루 : 지붕면의 최상단에 설치한 지붕마루. 몸체의 지붕마루로 제일 높고 큰 마루
(9) 와구토 : 처마 끝 수키와 마구리에 둥글게 바른 혼합재
(10) 절병통 : 모임지붕의 마루꼭대기에 모양을 내어 얹어놓은 특수 장식기와
(11) 적심목 : 지붕 하중 경감, 하부의 목부재 보호 및 지붕 경사잡기 등을 위하여 사용
(12) 지붕마루 : 각기 다른 지붕면이 서로 맞닿은 부분에 기와를 쌓아 올려서 꾸민 부분
(13) 추녀마루(귀마루) : 추녀 부분에 설치한 지붕마루
(14) 회첨 : 지붕면이 꺾이는 부분에 생기는 골
(15) 홍두깨흙 : 수키와를 고정시키기 위해 수키와 밑에 채워 넣은 혼합재

1.3.2 아스팔트 싱글

(1) 후레싱 : 지붕면에 돌출된 부위와 지붕면과의 연결 부위, 지붕 끝 부분 및 외벽과 만나는 부분 등에 댈 목적으로 용도나 부위의 형상에 맞도록 제작된 금속판
(2) 일반 아스팔트 싱글 : 단위 중량이 10.3kg/m² 이상 12.5kg/m² 미만인 아스팔트 싱글 제품
(3) 중량 아스팔트 싱글 : 단위 중량이 12.5kg/m² 이상 14.2kg/m² 미만인 아스팔트 싱글 제품
(4) 무기질 섬유 제품 싱글
① 밑면에 접착제가 도포된 제품으로 설계도면이나 공사 시방서에서 별도로 명시되지 않은 경우에는 4kg/m² 이상의 무게를 가진 제품
② 유리섬유 제품의 아스팔트 싱글은 풍압에 대한 고려가 필요하지 않은 일반적인 경우에는 9.27kg/m² 이상인 제품을 사용하고 풍압에 대한 고려가 필요한 경우에는 12.5kg/m² 이상의 제품을 사용
(5) 상단 겹침 : 횡열 간에 서로 인접한 아스팔트 싱글 사이의 겹침 폭

(6) 두겁 겹침(head lap) : 아스팔트 펠트 적층지붕 공사 또는 아스팔트 싱글 지붕공사에서 처마 끝단에서부터 3번째 이상인 횡열부터 형성되는 겹침으로 2개단 아래쪽 횡열에 위치한 싱글의 상단부와 중간 횡열을 포함하여 최상단부의 아스팔트 싱글이 겹치면서 형성되는 삼중 겹침부의 최소 폭
(7) 마름 겹침 : 지붕골이나 지붕마루에서 아스팔트 싱글이 맞닿는 형태에 맞추어 절단 가공하여 밀실하게 겹침을 형성하는 이음 방법
(8) 굽도리 철판(base flashing) : 지붕면과 수직을 형성하는 면의 하단부에 비흘림 및 빗물막이를 위하여 설치하는 강판. 별도의 명기가 없는 경우 지붕 바탕면에서 최소 200mm의 일정한 높이를 갖도록 함
(9) 처마 거멀띠(drip edge) : 지붕의 처마 및 박공처마 모서리를 보호하기 위하여 ㄷ-자 띠 형태로 덧대는 철판

1.4 제출물

1.4.1 제품자료

(1) 주재료
① 점토 및 시멘트 기와, 한식기와, 금속기와, 아스팔트 싱글 등 제조업자의 제품자료
② 품질인증서류 : 기와에 대한 시험성적서
(2) 부속재료
금속기와의 용마루, 벽체 및 처마용 후레싱, 아스팔트 싱글 후레싱 및 처마 거멀띠 등 부속재료에 관한 자료

1.4.2 시공상세도면

(1) 기왓살 배치도 또는 지붕 평면도
(2) 설치 및 부속자재에 대한 단면도 또는 상세도

1.4.3 견본

(1) 점토 및 시멘트 기와, 한식기와, 금속기와, 아스팔트 싱글 등 제조업자의 견본으로 주재료 및 부속재료를 포함한다.
(2) 색상 및 표면마감 종류별 3종 이상을 제출한다.

1.5 품질확보

1.5.1 운반, 보관 및 취급 CHECK 01

(1) 기와는 일정한 단위로 파레트 위에 적재되어 현장에 반입되어야 하며, 기와 또는 파레트의 인식하기 쉬운 부위에 제품명과 상표가 표시되어야 한다.
(2) 기와는 건조상태가 유지되어야 하며, 취급 시 깨지거나 쪽이 떨어져 나가지 않도록 한다.
(3) 금속 기와는 기와의 오염, 휨 또는 기타 표면에 손상이 없도록 보관한다. 금속 기와는 양생되지 않은 콘크리트 및 조적 부위와 이격하여 보관한다.
(4) 금속 기와는 직사일광 및 높은 습도에 노출되는 것으로부터 보호하기 위해 벗겨낼 수 있는 덮개로 보호한다.
(5) 아스팔트 싱글은 승인된 제품자료에 따라 저장 및 보관하되 천막지 등으로 덮어두고 건조상태를 유지하며 외기로부터 보호한다.
(6) 두루마리 형태의 제품은 반드시 수직으로 세워서 보관한다.

◀ CHECK 01
안전관리사항
- 기와공사 자재 반입, 운반, 적재시 안전 관리 사항은 *SBCS 41 90 56 10의 (표 1.5-1)*를 참고한다.

1.5.2 현장조건

(1) 작업조건 : 기와는 기와걸이(기왓살) 등의 1차 작업이 끝날 때까지는 지면에 보관한다. 기와를 지붕 위로 올릴 때는 매일의 작업량을 고려하여 올리고 올려진 기와는 하중이 집중되지 않도록 지붕면에 분산・배치한다.
(2) 기후 제한 : 지붕공사 제조업자의 지침서에 명기된 기후조건 또는 지붕공사 제조업자가 보증하는 기후조건에서만 지붕공사를 진행하도록 한다.

2 자재

2.1 자재 공통사항

2.1.1 골조

(1) 골조는 설계도면에 명시된 바에 따른다.

2.1.2 데크

(1) 지붕 데크(roof deck, 철제 또는 기타)는 설계도면에 명시된 바에 따른다.

2.1.3 방습지

(1) 겨울철 실내 상대습도가 높은 실내공간의 지붕에는 방습지를 설치한다. 바탕 층이 콘크리트 구조 등 방습성능이 있는 경우에는 방습지를 설치하지 않는다.

(2) 국토교통부 고시 건축물 에너지절약설계기준에 명시된 기준 이상인 방습자재: 투습도가 24시간 당 30g/m² 이하 또는 투습계수 0.28g/m²·h·mmHg 이하의 투습저항을 가진 자재

2.1.4 단열재

단열재의 자재는 다음에 따르며, 그 지정은 설계도서에 명기된 바에 따른다.

(1) 글라스 울: KS L 9102에 적합한 제품

(2) 폴리스티렌, 경질우레탄 폼: KS M ISO 4898에 적합한 제품

2.1.5 바탕보드

바탕보드의 자재는 다음에 따르며, 그 지정은 설계도서에 명기된 바에 따른다. 별도로 명기하지 않는 한 내수성이 있는 것으로 한다.

(1) 구조용 합판: KS F 3113에 적합한 두께 9mm 이상의 제품

(2) 보통 합판: KS F 3101에 적합한 두께 12mm 이상의 제품

(3) 파티클 보드: KS F 3104에 적합한 두께 12mm 이상의 제품

(4) 목모 보드: KS F 4720에 적합한 두께 15mm 이상의 제품

(5) 섬유판: KS F 3200에 적합한 두께 12mm 이상의 제품

[사진 2.1-1] 기와 자재별 시공 사례

2.1.6 바탕 방수 자재

바탕 방수 자재는 다음에 따르며, 그 지정은 설계도서에 명기된 바에 따른다.

(1) 아스팔트 루핑 및 펠트

① 아스팔트 루핑: KS F 4902에 적합한 1280 품 이상의 제품

② 아스팔트 펠트: KS F 4901에 적합한 540 품 이상의 제품

(2) 개량아스팔트 방수 시트

자착식형으로 KS F 4917에 적합한 2mm 이상의 제품

(3) 자착식 방수시트

KS F 4934에 적합한 제품

(4) 합성고분자계 방수 시트

KS F 4911에 적합한 제품

2.2 점토 및 시멘트 기와 자재

2.2.1 점토 기와

(1) 점토 기와는 KS F 3510에 적합한 제품으로 한다.

(2) 점토 기와의 종류는 설계도서에 따른다.

2.2.2 시멘트 기와

(1) 시멘트 기와는 KS F 4029에 적합한 제품으로 한다.

(2) 시멘트 기와의 종류는 설계도서에 따른다.

2.2.3 기와용 도료

(1) 기와용 도료는 내후성 및 내알칼리성이 양호한 도료로 설계도서에서 정하는 것으로 한다.

(2) 정하는 바가 없는 경우 KS M 6020의 4종에 적합한 제품으로 한다.

2.2.4 부속 자재

(1) 목재 각재

기와공사에 사용되는 기와걸이용 목재는 국립산림과학원 고시 목재의 방부 · 방충처리 기준에 따라 방부 처리한 목재를 사용한다.

(2) 기와걸이(기왓살)

① 규격은 설계경우에는 30mm 각재를 표준으로 한다.

(3) 처마, 박공 및 용마루 부분에 사용되는 각재

① 규격은 설계도서에 정한 것으로 한다.

도서에 정한 것으로 한다.

② 정한 바가 없는 ② 정한 바가 없는 경우에는 제조업자가 제안하고 공사감리자가 확인한 제품자료에 따른다.

(4) 모르타르

모르타르의 배합은 정한 바가 없는 경우에는 시멘트:모래를 1:3의 용적 배합비로 한다.

2.2.5 고정철물

(1) 고정 못 및 결속선의 품질 및 규격은 설계도서에 따른다.
(2) 정하는 바가 없는 경우 고정용 철물은 제품업자가 추천하는 황동제 또는 스테인리스제의 못으로 한다.
(3) 규격은 바탕과 기와에 충분히 결속할 수 있는 것으로 한다.

2.2.6 후레싱

(1) 후레싱의 품질 및 규격은 설계도서에 따른다.
(2) 정하는 바가 없는 경우 *SBCS 41 90 56 15*에 따른다.

2.3 한식 기와 자재

2.3.1 한식형 기와

(1) 점토를 주원료로 하여 혼련 · 소성한 것으로서 KS F 3510의 한식형에 적합한 것을 사용하고, 종류 및 치수는 설계도서의 지정에 따른다.
(2) 기와는 모두 연결 고정구멍을 미리 뚫어둔 제품을 사용토록 하며 나중뚫기로 할 때에는 귀퉁이나 모서리가 깨지지 않는 방법을 사용한다.
① 형태별 종류
가. 평(바닥)기와: 암키와, 수키와
나. 막새기와: 암막새, 수막새, 귀막새, 초가리 기와(면막기용: 서까래 초가리, 부연 초가리, 추녀 초가리, 사래 초가리)
다. 장식기와: 용두, 취두, 치미, 귀면, 잡상, 망와(곱새 기와), 절병통 등
라. 이형기와: 모서리 기와, 어새, 보습장, 착고 기와
② 규격별 종류는 *[표 2.3.1-1]*과 같다.

[표 2.3.1-1] 기와의 규격 (단위:mm)

종별		암키와				수키와		
		길이	너비	두께		길이	너비	두께
				중앙부	단부			
표준기와	특소와	180	175	11	9	190	108	15
	소와	330	270	18	15	270	140	18
	중와	360	300	21	18	300	150	21
특수기와	대와	390	330	24	21	330	170	24
	특대와	390이상	330이상	30	24	330이상	170이상	24이상
	특수기와	표준기와의 규격이 아닌 기와						

주 1) 허용오차: 길이 및 너비 ±10mm, 두께 ±3mm

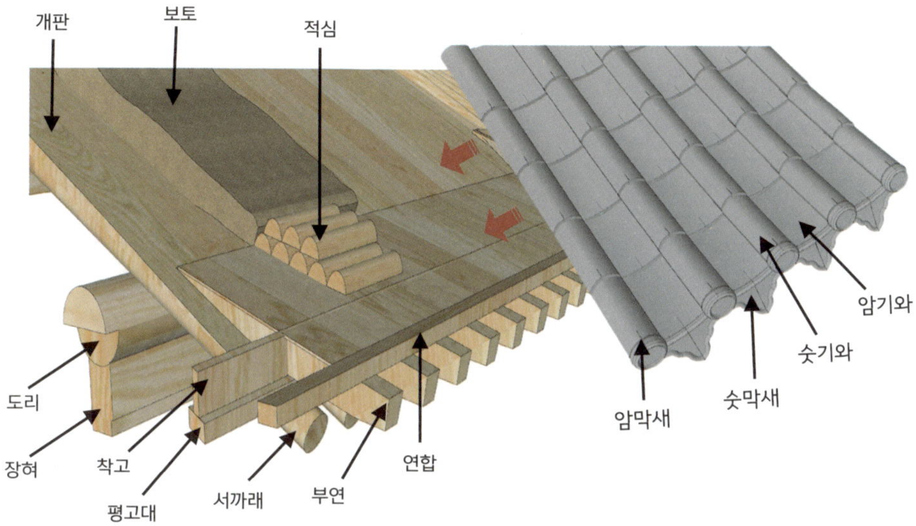

[그림 2.3.1-1] 한식기와 부위별 명칭 및 도해

- 출처 : 건축네트워크(http://www.gunnet.kr)

(3) 품질

① 기와는 균열, 모래구멍, 비틀림, 울퉁불퉁함이 없고 소성온도를 1,000~1,100℃ 이상으로 하여 구운 것을 사용한다.

② 기와의 휨강도는 2,800N 이상으로 하고 흡수율은 그을림 기와는 9%, 나머지 기와는 12% 이하로 한다.

③ 기와의 표면 및 상 · 하 마구리면은 평활해야 하며 옆면은 심한 요철이 없고 모서리가 파손되지 않아야 한다.

④ 기와의 치수 측정, 내동해성 시험, 휨파괴 하중 및 흡수율 시험 등이 필요한 경우 KS F 3510에 규정된 방법을 택하여 시험을 한다.

⑤ 유약을 바른 경우는 고루 균일한 두께로 올려져서 빈 구멍이 없어야 하고 수면에 유약면을 위로 하여 담가서 기포가 그 면에서 일어나지 않아야 한다. 또한 기와의 색상 및 광택이 균일해야 한다.

2.3.2 산자

(1) 자재는 쪼갠 나무, 잡목가지, 싸리나무 또는 쪼갠 대나무 등을 사용한다.

(2) 규격은 일반적으로 길이 900mm 이상, 지름 60mm 이하로 한다.

(3) 산자는 비닐 끈으로 묶거나 못을 박는 것을 금한다.

2.3.3 산자새끼

(1) 자재는 새끼, 삼, 칡넝쿨 또는 등나무넝쿨 등을 사용한다.

(2) 규격은 지름 7.5mm 내외로 한다.

2.3.4 적심목

(1) 자재는 통나무 또는 쪼갠 나무 등을 사용한다.

(2) 적심의 길이는 굵기의 10배 이상으로 한다.

(3) 대형 건물인 경우 연목 및 부연의 뒷뿌리가 들리지 않도록 하기 위하여 누리개 적심을 설계도서에 따라 설치한다.

2.3.5 보토, 알매흙, 홍두깨흙

(1) 보토, 알매흙, 홍두깨흙은 진흙, 생석회, 마사를 다음 *(표 2.3-2)*의 배합비율에 따라 물을 혼합하여 사용한다.

[표 2.3.5-1] 보토, 알매흙, 홍두깨흙의 배합비율 (1㎥당)

명칭	단위	수량	비고
진흙	m^3	0.9	
생석회	kg	7.8	
마사(풍화토)	m^3	0.3	

2.3.6 강회다짐

(1) 강회다짐은 생석회, 마사를 다음 *(표 2.3-3)*의 배합비율에 따라 물을 혼합하여 사용한다.

[표 2.3.6-1] 강회다짐의 배합비율 (1㎥당)

명칭	단위	수량	비 고
생석회	kg	128	
마사(풍화토)	m^3	1.1	

2.3.7 와구토

(1) 와구토는 생석회, 마사를 다음 *(표 2.3-4)*의 배합비율에 따라 물을 혼합하여 사용한다.
(2) 백시멘트는 강도 및 색상을 고려하여 혼합해서 사용할 수 있다.

[표 2.3.7-1] 와구토의 배합비율 (1㎥당)

명칭	단위	수량	비고
생석회	kg	550	
마사(풍화토)	m^3	0.59	
백시멘트	kg	110	

2.4 금속 기와 자재

2.4.1 광물질 도포 금속제 절판기와

(1) 기와는 KS F 4751의 품질기준에 적합한 것, 동등 또는 그 이상의 것을 사용한다.
(2) 기와의 금속 원판은 KS D 3770 갈바륨 강판 품질기준에 적합한 두께 0.4mm 이상의 KS 인증제품 또는 동등 이상의 제품을 사용하고 부식 방지를 위한 보호용 피막을 하여야 한다.
(3) 금속 기와 형태 선정: 금속 기와의 형태는 횜변형과 외부 색상계획을 고려하여 결정한다.

2.4.2 기타 금속 기와

(1) 알루미늄 기와, 구리 기와 및 아연판 기와 등 기타 금속 기와는 설계도서 지정에 따른다.

2.4.3 바탕 방수자재

(1) 바탕 방수자재는 설계도서 지정에 따른다.

2.4.4 부속 자재

(1) 일반사항

고정철물, 보호 코팅재, 간격재, 실란트 및 기타 부속자재는 지붕 완료를 위해 설치되어야 하며 특기사항이 없는 한 금속 기와 제조자가 추천하는 것을 사용한다.

(2) 후레싱

후레싱 및 마무리재는 금속 기와와 어울리는 제조업자의 표준 제품을 사용한다.

표준제품으로 적용이 곤란한 경우에는 승인을 받은 시공상세도면에 따라 적용하거나 *SBCS 41 90 56 15* 에 명기된 바에 따라 적용한다.

(3) 용마루 환기재

금속 기와 제조업자의 표준 제품으로 방충망이 있는 것으로 한다.

(4) 목재 기와걸이(battens)

① 가압 방부 처리된 방부 목재를 사용한다.

② 지정이 없는 한 40mm 각재를 표준으로 한다.

(5) 금속재 기와걸이(기왓살)

용융 아연도금된 부재(각형강관 또는 모자형)를 사용하거나 방청 처리된 부재를 사용한다.

(6) 보수용 녹막이 도료

① 녹막이 도료는 바탕 구조의 방청 도장과 같은 것으로 하며 용융 아연도금 부위에는 에폭시 징크리치 페인트 등 용융 아연도금용 도료로 한다.

② 용접, 절단, 휨작업 등으로 손상된 녹막이는 보수하여야 한다.

(7) 실란트

KS F 4910에 적합한 것으로 제조업자가 추천하는 것으로 한다.

(8) 고정철물

① 비부식성 스크류, 못 또는 앵커로 설계하중을 고려하여 제조업자가 권장하는 것으로 한다.

② 노출 고정철물: 금속 기와와 어울리는 것으로 플라스틱 캡 또는 공장 코팅된 것으로 한다. 금속 덮개가 포함된 네오프렌 또는 이피디엠(EPDM) 와셔를 포함하며 지붕설치업자가 권장하는 것으로 한다.

③ 후레싱 및 마무리재 고정철물: 블라인드 고정철물(패스너) 또는 셀프 드릴링 스크류로 컬러붙이 육각머리모양의 것으로 하며 지붕설치업자가 권장하는 것으로 한다.

④ 블라인드 고정철물(패스너): 고강도 알루미늄 또는 스테인리스 스틸 리벳으로 하며 지붕설치업자가 권장하는 것으로 한다.

⑤ 알루미늄용 고정철물(패스너): 알루미늄 또는 스테인리스 300 계열로 하며 지붕설치업자가 권장하는 것으로 한다.

⑥ 도금 강판용 고정철물(패스너): 용융 아연도금 또는 스테인리스 300 계열로 하며 지붕설치업자가 권장하는 것으로 한다.

⑦ 구리판용 고정철물(패스너): 구리, 청동 또는 스테인리스 300 계열로 하며 지붕설치업자가 권장하는 것으로 한다.

⑧ 아연판용 고정철물(패스너): 용융 아연도금 또는 스테인리스 300 계열로 하며 지붕설치업자가 권장하는 것으로 한다.

2.5 아스팔트 싱글 자재

2.5.1 아스팔트 싱글

(1) KS F 4750에 적합한 자재를 사용하여야 하며 모양 및 치수는 설계도서의 지정에 따른다.

2.5.2 하부 바탕재

(1) 아스팔트 바탕펠트

지붕널의 바닥에 바탕깔개로 사용되는 아스팔트 바탕펠트는 별도의 공사시방서가 없는 경우 KS F 4901 규격 중에서 지붕널에는 540품, 지붕골 및 굽도리의 설치가 필요한 장소에는 650품 또는 KS F 4906을 사용한다.

(2) 누수 방지용(self-sealing) 자착식 방수시트

자착식 누수 방지막으로 사용하는 폴리머 변성 아스팔트 방수막은 최소 두께 1mm로서 제조업자가 권장하는 제품을 사용하여 고정 못 주위에 수밀성을 유지하기 위해 밀폐하는 데 사용한다.

(3) 자착식 고무화 아스팔트 펠트

자착식 고무화 아스팔트는 최소 두께 1mm 이상인 제품을 사용하고 아스팔트 싱글 제조업체가 권장하는 경우 처마 빗물 흘림용으로 사용한다.

2.5.3 부속 금속재

(1) 일반사항

① 아스팔트 싱글 설치에 사용하는 모든 금속재는 아스팔트 싱글 제조업체의 표준 제품을 사용한다. 아스팔트 싱글 제조업체의 표준 제품이 없는 경우 *SBCS 41 90 56 15*에 따른다.

② 지붕 부속 자재의 제작은 도면에 명기한 치수, 형태, 모양에 일치하도록 제작 가공하고, 별도의 명기가 없는 경우 사용 금속의 종류 등은 *SBCS 41 90 56 15* 에 따른다.

③ 지붕 가장자리에 설치하는 지붕 부속재는 아스팔트 싱글의 물리적 특성 또는 설계도에서 지정한 내풍압성을 유지할 수 있는 구조와 형태로 제작하고 고정철물을 설치한다.

(2) 싱글 못

알루미늄 또는 용융아연도 제품 또는 동등 이상의 자재를 사용한 제품으로 직경 8~9mm 이상인 원형 또는 이형 몸통 평머리못을 사용한다. 못의 길이는 지붕널을 관통하거나 또는 바탕면에 최소 20mm 이상 박힐 수 있는 것을 사용한다.

(3) 아스팔트 시멘트

아스팔트 싱글의 점착에 사용하는 아스팔트 시멘트는 무석면, 방습 및 방수용 역청질 제품으로 0℃에서 균열 현상이 없이 유연성을 가지며 상온에서 접착력을 유지하고 흙손을 사용하여 도포할 수 있는 점도를 가진 제품을 사용한다.

3 시공

3.1 시공 공통사항

3.1.1 일반사항

(1) 승인을 받은 시공상세도면 및 제품 자료에 따라 설치한다.

(2) 지붕공사의 시공은 단일 수급인에 의해 설치한다.

3.1.2 콘크리트 위 구조틀(frame) 설치

(1) 콘크리트 위에 지붕재를 직접 설치하는 경우: 기와, 아스팔트 싱글 등을 콘크리트 구조물 위에 직접 시공하는 경우는 설계도서 등에 명기된 바에 따른다.

(2) 콘크리트 위에 구조틀(frame)을 형성하고 지붕재를 설치하는 경우

① 지붕재 하부 바탕을 설치하기 위한 고정부재(각재나 L형강 등)를 사용하여 구조틀(frame)을 만들고 그 위에 바탕 보드와 방수자재로 바탕을 구성하는 것으로 한다.

② 고정 부재의 위치 및 간격은 설계도면에 명시된 간격으로 하되 부과되는 하중과 바탕 보드의 설치 위치 등을 고려하여 설치한다.

3.1.3 목구조 또는 철골구조(트러스)

(1) 설계도서에 명시된 바에 따른다.

3.1.4 바탕보드 및 방수자재 설치

(1) 바탕보드

① 접시머리 목조건축용 못, 나사못, 셀프드릴링 스크류 등으로 설치한다.

② 못의 길이는 목조건축용 못은 32mm 이상, 나사못은 20mm 이상 관통될 수 있는 길이로 한다.

③ 못 간격은 일반부는 300mm를 표준으로 하며 외주부는 150mm를 표준으로 한다.

④ 합판 등을 설치하는 경우 이음부는 2~3mm 간격을 유지하도록 한다.

(2) 아스팔트 루핑 또는 펠트 설치

① 하부에서 상부로 설치하며 주름이 생기지 않도록 설치한다.

② 겹침길이: 길이 방향(장변)으로는 200mm, 폭 방향(단변)으로는 100mm 이상 겹치게 설치한다.

③ 와셔 딸린 못 또는 스테이플러, 타카 못 등으로 설치하며 못 간격은 300mm를 표준으로 한다.

(3) 자착식형 방수 시트

① 바탕보드 위에 주름이 생기지 않도록 자착식 시트를 설치한다. 시트 제조업자가 요구하는 경우 프라이머를 칠하고 설치에 대해서는 시트 제조업자의 온도제한 사항을 따른다. 물이 흘러내리도록 지붕널 모양으로 설치하며 시트와 시트는 지그재그로 하여 길이 방향으로 150mm 이상 겹치도록 한다. 단부의 겹침은 90mm 이상 겹치도록 하며 롤러를 사용하여 이음 부위를 누른다.

② 시트를 설치하고 14일 이내에 지붕재가 설치되도록 한다.

(4) 기타 자재의 설치

지붕의 구성에 따라 설치되는 데크, 방습지, 단열재 등은 설계도서에 명기된 바에 따른다.

3.2 점토 및 시멘트 기와 시공

3.2.1 사전 조사

기와 잇기에 앞서 다음 사항에 대하여 사전 조사 및 확인하여야 한다.

(1) 하부 바탕의 적정성 여부

(2) 하부 바탕 방수의 시공 상태

(3) 배수구멍 등의 관통부 위치의 정확성 여부

3.2.2 기와 잇기

(1) 기와 잇기는 특별한 언급이 없는 한 제조업자의 제품자료에 따라 시공하되 처마 끝 부위에서부터 잇기를 시작한다.

(2) 사전에 설치되어야 하는 후레싱 등의 자재는 승인을 받은 시공상세도면에 따라 설치한다.

(3) 기와걸이(기왓살)는 물 흐르는 방향의 직각방향으로 기와 간격에 맞게 설치한다.

(4) 목재 기와걸이(기왓살)의 길이는 최소 1,200mm 이상을 확보하며 목재 기와걸이(기왓살)마다 최소 12mm 이상 이격하여 설치한다. 목재 기와걸이(기왓살)는 못 등으로 견고하게 고정한다.

(5) 콘크리트 바탕의 경우는 시멘트 모르타르 기와걸이(기왓살) 또는 목재 기와걸이(기왓살)로 설치한다.

(6) 처마와 박공의 끝 선은 실 띄우기 등을 하여 단부의 기와걸이(기왓살)가 동일한 높이와 일직선을 유지하도록 한다.

① 바탕보드 위 설치

가. 바탕보드

(가) 지붕널 깔기 시 바탕보드 이음부는 2~3mm 간격을 유지하도록 한다.

(나) 맞댐 부위는 단차 없이 견고하게 고정한다.

(다) 용마루용 각재는 방수재 설치 전에 미리 설치한다.

나. 방수재 설치

(가) 금속 처마 거멀띠(metal drip edge)의 설치: 금속 처마 거멀띠는 내부식성 재질로서 녹이 발생하지 않는 아연도 강판, 구리판 또는 스테인리스 강판을 사용하여 처마와 박공처마의 모서리를 따라서 설치한다. 금속 처마 거멀띠는 박공처마에서는 바탕 루핑의 상부에 설치하고 처마에서는 바탕 루핑의 하부인 지붕 바닥널 위에 설치한다. 처마 거멀띠는 처마 끝에서부터 지붕의 폭이 안쪽으로 최소 75mm 이상이 되도록 덧댄다. 처마 거멀띠는 적절한 형태와 길이의 고정못을 300mm 이하의 간격으로 금속 처마 거멀띠의 안쪽 모서리를 따라 박는다.

(나) 아스팔트 루핑 또는 펠트 설치

㉮ 루핑은 못 등으로 설치한다.

㉯ 볼록, 오목 모서리 부분은 일반부 루핑을 붙이기 전에 폭 300mm 정도의 스트레치 루핑을 사용하여 균등하게 덧붙임한다.

㉰ 루핑 또는 펠트는 물흐름을 고려하여 경사와 반대가 되지 않고 또한 상・하층의 겹침 위치가 동일하지 않도록 붙인다. 겹침폭은 길이 및 폭방향 100mm 이상으로 하며 부득이 경사와 반대로 붙일 경우에는 루핑의 겹침폭을 150mm로 한다.

㉱ 하단부 등 단부 끝의 300mm 이상의 부위에는 아스팔트 시멘트 또는 제조업자가 추천하는 접착제로 붙인다.

㉲ 용마루 부위는 아스팔트 시멘트 또는 제조업자가 추천하는 접착제로 붙이고 최상단 기와걸이용 각재 밑으로까지 연장하여 최상단 기와걸이(기왓살) 각재로 눌러질 수 있도록 한다.

(다) 기타 방수자재 설치: 공사감리자의 확인을 받은 제조업자의 지침에 따른다.

다. 기와걸이용 각재 설치

(가) 기와걸이용 각재는 지붕 경사가 1/3 이상인 경우에는 기와걸이용 각재만으로 설치한다.
(나) 지붕 경사가 1/3 미만인 경우에는 기와걸이용 각재 하부에 600mm 간격으로 띠장용 각재를 추가 설치하고, 그 위에 기와걸이용 각재를 설치한다.

② 콘크리트 슬래브 위 설치

가. 콘크리트 경사지붕의 경우 다음 기준에 따라 붙임 모르타르를 깔고 못으로 고정한다.
(가) 경사가 1/3 이내인 완경사 지붕의 경우는 처마 끝으로부터 3열까지는 매 열마다, 그 외의 부분은 5열마다 1열씩 고정
(나) 경사가 1/3 초과인 급경사 지붕의 경우는 매 열마다 고정

나. 붙임 모르타르나 용마루 채움 모르타르는 밀실하게 시공한다.

3.2.3 기와 도장

(1) 도장되지 않은 기와의 도장은 *SBCS 41 90 47*에 따라 시공하되 기와 잇기 완료 후에 도장이 어려운 부위는 미리 도장을 한 후 기와 잇기를 한다.

3.2.4 검사

(1) 기와 잇기가 완료되면 전체 시공 상태를 검사하여 시공 상태가 불량하거나 기와선이 바르지 못하면 이를 수정 · 보완한다.

3.2.5 청소

(1) 기와 시공 후 기와의 노출면에 부착된 시멘트 모르타르 및 흙 등의 불순물을 깨끗이 청소한다.

3.3 한식 기와 시공

3.3.1 준비사항 CHECK 02

(1) 산자 엮기

① 2줄의 산자새끼를 서까래 사이마다 평고대에서 적심도리까지 늘이고 새끼를 엇갈리게 하여 평고대에서 적심도리까지 엮어 간다.
② 산자의 양 끝 부분은 서까래 위에 걸쳐지도록 한다.
③ 서까래 경사가 된물매(5치 물매 이상, 밑변이 1자 303mm이고 높이가 5치 151.5mm 비율인 물매를 말하는 것으로서 통상적으로 1/2 이상의 경사를 말한다.)일 경우에는 힘살을 90mm 이하의 각재로 서까래와 직교하여 설치하고 철물로 고정한다.
④ 평고대와 맞닿는 서까래 윗부분에는 앙토 바르기 두께 이상의 산자받이재를 서까래 방향으로 90mm 이상 덧대어 앙토 바르기 마감이 평고대와 수평을 이루게 한다.

(2) 연암 설치

① 연암은 평고대 면에 맞추어 양끝을 못으로 고정하여 휘어서 들뜨지 않도록 한다.
② 목기연이 없는 박공이나 합각박공에서는 박공 위에 직접 연암을 설치하되 박공 안쪽에 연암 두께만큼 보강목을 덧댄다.
③ 연암의 이음 위치는 평고대 이음 위치와 600mm 이상 이격시킨다.
④ 이음은 엇빗 이음으로 하며 전면에서 틈이 벌어지지 않도록 한다.

(3) 적심 설치

① 적심재를 설치하기 전에 부연 뒷뿌리와 서까래 뒷뿌리에는 산자 엮기 후 누리개를 설치하고 철물로 고정한다.
② 지붕의 경사가 된물매(5치 물매 이상)인 경우에는 고정용 적심을 900mm 정도의 간격으로 서까래와 직교하여 설치하고 철물로 고정한다.
③ 적심은 이동되거나 내려앉지 않도록 한다.
④ 적심재 중 부식이 심한 것은 사용하지 아니한다.

◀ CHECK 02

산자 엮기 예시

연암 설치 예시

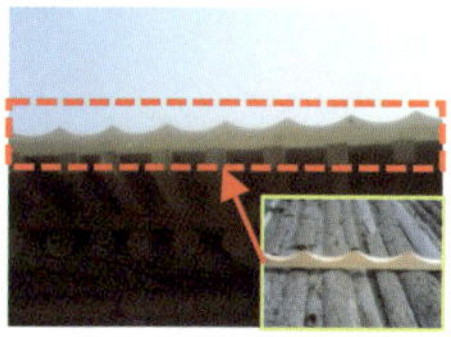

적심 설치 예시

CHECK 03 ▶
보토 · 강회다짐 예시

(4) 보토 · 강회다짐 CHECK 03

① 보토 및 강회다짐은 설계도서에 제시한 두께로 다짐한다.
② 보토다짐의 윗면은 지붕 경사 곡선으로 하고 평탄하게 다진다.
③ 강회다짐은 보토 위에 누수가 되지 않도록 밀실하게 펴 다진다.
④ 보토 및 강회다짐은 7일 이상 충분히 양생한 후 공사감리자의 확인을 받아 다음 공정에 착수한다.
⑤ 보토 및 강회다짐은 양생 시 급속히 건조하여 갈라지지 않도록 보양한다.
⑥ 보토 및 강회다짐은 4 ℃ 이하인 경우 보온하여 시공 후 동결되지 않도록 보양한다.

3.3.2 기와 잇기

(1) 일반사항

① 불균형 하중이 발생하지 않도록 기와를 분산하여 지붕 위에 올려놓는다.
② 기와 잇기는 공사시방서에 특별한 언급이 없는 한 다음 순서에 의한다.

가. 기준실 치기　나. 기와 나누기　다. 알매흙 채우기　라. 받침장 놓기
마. 암막새 잇기　바. 암키와 잇기　사. 홍두깨흙 채우기　아. 수막새 잇기
자. 수키와 잇기　차. 너새 잇기　카. 마루기와 잇기
타. 장식기와 설치 및 양성 바르기　파. 청소

(2) 기와 나누기

① 기와 나누기는 용마루선의 중심에서 평고대에 수직으로 중심선을 내리고 좌우대칭이 되도록 평행선을 그어 기왓골의 수를 정한다. 이때 기왓골은 사용기와의 폭으로 하여 나누되 기와의 이격거리는 15mm 이하로 한다.
② 기와 나누기를 할 때 내림마루기와의 적새는 수키와 열의 중심에 놓는다.
③ 기와 나누기를 할 때 전후면의 수키와 열이 어긋나지 않도록 한다.
④ 추녀마루의 좌우 수키와 열이 서로 대칭되게 한다.
⑤ 기와 나누기는 연암을 치목할 때 미리 기와 나누기를 계산하여 처마 양 끝에서 반쪽기와 잇기가 생기지 않도록 한다.

(3) 바닥기와 잇기

① 알매흙 채우기

가. 알매흙은 건조되지 않도록 보양하고 건조되었을 경우에는 적당량의 물을 붓고 다시 이겨 사용한다.
나. 강회다짐 바닥면을 청소하고 갈램이 있는 곳에는 생석회 혼합물을 메운 후 알매흙을 채워 넣는다.

② 암키와 잇기

가. 처마 끝에 놓이는 받침장은 연암에서 기와 길이의 1/3 이하로 내민다.
나. 받침장의 밑면은 면이 바르고 연암과 암막새에 밀착되는 것을 사용한다.
다. 암키와는 바닥과 양옆에 알매흙을 가득 채워 고정시키고 처마에서 마루까지 골의 줄을 바르게 잇기한다.
라. 암키와는 중앙부에서 곡을 잡아 양측면으로 깔고 경사를 고려하여 3겹 잇기로 하되, 책임기술자의 승인이 있을 경우 건물의 지붕 경사를 고려하여 2~3겹 잇기로 할 수 있다.
마. 암키와는 옆 장과 서로 맞닿을 정도로 깔되 그 사이는 15mm이하로 한다.

③ 홍두깨흙 채우기

가. 홍두깨흙은 암키와를 맞댄 사이에 물리도록 올려놓고 수키와 속에 가득 채운다.
나. 홍두깨흙은 위와 옆에서 볼 때 흙이 노출되지 않도록 한다.
다. 홍두깨흙은 둥근 형태로 뭉쳐 밀려나오지 않도록 하고 바닥기와와 밀착되도록 한다.

(4) 수키와 잇기

① 처마 끝에 막새를 쓰지 않을 경우 수키와의 첫 단은 와구토 공간을 감안하여 들여서 잇는다.

② 수키와는 언강이 달린 쪽을 위로 가도록 잇는다.

③ 수키와는 암키와에 밀착되도록 눌러 잇는다.

④ 수막새는 미구에 미리 못구멍을 내어 만들고 반드시 와정 또는 결속선(구리선) 등으로 고정한다.

⑤ 막새가 없는 경우 수키와를 잇고 와구토를 정교하게 바른다.

(5) 회첨골 잇기

① 회첨골의 골 수는 설계도서에 따른다.

② 회첨부분에는 평고대 바깥쪽에 고삽을 대어 지붕골의 암키와를 받치게 한다.

③ 회첨 기와는 고삽머리 끝에 연암을 설치하고 그 중간에서 마루기와까지 회첨골의 각도에 맞추어(보통 45° 각도) 실을 띄우고 회첨 기와를 잇는다.

④ 회첨 바닥기와는 지붕 바닥기와보다 한 단 낮게 깔고 바닥기와에 회첨 암키와 폭의 1/3 이상이 겹쳐지도록 한다.

⑤ 회첨골에 접속되는 바닥기와는 어새로 이으며 어새는 회첨골에 접하는 각도에 맞추어 절단하여 사용한다.

⑥ 회첨골 기와 잇기 시 암키와 밑에 구리판을 깔아 누수를 방지할 수 있다.

⑦ 어새와 회첨 바닥기와의 사이에는 알매흙을 채워 넣는다.

(6) 너새 잇기

① 너새기와는 바닥기와의 직각방향 또는 약간 경사지게 잇는다.

② 너새기와의 암키와는 바닥기와의 암키와와 끝을 맞닿게 한다.

③ 너새기와는 뒷 끝이 약간 들리도록 잇는다.

(7) 마루기와 잇기

마루기와 잇기 시 수키와 골 사이의 막음은 기와 당골막이 또는 착고막이로 하고 부고, 적새, 숫마룻장의 순서로 잇는다.

(8) 착고

① 착고기와는 양 옆을 둥글게 도려내어 수키와 등에 밀착시키고 상단은 서로 맞대어 이어지게 한다.

② 착고기와는 수키와 높이에 맞춰 비스듬히 세워 대고 내부에는 알매흙을 빈틈없이 채워 다진다.

③ 착고기와는 공사감리자의 확인을 받아 수키와 등의 곡선에 맞추어 제작하여 사용할 수 있다.

(9) 내림마루 마감

① 내림마루 끝은 수키와를 옆으로 눕혀 머거불로 마감한다.

② 민가건물에는 지역에 따라 머거불로 수키와를 세워 마감하는 곳도 있으므로 기존의 양식으로 시공하되 공사감리자의 지시에 따른다.

(10) 부고

① 부고는 착고 위에 안으로 비스듬히 옆 세워 대고 이음 부분은 착고와 엇갈리게 한다.

② 부고의 사이에는 알매흙으로 속 채움을 한 다음 윗면을 평탄하게 고른다.

③ 부고용 수키와는 언강이 있는 것을 사용한다.

(11) 장식기와 잇기

① 잡상

가. 잡상은 내림마루와 추녀마루의 윗부분에 배치순서에 따라 줄을 맞추어 설치한다.

나. 잡상의 설치와 배치는 설계도서에 따른다.

다. 잡상은 적새 상부에 긴결 철물 등으로 고정하고 강회 모르타르로 마감한다.

② 토수

가. 토수는 사래 마구리면에 끼워 맞추고 좌우에 토수박이 못을 박는다.

나. 토수는 사래와 일직선으로 한다.

다. 토수를 끼우는 사래 마구리 부분의 부식을 방지하기 위하여 사래볼철(구리판) 등을 사용할 수 있다.

라. 토수는 토수 끝부분이 처지지 않도록 설치한다.

③ 절병통

가. 절병통은 설치 전에 절병통 받침대를 설치하고 그 위에 절병통을 올려놓는다.

나. 마루기와가 만나는 꼭짓점에서 대좌의 끝 선에 착고를 끼우고 부고를 올린 다음 내부에는 보토를 채워 넣는다.

다. 부고 설치 후 평면은 지붕형태에 따라 각을 이루되 각 변의 길이는 같게 한다.

라. 부고 내부에는 알매흙을 채워 받침대의 바탕을 만들고 암막새와 수막새를 원형으로 번갈아 놓아 받침대를 설치한다.

마. 절병통은 찰주를 세워 지지한다.

④ 취두 · 치미 · 용두

가. 수리 시 용마루 또는 마루기와 끝에 설치된 취두, 치미, 용두는 기존의 것을 재사용하며 변형 및 파손되어 재사용이 불가한 경우에는 기존의 형태 및 재질과 같은 것으로 제작 · 사용한다.

나. 해체 시 용마루 또는 양성에 박힌 고정철심 등을 조심스럽게 수습하여 녹막이처리를 한다.

다. 설치는 적새에 미리 만들어 놓은 구멍에 고정용 철심을 세우고 취두, 치미를 안정되게 고정한다.

3.3.3 합각벽 설치

(1) 일반사항

① 합각벽은 용마루 지붕 밑에 삼각형으로 합각을 이루는 부분에 설치한다.

② 대형건물의 합각벽에는 설계도서에 따라 환기구 등을 설치할 수 있다.

(2) 자재

① 합각벽은 회벽 바르기, 전벽돌 쌓기, 나무판벽 등으로 구분한다.

② 장식용 합각벽은 전돌 또는 기와를 쌓고 도안이나 문자 등으로 장식한다.

(3) 설치

① 합각벽은 지붕 속의 서까래 뒷뿌리를 보강하는 누리개 적심 위에 설치하므로 누리개 적심을 견고하게 설치한 후에 합각벽을 설치한다.

② 합각벽은 우수에 노출되므로 견실하게 시공한다.

③ 문양 등이 있는 경우 건물성격에 맞게 도안하여 시공한다.

④ 회벽 바르기는 *SBCS 41 90 46*에 준한다.

3.3.4 양성 바르기

(1) 지붕마루 기와 잇기를 한 위에 생석회 반죽을 밀실하게 올려 균열 · 탈락 현상이 발생되지 않도록 한다.

(2) 생석회 반죽 바르기는 요철 없이 평활하게 바른다.

(3) 피뢰침이나 관리용 철물 등으로 인하여 미장면에 녹물이 발생하지 않도록 한다.

3.3.5 마감 및 청소

(1) 기와 잇기가 완료되면 전체 시공상태를 검사하여 시공상태가 불량하거나 기와선이 바르지 못하면 이를 수정 · 보완한다.

(2) 기와 잇기가 완료된 후에는 파손된 기와를 갈아 끼우고 진흙 · 회반죽 등과 잇고 남은 기와는 전부 내려놓는다.

(3) 기와 잇기가 끝난 다음에는 기와바닥을 물청소하여 마무리한다.

(4) 기와바닥을 청소할 경우에는 깨진 기와나 이완된 기와의 여부를 확인하고 불량한 경우에는 교체 · 보완한다.

(5) 공사감리자의 지시에 따라 남은 기와를 지붕에 둘 때는 지붕마루 후면에 잘 보이지 않는 곳에 일정하게 쌓아둔다.

3.4 금속 기와 시공

3.4.1 사전 조사

(1) 공사할 지역, 바탕조건을 조사하여 설치 허용오차 및 기타 공사에 영향을 미치는 다른 조건에 대해 확인한다.

(2) 지붕 바탕 이음부가 골조에 지지되어 있는지 고정철물의 머리가 표면에 수평하게 설치되어 있는지 바탕이 평탄하게 설치되어 있는지 확인한다.

(3) 지붕 제조사 시방에 따른 바탕의 건조 조건, 평탄성, 청소상태, 경사도 및 고정 상태를 확인하고 후레싱 및 지붕을 관통하는 부위의 처리 상태를 확인한다.

(4) 환기구 및 기타 관통부가 확실하게 고정되어 있는지를 확인한다.

3.4.2 바탕 방수자재 설치

(1) 설계도서에 명시된 바에 따라 설치한다.

(2) 설계도서에 명시된 바가 없는 경우에는 이 기준의 *(3.1.4)*에 명기된 바에 따라 설치한다.

3.4.3 금속 기와 설치

3.4.3.1 일반사항

(1) 제조사 시방에 따라 금속 기와를 설치하며 수직 및 수평, 줄 바르게 설치한다.

(2) 금속 기와가 지붕 전체에 균일한 모양이 되도록 한다.

(3) 금속 기와, 후레싱 및 마무리재(장식재, trim)와 노출 고정철물(패스너) 사이에 수밀성을 유지하기 위해 실란트를 적용한다.

(4) 처마에서 용마루 방향으로 맞물림 및 겹침방식으로 설치한다.

3.4.3.2 금속 보호

(1) 이질 자재가 서로 접촉할 경우 갈바닉 작용으로부터 보호하기 위하여 아스팔트 코팅으로 표면을 바르거나 접촉면에 고무화 아스팔트 시트를 붙이거나 제조업자가 추천하는 영구 절연재를 붙인다.

(2) 금속 기와의 표면에는 연필을 사용하여 표시하지 않는다.

3.4.3.3 철골 트러스 경사 지붕의 금속기와 시공

(1) 시공순서

① 바탕정리(필요시 레벨조정용 앵글 설치)

② 각형강관 설치

③ 금속기와 보강띠철판 설치

④ AD, PD 하부 보강판

⑤ 기와 잇기

⑥ 각종 플래싱 설치

(2) 바탕정리 공사

① 각형강관의 용접접합에 지장이 있는 이물질을 제거한다.

② 철골보 설치 오차로 인하여 레벨조정용 앵글철물을 설치할 경우 두께 2.0 ㎜, 크기 100 × 50 ㎜ (W = 100) 정도의 아연도금강판 제품의 앵글을 사용하며, 앵글고정은 3면 용접하여야 한다. 고정 후 남아있는 부위는 각관 위에 구부려 놓는다. 이 경우 비용은 수급인이 부담하여야 한다.

(3) 각관 및 경량철골설치

① 일반사항

가. 각관의 규격은 지역별 각형강관 부재 선정표를 참조하여 결정한다.

나. 기와걸이용 각관 및 기와보강용 각관의 이음 위치는 철골 트러스 위에서 이어지도록 계획 밑 시공한다.

다. PD. AD등 지붕의 돌출 주위에는 동판 플래싱 보강용 합판 설치, 플래싱 설치 및 기와 잇기를 고려하여 설치한다.

② 각형각관 설치

가. 기와걸이용 각형강관 설치

(가) 기와걸이용 각관은 제조사별 기와의 크기에 맞게 배치한다.

(나) 첫 기와길이는 처마 끝선에 맞춰 설치한다.

(다) 각관은 철골보에 용접하여 설치하고, 용접부위는 방청 처리한다.

나. 용마루 플래싱 고정용 각형강관 설치

용마루 플래싱 고정용 각관은 양면에 설치된 브라켓(또는 앵글철물)에 용접하여 고정하며, 용접부위는 방청처리한다.

다. 옆 마구리 플래싱 고정용 각형강관 설치

(가) 측벽상단과 평행하게 배치하고 기와고정 각관과 교차하는 부위는 용접 접합한다.

(나) 옆 마구리 플래싱 고정용 각관은 상하로 겹쳐 용접(길이 20 ㎜, 간격 450 ㎜이내, 양면)하여 만든다.

(다) 하단 각관에는 나사못으로 플래싱을 고정하도록 계획하여 플래싱의 시공성 및 내 풍성을 확보하도록 한다.

③ 금속기와 보강용 긴결철물 설치

가. 금속기와 겹침부분, 기와 중앙부분에는 기와보강 긴결철물을 각관에 용접하여 설치한다.

나. 측벽으로부터 첫 번째 기와는 기와의 3등분 지점에 기와보강 긴결철물을 설치하여 보강한다.

④ AD, PD하부 보강판

AD, PD주변 빗물받이 플래싱의 하부는 아연도금 철판을 하부각관에 용접 부착하여 보강한다.

(4) 기와잇기

① 기와잇기는 처마로부터 용마루쪽으로 진행한다.

② 기와잇기는 일정한 방향으로 서로 포개어 지도록 한다.

③ 기와 고정 못 시공 유의사항

가. 못의 위치는 가급적 물의 흐름이 있는 부위는 피한다.

나. 기와 고정용 못은 태평 나사못 또는 금속기와못을 사용하여 공사감리자가 확인한 이외의 못을 사용하지 못한다.

다. 기와고정용 못 머리 주위에는 우수침투 방지를 위해 실링 처리한다.

라. 기와에는 기와고정용 이외의 용도로 못을 박아서는 안 된다.

④ 용마루, 처마, 벽체, 옆 마구리 등에 기와 및 플래싱을 설치하여야 할 경우 고정부위의 형태에 맞게 전용 작두나 가위 등으로 재단하여 설치한다.

⑤ 기와는 길이 25㎜ 이상의 태핑 나사못(각재에 고정하는 경우 길이 50㎜ 이상의 금속기와못 사용 가능)으로 고정하고, 간격은 300㎜ 이내로 한다. 단, 강풍지역인 경우에는 200㎜ 이내로 한다.

⑥ 처마에서 3단 까지, 박공벽 또는 옥탑 벽체로부터 지붕 안쪽 1500㎜ 까지의 기와는 못 간격을 200㎜ 이내로 고정한다.

(5) 용마루 잇기

① 용마루 플래싱은 50 ㎜ 이상 겹치게 잇고, 플래싱 나사못의 못머리 부위는 실링 처리한다.

② 용마루 플래싱 고정못은 길이 25㎜ 이상의 태평 나사못으로 하고 용마루 양면에 간격 300㎜ 이내로 박는다. 단, 강풍지역인 경우에는 200㎜ 이내로 한다.

(6) 처마 플래싱 설치

① 처마 플래싱의 부착면은 미려한 플래싱 마감을 위해 평탄하게 바탕정리 하여야 한다.

② 처마 플래싱의 이음부위는 최소 75㎜ 이상을 겹치게 한다.

③ 못머리 부위는 실링처리한다.

(7) 벽체 플래싱 설치

① 벽체 플래싱이 설치되는 벽면에는 깊이 10㎜ 정도의 홈파기 시공 또는 V커팅한다.

② 벽체의 홈 또는 V커팅 부위에 플래싱의 날개 부위를 끼워 넣고, 플래 싱 안쪽과 바깥쪽을 모두 실링 처리한다.

③ 플래싱 고정은 방청콘크리트 못을 450㎜ 간격으로 박는다. 단 강풍지역은 300㎜ 간격으로 한다.

④ 못머리 부위는 실링 처리한다.

(8) 옆 마구리 플래싱 설치

① 옆 마구리 고정은 바탕에 따라 다음과 같이 설치한다.

가. 콘크리트 또는 모르타르 바탕 : 매립깊이 25㎜ 이상의 콘크리트 못 고정

나. 각관 또는 철재바탕:매립깊이 25㎜ 이상의 태핑 나사못 고정

다. 목재 바탕:매립깊이 25㎜ 이상 태핑 나사못 또는 매립깊이 300㎜ 이상의 금속기와 전용 스테인리스못 고정

② 지붕면에 고정하는 못의 간격은 300㎜ 이내로 박는다.

③ 플래싱 고정못 간격은 지붕면에서는 300㎜ 이내, 벽면에서는 450㎜로 한다.
단, 강풍지역인 경우 지붕면은 200㎜ 이내, 벽면은 300㎜ 이내로 한다.

④ 못머리 부위는 실링 처리한다.

3.4.3.4 철근 콘크리트 경사지붕의 금속기와 시공

(1) 시공순서

① 바탕정리

② 먹줄놓기

③ 레벨조정용 앵글철물 및 각관설치

가.세트앵커 및 앵글철물 고정

나. 레벨조정용 각관 설치

④ 기와걸이 각관 설치

⑤ 금속기와 보강띠철판 설치

⑥ AD, PD 하부 보강판

⑦ 기와 잇기

⑧ 각종 플래싱 설치

(2) 바탕정리

① 콘크리트 경사 지붕은 쇠흙손 마감 한다.

② 용마루 부위는 용마루용 각관 설치가 용이하도록 폭 70~80㎜ 정도를 평탄하게 마감한다.

③ 지붕의 콘크리트 바탕 또는 모서리 등에 곰보, 재료분리 등이 있는 경우 평탄하게 보수한다.

④ 바탕에 균열이 있는 경우 설계 강도가 회복되도록 한다.

(3) 먹줄놓기

먹줄은 금속기와의 제조사별 규격과 지붕 디자인을 고려하여 레벨조정용 각관, 앵글철물위치 등을 표기한다.

(4) 레벨조정용 앵글철물 및 각형강관설치

① 레벨조정용 앵글철물 설치

가. 앵글철물은 레벨조정용 각관을 고정하는 철물이며, 콘크리트면과 앵글철물의 고정은 세트앵커(지름 1 / 2 인치(D12), 총길이 100㎜, 나사길이 50㎜, 매립깊이 50㎜ 이상)로 체결한다.

나. 설치간격
(가) 레벨조정 각관 위치에 따라 배치한다.
(나) 처마로부터 제1단에는 2개소, 용마루로 부터는 150㎜ 이내, 기타 구간은 600㎜ 이내로 설치한다.

② 레벨조정 각관설치
가. 측벽끝선에 맞추어 중앙부쪽으로 진행한다.
나. 측벽상단 및 코아벽으로부터 900㎜ 까지는 450㎜ 간격으로 설치하고, 나머지 구간은 900㎜ 간격으로 설치한다.
다. 각관은 레벨조정 앵글철물에 용접(길이 30㎜, 양면)접합한다.
라. 각관의 이음은 맞댐이음하고 이음 부위로부터 75㎜ 이내에는 상세도면과 같이 앵글철물로 보강한다.

(5) 기와걸이 각관 설치
① 기와걸이용 각관은 제조사별 크기를 고려하여 지붕의 디자인에 따라 배치한다.
② 각관은 레벨조정용 각관과 교차되는 부위에 용접(길이 30㎜, 양면) 접합한다.
③ 첫 기와걸이 각관은 처마 끝선에 맞춰 설치한다.
④ 각관의 이음 : 레벨조정 각관 위에서 맞댄이음하고 레벨조정 각관과 교차하는 끝부분을 용접(길이 20㎜, 양면)한다.

(6) 금속기와 보강용 긴결철물 설치
① 금속기와 겹침부분, 기와 중앙부분(3개소)에는 기와보강 긴결철물을 각관에 용접하여 설치한다.
② 측벽으로부터 첫 번째 기와는 기와의 3등분 지점(4개소)에 기와보강 긴결철물을 각관에 용접하여 설치한다.

(7) AD, PD하부 보강판
① AD, PD주변 빗물받이 플래싱의 하부는 아연도금 철판을 하부각관에 용접부착하여 보강한다.

(8) 용마루 각관 고정용 앵글철물
① 콘크리트면과 용마루 고정각관을 고정하는 레벨조정용 앵글철물은 두께 4.0㎜, 크기 50㎜ × 50㎜(W = 50)의 아연도금 강판제품으로 한다.
② 앵글철물은 콘크리트 바탕에 세트앙카(지름 1/2 인치(D 12), 총길이 100㎜, 나사길이 60㎜, 매립깊이 50㎜ 이상)로 한다.

(9) 용마루 플래싱 고정용 각관 설치
① 용마루 플래싱 고정용 각관은 양면에 설치된 앵글철물에 용접하여 고정한다.
② 각관의 이음
각관의 이음은 맞댄이음하고 이음부위로부터 75㎜ 이내에는 상세도를 참조하여 앵글철물로 보강한다.

(10) 옆 마구리 플래싱 고정각관 설치
① 측벽상단과 평행하게 배치하고 기와고정 각관과 교차하는 부위는 용접 접합한다.
② 옆 마구리 플래싱 고정용 각관은 상하로 겹쳐 용접(길이 20㎜, 간격 450㎜ 이내, 양면)하여 만든다.
③ 하단 각관에는 나사못으로 플래싱을 고정하도록 계획하여 플래싱의 시공성 및 내풍성을 확보하도록 한다.

3.4.4 부속 자재의 설치

(1) 일반사항
공사시방서에 보다 엄격한 요구사항이 명시되지 않는 한 제조업자의 지침에 따른다.
(2) 후레싱 및 마무리재 설치
공사감리자의 확인을 받은 시공상세도면이나 시험 시공에 따른다.
(3) 용마루 환기구
설계도면에 명시된 위치에 단부막이와 함께 환기구를 설치한다.

(4) 기와걸이(기왓살)

① 목재 기와걸이(기왓살): 40×40mm 각재로 가로 방향으로 설치하며 기와걸이와 기와걸이 사이는 12mm 정도의 틈을 두어야 한다. 목재용 못을 사용하여 바탕에 고정한다.

② 금속재 기와걸이(기왓살): 40×40mm 금속재로 가로 방향으로 설치하며 기와걸이와 기와걸이 사이는 12mm 정도의 틈을 두어야 한다. 고정철물을 사용하여 바탕에 고정한다.

③ 중간 기와걸이(기왓살): 30×30mm 정도의 중간 기와걸이를 가로 방향으로 설치하며 기와걸이와 기와걸이 사이는 12mm 정도의 틈을 두어야 한다. 기와걸이와 기와걸이 사이의 금속 기와 하부에 균일하게 설치하며 못 또는 고정철물로 바탕에 고정한다.

3.4.5 금속 보호

(1) 이질 자재가 서로 접촉할 경우 갈바닉 작용으로부터 보호하기 위하여 아스팔트 코팅으로 표면을 바르거나 접촉면에 고무화 아스팔트 시트를 붙이거나 제조업자가 추천하는 영구 절연재를 붙인다.

3.4.6 설치 허용오차

(1) 심 및 금속 지붕의 선은 지정된 선과 위치에서 6,000mm에 6mm 이내이어야 하며 인접하는 면과 서로 맞닿는 곳의 단차는 3mm 이내이어야 한다.

3.4.7 조정 및 청소

(1) 손상되거나 변형된 금속 기와 또는 요구사항에 적합하지 않은 금속 기와를 제거하고 재설치한다. 마감면의 보수도장 등 사소한 보수를 넘는 마감면의 손상된 부분의 기와는 교체한다.

(2) 제품을 보호하기 위해 임시로 부착한 보호 필름을 제거한다.

(3) 공사 완료 시에 제조업자의 지침에 따라 노출 표면을 청소하고 사소한 마감 손상부분을 보수한다.

(4) 과도하게 실란트가 적용된 부위를 제거한다.

3.5 아스팔트 싱글 시공

3.5.1 현장 상태 점검

(1) 아스팔트 바탕펠트와 굽도리 지붕널을 설치하기 전에 지붕 바탕면의 평탄, 건조 및 청결 상태와 오손 여부를 확인한다. 지붕 바탕면은 균열, 서리, 습기 또는 오물, 느슨하게 고정된 지붕널 등이 없어야 하고 아스팔트 바탕 펠트 및 아스팔트 싱글을 손상할 수 있는 돌출물, 이탈물 등 이물질의 제거 여부를 확인한다.

(2) 환기용 강관, 연통 등과 같이 지붕을 관통하여 지붕 바탕면 위로 돌출된 부재들은 지정된 장소에 지정된 방법으로 후레싱을 견고하게 설치한다.

3.5.2 지붕 바탕면 준비작업

(1) 아스팔트 싱글을 설치할 지붕은 잇기 작업을 착수하기 이전에 다른 공정에 필요한 모든 설치물과 관련된 작업을 완료한다. 지붕 바탕면에 잔재한 옹이구멍과 과도한 균열 및 틈새는 아연 강판을 덮고 아연 못으로 견고하게 지붕널에 고정한다. 지붕 바탕면 위로 돌출된 부재들은 또한 돌출된 못은 지붕 바탕면과 완전히 평탄하게 일치하도록 한다.

3.5.3 아스팔트 싱글 설치

(1) 굽도리판 설치

① 비흘림 및 빗물막이 금속제 굽도리판의 설치는 *SBCS 41 90 56 15* 에 관한 규정에 의하여 시공한다. 철제 굽도리판은 지붕과 벽체 수직면이 만나는 부분, 굴뚝이나 배기구와 같이 지붕을 관통하는 구조물들의 돌출부에는 반드시 설치한다.

② 아스팔트 싱글 설치 시에 지붕골에서의 굽도리 설치 방법은 개방식 지붕골 이음, 마름겹침식 지붕골 이음 또는 직조식 겹침 지붕골 이음 등 세 방법 중에서 적합한 것을 택일하여 시공한다.

(2) 금속제 처마 거멀띠의 설치

① 처마 거멀띠는 내부식성 재질로서 녹이 발생하지 않는 아연도 강판, 동판 또는 스테인리스 강판을 사용하여 처마와 박공처마의 모서리를 따라서 설치한다.

② 처마 거멀띠는 박공처마에서는 바탕펠트 상부에 설치하고 처마에서는 바탕펠트의 하부인 지붕 바닥널 위에 설치한다.

③ 처마 거멀띠는 처마 끝에서부터 지붕의 폭이 안쪽으로 최소 75mm 이상이 되도록 덧댄다.

④ 처마 거멀띠에는 적절한 형태와 길이의 고정못을 300mm 이하의 간격으로 철제 처마 거멀띠의 안쪽 모서리를 따라서 박는다.

(3) 바탕펠트의 설치

① 아스팔트 싱글을 설치하기 이전에 1/3 이상의 경사를 가진 지붕에는 아스팔트 함침 펠트로 외겹 바탕펠트를, 그리고 경사가 1/6 내지 1/3 미만의 지붕에는 두 겹 바탕펠트를 지붕널 위에 설치한다. 또한 지붕에 물의 고임이나 흐름이 예상되는 장소로서 특별히 방수를 겸한 아스팔트 싱글을 설치해야 하는 경우에는 이 시방서에 의하여 두 겹 바탕펠트 깔기를 한다.

② 별도의 공사시방서가 없는 경우에는 KS F 4901의 650품, 폭 900mm 두루마리 펠트를 사용하여 지붕의 경사와 직교방향으로 설치하고 펠트작업은 처마에서부터 용마루쪽으로 진행한다. 외겹 바탕펠트와 두 겹 바탕펠트 작업은 다음과 같다.

가. 외겹 바탕펠트: 아스팔트 바탕펠트의 측단 겹침은 최소 50mm, 끝단 이음은 최소 100mm로 한다. 박공처마의 끝 부분에 설치되는 바탕펠트의 길이는 최소 300mm 이상으로 하며 바탕펠트는 싱글을 설치할 때까지 못으로 고정한다.

나. 두 겹 바탕펠트: 처마 끝에 설치되는 바탕펠트의 첫 단은 폭 500mm로 설치하고 그 위에 900mm의 상부층 펠트를 덮는다. 그 이후에 후속적으로 설치되는 펠트들은 500mm 폭으로 중첩하며 노출면은 400mm로 한다. 바탕펠트의 하단부에는 못을 사용하지 않는다.

다. 지붕골 이음: 지붕골에서는 KS F 4902를 두 겹 깔기로 지붕골 굽도리를 설치하는데 바탕펠트는 처마에서 용마루쪽으로 깔고 처마 이상으로 한다. 지붕골 바탕펠트는 처마와 평행하게 설치되는 지붕널의 바탕깔기 펠트 밑으로 겹치도록 설치한다. 바탕깔기는 폭이 450mm의 KS F 4901, 650품의 아스팔트 펠트를 사용하여 지붕골의 중심과 굽도리용 펠트의 중심선을 일치시키고 펠트의 이음이 필요한 경우에는 최소 300mm 이상 겹치도록 한다. 못은 최소한의 수량을 사용하여 펠트 모서리에서 30mm가 되는 지점에 박는다. 바탕펠트 위에 위치하는 굽도리용 아스팔트 루핑은 KS F 4902의 1,500품 아스팔트 루핑을 사용하고 폭은 900mm 이상으로 하며 바탕펠트와 동일한 방법으로 설치한다. 이때에 루핑의 옆모서리는 지붕널의 바탕펠트 위에 위치해야 하며 루핑 끝 부분에서의 300mm 폭의 겹침 이음부는 플라스틱 아스팔트 시멘트를 사용하여 점착한다.

(4) 아스팔트 싱글 설치

① 아스팔트 싱글은 싱글용 못이나 거멀못으로 고정한다.

② 지붕널에서의 설치: 아스팔트 싱글 작업은 지붕 경사면과 직교방향으로 설치하며 전체적인 작업의 진행은 대각선 방향으로 지붕의 상부쪽 방향으로 진행한다.

③ 처마띠

가. 처마띠는 처마 끝에 반드시 설치한다.

나. 처마띠는 약 200mm 폭의 모래붙인 루핑이나 아스팔트 싱글의 널 부분을 절단한 나머지 윗부분을 사용하여 처마의 단부에 연속적으로 설치한다.

다. 처마띠는 처마 끝에서부터 12mm가 돌출되도록 하고 최초에 설치하는 처마띠는 측단을 75mm 절단하여 설치한다.

라. 하부면에 접착제가 부착된 싱글 제품을 처마띠로 사용할 경우에는 접착제가 있는 하부면을 위로 향하게 하고 처마 끝에서부터 약 75mm 내지 100mm되는 지점에 못을 약 300mm 간격으로 박아서 고정한다. 또한 접착제가 없는 싱글의 경우에는 싱글의 널부분을 절단한 후 동일한 방법으로 고정한다.

마. 루핑을 처마띠로 사용하는 경우에는 처마 끝에서부터 약 75mm 내지 100mm되는 지점에 약 300mm 간격의 못으로 고정하는데 루핑의 이음부가 발생할 경우에는 최소폭 50mm 이상이 겹치도록 한다.

④ 첫째 단 및 후속단 설치: 접착제가 없는 싱글이나 두루마리형 루핑을 처마 거멀띠로 사용할 경우에는 첫째 단 싱글의 모든 널 부분은 널면적의 1/4에 아스팔트 시멘트를 충분히 도포하여 처마띠 상부면에 견고하게 부착한다.

⑤ 용마루 및 추녀마루 이음

가. 용마루와 처마는 별도의 공사시방서가 없는 경우 설치업자와 상의하여 적절한 크기로 절단하여 사용한다.

나. 싱글의 중심선과 용마루 또는 처마의 상단이 일치되도록 하여 세로방향으로 아래쪽으로 눌러서 양쪽지붕의 용마루 및 처마 직하단 싱글의 노출면과 동일하도록 부착한다.

다. 이때에 용마루 싱글의 겹침은 아랫단 싱글의 상단부에서부터 최소 12mm 이상이 되도록 하며 아랫단의 싱글 상단부로부터 15mm가 되는 위치의 선상과 싱글의 옆모서리로부터 25mm 되는 지점의 은폐되는 부분에 못을 박는다.

⑥ 지붕골의 아스팔트 싱글 설치: 별도의 공사시방서가 없는 경우 지붕골의 아스팔트 싱글 설치는 지붕골에서 보다 원활한 배수를 위한 개방식 지붕골이음, 지붕골의 양측 지붕의 아스팔트 싱글을 매 단이 서로 엇갈려서 교차되도록 설치하는 직조식 지붕골 이음, 그리고 어느 한 쪽 지붕의 싱글을 지붕골에 일치되도록 절단하여 다른 쪽 지붕의 아스팔트 싱글 상부에 겹침이음을 하는 절단식 지붕골 이음, 이 세 가지 방법 중에서 가장 적합한 방법을 택일하여 시공한다.

가. 개방식 지붕골 이음

(가) 별도의 공사시방서가 없는 경우: 지붕공의 바탕깔기용 펠트는 KS F 4906의 지붕골 바탕펠트 깔기와 동일한 방법으로 시공한다. 이때 아스팔트 루핑의 모래 붙은 면이 바탕펠트는 아래를 향하도록 하고 상부의 펠트는 반대로 위를 향하도록 한다.

(나) 지붕골에서의 양측 아스팔트 싱글의 개방폭은 지붕골에서 최소 75mm 이상 떨어지도록 하고 처마쪽의 폭이 용마루쪽보다 1/200의 비율로 넓어지도록 한다. 개방식 지붕골 이음에서는 지붕골 굽도리와 아스팔트 싱글과의 겹침은 최소 75mm 이상으로 한다. 또한 지붕골 굽도리와 겹치는 모든 아스팔트 싱글의 상단부 지붕골쪽 귀모리는 45°로 최소 30mm를 절단하고 지붕골의 바탕펠트와 싱글 측단의 겹침은 최소폭 50mm를 아스팔트 시멘트로 점착한다.

나. 직조식 지붕골 이음

(가) 직조식 지붕골 이음은 맨 처음 지붕골을 가로지르는 처마쪽 맨 아랫단의 아스팔트 싱글이 지붕골의 중심선에서 반대쪽 지붕으로 최소 300mm 이상 겹쳐야 한다.

(나) 반대쪽 지붕널에 위치한 아스팔트 싱글의 끝은 지붕골에서 최소한 150mm 이상 지점에 위치해야 하며 두 개 이상의 못으로 고정한다.

(다) 후속하여 시공되는 아스팔트 싱글은 지붕골의 중심선에서 양쪽 지붕의 아스팔트 싱글이 교차하여 지붕골을 통과하도록 한다.

다. 절단식 지붕골 이음

(가) 지붕골을 중심으로 어느 한 쪽 지붕의 아스팔트 싱글의 단부가 일치되도록 설치한다. 이때에 하부에 위치하는 완료된 쪽 지붕의 아스팔트 싱글의 끝은 지붕골에서부터 최소한 300mm 이상이 되는 위치까지 다른 쪽 지붕에 겹치도록 설치한다.

(나) 다른 쪽 지붕널에 위치한 아스팔트 싱글의 끝은 최소한 두 개의 못으로 고정하는데 못의 위치는 지붕골에서부터 최소한 150mm 이상의 지점에 위치한다.

(다) 다른 한쪽 지붕의 아스팔트 싱글은 지붕골에서부터 최소한 50mm가 되는 위치에서 절단하며 절단작업은 처마쪽에서부터 용마루쪽으로 진행한다.

(라) 다른 쪽 지붕의 아스팔트 싱글과 겹치는 모든 아스팔트 싱글의 상단부 귀모서리를 45°가 되도록 하고 그 길이는 최소 30mm가 되도록 절단하며 아스팔트 싱글의 측단은 최소 75mm 이상의 폭을 아스팔트 시멘트로 충분히 점착한다.

⑦ 수직면과의 접합부

가. 수직면 또는 벽체와 접하는 부분은 최소 180mm×250mm 이상의 내 부식성 금속 굽도리널을 사용하여 "L" 자형의 굽도리널을 설치한 후 그 위에 아스팔트 싱글을 설치한다. 이때에 아스팔트 싱글을 설치한 후에 노출되는 금속판 굽도리널의 수평면은 최소 120mm 이상으로 한다.

나. 금속재 굽도리널은 아스팔트 싱글의 매단마다 설치하는데 같은 단의 아스팔트 싱글 하부에 위치하여야 하며 낮은 쪽의 모서리는 아랫단 아스팔트 싱글의 상단 모서리 위에 덮이는 비늘형태로 설치한다.

다. 금속재 굽도리널의 고정은 한 개의 못을 수직면의 상단 모서리에 박아서 고정한다. 인접한 지붕널 간의 겹침은 최소한 50mm 이상으로 한다.

(5) 못박기

① 아스팔트 싱글용 못이나 거멀못은 아연 제품 또는 아연도 제품을 사용하고 공장에서 접착제가 도포된 부분에는 못질을 하지 않는다. 못은 싱글의 모서리로부터 50mm 지점에 위치하도록 한다.

② 못의 사용량은 싱글 형태에 관계없이 싱글 한 장에 4개씩 사용하며 못의 위치는 널형 싱글의 경우 절단된 두 개의 개구부 직상부에서 16mm가 되는 지점과 이 두 개의 지점을 연결하는 선상에서 싱글 상부측의 양측단으로부터 25mm가 되는 곳에 각각 1개의 못을 설치한다.

③ 평판형 싱글은 하단부로부터 150mm가 되는 평행선상에서 하단부의 양측단으로부터 25mm 되는 지점과 이 두 개의 지점으로부터 각각 280mm가 되는 지점에 2개의 못을 설치한다.

④ 거멀못을 사용하는 경우에는 지붕과 거멀못의 상부가 평행이 되도록 거멀못을 박아야 한다.

3.5.4 동판 플래싱 설치

(1) 처마 및 박공 부위의 마감용 플래싱 설치

① 플래싱을 고정하는 못의 재질과 간격은 도면에 따라 합판바탕과 콘크리트 바탕으로 구분하고, 또 일반지구와 강풍지구로 구분하여 시공한다.

② 못은 와셔(Washer)를 끼워 사용하여야 하며, 와셔 및 못머리 주위는 실링 처리한다.

③ 못박기 위치는 처마 끝에서 안쪽으로 50 ~ 75㎜ 정도 들여서 고정한다.

(2) 지붕의 AD, PD부분 마감 플래싱 설치

① 지붕에 돌출된 AD, PD주위에 치켜올려 설치하는 플래싱은 높이 200㎜ 이상으로 하되 빗물의 양 및 흐름을 고려하여 조정할 수 있다.

② AD, PD 벽체가 콘크리트인 경우 녹방지 처리된 금속 와셔(Washer)를 끼운 콘크리트 못 또는 아연도금 못으로 고정하고 와셔 및 못머리 주위는 실링 처리하여야 하며, 플래싱 끝부분은 벽체의 V컷팅 홈에 끼워넣은 후 실링재로 충전하여 고정한다.

③ AD, PD 벽체가 SMC, FRP 등인 경우 플래싱은 방청처리된 나사못 등으로 고정하고 끝부분은 빗물이 유입되지 않도록 실링처리한다.

④ 싱글하부에 설치되는 플래싱은 거멀접기 등으로 턱을 만들어 물의 흐름을 차단한다.

3.6 검사

[표 3.6-1] 아스팔트 싱글 단계별 주요 검사항목 (LHCS 10 10 05 25 건축공사 일반, 부록3)

공정단계별		주요 검사항목
아스팔트 싱글	아스팔트싱글 바탕준비 완료 후	· 바탕면 평탄성 및 구배상태 · 바탕면 건조상태 · 바탕면 기준 먹줄확인(가로x세로) · 동판 플래싱 설치상태
	아스팔트싱글 잇기 완료 후	· 상하, 좌우 겹침여부 상태 · 싱글 고정 및 부착상태 확인 · 싱글 오염 및 마감상태

- 출처 : 한국토지주택공사 전문시방서(2020, 한국토지주택공사)

3.7 안전시공

(1) 기와공사의 안전시공에 대한 사항은 *SBCS 41 90 56 10 (3.7)*의 해당요건에 따른다.

CHAPTER 17

02

SBCS 41 90 56 10

금속재 지붕공사

1 일반사항

1.1 적용범위

(1) 이 기준은 금속판을 사용하여 건축물의 지붕마감을 형성하는데 적용한다.

1.2 참고 기준

(1) 금속재 지붕공사의 참고 기준은 *KCS 41 56 01 (1.2), KCS 41 56 07 ~ KCS 41 56 09 (1.2)*에 따르며, 추가사항은 다음과 같다.

① SBCS 41 90 40 25 실링공사
② SBCS 41 90 42 단열공사
③ SBCS 41 90 54 10 외벽패널공사
④ SBCS 41 90 56 05 기와공사
⑤ SBCS 41 90 56 15 지붕 부속자재
⑥ 국토교통부령 제901호, 건축물의 피난 · 방화구조 등의 기준에 관한 규칙

1.3 용어의 정의

(1) 금속재 지붕공사의 용어의 정의는 기본적으로 *KCS 41 56 01 (1.3)*에 따르며, 추가사항은 다음과 같다.

① 클릿(cleats)과 클립(clips): 데크 등 바탕 위에 금속판 지붕을 고정하기 위해 잇기 부분에 합체되는 부착기구로서 이 용어는 제조업자 또는 제조업자 지침에 따라 다를 수 있다. 시방서 상에 클릿이라는 용어를 사용하는 경우에는 금속판 지붕에서 관습적인 방법으로 설치하는 경우에 사용되며 클립이라는 용어를 사용하는 경우는 롤 포밍(roll forming) 방법으로 설치하는 금속판 지붕의 경우에 사용한다. CHECK 01

CHECK 01 ▶
롤 포밍(Roll Forming)
• 나란히 연속된 몇 Set의 Roller에 금속띠판을 통과시켜 순차적으로 성형 가공하여 목적의 단면 형상으로 접어 나가는 소성가공법

1.4 제출물

1.4.1 시공 상세도면

(1) 금속판 지붕

① 금속판 지붕의 조립 및 설치 레이아웃을 나타내고 평면, 입면 및 단말 부위의 주요 상세를 포함한다. 공장에서 제작하는 부분과 현장에서 설치하는 부분을 구분하며, 다음과 같은 사항을 포함하여야 한다.
② 이음과 이음 치수를 포함한 금속판 지붕 성형에 대한 상세
③ 고정철물(패스너), 클립, 기타 부착철물의 배치를 포함한 금속판 지붕의 이음 및 고정에 대한 상세, 이음의 패턴(형식)을 포함한다.
④ 고정 지점을 포함하여 단부 및 조립품들의 상세
⑤ 팽창 및 수축의 방향을 포함한 신축 이음의 상세
⑥ 지붕 관통 부위의 상세
⑦ 처마, 마루, 골, 가장자리 테두리, 크리켓 및 카운터 후레싱 등을 포함한 각종 단부 조건의 상세
⑧ 특별한 조건의 상세
⑨ 인접 작업과의 연결 상세
⑩ 1:10 이상의 축척으로 그린 다음의 부속 자재에 관한 상세
  가. 후레싱 및 마무리재(trim)
  나. 홈통 및 배수구
  다. 지붕 관통 및 돌출부 주변 마감
  라. 스노우 가드(해당하는 경우에 적용한다.)

1.4.2 제품 자료

(1) 명시된 각 재료에 대한 제품 자료를 제출하며 재료와 관련 있는 시공상세도와 각 구성품의 치수, 단면 및 마감을 포함한다.

1.4.3 견본

(1) 초기 선정용 견본: 공장에서 칠해지는 색상 마감을 포함하여 명시된 지붕 재료별로 제출하며 색상 선정과 관련이 있는 마무리재(장식재, trim) 및 부속재료를 포함한다.

(2) 확인을 위한 견본: 요구되는 노출 마감재료별로 아래 명시한 견본을 준비하여 제출한다.

① 금속판 및 금속패널 지붕: 길이 300mm×실제 폭으로 마감된 이음 방법을 포함하며, 고정철물(패스너), 클립 및 기타 부속재료를 포함한다.

② 마무리재 및 덮개: 길이 300mm로 고정철물 및 기타 노출 부속재료를 포함한다.

③ 부속재료: 각 부속재료별로 길이 300mm의 견본 또는 실제 크기의 견본을 제출한다.

1.4.4 품질확인 서류

(1) 금속판의 시험성적서

1.4.5 유지관리 자료

(1) 금속재 지붕공사 재료 및 부속재료를 유지관리하기 위한 유지관리 매뉴얼

1.5 품질확보

1.5.1 설치업자의 자격

(1) 설계도면 등에 명시된 공사와 유사한 금속재 지붕공사를 수행한 숙련된 작업자를 보유하고 있는 지붕판금건축물조립공 사업 면허업체이어야 한다.

1.5.2 공사 전 협의

공사감리자, 수급인 및 설치업자, 지붕에 설치되는 공종의 수급인과 함께 다음 사항에 대하여 검토 및 협의한다.

(1) 금속재 지붕공사를 착수하기에 앞서 지붕 데크 등 바탕 구조에 대하여 검토한다.

(2) 공사 중 및 공사 후 하중 조건에 대하여 검토한다.

(3) 각종 후레싱, 특수한 지붕 상세, 배수계획, 관통 부위 및 장비가 설치되는 부분 등 지붕공사에 영향을 미치는 부분에 대하여 검토한다.

(4) 공사 중 및 공사 후 임시 보호에 대하여 검토한다.

(5) 공사 중 및 공사 후 검사 및 보수방법에 대하여 검토한다.

1.5.3 운반, 보관 및 취급

(1) 금속지붕재, 구성부품 및 기타 금속판 재료는 손상되지 않고 변형되지 않도록 운반한다. 금속 지붕재료는 운반 및 취급 하는 동안 보호되도록 포장한다.

(2) 금속 지붕자재는 휨, 접힘, 비틀림 및 표면 손상이 되지 않도록 짐을 풀고 저장하며 운반한다.

(3) 자재를 플랫폼 또는 파레트로 쌓고 적절한 포장자재로 포장하며 금속 지붕자재가 건조한 상태가 되도록 보관한다. 금속 지붕자재는 오염, 눌림 또는 기타 표면에 해로운 영향이 없도록 보관한다.

(4) 금속자재는 양생되지 않은 콘크리트 및 조적 부위와 이격되도록 보관한다.

(5) 금속지붕재료는 지붕 설치 기간에 필요한 범위를 제외하고 보호덮개를 설치하여 직사일광, 높은 습도의 노출로부터 보호될 수 있도록 한다.

[표 1.5.3-1] 금속재 지붕공사 자재 반입 · 운반 · 적재시 안전관리사항

작업내용	위험포인트	안전관리대책
자재 반입·운반 · 적재	· 하역작업시 자재 넘어짐 및 떨어짐 · 적치 자재의 무너짐	· 자재 야적장 확보 · 자재 적치 방법, 높이 적정성 확인
	· 지붕판넬 적재 시 판넬 넘어짐, 끼임, 깔림	· 판넬 적재 시 안전수칙 준수 – 적당한 높이(약 1m 이내)로 적재 – 받침목으로 수평지게 설치 – 수직으로 가지런히 적재 – 방책 설치 등 출입통제 – 필요 시 경사 버팀대 설치
	· 지붕판넬 적재 트럭이 하역 장소 이동 중 지반 침하로 넘어짐	· 트럭 · 장비 운반로 지반 사전 점검 · 지반 보강 또는 전도방지 철판 깔기
	· 적재 트럭, 지게차 등 장비 사용하여 하역 시 부딪힘	· 장비 사용 계획 수립 · 하역장비 용량, 안전장치 확인 · 신호 체계 수립 · 장비 유도자 및 신호수 배치 · 장비 운행 구간 근로자 접근 통제
	· 지붕판넬 하역 작업 중 지게차 헤드가드 파손으로 끼임	· 지게차 헤드가드 ·차체 등 상태 점검과 이상 여부 확인
	· 지게차 운전원의 운전 미숙으로 부딪힘 또는 끼임, 물체에 맞음	· 작업 전에 운전원 자격 및 차량 보험가입 여부 확인

– 출처 : 현장작업자를 위한 지붕공사 작업안전(2016, 안전보건공단)

1.5.4 현장조건

(1) 기후 제한: 지붕공사 제조업자의 지침서에 명기된 기후조건 또는 지붕공사 제조업자가 보증하는 기후조건에서만 지붕 공사를 진행하도록 한다.

1.5.5 성능 요구사항

(1) 일반사항

① 금속판 지붕의 완전한 시스템을 설치하여야 한다.

② 금속판 지붕과 관련이 있는 클릿(cleats), 클립(clips), 앵커 및 고정철물(패스너), 후레싱 및 배수 구성부품과 처마(facia) 패널, 마무리재(trim), 기와걸이(battens), 방수재(underlayments) 및 기타 부속재료 등을 설치하여야 하며 금속판 지붕은 항상 수밀성을 유지하여야 한다.

③ 모든 금속 지붕 패널은 기본적으로 수밀하고 구조적으로 안전하여야 하며, 추가적인 요구사항은 공사시방서에서 요구 하는 바에 따른다.

(2) 열 변위

① 비틀림, 조인트의 터짐, 구멍의 신장, 구성부품의 과도한 응력, 조인트 실란트의 손상 및 기타 해로운 영향이 없어야 하며, 금속판 지붕의 열 변위에 따른 회전 및 전단응력에 저항할 수 있는 클립을 설치하여야 한다.

② 외기 및 금속 표면에 최대 온도변화로부터 발생하는 열 변위를 고려하여야 하며 태양열 취득 및 밤의 열 손실에 따른 자재의 표면 온도변화는 다음과 같다.

③ 온도변화: 주위 온도 67℃ 및 금속 표면온도 100℃

(3) 단열성

단열이 지붕의 일부로 구성되는 경우 국토교통부 고시 건축물의 에너지절약 설계기준에 적합하여야 한다.

(4) 내화성능

지붕은 건축물의 피난 · 방화구조 등의 기준에 관한 규칙에 따른 내화구조의 성능기준에 적합한 제품을 사용해야 한다.

2 자재

2.1 지붕 금속재

2.1.1 일반사항

(1) 지붕용 금속재는 KS 표시품 또는 동등 이상의 재료를 사용하여 제작한 것으로 한다.

(2) 금속지붕판 시스템 재료의 구성, 크기, 두께, 단면 형상 등은 설계도면에 따른다.

2.1.2 금속판의 두께

(1) 금속판 두께의 지정은 설계도서에 명기된 바에 따른다.

2.2 바탕 방수재료

(1) 방수재료 종류의 지정은 설계도서에 따른다.

2.3 단열재

(1) 단열재의 종류, 두께, 성능 등은 설계도서에 따른다.

2.4 패널 실란트

(1) 실란트 테이프: 접착력이 좋은 제조업체의 표준제품을 사용한다.

(2) 조인트 실란트: KS F 4910에 적합한 것으로 폴리우레탄, 폴리설파이드 또는 실리콘 실란트로 지붕제조업자가 추천한 것으로 한다.

2.5 잡재료

(1) 일반사항

지붕공사 완료에 필요하고 금속 지붕 제조업자가 추천하는 바에 따라 고정철물, 납땜, 용접봉, 보호 코팅, 이격재, 실란트 및 기타 잡재료를 사용하여야 한다.

(2) 기와가락(목재 batten)

국립산림과학원 고시 목재의 방부 · 방충처리 기준에 따라 방부 처리한 목재를 사용한다.

(3) 눌러 맞추기식 기와가락

공사감리자의 확인을 받은 제조업자의 표준 제품으로 한다.

(4) 고정철물

① 스크류, 나사산이 있는 못, 셀프 탭핑 스크류(self tapping screws), 셀프 로킹(self locking) 리벳 및 볼트, 기타 설계 풍압에 견딜 수 있는 것이어야 한다.

② 아연도금강판 또는 알루미늄 아연도금 강판에는 용융아연도금 또는 스테인리스 스틸 300 계열의 고정철물(패스너)을 사용한다.

③ 알루미늄 시트에는 알루미늄 또는 스테인리스 스틸 300 계열의 고정철물(패스너)을 사용한다.

④ 구리판 및 구리 합금 판에는 구리, 청동 또는 스테인리스 스틸 300 계열의 고정철물(패스너)을 사용한다.

⑤ 스테인리스 스틸 판에는 스테인리스 스틸 300 계열의 고정철물(패스너)을 사용한다.

⑥ 티타늄 판에는 티타늄 또는 스테인리스 스틸 300 계열의 고정철물(패스너)을 사용한다.

(5) 납땜
납땜을 사용하는 경우에는 금속판 제조업자의 추천에 따르되 아래를 기준으로 한다.
① 아연도금 강판 부위: 주석 50%, 납 50%인 땜납 및 주석 60%, 납 40%인 땜납을 사용한다.
② 구리판 부위: 주석 50%, 납 50%인 땜납을 사용한다.
③ 스테인리스 판 부위: 스테인리스 스틸 판 제조업자가 추천하는 것으로 한다.
④ 아연판 부위: 안티몬이 적은 주석 40%, 납 60%인 땜납을 사용한다.
(6) 실란트 테이프
100% 고형분의 회색 폴리이소부틸렌 컴파운드 실란트 테이프로 자착식 타입의 것으로 영구적으로 비흐름성, 무독성, 비오염성 테이프인 폭 13mm, 두께 3mm의 제품을 사용하거나 또는 접착력이 좋은 제조업체의 표준제품을 사용한다.
(7) 조인트 실란트
지붕제조업자가 추천하는 것으로 *41 90 40 25*에 따른다.
(8) 경량철골(프레임)
KS D 3506의 Z 27 이상 용융아연도금 강판으로 제작된 것, 이와 동등 또는 그 이상의 내식성을 보유한 것으로 한다.
(9) 지붕 연석(가장자리 막음)
지붕자재와 동일두께의 동일 강판으로 제작된 것을 사용한다. 지붕의 단면과 어울리게 측면을 마무리하고 방수 물막이 및 크리켓을 포함하도록 한다. 앵글, 채널, Z-형강 등으로 연석을 보강하며 명시된 하중을 견딜 수 있도록 명시된 크기와 높이로 연석과 하부 보강재를 설치한다.
지붕 연석(가장자리 막음)의 크기는 설치될 지붕 상부의 구조물을 고려하여 조정하여야 한다.
(10) 패널 고정철물(fasteners)
셀프 탭핑 스크류로 설계 풍압에 견딜 수 있어야 하며, 플라스틱 캡 또는 공장 도장 등에 의해 금속패널과 어울리는 머리를 가진 것으로 하고, 이피디엠(EPDM) 또는 PVC 실링 와셔가 포함된 것으로 한다.

2.6 부속재료

2.6.1 금속판 지붕

(1) 금속판 지붕 부속재료
① 마무리재(trim), 두겁대(coping), 전면판(fasciae), 모서리 부재, 마루 덮개, 클립, 후레싱, 실란트, 개스킷, 필러, 덮개 띠 및 이와 유사한 항목들을 포함하여 완전한 금속판 지붕에 필요한 구성부품을 설치한다. 달리 명시하지 않는 한 금속판 지붕재료와 어울리는 금속재료와 마감을 사용한다.
② 클릿(cleats): 다음과 같은 재료로 성형된 클릿을 사용한다.
가. 도장강판, 알루미늄 지붕: 스테인리스 스틸
나. 구리판, 아연합금 구리판 지붕: 구리판
다. 스테인리스 스틸, 티타늄 지붕: 스테인리스 스틸
라. 기타 지붕: 지붕제조업자가 추천하는 재료
③ 클립(clips): 풍압에 저항할 수 있게 설계된 스테인리스 스틸 클립을 사용한다.
④ 뒷댐판(backing plates): 제조업자가 추천하는 재료로 제작된 금속 뒷댐판을 패널 단부 이음부에 설치한다.
⑤ 덮개(closures): 닫힌 셀(closed cell) 구조의 고무 또는 상호 연결구조의 폴리올레핀 폼 또는 닫힌 셀 구조의 폴리에틸렌으로 제작된 유연한 덮개로 금속 지붕과 어울리게 제작된 것으로 하며 명시된 곳 또는 기밀구조를 위해 필요한 곳에 사용한다.
⑥ 후레싱 및 마무리재: 금속판 지붕재료와 동일한 금속판을 사용한다.
(2) 지붕 연석(가장자리 막음)
① 지붕재료와 동일두께의 동일 강판으로 제작된 것을 사용한다.
② 지붕의 단면과 어울리게 측면을 마무리하고 방수 물막이 및 크리켓을 포함하도록 한다.
③ 앵글, 채널, Z-형강 등으로 연석을 보강하며 명시된 하중을 견딜 수 있도록 검증된 크기와 높이로 연석과 하부 보강재를 설치한다.
④ 지붕 연석(가장자리 막음)의 크기는 설치될 지붕 상부의 구조물을 고려하여 조정하여야 한다.

(3) 스노우 가드 CHECK 02

① 사전에 제작된 비부식성 자재로 금속판 지붕을 관통하지 않고 설치할 수 있도록 고안된 것으로 한다.

② 고정철물(패스너)로 보강되는 경우에는 수밀성을 보장할 수 있는 실란트 등과 함께 설치할 수 있는 것으로 한다.

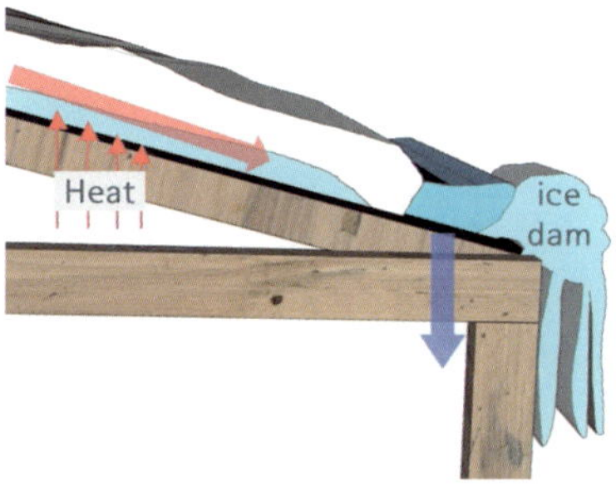

[그림 2.6.1-1] 아이스댐의 발생 원리

◀ CHECK 02

아이스댐

- 지붕의 눈과 얼음이 집에서 올라오는 열로 녹아 흘러내려, 지붕의 차가운 가장자리에 닿으면 다시 얼게 되어 물이 배수되는 것을 방지

스노우 가드 설치 사례

2.6.2 금속 지붕 패널

(1) 마무리재(trim), 두겁대(coping), 전면판(fasciae), 모서리 부재, 마루 덮개, 클립, 후레싱, 실란트, 가스켓, 필러, 덮개 띠 및 이와 유사한 항목들을 포함하여 완전한 금속패널지붕에 필요한 구성부품을 설치한다. 달리 명시하지 않는 한 금속패널지붕자재와 어울리는 금속자재와 마감을 사용한다.

(2) 덮개(closures): 처마 및 지붕마루 부분에 금속 지붕자재와 같은 자재로 조립되는 덮개를 설치한다.

(3) 뒷댐판(backing plates): 제조업자가 추천하는 자재로 제작된 금속 뒷댐판을 패널 단부 이음부에 설치한다.

(4) 덮개(closures): 닫힌 셀(closed-cell) 구조의 고무 또는 상호 연결구조의 폴리올레핀 폼 또는 셀 구조의 폴리에틸렌으로 제작된 유연한 덮개로 금속 지붕과 어울리게 제작된 것으로 한다. 명시된 곳 또는 기밀 구조를 위해 필요한 곳에 사용한다.

(5) 후레싱 및 마무리재: 후레싱 및 마무리재는 실란트를 시공하기에 적합하고 깨끗한 외관이 되도록 한다. 처마, 박공, 모서리, 개구부, 지붕마루, 전면판 및 필러 등 필요한 위치에 설치하며 후레싱 및 마무리재는 금속 패널과 동일한 마감이어야 한다.

(6) 처마 홈통: 금속 지붕 패널과 동일한 자재로 성형하며 단부막이, 낙수구 및 기타 필요한 부품을 포함하여야 한다. 최소 2,400mm 이상의 길이로 제작하며 *KCS 41 56 14*에 명기된 크기 및 두께이어야 한다. 처마홈통 걸이는 900mm 간격으로 공급하며 낙수구에는 거름망을 포함한다. 처마홈통의 마감은 지붕의 전면판과 어울리는 것이어야 한다.

(7) 선 홈통: 금속 지붕 패널과 동일한 자재로 성형하며, 최소 3,000mm 이상의 길이로 제작하고 KCS 41 56 14에 명기된 크기 및 두께이어야 한다.

2.7 제작

2.7.1 금속판 지붕

(1) 일반사항

① 설계도면에 명시된 상세 설계 치수(금속판의 폭 및 잇기 높이, 모양, 금속 두께 및 기타 다른 특징)들을 수용할 수 있도록 제작한다.

② 금속판 지붕 및 부속재료는 가능한 최대의 크기로 공장에서 제작한다.

③ 설계도면에 명시된 바가 없는 경우는 다음을 표준으로 한다.

가. 돌출 잇기(standing seam) 지붕: 돌출 높이는 25mm 이상을 표준으로 한다.

나. 기와가락 잇기(batten seam) 지붕: 기와가락 잇기는 40mm를 표준으로 한다.

다. 평 잇기(flat seam) 지붕: 15mm 이상 거멀접기하고 마감되도록 한다.

라. 계단식 잇기(horizontal seam) 지붕: 기와걸이(기왓살) 위로 15mm 이상 거멀접기하고 연장하여 마감되도록 한다.

(2) 제작 허용오차

① 명시된 경사 및 위치에서 6,000mm에 대하여 6mm

② 인접하는 부위의 단차 3mm 이내

(3) 제작

노출되는 금속판 작업은 급격한 휨, 뒤틀림 및 기계 자국이 없도록 하고 명시된 선과 평탄성이 확보되도록 하며 노출되는 단부는 감침질을 하도록 한다.

① 가로 방향의 이음은 낮은 부분의 판재 위로 높은 부분의 판재가 겹쳐지게 하여 물 흐름이 원활하도록 배치한다.

② 판재, 이음, 띠재, 클릿, 골판, 마루판, 처마 처리재, 후레싱 및 기타 금속판 지붕의 구성품은 설계도면에 명시한 단면과 형태에 따르되 배수가 잘 되고 수밀하도록 성형하고 제작한다.

(4) 신축 이음 기구(장치)

① 신축 이음 기구는 누수 및 손상이 생기지 않도록 고려하여 제작한다.

② 겹치거나 끼우는 형식의 신축 이음 기구가 사용될 수 없는 경우 서로 맞물리는 ㄱ자 플랜지의 신축 조인트로 하며 25mm 이상 깊이로 물리게 하고 실란트를 채워 넣는 형태로 한다.

(5) 실란트 조인트

움직이거나 신축형의 조인트가 아닌 경우는 기밀한 이음을 만드는 실란트가 설치될 수 있도록 적절한 형태로 제작한다.

CHECK 03 ▶

갈바닉 작용

• 이종 금속을 서로 접촉 시켜 부식환경에 두면 두 금속 사이에 전위차가 발생,전자를 교환하게 되어 빠르게 부식되는 현상

(6) 금속 보호 CHECK 03

이질 재료가 서로 접촉할 경우 갈바닉 작용에 대해 보호하기 위하여 아스팔트 코팅으로 표면을 바르거나 접촉면에 고무화 아스팔트 시트를 붙이거나 제조업자가 추천하는 영구 절연재를 붙인다.

(7) 금속판 부속자재

① 특별한 형태로 제작되는 후레싱 및 마무리재(장식재, trim)는 설계, 치수, 금속 및 기타 특성에 대하여 시공상세도면을 작성하여 승인을 받은 형태의 것을 적용한다.

② 공장 제작 전에 현장 측량을 실시하여 정확하게 제작될 수 있도록 한다.

2.7.2 금속 지붕 패널

(1) 일반사항: 명기된 성능요구사항에 적합하게 금속패널과 부속자재를 제작하고 마감하며 설계도면에 명시된 형상 및 치수, 구조적인 요구사항에 적합하도록 제작한다.

(2) 현장 제작: 만일 공장에서 성형한 패널과 동등 이상이라는 것을 제조업자가 보증하는 경우에는 이 시방서에 명기된 요구사항에 따라서 현장에서 성형 장비를 사용하여 제작할 수 있다.

(3) 가능한 충분한 길이로 금속패널을 설치한다.

(4) 조임 개스킷 또는 격리재를 사용하여 금속패널 이음부를 조립하며 수밀성을 제공하고 금속과 금속 사이를 이격시키고 변위에 대한 소음을 최소화한다.

(5) 후레싱 및 마무리재: 제조업자의 지침에 따라 후레싱 마무리재를 제작한다.

① 노출되는 금속 부속자재는 과도한 휨, 뒤틀림 및 기계 자국이 없도록 하고 명시된 선과 평탄성이 되도록 하며 노출되는 단부는 감침질을 한다.

② 알루미늄 이음: 움직임이 없도록 수평 거멀접기식으로 이음하고 에폭시계 실러로 이음 부분을 실링한다. 강도 보강을 위해 필요한 곳에는 리벳을 사용한다.

③ 알루미늄 이외의 이음: 움직임이 없도록 수평 거멀접기식으로 이음하고 이음 부분을 납땜한다.

④ 실란트 조인트: 신축형 형상은 아니나 움직일 수 있는 형상으로 이음부를 만들고 실링으로 마무리한다.

⑤ 가능한 고정철물(패스너)과 신축 이음 기구는 숨겨지도록 하며 육안으로 보아 노출되는 부분에는 노출 고정철물(패스너)을 사용해서는 안 된다.

(6) 클릿과 고정 기구는 부속자재와 같은 것이나 또는 적합한 것으로 비부식성 자재이어야 한다.

3 시공

3.1 사전 조사

(1) 공사할 지역 및 바탕조건을 조사하여 설치 허용오차, 금속판 지붕 지지물 및 기타 공사에 영향을 미치는 다른 조건에 대해 확인한다.
(2) 1차 및 2차 지붕 골조를 조사하여 중도리, 서까래, 앵글, 채널 및 기타 구조용 패널지지 부재와 앵커가 설치된 것을 확인한다.
(3) 금속판 지붕, 금속패널 지붕을 관통하는 구성품 및 시스템에 대한 개략적인 위치를 조사하고 실제 관통되는 위치가 금속지붕의 잇기 위치에 있는지 확인한다.

3.2 준비 작업

(1) 후레싱 및 기타 설치에 필요한 기타 금속재료를 설치한다.
(2) 제조업자의 지침에 따라 보조 프레임, 중도리(purlin) 및 기타 부속 패널지지 부재를 설치한다.
(3) 해당되는 경우 설계도면에 따라 바탕보드와 단열재를 설치한다.

3.3 바탕 방수재료 설치

(1) 설계도서에 명시된 바에 따라 설치한다.
(2) 설계도서에 명시된 바가 없는 경우에는 *SBCS 41 90 56 05 (3.1)*에 명기된 바에 따라 설치한다.

3.4 설치 공통사항

(1) 일반사항
① 금속지붕과 기타 구성품을 제 위치에 확실하게 고정하며 온도와 구조적인 변위를 고려한 부품들과 함께 설치한다.
② 금속판 지붕 설치에 필요한 고정철물, 땜납, 보호 코팅재, 이격재, 실란트 및 기타 잡 재료는 금속 지붕 제조업자가 추천하는 바에 따라 설치한다.
③ 현장에서 토치로 금속판을 절단하지 않는다.
④ 마루, 처마 및 단부 등에 금속 덮개를 설치한다.
⑤ 처마, 단부 및 모든 개구부 주변이 기밀하게 되도록 후레싱 및 실란트를 시공한다.
⑥ 고정철물의 조임은 수직 수평으로 줄바르게 하여 일정한 간격으로 설치되도록 한다.
⑦ 마루 덮개는 지붕 작업의 진행에 따라 설치되도록 한다.
⑧ 구조용 지지물 위에 고정되지 않도록 하고 구조 지지물을 넘어 지붕이 겹쳐지도록 한다. 4개의 패널이 한 곳에서 만나는 조건을 피하기 위하여 엇갈리게 지붕을 이어 설치한다.
⑨ 설계도면에 명시된 곳에 실란트 테이프를 설치한다.
⑩ 지붕판 위로 후레싱을 설치하여 배수가 되도록 한다.
⑪ 금속판에 작업위치 등을 표시하기 위하여 연필을 사용하지 않는다.
⑫ 열변위: 금속판의 한 지점이 확실하게 고정되도록 하며 열에 의한 신축을 고려하여 나머지 부분이 설치되도록 한다.
(2) 고정철물(fastener)
① 제조업자의 추천에 따라 고정철물로 고정한다.
② 목재용 스크류인 경우에는 19mm 이상, 목재용 못인 경우에는 32mm 이상 바탕재에 관통하여 체결될 수 있도록 한다.
(3) 금속 보호
이질재료가 서로 접촉하거나 부식성 바탕인 경우 갈바닉 작용으로부터 보호하기 위하여 서로 접촉하는 면에 고무화 아스팔트 시트를 붙이거나 금속재 제조업자가 추천하는 방법으로 완전히 격리되도록 한다.

(4) 노출부 작업

노출되는 작업을 할 경우 고정철물(패스너)과 신축 장치를 숨기고 누수의 가능성을 최소화하는 곳에 위치하도록 한다. 기밀하게 시공될 수 있도록 고정철물(패스너)과 앵커를 덮고 실링으로 마감한다.

CHECK 04 ▶
Soffit과 Fascia의 구분

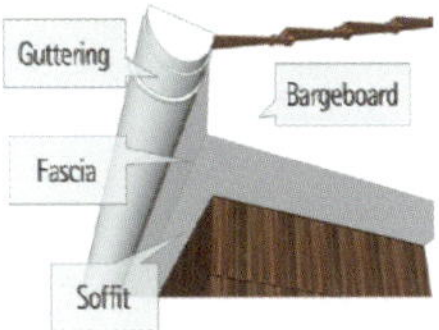

(5) 전면판 등

① 금속판 지붕 아래에 위치하게 하여 리벳, 볼트 또는 셀프 탭핑 스크류로 고정한다.

② 전면과 소핏(soffits)이 만나는 곳, 단부, 관통 부위 주변부는 기밀 덮개를 사용하여 금속판 지붕을 후레싱 처리하고 실링으로 마감한다. CHECK 04

(6) 금속패널 지붕의 설치 및 기타 세부적인 사항은 설계도면 또는 제조업자의 공사시방서에 따르며, 공사감리자의 확인을 받는다.

목구조 지붕 위 경질우레탄 외단열 시공 / 단열재 위 부직포 시공 및 단명 상세 / 외단열 시공 후 지붕 징크 마감 완료

[사진 3.4-1] 목구조 건물의 외단열 금속지붕 공사 사례

- 출처 : ㈜동건(www.ecodonggun.com)

3.5 설치 허용오차

(1) 지붕의 허용오차는 지정된 선과 위치에서 6,000mm에 6mm 이내이어야 하며, 인접하는 면과 서로 맞닿는 곳의 단차는 3mm 이내이어야 한다.

3.6 청소 및 보호

(1) 노출된 표면을 균일한 산화 및 변화가 되도록 청소한다.

(2) 플럭스 재료를 청소하고 중성화시키며 과도한 땜납과 실란트를 제거한다.

(3) 금속 지붕재를 설치하면서 임시 보호 덮개 및 필름을 제거하며 금속 지붕의 완료시점에 표면을 청소하며 사용하지 않은 고정철물, 금속재 찌꺼기, 리벳 잔재, 후레싱 조각 등을 제거한다. 공사 중에는 항상 깨끗한 상태로 유지되도록 한다.

(4) 마감면 보수 또는 사소한 보수를 초과하여 손상된 금속판을 교체한다.

3.7 안전시공

[표 3.7-1] 금속재 지붕공사 안전시공사례

작업내용	위험포인트	안전관리대책
지붕으로 진입하는 승강시설	·(이동식사다리) 사다리 넘어짐 또는 사다리에서 떨어짐	· 사다리 상부 및 하부 견고히 고정 · 사다리 상부는 지붕 단부로부터 내민길이 1m 이상 확보 · 사다리 최상부에서 최하단부까지 수직구명줄 설치 · 안전대 착용한 상태로 수직구명줄에 걸고 이동 · 사다리를 오르내릴 때에는 양손에 아무것도 들지 않은 상태로 이동 · 사다리 디딤판 간격이 250~300㎜ 등간격 되도록 설치 · 사다리 설치 각도 75도 이내로 유지 · 사다리 폭은 300㎜이상 유지 · 사다리 길이는 6m 이내에서 사용
	·(외부 비계) 외부 비계를 이용 지붕 위로 진입 시 떨어짐	· 경사로 또는 고정사다리 등 안전한 통로 확보
지붕위에서 작업	·추락 위험	· 높은 곳에서의 작업시간을 최소화한다. · 지붕 트러스트 등 무겁고 다루기 힘든 자재의 취급 시 상해를 주의한다. · 지붕사다리 및 지붕작업발판을 사용한다. · 안전대 착용 후 안전대 부착설비에 걸고 작업을 한다. · 지붕경사가 45도 이상인 경우에는 지붕보호벽을 설치한다.
	·지붕의 재료, 공구, 작업 부산물 등 떨어짐에 의한 물체 맞음	· 지붕 작업시 상 · 하 동시작업 금지 · 지붕 작업장 하부에 접근 통제 조치(가설휀스 · 출입금지 표지판 설치, 통제인 배치) · 작업 부산물, 재료, 공구 등을 아래로 투척을 금지하고 투하 설비 설치 또는 마대 등에 담아 지상으로 운반 · 지붕 및 작업발판 단부에 발끝막이 판 설치와 수직보호망 설치 · 일일 작업을 마친 후 지붕에 작업부산물 재료, 공구 등이 남아 있지 않도록 조치
	·전동 드릴, 용접기, 절단기 등 전기 기계·기구 사용하여 지붕판넬 설치시 감전	· 전기 기계 · 기구의 누전여부 점검 · 전기 기계 · 기구의 전선 피복 손상 확인 · 분전반 누전차단기 설치, 접속 확인
판넬 절단기	·지붕 판넬 절단 시 베임	· 절단기에 보호덮개 부착
지붕판넬 고정	·지붕 판넬을 철 구조물에 볼트 등으로 고정 작업 시 떨어짐	· 철골보 상부 약 1m 높이에 안전대 부착 시설 설치 · 지붕판넬 설치 작업자는 안전대 착용과 안전대 죔줄의 안전대부착 시설에 체결 철저 · 이동식 사다리 위에서 작업 금지 · 안전한 작업발판 설치 · 사용 · 이동식 틀비계 또는 고소작업대 이용
악천후시 작업	·강우 등 악천후에 지붕 작업 시 미끄럼, 넘어짐 등에 의한 떨어짐 ·지붕 판넬 인양 중 강풍으로 떨어짐	· 강풍 · 강우 · 강설 등 악천후에 지붕 판넬 설치작업 금지 · 강풍 등 악천후 지붕 판넬 인양작업 금지 · 지붕 판넬에 4지점이상 줄걸이 등 인양로프 탈락에 필요 조치 철저 · 지붕판재 등이 강풍으로 날아가지 않도록 로프 등으로 지붕구조물에 단단히 결속

- 출처 : 현장작업자를 위한 지붕공사 작업안전(2016, 안전보건공단)

3.8 금속재 지붕공사 하자 사례 및 개선방안

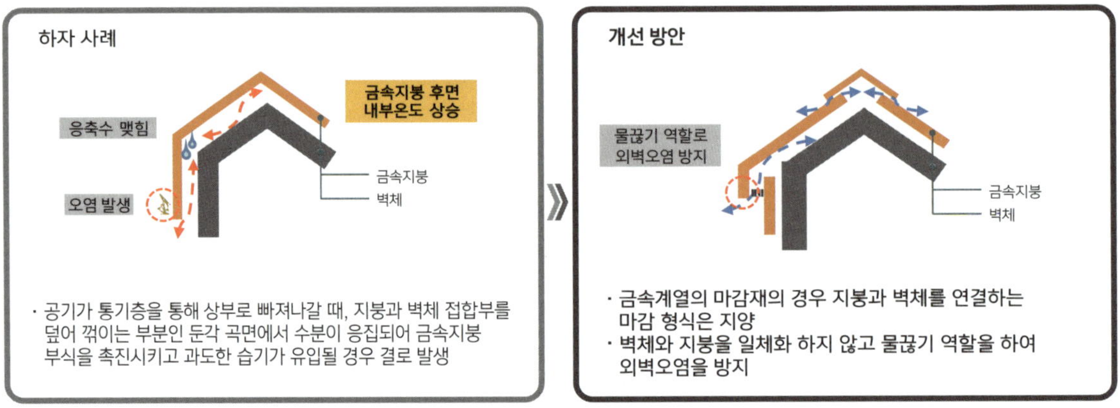

[그림 3.8-1] 금속지붕-벽체 일체 마감으로 인한 오염 및 내부 결로 발생

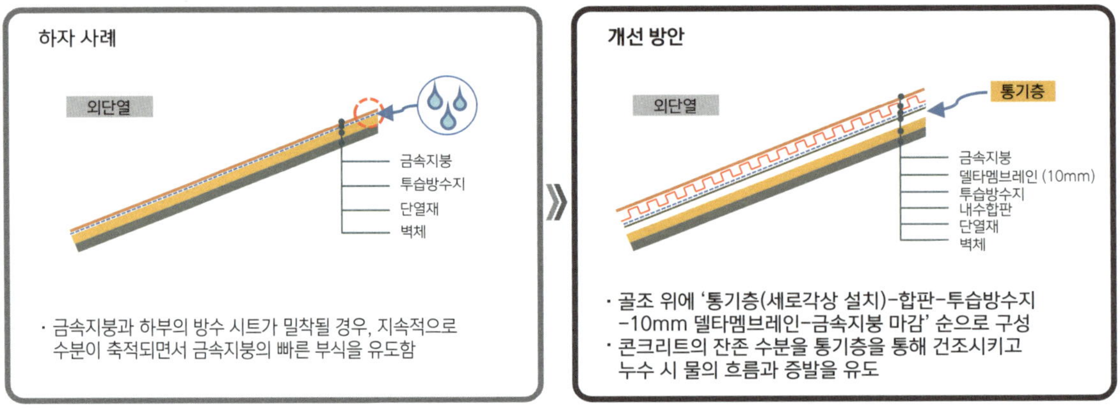

[그림 3.8-2] 금속지붕 부식 및 녹발생에 따른 하부 단열재 손상

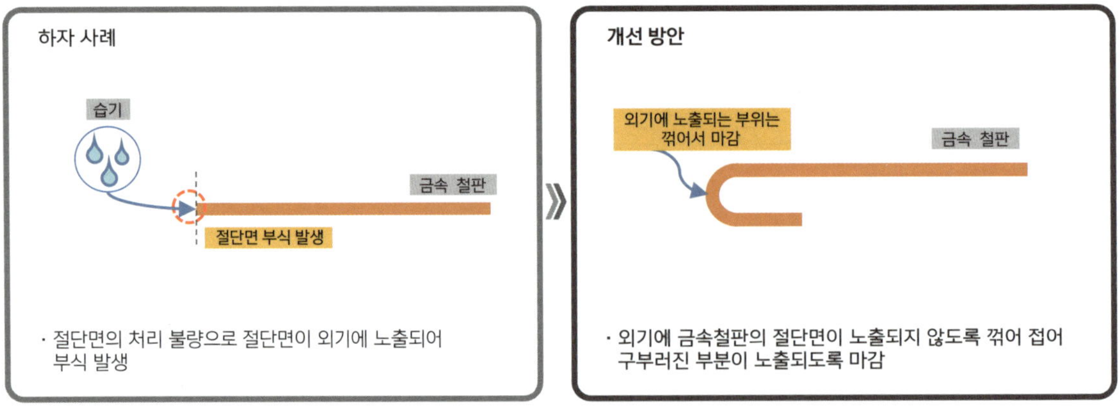

[그림 3.8-3] 금속지붕 절단면의 하자

- 출처 : 한국패시브건축협회 (https://www.phiko.kr)

4 시공사례

■ 설악산 오색분소(소규모 업무시설) 목구조 금속재 경사지붕

01 목구조 위 데크널 시공(1)

02 목구조 위 데크널 시공(2)

03 데크널 시공완료

04 데크널 위 오일스테인 칠

05 데크널 위 가변형 방습지 시공

06 가변형 방습지 시공 후 상단에 Rafter설치

07 Rafter시공 완료 1

08 Rafter에 단열재 채움을 위한 네트 시공

09 네트 설치 완료

10 네트 안 단열재(셀룰로오스, 가등급) T285시공 2

11 글라스울 보온재 32K(가등급) T40시공 2

12 글라스울 보온재 시공 후 지붕용 투습방수지 시공

13 세로각상 용마루 방향 (통기층)

14 세로각상 용마루 위 구조용 OSB시공

15 구조용 OSB 위 방수시트 시공

16 칼라강판 → 리얼징크 거멀접기시공(완료)

1 목재의 틈새에는 우레탄 폼을 충진하여 기밀성을 높여준다.

2 단열재는 건축물의 에너지절약 설계기준 [별표1], [별표2], [별표3]을 준수하여야 한다.

■ 콘크리트구조 금속재 경사지붕

01 콘크리트면 바탕정리 및 먹선 놓기

02 먹선을 따라 단열 프레임 설치

03 글라스울 단열재 두 겹으로 시공 1

04 글라스울 시공 후 투습방수지 도포

05 투습방수지 위 각파이프를 설치하여 통기층 형성

06 각파이프 위로 준불연 합판을 시공하고 용마루 벤트 설치

07 합판 위 방수시트 시공

08 용마루 후레싱으로 벌레침입을 방지하기 위한 방충망 시공

1 단열재는 건축물의 에너지절약 설계기준 [별표1], [별표2], [별표3]을 준수하여야 한다.

- 출처 : ㈜티푸스코리아(http://www.tifus.co.kr)

5 시공예시도

■ 목구조 지붕 조립분해도

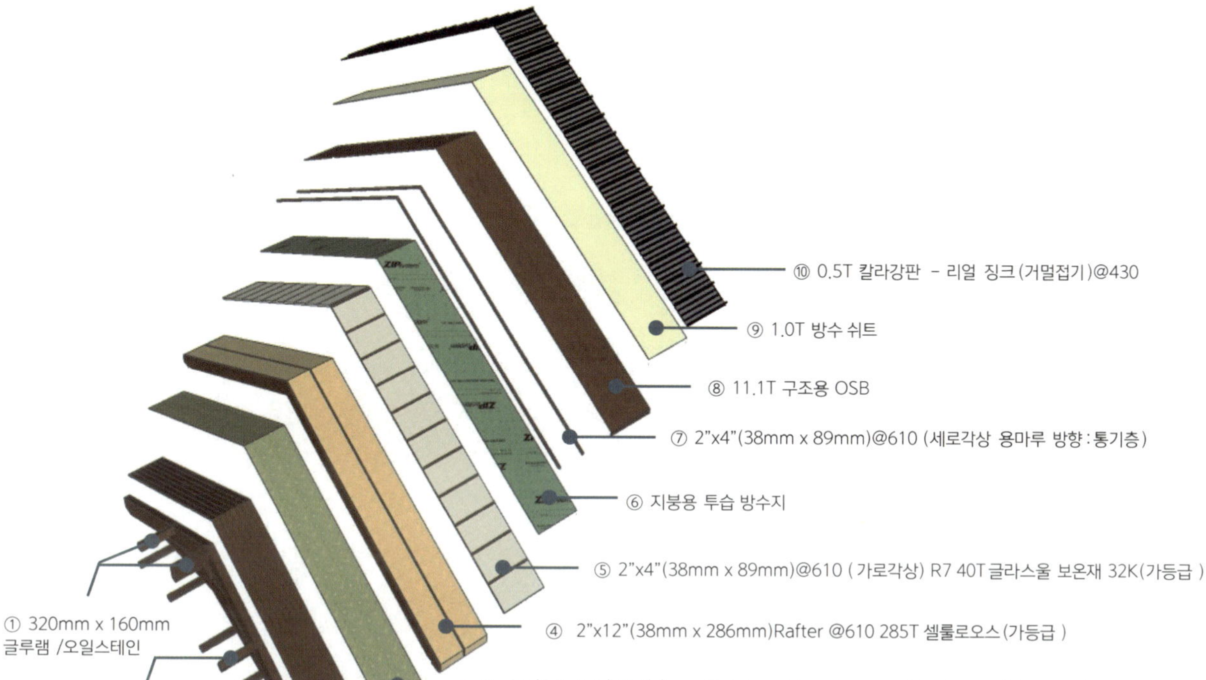

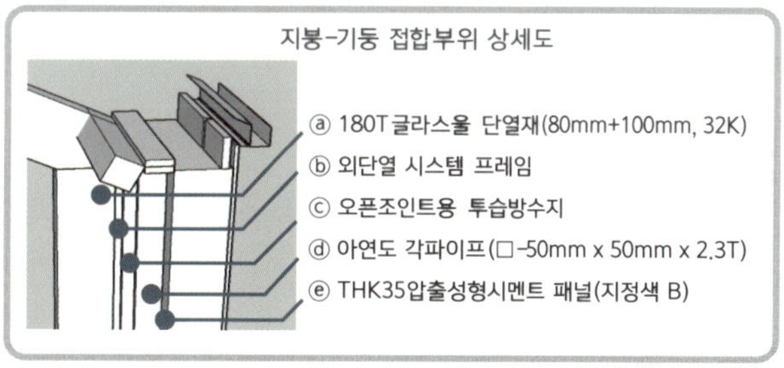

■ 목구조 지붕 상세도

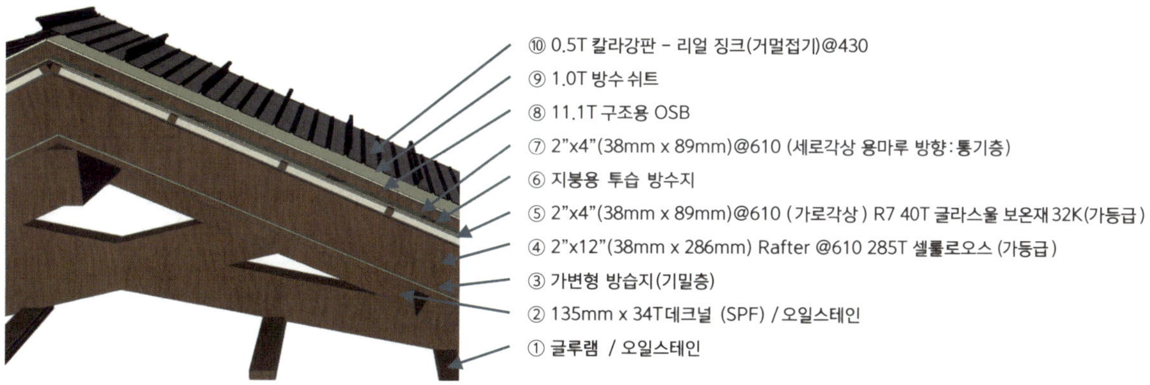

■ [시공 사진] 조립분해도 ① 글루램/오일스테인 ~ ② 데크널/ 오일스테인

01. 목구조 위 데크널 시공(1)

02. 목구조 위 데크널 시공(2)

03. 데크널 시공완료

04. 데크널 위 오일스테인 칠

■ [시공 사진] 조립분해도 ③ 가변형 방습지(기밀층) ~ ④ 네트 안 셀룰로오스 시공

01. 데크널 위 가변형 방습지 시공

02. 가변형 방습지 시공 후 셀룰로오스 시공을 위한 Rafter(서까래) 설치

03. Rafter 시공 완료된 모습

04. Rafter에 셀룰로오스 단열재 (블로인네트 공법) 시공을 위한 네트설치

05. 네트 설치 완료된 모습

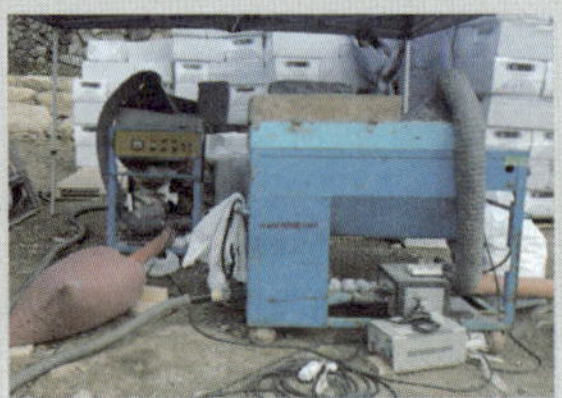
06. 인젝션 스프레이 펌프기 준비

07. 셀룰로오스 시공 준비

08. 네트 안 셀룰로오스 시공

■ [시공 사진] 조립분해도 ⑤ 글라스울 보온재 시공 ~ ⑦ 세로각상 용마루 방향: 통기층 형성

09. Rafter(서까래) 위 가로각상 설치 후 글라스울 보온재 시공

10. 글라스울 보온재 시공이 완료 후 지붕용 투습방수지를 지붕 전체 시공

11. 지붕용 투습방수지 시공 완료 후 세로각상 용마루를 설치하여 통기층 형성

12. 세로각상 용마루 설치 완료된 모습

- 출처 : 한국패시브건축협회(https://www.phiko.kr)

■ [시공 사진] 조립분해도 ⑧ 구조용 OSB 시공 ~ ⑩ 리얼 징크(거멀접기) 마감

01. 세로각상 용마루 위 구조용 OSB를 시공

02. 방수시트를 구조용 OSB 위 전체에 시공

03. 리얼징크 거멀접기 시공

■ [시공 상세 및 설명] 조립분해도 ⑨ 리얼 징크 마감

▶ 지붕 처마홈통 및 스노우가드 상세

▶ 지붕 배수관 상세

▶ 저팽창 연질폼 시공

▶ 지붕-외벽 접합부위 상세

■ 경사지붕 조립분해도

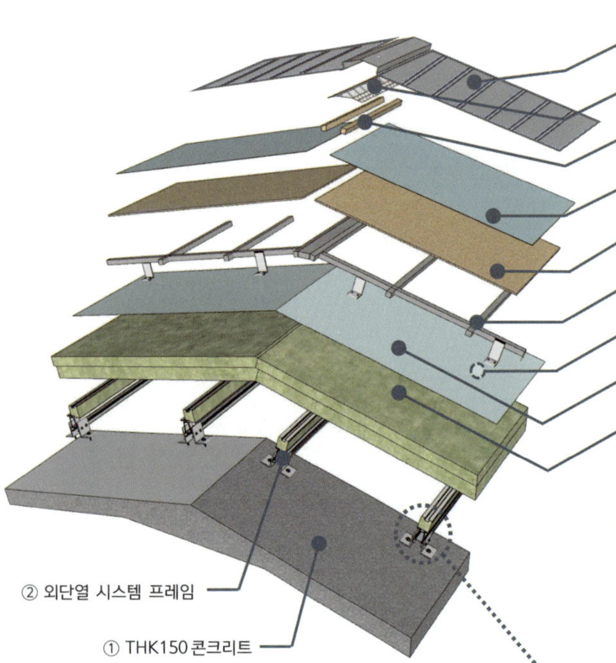

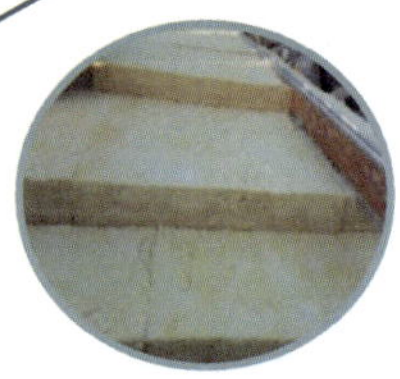

※ 글라스울 단열재는 2겹으로 설치해야 하며, 상하부 단열재의 이음부는 엇배치하여 시공하고, 1단은 단열바 하부 및 화스너 사이에도 밀실하게 채워줘야 한다.

[시공 상세 및 설명] 단열 프레임 세부 상세도

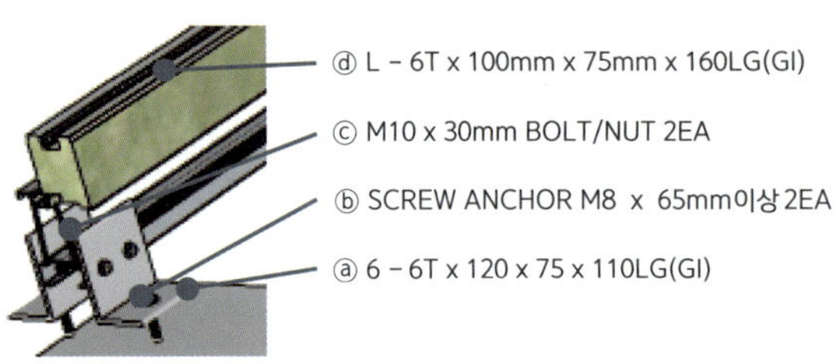

■ [시공 상세 및 설명] 경사지붕 상세도

■ [시공 사진] 조립분해도 ① 콘크리트~ ⑪ 칼라캉판 후레싱

01. 구조물 전경

02. 돌출처마 단열재 프레임 배치 및 조립

03. 경사지붕 단열재 프레임 배치 및 볼트 조립

04. 돌출처마 바탕구조 설치(용접)

05. 경사지붕 단열재(그라스울) 엇배치하여 시공

06. 투습 방수지 설치

07. 세로상 아연도 각파이프 (통기층) 설치 및 볼트 조립

08. 가로상 아연도 각파이프 (합판용) 설치 및 볼트 조립

09. 측면 처마 후레싱 부분 아연도 각파이프 (합판용) 설치(용접)

10. 스크류타카를 사용하여 ZINC 바탕용 합판 설치

11. 스텐레스 빗물받이 설치 및 합판 위 시트방수 시공

12. ZINC 시공 완료

- 출처 : ㈜티푸스코리아(http://www.tifus.co.kr)

■ [시공 상세 및 설명] 패시브 열교차단재를 이용한 지붕 외단열 시공 상세

- 출처 : ㈜티푸스코리아(http://www.tifus.co.kr)

■ 경사지붕에서의 태양광패널 설치

1) 금속지붕 설치 사례

[출처 : www.phiko.kr]

[출처 : www.phiko.kr]

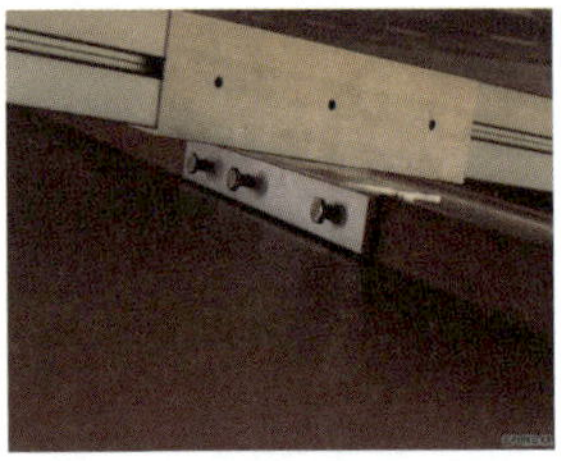

[출처 : www.chikolar.com]

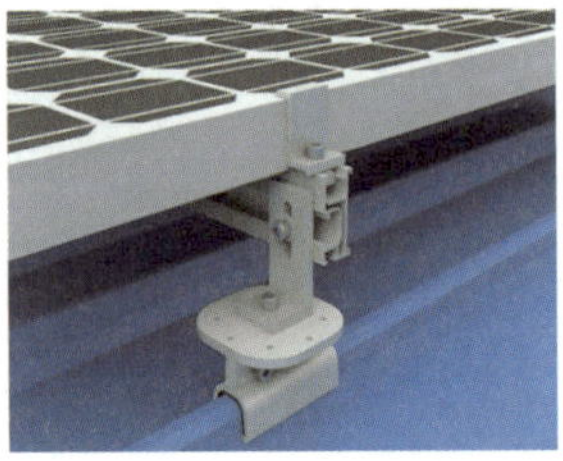

[출처 : www.chikolar.com]

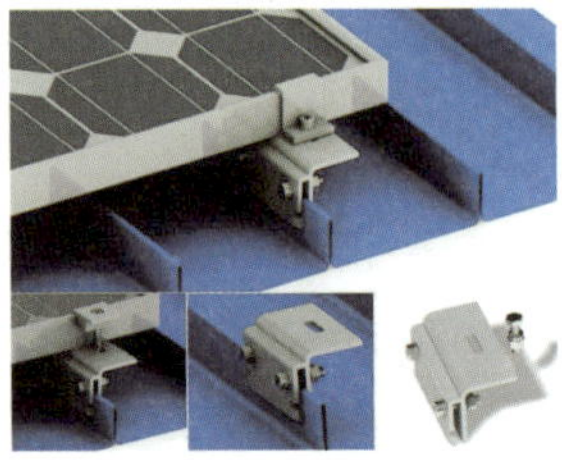

- 금속지붕은 거멀접기를 위해 솟아 올라있는 부분에 클립형태의 알루미늄이나 스테인레스 철물을 너트로 고정하는 방법임.
- 기와지붕과 아스팔트쉬글지붕의 경우, 태양광 패널을 설치하기 위해서 방수층에 손상을 가할 수 있기 때문에 금속지붕 거멀접기 방식으로 시공하는 것이 하자 예방에 유리함.

2) 기와지붕 설치 사례

[출처 : www.solostocks.com]

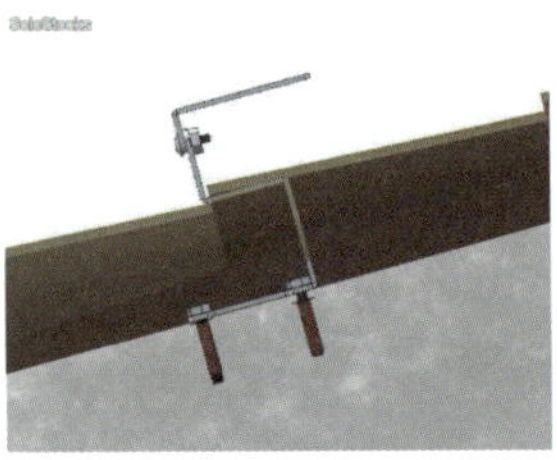

[출처 : www. theconstructionindex.co.uk]

[출처 : www.baustoffring.de]

[출처 : www.baustoffring.de]

- 기와지붕은 위와 같은 부속철물을 이용해서 패널을 설치하게 되며, 기와의 두께나 크기에 따라 그 종류가 달라 시공 전 주의가 필요함.

3) 아스팔트쉬글 지붕 설치 사례

[출처 : www.sunmaxxsolar.com]

[출처 : www.sunmaxxsolar.com]

[출처 : www.homepower.com]

[출처 : www.homepower.com]

- 쉬글지붕은 위와 같은 부속철물을 이용해 패널을 설치하게 되며, 물의 표면장력으로 인해 내부로 스며들 수 있으므로 기밀한 접착이 필요함.

■ 평지붕에서의 태양광패널 설치

■ 건축물 태양광 발전시설 설치 가이드라인(서울시, 2017)

항 목		기 준
옥상(평지붕) 형	최대 높이	· 태양광모듈 최대 높이 옥상바닥면에서 3m 이하 · 단, 옥탑 위 설치시 옥탑바닥면에서 2m 이하
	바닥면 이격거리	· 30cm 이상
	경사각	· 36° 이내(50m 이상 45° 까지 가능)
	공간 활용 디자인	· 최대 5m 허용(건물대비 1/3 이하)
	공업·준공업 지역	· 높이 30% 완화(태양광모듈 최대높이 3.9m)
	경계면 돌출	· 돌출하지 않음
	안전 공간	· 모듈 경사면 아래쪽 면에서 50cm 이상 이격 · 기타 3면에서 30cm 이상 이격
	설치 면적	· 옥상바닥 면적의 70% 이내
경사지붕(박공지붕)형	지붕상단 공간 이격	· 태양광모듈 하단과 지붕면 사이 20cm 이내
	경사각	· 지붕면과 평행(5° 이내 오차범위 허용)
	경계면 돌출	· 지붕 경계면 이내로 설치
	설치 면적	· 지붕 경계면을 제외하고 100% 이내
공통사항(모든 설치 유형)	시공 기준	· 신재생에너지 원별시공기준 준용(태양광설비/에너지관리공단)
	일조권 확보	· 북측 경계선으로부터 태양광모듈 높이의 1/3 이상 내측으로 이격 또는 건축법 시행령 86조, 119조 준용
	구조물 안전 확보	· 3kW 초과 기존 건축물은 태양광 구조물에 대한 구조전문가의 구조안전 확인서 필요

CHAPTER 17

03

SBCS 41 90 56 15

지붕부속 자재

1 일반사항

1.1 적용범위

(1) 본 기준은 건축 공사에서 금속 강판 및 함석을 사용하여 설치하는 비흘림판 (후레싱), 홈통, 두겁대, 배수로, 신축이음 금속 덮개, 등 일반적인 금속공사를 위한 자재, 설치 및 작업 방법, 시공 품질에 관하여 규정한다.

1.2 참고 기준

(1) 지붕 부속 자재의 참고 기준은 *KCS 41 56 14 (1.2)*에 따른다.

1.3 제출물

1.3.1 상세도면

(1) 지중우수배관 시공상세도

(2) 지중우수배관의 위치와 깊이 및 경사가 표시되어야 한다.

(3) 드레인과 홈통연결 상세도

(4) 선홈통 노출배관시 구조체와의 연결상세도

1.3.2 제조업자의 제품자료

(1) 선홈통

(2) 드레인

(3) 선홈통받이 및 우수맨홀

(4) 지붕우수관

1.3.3 제조업자의 제품견본

(1) 선홈통: 300 ㎜ 길이의 색상종류별 제품견본

(2) 홈통걸이

(3) 드레인

(4) 선홈통받이 및 우수맨홀

1.4 품질확보

1.4.1 성능 조건

(1) 구리, 알루미늄 원자재 및 알루미늄 도금, 소부 에나멜 도장 등과 같이 금속 표면을 영구 방식 처리한 표면에는 도료를 칠하지 않는다.

(2) 동판으로 제작한 처마 홈통 및 선홈통 등으로 흐르는 물이 직접 조적벽이나 석재면 또는 다른 종류의 금속면과 접촉하지 않도록 한다.

(3) 임시 시설 또는 조건이 허락하는 경우에는 아연도 강판을 사용한다.

(4) 모든 금속판 가공 및 설치 작업은 물이 새지 않는 형태로 만들어져야 하며 굴곡, 비틀어짐, 휨, 과도한 조임에 의한 변형이 없어야 하고 신축이 가능한 구조로 접합 및 설치한다.

(5) 타 공종과의 협조

① 다른 작업과 연관되는 금속판 작업, 즉 절단 가공, 천공 또는 이에 관련된 모든 작업은 판금공에 의하여 작업한다.

② 난방, 환기 및 공조 등과 관련된 금속판 설치 작업은 해당 시방서 절에 의한다.

1.5 운반, 보관 및 취급

(1) 각 제품은 흙에 직접 닿지 않도록 보관한다. 특히, 드레인류의 제품은 흙 등의 이물질이 묻지 않도록 한다.

(2) 공장 제조품은 공장에서 반출할 때의 포장이 파손되지 않은 상태로 반입하며 현장으로 반입 시에는 자재가 손상되거나 습기 또는 수분에 의한 녹 발생 여부를 검사한다.

(3) 제품은 품명, 품질, 제조자명, 수량, 종류 및 형태를 확인할 수 있도록 포장한다.

(4) 모든 자재는 제조 회사명과 자재의 종류를 인식표를 부착하거나 스탬프로 표기한다.

(5) 금속판 자재는 지면에 직접 접촉하거나 손상이 가지 않도록 보관한다.

(6) 자재는 설치하기 바로 전까지 건조하고 환기가 잘되는 장소에 보관한다.

2 자재

2.1 선홈통

2.1.1 아연도 강판 선홈통

(1) KS D 3506 SGCC에 적합한 제품을 사용하고 별도의 명기가 없는 경우 0.9mm를 사용한다.

2.1.2 칼라 선홈통

(1) 칼라 선홈통은 KS D 3520에 적합한 제품을 사용한다.
(2) 도장 용융 아연도금 강판의 색상 견뢰도 시험 방법은 KS D 8341의 내후성 시험방법에 따르며 500시간 동안 물을 뿌리면서 빛을 발아시킨 후 육안으로 관찰하였을 때 현저한 변색이 없어야 한다.

2.1.3 PVC 선홈통

(1) PVC 선홈통은 KS M 3404의 VG2 관으로 하며, 도장 마감으로 지정된 경우는 아크릴 우레탄으로 70μm(35μm 2회) 도장한다.

2.1.4 스테인리스 선홈통

(1) 선홈통은 KS D 3595에 적합한 제품을 사용한다.
(2) 장식홈통은 KS D 3698 또는 KS D 3705에 적한한 STS 304 제품을 사용한다.

2.1.5 구리 선홈통

(1) 구리관(구리 선홈통): KS D 5201에 적합한 제품을 사용하며 인탈산동(보통급 C1201T, 질별은 1/2H)으로 M형식을 사용한다.
(2) 구리판(기타 홈통): KS D 5201에 적합한 제품을 사용하며 인탈산동(C1201P 또는 C1201R로 질별은 1/4H 또는 1/2H)을 사용한다. 두께는 특별한 지정이 없는 한 0.4mm 이상을 사용한다.

2.2 홈통걸이

(1) PVC 홈통의 홈통걸이는 아연도금강재 또는 PVC 제품을 사용한다.
(2) 구리판 홈통의 홈통걸이는 두께가 최소 1.2mm인 청동 제품을 사용한다.
(3) 알루미늄 홈통의 홈통걸이는 두께가 최소 1.5mm인 알루미늄 또는 1.2m 스테인리스 제품을 사용한다.
(4) 스테인리스 강재 홈통의 홈통걸이는 두께가 최소 1.2mm인 스테인리스 제품을 사용한다.

2.3 배수구 철물

2.3.1 철제 배수구

(1) 배수구용 철물은 주물 걸음쇠 또는 스테인리스 강재 거름망을 장착한 주물 또는 황동 합금 제품을 사용한다. 단, 3중식 드레인의 경우에 드레인 몸체 하부는 합성수지 제품을 사용 할 수 있다.
(2) 루프 드레인, 플로어 드레인은 KS 기준에 적합한 제품을 사용한다.

3 시공

3.1 준비 작업

(1) 선홈통을 설치하기 전에 드레인의 설치 위치가 정확한지 확인하여야 한다.
(2) 선홈통 설치 부위 주변은 도장 등 선홈통을 오염시킬 우려가 있는 마감공사가 완료되어야 한다.

3.2 설치 작업

3.2.1 일반사항

(1) 절단면은 일직선을 형성하고 금속재를 절곡한 부분은 직각을 이루도록 제작 가공한다.
(2) 노출면은 표면의 굴곡, 뒤틀림, 절단 및 가공 흔적 등이 눈에 보이지 않아야 한다.
(3) 노출되는 모든 금속판의 가장자리는 최소 폭이 12mm 이상 비노출면 쪽으로 깔끔하게 거멀접기를 한다.
(4) 외기에 노출되는 모든 금속재 부품은 기밀성과 수밀성을 유지하도록 가공하여 설치한다.
(5) 구조체 및 바탕면에 부착되어 후속적으로 그 상부에 철제 부품을 장착하는 부재의 제작 가공 및 설치는 지정된 위치와 형태로 결함이 없도록 정확히 가공하고 탈락이나 이탈되지 않도록 견실하게 설치한다.

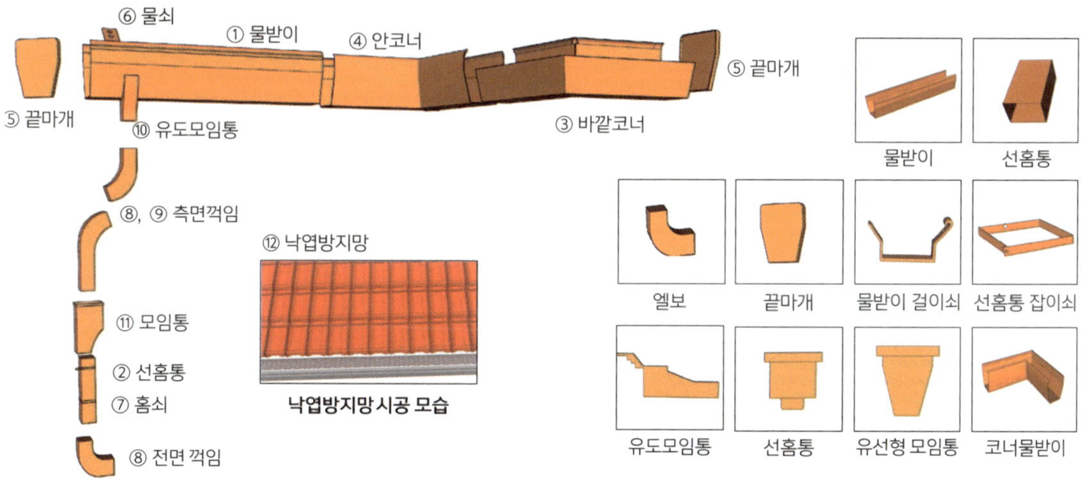

< 물받이 시스템 시공 예시도 >　**< 물받이 시스템 자재 예시 >**

[그림 3.2.1-1] 물받이 시스템 부속 자재

3.2.2 고정철물의 설치

(1) 볼트, 리벳, 나사못 등은 지정된 위치와 필요한 장소에 설치한다. 사용하는 와셔는 고정하는 철물의 자재와 같거나 이질 금속 간에 전식현상이 발생하지 않는 자재를 사용한다.
(2) 두께가 1mm 이하인 알루미늄 판재는 이음부의 표면을 기계적으로 처리한다.

3.2.3 맞댐 용접 및 거멀접기

(1) 맞댐 용접은 노출면에 납땜 자국이 보이지 않도록 하고 일정한 폭과 높이를 갖도록 조립한다.
(2) 수평 거멀접기의 겹침 폭은 최소 20mm 이상으로 한다.
(3) 겹침 용접의 폭은 최소 25mm 이상으로 한다.
(4) 신축 이음(expansion seam)의 폭은 75mm 이상으로 하고 최소 25mm 정도의 거동을 허용하도록 조립한다. 외부에 노출되는 이음부는 적합한 재질의 실란트를 사용하여 두께는 최소 3mm 이상으로 충전한다.
(5) 수직 거멀접기의 높이는 최소 25mm 이상으로 하고 이중 거멀접기를 한다.
(6) 수평 거멀접기는 이음 방향이 배수 방향과 평행한 방향으로 설치한다.

3.2.4 납 땜

(1) 납땜할 경우에는 KS B 0887에 따라서 납땜을 한다.

3.2.5 이질 금속 간에 전식 방지

(1) 동 및 동 합금 강: 이질 금속재와 접촉하는 표면 또는 방수성이 필요한 지붕 방수층과 격리하기 위한 경우에는 아스팔트 매스틱을 도포한다.

(2) 알루미늄: 알루미늄은 스테인리스 강재, 아연 합금강 또는 아연도 강재 이외의 다른 이질 금속과 접촉되지 않도록 한다.

① 다른 이질 금속재와 접촉하는 경우에는 알루미늄 도료를 최소 2회 이상 도포한다.

② 빗물이 다른 이질 금속재의 표면을 거친 후에 알루미늄 강재로 배수가 이어지는 경우에는 그 이질 금속재는 납 성분을 함유하지 않은 무연 도료를 사용하여 도장한다.

(3) 금속재 표면: 모르타르, 콘크리트 또는 기타 조적재와 접촉하는 금속재의 표면은 고점도 아스팔트 페인트와 같은 내알칼리성 도료를 사용하여 도포한다.

(4) 목재 및 흡수성 자재: 반복적으로 수분에 노출되는 위치 및 환경에서 금속재와 접하도록 설치되는 부재는 알루미늄 페인트를 2회 또는 아스팔트 매스틱을 1회 이상 도포한다.

3.2.6 팽창 및 수축 이음

(1) 금속재의 신축 팽창을 완충하기 위한 신축이음의 적정 간격은 알루미늄 강재는 최대 10m 이하, 기타 금속재는 12m 이하로 설치한다.

(2) 철제 부재의 끝단과 이웃한 신축이음 간에 거리가 상기한 거리의 절반 이상인 경우에는 추가로 신축이음을 설치하며 모든 신축이음은 일정한 간격으로 배치되도록 한다.

(3) 알루미늄 처마돌림 및 처마 거멀띠의 신축이음은 최대 3,600mm 이하의 간격으로 설치한다.

3.2.7 바탕 빗물막이 판(base flashing)

(1) 지붕을 구성하는 모든 구성재는 굴뚝 및 지붕 개구부 주위, 방수턱, 벽체 및 기타 수직면과 맞닿는 부분에는 모든 구성재마다 동등한 자재를 사용하여 바탕 빗물막이 판을 설치한다.

(2) 수직면에 설치하는 빗물막이 판의 높이는 최소 200mm 이상, 지붕 구성재의 하부에는 최소 100mm 이상의 폭을 갖도록 설치한다.

(3) 벽체 또는 지붕 수직면의 마감층이 빗물막이 판 위를 덮는 경우에는 빗물막이 판의 수직 부분과 마감층은 마감층의 하부에서 최소 150mm 이상 겹치도록 설치한다.

(4) 경사 지붕 상의 빗물막이 판 이음부는 경사가 낮은 위치에 설치하는 빗물막이 판의 끝단이 경사가 높은 위치에 설치하는 빗물막이 판의 하부에 위치되도록 매설하고 겹침 폭은 최소 75mm 이상이 되도록 한다.

(5) 지붕면과 수직으로 만나는 면에 가로로 설치하는 빗물막이 판은 주변부와 겹침 폭을 최소 50mm 이상으로 하고 둥근형 넓적 평머리 고정철물을 사용하여 최대 150mm 간격으로 빗물막이 판의 상단부에 설치 고정한다.

(6) 양단은 납땜 및 거멀접기를 하고 팽창 수축을 완화하기 위한 신축이음 형태로 설치한다.

(7) 지붕 표면과 빗물막이 판의 겹침 폭은 최소 120mm 이상이 되도록 지붕 구성재의 하부에 매설한다.

(8) 모든 빗물막이 판은 구조적으로 기밀성을 갖도록 제작, 조립 및 설치한다.

(9) 모서리가 만나는 귀퉁이에는 공장에서 제작한 기성 제품을 사용한다.

(10) 적층 지붕 방수층의 빗물막이 판은 금속재를 사용하지 않고 적층 지붕 방수재와 동일하거나 친화성을 가진 자재를 사용한다.

3.2.8 빗물막이 판 덮개(counter flashing)

(1) 별도의 명기가 없는 경우 빗물막이 판 덮개는 지붕면에서 최소 250mm 이상이 되는 위치에 설치한다.
(2) 덮개 판과 하부 빗물막이 판과의 수직 겹침 폭은 최소 75mm 이상이 되도록 설치한다.
하단부는 비 노출면 쪽으로 최소 12mm 이상의 폭으로 거멀접이를 하고 플라스틱 시멘트를 사용하여 기밀성 구조를 갖도록 충전한다.
(3) 빗물막이 판 덮개의 길이는 최대 3,000mm 이하로 제작, 조립, 설치한다.
(4) 빗물막이 판 덮개를 고정하기 위한 매설 철물(reglet, 평이랑)에 삽입한 후에 내 부식성 금속제 쐐기를 최대 450mm 간격으로 삽입하여 고정하고 나머지 틈새 공간에는 실란트로 충전한다.
(5) 빗물막이 판과 덮개의 삽입 부분은 스프링 작용을 하는 구조로 제작 설치한다.
(6) 아스팔트 펠트를 사용하는 빗물막이 판의 덮개는 하단부가 삼각형 면목의 상단부까지 겹치도록 설치한다.

3.2.9 매입 홈 자재(reglet)

(1) 빗물막이 판 덮개를 고정하기 위한 매입 홈 자재(reglet, 평이랑)는 공장에서 성형 제작한 내 부식성 금속 또는 플라스틱 제품을 사용한다.
(2) 매입 홈 자재의 개구부 폭은 최소 6mm, 깊이 30mm 이상으로 제작한 끼움식 또는 실란트 충전식 중 승인된 제품을 사용한다.

3.2.10 금속재 처마돌림 및 처마 거멀띠

(1) 지정된 형태와 규격으로 공장에서 성형 제작한 제품으로 최대 길이는 2,400mm 이하가 되도록 설치한다.
(2) 지붕면 또는 지붕 방수층과 맞닿는 날개의 겹침 폭은 최소 100mm 이상이 되도록 설치한다.
(3) 금속재 처마돌림 및 처마 거멀띠는 지붕 방수층이 완료된 후 그리고 지붕 마감층 또는 마감재를 설치하기 이전에 설치한다.
(4) 지붕면 또는 지붕 방수층과 맞닿는 날개 양면에 아스팔트 프라이머를 바르고 프라이머가 완전히 건조된 후에 지붕의 설치면과 완전히 밀실한 접촉면을 형성하도록 압착하여 고정한다.
(5) 고정 못을 사용하여 목재 깔도리에 설치하는 경우에는 길이 40mm 이형 몸통을 가진 내 부식성 철제 못을 최대 75mm 간격으로 인접한 철제 못이 서로 엇갈리는 두 줄 형태로 설치 고정한다.

3.2.11 처마 홈통

(1) 처마 홈통은 열 팽창 및 수축에 의한 변형이 허용되는 지정된 단면 형태와 지지 형태로 제작 설치한다. 처마 홈통이 직각으로 만나는 귀퉁이는 연귀이음으로 가공 설치한다.
(2) 처마 홈통은 끝단 막이, 물받이 통 연결부, 깔때기관 이음통 및 홈통걸이 등 모든 부속물을 연결 부착할 수 있도록 조립된 상태로 설치한다.
(3) 처마 홈통의 바깥쪽 단부는 구조적으로 보강하기 위하여 최소 20mm×5mm 이상의 원형 보강 철재를 삽입하거나 처마 홈통 자재와 친화성이 있는 자재를 삽입 또는 부착한다.
(4) 처마홈통 제작 시의 단위 길이는 2,400~3,000mm 이내로 제작 설치한다. 이음부의 겹침 폭은 25mm 이상으로 경사 방향에 위치한 부재의 이음부가 아래에 위치하도록 설치한다.
(5) 처마홈통의 양단 및 신축 이음 간의 최장 길이는 15m 이내로 제작한다.
(6) 처마홈통의 외단부의 높이는 처마 쪽 처마홈통의 높이보다 최소 25mm 또는 처마홈통 최대 폭의 1/12 중 큰 치수 이상으로 높이가 낮게 제작한다.
(7) 경사 지붕의 처마홈통의 바깥쪽 상단부의 높이는 지붕 경사의 연장선과 일치하도록 제작하며 지붕의 경사면을 자연적 흘러내리는 빗물이 유속으로 인하여 처마홈통의 외부로 넘치지 않도록 제작, 설치한다.
(8) 처마홈통의 폭은 최소 100mm 이상으로 제작하고, 폭(최대 폭)과 깊이의 비례는 최소 4(폭) : 3(깊이)의 비례로 제작한다.
(9) 처마홈통의 신축이음은 매 15m 간격으로 설치하고 연속적인 외관을 위하여 신축이음 사이의 공간은 처마홈통과 동일한 자재를 사용하여 밀봉한다.

(10) 신축이음 사이에는 최소 1개 이상의 선홈통을 설치하며 신축이음은 선홈통과 처마홈통의 모서리로부터 가장 멀리 위치하도록 제작, 설치한다.
(11) 처마홈통 걸이는 최대 강우량 시의 중량을 감안하여 구조적으로 안전하도록 제작 설치한다.
(12) 처마홈통의 경사는 선홈통 쪽으로 원활한 배수가 되도록 충분한 경사를 갖도록 제작한다.
(13) 처마홈통의 이음부는 겹침 부분이 최소 30mm 이상 겹치도록 제작하고 연결철물은 최대 50mm 이하의 간격으로 설치, 고정한다.
(14) 처마홈통의 용접 이음은 알루미늄은 두께 2mm 이상, 아연도 강판 및 스테인리스 강판은 두께 2.5mm 이상인 경우에 한하여 적용한다. 처마홈통의 이음을 용접 이음을 사용하지 않는 경우는 겹침이음부에 리벳을 25mm 간격으로 고정하고 겹침이음부 폭 25mm 사이를 실란트로 밀봉한다.

3.2.12 선홈통 설치

(1) 선홈통 걸이는 제조업체의 표준제품을 사용한다.
(2) 홈통걸이의 종류 및 규격은 설계도면에 지정한 바에 따른다.
(3) 선홈통의 방향이 바뀌는 위치에는 공장에서 성형 제작한 부품을 사용한다.
(4) 선홈통은 최장 길이 3,000mm 이하로 제작 설치한다.
(5) 선홈통의 끝단은 길이 방향으로 최소 15mm 이상 끼워 잠글 수 있는 구조로 제작 설치한다.
(6) 선홈통의 모든 배출구에는 탈착형 철망 여과기를 설치한다.
(7) 선홈통과 벽면 사이에 이격거리는 최소 30mm 이상의 간격을 유지한다.
(8) 선홈통 걸이의 설치는 상단과 하단에서 거리 200mm 정도 되는 위치에 설치하고 그 중간에는 1,500mm 정도의 간격으로 등거리가 유지되도록 설치한다.
(9) 홈통걸이의 형태는 선홈통의 단면과 일치하는 형태로 제작 설치한다.
(10) 선홈통의 하단부 배수구는 45도 경사로 건물 바깥쪽을 향하게 설치한다.

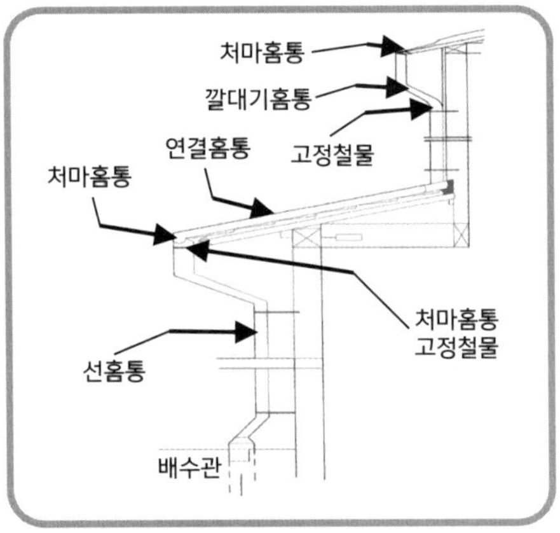

[그림 3.2.12-1] 홈통구조

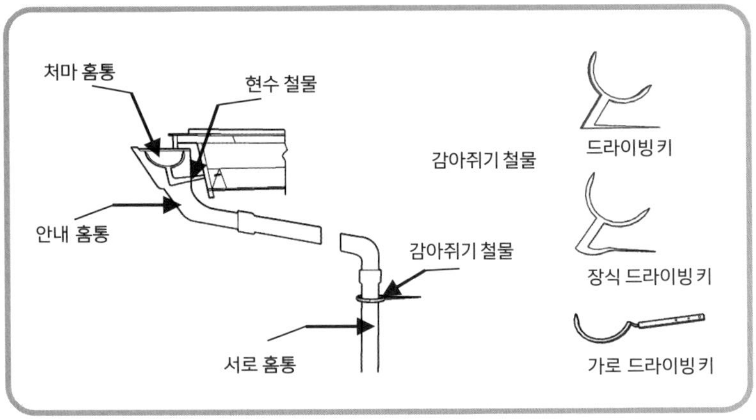

[그림 3.2.12-2] 홈통 및 세로 홈통 받침쇠

- 출처 : 건축시공 용어사전(건축시공용어연구회)

3.2.13 우배수관 연결

(1) 선홈통의 하단부 배수구는 우배수관에 직접 연결되어 배수되도록 연결하고 연결부 사이의 빈틈은 시멘트 모르타르로 채운다. 상부의 노출면은 바깥쪽으로 경사진 깔때기 형태로 마감한다.
(2) 45도 이형관을 장착한 경우 상부 표면이 건물 바깥 방향으로 경사진 콘크리트 물받이에 직접 낙수되도록 설치한다.

3.2.14 처마 물받이 홈통 및 홈통 연결관

(1) 처마 물받이 홈통 및 연결관은 선홈통과 동일한 자재를 사용하여 제작, 조립한다.
(2) 처마 홈통 연결관의 연결부 깊이는 처마 홈통 폭의 2/3가 되도록 제작, 설치한다.
(3) 처마 홈통 연결관과 선홈통 연결부의 겹침 길이는 최소 100mm 이상이 되도록 한다.
(4) 지붕 배수구와 처마 홈통의 연결에 물받이 홈통을 사용하는 경우에 물받이 홈통의 폭은 배수구의 직경 또는 폭보다 최소 50mm 이상 넓게 제작, 설치한다.
(5) 물받이 홈통은 콘크리트 파라펫이나 벽체에 직접 연결하여 견고하게 고정 설치한다.

3.2.15 장식 홈통 설치

(1) 접합은 10mm 내외에 거멀접기를 원칙으로 하고 작은 것은 겹쳐서 납땜한다.
(2) 큰 것은 견고하게 유지되도록 그 안쪽에 힘살을 붙인다. 내부에는 흔들리지 않게 깔때기를 끼워대며 꼭대기에 청소구멍을 둘 때에는 덮개를 정첩식으로 한다.
(3) 밑창에는 꽂이홈통을 조짐못(간격 300mm 내외)으로 조지고 납땜하여 선홈통에 60mm 이상 꽂아 넣는다.
(4) 장식통을 건물에 고정하는 방법은 설계도서에서 정한 바가 없을 때에는 내부에서 볼트, 나사못 등으로 고정한다.

3.2.16 지붕 배수구 설치

(1) 지붕 배수구(드레인)의 설치는 구체 콘크리트를 타설할 때 사전에 정확한 위치에 슬리브를 매설한다.
(2) 지붕 배수구를 위한 빗물막이 판은 양변이 최소 750mm인 정방형으로 설치한다. 지붕에 단열재를 설치하는 경우 배수구 주위에는 배수구에서 거리가 600mm 되는 지점에서부터 경사가 시작되는 점감형 단열재를 설치한다.
(3) 아스팔트계 방수층을 설치한 지붕에서는 마감 방수층에 아스팔트 지붕 시멘트를 사용하여 빗물막이 판 하부를 전면 점착 한다.
(4) 지붕 배수구용 클램프에 방수층을 충분히 겹치도록 하여 방수층의 구김이나 뒤틀림이 없도록 클램프 연결고리에 견실하게 연결한다.
(5) 방수층과 지붕 배수구 연결고리 간에 연결을 완료한 후에는 연결고리 상부에 고점성 아스팔트 시멘트를 두껍게 바른다.

3.2.17 지붕골 빗물막이 판

(1) 지붕골 빗물막이 판은 가능한 한 길이 방향으로 연결부가 없도록 하고 폭 방향은 지붕 마감재와 양쪽으로 최소 150mm 이상 겹치도록 설치한다.
(2) 지붕골 빗물막이 판의 양쪽 가장자리는 최소 15mm 이상 거멀접기를 한다.
(3) 길이 방향으로 이음을 할 경우 이음 폭은 최소 150mm 이상 겹침이음을 한다.
(4) 지붕골의 경사가 1/4 이하이거나 다른 경사의 경사 지붕이 마주치는 지붕골에서는 지붕골의 중심선을 따라서 30mm 높이 차이를 갖는 역 V-자 형태가 되도록 하고 지붕골 빗물막이 판의 양단은 지붕마감재의 하부로 200mm 이상 겹치도록 설치한다.

3.2.18 처마 빗물막이

(1) 최장 길이는 2,400~3,000mm 이내로 하고 폭 방향은 단일 부재를 사용하여 성형 제작한다.

(2) 신축 이음은 3.2.6에서 명기한 바에 따른다.

(3) 높은 쪽에 위치하는 가장자리는 연속적으로 20mm 폭으로 거멀접기를 하여 고정용 쐐기 철판을 최대 250mm 이하의 간격으로 삽입하여 고정한다.

(4) 처마 빗물막이의 높은 쪽 가장자리는 지붕 경사를 따라 측정하였을 때에 처마 끝에서 최소 450mm 이상 되는 지점에 위치되도록 한다.

3.2.19 두겁대

(1) 두겁대는 지정한 형태로 공장에서 성형 제작한 금속판을 길이 2,400~3,000mm로 하고 이음부는 잠김형 거멀접이 형태로 연결한 후에 납땜 또는 용착하는 구조로 조립 설치한다.

(2) 양단부는 테두리 마감 금속판을 사용하고 지정한 바에 따라 겹침이음, 납땜, 덮개 철판 또는 거멀접이 등의 방법으로 고정, 설치한다.

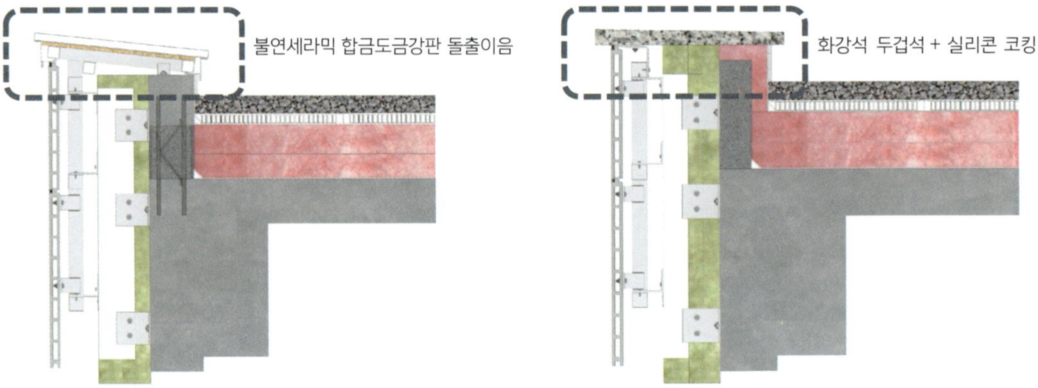

[그림 3.2.19-1] 두겁대 종류 및 상세도

3.3 청소 및 보양

(1) 철제의 노출면은 설치가 완료된 후에 해당 철제 면에 적합한 세척제, 용제 및 세정제를 사용하여 청결하게 표면 처리를 한다.

(2) 노출면에 잔재하는 이물질, 기름 및 기타 오염 물질, 설치 및 가공 흔적 및 가공 부위의 잔여물 등을 제거한다.

(3) 모든 금속제의 노출면에 부적합한 굴곡, 뒤틀림, 긁힘, 용접 및 납땜 자국 등을 제거한다.

3.4 검사

[표 3.4-1] 홈통 및 우수관 단계별 주요 검사항목 (LHCS 10 10 05 25 건축공사 일반, 부록3)

공정단계별		주요 검사항목
홈통 및 우수관	선홈통 설치 완료 후	· 상하층 수직상태 확인 · 선홈통 하부 고정상태 · 선홈통 길이의 적정여부 확인
	우수배관 및 맨홀설치 완료 후	· 맨홀위치, 개소 및 매설심도 확인 · 배관의 구배상태 · 맨홀과 배관 접합부위 마감상태 · 맨홀뚜껑 손잡이 설치여부

4 시공예시도

■ 역전지붕 조립분해도

※ 역전지붕 : 방수 상부 외단열 공법

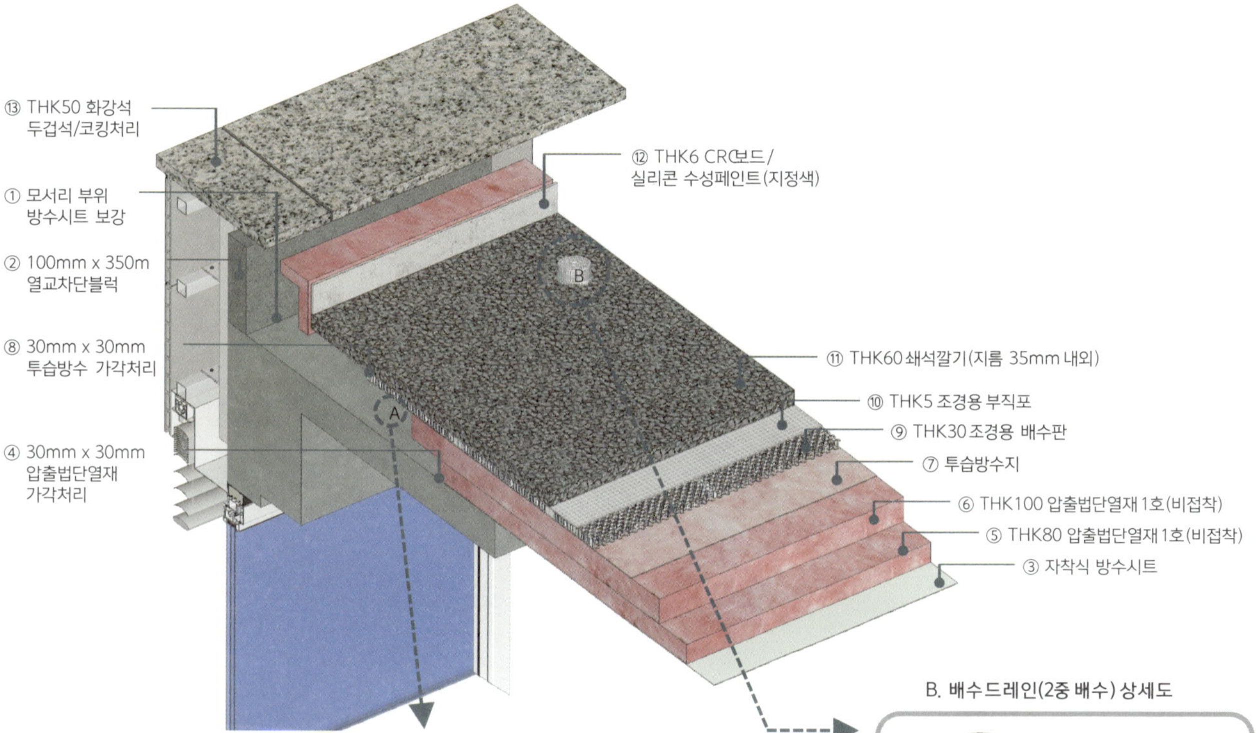

B. 배수드레인(2중 배수) 상세도

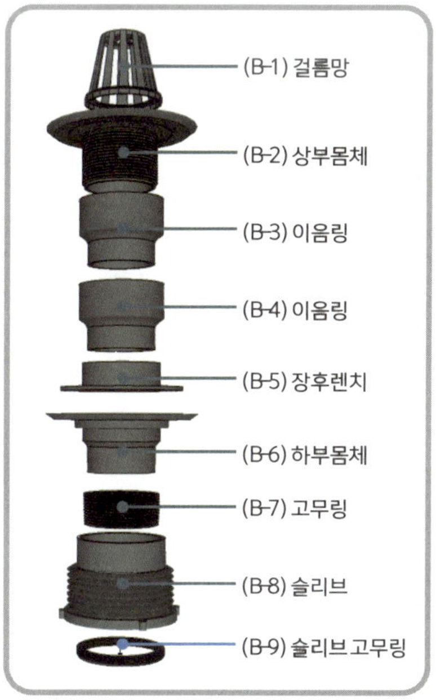

A. 바탕구배 확보 여부에 따른 지붕슬래브 바탕면 정리

■ 역전지붕 파라펫 상세도 1 - 합금도금강판 설치

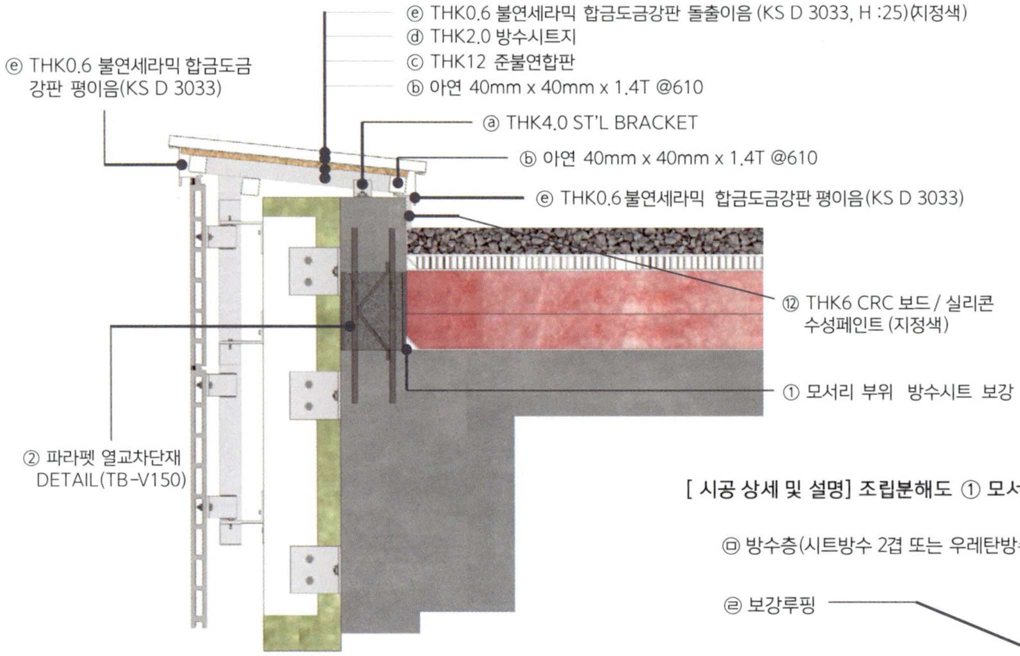

[시공 상세 및 설명] 조립분해도 ① 모서리 부위 방수시트 보강

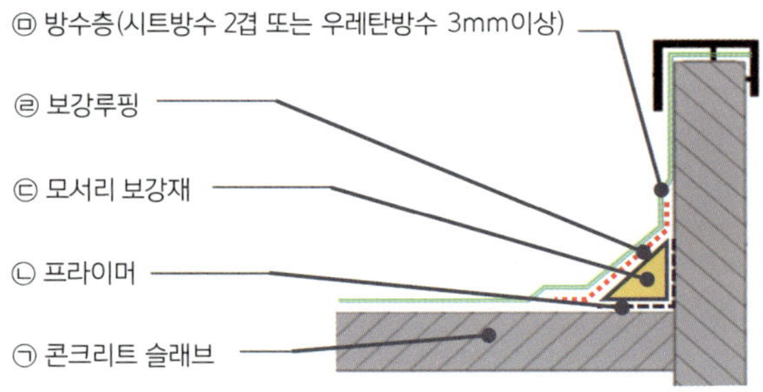

■ 역전지붕 파라펫 상세도 2 - 두겁석 설치

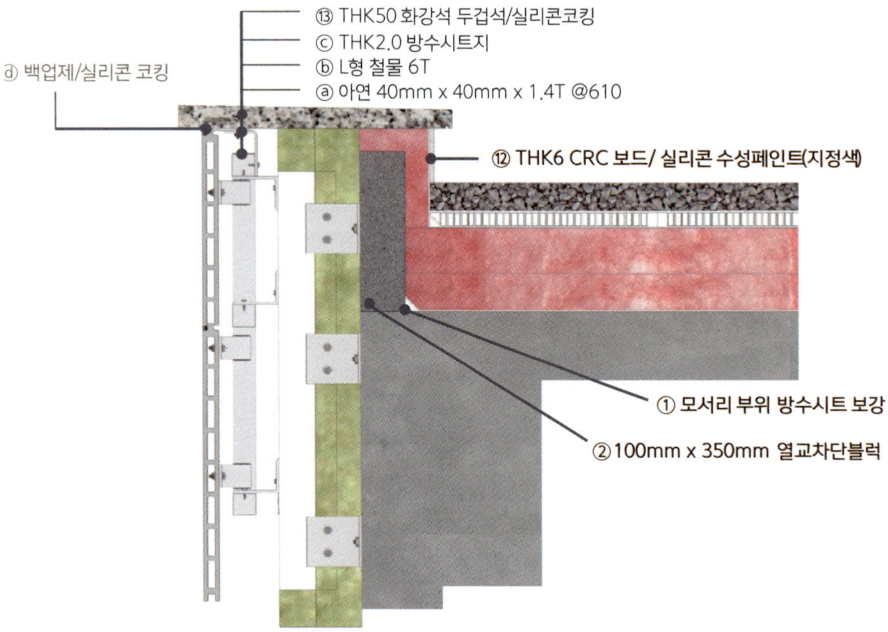

■ [시공 사진] 조립분해도 ① 모서리 부위 방수시트 보강 시공

- 출처 : ㈜티푸스코리아(http://www.tifus.co.kr)

01. 콘크리트 면 바탕정리
(방수시공 전 건조상태 확인)

02. 모서리 부위 프라이머 도포

03. 플라스틱 삼각면귀 사용 모서리 빗각으로 면잡기

04. 모서리 부위 방수시트 보강 시공

■ [시공 사진] 조립분해도 ③ 자착식 방수시트 시공

- 출처 : ㈜티푸스코리아(http://www.tifus.co.kr)

01. 전체 바닥 프라이머 도포작업

02. 바닥 면 방수시트 시공

03. 방수시트 겹침시공(100mm 이상)

04. 방수시트 마감부 처리

05. 방수시트 1겹 완료

06. 방수시트 2겹 시공 및 완료

07. 배수구 주변 처리 모습

08. 담수 테스트 실시

■ [시공 사진] 돌출 부위 방수시트 보강

- 출처 : ㈜티푸스코리아(http://www.tifus.co.kr)

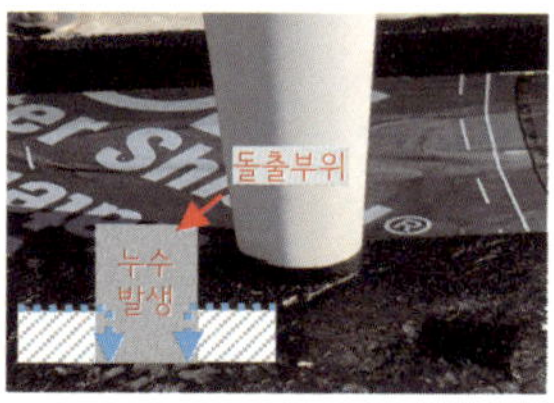

01. 돌출부위 발생

02. 방수시트 성형

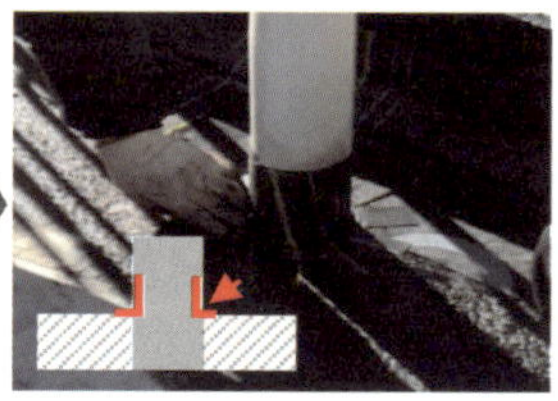
03. 돌출부위 감싸도록 방수시트 보강

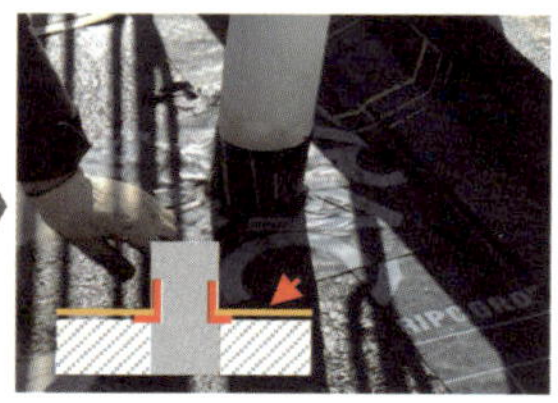
04. 바닥면에 한번 더 방수시트 보강

■ [시공 사진] 조립분해도 ④ 압출법단열재 가각처리 ~ ⑦ 투습방수지 설치

- 출처 : ㈜티푸스코리아(http://www.tifus.co.kr)

01. 모서리 부착용 단열재 재단

02. 돌출부분 단열재 성형

03. 하부층 단열재 시공

04. 틈새부분 우레탄 폼 충진

05. 돌출부분 단열재 시공

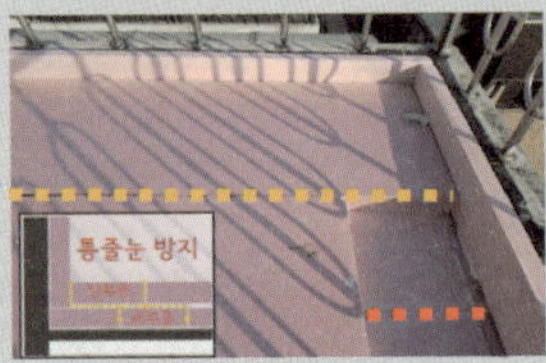

06. 상부층 단열재 시공(통줄눈 방지)

07. 틈새부분 우레탄 폼 충진

08. 투습방수지 설치

■ [시공 사진] 조립분해도 ⑨ 조경용 배수판 설치 ~ ⑪ 쇄석 깔기

- 출처 : ㈜티푸스코리아(http://www.tifus.co.kr)

01. 배수판 시공(조경용)

02. 부직포 시공(조경용, 장섬유)

03. 보호층(쇄석) 시공

04. 살수작업(표면 면지 제거)

■ [시공 사진] 상부마감 – 데크 시공

- 출처 : ㈜티푸스코리아(http://www.tifus.co.kr)

01. 아연도금 각파이프 위 데크 시공

02. 데크 시공 후 오일스테인 바름

03. 시공 완료

■ [시공 사진] 조립분해도 ⑬ 화강석 두겁석/코킹처리

- 출처 : ㈜티푸스코리아(http://www.tifus.co.kr)

01. 파라펫 부위 프라이머 도포

02. 바닥시공후 파라펫부위방수시트시공

03. 수직부위 단열재 시공

04. 두겁석 시공

SAMOOCM
CREATIVE MANAGEMENT

CHAPTER 18

18장

소규모 건축물 유지관리

SBCS 41 90 99 소규모 건축물 유지관리

CHAPTER 18

SBCS 41 90 99

소규모 건축물 유지관리

1 일반사항

- 출처 : 건축물관리법(국토교통부)

1.1 적용범위

(1) 이 기준은 건축물의 안전을 확보하고 편리·쾌적·미관·기능 등 사용가치 유지·향상 시키기 위해 건축물 관리자가 수행하여야하는 공사에 적용한다.

1.2 건축물 유지관리 일반

(1) 소규모 건축물의 유지관리에 대한 일반적인 사항은 국토교통부에서 고시한 ***건축물 관리법***에 따라 다음과 같다.

1.2.1 관리자의 의무

(1) 관리자는 건축물의 기능을 보전 · 향상시키고 이용자의 편의와 안전성을 높이기 위하여 노력하여야 한다.

(2) 관리자는 매년 소관 건축물의 관리에 필요한 재원을 확보하도록 노력하여야 한다.

(3) 관리자는 국가 및 지방자치단체의 건축물 안전 및 유지관리 활동에 적극 협조하여야 한다.

1.2.2 건축물 관리계획의 수립

CHECK 01 ▶

▪ 연면적 200㎡ 초과 건축물 등은 사용승인 신청 시 관리계획 제출

(1) 사용승인을 받고자 하는 건축물이 건설산업기본법 제41조에 따라 건설사업자가 시공하는 건축물의 건축주는 건축물관리계획을 수립하여 허가권자에게 제출하여야 한다. CHECK 01

(2) 수립내용

① 건축물 현황(주소, 대지면적, 연면적, 높이, 층수, 건축물 명, 사용승인일 등)

② 건축주, 설계자, 시공자, 감리자에 관한 사항(성명, 주소, 연락처)

③ 건축물 마감재 및 건축물에 부착된 제품(마감재, 부착재의 성능·규격)

④ 장기수선계획(마감재, 기계설비, 전기설비, 피난 및 소방설비, 통신설비의 수선계획)

⑤ 건축물 화재 및 피난안전(방화구획, 내화구조, 마감재로 등 화재 및 피난안전 확보를 위한 유지관리 사항)

⑥ 건축물 구조안전 및 내진능력

⑦ 에너지 및 친환경 성능관리(지능형건축물인증, 에너지효율등급인증, 녹색건축인증 등 에너지 및 친환경 성능관리를 위한 유지관리 사항)

⑧ 기타(이 법 및 관계법령에 의한 인증 또는 평가 등, 건축물 또는 공작물의 증축, 개축, 수선, 변경 시 안전 및 법규 규정 준수 사항, 그 밖에 건축물의 안전을 확보하고 사용가치를 유지 · 향상시키기 위해 필요한 사항 등)

CHECK 02 ▶

▪ 건축물의 사용가치를 향상시키고, 화재·붕괴 등 사고로부터 국민의 안전을 확보하기 위하여 건축물 관리법 시행 (2020.05)

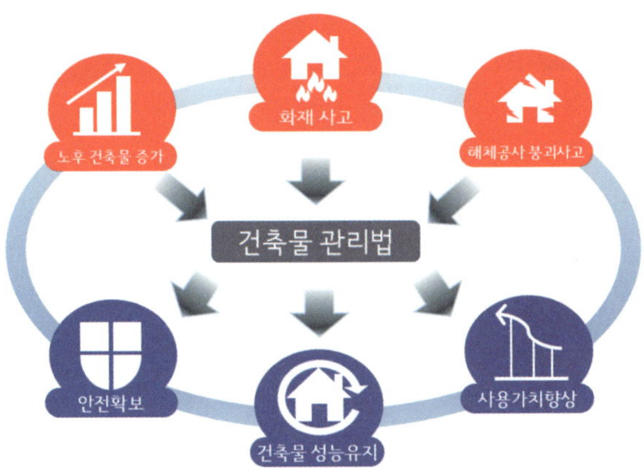

[그림 1.2.2-1] 건축물 관리법의 이해 CHECK 02

- 출처 : 건축물 생애이력 관리시스템(2021, 국토교통부)

1.2.3 건축물의 유지관리 CHECK 03

(1) 건축물 관리자는 건축물, 대지 및 건축설비를 다음의 규정에 맞게 건축물을 관리하여야 한다.

① 건축법

가. 제40조(대지의 안전)
나. 제41조(토지 굴착 부분에 대한 조치 등)
다. 제42조(대지의 조경)
라. 제44조(대지와 도로의 관계)
마. 제45조(도로의 지정 · 폐지 또는 변경)
바. 제46조(건축선의 지정)
사. 제47조(건축선에 따른 건축제한)
아. 제48조(구조내력 등)
자. 제49조(건축물의 피난시설 및 용도제한 등)
차. 제50조(건축물의 내화구조와 방화벽)
카. 제51조(방화지구 안의 건축물)
타. 제52조(건축물의 마감재료)
하. 제52조의2(실내건축)
거. 제53조(지하층)
너. 제53조의2(건축물의 범죄예방)
더. 제54조(건축물의 대지가 지역 · 지구 또는 구역에 걸치는 경우의 조치)
러. 제55조(건축물의 건폐율)
머. 제56조(건축물의 용적률)
버. 제57조(대지의 분할 제한)
서. 제58조(대지 안의 공지)
어. 제60조(건축물의 높이 제한)
저. 제61조(일조 등의 확보를 위한 건축물의 높이 제한)
처. 제62조(건축설비기준 등)
커. 제64조(승강기)
터. 제67조(관계전문기술자)

② 녹색건축물 조성 지원법

가. 제15조의2(녹색건축물의 유지 · 관리)

◀ CHECK 03
건축물 유지관리의 목적
- 완공된 건축물의 성능과 기능을 유지하고 이용자의 편의와 안전은 물론 외관의 미적 가치와 경제적 가치를 포함하는 LCC(Life Cycle Cost) 저감에 그 목적이 있음

1.2.4 건축물의 사용제한

(1) 관리자는 주요구조부의 강도가 현저히 저하·변형·균열이 심화된 경우와 건축물 관리점검 실시 결과 안정성 확보를 필요하다고 인정되는 경우 건축물의 사용을 제한할 수 있다.

(2) 관리자는 건축물의 사용을 제한하는 경우, 허가권자에게 알려야 한다.

1.2.5 기존 건축물의 화재안전성능보강의 실시

(1) *건축물 관리법 제27조*에 따라 화재안전성능보강 대상 건축물의 관리자는 다음과 같이 화재안전성능보강을 시행하여야 한다.

(2) 구조형식에 따른 화재안전성능 보강공법

① 필로티 건축물

가. 필로티 건축물은 1창 필로티 천장 보강 공법을 적용하여야 한다.

나. 필로티 건축물은 다음의 공법 중 1개 이상을 적용하여야 한다.

(가) 1층 상부 차양식 캔틸레버 수평구조 적용 공법

(나) 1층 상부 화재확산방지구조 적용 공법

(다) 전층 외벽 준분열재료 적용 공법

(라) 전층 화재확산방지구조 적용 공법

(마) 옥상 드렌쳐 설비 적용 공법

다. 필로티 건축물은 다음의 공법을 선택적으로 적용할 수 있다.

(가) 스프링클러 또는 간이스프링클러 설치 공법

(나) 옥외피난계단 설치 공법

(다) 방화문 설치 공법

(라) 하향식 피난구 설치 공법

② 일반 건축물

가. 일반건축물은 다음의 공법 중 1개 이상을 적용하여야 한다.

(가) 스프링클러 또는 간이스프링클러 설치 공법

(나) 진층 외벽 준분열재료 적용 공법

(다) 전층 화재확산방지구조 적용 공법

나. 일반 건축물은 다음의 공법을 선택적으로 적용할 수 있다.

(가) 스프링클러 또는 간이스프링클러 설치 공법

(나) 옥외피난계단 설치 공법

(다) 방화문 설치 공법

(라) 하향식 피난구 설치 공법

(3) 화재안전성능 재검토기한

2020년 5월 1일 기준으로 매 3년이 되는 시점마다 건축물의 화재안전성능 타당성을 검토하여 개선 등의 조치를 하여야 한다.

1.3 참고 기준

1.3.1 관련 법규

(1) 국토교통부 고시, 건축물 관리법

(2) 국토교통부 고시, 건설산업기본법

(3) 국토교통부 고시, 건축법

(4) 국토교통부 고시, 녹색건축물 조성지원법

1.3.2 관련 기준

(1) KCS 41 34 04 벽돌조 복원 및 청소공사
(2) SBCS 41 90 33 15 대단면 목조공사
(3) SBCS 41 90 34 05 벽돌공사
(4) SBCS 41 90 47 소규모 도장공사
(5) 소규모 건축물 품질향상 가이드
(6) 소규모 노후 건축물 보수·보강 등 매뉴얼

1.4 용어의 정의

(1) 건축물 관리 : 관리자가 해당 건축물이 멸실될 때까지 유지·점검·보수·보강 또는 해체하는 행위를 말한다.
(2) 관리자 : 해당 건축물의 관리자로 규정된 자 또는 해당 건축물의 소유자를 말한다.
이 경우 해당 건축물의 소유자와의 관리계약 등에 따라 건축물의 관리책임을 진 자는 관리자로 본다.
(3) 건축물관리계획 : 건축물의 안전을 확보하고 사용가치를 유지·향상시키기 위하여 건축물 관리법 제11조에 따라 수립되는 계획을 말한다.
(4) 화재안전성능보강 : 건축법 제22조에 따라 사용승인을 받는 건축물에 대하여 마감재의 교체, 방화구획의 보완, 스프링클러 등 소화설비의 설치 등 화재안전시설·설비의 보강을 통하여 화재 시 건축물의 안전성능을 개선하는 행위를 말한다.
(5) 해체 : 건축물을 건축·대수선·리모델링하거나 멸실시키기 위하여 건축물 전체 또는 일부를 파괴하거나 절단하여 제거하는 것을 말한다.
(6) 멸실 : 건축물이 해체, 노후화 및 재해 등으로 효용 및 형체를 완전히 상실한 상태를 말한다.

2 자재

2.1 화재안전성능보강

(1) 화재안전성능보강에 적용되는 재료는 불연재료, 준불연재료, 난연재료를 적용하여야 하고, 설비에 적용되는 재료는 KS 표시 제품, 형식승인제품 또는 성능인증제품을 사용하여야 하며, KS 표시 제품이 없을 때에는 KS 규격에 준한 제품을 사용하여야 한다.

(2) 구조형식에 따른 화재안전성능 보강

① 1층 필로티 천장에 적용되는 마감재료는 준분열재료 또는 난연재료로 한다.

② 차양식 캔틸레버 구조물을 고정하기 위한 브라켓의 내부 충진을 위한 단열재는 불연재료로 한다.

③ 1층 상부 화재확산방지구조 적용 공법의 단열재를 포함한 가연성 외부 마감재료 제거 부위의 마감은 불연재료로 한다.

④ 전층 외벽 준불연재료 적용 공법의 단열재를 포함한 가연성 외부 마감재료를 제거한 외벽의 마감은 준불연재료로 한다.

⑤ 전층 화재확산방지구조 적용 공법의 외벽 마감은 난연재료로 한다.

⑥ 옥상 드렌쳐 설비는 '스프링클러설비의 화재안전기준(NFSC 103)'을 따른다.

[표 2.1-1] 불연재료, 준불연재료, 난연재료의 정의 및 기준

구분	불연재료	준불연재료	난연재료
정의	· 불에 타지 않는 성질을 가진 재료 (건축법 시행령 제 2조)	· 불연재료에 준하는 성질의 재료 (건축법 시행령 제 2조)	· 불에 잘 타지 아니하는 성질을 가진 재료(건축법 시행령 제 2조)
기준	· 750℃에서 20분 가열시 온도가 50℃를 초과하여 상승하지 않고 305℃에시 10분간 가열 종료 후 30초 이상 잔류 불꽃이 없는 것	· 305℃에서 10분 가열시 용융 및 균열 등 방화상 현지하게 해로운 변형 등이 없고, 가열 종료 후 30초 이상 잔류 불꽃이 없는 것	· 235℃에서 6분 가열시 해로운 변형 등이 없고, 가열 종료 후 30초 이상 잔류 불꽃이 없는 것
시험기준	· 한국산업표준 KSF2271(난연1급) · (건축물의 피난·방화구조 등의 기준에 관한 규칙 제 6조)	· 한국산업표준 KSF2271(난연2급) · (건축물의 피난·방화구조 등의 기준에 관한 규칙 제 7조)	· 한국산업표준 KSF2271(난연3급) · (건축물의 피난·방화구조 등의 기준에 관한 규칙 제 5조)
종류	· 콘크리트, 석재, 벽돌, 철강, 유리, 알루미늄, 그라스울, 회, 시멘트판, 섬유시멘트판, 석고시멘트판 등	· 석고보드, 목모시멘트판, 펄프시멘트판, 미네랄텍스 등	· 난연합판, 난연플라스틱판

- 출처 : 건축물의 화재안전성능보강 방법 등에 관한 기준(2021, 국토교통부)

2.2 벽돌조 복원 및 청소공사

2.2.1 치장벽돌

(1) 치장벽돌은 기존 벽돌 또는 설계자가 제시하는 견본과 색깔, 질감 및 규격이 같은 것을 마련해야 한다. 양이 제한되어 있고, 구입이 불가능한 경우에는 기존 조적체의 비노출면에서 같은 벽돌을 떼어내어 사용할 수 있다. 이 경우에는 공사감리자의 확인을 받아야 한다.

2.2.2 벽 돌

(1) 눈에 보이지 않는 면의 벽돌은 기존 치장벽돌과 규격이 같아야 하며, 재질은 *SBCS 41 90 34 05 (2. 자재)*에 따른다.

2.2.3 모르타르

(1) 치장벽돌을 위한 모르타르는 색채, 질감, 강도 및 경도가 동일해야 한다. 이때 모르타르의 성분 및 배합비는 기존 모르타르를 실험실에서 분석하여 결정하며, 색채는 가능한 한 천연재를 사용하여 맞추도록 한다.

(2) 일반벽돌용 모르타르는 *SBCS 41 90 34 05 (2.5)*에 따른다.

(3) 모르타르에 섞는 혼화재료는 공사감리자의 확인을 받은 경우에 한하여 사용한다.

2.3 목재 부속공사

2.3.1 합성목재 루버, 사이딩, 데크

(1) 목재 부속공사에서 합성목재 루버, 사이딩, 데크의 자재에 관한 사항은 제품의 공사 시방서에 따른다.

2.4 소규모 건축물 유지관리 가이드·매뉴얼

2.4.1 소규모 건축물 품질향상 가이드

(1) 소규모 주택에서 하자가 빈발하는 지붕, 외벽, 창문, 발코니, 설비 등 하자원인과 대책에 대해 *소규모 건축물 품질향상 가이드*를 참고하여 보수토록 한다.

(2) 소규모 주택의 부위별 재료의 구성은 다음과 같으며, 각 공종의 자재에 대한 세부적인 사항은 해당 기준에 따른다.

[표 2.4.1-1] 소규모 주택 부위별 재료의 구성

구분	부위	시방서 관련공종
경사지붕	금속지붕	SBCS 41 90 56 10 금속재 지붕 공사
	기와지붕	SBCS 41 90 56 05 기와공사
	아스팔트 슁글	SBCS 41 90 56 05 기와공사
	스타코마감	-
평지붕	우레탄 방수	SBCS 41 90 40 05 도막방수공사
	파라펫 방수	SBCS 41 90 40 05 복합방수, SBCS 41 90 05 05 패시브 건축자재 및 시공
	배수구	SBCS 41 90 56 15 지붕 부속 자재, SBCS 41 90 05 05 패시브 건축자재 및 시공
	최상층 천장 설비	-
	실외기	-
	단열재	SBCS 41 90 42 00 소규모 단열공사
외벽	접합부	SBCS 41 90 54 10 외벽패널 공사
	석재 마감	SBCS 41 90 35 10 습식 석재 벽설치, SBCS 41 90 35 15 건식 석재 벽설치
	조적 마감	SBCS 41 90 34 05 벽돌공사
	스타코 마감	SBCS 41 90 46 05 미장공사
	선홈통	SBCS 41 90 56 15 지붕 부속 자재
창문	창문 설치	SBCS 41 90 55 05 창호공사, SBCS 41 90 05 05 패시브 건축자재 및 시공
	창문 주변부	-
	이중창	SBCS 41 90 55 05 창호공사
	천창	-
발코니, 출입구	발코니	-
	출입구	SBCS 41 90 55 05 창호공사
건축설비	배기	-
	배관	-
	보일러	-
	필로티	-

CHECK 04 ▶

소규모 건축물 보수·보강 등 매뉴얼

- 본 매뉴얼은 소규모 노후 건축물 등에 대한 자가 점검과 자가 수선에 적용할 수 있다.
- 자가수선의 경우, 2층 이하 이고 연면적 500㎡ 미만인 건축물의 간단한 보수에 활용할 수 있으며, 그 외 건축물에 대해서는 참고자료로 활용할 수 있다.

2.4.2 소규모 건축물 보수·보강 등 매뉴얼 CHECK 04

(1)「소규모 건축물 보수·보강 등 매뉴얼」은「건축물 관리법」등에 따라 소규모 노후 건축물에 대해 관리자가 계절적으로 안전에 취약한 시기에 스스로 안전점검을 실시하고 그 결과에 따라 자율적으로 수선 등 적절한 조치를 실시할 수 있도록 자가점검 및 자가수선 매뉴얼을 제공하여 노후 건축물의 안정적인 유지관리에 도움이 될 수 있도록 구체적인 사항을 적하는 것을 목적으로 한다.

(2) 직접 보수가 가능한 자가수선 방법

다음 결함 유형에 대해 직접 보수를 위한 재료 및 도구는 *소규모 건축물 보수·보강 등 매뉴얼*에 따른다.

① 철근콘크리트 건축물 및 옹벽의 균열(0.3㎜ 미만) 표면처리 공법
② 철근콘크리트 건축물 및 옹벽의 단면결손(철근노출없음) 단면복구공법
③ 조적(벽돌)조 담장의 균열보수(0.3㎜ 미만/초과) 표면처리공법/ 충진 및 표면처리공법
④ 마감재의 오염 및 표면훼손, 줄눈훼손
⑤ 목구조 건축물의 균열
⑥ 석축구조물의 균열

- 출처 : 소규모 노후 건축물 보수·보강 등 매뉴얼(2021, 서울특별시)

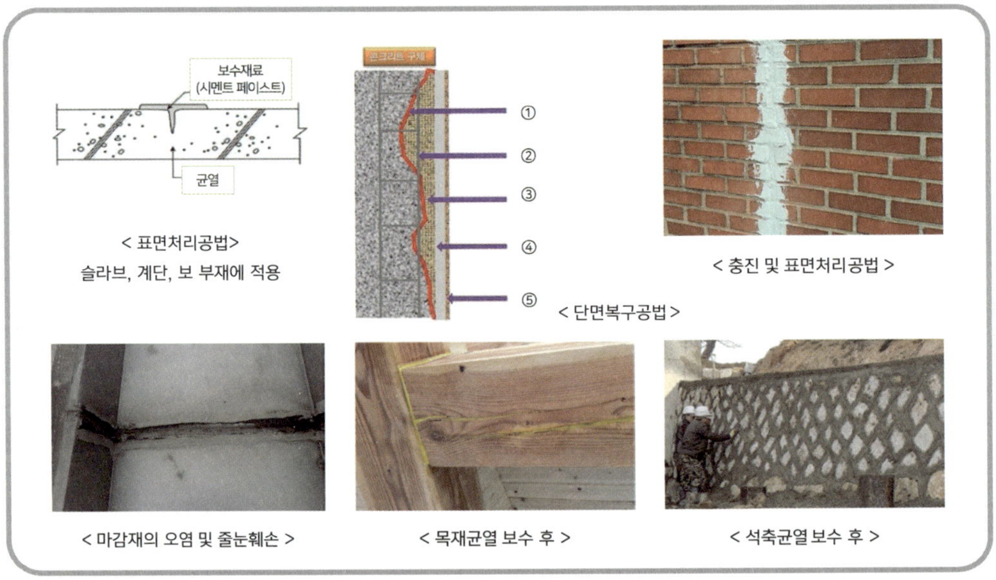

[그림 2.4.2-1] 직접 보수가 가능한 결함 유형)

- 출처 : 소규모 노후 건축물 보수·보강 등 매뉴얼(2021, 서울특별시)

CHECK 05 ▶

시공업체 의뢰

- 손상의 범위가 넓어 공사비가 많이 들어가며, 건물의 구조안전성에 영향을 줄 수 있는 결함으로 전문가에 의한 판단이 필요
- 전문 시공회사에 의해서 시공되어야만 하는 결함

(3) 시공업체 의뢰를 통한 자가수선 방법 CHECK 05

① 철근콘크리트 건축물 및 옹벽의 균열(0.3㎜ 초과) : 에폭시 주입공법 및 충전공법
② 철근콘크리트 건축물 및 옹벽의 단면결손(철근노출 및 부식) : 단면복구공법
③ 조적(벽돌)조 담장의 균열, 전도, 붕괴 등
④ 마감재의 깨짐 및 탈락
⑤ 목구조 건축물의 부식 및 단면결손
⑥ 석축의 배부름 및 배수구 막힘

2.5 대단면 목조공사 유지보수

(1) 대단면 목조공사 유지보수를 위한 자재의 기본적인 사항은 *SBCS 41 90 33 15*에 따른다.

3 시공

3.1 화재안전성능보강

- 출처 : 건축물의 화재안전성능보강 방법 등에 관한 기준(2021, 국토교통부)

3.1.1 구조형식에 따른 화재안전성능 보강

(1) 1층 필로티 천장 보강 공법

1층 필로티 천장은 외기에 노출된 천장면의 가연성 외부 마감재료를 완전히 제거하여야 하며, 마감재료는 화재, 지진 및 강풍 등으로 인한 탈락을 방지할 수 있도록 고정철물로 고정하여야 한다.

(2) 1층 상부 차양식 캔틸레버 수평구조 적용 공법

① 차양식 캔틸레버 구조물은 1층 필로티 기둥 최상단을 기준으로 높이 400㎜이내에서 200㎜ 이상의 마감재료를 제거한 부위에 설치하여야 한다.

② 차양식 캔틸레버 구조물은 금속재질의 브라켓을 외벽 구조체 표면에서 800㎜ 이상 돌출되어야 하고 두께는 200㎜ 이상 확보하여야 한다.

③ 양식 캔틸레버 구조물과 기존 외부 마감재료와의 틈은 내화성능을 확보할 수 있는 재료로 밀실하게 채워야 한다.

④ 차양식 캔틸레버 구조물은 불연속 구간이 없도록 하여야 한다. 다만 현장 여건에 따라 설치 불가능한 구간이 발생할 경우, 해당 구간은 다른 화재안전성능보강 공법을 적용하여야 한다.

(3) 1층 상부 화재확산방지구조 적용 공법

① 1층 필로티 기둥 최상단을 기준으로 2,500㎜ 이내에 적용된 단열재를 포함한 외부 마감재료를 완전히 제거하여야 한다.

② 단열재를 포함한 가연성 외부 마감재료 제거 부위의 마감은 두께 155㎜ 이상으로 시공한다.

(4) 전층 외벽 준불연재료 적용 공법

① 외벽 전체에 적용된 단열재를 포함한 가연성 외부 마감재료를 완전히 제거하여야 한다.

② 전층 외벽 준불연재료 적용 공법의 단열재를 포함한 가연성 외부 마감재료를 제거한 외벽의 마감은 두께 90㎜ 이상으로 시공한다.

(5) 전층 화재확산방지구조

① 외벽 전체에 적용된 단열재를 포함한 가연성 외부 마감재료를 완전히 제거하여야 한다.

② 불연재료띠는 1층 필로티 기둥 최상단을 기준으로 높이 400㎜의 연속된 띠를 형성하도록 시공하고 최대 2,900㎜ 이내의 간격으로 반복 시공하여야 한다.

③ 불연재료띠 이외의 외벽 마감은 두께 155㎜ 이상으로 시공한다.

(6) 옥상 드렌처 설비 적용 공법

① 소화펌프는 설계도서에서 정하고 있는 토출압 및 토출량을 만족시킬 수 있어야 하며, 콘크리트와 같이 지지력이 있는 바닥면에 고정시켜 진동에 대한 안전성을 확보할 수 있도록 시공되어야 한다.

② 배관은 설계도서에 정하고 규격의 사이즈로 소화펌프에서 보강대상 건축물의 최상층부의 스프링클러 헤드까지 연결되어야 하며, 동파방지 조치를 취해야 한다.

③ 소화펌프에 전원을 공급하기 위하여 전기배관 및 전기배선은 내화배선으로 시공하여야 한다.

④ 드렌처 설비는 각각의 드렌처 헤드 선단에 방수압력 0.05Mpa 이상이어야 하며, 헤드와 신속히 개방가 능한 전동밸브를 적용하여야 한다. 또한 최상층부의 드렌처 헤드는 설계도서에 따라 고르게 분배하여 시공하여야 한다.

(7) 스프링클러, 간이스프링클러, 하향식 피난구, 방화문, 옥외피난계단

① 스프링클러 설비는 '스프링클러설비의 화재안전기준(NFSC 103)'에 적합하게 설치하여야 한다.

② 간이스프링클러 설비는 '간이스프링클러설비의 화재안전기준(NFSC 103A)'에 적합하게 설치하여야 한다.

③ 하향식 피난구는 '건축물의 피난 · 방화구조 등의 기준에 관한 규칙' 제14조제3항에 따라 설치하여야 한다.

④ 방화문은 '건축물의 피난 · 방화구조 등의 기준에 관한 규칙' 제26조에 따른 비차열 1시간 이상 방화문을 건축공사표준시방서에 따라 설치하여야 한다.

⑤ 옥외피난계단은 건축공사표준시방서에 따라 설치하여야 한다.

3.2 벽돌조 복원 및 청소공사

3.2.1 생장식물 제거

(1) 벽돌구조체 표면에 생장하는 이끼, 덩굴 등의 식물은 뿌리를 자른 후 완전히 제거하기 전에 가능한 오랫동안 건조하도록 한다.

(2) 줄눈 속에 남아 있는 찌꺼기, 흙, 모르타르 조각 등은 아무리 깊더라도 완전히 제거하여야 한다.

3.2.2 벽돌면 청소

(1) 벽돌면의 청소방법은 표면에 낀 때, 먼지, 얼룩, 기타 오염물을 고려하여 물, 화학제, 기계적인 방법 중 표면에 피해가 가장 적은 방법을 선택하여야 한다.

(2) 벽돌면의 물청소는 뻣뻣한 나일론이나 강모로 된 솔로 물을 뿌려가며 긁어내린다.

(3) 청소는 위에서부터 아래로 내려가면서 시행하며, 개구부는 적절한 방수막으로 덮어야 한다.

(4) 솔질이 끝나면 찌꺼기가 완전히 제거되도록 물로 깨끗이 세척한다.

(5) 청정용 화학제품을 사용하는 경우에는 충분한 물을 사용하여 화학제의 잔여분이 남지 않도록 세척하여야 한다.

(6) 샌드 블라스팅, 그라인더, 마사포의 기계적인 방법을 사용하는 경우에는 공사감리자가 지시하는 일정면적을 시험 · 청소하고, 지시된 기간 동안 노출시킨 후에 검사를 받아 승인을 얻은 후에 공사를 시작한다.

3.2.3 청소방법

벽돌치장면의 청소방법에는 다음과 같은 종류가 있으며, 공사감리자와 협의하여 결정한다.

(1) 물세척

벽돌치장면에 부착된 모르타르 등의 오염은 물과 솔을 사용하여 제거한다. 필요에 따라 온수를 사용하는 것이 좋다.

(2) 세제세척

세제세척은 물 또는 온수에 중성세제를 사용하여 세정한다.

(3) 산세척

① 산세척은 모르타르와 매입철물을 부식시키는 것이 있기 때문에 일반적으로 사용하지 않는다. 특히 수평부재와 부재 수평부 등의 물이 고여 있는 장소에 대해서는 하지 않는다.

② 산세척은 다른 방법으로 오염물을 제거하기 곤란한 장소에 채용하고, 그 범위는 가능한 작게 한다.

③ 부득이하게 산세척을 실시하는 경우는 공사감리자의 입회하에 매입철물 등의 금속부를 적절히 보양하고, 벽돌을 표면수가 안정하게 잔류하도록 물축임한 후에 3% 이하의 묽은 염산을 사용하여 실시한다.

④ 오염물을 제거한 후에는 즉시 충분히 물세척을 반복한다.

3.2.4 벽돌구조체의 검사 및 보수

(1) 검사

① 벽돌의 홈이나 탈락, 줄눈부의 충전 불량, 균열 등을 눈으로 보아 검사하는 것 외에도 적당히 두들겨서 부풀음 및 접착불량을 탐사한다.

② 기기를 사용하는 비파괴검사를 실시하는 경우는 공사시방서에 따른다.

(2) 보수

① 벽돌구조체가 누수, 습기, 모르타르의 떨어짐, 균열 등 파손 및 손상을 입은 부분의 보수는 먼저 그 근본적인 원인을 밝혀내야 한다.

② 벽돌의 홈, 균열 및 손상이 있는 경우에는 적절히 보수한다. 외관상, 성능상 중요한 경우에는 그 개소 및 방법 등에 대하여 공사감리자의 지시를 받는다.

③ 파손 및 손상을 입은 부분은 구조체에 충격을 주지 않는 방법으로 완전히 제거한다.

④ 줄눈부의 보수에 있어서 주변의 색조 및 재질에 주의하여 실시한다.

⑤ 벽돌쌓기는 *SBCS 41 90 34 05 (3. 시공)*에 따른다.

3.2.5 줄눈 재시공

(1) 먼저 손상된 줄눈을 완전히 파내고 깨끗이 청소한 다음 물로 완전히 적신다.

(2) 줄눈은 새로 섞은 줄눈 모르타르를 이용하여 한 번에 6.5mm 이하의 두께로 앞에 시공한 줄눈층의 물기가 마르는 즉시 압력을 가하여 층층이 채워간다. 이때 매 층을 도구로 평활하게 하지 말고 접착력을 위하여 거친 상태대로 놓아둔다. 마지막 층은 압력을 가하여 줄눈을 꽉 채우고 다진다.

(3) 줄눈도구를 이용하여 기존 줄눈과 같은 형태로 마감한다. 이때 줄눈 모르타르가 노출 벽돌 밖으로 넘치지 않도록 특히 주의한다. 또한 마감된 줄눈 모르타르의 가장자리가 얇게 되는 현상을 피하도록 한다. 기존 벽돌 모서리의 마모가 심할 때에는 줄눈을 약간 안으로 들여 마감한다.

(4) 마감된 줄눈은 공사감리자의 지시에 따라 강모 솔질 또는 낮은 압력의 물을 분무하여 외관상 기존 줄눈과 조화되도록 시공하여야 한다.

(5) 마감된 줄눈은 습윤한 상태에서 5일간 보양하도록 한다.

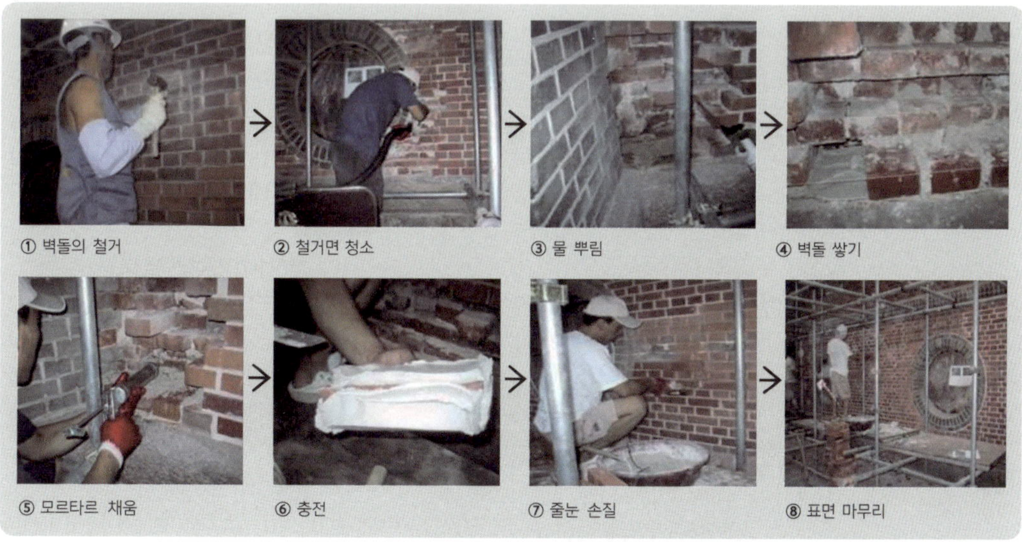

[사진 3.2.5-1] 벽돌의 교체 순서(명동성당 사례)

- 출처 : 한국 근대 적별돌 건축에 관한 연구(2005, 조홍석)

01. 시멘트 바름 시공 02. 타일 벽돌 제작 03. 수지처리 04. 타일벽돌 접합

[사진 3.2.5-2] 시멘트 바름 및 타일벽돌의 제작

- 출처 : 근대건축문화재의 벽돌조 건축물 보존기술 기법에 관한 연구(2011, 우남식 외)

CHECK 06 ▶

• 둥근머리 탭 비스

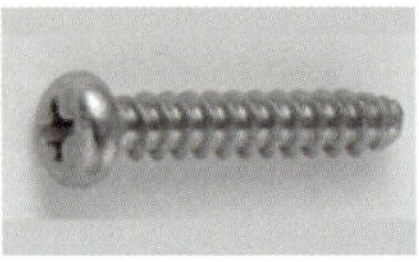

• 직결비스

3.3 목재 부속공사 CHECK 06

3.3.1 합성목재 루버, 사이딩, 데크

(1) 합성목재 루버, 사이딩 유지 및 관리

① 얼룩

루버의 얼룩은 가벼운 물청소만으로도 쉽게 없어진다. 깨끗한 외관유지를 위해 6개월 정도에 한번씩 일반 중성세제와 물을 섞어 플라스틱 재질로 된 수세미를 사용, 물청소를 할 수 있다. 이 때 루버 표면에 긁힘 발생을 유발할 수 있는 쇠 재질의 브러시는 사용하지 않도록 한다.

② 기름

기름때가 끼인 경우에는 일반 중성세제와 물을 섞어 부드러운 솔이나 스펀지를 사용하여 세척한다.

③ 표면도장

오일스테인, 페인트 등 별도의 표면처리가 필요하지 않으나, 표면에 도장을 할 경우에는 *SBCS 41 90 47* 또는 제조업자의 공사시방서에 따른다.

④ 긁힘 발생

루버 표면에 긁힘이 발생한 경우에는 와이어 브러쉬를 이용해 결 방향으로 부드럽게 표면을 문질러준다. 이 경우 내부의 변색이 되지 않은 부분이 드러나게 되는데 이것은 시간이 지나면 주변과 동일한 색상으로 변화한다.

⑤ 곰팡이 발생 시

환경적인 요인에 의해 부득이하게 곰팡이가 발생했을 경우 락스(차아염소산나트륨)와 물을 2 : 8로 희석하여 건조된 자재 표면에 분무한다. 곰팡이가 제거되면, 반드시 물로 세척한다.

(2) 합성목재 사이딩 수리 및 보수

① 파손된 부분의 자재를 완전히 제거한다.

② 자재의 뒷면 날개부분(고정클립과 조립되어 간섭이 생기는 부분)을 절단한다.

③ 사이딩 한쪽면을 삽입한다.

④ 삽입한 쪽을 Pre-Drilling(Φ9)하고 둥근머리 탭 비스(vis)를 사용하여 고정하다.

⑤ 홀캡의 길이를 1/2로 절단하고 홀캡 주위에 접착제를 도포한 후 삽입하여 마감한다.

⑥ 세로 시공된 제품도 길이 방향으로 동일하게 수리 및 보수가 이루어진다.

(3) 합성목재 데크 수리 및 보수

파손된 자재를 제거한 후 새로운 자재를 전용 직결 비스(vis)로 체결 보수한다.

CHECK 07 ▼

• 소규모주택에서 하자가 빈발하는 지붕, 외벽, 창문, 발코니, 설비 등을 중심으로 이해하기 쉽게 사진과 그림으로 원인과 대책을 정리 (2019.12 발행, 정기적 업데이트 예정).

3.4 소규모 건축물 유지관리 가이드·매뉴얼

3.4.1 소규모 건축물 품질향상 가이드 CHECK 07

(1) 소규모주택에서 하자가 빈발하는 지붕, 외벽, 창문, 발코니, 설비 등 하자원인과 대책에 대해 *소규모 건축물 품질향상 가이드*를 참고하여 보수토록 한다.

(2) 소규모주택의 부위별 재료의 구성은 *[표 2.4.1-1]*과 같으며, 각 공종의 시공에 대한 세부적인 사항은 해당 기준에 따른다.

3.4.2 소규모 건축물 보수·보강 등 매뉴얼

- 출처 : 소규모 노후 건축물 보수·보강 등 매뉴얼(2021, 서울특별시)

(1) 직접 보수 또는 시공업체 의뢰를 통한 자가수선 방법은 ***소규모 건축물 보수·보강 등 매뉴얼***에 따른다.

(2) ***소규모 건축물 보수·보강 등 매뉴얼***에 따른 「자가점검표」를 활용하여 소규모 노후 건축물의 안전등급을 평가하고, 등급에 따른 사후조치를 실시한다.

[표 3.4.2-1 점검 현황] (※ 상태 등급 - 보통 이상 : 상~중, 미흡 : 중~하, 불량 : 하)

구분	항목별	점검 내용			
		보통 이상	미흡	불량	해당 없음
주요 구조 부재	① 건물이 기울어지거나 처져서 휘어 있나요?				
	② 건축물 주변의 땅이 꺼지거나, 포장에 균열이 발생되어 있습니까?				
	③ 슬래브, 보, 기둥, 내력벽(조적벽) 또는 주계단에 균열, 처짐, 단면결손, 철근노출 및 부식 등이 발생되어 있나요?				
	④ 철골(강재) 및 접합부에 도장훼손 또는 녹이 발생했나요?				
비구조 부재	① 창과 문틀의 뒤틀림과 여닫기 곤란, 소음, 벌어짐 등이 있나요?				
	② 외벽 및 외부 비구조체 마감에 균열, 누수, 백화, 오염, 탈락, 들끔 등이 발생하여 있습니까? 있다면 그 정도는 어떻게 되나요?				
	③ 내벽 내부 비구조체 마감에 균열, 누수, 백화, 손상 오염, 들뜸 등이 발생하여 있습니까? 있다면 그 정도는 어떻게 되나요?				
	④ 지붕 마감재 및 지붕 트러스의 탈락, 낙하, 붕괴의 우려가 있거나 외부 돌출물 또는 부착물(간판, 안테나, 십자가 등) 고정 상태 및 과도한 변형 등 증상이 있나요?				
콘크리트 옹벽과 석축	① 옹벽 및 석축에 배부름, 기울어짐이 발생하거나, 수평 이동하거나 가라앉았는가(침하)?				
	② 옹벽 및 석축에 균열이 발생되거나, 손상 및 파손되었는가? 석축의 견칫돌이 유실되지는 않았는가?				
	③ 옹벽 및 석축에 배수구가 없거나, 청소 등이 불량하여 배수공이 막혀있지는 않은가?				
	④ 옹벽·석축 아랫부분에 흙이 유실되지는 않았는가?				
	⑤ 옹벽·석축 상부 지반이나 도로에 침하 또는 균열이 발생되지는 않았는가?				
기타 사항	① 대지 내의 담장/조적벽체의 기울어짐, 균열 발생, 붕괴 여부				
	② 옥상 및 기타 파라펫의 손상 및 과도한 변형 여부				
	③ 옥상 및 외부 계단 난간의 고정 상태, 과도한 변형 여부 확인				
	④ 옥상 배수구 및 빗물 홈통 청소·배수시설 작동 상태				
	⑤ 강우, 폭우 시 지하실 누수, 물고임 상태 및 침수 흔적				
	⑥ 지하실 배수구, 건물 앞 하수구 / 배수로의 청소 상태 및 제반 배수시설이 제대로 작동하고 있는지?				

[표 3.4.2-2] 등급 선정 기준 및 안전 등급 CHECK 08

등급	등급 선정 기준
우수	건축물 등의 안전이 확보된 상태이며 제반 성능상태 등이 우수하게 유지되는 경우
양호	건축물 등의 안전이 확보된 상태이며 일부 부재에 경미한 결함 발생, 기능에는 지장이 없으며 일부 보수가 필요한 경우
보통	건축물 등의 안전에 영향이 없는 상태이나 광범위한 부재에 제반 성능상태의 저하가 있어 보수·보강과 지속적인 주의 관찰이 필요한 경우
미흡	건축물 등의 일부 또는 전부의 안전에 위함 요소가 있는 상태이며 제반 성능상태의 저하에 대한 긴급한 안전점검(관련 전문가, 전문기관 등이 실시) 및 보수·보강이 필요한 경우
불량	심각한 결함으로 인하여 건축물 등의 안전이 위험한 상태이며 제반 성능상태의 저하에 따른 사용 제한 금지, 보수·보강 실시 여부를 긴급히 판단한 후, 후속 작업으로 정밀안전진단이 필요한 경우

안전 등급	우수 / 양호 (25%)	보통 (40%)	미흡 (60%)	불량 (100%)
자가 점검 점수	75점 이상~	60점 이상 ~ 75점 미만	40점 이상 ~ 60점 미만	40점 미만~
정밀안전점검 및 정밀안전 진단 기준	불필요	주의 관찰	자치구 '찾아가는 안전점검' 요청	정밀안전진단 필요

※ 총 항목 중 "불량" 등급의 개수를 "자가 점검 점수"로 환산하여 등급을 선정 :

$$\text{자가 점검 점수} = \left\{ 1.0 - \frac{\text{“불량” 등급 갯수}}{(\text{19개 항목} - \text{“해당없음” 갯수})} \right\} \times 100$$

▲ CHECK 08

찾아가는 안전점검

- 서울시는 2019년부터 소규모 민간 건축물에 무료로 '찾아가는 안전점검'을 실시하고 있으며, 관할 구청에서 상시 신청을 받는다.

[표 3.4.2-3] 자가수선 총괄표

NO	구분		결함유형	결함원인 및 안전성	보수방법 주체	보수방법 공법
건축물 및 옹벽	철근콘크리트 균열		0.3mm 미만	· 건조수축·온도팽창 · 진행성이 아니라면 구조적으로 이상없음	자가보수	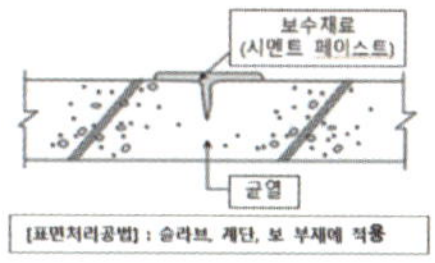
		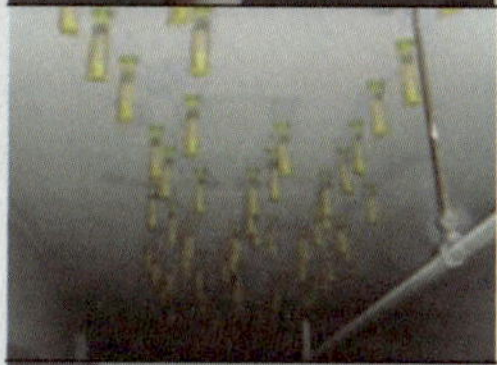	0.3mm ~ 0.5mm	· 외력에 의한 변형 · 습기침투 등으로 인해 철근 부식 우려, 내력저하 우려됨	전문업체	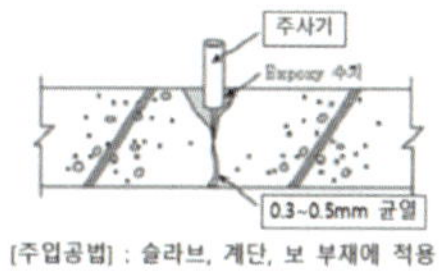
		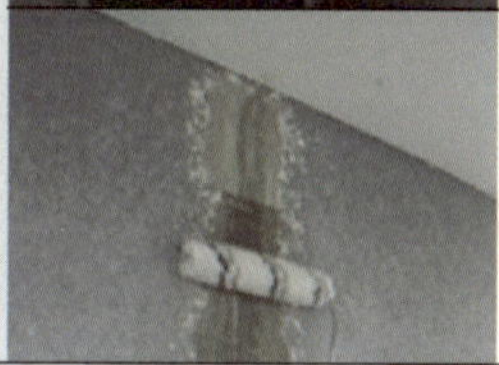	0.5mm 초과	· 외력에 의한 변형 · 콘크리트 표면탈락, 누수 등 발생. 내력저하 우려됨.	전문업체	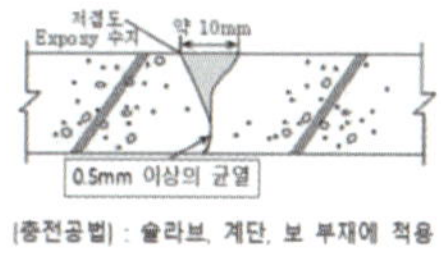
	철근콘크리트 단면 결손		철근노출 없음	· 노후화에 따른 표면 피복 결함·훼손 · 내력저하는 없으며, 표면보수로 사용성 회복 가능	자가보수	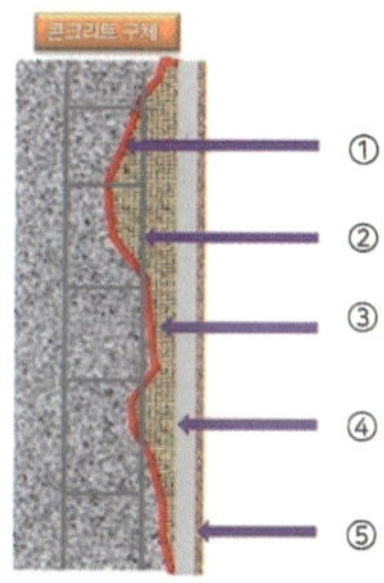 [단면복구공법]
			철근노출 있음	· 노후화에 따른, 표면 및 단면내부 결함·훼손 · 내력저하 발생/철근 방청·부착강도 확보	전문업체	
담장	벽돌조		균열촉 무관	· 노후화 및 초기침하에 따른 균열발생 · 진행이 멈춘 경우 크기와 무관하게, 안전에 이상없음	자가보수	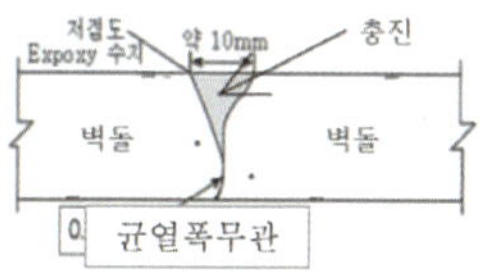
			전도·블록 (벽돌) 탈락	· 노후화·진행성 침하 · 담장기울기 발생에 따른 안전성 위험 · 기초가 없다면, 담장 철거 후 재시공 바람직.	전문업체	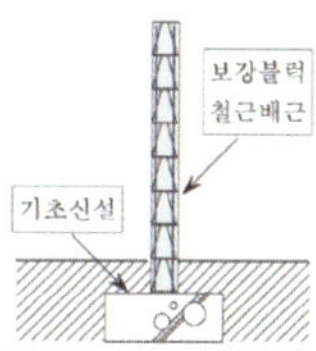

3.5 대단면 목조공사 유지보수

3.5.1 건축물의 변형 진단

[표 3.5.1-1] 건축물 부위별 변형 점검항목

부위			점검항목
지붕		변형	· 용마루부, 처마부, 평면부의 파상
		표면	· 지붕덮개재의 손상
벽	외벽	변형	· 벽면, 창, 출입구에서의 균열
		표면	· 외벽재의 틈새, 균열, 벗겨짐, 융기, 파손 등
	내벽	변형	· 벽면, 창, 출입구에서의 균열
		표면	· 내벽재의 할렬, 균열, 파손, 빗물흔적, 결로수 흔적 등
마루		변형	· 삐걱거림, 처짐, 진동, 하강, 경사 등
		표면	· 할렬, 균열, 벗겨짐, 융기, 틈새 등
기초		변형	· 할렬, 균열, 부러짐, 부동침하 등
		표면	· 균열, 벗겨짐(마무리칠 외) 등

[표 3.5.1-2] 건축물 부재별 변형 점검항목

부재(뼈대 포함)		점검항목
각 부재마다	수직재	· 경사, 비틀림 등
	수평재	· 휨, 처짐 등
	공통	· 할렬, 벗겨짐 등
뼈대		· 건도 및 처짐

[표 3.5.1-3] 건축물 부위 및 부재의 검검 방법

점검항목	점검방법
물결침	· 육안
할렬	· 육안, 측정은 자 및 버니어캘리퍼스
어긋남, 벗겨짐, 부풀기	· 육안
비틀림, 융기 및 탈락	· 육안
균열	· 육안, 틈새측정 게이지 및 버니어캘리퍼스
뜸	· 육안 및 해머 타진
빗물·결로수 흔적	· 육안
처짐	· 육안
삐걱거림, 진동 및 하강	· 보행
경사 및 전도	· 육안, 내림추, 물수평 및 수준기
틈새	· 육안, 틈새측정 게이지 및 버니어캘리퍼스
부동침하	· 육안

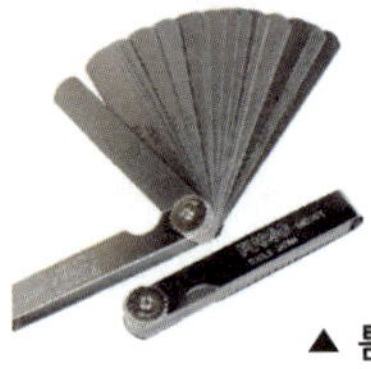

▲ 틈새측정 게이지

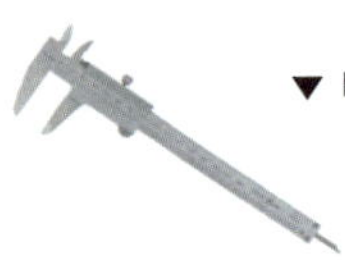

▼ 버니어캘리퍼스

[표 3.5.1-4] 건축물 부위와 부재 수준의 점검결과 판정

부위	점검항목	판정의 취급
부위 변형	(지붕) 용마루, 처마 및 평면부의물결침 (벽) 구조 균열 (마루) 삐걱거림 처짐, 진동, 하강 및 경사 (기초) 할렬, 균열, 절손 및 부동침하	전문가의 정밀진단
부위 표면	(지붕) 어긋남, 할렬, 벗겨짐 탈락 및 부식 (벽) 어긋남, 할렬, 벗겨짐 탈락 및 부풀기 (마루) 할렬, 균열, 벗겨짐 뜸 및 틈새 (기추) 균열 및 벗겨짐	조정과 보수 조정과 보수 보수 판정 이월과 보수
부재	(수직재) 할렬, 경사, 비틀림 및 벗겨짐 (수평재) 할렬, 휨, 처짐 및 벗겨짐	조정, 판정 이월과 보수
	(뼈대) 전도 및 처짐	전문가의 정밀진단

(1) 수리지침

① 각 부위별 변형과 뼈대 변형에 대한 수리는 다음 순서에 따른다.

· 변형 원인의 조사 → 변형 장소의 특정 → 변형 장소가 관련된 부위의 변형에의 영향 유무 → 변형 장소만 수리해야 할지, 다른 부위를 포함하여 수리해야 할지 판단

② 부위 표면 또는 부재단독 변형의 수리는 다음 순서에 따른다.

· 변형 원인 조사(구조체 변형에 기인한 것을 포함) → 변형 장소의 특정 → 부위 표면 또는 부재만 수리해야 할지, 또는 구조체를 포함하여 수리해야 할지 판단

3.5.2 부후 진단 CHECK 09

◀ CHECK 09
목조건축물의 부후
- 목재에 부후균이 생육 하여 목재가 변질하는 현상을 의미
- 부후로 인해 나무의 경도 및 밀도(용적 증량), 강도는 감소하고 흡수 습성은 증가

(1) 점검부위

① 대단면 목조건축물의 부후를 진단하기 위한 점검부위는 다음과 같다.

가. 물빠짐이 나쁜 장소
나. 접합부
다. 건구
라. 내구성에 중요한 장소
마. 점검항목

② 목재표면에 다음의 징후가 나타나면 대비하여 상세 점검한다.

가. 부후에 의한 재색 등의 변화
나. 갈색으로 할렬 발생
다. 백색으로 섬유상
라. 목재표면에 버섯 발생
마. 물흐름에 의한 재색 변화
바. 목재 일부가 검게 변함
사. 목재 일부가 희게 변함
아. 목재표면에 곰팡이 발생

(2) 점검방법 : 점검은 다음 방법에 따른다.

① 육안 ② 촉진 ③ 타진 ④ 처짐 검사

(3) 점검시기 및 점검주기

건축물은 년 1회 정도 정기적으로 점검한다. 건축 후 10년 이상 경과한 건축물과 이미 이상이 발견된 건축물은 겨울과 장마철, 강풍 직후로 년 3회 이상 점검한다.

(4) 점검결과의 판정
세부점검 결과 이상이 발견되면 수리 등 필요한 조치를 한다.
(5) 수리지침
부후로 판단되면 가능하면 부재를 교환화되, 공법상 부후되기 어려운 환경이 되도록 수리하며 약제 등으로 예방조치를 취한다.

3.5.3 충해 진단

(1) 점검부위
충해에 대해서는 다음 부위를 중점적으로 점검을 실시한다.
① 부지 주변 ② 기초 주변 ③ 외벽 주변 ④ 마루 주변
⑤ 지붕·천장 주변 ⑥ 물 주변
(2) 점검항목과 점검방법
충해의 점검항목 및 방법은 다음에 따른다.
① 개미의 군비 : 육안으로 개미의 군비를 확인한다. 이때 일반개미와 확실하게 구별하고 흰개미 종류도 주의하여 식별한다.
② 의도·의토 : 육안으로 의도·의토의 유무를 확인한다.
③ 목재 부재의 단면감소 : 육안 및 해머타격음, 드라이버 등의 압입으로 목재표면과 내부의 단면감소 유무와 그 정도를 확인한다.
(3) 점검시기와 점검주기
충해 점검의 시기와 주기는 다음에 따른다.
① 개미의 군비 : 일본 흰개미는 4월에서 5월의 주간, 집 흰개미는 6월에서 7월의 저녁 무렵부터 야간에 주의한다. 점검주기는 1년에 1회로 한다.
② 의도·의토 : 1년에 1회, 여름 이후 실시한다.
③ 목재 부재의 단면감소 : 목재부재의 점검은 3년에서 5년에 한번 주기로 실시한다.
④ 각 부위의 이상 : 일상적으로 점검한다.
(4) 점검결과의 판정
점검결과의 판정은 위 점검항목의 유무와 그 진위 여부에 따라 행한다.
(5) 수리지침
충해의 범위와 정도가 파악되면 전문업자 등에 의뢰하여 적절한 수리를 실시한다.
(6) 흰개미의 구제처리
① 야간에 주의한다. 점검주기는 1년에 1회로 한다.
② 충해발생의 건축적 요인을 제거하도록 조치한다.
③ 충해를 입은 목재부위는 보수 또는 교체한다.
④ 충해 부위를 수리할 때는 기존 부분의 제거 범위를 최소한으로 한다.

3.5.4 철물의 부식

(1) 부식진단은 대단면 목조건축물에 이용되는 구조용철물 및 강재 부재를 대상으로 점검하고, 부식·노화 유무와 정도를 진단하여 수리 등 유지보전 및 보건계획 작성의 자료로 활용하며, 해당 건축물의 기능과 성능을 확보하기 위해 실시한다. 부식진단 내용은 점검, 진단, 결과 판정, 보수 또는 부재교체를 포함한다.
(2) 점검대상
점검대상은 접합부에 이용된 파스너와 접합철물, 강재 부재로 한다.
① 파스너 : 볼트, 래그나사못, 드리프트핀, 집성재리벳, 트러스플레이트 등
② 접합철물 : 주각철물, 강판(삽입형, 웹형), 박스형 철물, 걸이용 철물 등
③ 강재 부재
④ 가새 등

(3) 점검항목과 점검방법

① 점검은 파스너와 접합철물, 강재 부재의 표면에 대해 실시하며, 그 항목은 변퇴색 광택도 저하. 백악화, 부풀기(뜸), 할렬, 벗겨짐, 적녹, 백녹, 단면결손 등이 있다.

② 점검방법은 육안, 촉감 또는 간편한 공구 및 기구를 사용하여 실시한다.

(4) 점검주기

① 점검은 건축물의 입지조건과 용도, 방청처리 정도, 경과연수 등을 감안하여 일정 주기로 실시한다(정기점검).

② 다른 점검에 더불어 점검을 고려한다(임시점검).

(5) 점검결과의 판정

① 점검결과의 판정은 재도장의 여부로 기준을 삼는다. 판정은 건전, 부분보수 및 전면보수의 3종으로 구분한다.

② 건전이란 녹이 없거나 도막면에 변화가 없어 다음 점검 때까지 보수할 필요가 없다.

③ 부분보수란 국부적으로 부식이 진행되어 바로 수리가 필요함을 말한다.

④ 전면보수란 부재전면에 걸쳐 균등하게 녹슬어 있음을 말한다.

(6) 수리 지침

① 수리란 현장에서 방청도장을 행하는 것을 말한다.

② 방청도장 공사에 우선하여 신축 당시의 방청처리 종류와 정도를 확인하고, 부식상황과 재도장이 필요한 기간 등을 검토하고 재도장 계획을 수립한다.

③ 부분보수란 국부적으로 부식이 진행되어 바로 수리가 필요함을 말한다.

④ 재도장 계획서에는 바탕조정방법과 방청도장, 마감도장, 도장환경, 도장시공 관리 등 적정한 공사의 진행을 위한 항목이 필요하다.

3.5.5 접착층 진단

(1) 점검부분

① 점검대상은 구조용 집성재와 단판적층재의 접착층이다. 이 규정은 신축 후 접착층의 진단이 공사 중에 납품되는 제품의 검사에도 적용할 수 있다.

② 점검 장소는 원칙적으로 모든 접착층이지만, 다음 부위를 중점적으로 점검한다.

가. 건습 영향이 큰 부위

나. 주각부

다. 부재간의 접착부와 주변

라. 공조 출구 부위

마. 실외 폭로부위의 경우 전체 접착층

(2) 점검항목과 점검방법

① 점검항목은 접착층의 박리이다.

② 점검방법은 육안, 루페 및 틈새측정 게이지로 점검한다.

(3) 점검주기

① 점검장소의 일반부위는 수년에 한번을 원칙으로 한다. 단, 빗물젖음 및 기타 원인에 의한 충해 습윤환경에서는 수시로 점검한다.

② 중점 점검부위는 시공 후 1년째는 수시점검하고, 2년째부터는 ①에 따른다.

[표 3.5.5-1] 접착층 점검결과 판정의 단계별 정의

열화 정도	수리 대응
I	· 전체 접착층에 걸쳐 접착층의 박리나 벗겨짐이 전혀 없음
II	· 접착층의 극히 일부에 길이 수 mm 이내의 머리카락 수준의 박리가 있고 균열깊이는 거의 없음
III	· 접착층 일부에 박리가 있고 균열깊이는 재폭의 10% 미만인 것
IV	· 길이 수 cm의 박리가 여러 접착층에 있거나 한 접착층에 수십 cm 길이의 박리가 있고, 박리깊이는 재폭의 1/3 미만인 것
V	· 박리깊이가 재폭의 1/3을 초과하거나 박리가 뒷면까지 관통한 것

[표 3.5.5-2] 열화정도에 따른 수리 대응방법

열화 정도	수리 대응
I	· 없음
II	· 판정은 다음 기회로 미룸
III	· 틈새를 메우고 점검한 후 박리의 추이를 관찰하고 박리가 진행되면 전문가의 판단에 따름
IV	· 즉시 전문가의 판단을 묻고 해당 부분에 접착제 등을 주입하는 등 조치를 강구하고 박리진행을 우선 저지
V	· 즉지 전문가의 진단을 받고 해당 부위가 설계구조내력에 합당한지 검증하고 필요한 조치를 취함

3.5.6 접합부의 진단

(1) 점검부위

접합부의 진단은 접합부의 응력전달에 대한 초기성능의 유지를 목적으로 하며, 접합철물과 파스너를 사용한 접합부를 대상으로 한다.

(2) 점검주기

① 신축 후 3년 이내에 1회 점검한다.

② 육안점검은 매년 1회 행한다. 육안점검에서 충해가 우려되는 장소는 변화조사도 포함하여 실시한다.

[표 3.5.6-1] 접합부의 점검항목과 점검방법

점검항목	점검방법
볼트의 느슨함	· 육안, 손가락 또는 스패너에 의한 회전
파스너의 이탈	· 육안
파스너 및 접합철물과부재간의 틈새	· 육안 또는 틈새측정 게이지
파스너 및 접합철물과부재간의 흔들림	· 촉진
접합부재의 통직성	· 육안 또는 자

[표 3.5.6-2] 점검결과의 판정

점검항목	판정
볼트의 느슨함	· 보수 필요
파스너의 이격	· 보수 필요
파스너 및 접합철물과부재간의 틈새 또는 흔들림	· 보수 필요
접촉불량	· 보수 필요
파스너 이탈	· 보수 필요
접합부재의 통직성	· 보수 필요

3.6 기타

3.6.1 옥상녹화의 누수 및 결로 방지

(1) 노후 부위 관리

옥상녹화가 기존 건물에 적용되었을 때 난간부 등과 같이 노후화에 의해 균열이 발생된 곳의 보수 · 시공 및 기타 시설물의 접합부, 녹화 관련 시설물 등 누수 및 결로에 대비한 품질관리나 장기적인 유지관리가 이루어져야 한다.

(2) 배수관리

옥상녹화 시스템에 있어 가장 중요한 배수 부문의 설치 및 관리를 최상의 조건으로 유지하도록 관리한다. 이는 건축물의 방수 측면에서 뿐만 아니라 식생층에서도 중요한 요소이다.

SAMOO C.M.
Creative Management

REFERENCE
참고문헌

SBCS 41 90 40 05 도막 방수공사

Specification (시방서)
- 표준시방서, KCS 41 40 06 : 2016, 도막방수공사

Reference (참고문헌)

- 오지환 외, 방수 작업안전, 04.안전시공사례, 한국산업안전보건공단, 2009
- 정용식 외, NCS기준을 적용한 건축시공, 기문당, 2017
- 노성열 외, 건축공사 들여다보기, 제15장 방수공사, 서울교통부 서울지방국토관리청, 2006
- 경기도 공동주택과, 2022 공동주택 공종별 핸드북, 건축 – 방수공사, 경기도, 2022

SBCS 41 90 40 10 복합 방수공사

Specification (시방서)
- 한국토지주택공사 전문시방서, LHCS 41 40 07 20 : 2020, 우레탄 복합방수(비노출)
- 표준시방서, KCS 41 40 14 : 2016, 옥상녹화 방수공사
- 한국토지주택공사 전문시방서, LHCS 10 10 05 25 : 2020, 건축공사 일반

SBCS 41 90 40 25 실링공사

Specification (시방서)
- 표준시방서, KCS 41 40 12 : 2016, 실링공사
- 한국토지주택공사 전문시방서, LHCS 10 10 05 25 : 2020, 건축공사 일반

Reference (참고문헌)

- ㈜대우건설, 건설기술지침 Rev.2, 건축 II, Chapter 13. 방수공사, 기타방수재_실링, (사)대한건축학회, 2019

SBCS 41 90 42 00 소규모 단열공사

Specification (시방서)
- 표준시방서, KCS 41 42 00 : 2016, 단열공사
- 한국토지주택공사 전문시방서, LHCS 10 10 05 25 : 2020, 건축공사 일반

Reference (참고문헌)

- 이상수 외, NCS학습모듈 – 단열시공 현장안전, 학습3. 불안전 시설물 개선하기, 한국직업능력개발원, 2014
- 노성열 외, 건축공사 들여다보기, 제16장 단열 및 도장공사, 서울교통부 서울지방국토관리청, 2006
- KCC, 자재 제안서, 2022
- ㈜대우건설, 건설기술지침 Rev.2, 건축 II, Chapter 21. 단열공사, 뿜칠형, (사)대한건축학회, 2019

SBCS 41 90 42 05 외단열 공사

Specification (시방서)
- 한국토지주택공사 전문시방서, LHCS 41 42 00 15 : 2020, 외단열

Reference (참고문헌)

- KCC, 자재 제안서, 2022
- ㈜스타빌 엔지니어링, STAR-열교 차단재 Shop Drawing, 2019

SBCS 41 90 46 05 미장공사

Specification (시방서)
- 표준시방서, KCS 41 46 02 : 2016, 미장공사
- 표준시방서, KCS 41 46 06 : 2016, 석고 플라스터 바름
- 표준시방서, KCS 41 46 07 : 2016, 돌로마이트 플라스터 바름
- 표준시방서, KCS 41 46 08 : 2016, 회반죽 바름
- 표준시방서, KCS 41 46 17 : 2016, 롤러 문양 마무리 바름
- 표준시방서, KCS 41 46 18 : 2016, 제물 마감
- 한국토지주택공사 전문시방서, LHCS 10 10 05 25 : 2020, 건축공사 일반

Reference (참고문헌)

- 최정만 외, 소규모 건축물 품질향상 가이드, 사단법인 한국패시브건축협회 (PHIKO), 2021
- 오지환 외, 조적, 미장 및 견출 작업안전, 04 안전시공사례, 한국산업안전보건공단, 2009
- 노성열 외, 건축공사 들여다보기, 제14장 미장공사, 서울교통부 서울지방국토관리청, 2006
- 건축시공용어연구회, 건축시공 용어사전, 257p, 성안당, 2011

SBCS 41 90 46 10 바닥 미장공사

Specification (시방서)
- 표준시방서, KCS 41 46 04 : 2016, 컬러 시멘트 바닥 마무리공사
- 표준시방서, KCS 41 46 11 : 2016, 합성고분자 바닥바름
- 표준시방서, KCS 41 46 12 : 2016, 셀프 레벨링재

바름
· 표준시방서, KCS 41 46 13 : 2016, 바닥강화재 바름
· 한국토지주택공사 전문시방서, LHCS 41 46 19 : 2020, 바닥문양 콘크리트

Reference (참고문헌)

· 노성열 외, 건축공사 들여다보기, 제14장 미장공사, 서울교통부 서울지방국토관리청, 2006

SBCS 41 90 47 00 소규모 도장공사

Specification (시방서)

· 표준시방서, KCS 41 47 00 : 2016, 도장공사
· 한국토지주택공사 전문시방서, LHCS 10 10 05 25 : 2020, 건축공사 일반

Reference (참고문헌)

· 김훈, 이광현, 이근택, 건축가라면 알아야 할 건축시공 도해집(BUILDING CONSTRUCTION ILLUSTRATED SIXTH EDTION), 12.23 도장 & 코팅, Spacetime, 2021
· 오지환 외, 도장 작업안전, 04 안전시공사례, 한국산업안전보건공단, 2009
· 정용식 외, NCS기준을 적용한 건축시공, 기문당, 2017
· 노성열 외, 건축공사 들여다보기, 제16장 단열 및 도장공사, 서울교통부 서울지방국토관리청, 2006
· 가연성 자재 등의 보관 가이드라인, 산업재해예방 안전보건공단, 2018
· 경기도 공동주택과, 2022 공동주택 공종별 핸드북, 건축 - 도장공사, 경기도, 2022
· 최아름 외, 허용기준 대상물질 13종 노출 실태 조사 연구, 6가 크롬화합물, 대한산업보건협회 산업보건환경연구원, 2014
· KCC, 자재 제안서, 2022
· 노인철, 건축시공 제2판, 제12장 금속 및 도장공사, 문운당, 2009

SBCS 41 90 48 05 타일공사

Specification (시방서)

· 표준시방서, KCS 41 48 01 : 2016, 타일공사
· 한국토지주택공사 전문시방서, LHCS 10 10 05 25 : 2020, 건축공사 일반

Reference (참고문헌)

· 이규욱 외, NCS학습모듈, 02 타일석공시공 현장안전, 한국직업능력개발원, 2014
· 안전보건공단, 건설분야 교육자료, 석재 및 타일작업 PPT 자료, 2009
· 노성열 외, 건축공사 들여다보기, 제11장 타일공사, 서울교통부 서울지방국토관리청, 2006
· ㈜대우건설, 건축기술지침 REV.2, 16 타일공사, 대한건축학회, 2019
· 노인철, 건축시공 제2판, 제10장 타일 및 미장공사, 문운당, 2009

SBCS 41 90 48 10 테라코타 공사

Specification (시방서)

· 표준시방서, KCS 41 48 03 : 2016, 테라코타 공사
· 서울특별시 전문시방서, SMCS 41 48 03 : 2018, 테라코타 공사

SBCS 41 90 51 05 석고보드 및 시멘트판

Specification (시방서)

· 한국토지주택공사 전문시방서, LHCS 41 51 02 : 2020, 석고보드 및 시멘트판
· 한국토지주택공사 전문시방서, LHCS 10 10 05 25 : 2020, 건축공사 일반

Reference (참고문헌)

· 노성열 외, 건축공사 들여다보기, 제9장 경량벽체공사, 서울교통부 서울지방국토관리청, 2006
· 산업재해예방 안전보건공단, 2012-교육미디어-710, 지게차로 하역중이던 석고보드 붕괴, 2012
· USG Boral Korea, 한국 유에스지 보랄 시공 핸드북(Installations Handbook), 2015
· KCC, 자재 제안서, 2022

SBCS 41 90 51 10 바닥공사

Specification (시방서)

· 표준시방서, KCS 41 51 03 : 2016, 바닥공사
· 한국토지주택공사 전문시방서, LHCS 41 51 03 05 : 2020, 합성고분자계 바닥타일류 및 시트류
· 한국토지주택공사 전문시방서, LHCS 41 51 03 10 : 2020, 카펫 및 카펫타일
· 한국토지주택공사 전문시방서, LHCS 41 51 03 15 : 2020, 온돌마루재
· 한국토지주택공사 전문시방서, LHCS 41 51 03 20 : 2020, 친환경 온돌마루재
· 한국토지주택공사 전문시방서, LHCS 10 10 05 25 : 2020, 건축공사 일반

Reference (참고문헌)

· 노성열 외, 건축공사 들여다보기, 제17장 수공사,

서울교통부 서울지방국토관리청, 2006
· 백종엽, 기본서 PE 건축시공기술사, 7장 실내환경, 한솔아카데미, 2021

SBCS 41 90 52 00 소규모 천장공사

Specification (시방서)
· 표준시방서, KCS 41 52 00 : 2016, 천장공사

Reference (참고문헌)
· 노인철, 건축시공 제2판, 제13장 수장공사, 문운당, 2009
· 노성열 외, 건축공사 들여다보기, 제17장 수장공사, 서울교통부 서울지방국토관리청, 2006

SBCS 41 90 52 05 경량천장설치

Specification (시방서)
· 서울특별시 전문시방서, SMCS 41 49 06 : 2018, 경량천장설치

Reference (참고문헌)
· KCC, 자재 제안서, 2022
· 노인철, 건축시공 제2판, 제13장 수장공사, 문운당, 2009

SBCS 41 90 54 10 외벽패널 공사

Specification (시방서)
· 표준시방서, KCS 41 54 04 : 2016, 조립식 패널 외벽공사
· 표준시방서, KCS 41 54 05 : 2016, ALC 패널 공사

Reference (참고문헌)
· 오지환 외, 판넬 등 외부마감 작업안전, 04. 안전시공사례, 한국산업안전보건공단, 2009

SBCS 41 90 55 55 창호공사

Specification (시방서)
· 표준시방서, KCS 41 55 02 : 2016, 알루미늄 합금제 창호공사
· 표준시방서, KCS 41 55 03 : 2016, 합성수지제 창호공사
· 표준시방서, KCS 41 55 04 : 2016, 복합소재 창호공사
· 표준시방서, KCS 41 55 05 : 2016, 목제 창호공사
· 표준시방서, KCS 41 55 06 : 2016, 강제 창호공사
· 표준시방서, KCS 41 55 07 : 2016, 스테인리스 스틸 창호공사
· 서울특별시 전문시방서, SMCS 41 55 02 : 2018, 알루미늄 합금제 창호공사
· 서울특별시 전문시방서, SMCS 41 55 06 : 2018, 강제 창호공사
· 서울특별시 전문시방서, SMCS 41 55 07 : 2018, 스테인리스 스틸 창호공사
· 한국토지주택공사 전문시방서, LHCS 10 10 05 25 : 2020, 건축공사 일반
· pro clima, 공사시방서, 창호 기밀 및 팽창테이프 제품 설치 시방서

Reference (참고문헌)
· 한국토지주택공사, LH SMART HANDBOOK, II. SPACE, 06 목제 창호공사, 건설도서, 2019
· 한국토지주택공사, LH SMART HANDBOOK, II. SPACE, 07 플라스틱 창호공사, 건설도서, 2019
· 한국토지주택공사, LH SMART HANDBOOK, II. SPACE, 08 알루미늄 창호공사, 건설도서, 2019
· 한국토지주택공사, LH SMART HANDBOOK, II. SPACE, 09 강제 창호공사, 건설도서, 2019
· ㈜대우건설, 건설기술지침 Rev.2, 건축 II, Chapter 9. 창호공사, 외부창호-Al 창호, (사)대한건축학회, 2019
· ㈜대우건설, 건설기술지침 Rev.2, 건축 II, Chapter 9. 창호공사, 외부창호-PVC 창호, (사)대한건축학회, 2019
· ㈜대우건설, 건설기술지침 Rev.2, 건축 II, Chapter 9. 창호공사, 내부창호_목문, (사)대한건축학회, 2019
· ㈜대우건설, 건설기술지침 Rev.2, 건축 II, Chapter 9. 창호공사, 내부창호-일반철문, (사)대한건축학회, 2019
· 김창훈 외, 스마트 건축시공, 제10장 창호 및 유리공사, 기문당, 2021
· 오지환 외, 창호 및 유리 작업안전, 04 안전시공사례, 한국산업안전보건공단, 2009
· 노성열 외, 건축공사 들여다보기, 제13장 창호 및 유리공사, 서울교통부 서울지방국토관리청, 2006
· KCC, 자재 제안서, 2022
· pro clima, System and product brochure, Sealing systems for professionnals, WINDOWS, 2020
· 패시브제로에너지건축연구소, 창호시공가이드라인 V15, 2014

SBCS 41 90 55 15 유리공사

Specification (시방서)

· 표준시방서, KCS 41 55 09 : 2016, 유리공사
· 한국토지주택공사 전문시방서, LHCS 10 10 05 25 : 2020, 건축공사 일반

Reference (참고문헌)
· 오지환 외, 창호 및 유리 작업안전, 04 안전시공사례, 한국산업안전보건공단, 2009
· ㈜대우건설, 건설기술지침 Rev.2, 건축 II, Chapter 10. 유리공사, 일반사항, (사)대한건축학회, 2019
· ㈜대우건설, 건설기술지침 Rev.2, 건축 II, Chapter 10. 유리공사, 기능성유리_복층유리, (사)대한건축학회, 2019
· ㈜대우건설, 건설기술지침 Rev.2, 건축 II, Chapter 10. 유리공사, 기능성유리_강화 / 배강도유리, (사)대한건축학회, 2019
· 경기도 공동주택과, 2022 공동주택 공종별 핸드북, 건축 - 유리공사, 경기도, 2022

SBCS 41 90 56 05 기와공사

Specification (시방서)
· 표준시방서, KCS 41 56 02 : 2016, 점토 및 시멘트 기와
· 표준시방서, KCS 41 56 03 : 2016, 한식 기와
· 표준시방서, KCS 41 56 04 : 2016, 금속 기와
· 표준시방서, KCS 41 56 05 : 2016, 아스팔트 싱글
· 한국토지주택공사 전문시방서, LHCS 10 10 05 25 : 2020, 건축공사 일반

SBCS 41 90 56 10 금속재 지붕공사

Specification (시방서)
· 표준시방서, KCS 41 56 07 : 2016, 금속판 지붕
· 표준시방서, KCS 41 56 08 : 2016, 금속 지붕 패널

Reference (참고문헌)
· 안전보건공단, 현장작업자를 위한 지붕공사 작업안전, 2장 지붕공사 단계별 위험요인 및 안전대책, 2016
· 최정만 외, 소규모 건축물 품질향상 가이드, 사단법인 한국패시브건축협회(PHIKO), 2021

SBCS 41 90 56 15 지붕 부속 자재

Specification (시방서)
· 표준시방서, KCS 41 56 14 : 2016, 지붕 부속 자재
· 한국토지주택공사 전문시방서, LHCS 10 10 05 25 : 2020, 건축공사 일반

Reference (참고문헌)
· 건축시공용어연구회, 건축시공 용어사전, 255p, 성안당, 2011

SBCS 41 90 99 소규모 건축물 유지관리

Specification (시방서)
· 표준시방서, KCS 41 34 04 : 2016, 벽돌조 복원 및 청소공사
· 공사(특기) 시방서, 은한건축사사무소, 목재 부속공사, 2020

Reference (참고문헌)
· 한국건설기술연구원&사단법인한국패시브건축협회 (PHIKO), 하자원인 및 대책: 소규모 건축물 품질향상 가이드, 한국건설기술연구원, 2019
· 박문재 외, 목조건축 시공기준, 제4장 대단면목조공사, 국립산림과학원, 2011
· 조홍석, 한국 근대 적벽돌 건축에 관한 연구, 목원대학교박사학위논문, 2005
· 우남식 외, 근대건축문화재의 벽돌조 건축물 보존기술 기법에 관한 연구, 한국농촌건축학회논문집 v.13 no.1, 2011, pp.37-44
· 서울특별시, 소규모 노후 건축물 보수·보강 등 매뉴얼, 주택정책실 지역안전건축센터, 2021

[대표저자]
삼우CM 신규사업팀
김재문 이사
고원경 대리

[공동저자]
삼우CM 신규사업팀
박정민 부장
김재희 차장
남승훈 차장
장현호 차장
이두환 차장
전완표 과장
우상희 대리
변지연 사원
고예은 사원
삼우CM 기술연구소

[감수]
삼우CM 신규사업팀
박동환 팀장
삼우CM 기술연구소
한석재 이사

기후위기, 탄소중립을 대응하는

올바른 건축시공 가이드북(2편)

2025년 2월 10일 1쇄 발행

엮은이 (주)삼우씨엠건축사사무소
발행인 (주)삼우씨엠건축사사무소
발행처 시공문화사 Spacetime Pub.
편집/디자인 아키스토리 jade-comm@hanmail.net

등록 1993년 3월 12일
주소 서울시 서대문구 독립문공원길 13 극동프라자 5층

전화 02) 3147-1212
팩스 02) 3147-2626

http//www.spacetime.co.kr
spacetime@korea.com

ISBN 978-89-5592-487-9
정가 38,000원

SAMOOCM ARCHITECTS & ENGINEERS All Rights Reserved.